Maßsystem-Konstanten

Lichtgeschwindigkeit	c	$2.9979 \cdot 10^{8}$ m/s
AVOGADRO-Konstante	N_A	$6.022\,14 \cdot 10^{23}$ Teilchen/mol
Elementares Mengenquantum	τ_N	$1.660\,54 \cdot 10^{-24}$ mol = 1 Teilchen
Universelle Gaskonstante	R	8.3145 J/(mol K)
BOLTZMANN-Konstante	$k_B = R/N_A$	$1.3807 \cdot 10^{-23}$ J/(Teilchen K)
Molvolumen idealer Gase	$\hat{v}^\circ$	$24.414 \cdot 10^{-3}$ m^3/mol
(bei $T^\circ = 298.15$ K und $p^\circ = 101\,325$ Pa)		
PLANCK'sche Konstante	h	$6.6261 \cdot 10^{-34}$ J s/Teilchen
	$\hbar = h/2\pi$	$1.0546 \cdot 10^{-34}$ J s/Teilchen
Elementarladung	e	$1.6022 \cdot 10^{-19}$ C
FARADAY-Konstante	$F = e/\tau_N$	96 485 C/mol
Umrechnung Hertz → Volt	h/e	4.1329 µV/GHz
Umrechnung Volt → Kelvin	e/k_B	11 604 K/V
Umrechnung Tesla → Kelvin	μ_B/k_B	0.6717 K/T
Magnetisches Flussquantum	$\Phi_0 = h/2e$	2.0664 mT (µm)^2 = 2.0664 µV/GHz
Magnetische Feldkonstante	μ_0	$4\pi \cdot 10^{-7}$ Vs/(Am) = $1.2566 \cdot 10^{-6}$ Vs/(Am)
Elektrische Feldkonstante	$\epsilon_0 = 1/\mu_0 c^2$	$8.8542 \cdot 10^{-12}$ As/(Vm)
	$1/4\pi\epsilon_0$	$c^2 \cdot 10^{-7}$ As/(Vm) = $8.9876 \cdot 10^{9}$ Vm/(As)
BOHR'sches Magneton	μ_B	$9.2740 \cdot 10^{-24}$ J/(Teilchen T)
Kern-Magneton	μ_N	$5.0508 \cdot 10^{-27}$ J/(Teilchen T)
BOHR'scher Radius	a_0	$4\pi\epsilon_0\hbar^2/M_e e^2 = 52.918$ pm
Magnetisches Moment		
des Elektrons	$\lvert \boldsymbol{m} \rvert_e$	$9.2848 \cdot 10^{-24}$ J/T
des Protons	$\lvert \boldsymbol{m} \rvert_p$	$1.4106 \cdot 10^{-26}$ J/T
Gravitationskonstante	γ_G	$6.6746 \cdot 10^{-11}$ N m^2/kg^2
Gravitationsfeldstärke		
bei 50° geographischer Breite	g	9.81 m/s^2
Atomare Masseneinheit	u	$1.660\,54 \cdot 10^{-27}$ kg
Ruhemasse des Elektrons	M_e	$9.1094 \cdot 10^{-31}$ kg
	$M_e c^2$	0.510 98 MeV
Ruhemasse des Protons	M_p	$1.6726 \cdot 10^{-27}$ kg
	$M_p c^2$	938.27 MeV
Ruhemasse des Neutrons	M_n	$1.6749 \cdot 10^{-27}$ kg
	$M_n c^2$	939.57 MeV
Massenverhältnis Proton/Elektron	M_p/M_e	1836.1527
RYDBERG-Konstante	R_∞	13.6058 eV/Teilchen
Feinstrukturkonstante	α	$7.297\,352\,57 \cdot 10^{-3} \approx 1/137$
COMPTON-Wellenlänge		
des Elektrons	λ_c	$2.426\,315\,08 \cdot 10^{-12}$ m

Christoph Strunk
Moderne Thermodynamik
De Gruyter Studium

Weitere empfehlenswerte Titel

Moderne Thermodynamik
Band 2: Quantenstatistik aus experimenteller Sicht
Christoph Strunk, 2018
ISBN 978-3-11-056050-3, e-ISBN (PDF) 978-3-11-056032-9,
e-ISBN (EPUB) 978-3-11-056035-0

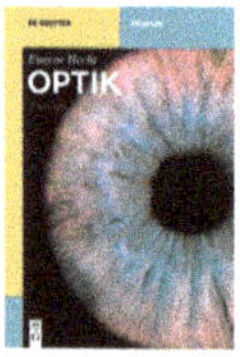

Optik
Eugene Hecht, 2018
ISBN 978-3-11-052664-6, e-ISBN (PDF) 978-3-11-052665-3,
e-ISBN (EPUB) 978-3-11-052670-7

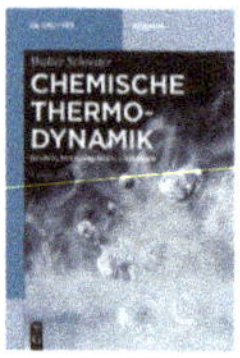

Chemische Thermodynamik
Grundlagen, Übungen, Lösungen
Walter Schreiter, 2018
ISBN 978-3-11-055747-3, e-ISBN (PDF) 978-3-11-055750-3,
e-ISBN (EPUB) 978-3-11-055775-6

Thermodynamik
Vom Tautropfen zum Solarkraftwerk
Rainer Müller, 2016
ISBN 978-3-11-044531-2, e-ISBN (PDF) 978-3-11-044533-6,
e-ISBN (EPUB) 978-3-11-044544-2

Statistische Physik und Thermodynamik
Grundlagen und Anwendungen
Walter Grimus, 2015
ISBN 978-3-11-041466-0, e-ISBN (PDF) 978-3-11-041467-7,
e-ISBN (EPUB) 978-3-11-042367-9

Christoph Strunk

Moderne Thermodynamik

Band 1: Physikalische Systeme und ihre Beschreibung

2. Auflage

DE GRUYTER

Physics and Astronomy Classification Scheme 2010
Primary: 51, 60, 65, 70; Secondary: 01.30.M, 05.70.-a, 05.60.-k

Autor
Prof. Dr. Christoph Strunk
Universität Regensburg
Fakultät für Physik
Universitätsstr. 31
93053 Regensburg
christoph.strunk@physik.uni-regensburg.de

ISBN 978-3-11-056018-3
e-ISBN (PDF) 978-3-11-056022-0
e-ISBN (EPUB) 978-3-11-056034-3

Library of Congress Cataloging-in-Publication Data
A CIP catalog record for this book has been applied for at the Library of Congress.

Bibliographic information published by the Deutsche Nationalbibliothek
Die Deutsche Nationalbibliothek verzeichnet diese Publikation in der Deutschen Nationalbibliografie; detaillierte bibliografische Daten sind im Internet über http://dnb.dnb.de abrufbar.

Einbandabbildung: Annäherung an den kritischen Punkt von Schwefelhexaflourid, an dem die Unterschiede zwischen Flüssigkeit und Gas verschwinden. Die Phasengrenze erscheint wegen des geringen Dichteunterschieds verwaschen und löst sich bei weiterer Erwärmung schließlich schlagartig auf (Bild E. Hans und J. Putzger, Uni Regensburg).
Druck und Bindung: CPI books GmbH, Leck
♾ Printed on acid-free paper
Printed in Germany

www.degruyter.com

Vorwort zur 2. Auflage

Die vorliegende Neuauflage enthält zahlreiche Verbesserungen im Detail und einige Erweiterungen. Die grundlegende Konzeption der ausschließlich auf den Zustandsgrößen basierenden Darstellung hat sich bewährt. Wegen des resultierenden Gesamtumfangs, aber auch um weitere Zielgruppen anzusprechen, habe ich mich entschlossen das Buch in zwei Bände aufzuteilen.

Der erste Band behandelt allgemein die Frage nach einer einheitlichen Beschreibung von mechanischen, elektrischen und thermischen Phänomenen, die in der modernen Physik fast immer in Kombination und nicht nach Disziplinen getrennt auftreten. Dies ist dem seit über hundert Jahren andauernden Trend zur „großen Vereinheitlichung" der Physik geschuldet.

Das thermodynamische Beschreibungsverfahren hat sich an Systemen wie festen Körpern, Flüssigkeiten und Gasen entwickelt, über deren mikroskopische Natur lange Unklarheit herrschte. Aus diesem Grund war eine Methode erforderlich, die sich in positivistischer Weise allein auf die messbaren Zusammenhänge zwischen physikalischen Größen stützt. Das Ergebnis ist zeitlos – und immun gegen die immer wieder auftretenden Revolutionen des Begriffssystems der Physik.

Gegenüber der ersten Auflage habe ich neben neuen Abschnitten über Kältemaschinen, die Physik der Atmosphäre, und Elektrolytlösungen vor allem das sechste Kapitel erweitert, welches bisher den Formalismus der Thermodynamik allein anhand der idealen Gase illustrierte. In der zweiten Auflage habe ich diesem Kapitel Abschnitte über inkompressible Körper, die thermische Strahlung sowie kompressible Festkörper und Paramagnete hinzugefügt.

Inkompressible Körper stellen eine Erweiterung des Systems „Heißer Körper" dar, anhand dessen im zweiten Kapitel Entropie und Temperatur als grundlegende Begriffe der Wärmelehre eingeführt werden. Wird die Teilchenzahl als weitere unabhängige Variable zugelassen, so ist eine frühe Illustration des Begriffs des *chemischen Potenzials* anhand der Schmelzprozesse möglich.

Die *thermische Strahlung* ist ein weiteres archetypisches thermisches System, welches sich durch die Kombination der Lichtquanten-Hypothese mit den Regeln der Thermodynamik behandeln lässt. Darüber hinaus kann die Quantenhypothese auf die Schallwellen in Festkörpern übertragen werden. Sie erlaubt so eine elementare Diskussion der thermischen Eigenschaften von *kompressiblen Festkörpern* einschließlich einer Erklärung des Phänomens der thermischen Ausdehnung. Letztere ist mit das erste Phänomen, welches im Schulunterricht und in der Vorlesung besprochen wird, weil es zur Thermometrie genutzt werden kann, es führt aber selbst in den Lehrbüchern der Festkörperphysik meist ein Schattendasein.

Schließlich bildet der *Paramagnet* ein Beispielsystem für die Kombination von magnetischen und thermischen Phänomenen bis hin zur magnetischen Kühlung. In allen Beispielen wird demonstriert, wie auf der Basis minimaler Informationen (ins-

https://doi.org/10.1515/9783110560220-005

besondere ohne den Apparat der statistischen Physik) die freie Energie des Systems bestimmt werden kann, welche dann quantitative Aussagen über alle anderen thermodynamischen Eigenschaften des Systems erlaubt.

Insgesamt hoffe ich zu erreichen, dass der erste Band nicht nur für Physik-Studierende ab dem 3. Semester, sondern auch für Lehramtsstudenten und Lehrer interessant ist. Auch wenn die Thermodynamik in den Lehrplänen der meisten Länder nur wenig Raum einnimmt, so hat sie doch so starke Alltagsbezüge (Heizen, Kochen, Kühlen, Motoren, Energieversorgung, Wetter, Klimawandel), dass Schüler von sich aus mit Fragen kommen, die im Lehrplan nicht immer vorgesehen sind.

Der zweite Band widmet sich einer Darstellung der statistischen Thermodynamik aus experimenteller Sicht. Das heißt nicht, dass dieser Band keine theoretischen Konzepte enthält, denn ohne diese ist kein Verständnis möglich. Jedoch werden alle Konzepte sämtlich anhand experimenteller Daten erläutert – selbst so abstrakte Begriffe wie die Zustandssumme. Es wird nicht versucht die Thermodynamik mit Hilfe der statistischen Mechanik zu begründen, sondern es wird umgekehrt gezeigt, wie die im ersten Band illustrierten thermodynamischen Begriffe mit wenigen quantenmechanischen Prinzipien kombiniert werden können, um dann Modelle zu konstruieren, mit denen sich weite Bereiche der modernen Physik erschließen lassen.

Der zweite Band richtet sich neben den Lesern des ersten Bandes, die sich für die mikroskopische Seite der Thermodynamik interessieren, auch an jene, welche die Thermodynamik schon kennen, und jetzt ihre systematische Anwendung auf die Physik der kondensierten Materie, die Physik der Nanostrukturen, der Quantenflüssigkeiten oder die praktische Seite der Erzeugung tiefster Temperaturen sehen wollen. Eine Besonderheit ist die Betonung der engen Verknüpfung von thermodynamischen und Transporteigenschaften. Diese wird durch die Zerlegung der makroskopischen Systeme in Teilsysteme möglich, die auch in Gegenwart von globalem Nichtgleichgewicht lokal (in guter Näherung) durch die Gleichgewichtswerte der thermodynamischen Größen beschrieben werden können.

Um den zweiten Band auch unabhängig vom ersten lesbar zu machen, habe ich zu Beginn ein Einführungskapitel eingefügt, welches die im ersten Band dargestellten Grundregeln der makroskopischen Thermodynamik zusammenfasst, auf die im Folgenden Bezug genommen wird. Nachdem bereits im ersten Band festgestellt wurde, dass das Konzept der Entropie mit der klassischen Physik nur bedingt verträglich ist, stützt sich der zweite Band von vornherein auf die einfachen Grundregeln der Quantenphysik. Auch diese werden kurz zusammengefasst vorangestellt – im Prinzip ist es ausreichend, mit der Quantisierung der physikalischen Größen in den wichtigsten quantenmechanischen Modellsystemen vertraut zu sein, wie diese bereits in der Atomphysik vermittelt wird.

Regensburg, im September 2017 *Christoph Strunk*

Vorwort zur 1. Auflage

Was ist der Gegenstand der Thermodynamik? William Thomson (Lord Kelvin), einer ihrer Begründer, wollte mit diesem Wort zum Ausdruck bringen, dass es sich dabei um eine Vereinigung der Beschreibung thermischer und „dynamischer“ Phänomene handelt, wobei unter „Dynamik“ die Physik der Bewegungsvorgänge verstanden wurde. Sie stellt damit das erste Beispiel einer (für die Physik charakteristischen) Vereinheitlichung der Beschreibung zweier ursprünglich als grundverschieden angesehenen Gruppen von Phänomenen dar.

Das Ziel dieses Buches ist es, das Potenzial der Thermodynamik für das Verständnis der modernen Physik herauszuarbeiten. Der Gegenstand der modernen Physik ist die Entschlüsselung der Eigenschaften der Materie. Lange Zeit war man der Ansicht, dass sich makroskopische Materiestücke im Wesentlichen gemäß den Gesetzen der klassischen Physik verhalten und nur deren mikroskopisch kleinen Bausteine – die Atome und Moleküle – durch die ganz andersartige Quantentheorie beschrieben werden. Interessanterweise beschränkte sich der Erfolg der Quantentheorie von Anfang an nicht auf die Welt des mikroskopisch Kleinen. Im Gegenteil, die ersten Erfolge der Quantentheorie betrafen thermische Systeme, wie die thermische Strahlung und das Problem der thermischen Eigenschaften der Kristallgitter. Diese Tatsache zeigt, dass die Trennung zwischen einer klassischen Gesetzen gehorchenden makroskopischen Welt und einer den merkwürdigen Quantengesetzen folgenden Mikrowelt nicht haltbar ist. In der heutigen Forschung wird dies im Bereich der Physik der Nanostrukturen deutlich, welche zum Ziel hat, die Schnittstelle zwischen der Makro- und der Mikrowelt experimentell zu untersuchen.

Damit stellt sich die Frage, welche Konzepte tauglich sind, um die anscheinend so widersprüchlichen Eigenschaften beider Welten in einem logisch konsistenten Rahmen zu beschreiben. Die meisten Lehrbücher der Thermodynamik folgen einem von zwei scheinbar entgegengesetzten Pfaden – entweder wird die Thermodynamik aus der Phänomenologie abgeleitet und erscheint als eine Methode der reinen Verpackung experimenteller Beobachtungen, ohne zu versuchen diese zu *erklären* – oder es werden von vornherein *Modelle* zur Erklärung der thermischen Phänomene betrachtet. Im Rahmen der Modelle erscheinen die thermischen Eigenschaften der Materie als „emergente“ Phänomene, die nur im Zusammenspiel vieler Teilchen möglich sind, wobei das einzelne Teilchen stets den Gesetzen der Mechanik beziehungsweise der Quantenmechanik folgt und die Temperatur dabei keine Rolle spielt. Mit diesem Buch möchte ich eine Brücke zwischen diesen Extremen schlagen und darstellen, wie sich das Beschreibungsverfahren der makroskopischen Thermodynamik (kombiniert mit der Quantentheorie) weit über die von Kelvin beabsichtigte Vereinigung vom Wärmelehre und Mechanik hinaus zur Grundlage großer Bereiche der modernen Physik ausbauen lässt.

https://doi.org/10.1515/9783110560220-007

Nach meiner Erfahrung stellt die Thermodynamik eine im Grundstudium nicht leicht zu motivierende Disziplin der Physik dar. Das liegt wohl zum einen daran, dass sie in der Schule wenig Gewicht hat und oft mehr als eine statistische Variante der klassischen Mechanik präsentiert wird. Zum anderen erfordert es einen gewissen Überblick über die Physik, um die Allgemeinheit und die Brückenfunktionen der thermodynamischen Begriffe und Konzepte wertzuschätzen. Dieser Überblick stellt sich naturgemäß erst im Laufe des Studiums ein. Aus diesem Grund habe ich dieses Buch von vornherein nicht nur als einen auf die Begleitung eines Semesters hin ausgerichteten „Text", sondern auch als Referenz für einen mehrere Semester umfassenden Studienabschnitt konzipiert.

Ein weiteres Ziel des Buches ist es, einen Zusammenhang zwischen den Inhalten verschiedener Standard-Vorlesungen wie der Wärmelehre, der Festkörperphysik und der Quantenstatistik herzustellen und auch Fragen aufzuwerfen, die in der Regel erst in der Rückschau auf mehrere Vorlesungen auftreten. Der Umfang und die ungewöhnliche Stoffauswahl des Buches rechtfertigen sich unter anderem durch das Ziel, zur Weiterentwicklung der Lehrtradition beizutragen, indem die Erkenntnisse und die Anwendungen der Thermodynamik in der modernen Physik bis hin zur aktuellen Forschung von vornherein berücksichtigt werden. Neben den Grundlagen wird eine Vielzahl von Beispielen behandelt.

An mathematischen Voraussetzungen ist die Kenntnis der Differenzialrechnung von Funktionen mit mehreren Veränderlichen hilfreich (insbesondere der Begriff des totalen Differenzials). Von den physikalischen Kenntnissen her wendet sich das Buch an Studierende ab dem dritten Semester, die bereits mit den Konzepten der Mechanik und Elektrodynamik vertraut sind, und über elementare Kenntnisse der Quantenmechanik verfügen (es werden im wesentlichen die Energie-Eigenwerte der Modellsysteme „Spin", „Rotator", „Oszillator" und „freies Teilchen" benutzt). Zur experimentellen Illustration der Quantenstatistik erweisen sich Festkörper und die Quantenflüssigkeiten ^{3}He und ^{4}He als besonders geeignet, die überdies zur Erzeugung tiefer Temperaturen von großer praktischer Bedeutung sind. Zahlreiche Übungsaufgaben erleichtern die Verarbeitung des Stoffes.

Die erste Auflage eines Lehrbuches ist schwerlich frei von Fehlern. Für Hinweise auf solche Fehler und Anmerkungen zum Konzept bin ich dankbar (email: christoph.strunk@ur.de); Korrekturen werden auf meiner Webseite veröffentlicht (www.physik.ur.de/forschung/strunk/).

Regensburg, im September 2014 *Christoph Strunk*

Inhalt

Inhaltsverzeichnis des zweiten Bandes

Die Strategie des Buches

Der Startpunkt dieses Buches ist die Tatsache, dass die grundlegende Idee des thermodynamischen Beschreibungsverfahrens nicht auf thermische Systeme beschränkt ist, sondern sich auch auf *nicht-thermische* Systeme anwenden lässt. Dies wird dadurch illustriert, dass die Konstruktionsprinzipien der Thermodynamik zunächst anhand von nicht-thermischen Beispielen dargestellt werden. Auf diese Weise wird ein neuartiges Beschreibungsverfahren am Beispiel wohlvertrauter Systeme aus der Mechanik und Elektrizitätslehre eingeführt und erst im zweiten Schritt auf die weniger vertrauten thermischen Systeme angewandt.

Die in diesem Buch verwendete interdisziplinäre Darstellung der Physik geht davon aus, dass es in den verschiedenen Teilbereichen der Physik ein gemeinsames Grundmotiv gibt, welches zur Grundlage einer einheitlichen Beschreibung gemacht werden kann. Dieses Grundmotiv besteht darin, dass sich eine zentrale Klasse von physikalischen Prozessen als *Transport* oder *Strom* von gewissen physikalischen Größen X auffassen lässt. Zu diesen Größen gehören unter anderen die Stoffmenge, der Impuls, die elektrische Ladung, die Energie oder die Entropie. Ändert sich die in einem System enthaltene Menge von X, so muss diese entweder zu- oder abgeflossen sein, oder aber erzeugt beziehungsweise vernichtet worden sein. Die Größen X, die solche Bilanzierungsoperationen erlauben, werden wir *mengenartig* oder *bilanzierbar* nennen. Bei Erhaltungsgrößen fällt die Alternative der Erzeugung und Vernichtung weg. Beispiele für Erzeugung und Vernichtung von Stoffen sind chemische Reaktionen aller Art und die Erzeugung von Entropie bei Reibungsphänomenen aller Art. Der Transport einer Größe X ist stets mit dem Transport von Energie verbunden, wobei für jede Größe X eine *konjugierte* Größe ξ (beispielsweise für den Impuls die Geschwindigkeit und für die Ladung das elektrostatische Potenzial) existiert, welche angibt, wie stark der X-Strom mit Energie „beladen" ist. Jedes physikalische System verfügt über eine gewisse Zahl von unabhängigen „Kanälen", welche mit einem wohlbestimmten *Paar* von Größen X, ξ verknüpft sind und über die dem System Energie zu- oder abgeführt werden kann.

Zahlreiche aktuelle Darstellungen der Thermodynamik benutzen die Boltzmann'sche Formel $S = k_\mathrm{B} \ln \Omega$ zur *Definition* der Entropie und bauen alles Folgende auf dieser Definition auf. Dies hat den Vorteil, dass man damit auf direkte Weise eines der thermodynamischen Potenziale in die Hand bekommen und damit Thermodynamik treiben kann. Allerdings gilt die Boltzmann'sche Formel nur für Zustände im Gleichgewicht. Eine Beschränkung der Entropie allein auf Gleichgewichts-Situationen muss aber zu dem Schluss führen, dass auch die Thermodynamik *an sich* nur für Zustände im Gleichgewicht Bedeutung hat und dass ihr die Grundlage für die Behandlung von Nicht-Gleichgewichts-Phänomenen fehlt. Selbst ein so alltägliches Phänomen wie die Abkühlung einer Kaffeetasse auf dem Frühstückstisch würde sich damit einer thermodynamischen Beschreibung entziehen. Dies wirkt überaus künstlich und kontrastiert außerdem mit der Existenz einer „Thermodynamik der irreversiblen Prozesse",

https://doi.org/10.1515/9783110560220-017

welche eben diese Nicht-Gleichgewichts-Phänomene sehr erfolgreich beschreibt. Aus diesem Widerspruch kann man nur schließen, dass die Anwendbarkeit des Konzepts der Entropie den Gültigkeitsbereich der BOLTZMANN'schen Formel offenbar weit überschreitet.

Aus diesen Gründen habe ich mich in der vorliegenden Darstellung entschieden, die Entropie als eine der elektrischen Ladung, dem Impuls und der Energie vergleichbare fundamentale Größe *von Anfang an einzuführen*. Auch in der Elektrizitätslehre wird uns gleich am Anfang zugemutet, dass eine effektive Beschreibung elektrischer Phänomene nur durch die Einführung einer *neuen* physikalischen Größe – nämlich der elektrischen Ladung – möglich ist, für die wir zunächst keine Anschauung haben und die sich nicht auf bekannte (mechanische) Größen zurückführen lässt. Die Entropie hat eine ebenso grundlegende Bedeutung wie die Energie, die elektrische Ladung oder der Impuls. Sie ist von den Modellen, die zu ihrer Berechnung im Rahmen der statistischen Physik verwendet werden, konzeptionell *unabhängig*. Auf der Basis dieser Einsicht ist es möglich, die häufig anzutreffende, aber unnatürliche Trennung zwischen der Thermodynamik im Gleichgewicht und der irreversiblen Thermodynamik der Transportprozesse zu vermeiden und beide in einem einheitlichen Begriffssystem zu formulieren. Die im letzten Kapitel vorgestellten Beispiele aus dem Bereich der Nanostrukturphysik zeigen, dass sich die thermodynamischen Konzepte auch im Bereich extremen Nichtgleichgewichts bewähren, solange man das Gesamtsystem in geeignete Teilsysteme zerlegen kann, welche in sich – aber nicht untereinander – im Gleichgewicht sind.

Da die thermischen Phänomene in unserer Welt allgegenwärtig sind, ist die Entropie ein unverzichtbarer und extrem erfolgreicher Begriff. Es wird gezeigt, dass die Entropie (mit Ausnahme der Erhaltung) ähnlichen Regeln wie der Impuls oder die elektrische Ladung genügt und mit einer analogen Anschauung versehen werden kann. Andererseits liefert die *Erzeugbarkeit* der Entropie den Schlüssel für die ausgezeichnete Richtung bei der Einstellung von Gleichgewichten – auch im Bereich der Mechanik und Elektrodynamik. Das Musterbeispiel für ein thermodynamisches System ist das ideale Gas. Es ist in der Physik deshalb von großer Bedeutung, weil es den Prototyp des quantenmechanischen Vielteilchenproblems darstellt. Die an Gasen entwickelten Konzepte lassen sich auf weite Bereiche der kondensierten Materie übertragen und bilden damit einen zentralen Baustein für das Verständnis der modernen Physik.

Der Modellcharakter und die Unzulänglichkeiten der kinetischen Gastheorie bilden die Motivation für eine konsequent quantenmechanische Beschreibung von Gasen, Festkörpern und Quantenflüssigkeiten im zweiten Band. Die notwendige Anpassung des durch die klassische Anschauung suggerierten Teilchenbegriffs an die quantenphysikalische Wirklichkeit bleibt nicht der Intuition des Lernenden überlassen, sondern es wird auseinandergesetzt, welche gravierenden Veränderungen dieser scheinbar so intuitive Begriff durch die Quantenmechanik und die Thermodynamik erfahren hat. Das Resultat dieser Analyse ist das Konzept der „elementaren BOSE- und FERMI-Systeme“, welche an Stelle der „Teilchen“ die Rolle der elementaren Teilsysteme eines Gases übernehmen. Diese stellen eine didaktisch-konzeptionelle Neuerung dar, die es gestattet, Quantenfelder in einfache Teilsysteme zu zerlegen, auf welche die allgemeinen Regeln der Thermodynamik anwendbar sind. Sie erlauben einen bruchlosen Übergang von der Beschreibung makroskopischer Systeme zu dem im letzten Kapitel dargestellten Quantentransport durch Nanostrukturen. „Teilchen" sind in dieser Terminologie keine Systeme vom Typ eines „freien Körpers", sondern die Anregungs-Quanten der aus den elementaren BOSE- und FERMI-Systemen aufgebauten Quantenfelder.

Ich versuche, die durch die moderne Physik erzwungenen Änderungen unserer Anschauung bewusst zu machen und anhand zahlreicher Beispiele experimentell zu illustrieren. Es wird aufgezeigt, wie auf der Basis der engen begrifflichen Verwandtschaft zwischen chemischen Reaktionen und Quantenübergängen ein intuitives Verständnis für die statistische Thermodynamik möglich wird. Damit entsteht ein einheitlicher konzeptioneller Rahmen, der in der Lage ist, sowohl die grundlegenden thermodynamischen Phänomene in der Physik, Chemie und Biologie als auch moderne Experimente vom Elektronentransport in Nanostrukturen bis hin zur Physik ultrakalter Atomgase begrifflich korrekt zu erfassen.

Stoffauswahl für eine Einführungsvorlesung

Ein Buch und eine Vorlesung sind unterschiedliche Medien zur Vermittlung eines Lehrstoffs. Ein Buch bietet ein Forum für die differenzierte Darstellung eines komplexen Themas; es erlaubt Blättern sowie Quer- und Rückverweise, bei denen die Leser wählen können, ob sie diesen folgen oder sich lieber auf das aktuelle Thema konzentrieren möchten. In einer Vorlesung dagegen muss man sich jedoch für eine bestimmte Abfolge der Themen entscheiden – sie sollte neben einer ersten Einführung in den Stoff aber auch die Motivation für das Lesen von Büchern liefern.

Die Grundlagen der statistischen Thermodynamik enthalten einen subtilen Übergang von klassischen zu quantenmechanischen Modellvorstellungen, deren Diskussion und Reflexion einigen Raum benötigt. Diesen Raum bietet nur ein Buch. Eine angemessene Diskussion hat einen Umfang, der den Einstieg in die Grundlagen der Thermodynamik unterbrechen und mit vielen theoretischen Überlegungen belasten würde. Deshalb – aber auch um die Unabhängigkeit der Thermodynamik von mikroskopischen Modellvorstellungen zu demonstrieren – habe ich die statistische Physik im ersten Teil des Buches auf ein Minimum an kinetischer Gastheorie beschränkt und beginne erst im zweiten Band eine systematische Diskussion der Grundlagen der statistischen Thermodynamik und ihrer Anwendungen zur Erklärung der im ersten Teil vorgestellten Phänomenologie.

Dies hat den Vorteil, dass die Kapitel 2–4 des ersten Bandes auch als Grundlage für eine Kurzversion der Wärmelehre dienen können, die an vielen Fakultäten in das erste Semester integriert ist. Für diesen Zweck sind auch die zahlreichen Analogien zwischen der Mechanik und der Thermodynamik nützlich. Darüber hinaus kann der erste Teil des Buches auch für Studierende des Lehramts von Nutzen sein, weil er sich mehr auf den Stoff beschränkt, der in elementarisierter Form für die Schule relevant ist. Im zweiten Band komme ich dann auf viele Themen des ersten Teils zurück, für deren tieferes Verständnis dann erst der Rahmen vorhanden ist. Lernen erfordert in der Regel mehrere Durchgänge durch ein komplexes Thema.

Auch in einer vierstündigen Einführungsvorlesung im vierten Semester muss man natürlich eine Auswahl treffen. Diese wird immer auch von persönlichen Vorlieben geprägt sein. Zentrale Merksätze und Formeln sind mit dem Symbol ! gekennzeichnet. Diejenigen Abschnitte, die für eine Einführungsvorlesung entbehrlich sind, habe ich mit dem Symbol  markiert.

Die Zeit ist knapp, aber auch im Rahmen einer Einführung kann man heute nicht mehr auf die Grundbegriffe der statistischen Thermodynamik verzichten. Für meine Einführungsvorlesung beschränke ich mich auf Teile der Kapitel II-2 und II-3 im zweiten Band. Dieser Aufbau passt gut zu den in Regensburg parallel laufenden Vorlesungen in der Quantenphysik und erlaubt zahlreiche Querbezüge zwischen der Thermodynamik einerseits und der Atom- und Molekülphysik andererseits, welche

https://doi.org/10.1515/9783110560220-020

auch die historische Entwicklung in den zwanziger und dreißiger Jahren des letzten Jahrhunderts geprägt haben.

Insgesamt habe ich versucht herauszuarbeiten, dass die meisten Konzepte des ersten Teils (zumindest implizit) integrale Bestandteile der im zweiten Band vorgestellten mikroskopischen Modelle sind. Einige Beispiele im ersten und zahlreiche im zweiten Band dieses Werkes werden weiterführenden Vorlesungen oder dem Selbststudium vorbehalten bleiben. In ihrer Gesamtheit illustrieren sie aber den Facettenreichtum der Thermodynamik und die Kraft der thermodynamischen Begriffe.

Bezeichnungen

In dieser Darstellung werden **extensive Größen** meist mit Großbuchstaben bezeichnet, die Dichten extensiver Größen mit Kleinbuchstaben, und Größen pro Teilchen (molare Größen) durch Buchstaben mit einem „Hut".

	Größe X	x	X-Dichte	$\hat{x}$	X pro Teilchen (Mol)
E	Energie	e	Energiedichte	$\hat{e}$	Energie pro Teilchen
$\boldsymbol{P}$	Impuls	$\boldsymbol{p}$	Impulsdichte	$\hat{\boldsymbol{p}}$	Impuls pro Teilchen
$\boldsymbol{L}$	Drehimpuls	$\boldsymbol{\ell}$	Drehimpulsdichte	$\hat{\boldsymbol{\ell}}$	Drehimpuls pro Teilchen
M	Masse	m	Massendichte	$\hat{m}$	Masse pro Teilchen
Q	elektrische Ladung	q	Ladungsdichte	$\hat{q}$	Ladung pro Teilchen
N	Teilchenzahl/Stoffmenge	n	Teilchendichte	–	
V	Volumen	–		$\hat{v}$	Volumen pro Teilchen
S	Entropie	s	Entropiedichte	$\hat{s}$	Entropie pro Teilchen
$\boldsymbol{p}_{\text{el}}$	elektrisches Dipolmoment	$\boldsymbol{P}_{\text{el}}$	elektrische Polarisation	$\hat{\boldsymbol{p}}_{\text{el}}$	elektrisches Dipolmoment pro Teilchen
$\boldsymbol{m}$	magnetisches Dipolmoment	$\boldsymbol{M}$	Magnetisierung	$\hat{\boldsymbol{m}}$	magnetisches Dipolmoment pro Teilchen

	intensive Größe	konjugierte	extensive Größe
$\boldsymbol{v}$	Geschwindigkeit	$\boldsymbol{P}$	Impuls
$\boldsymbol{\Omega}$	Winkelgeschwindigkeit	$\boldsymbol{L}$	Drehimpuls
ϕ_G	Gravitationspotenzial	M	Masse
ϕ	elektrisches Potenzial	Q	elektrische Ladung
μ	chemisches Potenzial	N	Teilchenzahl
$-\boldsymbol{F}$	Kraft	$\boldsymbol{R}$ oder $\boldsymbol{x}$	Verschiebung
$-p$	Druck	V	Volumen
T	Temperatur	S	Entropie
$\boldsymbol{E}_{\text{ext}}$	externes elektrisches Feld	$\boldsymbol{p}_{\text{el}}$	elektrisches Dipolmoment
$\boldsymbol{B}_{\text{ext}}$	externes Magnetfeld	$\boldsymbol{m}$	magnetisches Dipolmoment

Fundamentale Relationen:

$$dE = T\,dS - p\,dV + \mu\,dN$$ GIBBS'sche Fundamentalform

$$E = TS - pV + \mu N$$ Homogenitätsrelation (EULER-Gleichung)

$$0 = -S\,dT + V\,dp - N\,d\mu$$ GIBBS-DUHEM Relation

$$d\mu = -\hat{s}\,dT + \hat{v}\,dp$$

$$\mu = \hat{e} - T\hat{s} + p\,\hat{v}$$ chemisches Potenzial

Vertiefungsthema, kann beim ersten Lesen übergangen werden

Merksatz oder wichtige Formel

Übung

https://doi.org/10.1515/9783110560220-022

1 Wie beschreibt man physikalische Systeme?

In diesem Kapitel werden in der gesamten Physik anwendbare Grundbegriffe des thermodynamischen Beschreibungsverfahrens – System, Größe, Zustand und Prozess – zunächst für *nicht-thermische* Systeme eingeführt. Ein System im Sinne der Thermodynamik stellt ein mehr oder weniger detailgetreues mathematisches Abbild der physikalischen Wirklichkeit dar, welches sich auf bestimmte, im Rahmen einer vorgegebenen Fragestellung relevante Aspekte der Wirklichkeit beschränkt, die quantitativ beschrieben werden können. Zur Illustration dienen eine Reihe von „archetypischen" Systemen, die in der gesamten Physik ständig verwendet werden.[1]

Es zeigt sich, dass zur Beschreibung der verschiedenen Arten des Energietransfers zwischen physikalischen Systemen jeweils ein *Paar* von zwei fundamental verschiedenen physikalischen Größen erforderlich ist, von denen eine von der Größe des Systems abhängt (extensive Größen), die andere dagegen nicht (intensive Größen). Differenzen der intensiven Größen bilden den Antrieb zur Änderung der extensiven Größen und damit auch den Antrieb für den Energietransport zwischen verschiedenen Systemen. Am Beispiel elektrischer Systeme wird der fundamentale Begriff des Gleichgewichts erklärt und mit dem Minimum-Prinzip der Energie verknüpft. Gleichzeitig wird gezeigt, dass Letzteres nicht ausreicht, um die *Richtung* der Einstellung von Gleichgewichten festzulegen, weil die Minimierung der Energie eines Systems aufgrund der Energieerhaltung stets die *Zunahme* der Energie eines anderen Systems erfordert.

1.1 Einleitung

Der traditionelle Gegenstand der Thermodynamik ist die Beschreibung der Materie unter „irdischen Bedingungen", das heißt insbesondere bei endlichen Temperaturen T. Diese Beschreibung geht über die Mechanik, Elektrodynamik und einfache Quantenmechanik hinaus, die üblicherweise bei $T = 0$ stattfinden (meist ohne, dass dies ausdrücklich gesagt wird). Obwohl zunächst auf rein makroskopische Phänomene beschränkt, hat sie in zunehmender Weise auch zur Bildung von Modellen für den inneren Aufbau der Materie beigetragen. Dabei erwies sich das im Laufe ihrer Entwicklung geschaffene Begriffssystem gegenüber wissenschaftlichen Revolutionen wie der Relativitätstheorie und der Quantentheorie als erstaunlich robust. Die Analyse thermodynamischer Experimente, wie der Untersuchung der thermischen Eigenschaften des

1 Es mag paradox erscheinen, die Funktionsweise der Thermodynamik an nicht-thermischen Systemen erläutern zu wollen – dies ist möglich, weil im Folgenden ein übergreifender Systembegriff verwendet wird, der es erlaubt, sowohl thermische und nicht-thermische Systeme als auch Makro- und Mikrosysteme auf einer einheitlichen Grundlage zu beschreiben. Der Grund für das universelle Auftreten dieser archetypischen Systeme liegt darin, dass diese zu komplizierteren Systemen zusammengesetzt werden können, welche *Modelle* für komplexe Vielteilchen-Systeme bilden.

https://doi.org/10.1515/9783110560220-023

elektromagnetischen Strahlungsfeldes oder der Wärmekapazitäten von Festkörpern und Gasen, lieferte sogar entscheidende Anstöße zur Entwicklung der Quantentheorie.

Andererseits hat kaum eine physikalische Disziplin im Laufe ihrer Entwicklung und bis heute derartige Kontroversen hervorgerufen wie die Thermodynamik.

Eine Theorie ist umso eindrucksvoller, je größer die Einfachheit ihrer Prämissen ist, je verschiedenartigere Dinge sie verknüpft und je weiter ihr Anwendungsbereich ist. Deshalb der tiefe Eindruck, den die klassische Thermodynamik auf mich machte. Es ist die einzige physikalische Theorie allgemeinen Inhalts, von der ich überzeugt bin, dass sie im Rahmen der Anwendbarkeit ihrer Grundbegriffe niemals umgestoßen wird (zur besonderen Beachtung der grundsätzlichen Skeptiker).

ALBERT EINSTEIN

Wodurch erlangt die Thermodynamik diese Allgemeinheit und Robustheit? Sie liefert ein *allgemeines* Schema zur Beschreibung physikalischer Systeme, welches in seinen Grundannahmen so gut wie keinen Bezug auf Raum und Zeit, das heißt auf den Ablauf von *Prozessen* nimmt. Dies wird zunächst als ein Mangel an Anschaulichkeit empfunden, weil wir von der Mechanik her gewohnt sind, den Ablauf von Prozessen mit dem (teils bewaffneten) Auge zu verfolgen. Die besten Beispiele für solche verfolgbaren Prozesse liefert die Astronomie, die als Beschreibung himmlischer Vorgänge zudem einen hohen philosophischen Stellenwert genießt. Wir werden sehen, dass dieser Mangel an Anbindung an das mechanische Vorbild große Vorteile hat. Dies zeigt sich vor allem in den als gescheitert anzusehenden Versuchen, die am Beispiel der Planeten des Sonnensystems gebildeten Vorstellungen auf *sehr leichte* Objekte, das heißt Atome und Moleküle, zu übertragen. Insbesondere haben sich in diesem Bereich der für die klassische Mechanik fundamentale Begriff der Bahn eines Körpers und damit die Verfolgbarkeit und Individualisierbarkeit einzelner Objekte als unhaltbar erwiesen – wie sich zeigen wird, selbst dann, wenn das für die „Bewegung" solcher Quantenobjekte verfügbare Volumen eine makroskopische Größe hat.[2]

Wo die Thermodynamik auf Raum und Zeit Bezug nimmt, geschieht das in einer anderen Weise als in der NEWTON'schen Mechanik: Statt der Bewegung von Körpern werden „Nachbarschaftsverhältnisse" und der daraus resultierende Transport der verschiedensten physikalischen Größen zwischen benachbarten „Teilstücken" eines ausgedehnten physikalischen Objekts untersucht. Statt von „Objekten" spricht man in der Thermodynamik gerne von „Systemen" und sieht ein wesentliches Ziel der wissenschaftlichen Analyse in der Zerlegung von *Makrosystemen* in möglichst elementare Teilsysteme. Statt einen genauen Zeitverlauf zu beschreiben, ist es meist ausreichend, den Anfangs- und den Endzustand eines Prozesses zu betrachten. Im Gegensatz zur Me-

2 Dieser Sachverhalt wurde durch die Festkörperphysik, die Supraflüssigkeiten und zuletzt durch die experimentelle Beobachtung des Phänomens der (später diskutierten) BOSE-EINSTEIN-Kondensation auf das Eindrücklichste illustriert. Diese Phänomene bilden sozusagen den letzten Nagel auf dem Sarg der klassischen Physik.

chanik gibt es die Auszeichnung einer Zeitrichtung in dem Sinne, dass die Umkehrung eines Prozesses an einem System in vielen Fällen nur um den Preis zu realisieren ist, in einem anderen System eine Spur zu hinterlassen. Betrachtet man das Gesamtsystem, im allgemeinsten Fall „die Welt", so existieren also unumkehrbare, auch irreversibel genannte Prozesse, die mit den Auffassungen der Mechanik nicht leicht in Einklang zu bringen sind.

Es ist bemerkenswert, dass die Thermodynamik ein einheitliches Verfahren zur Beschreibung physikalischer Systeme bietet, welches eine *integrierte Darstellungsweise* der verschiedenen Disziplinen der Physik wie der Mechanik (sowohl der Massenpunkte als auch der Kontinua), des Elektromagnetismus und der Wärmelehre ermöglicht. Die moderne Physik, das heißt die Beschreibung der Struktur der Materie, erfordert eine solche integrierte Beschreibung, weil dort alle diese ursprünglich separat betrachteten Bereiche untrennbar miteinander verknüpft werden. Viele Verständnisprobleme in der Quantenmechanik rühren von einem (meist unbewussten) Festhalten an den klassisch-mechanischen Vorstellungen her. Das Beschreibungsverfahren der Thermodynamik bietet ein Begriffssystem, das flexibel genug ist, um den Anforderungen der Quantenmechanik gerecht zu werden, weil sie sich nur auf diejenigen mechanischen Begriffe stützt, die in der Quantenmechanik weiterhin verwendet werden. Ein zentraler Begriff ist der des *Zustands eines Systems*, für den es in der Quantenmechanik sogar ein besonderes Darstellungsmittel, nämlich die „Wellenfunktion", genauer und allgemeiner, den „Zustandsvektor" gibt.

Trotz dieser interessanten Züge und großen Erfolge bei der Beschreibung der Materie zeigt die Erfahrung, dass die Thermodynamik von vielen, wenn nicht der Mehrzahl der Studierenden und nicht wenigen Hochschullehrern als die mit Abstand unbeliebteste Disziplin der Physik angesehen wird. Dies liegt meines Erachtens an einer tradierten Form der Darstellung, welche stark an die Umbrüche, Missverständnisse und Umwege in der historischen Entwicklung der Physik angelehnt ist. Das führt zu einer schwer verständlichen Mischung inkompatibler Begriffe und Vorstellungen aus der Frühzeit der Mechanik und Wärmelehre bis hin zu denen aus der Quantenstatistik.

Zwei besonders drastische Beispiele sind die Begriffe „Wärme" und „Teilchen". Ausgehend von den Erfahrungen des Alltags wurde in der historischen Entwicklung zunächst erkannt, dass zur Beschreibung der thermischen Phänomene zwei Begriffe unterschieden werden müssen: *Wärmeintensität*, das heißt die Temperatur, und *Wärmemenge*. Das Wort „Wärmemenge" drückt die Alltagserfahrung aus, dass die Wärme gewisse stoffähnliche Aspekte hat, ja zunächst als ein besonderer Stoff angesehen wurde. Dies impliziert insbesondere, dass die Aufstellung von Wärmebilanzen möglich ist: Wird einem Körper, zum Beispiel einem Topf mit kaltem Wasser, eine bestimmte Wärmemenge zugeführt und einem anderen Körper, beispielsweise einer heißen Herdplatte, entzogen, so erwartet man, dass die in dem zweiten Körper enthaltene Wärmemenge um den denselben Betrag zunimmt, wie die in dem ersten Körper enthaltene Wärmemenge abgenommen hat.

Allerdings weiß jeder, der einmal im Winter seine kalten Hände gerieben hat, dass Wärme unter Aufwendung mechanischer Arbeit erzeugt werden kann. Da Stoffen, genauer der Größe Stoff„menge", in dieser Zeit die Eigenschaft der Erhaltung als selbstverständlich zugeschrieben wurde, nahm man die Erzeugbarkeit von Wärme zum Anlass, die Vorstellung der Stoffartigkeit der Wärme ganz zu verwerfen.[3] Zur gleichen Zeit machte die Entdeckung der allgemeinen Erhaltung der Energie durch MAYER, JOULE, HELMHOLTZ und andere sehr großen Eindruck auf die Zeitgenossen. Man sah das Postulat von der Erhaltung der Energie unter dem Namen „1. Hauptsatz" als eine der Grundlagen der Wärmelehre an und beschloss, die Wärme (ebenso wie die Arbeit) von nun an als *Form des Austausches* von Energie zu begreifen und die Vorstellung von der Wärmemenge damit an die Energie zu binden. Dies hatte allerdings den Preis, dass die Wärme damit keine physikalische Größe in dem sonst üblichen Sinne ist: Zwar kann man noch von einer abgegebenen oder zugeführten Wärmemenge sprechen - jedoch nicht von der in einem Körper enthaltenen Wärmemenge. Bei Festkörpern und Flüssigkeiten ist dies wenig auffällig, bei Gasen jedoch bedeutend: Mit Hilfe eines Gases kann Wärme effektiv in Arbeit „verwandelt" werden. Der Wärmemenge sind Zahlenwerte nicht für jeden Zustand eines Systems, sondern nur für Prozesse, das heißt ganze Folgen von Zuständen zuzuschreiben. Das klingt zunächst wenig bedeutsam, weist aber angesichts der Tatsache, dass der Prozessverlauf in der Regel viel weniger genau bekannt ist als die Anfangs- und Endzustände, nicht nur begriffliche, sondern auch große praktische Nachteile auf.

Die Tatsache, dass der seitdem in der Physik übliche Begriff der Wärmemenge als Energieform mit der Semantik des Wortes „Menge" nicht mehr vereinbar ist, hinderte die Physiker allerdings nicht daran, die Begriffe „Wärmemenge" und „Wärmekapazität" [4] weiterhin zu verwenden – ja den Begriff der Wärme so einzuführen! Wenige Jahre nach der Formulierung des Prinzips der Erhaltung der Energie entdeckte CLAUSIUS, dass man zur Beschreibung der thermischen Eigenschaften von Gasen eine neue physikalische Größe – die *Entropie* – einführen kann, welche die Eigenschaft der „Mengenartigkeit" (das heißt die Möglichkeit Bilanzen aufzustellen) besitzt und mit der daher einfach zu operieren ist. Die Entropie – von CLAUSIUS auch „reduzierte Wärme" genannt – ist eng mit der Wärme verknüpft, hat aber den Vorteil, für jeden Zustand und nicht nur für einen vorgegebenen Prozess definiert zu sein. Außerdem stellte CLAUSIUS fest, dass

3 Allerdings zeigte sich bald, dass Stoffe durch chemische Reaktionen sehr wohl erzeugt und vernichtet werden können, ohne dass dies mit dem entscheidenden begrifflichen Aspekt der Stoffartigkeit, nämlich der Möglichkeit Stoff-Bilanzen aufstellen zu können, in Konflikt käme. Dennoch sitzt die intuitive Überzeugung sehr tief, dass ein „richtiger" Stoff unzerstörbar sei. Dies äußert sich beispielsweise in der Schwierigkeit, Lichtquanten (Photonen) oder Schallquanten (Phononen) als „richtige" Teilchen und nicht nur als theoretische Konstrukte anzusehen.

4 Diese Worte suggerieren ja gerade, dass die Wärme nicht nur zwischen Körpern ausgetauscht, sondern auch in Körpern gespeichert werden kann. Dies kommt auch in ihrem – Symbol Q für „quantitas" – zum Ausdruck.

die Irreversibilität gewisser Prozesse über das Postulat, dass Entropie erzeugt, aber nicht vernichtet werden könne, begrifflich und quantitativ gefasst werden kann. Diese Erkenntnisse fasste er in seinem berühmten „zweiten Hauptsatz“ der Thermodynamik zusammen.

Die Einsicht, dass die ursprüngliche (kalorische) Vorstellung von der Wärme„menge“ mit der Entropie viel besser zusammen passt als die Energie, wurde erstmals von CALLENDAR im Jahre 1911 zum Ausdruck gebracht. Sie hat bis heute aber wenig Eingang in die Lehrbücher gefunden – die Gewöhnung an die historisch gewachsene Darstellungsweise erscheint bis heute stärker als die mit der Erlernung derselben verbundenen semantischen und konzeptionellen Schwierigkeiten. Die in diesem Buch vertretene Sichtweise – dass der ursprüngliche kalorische Wärmebegriff in zwei unabhängige Größen, nämlich Energie und Entropie, aufgespalten werden muss – wurde in ähnlicher Form von TISZA, einem der Begründer der Tieftemperaturphysik, formuliert [2].

Weil das Wort „Wärme“ mit der Bedeutung „Form der Energie“ bereits belegt wurde, blieb für die Entropie keine anschauliche Bedeutung mehr übrig. Zusammen mit der Schwierigkeit, die Erzeugbarkeit der Entropie mit den Vorstellungen der klassischen Mechanik in Einklang zu bringen, brachte dies die Entropie in den Ruf, eine der unanschaulichsten und abstraktesten Größen der Physik zu sein. Der Preis für die ausschließliche Interpretation der Wärme als „Form der Energie“ war also doppelt hoch: Nicht nur die Größe Entropie war von Anfang an unanschaulich, sondern auch das Wort „Wärmemenge“ wird bis heute in einer Weise verwendet, die *nicht mit der sonst selbstverständlichen „Speicherbarkeit“ von Gütern aller Art kompatibel ist.* Mathematisch kann die so verstandene Wärme nicht durch eine einfache Funktion, sondern nur durch eine nicht-integrable Differenzialform dargestellt werden – ein Konzept, welches in der Schule gar nicht und an der Universität nur bedingt vermittelt wird. Damit wurde auch der zuvor intuitiv handhabbare Begriff der Wärmemenge unanschaulich.

Eine Folge der Unanschaulichkeit der in traditioneller Weise eingeführten Entropie ist, dass diese in den neueren Darstellungen der Thermodynamik von vornherein über ihren von BOLTZMANN erkannten Zusammenhang mit der Wahrscheinlichkeit von Zuständen eines Vielteilchensystems eingeführt wird. Dieser Zusammenhang ist sehr wichtig und für die Entwicklung von allen Arten von Modellen der Materie unverzichtbar. In der Tat stehen bei diesem Zugang Modellsysteme und weniger der experimentelle Zugang zur Thermodynamik im Vordergrund. Dies wird auch durch die Tatsache unterstrichen, dass die Mehrzahl der neueren Darstellungen aus der Perspektive der theoretischen Physik verfasst sind. Unter der Bildung von *Modellen* verstehen wir dabei den Versuch, die Eigenschaften eines Makrosystems durch die Konstruktion eines aus mikroskopischen Teilsystemen *zusammengesetzten* Systems abzubilden.

Der Zugang über die statistische Interpretation der Entropie kann ihre einfache *makroskopische* Bedeutung leider wesentlich verschleiern. Makroskopisch ist die Entropie (neben der Energie) einfach eines von zwei (imaginären) Fluiden, welche zusammen mit der Temperatur zur Beschreibung aller thermischen Phänomene erforderlich sind.[5] Außerdem – und vielleicht noch wichtiger – tritt dabei die Einfachheit des Gedankengebäudes der Thermodynamik und seine zunächst *modellunabhängige* Natur in den Hintergrund. Eine modellunabhängige *Rahmentheorie* ist gerade für den Experimentalphysiker von großer Bedeutung, der eines Tages vielleicht das Privileg hat, ein fundamental neues Phänomen entdecken zu dürfen. Ein fundamental neues Phänomen ist eines, welches mit den bekannten Modellen für den Aufbau der Materie nicht zu erklären ist. Unabhängig von jeder Modellvorstellung lassen sich die Relationen der Thermodynamik nutzen, um bestimmte gemessene Größen mit völlig anderen, für den naiven Betrachter davon ganz unabhängigen Größen in Verbindung zu bringen und auf diese Weise zu testen, ob die bekannten physikalischen Größen ausreichen, um das neue Phänomen zu erfassen, oder ob dafür vielleicht die Einführung von völlig neuen physikalischen Größen erforderlich ist. Die physikalischen Systeme, an denen ein Großteil der Entwicklung der Thermodynamik stattgefunden hat, sind das ideale und das reale Gas; weitere Beispiele sind die thermische Strahlung und die Supraleitung. In all diesen Fällen ging die quantitative Erfassung der Phänomenologie durch die Thermodynamik deren Interpretation durch mikroskopische Modelle um Jahrzehnte voraus.

Ein weiterer Begriff, der im Laufe der historischen Entwicklung gravierende Veränderungen erfahren hat, ist der des *Teilchens*. Die Physik gegen Ende des 19. Jahrhunderts war von der Vorstellung geprägt, dass sich die Eigenschaften der Materie auf die Mechanik, dass heißt auf die von gegenseitigen und externen Kräften bestimmten Bahnbewegungen von kleinen Teilchen – Atomen und Molekülen – zurückführen lässt. Allein die große Zahl dieser Teilchen schien eine statistische Beschreibung erforderlich zu machen.

Die Idee, dass die traditionellen Systeme der Thermodynamik, das heißt Gase, Festkörper und Flüssigkeiten in eine (üblicherweise große) Anzahl von Teilchen zerlegbar sind, hat historisch dazu geführt, dass die Stoffmenge – in atomistischer Sprechweise die Teilchenzahl – nicht als echte physikalische Größe sondern als bloße *Stückzahl* von Objekten angesehen wurde. In älteren Darstellungen der Thermodynamik wird die Teilchenzahl einfach als Systemparameter (ähnlich der Masse) behandelt. Das führt dazu, dass die zur Teilchenzahl thermodynamisch konjugierte Größe, das chemische Potenzial, in der Physik lange Zeit ein Schattendasein geführt hat und ebenfalls als eine hochabstrakte Größe gilt – obwohl es einfach die mit den Änderungen einer Stoffmenge verbundene Energetik beschreibt.

Viele Studierende werden mit dem chemischen Potenzial frühestens in der Quantenstatistik konfrontiert, wo es als LAGRANGE-Multiplikator zu Extremalisierung der

5 Wir halten fest, dass letztlich alle physikalischen Größen imaginär sind, weil sie sich auf die *gedanklichen Bilder* beziehen, die sich die Physik von der realen Welt macht. Die Verbindung zwischen den gedanklichen Bildern und der realen Welt bilden Experimente, welche es gestatten, die aus physikalischen Theorien folgenden Relationen zwischen den physikalischen Größen quantitativ zu überprüfen.

Entropie in der großkanonischen Verteilung dient – diese Art der Einführung trägt wenig zur Bildung einer Anschauung für das chemische Potenzial bei. Das chemische Potenzials ist heute bei der Beschreibung von Transportprozessen in der Festkörperphysik und in der mesoskopischen Physik unverzichtbar. Daher findet es in neuere Lehrbüchern eher Eingang – allerdings ist dort oft immer noch ein gewisses Unbehagen im Umgang mit dieser Größe spürbar. Ähnlich wie bei der Entropie wird häufig auf Hilfskonstruktionen und Hilfsgrößen ausgewichen, die den Begriff „chemisches Potenzial“ vermeiden helfen, aber in der Regel nicht zur Transparenz des Gedankengebäudes beitragen. Für die Chemiker, die sich mit der Veränderung von Teilchenzahlen durch chemische Reaktionen auseinanderzusetzen haben, war dies schon immer etwas anders.

Im Laufe der Entwicklung der Quantentheorie zeigte sich, dass diese für eine realistische Beschreibung der Materie unverzichtbar ist. Dennoch sind die klassisch-mechanischen Bilder bis heute extrem einflussreich, weil sie in der Anschauung tief verwurzelt und nicht leicht durch etwas Besseres zu ersetzen ist.

Was ist also die Alternative zur Interpretation von Teilchen als NEWTON'sche Objekte? Eine befriedigende Antwort auf diese Frage erfordert die Einbindung der Vielteilchenaspekte der Quantenphysik in unsere Anschauung. Jedoch ist der physikalische Gehalt der Vielteilchen-Quantentheorie hinter ihrem mathematischen Apparat nicht immer leicht erkennbar. Ich plädiere dafür, die physikalischen Ideen der Vielteilchen-Quantenphysik *ohne* deren mathematischen Apparat zu formulieren und den Studierenden bereits in einer frühen Phase des Studiums nahezubringen. Denn diese Idee ist bereits für den zugänglich, der gelernt hat, dass die meisten Quantensysteme durch einen Satz von *diskreten* stationären Zuständen mit diskreten Werten der Energie beschrieben werden. Akzeptiert man, dass die Teilchenzahl ebenso eine physikalische Größe ist wie die Energie (wozu die Thermodynamik allen Anlass gibt), so sieht man, dass die ganzzahlige *Quantisierung* der Werte der Teilchenzahl bereits erkannt und als „Atomistik“ propagiert wurde, lange bevor dies für die Energie aktuell wurde!

Der fundamentale Bedeutungswandel des Wortes „Teilchen“ in der modernen Physik besteht darin, dass die Teilchen nicht mehr als Gegenstände (und damit als Teil-*Systeme*), sondern als *Anregungszustände* eines größeren Vielteilchen-Systems interpretiert werden, dessen Grundzustand das Vakuum beziehungsweise der nicht-angeregte Festkörper ist. Die kollektiven Anregungszustände eines Festkörpers lassen sich vielfach als Systeme von *Quasi-Teilchen* verstehen, die sich – analog zu den Molekülen eines konventionellen Gases – in dem vom Festkörper eingenommenen Volumen (bis auf Stöße mit anderen Quasi-Teilchen oder statischen Gitterdefekten) frei bewegen können. Der nicht-angeregte Festkörper bildet in diesem Sinne ein *Quasi-Vakuum*.

Chemische Reaktionen lassen sich auf diese Weise ebenso wie die Elektron-Loch-Rekombination (unter Photon- oder Phonon-Emission) in der Halbleiterphysik als Quantenübergänge zwischen verschiedenen (Vielteilchen-)Zuständen interpretieren. Dass diese Analogien nicht künstlich, sondern sehr tiefgehend sind, zeigen uns die Erkenntnisse der Astroteilchenphysik über die Synthese der Elemente durch die Kern-

und Elementarteilchenreaktionen in den Sternen und in Sternexplosionen. Bei diesen Prozessen finden thermisch induzierte Teilchenreaktionen bei Energien statt, die in der Chemie nicht betrachtet werden – begrifflich sind sie aber ein und dasselbe. Teilchen sind damit keine unvergänglichen Objekte, wie die Atome Demokrits, sondern sie können *erzeugt* oder *vernichtet* werden, sofern dies mit den bekannten Erhaltungssätzen verträglich ist.

Es ist das zentrale Anliegen dieser Darstellung, ausgehend von den Eigenschaften der einfachsten physikalischen Systeme, ein begrifflich einfaches und einheitliches Gesamtbild der Physik zu entwickeln. *Vor* der Beschreibung thermischer Phänomene wird in den folgenden Abschnitten dieses Kapitels die der Thermodynamik zugrundeliegende *Methode* anhand von einfachen, dem Leser wohlvertrauten Beispielen aus der Mechanik und Elektrodynamik illustriert. An diesen Beispielen wird auch der thermodynamische Systembegriff erklärt, der eben nicht auf thermische oder Vielteilchensysteme beschränkt ist, sondern auf alle Bereiche der Physik ausgedehnt werden kann. Die thermischen Systeme fügen sich dann in völlig analoger Weise in den GIBBS'schen Zugang zur Thermodynamik ein.

1.2 Grundbegriffe

In den beiden folgenden Abschnitten wird eine Reihe von Grundbegriffen vorgestellt, auf denen unser Zugang zur Physik aufbaut. Diese Grundbegriffe sind so formuliert, dass sie aus dem Bereich der klassischen Physik ohne Modifikation in den Bereich der Quantenphysik übernommen werden können und daher für eine einheitliche Formulierung der Physik tauglich sind. Obwohl einige dieser Grundbegriffe elementar erscheinen, ist es für uns dennoch sinnvoll sich diese zu vergegenwärtigen, um uns nicht später in subtilen, von den Bildern unserer Alltagswelt suggerierten Widersprüchen zu verstricken, wie wir sie im vorangegangenen Abschnitt diskutiert haben.

Die Physik erreicht eine effiziente und logisch geordnete Beschreibung der zahllosen Phänomene in der Natur dadurch, dass sie für möglichst viele davon dieselben Werkzeuge benutzt. Eine Gruppe dieser Werkzeuge nennen wir „physikalische *Größen*".[6] Diese erlauben es, verschiedene Aspekte des Gegenstandes der Betrachtung quantitativ zu fassen, indem wir den Größen bestimmte Zahlenwerte zuweisen, mit den Werten anderer Gegenstände vergleichen und untersuchen, wie sich die Werte bei physikalischen Vorgängen verändern. Verglichen mit der Vielzahl von Phänomenen, ist die zu ihrer Beschreibung erforderliche Zahl von *fundamentalen* physikalischen Größen relativ klein – die (Makro-)Physik benötigt etwa zwanzig solcher Größen, von denen

6 In vielen Büchern werden solche Größen als *Zustandsgrößen* bezeichnet, um sie von so genannten *Prozessgrößen* abzugrenzen. In diesem Buch spielen die (auch von uns so benannten) Prozessgrößen nur eine Nebenrolle, weswegen wir die Nomenklatur einfacher halten können.

sieben[7] in diesem Buch eine Hauptrolle spielen. Fundamental wollen wir diejenigen Größen nennen, die nicht auf andere Größen zurückgeführt werden können, sondern eingeführt werden müssen, um einen spezifischen Aspekt der Natur quantitativ fassen zu können. Beispielhaft sind die Phänomene der Bewegung, des Elektromagnetismus, der Wärme oder der Stoffumwandlung zu nennen. Entscheidend ist dabei, dass eine fundamentale Größe nicht für einzelne Gegenstände spezifisch ist, sondern stets in einer großen Klasse von Gegenständen auftritt. Daraus folgt, dass fundamentale Größen oft einen hohen Abstraktionsgrad haben, weil sie das Gemeinsame einer großen Zahl von Beobachtungen auf den kleinsten gemeinsamen Nenner bringen. Eine Anschauung für solche fundamentalen Größen lässt sich daher nur durch eine Übersicht über möglichst viele verschiedene Phänomene gewinnen, die alle einen, nämlich den durch die jeweilige Größe beschriebenen Aspekt, gemeinsam haben.

Es ist das Ziel der physikalischen Naturbeschreibung, einen Basis-Satz von physikalischen Größen zu identifizieren, der es erlaubt, immer mehr verschiedene Phänomene mit immer weniger fundamentalen Größen zu beschreiben. Aus diesen Grund werden *neue* fundamentale Größen nur mit äußerster Vorsicht eingeführt: Man tut dies nur, wenn man ein neues Phänomen auf überhaupt keine andere Weise als durch die Einführung neuer Größen fassen kann. Und bevor eine neue fundamentale Größe wirklich als solche anerkannt wird, verstreichen in aller Regel viele Jahre, in denen versucht wird, das neue Phänomen doch auf bekannte Größen zurückzuführen. Diese Bemühungen sind verantwortlich dafür, dass nur eine geringe Anzahl von Größen als fundamental anzusehen ist – und dieser Erfolg macht die Geschlossenheit der physikalischen Naturbeschreibung aus.

Die Gegenstände der physikalischen Beschreibung selbst bezeichnen wir gerne als *Systeme*. Dabei ist zu beachten, dass es sich bei physikalischen Systemen stets um gedachte Reduktionen der realen Objekte auf bestimmte von der jeweiligen Fragestellung abhängige und quantitativ fassbare Teilaspekte handelt – auch wenn im Wissenschaft-Jargon oft auch die Objekte selbst als Systeme bezeichnet werden.[8] Die Eigenschaften eines Systems werden durch die gegenseitigen Abhängigkeiten zwischen den *Werten* seiner physikalischen Größen beschrieben. Der Wert[9] einer physikalischen Größe besteht aus einem Zahlenwert (oder Maßzahl) und einer *Einheit*, wobei die Ein-

7 E, T, S, p, V, μ und N.

8 Um uns am Anfang nicht in allzu tiefgründigen Betrachtungen zu verlieren, verschieben wir eine eingehendere Diskussion des Begriffs *System* auf Abschnitt 7.1.

9 Die Werte sind unter Umständen nicht durch eine Einzelmessung, sondern nur als Mittelwert einer ganzen Messreihe zu bestimmen, in der die Resultate der Einzelmessungen mit gewissen Wahrscheinlichkeiten auftreten. Die Schwankungsbreite der Ergebnisse der Einzelmessungen um den Mittelwert nennt man die *Unschärfe* des Wertes. Die Quantenmechanik und die statistische Thermodynamik zeigen uns, dass Unschärfen nicht allein als Folge von Messfehlern auftreten, sondern mitunter inhärente Eigenschaften der untersuchten Systeme sind. Viele Messverfahren liefern keinen Absolutwert einer Größe, sondern nur die Differenz der Werte dieser Größe zwischen zwei verschiedenen Zuständen des Systems – in diesem Fall spricht man von *Differenz-Messverfahren*.

heit durch den Vergleich mit einem im Prinzip frei wählbaren Standardsystem definiert wird. Die Gesamtheit der Werte aller physikalischen Größen eines Systems zu einem gewissen Zeitpunkt bestimmt den momentanen *Zustand* des Systems.

Die Zuweisung von Werten für die physikalischen Größen eines Systems kann außer durch Messung auch mit Hilfe einer Theorie geschehen, die auf der Basis von *Modellen* Vorhersagen für die Zahlenwerte der physikalischen Größen des Systems macht. Modelle sind aus mehr oder weniger einfachen Elementarsystemen gebildete Konstruktionen, die ein einfaches und überschaubares, aber möglichst auch quantitativ korrektes mathematisches Abbild der experimentellen Situation ergeben. Ein illustratives Beispiel ist das BOHR'sche Atommodell, welches das Wasserstoffatom mit Hilfe einiger Zusatzannahmen auf das System *zweier sich elektrisch anziehender Körper im freien Raum* abbildet. Im nächsten Abschnitt werden einige der einfachsten dieser Mustersysteme vorgestellt. Über die abzubildenden, also bereits bekannten Eigenschaften hinaus sollte ein Modell Vorhersagen über bisher unbekannte Eigenschaften des untersuchten Systems machen, die es erlauben, die Plausibilität und Korrektheit der dem Modell zugrundeliegenden physikalischen Ideen auf die Probe zu stellen. Je einfacher das Modell und je größer seine Vorhersagekraft, desto besser. Der Grad der quantitativen Übereinstimmung zwischen den Messwerten und der theoretischen Vorhersage misst die Qualität des Modells und damit den Grad des erreichten Verständnisses. Wesentliche wissenschaftliche Fortschritte ergeben sich oft aus den *Unzulänglichkeiten* der Modelle, wie gerade das Beispiel des BOHR'schen Atommodells zeigt, dem trotz vieler, auch quantitativer Übereinstimmungen mit den experimentellen Daten eine fundamentale Beschränkung innewohnt, die letztlich zur Entwicklung ganz neuer Vorstellungen, nämlich der Quantentheorie geführt hat.
Die Fundamentalbegriffe *System*, *Zustand*, *Größe* und *Wert* sind nicht unabhängig voneinander zu definieren, sondern werden durch den folgenden Merksatz miteinander verknüpft:

! In einem Zustand hat **jede** Größe eines Systems einen bestimmten Wert.

Der Zustand eines physikalischen Systems ist also zu jedem Zeitpunkt durch die Gesamtheit der Werte aller seiner Größen zu diesem Zeitpunkt gegeben – er stellt eine Momentaufnahme der Werte aller Messgrößen des Systems dar. Da zwischen den Werten der physikalischen Größen für das betrachtete System charakteristische Abhängigkeiten bestehen, ist es für die Festlegung des Zustands ausreichend, die Werte eines Satzes von *unabhängig* variierbaren Größen anzugeben. Die Elemente eines Satzes von unabhängig variierbaren Größen nennt man die *Freiheitsgrade* des Systems.

Ein physikalisches System wird durch seine unabhängigen Variablen und deren funktionalen Zusammenhang mit den abhängigen Variablen charakterisiert.[10]

Zustandsänderungen von physikalischen Systemen lassen sich als Folgen von Zuständen darstellen und werden *Prozesse* genannt.[11] Prozesse können sowohl „von außen“, das heißt durch den Experimentator, gesteuert werden als auch „von selbst“ ablaufen, das heißt durch die innere Dynamik des Systems entstehen. Im Verlauf von Prozessen im Bereich der klassischen Physik variieren die Werte der physikalischen Größen *stetig*. Daher lassen sich solche Prozesse mathematisch durch Differenzialgleichungen (Bewegungsgleichungen) beschreiben. Im Bereich der Quantenphysik sind jedoch auch diskontinuierliche Änderungen („Quantensprünge“) der Werte der physikalischen Größen möglich, deren Beschreibung andere mathematische Hilfsmittel erfordert. Der Wertevorrat der physikalischen Größen bildet jedoch auch im Bereich der Quantenphysik ein reelles *Kontinuum*.[12]

Der folgende Aspekt des Zustandsbegriffs kann nicht stark genug betont werden:

Ein Zustand zum Zeitpunkt $t = t_0$ enthält keinerlei Information darüber, auf welche Weise er erreicht worden ist. **!**

Dies ist gleichbedeutend damit, dass ein Zustand im Sinne der Thermodynamik keinerlei „Gedächtnis“ hat – *die Werte der physikalischen Größen zu Zeiten $t < t_0$, und damit die Vorgeschichte des Systems, spiegeln sich in keiner Weise in den Werten der physikalischen Größen zum Zeitpunkt t_0 wider.* Diese Tatsache steht in einem gewissen Kontrast zum Weltbild der klassischen Mechanik nach der die Weltgeschichte mit dem Ablauf eines Uhrwerks verglichen werden kann: die Lösung der Bewegungsgleichungen des Systems verknüpft einen Zustand zu einem beliebigen Zeitpunkt t_0 eindeutig sowohl mit allen vorangegangenen Zuständen (der „Geschichte“) als auch mit allen kommenden Zuständen (der „Zukunft“). Während die klassische Mechanik nur „von selbst“ ablaufende Prozesse kennt, existiert im Bereich der Thermodynamik (von einigen speziellen Ausnahmen abgesehen) keine Bewegungsgleichung, welche momentane Zustände mit vergangenen oder zukünftigen Zuständen verbindet. Was aus der Perspektive der Mechanik wie ein Mangel erscheint, ermöglicht erst die Arbeit des Experimentators, der mit einem zu untersuchenden System gerne möglichst beliebige Prozesse ausführen möchte, ohne durch die Gesetze der Mechanik auf *einen einzigen* Prozess (nämlich die Lösung der Bewegungsgleichung) festgelegt zu sein.

---

10 Wir weisen darauf hin, dass es nur in gewissen Fällen möglich ist physikalische Systeme auf bestimmte Raumbereiche einzugrenzen.

11 Es ist üblich Systeme als *offen*, *geschlossen*, oder *abgeschlossen* zu charakterisieren, je nach dem, ob diese Energie und Teilchen, nur Energie, oder weder Energie noch Teilchen mit anderen Systemen austauschen können. Logisch stellt dies jedoch eher eine Charakterisierung gewisser *Prozesse*, beziehungsweise der Systemgrenzen dar, als der Systeme selbst.

12 Das liegt daran, dass die Mittel- oder „Erwartungs“-Werte der physikalischen Größen kontinuierlich variable Wahrscheinlichkeiten enthalten, während die bei einer Einzelmessung resultierenden Werte oft diskret sind.

Der Experimentator möchte „von Hand“ in eventuell von selbst ablaufende Prozesse eingreifen, sie anhalten, fortsetzen oder modifizieren.

Eine weitere wichtige Folge der Unabhängigkeit eines Zustands von seiner Vorgeschichte besteht darin, dass dies erst die für wissenschaftliche Untersuchungen zentrale *Reproduzierbarkeit* von Experimenten[13] und damit eine entscheidende Absicherung seiner Erkenntnisse ermöglicht: Gewisse Prozesse müssen wiederholt werden, um eine vermutete funktionale Verknüpfung der Werte der physikalischen Größen bestätigen zu können. Dazu ist entscheidend, dass der Anfangszustand des Prozesses mit der erforderlichen Genauigkeit wiederhergestellt werden kann – unabhängig davon, wieviele solcher Versuche bereits stattgefunden haben.[14]

Die Aufgabe sowohl des Experiments als auch der Theorie besteht darin, im Laufe der Erforschung eines gegebenen Systems die Art der wechselseitigen Abhängigkeiten zwischen den physikalischen Größen beziehungsweise ihren Werten zu bestimmen und herauszufinden, welche davon sich unabhängig variieren lassen. Für verschiedene physikalische Systeme sind die Art und Zahl ihrer unabhängig variierbaren Größen unterschiedlich. Es zeigt sich oft, dass sich nicht alle Größen eines Systems variieren lassen und (zumindest unter gewissen Bedingungen) als *Systemkonstanten* angesehen werden können. Allerdings ist die Unterscheidung von Variablen und Systemkonstanten in der Regel von der Fragestellung abhängig und damit willkürlich. Mit fortschreitendem Untersuchungsgrad eines Systems wird man versuchen, möglichst *alle* „Systemkonstanten“ in Variablen und systemunabhängige Konstanten zu zerlegen. Letztere werden üblicherweise als Naturkonstanten bezeichnet. Sie sind allen Systemen gemeinsam und drücken letztlich Eigenschaften unseres Maß- oder Einheitensystems aus. Aus diesem Grund erscheint es treffender statt von Naturkonstanten von *Maßsystemkonstanten* zu sprechen.[15] Beispiele für Systemkonstanten sind die Massen der Himmelskörper, beziehungsweise der Atome und Moleküle. In den Fragestellungen

---

13 Im Rahmen der Quantentheorie besteht ein gewisser Indeterminismus im dem Sinne, dass die Wiederholung von *Einzel*-Messungen einer Größe zu einer Vielzahl von Messergebnissen führen kann. Diese Komplikationen werden im zweiten Band relevant und in Abschnitt II-2.2 besprochen. Im Ergebnis fordert die Quantentheorie die Unterscheidung von *Einzelmessungen* und *Messreihen*. Reproduzierbarkeit ist im Rahmen der Quantenphysik nur für Messreihen das heißt für die Mittelwerte der aus den Einzelmessungen resultierenden Einzelwerte gegeben.

14 Der von den Experimentatoren gelegentlich leidvoll erfahrene Fehlschlag bei der Reproduktion eines Experiments ist danach stets darauf zurückzuführen, dass es nicht gelungen ist, die Werte *aller* unabhängigen Größen des Systems mit der erforderlichen Genauigkeit wiederherzustellen.

15 Die Konventionsabhängigkeit der Maßsystemkonstanten zeigt sich darin, dass diese in verschiedenen Maßsystemen unterschiedliche Werte annehmen. In der theoretischen Physik ist es üblich in einem System *natürlicher Einheiten* zu rechnen, in dem konsequent *alle* Maßsystemkonstanten $c = e = \hbar = k_B = \tau_N = 4\pi\varepsilon_0 = \mu_0/(4\pi) = 1$ gesetzt werden. Auf diese Weise bekommen alle physikalischen Größen die Einheit einer Potenz der Masse pro Teilchen. Wird auch noch die Gravitationskonstante $\gamma_G = 1$ gesetzt, so sind alle physikalischen Größen dimensionslos. Diese Feststellung geht auf PLANCK zurück, nach dem die natürlichen Einheiten auch die PLANCK-*Skalen* genannt werden. Bei komplexen Rechnungen sind die natürlichen Einheiten sehr sinnvoll, weil sonst häufig umfangreiche

der Mechanik beziehungsweise der Chemie sind die auftretenden Konstanten Systemkonstanten. Auf einer fundamentalen Ebene versucht man die Zahlenwerte der letzteren auf der Basis immer feinerer Modelle zu verstehen, das heißt letztlich mit Hilfe von Modellen zu erklären, die keine Systemkonstanten mehr, sondern nur noch Variablen enthalten. Dies kann die Einführung von völlig neuen physikalischen Größen erfordern.

Die Frage ist nun, wie die gegenseitigen Abhängigkeiten der Werte der physikalischen Größen charakterisiert werden können. Greift man einen gewissen Satz von unabhängigen Variablen heraus, so werden sich die Werte der übrigen Größen des Systems im Allgemeinen als Funktionen der Werte der als unabhängig gewählten Variablen darstellen lassen. Solche Relationen zwischen den physikalischen Größen nennt man *Zustandsgleichungen*.

! Die grundlegende Idee der thermodynamischen Beschreibungsweise besteht darin, alle diese Abhängigkeiten, das heißt die verschiedenen ein System charakterisierenden Zustandsgleichungen eines Systems, *in einer einzigen Funktion der unabhängigen Variablen zusammenzufassen*!

Der dazu zu verwendende Variablensatz ist (ähnlich der Basis eines Vektorraums) nicht eindeutig festgelegt, sondern erlaubt Übergänge von einem Satz unabhängiger Variablen zu einem anderen, je nach Zweckmäßigkeit und Fragestellung. Für den Experimentalphysiker ist diese Flexibilität besonders wichtig, weil je nach Experiment mal die eine und mal die andere Variable besonders leicht messbar oder unabhängig kontrollierbar sein wird. Je nach Variablensatz wird die das System charakterisierende Funktion eine andere Gestalt haben. Die System-charakterisierenden Funktionen werden MASSIEU-GIBBS-*Funktionen* oder *Thermodynamische Potenziale* genannt. Das zunächst vertrauteste Beispiel eines thermodynamischen Potenzials ist die *Energie* – sofern sie als Funktion des „richtigen" Variablensatzes dargestellt ist. Welche Variablen dies sind, werden wir im Folgenden sehen. Bei den thermodynamischen Potenzialen handelt es sich um eine Verallgemeinerung des aus der Mechanik und Elektrodynamik bekannten Potenzialbegriffs. Dort hat das Potenzial den Sinn, die verschiedenen Komponenten eines konservativen Kraftfeldes durch Integration in einer einzigen skalaren Funktion zusammenzufassen. Wie in der Mechanik und Elektrodynamik lassen sich viele physikalische Vorgänge besonders anschaulich als „Bewegungen" – allgemeiner als *Prozesse* – in einer „Potenzial-Landschaft" darstellen.

Kombinationen der Maßsystemkonstanten auftreten, welche lange Rechnungen unnötig unübersichtlich machen. Um die Ergebnisse der Theorie mit experimentellen Daten vergleichen zu können, ist es nötig, die in der Experimentalphysik gebräuchliche Einheit jeder Größe durch Multiplikation mit der richtigen Kombination von Maßsystemkonstanten, das heißt der zugehörigen PLANCK-Einheit, wiederherzustellen.

Die obigen Überlegungen illustrieren die Feststellung, dass sich der thermodynamische Systembegriff nicht auf konkrete „Gegenstände" bezieht. Dies wird deutlich, wenn wir fragen, ob die Größen *Masse* M oder *Teilchenzahl* N für einen gegebenen Kupferblock Variablen darstellen. In vielen Situationen können M und N für einen solchen Gegenstand als Systemkonstanten angesehen werden.[16] Das thermodynamische System „festes Kupfer" repräsentiert aber genau genommen keinen *einzelnen* Gegenstand aus Kupfer, sondern – abstrakter – eine ganze *Klasse* von Gegenständen, welche alle denkbaren Kupferklötze umfasst.

1.3 Bilanzen und Erhaltungssätze

Ein für die gesamte Physik relevantes fundamentales Postulat ist der *1. Hauptsatz der Thermodynamik*:

! Die physikalische Größe *Energie* (E) kommt in *allen* physikalischen Systemen vor und ist bei allen Prozessen *erhalten*. Die Werte der Energiedichte ($e = E/V$) sind stets nach unten beschränkt.

Diese Aussagen bilden einen Meilenstein in der Geschichte der Physik.[17] Sie sind grundsätzlich unbeweisbar und rechtfertigen sich dadurch, dass nach unserer bisherigen Erfahrung Energie weder erzeugt noch vernichtet werden kann und es keine endlich großen Systeme gibt, denen unendliche Mengen von Energie entzogen werden könnten. Daher ist es möglich (und in vielen Fällen sinnvoll), den Energie-Nullpunkt so zu legen, dass nur positive Werte von E vorkommen.[18]

---

16 Das in Kapitel 9 diskutierte Sublimationsgleichgewicht zeigt, dass die Teilchenzahl auch für einen einzelnen Kupferblock variabel ist, weil dieser Teilchen mit der ihn umgebenden Gasphase austauschen kann.

17 Die Bezeichnung „1. Hauptsatz der Thermodynamik" ist allerdings insofern etwas irreführend, weil die Energieerhaltung nicht auf die Thermodynamik beschränkt ist und sich im Folgenden außerdem zeigen wird, dass das thermodynamische Beschreibungsverfahren selbst von den Erhaltungssätzen *unabhängig* ist! Die traditionelle Formulierung des 1. Hauptsatzes wird in Abschnitt 4.5 diskutiert.

18 Wenn sich solche Erfahrungen erst einmal lange genug bewährt haben, so werden diese nicht mehr als lästige Einschränkungen (wie dies von den Erfindern von *perpetuum mobiles 1. Art* gewertet wurde), sondern als *fundamentale Konstruktionsprinzipien* betrachtet. Von diesem Zeitpunkt an wird man neue experimentelle Beobachtungen, welche ein solches Prinzip zunächst zu widerlegen scheinen, durch die Einführung von neuen physikalischen Größen oder neuen Systemen so zu deuten versuchen, dass das Prinzip aufrecht erhalten werden kann. Jede gelungene Konstruktion dieser Art stärkt die Einschätzung eines Prinzips als „fundamental". Die Erhaltung gewisser Größen lässt sich mit *Symmetrieprinzipien* verknüpfen. Die Entdeckung, dass ein gewisses Symmetrieprinzip verletzt ist (wie zum Beispiel die räumliche Parität beim radioaktiven β-Zerfall), ist daher gleichbedeutend damit, dass eine zunächst als allgemeine Erhaltungsgröße eingeordnete physikalische Größe bei bestimmten Prozessen doch nicht erhalten ist, und erregt daher meist großes Aufsehen.

Die Energie kann als eine universelle Währung veranschaulicht werden, mit der alle Veränderungsprozesse in der Welt bezahlt werden müssen. Das Gleichnis zwischen der Energie und dem Geld ist passend, weil Geld das Eigentümliche der *Bilanzierbarkeit* sowohl der Energie als auch einiger anderer physikalischer Größen besonders gut illustriert. Unter bilanzierbaren Größen verstehen wir solche, für die eine Änderung des Werts in einem System mit der Änderung des Werts *derselben* Größe in einem oder mehreren *anderen* Systemen in Verbindung gebracht werden können, weil diese Änderung entweder durch Zustrom oder Abfluss einer gewissen *Menge* dieser Größe oder aber durch Erzeugung oder Vernichtung erfolgen. Die Energie, der Impuls, der Drehimpuls, die elektrische Ladung, die Entropie und die Teilchenzahl sind wichtige Vertreter dieser Klasse. Statt *bilanzierbar* werden wir im folgenden auch oft das Wort *mengenartig* benutzen, um den Mengencharakter dieser physikalischer Größen hervorzuheben.[19] Den mengenartigen Größen steht eine zweite Klasse von Größen gegenüber, welche *keine* Bilanzen erlauben, wie zum Beispiel die Geschwindigkeit, das elektrische Potenzial oder die Temperatur.

Mengenartige Größen, deren Erzeugung und Vernichtung sich trotz intensiver experimenteller Bemühungen in dem oben beschriebenen Sinne als *unmöglich* herausgestellt hat, nennt man *allgemeine Erhaltungsgrößen*. Daneben gibt es mengenartige Größen, die nur bei einer bestimmten Klasse von Prozessen, aber nicht bei allen Prozessen erhalten sind. Ein Beispiel für eine solche Größe ist die Stoffmenge (oder Teilchenzahl), welche bei vielen Prozessen erhalten ist – mit Ausnahme der Prozesse, die wir *chemische Reaktionen* nennen. Bei chemischen Reaktionen kommt es zu Stoffumsätzen: Die Teilchenzahl einer chemischen Spezies nimmt auf Kosten einer anderen ab. Dass diese Phänomene nicht auf die Chemie beschränkt sind, zeigen die Beispiele des radioaktiven Zerfalls und der Reaktionen zwischen Elementarteilchen in der Hochenergiephysik. Ein weiteres wichtiges Beispiel für eine Größe, die zwar mengenartig, aber nicht allgemein erhalten ist, bildet die Entropie, welche ebenfalls nicht bei allen, sondern nur bei als *reversibel* bezeichneten Prozessen erhalten ist. Neben der Energie stellen die elektrische Ladung, der Impuls und der Drehimpuls weitere Beispiele für Größen dar, die einem allgemeinen, das heißt nicht auf bestimmte Prozesse beschränkten Erhaltungssatz genügen. Bei Erhaltungsgrößen werden die Bilanzen besonders einfach, weil die Bilanzgleichung keine Erzeugungs- oder Vernichtungsterme enthält. Das bedeutet, dass eine Zunahme einer solchen Größe in einem System mit einer gleich großen Abnahme dieser Größe in einem anderen System verbunden ist.

Die Beschreibung der Energieänderungen von physikalischen Systemen beziehungsweise der *Energietransport* zwischen Systemen spielt in der gesamten Physik eine zentrale Rolle. Charakteristisch ist, dass Änderungen der Energie *immer* auch mit der Änderung anderer physikalischer Größen verknüpft sind. Was üblicherweise als

19 Eine mathematische Definition der Mengenartigkeit erfolgt in Abschnitt 1.5: Mengenartig sind diejenigen Größen, für die sich eine *Kontinuitätsgleichung* aufstellen lässt.

unterschiedliche *Formen* der Energie bezeichnet wird, wollen wir dadurch präziser fassen, dass wir neben der Energie stets auch die anderen bei einem Prozess ausgetauschten Größen benennen. Der Nachteil der Unterscheidung von verschiedenen Energieformen besteht darin, dass diese die Größe Energie je nach dem betrachteten Prozess mit anderen Zusatzattributen befrachtet, welche mit dem heutigen Konzept einer physikalischen Größe – wonach diese allein einen Zahlenwert und eine Einheit repräsentiert – nicht vereinbar sind.

Prozesse, bei denen sich die Werte von Erhaltungsgrößen ändern, setzen für ihre Realisierung stets die Existenz anderer Systeme voraus, aus denen die erhaltenen Größen zugeführt werden oder die sie aufnehmen müssen, sodass die Bilanzen am Ende stimmen. Wollen wir uns bei der Betrachtung eines bestimmten Systems über die Natur dieser zusätzlich erforderlichen Systeme keine weiteren Gedanken machen, so nennen wir diese einfach *Reservoire*.

1.4 Einfache Systeme

Bevor wir uns der Beschreibung thermischer Systeme zuwenden, liegt es nahe sich einmal anzusehen, wie das oben skizzierte Beschreibungsverfahren für wohlbekannte Systeme der klassischen Mechanik oder der Elektrodynamik aussieht. Im folgenden Abschnitt werden einige Beispiele von einfachen Systemen aufgeführt. Diese Beispiele sind nicht zufällig gewählt: wir wollen sie als „Archetypen“[20] der zahllosen in der Natur auftretenden Objekte auffassen. Bei diesen Systemen kommt es nicht so sehr darauf an, dass sie die Eigenschaften der Gegenstände, die sie repräsentieren, im Detail und quantitativ richtig wiedergeben – dann würden wir uns in diesen Details verlieren –, sondern bestimmte, häufig auftretende Elemente zu charakterisieren und anhand dieser einen Überblick über fundamentale Eigenschaften und Prinzipien zu gewinnen. In diesem Sinne sind die archetypischen Systeme nicht als getreue *Abbilder* real existierender (Klassen von) Objekte(n) anzusehen, sondern als deren – das wesentliche betonende – *Karikaturen*! Im Laufe der folgenden Kapitel werden wir noch einige weitere solcher „archetypischen“ Systeme kennenlernen, mit denen sich (unter Verzicht auf individuelle Details) eine ganz erstaunliche Breite an Naturphänomenen zumindest qualitativ verstehen lässt.

Im Folgenden wollen wir die allgemeinen Prinzipien der Thermodynamik mit Hilfe einiger archetypischer Beispiele für physikalische Systeme illustrieren. Dazu geben wir jeweils deren Variablen und die zwischen diesen bestehenden Zustandsgleichungen an und betrachten typische Prozesse. In diesen Beispielen werden die

---

20 Wir verwenden dieses Wort in demselben Sinn, in dem in der Psychologie versucht wird, die Vielzahl der Charaktere der Menschen trotz aller individuellen Unterschiede in wenige Klassen zusammenzufassen, um gewisse gemeinsame Charakteristika hervorzuheben.

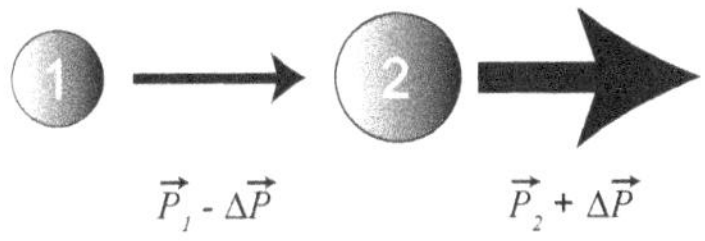

Abb. 1.1. Beschleunigung des Körpers 2 durch Impulszufuhr $\Delta \boldsymbol{P}$ durch einen Stoßprozess (mit dem Körper 1).

Zustandsgleichungen üblicherweise aus Experimenten gewonnen. Wir beschränken uns hier überwiegend auf die einfachsten Varianten und Grenzfälle dieser Systeme.

NEWTON'scher freier Körper:
Dieses System hat die folgenden physikalischen Größen:[21] Energie E, Impuls $\boldsymbol{P}$, Geschwindigkeit $\boldsymbol{v}$ und die Masse M. Zunächst beschränken wir uns auf Prozesse, bei denen M konstant ist; damit bleibt als einzig möglicher Prozess die *Beschleunigung des Körpers durch Impulszufuhr*.
Aus der Mechanik kennen wir den Zusammenhang zwischen dem Impuls und der im Körper gespeicherten Energie:

$$E(\boldsymbol{P}) = \frac{\boldsymbol{P}^2}{2M} \tag{1.1}$$

Die differenzielle Energie-Änderung während eines Beschleunigungsprozesses beträgt dann:

$$dE = \boldsymbol{v}\, d\boldsymbol{P}\,, \tag{1.2}$$

wobei

$$\boldsymbol{v}(\boldsymbol{P}) := \frac{\partial E(\boldsymbol{P})}{\partial \boldsymbol{P}} \tag{1.3}$$

die *dynamische Geschwindigkeit* definiert.[22]

Diese Definition der Geschwindigkeit erscheint gegenüber der vertrauten kinematischen Definition der Geschwindigkeit ($\boldsymbol{v} = d\boldsymbol{r}(t)/dt$) zunächst ungewohnt, weil sie weder auf den Ort $\boldsymbol{r}(t)$ des Teilchens noch auf die Zeit t Bezug nimmt. Sie setzt nicht voraus, dass der durch den Körper repräsentierte Transport von Energie und Impuls in einem bestimmten Raumbereich *lokalisiert* ist. Für lokalisierbare Körper sind die dynamische und die kinematische Geschwindigkeit identisch. Darüber hinaus erlaubt Gl. 1.3 die Geschwindigkeit auch im Bereich der Quantenmechanik zu definieren, nach der Teilchen mit einem scharfen Impuls *delokalisiert* sind. In diesem Fall ist die kinematische Definition der Geschwindigkeit nicht mehr anwendbar, weil die Ortsunschärfe der Teilchen maximal ist. Besondere Bedeutung gewinnt die dynamische Definition

---

21 Bei (kräfte-)freien Körpern sind Impuls und Energie definitionsgemäß unabhängig von der Zeit und damit auch vom Ort des Körpers.

22 Hier ist $\partial E(\boldsymbol{P})/\partial \boldsymbol{P}$ als Abkürzung für $\mathrm{grad}_{\boldsymbol{P}}\, E(\boldsymbol{P})$ zu verstehen.

von $\boldsymbol{v}$ für den Fall des *Lichts*, dessen Geschwindigkeit im Vakuum nach EINSTEIN stets den Betrag $|\boldsymbol{v}| = c$ hat. Gemäß den DE BROGLIE-Relationen $E = \hbar\omega$ und $\boldsymbol{P} = \hbar\boldsymbol{k}$ entspricht die dynamische Geschwindigkeit der Gruppengeschwindigkeit $\boldsymbol{v}_G = \partial\omega(\boldsymbol{k})/\partial\boldsymbol{k}$ von mehr oder weniger ausgedehnten Wellenpaketen.

Da die dynamische Geschwindigkeit unabhängig von der Form von $E(\boldsymbol{P})$ ist, legt Gl. 1.1 alle Relationen zwischen den dynamischen Variablen des Systems „freier Körper" fest. Gl. 1.1 definiert also das System „freier Körper" in seiner einfachst möglichen Form, nämlich für eine $\boldsymbol{P}$-unabhängige Masse. Alternativ zur Angabe der Funktion $E(\boldsymbol{P})$ kann das System „freier Körper" auch durch die Angabe seiner *Zustandsgleichung*

$$\boldsymbol{v}(\boldsymbol{P}) = \frac{\boldsymbol{P}}{M} \tag{1.4}$$

beschrieben werden. Weiterhin *definiert* die Zustandsgleichung die Masse M des Körpers als das Verhältnis von Impuls und Geschwindigkeit.

Die Definition eines Systems durch Angabe der Funktion $E(\boldsymbol{P})$ und durch Angabe seiner Zustandsgleichung sind äquivalent, da Gl. 1.1 (bis auf eine Integrationskonstante) durch Integration von Gl. 1.2 (nach Einsetzen von Gl. 1.4) oder umgekehrt Gl. 1.4 durch Differenzieren aus Gl. 1.1 gewonnen kann. Die Äquivalenz gilt auch für alle folgenden Beispiele.

EINSTEIN'scher freier Körper:
Nach der Relativitätstheorie EINSTEINS ändert sich der funktionale Zusammenhang zwischen Energie und Impuls bei hohen Energien. Um die Schlagkraft des thermodynamischen Beschreibungsverfahrens zu illustrieren, wollen wir den Energie-Impuls-Zusammenhang eines freien Körpers für beliebige Energien allein aus der Definition der Masse (Gl. 1.4), der EINSTEIN'schen Relation

$$E = Mc^2 \tag{1.5}$$

und der fundamentalen Relation 1.2 herleiten. Gleichung 1.5 bedeutet, dass Energie und Masse nicht zwei verschiedene, sondern *dieselbe* physikalische Größe bezeichnen, deren Einheiten sich nur um die Maßsystemkonstante c^2 unterscheiden. Materie ist strukturierte Energie und daher massebehaftet. Wird ein Teil der Energie, beispielsweise durch das Eingehen von Bindungen bei chemischen Reaktionen, nach außen abgegeben, so äußert sich dies in einer reduzierten Ruhemasse der Reaktionsprodukte. Bei gewöhnlichen chemischen Reaktionen ist dieser *Massendefekt* im Vergleich zur Ruhemasse (siehe unten) vor und nach der Reaktion so klein, dass er in der Regel nicht messbar ist. Allein bei Kernreaktionen wie der Kernspaltung und der Kernfusion entspricht der Massendefekt einem messbaren Bruchteil (einige %) der Gesamtmasse der Reaktanden – mit manchmal katastrophalen Auswirkungen der freigesetzten Energie.

Da E eine Funktion von $\boldsymbol{P}$ ist, bedeutet die Äquivalenz von Energie und Masse, dass die Masse im Gegensatz zum NEWTON'schen Körper nicht als konstant angesehen werden kann, sondern vom Wert des Impulses abhängen muss. Nehmen wir an, dass die Masse unabhängig von der Richtung von $\boldsymbol{P}$ ist, so kann M nur von $|\boldsymbol{P}|$ abhängen.[23] Daher hat die Zustandsgleichung eines EINSTEIN'schen freien Körpers die Gestalt:

$$\boldsymbol{v}(\boldsymbol{P}) = \frac{\boldsymbol{P}}{M(\boldsymbol{P})} . \tag{1.6}$$

Setzen wir diese Beziehung in Gl. 1.2 ein und integrieren, so erhalten wir:

$$dE = c^2 dM = \frac{|\boldsymbol{P}|}{M} d|\boldsymbol{P}| ,$$

$$c^2 \int_{M_0}^{M} M'\, dM' = \int_0^{|\boldsymbol{P}|} |\boldsymbol{P}'|\, d|\boldsymbol{P}'| ,$$

$$\frac{c^2}{2}\left[M^2(\boldsymbol{P}) - M_0^2\right] = \frac{1}{2}\boldsymbol{P}^2 ,$$

wobei die Masse M_0 des Körpers bei $\boldsymbol{P} = 0$ seine *Ruhemasse* genannt wird. Lösen wir die letzte Gleichung nach $E = Mc^2$ auf, so erhalten wir den Energie-Impuls-Zusammenhang eines relativistischen freien Körpers:

$$E(\boldsymbol{P}) = \sqrt{(c\boldsymbol{P})^2 + E_0^2} , \tag{1.7}$$

wobei $E_0 = M_0 c^2$ die M_0 entsprechende Ruheenergie ist. Gleichung 1.5 hat die fundamentale Konsequenz, dass die Werte der Energie (nach Festlegung eines Bezugspunktes für $\boldsymbol{v}$) absolut messbar und damit eindeutig festlegbar sind, weil die Ruhemasse im Prinzip in Stoß- oder anderen Beschleunigungsexperimenten gemessen werden kann.[24]

Die relativistische Form von $E(\boldsymbol{P})$ ist in Abb. 1.2 dargestellt. Interessant ist, dass die durch Gl. 1.3 definierte dynamische Geschwindigkeit sich im Grenzfall $c|\boldsymbol{P}| \gg E_0$ asymptotisch an den Wert c annähert, ihn aber nie überschreitet. Daher stellt die Lichtgeschwindigkeit c eine *Grenzgeschwindigkeit* dar, die selbst bei beliebiger Zufuhr von Energie und Impuls nicht überschritten werden kann. Physikalisch ist die Existenz einer Grenzgeschwindigkeit wieder auf Gl. 1.5 zurückzuführen, da die dem Körper zur Beschleunigung gemeinsam mit dem Impuls zugeführte Energie zur trägen Masse des Körpers beiträgt. Bei gleichem Impulsübertrag ist der resultierende Geschwindigkeitszuwachs daher umso kleiner, je größer die Energie des Körpers ist.

Kombiniert man die Existenz einer Grenzgeschwindigkeit c mit dem Relativitätsprinzip, das heißt der Forderung nach der Gleichberechtigung aller gegeneinander gleichförmig bewegten Bezugssystem, so folgt daraus die Feststellung, dass die Grenzgeschwindigkeit in allen Bezugssystemen gleich sein muss. Das bedeutet, dass das

23 In der Festkörperphysik werden häufig sogenannte *Quasiteilchen* betrachtet, deren Masse nicht nur vom Betrag, sondern auch von der Richtung ihres Impulses abhängt.

24 Dass dies in der Praxis schwierig ist, weil die machbaren Energieänderungen meist sehr klein gegen die Ruheenergie E_0 sind, ist für diese fundamentale Betrachtung nicht relevant.

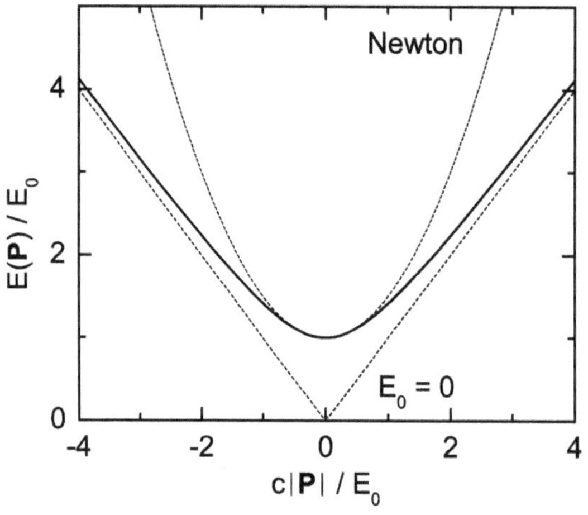

Abb. 1.2. Energie-Impuls-Zusammenhang für relativistische freie Körper. Die gestrichelten Linien geben den NEWTON'schen und den extrem-relativistischen Grenzfall an.

GALILEI'sche Gesetz der Addition von Geschwindigkeiten bei Wechsel in ein anderes Bezugssystem bei großen Geschwindigkeiten ungültig werden muss. Wäre dies nicht der Fall, so ließe sich zu einem Bezugssystem, in dem ein Körper die Geschwindigkeit c hat, stets ein anderes Bezugssystem finden, in dem die Geschwindigkeit dieses Körpers größer als c ist. Die Invarianz von c bei einem Wechsel des Bezugssystems wird durch die LORENTZ-Transformationen sichergestellt, welche die nur bei Geschwindigkeiten $|\boldsymbol{v}| \ll c$ gültigen GALILEI-Transformationen verallgemeinern.[25]

Für das Folgende sind insbesondere die beiden Grenzfälle $c|\boldsymbol{P}| \ll E_0$ und $c|\boldsymbol{P}| \gg E_0$ interessant. Im ersten Fall liefert die Taylor-Entwicklung von Gl. 1.7 nach $c|\boldsymbol{P}|/E_0$:

$$E(\boldsymbol{P}) = E_0 + \frac{\boldsymbol{P}^2}{2M_0}$$

und nimmt bis auf den konstanten Beitrag E_0 die klassische Form Gl. 1.1 an. Entsprechend hat die Zustandsgleichung in diesem Grenzfall die Form $\boldsymbol{v} = \boldsymbol{P}/M_0$. Diese NEWTON'sche Näherung der Zustandsgleichung des freien Körpers hat einen ähnlich asymptotischen Charakter wie das später zu besprechende ideale Gasgesetz, das nur im Grenzfall kleiner Dichten und hoher Temperaturen gilt und das Verhalten der Gase außerhalb dieses Bereiches nicht korrekt beschreibt.

Den entgegengesetzten Grenzfall mit $M_0c^2 \ll |c\boldsymbol{P}|$ nennt man *extrem relativistisch*. In diesem Fall ist

$$E(\boldsymbol{P}) = c|\boldsymbol{P}| \,. \tag{1.8}$$

Ist $M_0 = 0$, so beträgt die dynamische Geschwindigkeit nach Gl. 1.7 stets c. Das wichtigste Beispielsystem mit dieser Eigenschaft, das uns im Zusammenhang mit der thermischen Strahlung begegnen wird, sind die *Photonen*, das heißt die Quanten des

25 Historisch war bekanntlich die Universalität von c der Ausgangspunkt von EINSTEINS Überlegungen und die Relation $E = Mc^2$ die Folgerung.

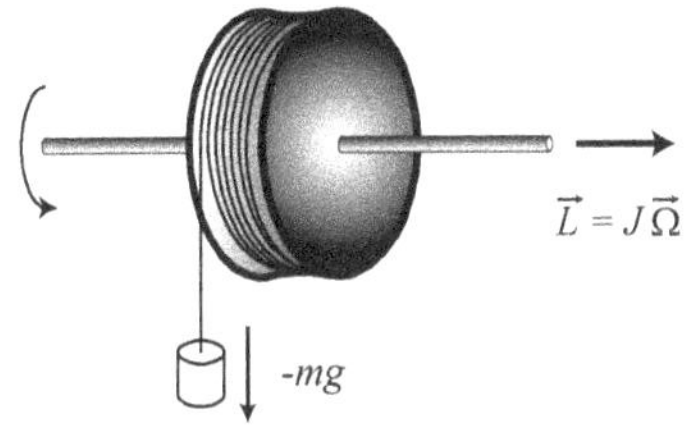

Abb. 1.3. Winkelbeschleunigung $\dot{\boldsymbol{\Omega}}$ durch Drehimpulszufuhr mittels eines externen Drehmoments $\boldsymbol{M} = \dot{\boldsymbol{L}}$.

Lichtfelds. Aber auch die Elektronen und Positronen ($M_0c^2 = 0.511$ MeV) in Teilchenbeschleunigern können Energien im GeV-Bereich und damit den extrem relativistischen Grenzfall erreichen.

Für Systeme mit kleiner oder verschwindender Ruhemasse M_0 können die Gesetze der Quantenmechanik nicht mehr ignoriert werden. Wie oben bereits erwähnt, kann der durch das System repräsentierte Transport von Energie und Impuls nicht mehr auf einen wohldefinierten Raumbereich lokalisiert werden. Deshalb spricht man im Grenzfall kleiner Massen nicht mehr von „Körpern", sondern von „Teilchen" – oder besser von „Quanten". Während das Wort „Teilchen" noch suggeriert, dass es sich bei dem System um ein Objekt handelt, das sich von makroskopischen Körpern nur durch den viel kleineren Wert der Ruhemasse unterscheidet, macht die letztere Bezeichnung deutlich, dass es sich um etwas qualitativ Neues, nämlich quantenmechanische Objekte handelt. Für die Relationen 1.1, 1.2 und 1.5 sind diese Unterschiede aber irrelevant, und daher behalten alle nur auf diesen Relationen basierenden Schlussfolgerungen ihre Gültigkeit.[26] Tatsächlich sind die Gleichungen 1.1, 1.2, 1.5 und deren Konsequenzen fast das Einzige, was von der klassischen Mechanik in die Quantenphysik übernommen werden kann.

Nach diesem Exkurs in die moderne Physik wollen wir jetzt weitere wohlbekannte Beispiele für einfache Systeme aufzählen:

Freier Kreisel (Rotator):

Dieses System hat die physikalischen Größen Energie E, Drehimpuls $\boldsymbol{L}$, Winkelgeschwindigkeit $\boldsymbol{\Omega}$ und das Trägheitsmoment J. Zunächst beschränken wird uns auf Prozesse, bei denen J konstant ist; damit bleibt als einzig möglicher Prozess die *Beschleunigung des Rotators.*

Im Kreisel gespeicherte Energie:

$$E(\boldsymbol{L}) = \frac{\boldsymbol{L}^2}{2J} \,. \tag{1.9}$$

Energieänderung während der Beschleunigung des Rotators:

$$dE = \boldsymbol{\Omega}\, d\boldsymbol{L} \,, \tag{1.10}$$

26 Ein schönes Beispiel bildet der in Aufgabe 1.2 behandelte Compton-Effekt.

wobei

$$\boldsymbol{\Omega} = \frac{\partial E(\boldsymbol{L})}{\partial \boldsymbol{L}} \tag{1.11}$$

analog zur dynamischen Geschwindigkeit die dynamische Definition der Winkelgeschwindigkeit darstellt.
Zustandsgleichung:

$$\boldsymbol{\Omega}(\boldsymbol{L}) = \boldsymbol{L}/J\ . \tag{1.12}$$

Wieder sind die Gl. 1.9 und 1.12 charakteristisch für das System „Kreisel", während Gl. 1.10 und 1.11 für alle Systeme gelten, die die Variablen $\boldsymbol{L}$ und $\boldsymbol{\Omega}$ besitzen. Ebenso wie das System „Freier Körper" existiert das System „Kreisel" auch in einer quantenmechanischen Version, die uns später im Zusammenhang mit Molekülgasen begegnen wird.

Lineare Feder:
Dieses System hat die physikalischen Größen Energie E, Verschiebung $\boldsymbol{x}$, Kraft $\boldsymbol{F}$ und die Federkonstante $\mathcal{K}$. Zunächst beschränken wird uns auf Prozesse, bei denen $\mathcal{K}$ konstant ist; damit bleibt als einzig möglicher Prozess das *Spannen der Feder.*
In der Feder gespeicherte Energie:

$$E(\boldsymbol{x}) = \frac{1}{2}\mathcal{K}\boldsymbol{x}^2\ . \tag{1.13}$$

Energieänderung während des Spannens der Feder:

$$dE = -\boldsymbol{F}\,d\boldsymbol{x}\ , \tag{1.14}$$

wobei

$$-\boldsymbol{F}(\boldsymbol{x}) = \frac{\partial E(\boldsymbol{x})}{\partial \boldsymbol{x}} \tag{1.15}$$

den bekannten allgemeinen (das heißt systemunabhängigen) Zusammenhang zwischen potentieller Energie und Kraft darstellt.
Zustandsgleichung:

$$\boldsymbol{F}(\boldsymbol{x}) = -\mathcal{K}\boldsymbol{x}\ . \tag{1.16}$$

Die Kraft $\boldsymbol{F}$, mit der die Feder auf andere Systeme wirkt, ist der Auslenkung entgegengesetzt. Wie beim freien Teilchen sind die Gl. 1.13 und 1.16 charakteristisch für das System „lineare Feder". Weil bei realen elastischen Systemen die Federkonstante $\mathcal{K}(x)$ von der Auslenkung abhängt, werden bei großen Auslenkungen nichtlineare Zusatzterme in der Zustandsgleichung auftreten.

Harmonischer Oszillator:
Hier handelt es sich um ein System, welches aus einem Körper und einer Feder zusammengesetzt ist, wobei der Ort des Körpers und das rechte Ende der Feder fest verknüpft

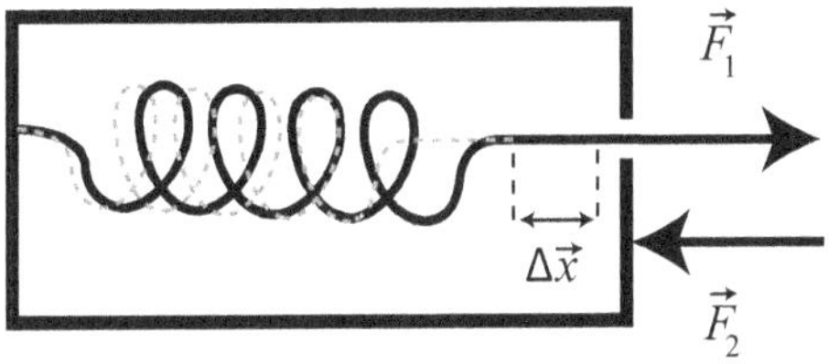

Abb. 1.4. Spannen einer Feder durch Auslenkung $\Delta \boldsymbol{x}$ mit Hilfe zweier externer Kräfte $\boldsymbol{F}_1$ und $\boldsymbol{F}_2$. Damit sich die Feder tatsächlich spannt und sich nicht einfach unter Impulsaufnahme in Bewegung setzt, muss die auf das rechte Ende der Feder wirkende Kraft $\boldsymbol{F}_1$ durch eine entgegengesetzt gleiche Gegenkraft $\boldsymbol{F}_2 = -\boldsymbol{F}_1$ kompensiert werden. Wie am Ende des nächsten Abschnitts erklärt wird, kann dies auch so verstanden werden, dass der über das rechte Ende der Feder zugeführte Impuls über das linke Ende wieder abgeführt werden muss.

sind. Derartigen zusammengesetzten Systeme werden wir später häufig begegnen. Das System hat die physikalische Größen Energie E, Impuls $\boldsymbol{P}$, Geschwindigkeit $\boldsymbol{v}$, Masse M, Auslenkung $\boldsymbol{x}$, Kraft $\boldsymbol{F}$ und die Federkonstante $\mathcal{K}$. Es erlaubt zwei Typen von Prozessen, die kombiniert werden können: die *Beschleunigung des Teilchens* und das *Spannen der Feder*.

Im System gespeicherte Energie:

$$E(\boldsymbol{P}, \boldsymbol{x}) = \frac{\boldsymbol{P}^2}{2M} + \frac{1}{2}\mathcal{K}\boldsymbol{x}^2 \,. \tag{1.17}$$

Energieänderung während eines beliebigen Prozesses:

$$dE = \boldsymbol{v}\, d\boldsymbol{P} - \boldsymbol{F}\, d\boldsymbol{x} \,, \tag{1.18}$$

wobei $\boldsymbol{v}$ und $-\boldsymbol{F}$ wieder durch die partiellen Ableitungen von E nach $\boldsymbol{P}$ und $\boldsymbol{x}$ gegeben sind. Dieses System hat die beiden Zustandsgleichungen:

$$\boldsymbol{v}(\boldsymbol{P}) = \frac{\boldsymbol{P}}{M} \quad \text{und} \quad \boldsymbol{F}(\boldsymbol{x}) = -\mathcal{K}\boldsymbol{x} \,. \tag{1.19}$$

Analog zum freien Teilchen und zur elastischen Feder sind die Gl. 1.17 und 1.19 charakteristisch für das zusammengesetzte System „Harmonischer Oszillator“. Die Zerlegbarkeit dieses Systems äußert sich darin, dass seine Massieu-Gibbs-Funktion aus zwei variablenfremden Summanden besteht, die die Massieu-Gibbs-Funktionen der beiden Teilsysteme darstellen. Weiter unten werden wir ein anderes Beispiel kennenlernen, welches sich *nicht* in dieser Weise zerlegen lässt, nämlich den Kondensator mit variablem Plattenabstand.

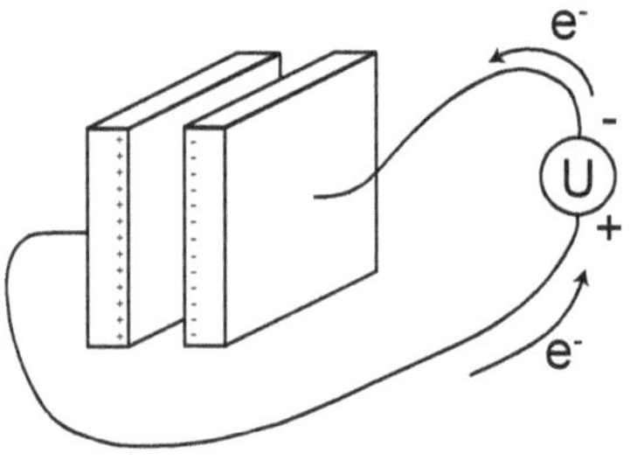

Abb. 1.5. Laden eines Kondensators über eine externe elektrische Spannungsquelle.

Kondensator:

Dieses System hat die physikalischen Größen Energie E, elektrische Ladung[27] Q, elektrische Spannung/elektrisches Potenzial $U = \Delta\Phi$ und die elektrostatische Kapazität C. Zunächst beschränken wir uns auf Prozesse, bei denen C konstant ist; damit bleibt als einzig möglicher Prozess das *Laden des Kondensators.*

Im elektrischen Feld des Kondensators gespeicherte Energie:

$$E(Q) = \frac{Q^2}{2C} . \tag{1.20}$$

Energieänderung während des Ladens:

$$dE = U\,dQ , \tag{1.21}$$

wobei

$$U(Q) = \frac{\partial E(Q)}{\partial Q} \tag{1.22}$$

die dynamische Definition der Spannung darstellt. Wie sich in den späteren Kapiteln zeigen wird, hat auch diese Beziehung einen größeren Gültigkeitsbereich als die rein elektrostatische Beziehung zwischen U und der elektrischen Feldstärke $\boldsymbol{E}$:

$$U = \int_{\boldsymbol{r}_1}^{\boldsymbol{r}_2} \boldsymbol{E}(\boldsymbol{r})\,d\boldsymbol{r} .$$

Zustandsgleichung:

$$U(Q) = \frac{Q}{C} . \tag{1.23}$$

Der Kondensator erscheint zunächst als ein rein elektrisches System. Durch eine geringfügige Modifikation lässt er sich jedoch zu einem interessanten *elektromechanischen* System erweitern, welches uns zur Illustration der thermodynamischen Prinzipien im Folgenden noch gute Dienste leisten wird.

27 Mit Q ist hier genauer der Betrag der entgegengesetzt-gleichen Ladungen jeweils einer der beiden Platten gemeint.

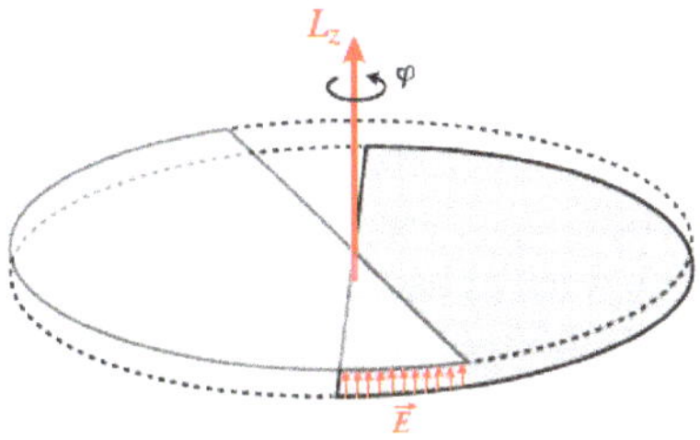

Abb. 1.6. Drehkondensator mit einer um die z-Achse frei drehbaren Platte. Ist der Plattenabstand klein gegen den Durchmesser, so ist das elektrische Feld $\boldsymbol{E}$ im Kondensator auf den Überlappungsbereich der Platten beschränkt. Daher ist die Ladungskapazität stark vom Drehwinkel φ abhängig.

Kondensator mit variablem Plattenabstand:
Dieses System hat die physikalischen Größen Energie E, elektrische Ladung Q, elektrische Spannung U, elektrische Kapazität C, Plattenabstand x und die Kraft F zwischen den Kondensatorplatten. Jetzt gestatten wir auch eine Änderung der Kapazität des Kondensators durch die Variation des Plattenabstands, und daher gibt es zwei Typen von Prozessen, die beliebig kombiniert werden können: *das Laden des Kondensators und die Änderung des Plattenabstandes.*
Im elektrischen Feld des Kondensators gespeicherte Energie:

$$E(Q, x) = \frac{Q^2}{2C(x)} = \frac{Q^2 x}{2\epsilon_0 A}, \tag{1.24}$$

mit $C(x) = \epsilon_0 A/x$ (solange $x \ll \sqrt{A}$), wobei A die Fläche der Kondensatorplatten und ϵ_0 die elektrische Feldkonstante sind. In diesem Beispiel kann die Kapazität des Plattenkondensators über den Plattenabstand x verändert werden.
Energieänderung während eines beliebigen Prozesses:

$$dE = U\,dQ - F\,dx\,, \tag{1.25}$$

wobei

$$U(Q, x) = \frac{\partial E(Q, x)}{\partial Q} \quad \text{und} \quad -F(Q, x) = \frac{\partial E(Q, x)}{\partial x} \tag{1.26}$$

die beiden Zustandsgleichungen des Systems liefern:

$$U(Q, x) = \frac{Q}{C(x)} = \frac{Qx}{\epsilon_0 A}\,, \tag{1.27}$$

$$-F(Q, x) = \frac{Q^2}{2\epsilon_0 A}\,. \tag{1.28}$$

Das Kraft-Abstand-Gesetz (Gl. 1.28) für dieses System ist ungewöhnlich, weil die Kraft (anders als bei der elastischen Feder) unabhängig vom Abstand ist. Dies gilt allerdings *nur bei konstanter Ladung*! Bei konstanter Spannung U gilt ein anderes Kraft-Abstand-Gesetz, wie man sieht, wenn man Gl. 1.27 nach Q auflöst und in Gl. 1.28 einsetzt. Eine derartige Abhängigkeit der Relationen zwischen zwei Variablen von der Wahl der übrigen unabhängigen Variablen wird uns in der Thermodynamik sehr häufig begegnen.

Drehkondensator:
Eine Variante des Plattenkondensators mit variablem Abstand stellt der in der Frühzeit der Rundfunktechnik vielfach zur Abstimmung von Frequenzen verwendete Drehkondensator dar. Bei diesem können die Kondensatorplatten um den Winkel φ gegeneinander verdreht und so eine Änderung der Kapazität erreicht werden. Außerdem liefert die drehbare Kondensatorplatte einen von ihrem Drehimpuls L_z abhängigen Beitrag zur Gesamtenergie.
Im elektrischen Feld des Kondensators sowie im Rotor gespeicherte Energie:

$$E(Q, \varphi, L_z) = \frac{Q^2}{2C(\varphi)} + \frac{L_z^2}{2J}, \tag{1.29}$$

mit $C(\varphi) = \epsilon_0 A(\varphi)/x$, wobei $A(\varphi)$ die vom Drehwinkel φ abhängige Überlappungsfläche der beiden Kondensatorplatten ist.[28]
Energieänderung während eines beliebigen Prozesses:

$$dE = U\,dQ - M\,d\varphi + \Omega_z\,dL_z\,. \tag{1.30}$$

Dabei ist M_z das zwischen den Platten wirksame Drehmoment und J das Trägheitsmoment der drehbaren Platte. Die partiellen Ableitungen der Funktion $E(Q, M_z, L_z)$ liefern die drei Zustandsgleichungen des Systems:

$$U(Q, \varphi) = \frac{\partial E(Q, \varphi, L_z)}{\partial Q} = \frac{Q}{C(\varphi)}, \tag{1.31}$$

$$-M(Q, x) = \frac{\partial E(Q, \varphi, L_z)}{\partial \varphi} = -\frac{Q^2}{2C(\varphi)}\frac{dC(\varphi)}{d\varphi}, \tag{1.32}$$

$$\Omega_z(L_z) = \frac{\partial E(Q, \varphi, L_z)}{\partial L_z} = \frac{L_z}{J}\,. \tag{1.33}$$

Da die ersten beiden Zustandsgleichungen nur von Q und φ, die dritte dagegen nur von L_z abhängen, lässt sich das Gesamtsystem in ein (unzerlegbares) elektromechanisches sowie ein rein mechanisches Teilsystem (Rotator) zerlegen. In Kapitel 4 werden wir sehen, dass sich dieses System bei geeigneter Prozessführung als eine *Elektro-Kraftmaschine*, das heißt als ein elektrostatischer Motor verwenden lässt, an dem sich die auch für thermische Maschinen typischen Kreisprozesse veranschaulichen lassen.

Magnetspule:
Dieses System hat die physikalischen Größen Energie E, magnetischer Fluss Φ, elektrischer Strom I und die Induktivität L. Zunächst beschränken wird uns auf Prozesse, bei denen L konstant ist; damit bleibt als einzig möglicher Prozess die *Änderung des*

---

28 Hierbei vernachlässigen wir wieder die Streufelder an den Kanten der Kondensatorplatten.

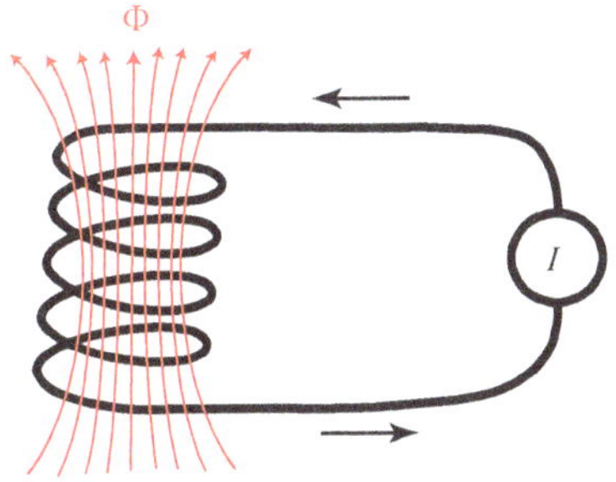

Abb. 1.7. Magnetische Flussänderung einer Spule über eine externe elektrische Stromquelle. Der magnetische Fluss in der Spule lässt sich durch das Einführen eines leicht magnetisierbaren Spulenkerns um noch mehrere Größenordnungen verstärken.

magnetischen Flusses in der Spule.
Im Magnetfeld der Spule gespeicherte Energie:

$$E(\Phi) = \frac{\Phi^2}{2L} . \tag{1.34}$$

Energieänderung während der magnetischen Flussänderung:

$$dE = I\, d\Phi , \tag{1.35}$$

wobei magnetischer Fluss und elektrischer Strom über die Zustandsgleichung

$$I(\Phi) = \frac{\partial E(\Phi)}{\partial \Phi} = \frac{\Phi}{L} \tag{1.36}$$

verknüpft sind. Dabei ist der Strom nicht notwendigerweise die unabhängige Variable - genauso kann der magnetische Fluss in der Spule über ein externes Magnetfeld kontrolliert und Induktionsströme in der Spule angeworfen werden. Analog zum mechanischen Oszillator lassen sich Kondensator und Spule zu einem elektrischen Oszillator, dem bekannten elektrischen Schwingkreis, kombinieren.

1.5 Extensive und intensive Größen

In diesem Abschnitt wollen wir versuchen, eine gewisse Systematik in die oben angeführten Beispiele zu bringen. Dabei werden wir jedes System als eine Art „black box" auffassen, aus der nur Stellknöpfe für die unabhängigen Variablen und Anzeigeinstrumente für die abhängigen Variablen herausragen. Der unschätzbare Vorteil einer solchen (zunächst sehr abstrakten) Beschreibung besteht darin, dass sie unabhängig vom Inhalt der „box" nur auf den *Relationen* zwischen den physikalischen Größen beruht und damit eine phänomenologische Beschreibung erlaubt. Diese Art der Beschreibung ist selbst dann möglich, wenn der Inhalt der „box" *unbekannt* ist! Sie ist damit prädestiniert für die Untersuchung von neuen Phänomenen, für die zunächst kein *Modell* existiert, das unsere Vorstellungen vom Inhalt der „box" widerspiegelt.

Diese Herangehensweise an die Beschreibung der Natur ist sehr positivistisch; sie orientiert sich allein an messbaren Fakten, nämlich den Werten der physikalischen

Größen. Sie ist immer dann der einzig mögliche Zugang, wenn sich die bekannten Modellvorstellungen allesamt als untauglich erweisen, das heißt, wenn ein Stück von fundamental neuer Physik entdeckt wird. Die Bildung von neuen Modellen zur Beschreibung dieser Phänomene erfolgt in der Regel schrittweise und kann Jahrzehnte hinter der experimentellen Feststellung der Systemeigenschaften zurückbleiben. Kriterium für die Korrektheit der Modellvorstellungen ist dabei stets die Genauigkeit der qualitativen und quantitativen Übereinstimmung zwischen den Modellaussagen und den Messwerten. Wenn allerdings ein Durchbruch erzielt wurde und ein Modell gefunden wurde, welches die neue Physik richtig widerspiegelt, dann ermöglicht das Modell meist eine Fülle neuer Vorhersagen, die sich experimentell überprüfen lassen und die Experimentatoren zu neuen Phänomenen führen. Das wichtigste historische Beispiel für diesen Prozess ist die allmähliche Entwicklung der Quantentheorie auf der Basis zunächst kleiner unverstandener Abweichungen zwischen den experimentellen Daten und der auf klassischen Modellen basierenden Theorie. Im Laufe dieser Darstellung werden wir immer wieder auf diese Entwicklung zurückkommen.

Zunächst stellen wir fest, dass zur Beschreibung der Energieänderung in den obigen Modellsystemen stets *Paare* (ξ, X) von physikalischen Größen erforderlich sind:

$$
\begin{aligned}
(\boldsymbol{v}, \boldsymbol{P})&: \text{Energieänderung durch Impulszufuhr}\\
(\boldsymbol{\Omega}, \boldsymbol{L})&: \text{Energieänderung durch Drehimpulszufuhr}\\
(U, Q)&: \text{Energieänderung durch Ladungszufuhr}\\
(-\boldsymbol{F}, \boldsymbol{x})&: \text{Energieänderung durch Verschiebung}\\
(-\boldsymbol{M}, \boldsymbol{\varphi})&: \text{Energieänderung durch Verdrehung}\\
(I, \Phi)&: \text{Energieänderung durch magnetische Flussänderung}
\end{aligned}
$$

Die beiden Partner eines solchen Variablenpaares ξ und X unterscheiden sich dabei in einer charakteristischen Weise. Dies erkennen wir, wenn wir in einem Gedanken-Experiment den Prozess der *Vergrößerung* eines Systems um einen Faktor λ betrachten. Bei diesem Prozess nehmen die Größen X_i um den Faktor λ zu, während die Größen ξ_i konstant bleiben. So bleibt die Geschwindigkeit eines freien Körpers konstant, wenn wir dessen Energie, Masse und Impuls um denselben numerischen Faktor ändern. Ebenso bleibt die Spannung eines Kondensators konstant, wenn dessen Kapazität und Ladung um denselben Faktor geändert werden.Die Variablen vom Typ X nennt man *extensiv*[29] und die Variablen vom Typ ξ heißen *intensiv*. Zusammengehörige Paare (ξ, X) von Variablen heißen *thermodynamisch konjugiert*.

Zunächst betrachten wir die Beispiele „Freier Körper“, „Freier Kreisel“ und „Kondensator“. In allen diesen Systemen erfolgt die Zustandsänderung durch Zufuhr einer Größe von Typ X, nämlich Impuls, Drehimpuls und elektrische Ladung. Außerdem erfordert die Zustandsänderung die Zufuhr einer gewissen Menge von Energie. Die-

29 Umgekehrt können wir den Prozess der Systemvergrößerung durch die Vergrößerung aller extensiven Variablen des Systems um denselben Faktor λ definieren.

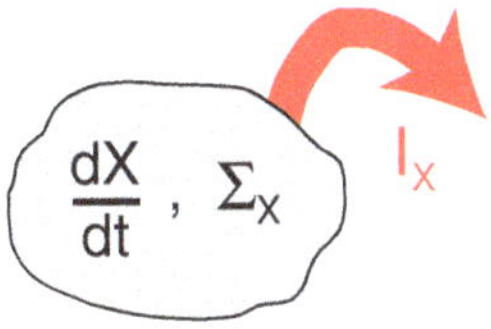

Abb. 1.8. Die Summe der zeitlichen Änderung $\dot{X}$ einer mengenartigen Größe X innerhalb eines Gebietes $\mathcal{G}$ und des Stroms I_X von X durch die Berandung $\partial\mathcal{G}$ von $\mathcal{G}$ ist gleich der Erzeugungs- (Vernichtungs-) Rate Σ_X von X in $\mathcal{G}$.

se Größen haben gemeinsam, dass sie einem allgemeinen *Erhaltungssatz* genügen, das heißt dass die Änderung von $\boldsymbol{P}$, $\boldsymbol{L}$, Q und E allein durch *Transport* in oder aus einem anderen System erfolgen kann. Dies bedeutet, dass die Änderungen der Werte diese Größen in den beteiligten Systemen nicht beliebig sind, sondern dass beispielsweise eine Änderung von E um ΔE in einem System eine Änderung von $-\Delta E$ in den anderen Systemen zur Folge haben muss. Derartige Bilanzen, wie sie zum Beispiel bei Stoßprozessen in der Mechanik auftreten, ermöglichen weitgehende Aussagen über physikalische Prozesse, ohne dass der genaue zeitliche Ablauf des Prozesses (beispielsweise die genaue Bahnkurve der beteiligten Körper) bekannt sein muss. Physikalische Größen, welche die Aufstellung von Bilanzen erlauben, wollen wir – wie bereits erwähnt – *bilanzierbar* oder *mengenartig* nennen.

Nun wollen wir uns der mathematischen Formulierung von Bilanzen zuwenden. Die zeitliche Änderung $\dot{X}$ des innerhalb eines gegebenen Raumbereichs $\mathcal{G}$ enthaltenen Betrags einer mengenartigen Größe X lässt sich mit Hilfe der *Kontinuitätsgleichung* quantitativ beschreiben. Diese wird üblicherweise im Rahmen der Elektrodynamik im Zusammenhang mit der Erhaltung der elektrischen Ladung diskutiert. Sie lässt sich aber auf beliebige mengenartige Größen übertragen, wenn ein Zusatzterm Σ_X eingefügt wird, welcher möglichen Erzeugungs- oder Vernichtungsprozessen Rechnung trägt:

$$\frac{dX}{dt} + I_X = \Sigma_X \qquad \text{Kontinuitätsgleichung.} \tag{1.37}$$

!

Nicht alle extensiven Größen sind auch mengenartig. So sind die Verschiebung $\boldsymbol{x}$, das Volumen V oder der magnetische Fluss Φ zwar extensiv, aber nicht mengenartig, denn für diese können keine durch eine Kontinuitätsgleichung quantifizierbaren Bilanzen aufgestellt werden. In diesem Sinne ist das für die zeitliche Änderung des Volumens $\dot{V}$ gelegentlich verwendete Wort „Volumen-Strom" irreführend. Dieser Ausdruck ist nur in Zusammenhang mit *inkompressiblen* Flüssigkeiten sinnvoll, wo das Volumen ein verlässliches Maß für die *Stoffmenge* der Flüssigkeit darstellt. Hinter dem „Volumenstrom" verbirgt sich also eigentlich ein Massen- oder Mengenstrom.

In einer derart verallgemeinerten Kontinuitätsgleichung ist I_X der Strom der Größe X und Σ_X ihre Erzeugungsrate. $\Sigma_X < 0$ entspricht der Vernichtung von X. Nach einer gängigen Konvention ist das Vorzeichen des Stromes dabei so festgelegt, dass ein X-Strom, der $\mathcal{G}$ verlässt, also zu einer Abnahme von X in $\mathcal{G}$ führt, *positiv* gezählt wird.

In der Mechanik werden die Impulsbilanz

$$\frac{d\boldsymbol{P}}{dt} + \boldsymbol{I_P} = 0 \tag{1.38}$$

und die Drehimpulsbilanz

$$\frac{d\boldsymbol{L}}{dt} + \boldsymbol{I_L} = 0 \tag{1.39}$$

ebenfalls durch Kontinuitätsgleichungen beschrieben. Vergleichen wir Gleichung 1.38 mit dem 2. NEWTON'schen Axiom

$$\frac{d\boldsymbol{P}}{dt} = \boldsymbol{F} \qquad \text{so folgt} \qquad \boldsymbol{I_P} = -\boldsymbol{F}. \tag{1.40}$$

Eine analoge Beziehung $\boldsymbol{I_L} = -\boldsymbol{M}$ besteht zwischen dem Drehmoment und dem Drehimpulsstrom. Weil der Impuls und der Drehimpuls Erhaltungsgrößen sind, die sich nur durch Zustrom oder Abfluss ändern können, liegt es nahe, die Kraft und das Drehmoment als Impulsstrom und Drehimpulsstrom zu interpretieren. Historisch wurde diese Erkenntnis erst sehr spät formuliert, nämlich als man erkannte, dass man nicht nur der bewegten Materie, sondern auch dem elektromagnetischen Feld einen Impuls zubilligen muss, wenn man nicht mit dem Impulserhaltungssatz in Konflikt kommen möchte (PLANCK, 1908). Im Rückblick ist dies nicht sehr überraschend, denn alle drei NEWTON'schen Axiome bringen die Erhaltung des Impulses zu Ausdruck. Das Minuszeichen in Gl.1.40 entspricht dem Minuszeichen in $-\boldsymbol{F} = \partial E(\boldsymbol{x}, \ldots)/\partial \boldsymbol{x}$.
Eine auf einen Körper wirkende Kraft lässt sich also direkt als ein *Strom von Impuls* interpretieren. Der netto in den Körper hineinströmende Impuls ändert den Bewegungszustand des Körpers genauso, wie ein in einen Kondensator hineinfließender elektrischer Strom dessen Ladungszustand ändert. Im Gegensatz dazu ändert der durch eine gespannte Feder fließende Impulsstrom deren Bewegungszustand nicht, weil kein Impuls in der Feder angehäuft wird, sondern, wie in Abb. 1.4 dargestellt, über das andere Federende wieder abfließt. Diese Situation ist das exakte Analogon zu einer stromdurchflossenen Magnetspule, bei der die durchfließende Ladung ebenfalls nirgendwo gespeichert, sondern über den zweiten Kontakt vollständig wieder abgegeben wird.

1.6 Die GIBBS'sche Fundamentalform

Als nächstes wollen wir die mit der Änderung einer Größe X verbundene Energieänderung genauer betrachten. Nehmen wir an, ein System habe r *Freiheitsgrade*, das heißt r verschiedene, unabhängig voneinander zu variierende extensive Größen X_i. Das thermodynamische Beschreibungsverfahren basiert auf der folgenden Grundannahme:[30]

30 Diese Grundannahme ist unabhängig von der Erfahrung, dass E eine Erhaltungsgröße ist.

Die Energie eines Systems lässt sich stets als Funktion $E(X_1,\dots,X_r)$ seiner unabhängigen *extensiven* Variablen $\{X_1,\dots,X_r\}$ darstellen! **!**

Es wird sich im Folgenden zeigen, dass sich die Werte aller anderen physikalischen Größen des Systems aus der Funktion $E(X_1,\dots,X_r)$ gewinnen lassen. Das bedeutet, dass $E(X_1,\dots,X_r)$ das System *vollständig* charakterisiert. Solche System-charakterisierenden Funktionen nennen wir MASSIEU-GIBBS-*Funktionen*[31] oder auch *thermodynamische Potenziale*. Die letztere Bezeichnung ist dadurch motiviert, dass $E(X_1,\dots,X_r)$ die verschiedenen Zustandsgleichungen eines Systems in einer einzigen Funktion zusammenfasst – genau wie die verschiedenen Kraftkomponenten eines konservativen Kraftfelds in einer einzigen Funktion (dem Potenzial des Kraftfelds) zusammenfasst werden können.

Dies wird durch die in Abschnitt 1.4 dargestellten Beispiele illustriert: Die Gleichungen 1.1, 1.7, 1.9, 1.13, 1.17, 1.20, 1.34 und 1.24 stellen die MASSIEU-GIBBS-Funktionen der dort besprochenen einfachen physikalischen Systeme dar. Wie diese Beispiele zeigen, können wir die *Zustandsgleichungen* 1.4, 1.12, 1.16, 1.19, 1.23, 1.36, 1.27 und 1.28 dieser Systeme durch (partielles) Ableiten von $E(X_1,\dots,X_r)$ gewinnen.

Daher folgt aus unserer Grundannahme die *allgemeine Form* der mit infinitesimalen X_i-Änderungen verknüpften Energieänderung dE:

$$dE = \sum_{i=1}^{r} \xi_i(X_1,\dots,X_r)\, dX_i \qquad \text{GIBBS'sche Fundamentalform} \tag{1.41}$$

Mathematisch gesehen, stellt Gleichung 1.41 das *totale Differenzial* (Anhang A) der Funktion $E(X_1,\dots,X_r)$ dar.

Die GIBBS'sche Fundamentalform leistet also zweierlei: Zum einen beschreibt sie die mit allen möglichen Zustandsänderungen des Systems verknüpften Energieänderungen. Zum anderen definieren die partiellen Ableitungen von $E(X_1,\dots,X_r)$ nach den X_i die *Zustandsgleichungen* des Systems:

$$\xi_i(X_1,\dots,X_r) = \frac{\partial E(X_1,\dots,X_r)}{\partial X_i} \qquad \text{Zustandsgleichungen.} \tag{1.42}$$

Kennt man also alle intensiven Größen $\xi_i(X_1,\dots,X_r)$ als Funktion der extensiven Größen $X_1,\dots,X_r$, das heißt alle Zustandsgleichungen des Systems, so ist dies (bis auf den Absolutwert von E) der Kenntnis der Funktion $E(X_1,\dots,X_r)$ äquivalent.

Dass die Energie einem Erhaltungssatz genügt, muss diese *mengenartig* und damit auch *extensiv* sein. Wegen der im vorangegangen Abschnitt gegebenen Charakterisie-

31 In Kapitel 5 werden wir sehen, dass $E(X_1,\dots,X_r)$ nicht die einzige Funktion ist, in der sich alle Eigenschaften eines Systems kompakt zusammenfassen lassen.

rung der extensiven Variablen liegt es nahe zu fordern, dass die Energie eine (im Sinne EULERS) *homogene* Funktion der r unabhängigen extensiven Variablen $\{X_1, \ldots, X_r\}$ ist:

$$E(\lambda X_1, \ldots, \lambda X_r) = \lambda E(X_1, \ldots, X_r) \qquad \textit{Homogenität,} \tag{1.43}$$

wobei λ eine reelle Zahl ist. Die Homogenität der Energie in den $\{X_1, \ldots, X_r\}$ stellt eine notwendige und hinreichende Bedingung dafür dar, dass der Variablensatz $\{X_1, \ldots, X_r\}$ extensiv ist. Die Eigenschaft, extensiv zu sein, kann also nicht einzelnen Variablen zugeordnet werden, sondern bezieht sich stets auf einen *vollständigen Satz* unabhängiger Variablen eines konkreten Systems.[32] Die Konsequenzen der Homogenität werden wir in Abschnitt 5.4 genauer untersuchen.[33]

Die Relationen 1.41, 1.42 und 1.43 bilden gemeinsam mit den in Kapitel 7 diskutierten *Stabilitätsbedingungen* den abstrakten Kern der Thermodynamik – alle ihre Aussagen lassen sich auf diese wenigen Prinzipien zurückführen. Jetzt wollen die allgemeinen Prinzipien anhand einfacher Beispiele illustrieren:

Für einfache Systeme mit nur einer unabhängigen Variablen ($r = 1$) enthält die GIBBS'sche Fundamentalform nur einen Term – für den Kondensator gilt beispielswei-

32 Am einfachsten lässt sich dies an den Variablen „Durchmesser", „Oberfläche" und „Volumen" eines Körpers veranschaulichen. Obwohl alle diese Variablen von der „Größe" des Körpers abhängen, kann *nur eine* davon extensiv sein. In der Regel ist dies das *Volumen*. Zur Beschreibung der Oberflächeneigenschaften eines Körpers muss die *Oberfläche* als ein eigenes, vom Körperinneren weitgehend *unabhängiges* System aufgefasst werden. In diesem Fall ist der Oberflächeninhalt als eine zusätzliche, für die Oberfläche spezifische Variable anzusehen, die vom Volumen des Körpers unabhängig ist – so wie die Oberflächeninhalt eines Wassertropfens durch die Deformation der Oberfläche unabhängig von seinem Volumen variiert werden kann. Dies zieht die Existenz einer entsprechenden intensiven Variablen nach sich – diese wird die Oberflächenspannung genannt.

33 Es wird immer wieder diskutiert, ob eine Verschärfung des thermodynamischen Systembegriffs durch die Forderung nach Homogenität für alle physikalischen Systeme haltbar ist. In vielen Fällen (zum Beispiel bei den in Abschnitt 1.4 betrachteten) lassen sich anscheinende Verletzungen der Homogenität dadurch auflösen, dass Größen, die zunächst als Systemkonstanten erscheinen, als zusätzliche Variablen aufgefasst werden. In anderen Fällen, wie dem Beispiel des Wassertropfens, lassen sich auch Systeme, welche die Homogenitätsbedingung augenscheinlich verletzen, in der Regel in homogene Teilsysteme zerlegen – hier liegt der anscheinenden Verletzung der Homogenität ein inneres Gleichgewicht zugrunde (Kap. 7), welches die Zahl der unabhängigen Variablen zunächst kleiner erscheinen lässt, als sie sind. In Gegenwart von langreichweitigen Wechselwirkungen muss das die Wechselwirkung vermittelnde Kraftfeld in die thermodynamische Beschreibung mit aufgenommen werden (Abschnitt 8.4). In diesem Fall ist sogar essenziell, dass das zugrundeliegende System homogen ist. Nur dann lässt sich dieses lokal durch eine MASSIEU-GIBBS-Dichte beschreiben, die nur noch von intensiven Variablen abhängt.
Die entscheidende Bedeutung der Homogenität liegt nach Meinung des Verfassers darin, dass erst durch sie eine mathematisch fassbare Unterscheidung von extensiven und intensiven Variablensätzen möglich wird. Die Homogenität wird sich im folgenden als ein sehr nützliches Konstruktionsprinzip erweisen – selbst wenn nicht ausgeschlossen werden kann, dass sich Beispiele konstruieren lassen, in denen sie verletzt ist.

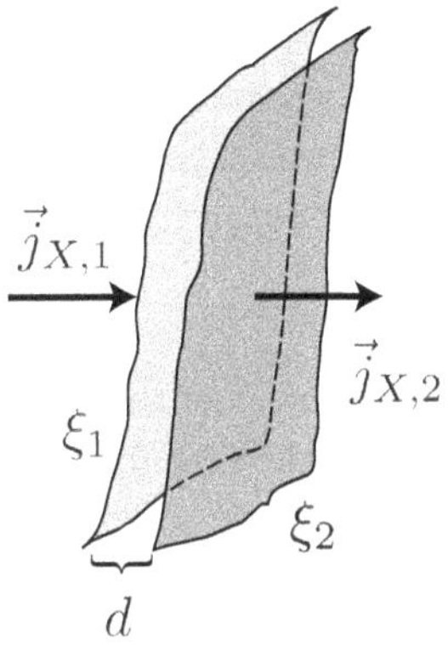

Abb. 1.9. Strömungsfeld für eine nicht erhaltene mengenartige Größe X durch zwei Flächenelemente mit konstanten Werten ξ_1, $\xi_2 \leq \xi_1$ der zu X thermodynamisch konjugierten Größe ξ. Die X-Produktionsrate zwischen den Flächenelementen wird gegen die durchfließende X-Menge vernachlässigbar, wenn der Abstand d und die Differenz $\xi_1 - \xi_2$ gegen Null gehen.

se:

$$dE = U(Q)\,dQ\,.$$

Bei mehreren Freiheitsgraden, zum Beispiel für den Kondensator mit variablem Plattenabstand ($r = 2$), erhalten wir entsprechend:

$$dE = U(Q,x)\,dQ - F(Q,x)\,dx\,.$$

Jeder Freiheitsgrad entspricht einer Art *Kanal* oder *Energieträger*, über den wir dem System Energie zuführen können.

Eine Gl. 1.41 analoge Relation gilt auch für die zeitlichen Änderungen der in einem System oder einem Raumbereich enthaltenen Energie. Nehmen wir an, dass die $X_i(t)$ in der Zeit variieren, so erhalten wir:

$$\frac{dE}{dt} = \sum_{i=1}^{r} \xi_i \frac{dX_i}{dt}\,. \tag{1.44}$$

Änderungen der Energie in einem System erfordern stets einen *Energie-Transport* oder *Energiestrom* I_E, weil die Energie eine Erhaltungsgröße ist. Um ein noch plastischeres Bild dieser Transportprozesse zu gewinnen, wollen wir den Energie-Übertrag von einem Raumbereich A in einen benachbarten Raumbereich B betrachten, wobei A und B entlang einer Fläche $\mathcal{S}$ aneinander grenzen. Der Einfachheit halber wollen wir zunächst annehmen, dass die intensiven Größen ξ_i auf dieser Fläche räumlich und die Stromverteilung zeitlich konstant sind. Sind die Größen X_i *mengenartig*, dann erfolgen die X_i-Überträge ebenfalls durch X-Ströme I_X, wobei wegen der Kontinuitätsgleichung Gl. 1.37 $\dot{X}_i = -I_{X_i}$ gilt, weil die X_i-Erzeugungsrate auf der Grenzfläche vernachlässigbar ist (Abb. 1.9). Dann müssen die Ströme I_E und I_X wegen Gl. 1.41 durch die Relation

$$I_E = \sum_i \xi_i I_{X_i} \tag{1.45}$$

miteinander verknüpft sein.[34]

34 Nach dieser Auffassung sind die Ströme aller bilanzierbaren Größen gleichberechtigt. Genauso wäre es möglich nach einem der anderen Ströme aufzulösen, so wie zum Beispiel in der irreversiblen

Falls die mengenartigen Größen X_i bei den interessierenden Prozessen erhalten sind, so müssen deren Änderungen im Raumbereich $\mathcal{G}$ auf den Zustrom oder Abfluss von und nach $\mathcal{G}$ zurückzuführen sein. Gleichung 1.45 lässt sich so veranschaulichen, dass der Energiestrom I_E nach $\mathcal{G}$ von den Strömen der übrigen extensiven Größen „getragen" wird. Wir halten fest:

! Energie strömt *nie* alleine, sondern wird stets vom Strom mindestens einer anderen mengenartigen Größe begleitet! Ebenso folgern wir aus der GIBBS'schen Fundamentalform, dass eine Änderung der Energie eines Systems stets von der Änderung mindestens einer anderen extensiven Größe begleitet ist!

Für das Beispiel des Kondensators mit variablem Plattenabstand ergibt sich als globale Energiebilanz:

$$\dot{E} = U\dot{Q} - \boldsymbol{F}\dot{\boldsymbol{x}} \quad \text{oder} \quad I_E = UI_Q + \boldsymbol{v}\boldsymbol{I_P} \, ,$$

wobei aus den Kontinuitätsgleichungen für E und Q folgt, dass $-I_E$ und $-I_Q$ der der Rate der Energie- ($\dot{E}$) und Ladungsänderung ($\dot{Q}$) entsprechenden Energie- und Ladungsstrom sind. Analog entspricht $-\boldsymbol{I_P}$ der Kraft und der Rate der Impulsänderung $\boldsymbol{F} = \dot{\boldsymbol{P}}$.

Das System „elastische Feder" unterscheidet sich von dem System „freier Körper" dadurch, dass in die Feder einerseits über ein Ende ein Impulsstrom der Stärke $\boldsymbol{I_P} = -\boldsymbol{F}$ hineinfließt, andererseits aber durch die Aufhängung am anderen Ende der Feder ein gleich starker Impulsstrom wieder abfließt. Für einen festen Wert der Auslenkung $\boldsymbol{x}$ fließt der Impuls in einem geschlossenen Stromkreis, ohne dass dabei die in der Feder gespeicherte Energie geändert wird. Nur solange der Wert der Auslenkung zeitlich variiert, bewegen sich die unterschiedlichen Teile der Feder mit unterschiedlichen Geschwindigkeiten, sodass Energie übertragen wird. Die lokale Geschwindigkeit einzelner Abschnitte der Feder in Abbildung 1.4 nimmt von rechts nach links ab, sodass auch der lokale Betrag der Energiestromstärke abnimmt. Dies spiegelt wider, dass die

Thermodynamik nach dem Entropiestrom aufgelöst wird (Abschnitt 8.12). Zunächst interessieren wir uns aber für den Energiestrom.

Der mittels Kontinuitätsgleichungen formulierte Strombegriff stellt eine Verallgemeinerung gegenüber der Auffassung der klassischen Mechanik dar, nach der alle Prozesse auf die Bewegung von Teilchen zurückgeführt werden können. Gibt man dem Teilchenstrom eine primäre Rolle, so sind alle anderen Ströme durch die Beziehung

$$\boldsymbol{j}_X = \hat{x} \cdot \boldsymbol{j}_N$$

gegeben, wobei $\hat{x} = X/N$ der (Mittel)-Wert von X pro Teilchen ist. Wie wir später sehen werden, ist ein rein mechanisches Bild bei Entropieströmen nicht anwendbar, weil die Entropie pro Teilchen *nicht als die (mittlere) Entropie eines Teilchens interpretiert werden kann.* Ebenso wenig kann das Teilchenbild bei statischen Impulsstromverteilungen angewandt werden, weil diese mit den elektromagnetischen Feldstärken oder den Verzerrungsfeldern eines Festkörpers, aber nicht mit der Bewegung von Teilchen verknüpft sind.

Energie dabei lokal in den Deformationen der atomaren Bindungen des elastischen Materials gespeichert wird. Der auch im statischen Fall (das heißt für $\boldsymbol{x} = \text{const.}$) vorliegende mechanische Spannungszustand des Materials wird offenbar, wenn der Impuls-Stromkreis an irgendeiner Stelle unterbrochen wird, zum Beispiel indem die Feder durchgezwickt wird: Dann häuft sich Impuls in den beiden Enden der Feder an und sie setzen sich in entgegengesetzter Richtung in Bewegung.[35]

Ganz analoge Verhältnisse liegen bei der Magnetspule vor: auch in diesem Fall fließt der elektrische Strom I_Q in einem geschlossenen Kreis. Nur wenn I_Q geändert wird, tritt eine Induktionsspannung $U_{\text{ind}} = -\dot{\Phi}$ und damit ein Energiestrom $I_E = I_Q\dot{\Phi} = -U_{\text{ind}}I_Q$ auf, über den dem Magnetfeld der Spule Energie zugeführt beziehungsweise entnommen wird. Wird der Stromkreis plötzlich unterbrochen, wird die im Magnetfeld gespeicherte Energie auch hier in einem mehr oder weniger dramatischen Funkenüberschlag frei.

Betrachtet man die zusammengesetzten Systeme Körper + Feder und Kondensator + Spule, so spiegeln die Beziehungen

$$\boldsymbol{v}_{\text{Körper}} = \boldsymbol{v}_{\text{Federende}} = \dot{\boldsymbol{x}}_{\text{Federende}}; \qquad U_{\text{Kondensator}} = -U_{\text{Spule}} = \dot{\Phi}_{\text{Spule}} \tag{1.46}$$

die *mechanische Kopplung* des Körpers an die Feder beziehungsweise die elektrisch leitfähigen Verbindungen zwischen Kondensator und Spule wider. Die (als ideal angenommenen) Verbindungen erlauben einerseits den Transport von Impuls beziehungsweise Ladung, andererseits stellen sie die Gleichheit der Geschwindigkeiten von Körper und Federende beziehungsweise der Spannungen über Kondensator und Spule sicher. Die Kopplungsrelationen

$$\boldsymbol{v}_{\text{Körper}} = \frac{\partial E(\boldsymbol{P}, \boldsymbol{x})}{\partial \boldsymbol{P}} \stackrel{!}{=} \dot{\boldsymbol{x}}_{\text{Federende}}; \qquad -\boldsymbol{F}_{\text{Feder}} = \frac{\partial E(\boldsymbol{P}, \boldsymbol{x})}{\partial \boldsymbol{x}} \stackrel{!}{=} -\dot{\boldsymbol{P}}_{\text{Körper}} \tag{1.47}$$

beziehungsweise

$$U_{\text{Kondensator}} = \frac{\partial E(Q, \Phi)}{\partial Q} \stackrel{!}{=} \dot{\Phi}_{\text{Spule}}; \qquad I_{Q,\,\text{Spule}} = \frac{\partial E(Q, \Phi)}{\partial \Phi} \stackrel{!}{=} -\dot{Q}_{\text{Kondensator}} \tag{1.48}$$

führen daher auf ein geschlossenes System von (HAMILTON'schen) Bewegungsgleichungen, welche die *zeitliche Entwicklung* der Prozesse in diesen Systemen bestimmen.[36] Gibt es keine weiteren unabhängigen Variablen, das heißt keine zusätzlichen Terme in der GIBBS'schen Fundamentalform, müssen wegen der Erhaltungssätze alle Ströme von Impuls, Ladung und Energie innerhalb des zusammengesetzten Gesamtsystems bleiben. Schreibt man Gl. 1.44 für beide Beispiele auf, so erhält man aus den Kopplungsrelationen:

$$\frac{dE}{dt} = \boldsymbol{v} \cdot \frac{d\boldsymbol{P}}{dt} - \boldsymbol{F} \cdot \frac{d\boldsymbol{x}}{dt} = \boldsymbol{v} \cdot \boldsymbol{F} - \boldsymbol{F} \cdot \boldsymbol{v} \equiv 0 ,$$

35 Entsprechende Überlegungen können für eine Torsionsfeder angestellt werden. Das rückstellende Drehmoment der Torsionsfeder entspricht dabei einem *Drehimpulsstrom*.

36 Die Paare $(\boldsymbol{x}, \boldsymbol{P})$ und (Φ, Q) nennt man *kanonisch* konjugiert.

beziehungsweise

$$\frac{dE}{dt} = UI_Q + I_Q\frac{d\Phi}{dt} = UI_Q - I_QU \equiv 0\,.$$

Diese Beziehungen drücken aus, dass die Kopplungsrelationen und die aus ihnen folgende Dynamik (Gln. 1.47 und 1.48) mit der Energieerhaltung verträglich sind. Plastische Deformationen der mechanischen Verbindungen oder ein OHM'scher Widerstand der elektrischen Leitung führen dagegen zu einer Verletzung der rein mechanischen (elektrischen) Energieerhaltung, die in Abschnitt 1.7 diskutiert wird.

Die Lösung der Bewegungsgleichungen zeigt, dass Zustände dieser Systeme mit $E > 0$ nicht zeitunabhängig sind, sondern dass ungedämpfte Schwingungen auftreten, bei denen die Energie periodisch zwischen beiden Teilsystemen hin- und herfließt. Reale Systeme weisen allerdings immer eine Dämpfung der Oszillationen auf. Die Beschreibung dieser Dämpfung erfordert die Ankopplung eines dritten Systems, dessen Energie von den Werten von $\boldsymbol{x}$ und $\boldsymbol{P}$ unabhängig ist (und das daher noch mindestens eine andere unabhängige Variable besitzen muss) welches die Energie des Systems Körper + Feder beziehungsweise Kondensator + Spule mit dem Abklingen der Schwingung aufnehmen kann. Am Ende des nächsten Abschnitts werden wir sehen, dass die Beschreibung der Dämpfungsphänomene sowohl die Aufnahme weiterer Terme in die GIBBS'sche Fundamentalform als auch eine Erweiterung der Kopplungsrelationen um *Reibungsterme* erfordert.

Die verschiedenen Beiträge zu dE werden gerne als Energie„formen“ bezeichnet:

$\boldsymbol{v}\, d\boldsymbol{P}$	Beschleunigungsarbeit bei linearen Bewegungen
$\boldsymbol{\Omega}\, d\boldsymbol{L}$	Beschleunigungsarbeit bei Drehbewegungen
$-\boldsymbol{F}\, d\boldsymbol{x}$	Verschiebungsarbeit
$-\boldsymbol{M}\, d\boldsymbol{\varphi}$	Verdrehungsarbeit
$U\, dQ$	Aufladungsarbeit
$I\, d\Phi$	Magnetisierungsarbeit

Die Unterscheidung verschiedener Energie*formen* ist allerdings problematisch, da dies die Größe Energie mit Zusatzattributen befrachtet, die mit dem modernen Konzept einer physikalischen (Zahl + Einheit) nicht verträglich sind. Einem System mit mehreren Freiheitsgraden ist in einem Zustand mit einem gewissem Wert der Energie E nicht mehr anzusehen ist, über welchen Prozess dieser Zustand erreicht wurde. Im Gegensatz zur Energie selbst lassen sich die Energieformen im Allgemeinen nur für Prozesse, aber nicht aber für Zustände quantifizieren.[37] Wenn man die *Art* der Energie*zufuhr* charakterisieren möchte, ist es begrifflich klarer, verschiedene *Kanäle*, über

37 Daher spricht man auch von *Prozessgrößen* im Gegensatz zu den regulären physikalischen Größen, die auch als *Zustandsgrößen* bezeichnet werden. Mathematisch stellen die Energieformen keine Variablen, sondern Differenzialformen dar (siehe Abschnitt 4.5).

die Energie zugeführt wird, beziehungsweise verschiedene Energie*träger* zu unterscheiden. Jeder der Kanäle entspricht einer der extensiven Größen des Systems. Die jeweils zugehörigen intensiven Größen sagen, wie stark die verschiedenen extensiven Größen mit Energie *beladen* sind. Statt von einer Umwandlung von einer Energieform in eine andere zu sprechen, kann man bildhaft sagen, dass Energie von einem Träger (zum Beispiel der elektrischen Ladung Q) auf einen anderen Träger (zum Beispiel dem Drehimpuls $\boldsymbol{L}$) *umgeladen* wird, und auf diese Weise die Energiebilanz in einem Elektromotor veranschaulichen. Der Vorteil dieser Sprechweise besteht darin, dass nicht verschiedene Arten (im Beispiel des Elektromotors elektrische und mechanische Energie) von Energie unterschieden werden – eine Unterscheidung, die sich schwer aufrechterhalten lässt, wenn „dieselbe" Energie auf einem Weg zugeführt und auf einem anderen Weg wieder abgeführt wird.

Die bisher vorgestellte Systematik erlaubt die Beschreibung von mechanischen und elektrischen Systemen mittels eines einheitlichen Begriffssystems und offenbart sehr weitgehende Analogien zwischen den an diesen Systemen auftretenden Prozessen. Wie wir in den nächsten Kapiteln sehen werden, ist eine analoge Beschreibung von thermischen und chemischen Phänomenen möglich.

Abschließend wollen wir Gl. 1.45 noch für den Fall erweitern, dass die intensiven Größen ξ_i entlang einer offenen oder geschlossenen Fläche $\mathcal{S}$ in Abb. 1.9 variieren. Dann müssen die Ströme durch das Flächenintegral über die lokalen *Stromdichten* $\boldsymbol{j}_X$ berechnet werden. Die Stromdichte ist mit dem Gesamtstrom gemäß

$$I_X = \int_{\mathcal{F}} \boldsymbol{j}_X(\boldsymbol{r})\, d\mathcal{S} \tag{1.49}$$

definiert. Dann gelten anstelle von Gl. 1.45:

$$\boldsymbol{j}_E = \sum_i \xi_i(\boldsymbol{r})\, \boldsymbol{j}_{X_i}(\boldsymbol{r}) \quad \text{und} \quad I_E = \sum_i \int_{\mathcal{F}} \xi_i(\boldsymbol{r})\, \boldsymbol{j}_{X_i}(\boldsymbol{r})\, d\mathcal{S}\,. \tag{1.50}$$

Diese Relationen gelten selbst dann, wenn die Vektoren der verschiedenen $\boldsymbol{j}_{X_i}(\boldsymbol{r})$ nicht parallel sind. Der durch Gleichung 1.50 gegebene Zusammenhang zwischen der Energiestromdichte und den Stromdichten der übrigen unabhängigen mengenartigen Größen stellt eine der fundamentalen Relationen der so genannten *irreversiblen Thermodynamik* dar. Zumindest für quasi-statische Situationen erlaubt sie sogar eine Beschreibung des Energieaustauschs in Gegenwart elektrischer oder magnetischer Felder. Dabei wird jedoch nicht die innere Struktur dieser Felder erfasst, sondern die in den Feldern gespeicherte Energie wird über das elektrische Potenzial $\phi_Q(\boldsymbol{r})$ und das magnetische Vektorpotenzial $\boldsymbol{A}(\boldsymbol{r})$ mit der elektrischen Ladungsdichte $q(\boldsymbol{r})$ und der elektrischen Stromdichte $\boldsymbol{j}_Q(\boldsymbol{r})$ am Punkt $\boldsymbol{r}$ verknüpft - ungeachtet der Tatsache, dass die Werte von

$\phi_Q(\boldsymbol{r})$ und $\boldsymbol{A}(\boldsymbol{r})$ von der Ladungs- und Stromdichte an *allen* Raumpunkten (und nicht nur der am Punkt $\boldsymbol{r}$) abhängen.[38]

Zum Abschluss dieses Abschnitts wollen wir nun eine lokal gültige Form der Kontinuitätsgleichung mit Hilfe der Stromdichten $\boldsymbol{j}_X$ und der X-Dichten x ableiten. Dazu betrachten wir die globale Form der Kontinuitätsgleichung Gl. 1.37, welche den globalen, aus einem Gebiet $\mathcal{G}$ durch dessen Begrenzungsfläche $\partial\mathcal{G}$ herausfließenden X-Strom mit der zeitlichen Änderung der im Gebiet $\mathcal{G}$ enthaltenen X-Menge verknüpft. Mit Hilfe des GAUSS'schen Integralsatzes erhalten wir

$$I_X + \frac{dX}{dt} = \iint\limits_{\partial\mathcal{G}} \boldsymbol{j}_X\, d\mathcal{S} + \frac{dX}{dt} = \iiint\limits_{\mathcal{G}} \left(\operatorname{div}\boldsymbol{j}_X + \frac{\partial x}{\partial t}\right) dV = \iiint\limits_{\mathcal{G}} \Sigma_{X,\mathrm{lok}}(\boldsymbol{r})\, dV \,,$$

wobei $\Sigma_{X,\mathrm{lok}}$ die lokale Dichte der X-Erzeugungsrate ist, die für Erhaltungsgrößen natürlich verschwindet.

Wenn wir annehmen, dass die globale Form für jedes beliebige (einfach zusammenhängende) Gebiet $\mathcal{G}$ gilt, können wir die Integranden in dieser Beziehung gleichsetzen und erhalten die gesuchte lokale Variante der Kontinuitätsgleichung für eine mengenartige Grüße X:[39]

!

$$\operatorname{div}\boldsymbol{j}_X(\boldsymbol{r},t) + \frac{\partial x(\boldsymbol{r},t)}{\partial t} = \Sigma_{X,\mathrm{lok}}(\boldsymbol{r}) \,. \tag{1.51}$$

Die lokale Form der Kontinuitätsgleichung ist immer dann wichtig, wenn räumliche Variationen von x und $\boldsymbol{j}_X$ auftreten. Wir werden ihr bei der Beschreibung des Phänomens der Wärmeleitung und anderer Transportphänomene gleich im nächsten Kapitel und auch später immer wieder begegnen.

1.7 Elektrisches Gleichgewicht

In diesem Abschnitt wollen wir überlegen, was geschieht, wenn zwei Systeme, zum Beispiel zwei Kondensatoren oder zwei freie Körper, derart in Kontakt gebracht werden, dass ein Transport extensiver Größen (in unseren Beispielen der Transport der elektrischen Ladung oder des Impulses) möglich ist. Dazu betrachten wir exemplarisch die

---

38 Dies entspricht der in der Mechanik üblichen Zuordnung einer potenziellen Energie zu den an einem Raumpunkt befindlichen Teilchen. Diese vereinfachende Beschreibungsweise kommt ohne das elektromagnetische Feld als ein eigenständiges physikalisches System (mit eigenen Werten der Energie und der anderen physikalischen Größen) aus - um den Preis dass die tatsächlich durch den POYNTING-Vektor $\boldsymbol{j}_E^{\mathrm{EMF}}(\boldsymbol{r}) = \boldsymbol{E}(\boldsymbol{r}) \times \boldsymbol{H}(\boldsymbol{r})$ gegebene lokale Energiestromdichte im elektromagnetischen Feld nicht abgebildet wird.

39 Im Falle des Impulses und des Drehimpulses wird die lokale Form der Kontinuitätsgleichung durch deren Vektornatur etwas komplizierter – die Stromdichte ist dann ein Tensor 2. Stufe, der die Information über die Stromdichten der drei Vektorkomponenten von $\boldsymbol{P}$, beziehungsweise $\boldsymbol{L}$ zusammenfasst.

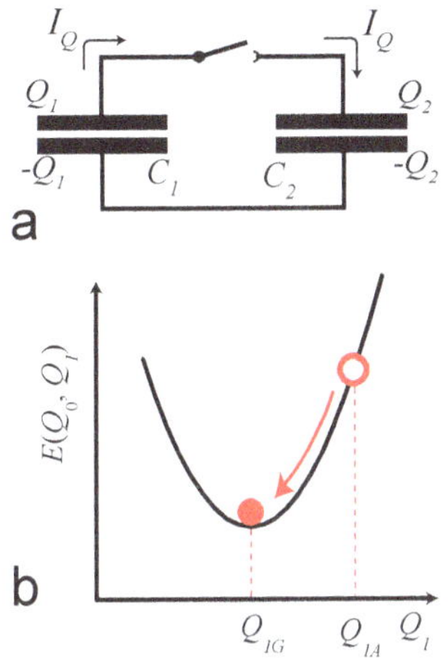

Abb. 1.10. a) Parallelschaltung zweier Kondensatoren: Falls die Spannungen U_1 und U_2 unterschiedlich sind, fließt ein elektrischer Strom I_Q, sobald der Schalter geschlossen wird. b) Energie des Gesamtsystems als Funktion der Ladung Q_1 auf dem linken Kondensator und der (konstanten) Gesamtladung Q_0. Der Zustand minimaler Gesamtenergie bei Q_{1G} ist der Gleichgewichtszustand. In diesem Zustand tritt auch beim Schließen des Schalters kein Strom auf.

Gesamtenergie eines aus zwei Kondensatoren zusammengesetzten Systems:

$$E(Q_1, Q_2) = E_1(Q_1) + E_2(Q_2) = \frac{Q_1^2}{2C_1} + \frac{Q_2^2}{2C_2} . \tag{1.52}$$

Die Erhaltung der elektrischen Ladung koppelt die Ladungsänderungen auf beiden Kondensatoren miteinander:

$$Q_1 + Q_2 = Q_0 = \text{const.} \implies Q_2 = Q_0 - Q_1 \text{ und } dQ_1 = -dQ_2 .$$

Wenn wir zur Vereinfachung $C_1 = C_2 = C$ annehmen, erhalten wir für die Gesamtenergie:

$$E(Q_0, Q_1) = \frac{Q_1^2}{2C} + \frac{(Q_0 - Q_1)^2}{2C} \tag{1.53}$$

Wir suchen nun das Minimum der Gesamtenergie bei Variation von Q_1:

$$\begin{aligned} \frac{\partial E(Q_0, Q_1)}{\partial Q_1} &= \frac{\partial E_1(Q_1)}{\partial Q_1} + \frac{\partial E_2(Q_2)}{\partial Q_2} \frac{\partial Q_2(Q_0 - Q_1)}{\partial Q_1} \\ &= U_1(Q_1) - U_2(Q_0 - Q_1) \stackrel{!}{=} 0 . \end{aligned} \tag{1.54}$$

Die Bedingungen $U_1 = U_2$ und $\partial E(Q_1, Q_0)/\partial Q_1 = 0$ sind also äquivalent! Sie definieren den Gleichgewichtszustand des zusammengesetzten Systems. Da U_1 und U_2 aus den Zustandsgleichungen bekannt sind, können wir die Lage des Energieminimums $E(Q_{1G}, Q_0)$ bestimmen:

$$U_1 - U_2 = \frac{Q_{1G}}{C} - \frac{Q_0 - Q_{1G}}{C} \stackrel{!}{=} 0 \implies Q_{1G} = Q_{2G} = \frac{Q_0}{2} ,$$

$$\Delta E = E(Q_1, Q_0) - E(Q_{1G}, Q_0) = 2 \cdot \frac{(Q_1 - Q_0/2)^2}{2C} \geq 0 .$$

Damit haben wir gezeigt, dass der Zustand (Q_{1G}, Q_0) tatsächlich einem absoluten Minimum der Gesamtenergie E entspricht. Diese Zustände haben die besondere Eigenschaft, dass sie stabil, das heißt zeitlich unveränderlich sind.

Ganz analoge Überlegungen und Rechnungen gelten für den Fall des *Geschwindigkeits*gleichgewichts beim inelastischen Stoß zwischen zwei Körpern, beim *Kräfte*gleichgewicht zwischen zwei Federn und in unzähligen anderen Beispielen. Man nennt dies das *Minimalprinzip der Energie*. Allerdings gibt es dabei einen Haken: Da die Energie stets erhalten ist, kann sich das Gleichgewicht nur dann einstellen, wenn es ein anderes System gibt, das in der Lage ist, die Energiedifferenz zwischen dem Anfangszustand und dem Gleichgewichtszustand aufzunehmen. Welcher Art ist dieses System? Und warum sollte es bereit sein Energie aufzunehmen, anstatt seinerseits auf der Minimierung seiner eigenen Energie zu bestehen?

Diese Frage lässt sich auf der Basis des bisher Besprochenen nicht beantworten. Das Minimalprinzip der Energie allein reicht nicht aus, um zu verstehen, warum ein zusammengesetztes System einen Gleichgewichtszustand anstreben sollte. Dennoch ist letzteres unsere alltägliche Erfahrung.

Um hier weiter zu kommen, erweitern wir unserer Beispielsystem aus zwei Kondensatoren einmal um eine Spule und einmal um einen Widerstand (Abb. 1.11). Wir beginnen in einem Zustand mit geladenen Kondensatoren. Aufgrund des zunächst offenen Schalters ist anfänglich $I_Q = 0$ und $U = U_0$. Der erste Fall ist der oben besprochene elektrische Schwingkreis. Wird der Stromkreis mit dem Schalter geschlossen, so beträgt die Spannung über der Spule gemäß dem Induktionsgesetz:

$$U_{\text{ind}} = -L\dot{I}_Q \,.$$

Im Magnetfeld der Spule wird Energie mit der Rate

$$\dot{E} = U_{\text{ind}} \cdot I_Q$$

gespeichert, sobald sie von einem elektrischen Strom durchflossen wird.

Wenn die Kondensatoren entleert sind und sich alle Energie im Magnetfeld der Spule befindet, wechseln der Ladungs- und der Energiestrom das Vorzeichen, und die Energie fließt wieder in die Kondensatoren zurück. Auf diese Weise kommt es zu periodischen Schwingungen mit der Frequenz $\omega_0 = 1/\sqrt{LC_{\text{ges}}}$, wobei $C_{\text{ges}} = 2C$ ist.

Ein linearer[40] elektrischer Widerstand zeichnet sich dagegen dadurch aus, dass der elektrischer Strom und die elektrischen Spannung proportional sind:

$$U = RI_Q \qquad \text{OHM'sches Gesetz.}$$

Die resultierende Differenzialgleichung für $Q(t)$ ist daher von 1. Ordnung in der Zeit und hat nur exponentiell variierende reelle Lösungen. Die physikalisch relevanten Lösungen klingen innerhalb der Relaxationszeit $\tau = RC_{\text{ges}}$ ab.

---

40 Selbstverständlich gibt es auch Widerstände, die sich nicht OHM'sch verhalten, wie zum Beispiel Glühbirnen oder Halbleiterdioden.

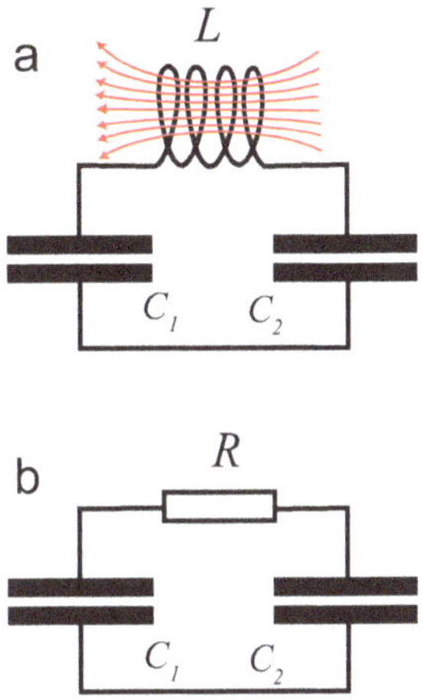

Abb. 1.11. a) Kopplung zweier Kondensatoren über eine **ideale** Spule: Es resultiert ein Schwingkreis, in dem die aus den Kondensatoren abfließende Energie in der Spule zwischengespeichert wird, um dann wieder in die Kondensatoren zurückzufließen. Solange der elektrische Widerstand der Spule vernachlässigt werden kann, wird sich kein stationärer Zustand einstellen, weil das System keine Zeitrichtung auszeichnet. b) Kopplung der Kondensatoren über einen elektrischen Widerstand: Ein Teil der durch den Widerstand fließenden Energie erzeugt dort Wärme. Auf diese Weise kann Energie aus dem elektrischen System abgeführt werden und es kann sich ein elektrischer Gleichgewichtszustand einstellen.

In der Praxis wird jede Realisierung eines solchen Schaltkreises aufgrund der unvermeidlichen Zuleitungen zu den Bauteilen sowohl eine gewisse Induktivität L, als auch einen gewissen Widerstand R aufweisen. Je nach dem Wert des Produkts $\omega_0\tau$ kommt es zu exponentiell gedämpften Oszillationen oder zu exponentiell relaxierendem Verhalten.

Sowohl der Widerstand als auch die Spule haben die Eigenschaft, dass ihnen über den elektrischen Strom an einem Kontakt stets mehr Energie zugeführt wird, als über den anderen Kontakt wieder abfließt. Das bedeutet, dass sich in beiden Bauelementen Energie mit der Rate $\dot{E} = UI_Q$ kontinuierlich anhäuft, wohingegen die in ihnen enthaltene elektrische Ladungsmenge konstant ist. Wie das unterschiedliche Verhalten der beiden Schaltkreise zeigt, gibt es aber einen entscheidenden Unterschied: Während die im Magnetfeld der Spule gespeicherte Energie wieder an den Kondensator abgegeben werden kann, ist die im Widerstand gespeicherte Energie für eine erneute Aufladung des Kondensators verloren! Gleiches gilt, wenn man einen Widerstand in einen elektrischen Schwingkreis einfügt: Die vom Widerstand aufgenommene Energie ist für die elektrischen Schwingungen verloren, was schließlich zum Abklingen der Schwingungen führt.

Dies bedeutet, dass der Zustand des physikalischen Systems „Widerstand", des scheinbar einfachsten aller elektrischen Bauelemente, durch die elektrischen Größen U und I_Q nicht vollständig beschrieben sein kann. Phänomenologisch stellen wir fest, dass der Widerstand **warm** wird, sobald er von einem hinreichend großen elektrischen Strom durchflossen wird.

Damit stellt sich also die Frage, wie das Phänomen der Wärme und die damit verbundenen Energieänderungen quantitativ beschrieben werden können. In der historischen Entwicklung war die Beantwortung dieser Frage alles andere als einfach. Wir wollen hier nicht zu sehr auf die Details dieser Entwicklung eingehen, sondern im nächsten Kapitel die heutige Sicht in möglichst einfacher und systematischer Form darstellen.

Übungsaufgaben

1.1. Totales Differenzial

Es sei die Funktion

$$z(x, y) = \cos \pi x + \cos \pi y \tag{1.55}$$

gegeben.

a) Wie lautet das totale Differenzial dieser Funktion?

b) Bestimmen Sie die stationären Punkte – also die Punkte, an denen alle partiellen Ableitungen verschwinden – der Funktion in Gleichung (1.55). Weswegen nennt man diese Punkte „stationär"?

c) Um die Art eines stationären Punktes (x_S, y_S) weiter zu bestimmen (ob es sich um ein lokales Extremum handelt), muss die Matrix H der zweiten partiellen Ableitungen

$$H = \begin{pmatrix} \frac{\partial^2 z(x_S, y_S)}{\partial x^2} & \frac{\partial^2 z(x_S, y_S)}{\partial x \partial y} \\ \frac{\partial^2 z(x_S, y_S)}{\partial y \partial x} & \frac{\partial^2 z(x_S, y_S)}{\partial y^2} \end{pmatrix}$$

berechnet und die Definitheit der durch sie gegebenen quadratischen Form untersucht werden. Welche der unter a) gefundenen Punkte entsprechen (lokalen) Minima beziehungsweise Maxima der Funktion $z(x, y)$?
Von welchem Typ sind die übrigen stationären Punkte aus a)?

1.2. COMPTON-Effekt

Die Energie-Änderung eines Photons beim Stoß mit einem Elektron nennt man den COMPTON-Effekt. Die Energieänderung der gestreuten Photonen in Abhängigkeit vom Streuwinkel Θ macht sich durch eine Frequenzverschiebung $\hbar \Delta\omega = \Delta E$ bemerkbar. Dabei gilt:

$$\frac{1}{E'_{\text{phot}}} - \frac{1}{E_{\text{phot}}} = \frac{1}{E_{\text{el},0}}(1 - \cos\Theta) , \tag{1.56}$$

wobei $E_{\text{el},0}$ die Ruheenergie des Elektronsbezeichnet.

a) Leiten Sie die Formel (1.56) ab (vor dem Stoß sei $\boldsymbol{P}_{\text{el}} = 0$). Diskutieren Sie die Grenzfälle „weicher" ($E_{\text{phot}} \ll E_{\text{el},0}$) und „harter" ($E_{\text{phot}} \gg E_{\text{el},0}$) Photonen.

b) Jenseits welcher Energie bricht die Energieverteilung der gestreuten Elektronen ab (COMPTON-Kante)?

Bemerkung: Eine Beschreibung geladener Teilchen mit Hilfe klassischer Bewegungsgleichungen zeigt diesen Effekt nicht – diese liefert nur die RAYLEIGH-Streuung, bei der die emittierte Strahlung dieselbe Frequenz wie die einfallende Strahlung hat.

1.3. Wasserströmung

Gegeben sei ein mit Wasser gefülltes Gefäß mit dem Volumen V und der Höhe H. Im Boden der Gefäßes sei ein Schlauch eingelassen, dessen Strömungswiderstand

$R_{\text{fließ}}$ durch $\Delta p = R_{\text{fließ}} \cdot I_M$ definiert ist, wobei Δp die Druckdifferenz zwischen den Schlauchenden und I_M der Massenstrom des Wassers ist.

a) Berechnen Sie den Wasserdruck am Boden des Gefäßes.

b) Berechnen Sie den Füllstand $h(t)$ des Behälters als Funktion der Zeit, wenn das Wasser durch den Schlauch abfließt. Wie lange dauert eine Abnahme von h auf 10 % des Anfangswertes, wenn $V = 10\,\ell$, $H = 30\,\text{cm}$ und $R_{\text{fließ}} = 0.1/(\text{m s})$ beträgt? Vergleichen Sie die Lösung mit der, die sich bei der Entladung eines Kondensators über einen Widerstand ergibt.

1.4. Massieu-Gibbs-Funktion und Gleichgewicht eines Federpendels

a) Geben Sie die Massieu-Gibbs-Funktion eines Federpendels im Schwerefeld an.

b) Berechnen Sie die Gleichgewichtslage des Pendels, wenn die Masse $M = 0.1$ kg, die Ruhelänge der Feder $L = 15$ cm und die Federkonstante $\mathcal{K} = 0.1\,\text{kg/s}^2$ betragen.

1.5. Kondensator mit variablem Plattenabstand

a) Berechnen Sie nach der Formel

$$\Delta E = -\int_{x_0}^{x_1} F_{\text{ext}}(Q, x)\, dx$$

die Energie, die dem Kondensator bei zeitlich konstanter Ladung Q zuzuführen ist, um den Abstand von x_0 auf x_1 zu vergrößern.

b) Nehmen Sie jetzt an, dass der Kondensator mit einer Spannungsquelle (Spannung U) verbunden ist. Berechnen Sie wiederum die dem System zugeführte Arbeit und vergleichen Sie das Ergebnis mit dem von Teilaufgabe a).

c) Bestimmen Sie den Anfangs- und den Endzustand sowie die graphische Darstellung der beiden Prozesse in der Q-x-Ebene beziehungsweise in der U-x-Ebene.

1.6. Drehmoment eines Drehkondensators

Betrachten sie einen Drehkondensator (Abb. 1.6), dessen eine Platte einen Halbkreis, während die zweite ein um $\pi/10$ größeres Kreissegment bildet. Die Drehachse geht durch den Kreismittelpunkt beider Kreissegmente. Die Überlappungsfläche $A(\varphi)$ zwischen den Kondensatorplatten ist dann stückweise konstant oder linear:

$$\begin{aligned}
A(\varphi) &= A_{\text{min}} && \text{für} \quad 0 && \le \varphi \le \pi/10 \\
A(\varphi) &= A_{\text{min}} + A'(\varphi - \pi/10) && \text{für} \quad \pi/10 && \le \varphi \le \pi \\
A(\varphi) &= A_{\text{max}} && \text{für} \quad \pi && \le \varphi \le 11\pi/10 \\
A(\varphi) &= A_{\text{max}} - A'(\varphi - \pi/10) && \text{für} \quad 11\pi/10 && \le \varphi \le 2\pi\,.
\end{aligned}$$

a) Berechnen Sie die Flächen $A_{\text{max}}, A_{\text{min}}$, sowie die Steigung $A\prime$ für einen Drehkondensator, dessen Platten Kreissegmente den inneren Radius $r_i = 3$ cm und dem äußeren Radius $r_a = 30$ cm aufweisen.

b) Skizzieren Sie die Ladungskapazität $C(\varphi)$ für einen Plattenabstand $z = 1$ cm.

c) Berechnen Sie die mechanischen Zustandsgleichungen, das heißt, das Drehmoment $M_z(Q, \varphi)$ und $M_z(U, \varphi)$ für konstante Ladung oder konstante Spannung eines idealisierten Drehkondensators ohne Reibung und skizzieren Sie diese als Funktion von φ.

1.7. Zustandsgleichung und elastische Energie

Die Kompressibilität

$$\kappa(p) := -\frac{1}{V} \cdot \frac{dV(p)}{dp}$$

eines Körpers oder einer Flüssigkeit mit dem Volumen V gibt an, wie sich sein Volumen unter hydrostatischem (allseitigen) Druck p verändert.

a) Welche Einheit hat die Kompressibilität?

b) Bestimmen Sie die Zustandsgleichungen $V(p)$ und $p(V)$ eines unter hydrostatischem Druck stehenden Körpers unter der Annahme, dass sein Volumen V bei $p = 0$ den Wert V_0 hat und κ vom Druck unabhängig ist. Skizzieren Sie $V(p)$.

Hinweis: Die Gleichung für die Kompressibilität entspricht einer Differenzialgleichung für $V(p)$, die sich durch Trennung der Veränderlichen leicht lösen lässt.

c) Zeigen Sie, dass die im Körper durch elastische Deformation gespeicherte Energie im Grenzfall $p\kappa \ll 1$ (Taylor-Entwicklung von $V(p)$ möglich) durch

$$E_{\text{elast}}(V) = -\int_{V_0}^{V} p(V')\,dV' = \frac{(V - V_0)^2}{2\kappa V_0}$$

gegeben ist.

d) Die Kompressibilität von Wasser beträgt bei 4°C etwa 4.9^{-10} Pa^{-1}. Wie groß ist die Volumenabnahme (in %) bei einer Wassertiefe von 10 km - in etwa die Tiefe des Marianengrabens im Pazifik? Wie groß ist die unter diesen Bedingungen in einem Liter Wasser gespeicherte elastische Energie?

1.8. Energieaufnahme eines strömenden Mediums

Zeigen Sie, dass die von einem durch ein Rohr strömenden inkompressiblen Medium aufgenommene Leistung $I_E = \Delta p \cdot \dot{V}$ beträgt, wobei Δp die Druckdifferenz zwischen den Rohrenden und $\dot{V}$ die Durchflussrate in ℓ/s ist.

1.9. Gezeitenbremse

Erde und Mond bilden ein zusammengesetztes System von drei gekoppelten Rotatoren. Die drei Drehimpuls-Variablen des Systems sind die Eigen-Drehimpulse (Spin) von Erde und Mond sowie der Bahndrehimpuls des Zwei-Körpersystems in Bezug auf den gemeinsamen Schwerpunkt. Die entsprechenden Trägheitsmomente sind J_{SE} und J_{SM} von Erde und Mond, und das Bahn-Trägheitsmoment $J_{\text{B}} = M_{\text{red}} R_{\text{B}}^2$.

Dabei hat das Trägheitsmoment einer starren Kugel mit homogener Massendichte und dem Radius R den Wert $J_S = 2/5\, MR^2$, $M_{red} = (1/M_E + 1/M_M)^{-1}$ ist die reduzierte Masse des Zwei-Körperproblems und R_B der (mittlere) Bahnradius.

Die Inhomogenität des Gravitationsfeldes der Himmelkörper bewirkt eine leichte (zigarren-förmige) Verzerrung von Erde und Mond in Richtung der Verbindungsachse $\boldsymbol{R}_B$, die eine Kopplung der Eigenrotation mit der Bahnbewegung bewirkt. Diese ist für das Phänomen der *Gezeiten* verantwortlich. In Verbindung mit der Eigenrotation bewirkt die ständige Gezeitendeformation des Erdkörpers Reibungsverluste, die zu einer allmählichen Abbremsung der Eigenrotation führt. Aufgrund der kleineren Masse des Mondes hat dies bereits dazu geführt, dass der Mond bezüglich der Verbindungsachse $\boldsymbol{R}_B$ stillsteht und uns daher immer dieselbe Seite zuwendet. Der Mond befindet sich bezüglich der Erde bereits im *Rotations-Gleichgewicht.*

a) Mittels Laser-Reflektometrie wird eine Zunahme des mittleren Bahnabstandes von 3.8 cm/Jahr gemessen. Bestimmen Sie mit Hilfe der Energie- und Drehimpulsbilanzen die jährliche Änderung der Umlaufzeit des Mondes und der Tageslänge auf der Erde.

b) Berechnen Sie die mit der Abbremsung verbundene Bremsleistung.

c) Nehmen Sie an, dass die Bremsleistung zeitlich unveränderlich bleibt, und ermitteln Sie durch Extrapolation in die Zukunft, wie lange es noch bis zur Einstellung des Rotationsgleichgewicht zwischen Erde und Mond dauert und durch Extrapolation in die Vergangenheit, welche Werte sich für die Tageslänge der Erde und den Bahnabstand vor 4 Mrd. Jahren ergeben.

Die notwendigen astronomischen Daten lauten:
Erdmasse $M_E = 6 \cdot 10^{24}$ kg, Erdradius $R_E = 6370$ km und heutige Rotationsfrequenz $\Omega_E = 2\pi/T$ (mit $T = 23.93$ h) der Erde; Mondmasse $M_M = 7.35 \cdot 10^{22}$ kg, Mondradius $R_M = 3480$ km, mittlere Bahngeschwindigkeit ca. 1 km/s und heutige Umlaufzeit des Mondes 27.3 Tage.

2 Thermische Systeme

In diesem Kapitel werden die für thermischen Systeme grundlegenden physikalischen Größen *Temperatur* und *Entropie* eingeführt. Diese können als thermische Spannung und thermische Ladung angesehen werden. Das System „heißer Körper" entspricht als Speicher für Energie und Entropie in der Wärmelehre dem System „freier Körper" (Speicher für Impuls und Energie) in der Mechanik und dem System „Kondensator" (Speicher für Ladung und Energie) in der Elektrizitätslehre. Der zweite Hauptsatz der Thermodynamik postuliert, dass Entropie erzeugt, aber nicht vernichtet werden kann. Auf diese Weise wird die Richtung der Einstellung von Gleichgewichten festgelegt. Nach einem Exkurs über die Messung der Temperatur und der Entropie wird der einfachste thermische Prozess, nämlich der spontane Temperaturausgleich zwischen zwei heißen Körpern, sowie der raum-zeitliche Verlauf der Wärmeleitung diskutiert.

2.1 Energie, Entropie und Temperatur

Wir wollen das Phänomen der Wärme, das heißt thermische Systeme und ihren Energieaustausch mit anderen physikalischen Systemen, nun in einer Weise beschreiben, die in ihrer Struktur mit den im vorangegangenen Kapitel betrachteten mechanischen und elektrischen Systemen identisch ist. Das bedeutet, dass wir ein neues Paar aus einer extensiven und einer intensiven Größe einführen müssen:
Wie als einer der ersten der Schotte Black[1] erkannt hat, müssen wir zwischen „Wärmemenge" und „Wärmeintensität" unterscheiden. Die Wärmeintensität sagt, wie „heiß" ein Körper ist. Wir quantifizieren sie durch die *Temperatur* (Symbol T). Die Temperatur hängt im Gegensatz zur Wärmemenge nicht von der Größe des Systems ab und ist damit eine *intensive* Größe. Wenn wir beispielsweise zwei Gefäße vorliegen haben, von denen eines 1 kg und das andere 2 kg Wasser enthält, und beide gleich „heiß" sind (festgestellt mit Hilfe eines Thermometers), so müssen 2 kg Wasser die doppelte Wärmemenge von 1 kg Wasser enthalten. Dies lässt sich auch dadurch veranschaulichen, dass zum Erwärmen von 1 kg Wasser (zum Beispiel von 20 °C auf 80 °C) mit Hilfe eines Tauchsieders bei gleicher elektrischer Leistung nur halb soviel Zeit und damit halb soviel Energie benötigt wird, wie notwendig ist, um 2 kg Wasser auf dieselbe Temperatur zu bringen.

Aus unserer Alltagserfahrung kennen wir eine weitere Beziehung zwischen Temperatur und Wärmemenge: Anfängliche Temperaturdifferenzen zwischen zwei thermischen Systemen führen zu Wärmeströmen und damit zum Ausgleich der Temperaturdifferenz, genauso, wie elektrische Potenzialdifferenzen in unserem Beispiel mit

1 Joseph Black (* 1728 in Bordeaux, † 1799 in Edinburgh) war ein schottischer Physiker und Chemiker. Er ist der Entdecker des Kohlendioxids und des Elements Magnesium und er prägte die Begriffe „Wärmekapazität" und „latente Wärme".

https://doi.org/10.1515/9783110560220-069

den beiden Kondensatoren zu elektrischen Strömen und damit zum Ausgleich der elektrischen Potenzialdifferenz führen. Analog können wir eine Temperaturdifferenz als „thermische Spannung“ verstehen. Um die Wärme„menge“, das heißt die *mengenartigen* Aspekte thermischer Phänomene zu quantifizieren, liegt es nahe, eine neue, analog zur elektrischen Ladung gebildete, physikalische Größe einzuführen. Diese Größe heißt heute *Entropie* und ihre Änderungen sind mit den Änderungen der Energie bei thermischen Prozessen in derselben Weise verknüpft, wie die Änderungen der elektrischen Ladung mit denen der Energie bei elektrischen und die Änderungen des Impulses mit denen der Energie bei mechanischen Prozessen (Gln. 1.21 und 1.2). Anschaulich gesprochen, ist die Entropie das, woran wir uns die Finger verbrennen, wenn wir versehentlich auf eine heiße Herdplatte fassen. Der dabei auftretende Schmerz ist klar von dem zu unterscheiden, der auftritt, wenn wir uns beim Einschlagen eines Nagels mit dem Hammer auf den Finger klopfen. In beiden Fällen wird dem Finger mehr Energie zugeführt, als wir als angenehm empfinden. Der Unterschied in der sinnlichen Wahrnehmung ist jedoch nicht allein mit der zugeführten Energie verknüpft, sondern kommt daher, dass neben Energie im ersten Fall Entropie, im zweiten Fall aber Impuls zugeführt wird.

Der historische Weg zur Entropie wurde dadurch verkompliziert, dass man zunächst davon ausging, dass alle mengenartigen Größen auch erhalten sein müssen. Letzteres trifft auf die Wärmemenge nicht zu, da Wärmemengen zum Beispiel durch Reibung erzeugt werden können. Aus diesem Grunde wurde die ursprüngliche Vorstellung von der Wärmemenge als einer Art Stoff („Caloricum“) verworfen. Zudem legen Experimente, wie das oben genannte Erwärmen von Wasser, nahe, die *Energie* mit den mengenartigen Aspekten des Phänomens der Wärme zu verknüpfen. Diese Verknüpfung hat jedoch das Problem, dass die Energie in allen, auch in den nicht-thermischen Systemen vorkommt und daher *nicht* für thermische Phänomene typisch sein kann. Dies bedeutet, dass *Wärmemenge und Energie nicht identisch sein können*! Der historisch beschrittene Ausweg bestand darin, die Wärme (wie die mechanische Arbeit) als „Form“ der *Zu - oder Abfuhr* von Energie zu interpretieren, genauso, wie der „Regen“ und der „Zufluss über einen Bach“ als zwei verschiedene „Formen“ der Änderung der Wassermenge in einem Teich aufgefasst werden können. Befindet sich das Wasser erst einmal im Teich, ist es unmöglich zu sagen, wieviel davon „Regenwasser“ und wieviel „Bachwasser“ ist, weil es sich dabei um dieselbe chemische Substanz handelt.[2] Zwar ist es während des Zuflusses möglich, die über den Regen und den Bach zugeführten Wassermengen quantitativ zu erfassen; jedoch erlaubt die Kenntnis des Zustands des Teichs zu einem gewissen Zeitpunkt keinen Rückschluss auf das Verhältnis der Wassermengen aus Bach und Regen, die zu dem momentanen Wert des Wasserinhalts geführt haben. In analoger Weise ist für die *Prozessgrößen* Wärme und Arbeit charakteristisch, dass es im allgemeinen nicht möglich ist zu sagen, wieviel Wärme und wieviel Arbeit

2 Dieses Gleichnis stammt aus dem Buch von CALLEN [1].

einem System durch einen Prozess nun eigentlich zugeführt wurde, wenn man nur den *Anfangs*- und den *Endzustand* des Systems, nicht aber den genauen Verlauf des Prozesses kennt.

Es war das Verdienst von CLAUSIUS zu erkennen, dass sich hinter dem Phänomen der Wärme nicht nur eine, sondern *zwei* bilanzierbare Größen, nämlich die Energie E *und* die Entropie S verbergen. Die Zu- oder Abfuhr einer *Entropie*menge ΔS ist (bei konstanter Temperatur T) nach CLAUSIUS mit der Zu- oder Abfuhr der Energiemenge $Q = T\Delta S$ verknüpft.

In den meisten Darstellungen der Wärmelehre bezeichnet das Wort „Wärmemenge" den Energiebetrag Q, wohingegen der gleichzeitig mit der Energie zugeführte Entropiebetrag ΔS meist nicht ausdrücklich erwähnt wird. Dieser Sprachgebrauch, das heißt *die ausschließliche Assoziation von Wärme und Energie, hat den entscheidenden Nachteil, dass dadurch die Entropie ihrer anschaulichen Bedeutung beraubt wird, anstatt sie mit unserer Alltagserfahrung in Verbindung zu bringen*! Die für thermische Prozesse spezifische Größe Entropie spiegelt den in der Alltagssprache üblichen Gebrauch des Wortes „Wärmemenge" sogar besser wider als die Energie. Dies äußert sich darin, dass die meisten Sätze der Umgangssprache, die das Wort „Wärmemenge" enthalten, physikalisch richtig bleiben, wenn wir „Wärmemenge" durch „Entropie" ersetzen.[3] Dagegen ist es aus den oben skizzierten Gründen sachlich *falsch*, vom Wärme*inhalt* eines Systems zu sprechen, auch wenn dies durch die Semantik des Wortes „Wärmemenge" stark suggeriert wird. Die mathematische Problematik des auf die Energie bezogenen Wärmebegriffs wird in den Abschnitten 4.5 und 4.9 dargestellt.

Die historische Entwicklung der für die Wärmelehre grundlegenden Begriffe erscheint kompliziert und verwirrend. Sie ist ein Musterbeispiel für den allmählichen und mit Umwegen verbundenen Prozess der Verschärfung der Umgangssprache hin zu einem für die quantitative Naturbeschreibung tauglichen Begriffssystem. Vergleichbar gewundene Erkenntniswege ergaben im 17. und 18.Jahrhundert eine ganz ähnliche

---

3 Diese Beobachtung hat zu dem Vorschlag geführt, den Begriff der Wärme umzudefinieren und fortan nicht auf die Energie, sondern auf die Entropie anzuwenden. So einleuchtend eine solche Umdefinition unter dem Gesichtspunkt der Systematik ist, so problematisch ist sie in der Durchführung. Die Bedeutung von im Umlauf befindlichen physikalischen Begriffen kann nicht per Dekret festgesetzt oder geändert werden, sondern ergibt sich aus dem Sprachgebrauch sehr vieler Individuen, das heißt Forschern, (Hochschul-)Lehrern, Schülern und Studenten. Der Versuch Einzelner, einen fundamentalen Begriff umzudefinieren, muss zu Kommunikationsproblemen mit den Übrigen führen. Nach Meinung des Verfassers kann sich ein neuer Standpunkt und damit eine neue Darstellungsweise nur durchsetzen, wenn nicht nur die Vorteile der neuen Darstellung offensichtlich sind, sondern wenn auch die neue Terminologie mit der alten so weit verträglich ist, dass keine Missverständnisse auftreten. Aus diesem Grunde wird in dieser Darstellung keine Umdefinition, sondern eine Erweiterung des Begriffs der Wärme um den Aspekt der Entropie vorgeschlagen. Diese Erweiterung erlaubt es, die Entropie mit unseren Alltagsvorstellungen von thermischen Prozessen zu verknüpfen. In der Lehrpraxis hat sich gezeigt, dass sich die so eingeführte Entropie für ein intuitives Verständnis der Physik der Wärme ausgezeichnet eignet.

Problematik innerhalb der Mechanik. Auch in der Mechanik sprach man zunächst nur von einer „Bewegungsgröße“, anstatt zwischen Impuls und Energie zu unterscheiden. So postulierte DESCARTES als erster, dass die Bewegungsgröße bei Stoß zweier Körper von einem Körper auf den anderen übergeht, sodass die Summe beider Bewegungsgrößen erhalten bleibt. Dabei nahm er an, dass die Bewegungsgröße proportional zur Geschwindigkeit ist. Dies war die erste Formulierung der Impulserhaltung, auch wenn DESCARTES den vektoriellen Charakter des Impulses noch nicht erkannt hatte. Dagegen stellte LEIBNIZ Jahrzehnte später die These auf, dass die „wahre Ursache einer Kraft“ nicht der zu zu $\boldsymbol{v}$ proportionale „impetus“, sondern die zu $\boldsymbol{v}^2$ proportionale „lebendige Kraft“ sei.[4] Erst D'ALEMBERT klärte die Situation noch einmal 100 Jahre später, indem er feststellte, dass zur Beschreibung des Phänomens der Bewegung nicht nur eine, sondern ebenfalls *zwei* mengenartige Größen vonnöten sind, nämlich die Energie *und* der Impuls, welche sogar unabhängig voneinander einem allgemeinen Erhaltungssatz genügen [3]. Die beste Möglichkeit, die durch die Mehrdeutigkeit der Begriffe „Bewegungsgröße“ und „lebendige Kraft“ ausgelöste Verwirrung zu vermeiden, bestand darin, diese nicht mehr zu verwenden, sondern allmählich durch das präzisere Begriffs-*Paar* „Energie und Impuls“ zu ersetzen. Entsprechend ist es ratsam, den Alltags-Begriff „Wärme“ im Rahmen der quantitativen Beschreibung thermischer Prozesse durch das präzisere Begriffs-Paar „Energie und Entropie“ zu ersetzen.

Um dennoch auf die hinter dem Wort *Wärme* stehenden anschaulichen Vorstellungen zurückgreifen zu können, werden wir es in dieser Darstellung überwiegend in seiner *qualitativen*, umgangssprachlichen Bedeutung verwenden. Wissenschaftlich präzisiert wollen wir unter der Zufuhr von Wärme in ein System die *gleichzeitige* Zufuhr von Energie *und* Entropie verstehen.[5]

---

4 Zur Begründung führte LEIBNIZ an, dass nur sein Kraftbegriff die Existenz eines *perpetuum mobiles* 1. Art ausschlösse. Das Wort „Kraft“ war in der damaligen Wissenschaft bei weitem nicht so eindeutig definiert wie heute. So trug auch HELMHOLTZ grundlegende Arbeit zur Energie-Erhaltung den Titel: „Über die Erhaltung der Kraft“. In der um 1920 erschienenen Auflage des Thermodynamik-Lehrbuchs von PLANCK wird der Begriff „lebendige Kraft“ für die kinetische Energie der Moleküle eines Gases noch verwendet. Auch die Verwendung der Wortes „Kraft“ in der heutigen Alltagssprache (Worte wie „Kraftwerk“, „Kraft-Wärme-Kopplung“ oder Sätze wie „Ich habe keine Kraft mehr…“) entspricht häufig mehr der Energie als der Größe $\boldsymbol{F}$.

5 Man mag einwenden, dass wir damit immer noch nicht wissen, was Entropie „eigentlich“ ist. Um einzusehen, dass diese Frage nicht sinnvoll ist, müssen wir uns bewusst machen, dass fundamentale Begriffe nur dann fundamental sind, wenn sie *gerade nicht* auf andere Begriffe zurückgeführt werden können. Wir können auch nicht sagen, was Energie oder Impuls „eigentlich“ sind. Alles was uns zugänglich ist, sind die *Relationen*, mit denen diese mit anderen fundamentalen Begriffen in Beziehung stehen. Die GIBBS'sche Fundamentalform und die für bestimmte Systeme spezifischen (aus Experimenten oder theoretischen Modellen extrahierten) Zustandsgleichungen sind solche Relationen. Der Gegenstand des zweiten Bandes ist eine weitere fundamentale Relation zwischen der Entropie und den Wahrscheinlichkeiten für das Vorliegen von Quantenzuständen. Aber auch diese Relation, die sich als außerordentlich schlagkräftig für die Formulierung von *Modellen* erweisen wird, sagt uns nicht,

2.2 Empirische und absolute Temperaturen

Zur quantitativen Beschreibung von thermischen Prozessen postulieren wir also (in Analogie zu den mit dem Transport anderer mengenartiger Größen verknüpften Energieänderungen) die folgende Verknüpfung der Änderungen von Energie- und Entropieinhalt eines Systems bei einer Entropieänderung:

$$dE = T\,dS\,. \tag{2.1}$$

Ist S die einzige unabhängige extensive Variable des Systems, so *definiert* diese Relation die *absolute Temperatur* als:

$$T(S) = \frac{dE(S)}{dS} \tag{2.2}$$

Natürlich erwacht diese Definition nur dann zum Leben, wenn wir die Funktion $E(S)$ für konkrete thermische Systeme auch angeben können. Das einfachste mögliche Beispiel hierfür wollen wir im nächsten Abschnitt besprechen.

Andererseits benötigt der Experimentator auch eine Möglichkeit, die Temperatur zu messen. Auf der empirischen Ebene lässt sich das Volumen $V(T)$ von Flüssigkeiten bei konstantem Druck als *empirisches Maß* für die Temperatur benutzen, da die relative *thermische Ausdehnung* in bestimmten Temperaturbereichen näherungsweise *unabhängig* von der Temperatur ist. Auch die Längenausdehnung von Festkörpern kann in ähnlicher Weise genutzt werden. Der Volumenausdehnungkoeffizient β_p bei konstantem Druck und der Längenausdehnungskoeffizient β_L sind wie folgt definiert:

$$\beta_p := \frac{1}{V}\frac{V(T)}{dT}; \qquad \beta_L := \frac{1}{L}\frac{dL(T)}{dT}\,. \tag{2.3}$$

Der Effekt ist zwar recht klein (Tabelle 2.1), aber bei geeigneter Anordnung durchaus messbar. Die thermische Ausdehnung wird in den üblichen Alkohol-, Quecksilber-, oder Bimetall-Thermometern ausgenutzt. Zur empirischen Festlegung der Temperaturskala werden leicht zugängliche Referenzpunkte benötigt. Die in Europa übliche Celsius-Skala ist dadurch festgelegt, dass der Temperaturbereich zwischen dem Schmelzpunkt und dem Siedepunkt hochreinen Wassers bei Normaldruck (1013 mbar) in 100 gleiche Teile eingeteilt wird.

Hat eine gegebene Menge einer Flüssigkeit am Gefrierpunkt des Wassers das Volumen V_0 und an dessen Siedepunkt das Volumen V_{100}, so erhalten wir als *empirische Temperatur* τ:

$$\tau(T) = \frac{V(T) - V_0}{V_{100} - V_0} \cdot 100\,^\circ\mathrm{C}$$

Die so oder ähnlich definierte empirische Temperatur bezieht sich stets auf ein Intervall zwischen zwei endlichen Referenztemperaturen. Für unsere gegenwärtigen Zwecke

---

was die Entropie „eigentlich" ist, sondern postuliert nur eine Verknüpfung der Entropie mit diesen Wahrscheinlichkeiten.

Stoff	β_p (10^{-4}/K)	Stoff	β_L (10^{-6}/K)
Wasser	1.8	Quarzglas	0.5
Quecksilber	0.18	Invar-Stahl	2.0
Glyzerin	4.9	Eisen	12.7
Benzol	10.6	Kupfer	16.7
Ethanol	11	Aluminium	23.8

Tab. 2.1. Relativer thermischer Ausdehnungskoeffizient β_p und Längenausdehnungskoeffizient β_L einiger Stoffe (bei $T = 18\,^\circ\mathrm{C}$):

ist dies genug. In Abbildung 2.1a sind einige Beispiele dieses Verhaltens gezeigt. Bei Ethanol und Quecksilber erscheint der Zusammenhang zwischen der empirischen und der absoluten Temperatur weitgehend linear. Bei genügend hoher Messgenauigkeit zeigt sich jedoch, dass das Ausdehnungsverhalten zweier verschiedener Stoffe A und B im Allgemeinen verschieden ist.[6] Dies äußert sich in einer mehr oder weniger ausgeprägten *Differenz* der empirischen Temperaturen τ_A und τ_B im thermischen Kontakt mit dem demselben Objekt, das heißt bei derselben absoluten Temperatur. In Abbildung 2.1b sind die Diskrepanzen $\tau - T$ für Ethanol, Wasser und Quecksilber gezeigt. Beim Wasser gibt es nicht nur erhebliche Abweichungen von der Linearität, sondern der Verlauf $\tau(T)$ ist wegen der Dichteanomalie des Wassers sogar nichtmonoton und die Funktion $T(\tau)$ mehrdeutig. Aus diesem (und anderen) Gründen ist Wasser für Flüssigkeitsthermometer ungeeignet. Aber auch bei Alkohol zeigen sich Abweichungen, die im Bereich von einigen Prozent liegen. Nur das Ausdehnungsverhalten des Quecksilbers erscheint in dem betrachteten Temperaturbereich im Rahmen der Messgenauigkeit von einigen 10^{-4} linear. Es gibt jedoch kein gegenüber anderen ausgezeichnetes Material, welches zur Messung der Temperatur zu bevorzugen ist. Aus diesem Grund ist es notwendig, ein *materialunabhängiges* Temperaturmaß zu haben. Ein solches absolutes Temperaturmaß wird durch Gl. 2.1 bereitgestellt – um den Preis, dass wir (später) Wege finden müssen, den Differenzialquotienten $dE(S)/dS$ direkt zu messen. Für den Augenblick verlassen wir uns einfach auf die mit kommerziellen Thermometern mitgelieferte Tabelle für $T(\tau)$.

Gleichung 2.1 legt fest, dass das Produkt $T\,dS$ die Einheit „Joule“ hat. Die Werte der absoluten Temperatur und der Entropie sind auf diese Weise nur bis auf einen beliebigen Skalenfaktor α festgelegt, da dieser aus der Definitions-Gleichung herausfällt:

$$dE = T\,dS = (T/\alpha)\,d(\alpha S) = T'\,dS' \ .$$

In Abschnitt 2.5 werden wir sehen, dass der Nullpunkt der absoluten Temperatur durch die Forderung

$$T(S = 0) \stackrel{!}{=} 0$$

6 In Kapitel 3 werden wir sehen, dass das Ausdehnungsverhalten von idealen Gasen *universell* ist, also nicht von der chemischen Natur des Gases abhängt. Daher eignen sich ideale Gase besonders gut als Arbeitsmedium von Thermometern.

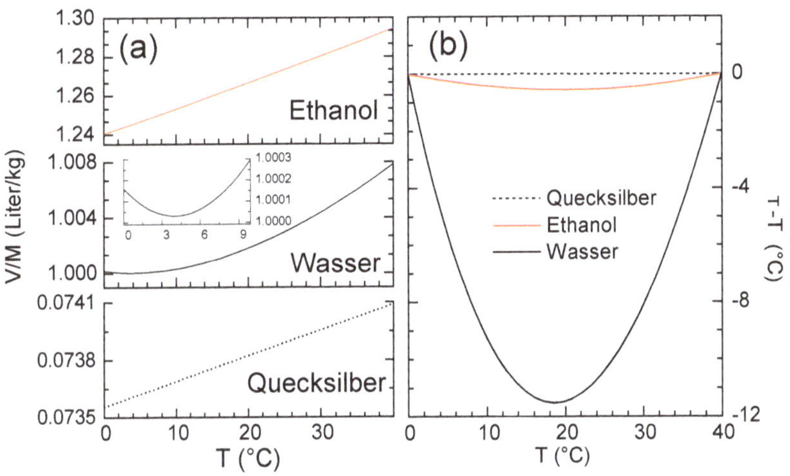

Abb. 2.1. a) Spezifisches Volumen V/M von Ethanol, Wasser und Quecksilber als Funktion der absoluten Temperatur. Für das Wasser ist im Einsatz das Minimum des spezifischen Volumens bei 4°C gezeigt, welches eine Besonderheit dieses Stoffes, aber auch einiger anderer Stoffe darstellt. b) Abweichung der empirischen von der absoluten Temperatur im Bereich von 0 – 40°C. Bei Quecksilber kann im Rahmen der Messgenauigkeit keine Abweichung festgestellt werden.

festgelegt werden kann.[7] Zur Festlegung des Skalenfaktors α der absoluten Temperatur-Skala wird daher nur ein einzelner Referenzpunkt benötigt. Um dieselben Zahlenwerte für Temperaturdifferenzen wie mit der CELSIUS-Skala zu erhalten, hat man sich darauf geeinigt, der absoluten Temperatur am so genannten *Tripelpunkt* vom hochreinem Wasser, bei dem flüssiges Wasser, Eis und Wasserdampf miteinander koexistieren, den Wert $T = 273.16$ Kelvin (K) zuzuweisen.[8] Auf der CELSIUS-Skala liegt der Tripelpunkt bei 0.01 °C. Der Zahlenwert für die Lage des Tripelpunkts auf der KELVIN-Skala wurde

---

7 Historisch stand der Begriff der absoluten Temperatur erst am Ende eines langen Wechselspiels von Experiment und theoretischer Deutung. Um unseren Einstieg in die Thermodynamik nicht unnötig mit solchen konzeptionellen Schwierigkeiten zu belasten, nehmen wir das Konzept der absoluten Temperatur hier axiomatisch vorweg. Die experimentelle Bestimmung der absoluten Temperatur, welche die Eichung, das heißt die Verknüpfung der empirischen Temperaturmaße mit der absoluten Temperaturskala erst ermöglicht, erfordert mehr thermodynamisches Rüstzeug und wird in den Abschnitt 5.3 besprochen. Wie komplex das Problem der Festlegung der absoluten Temperatur und die Bereitstellung geeigneter *metrologischer Standards* ist, wird daran deutlich, dass es noch heute internationale Kommissionen beschäftigt.

8 In Kapitel 9 werden wir sehen, dass diese Wahl dadurch nahe gelegt wird, dass die drei Aggregatzustände eines reinen Stoffs nur bei einer einzigen Temperatur koexistieren können. In Gegensatz dazu hängen der Schmelzpunkt oder der Siedepunkt vom Druck ab. Der Tripelpunkt erlaubt die Reproduktion eines wohldefinierten Temperaturwerts, weil die Einstellung des thermischen Gleichgewichts bei der Koexistenz von Gas, Flüssigkeit und Festkörper über die Variation der Mengenverhältnisse automatisch zur Realisierung der richtigen Druck- und Temperaturwerte führt. Der Druck am Tripelpunkt beträgt 611.657 Pa (ca. 6 mbar).

so gewählt, dass sich für den Siedepunkt des Wasser 373.15 K ergeben und daher eine Temperaturdifferenz von 1 K auf der KELVIN-Skala mit einer Temperaturdifferenz von 1 °C identisch ist. Nur die Lage des Nullpunkts ist auf beiden Temperaturskalen verschieden: 0 K entsprechen −273.15 °C. Wenn die Einheit der Temperatur festgelegt ist, so ist die Einheit der Entropie wegen Gl. 2.1 ebenfalls festgelegt: Die Entropie hat die Einheit „Joule pro Kelvin" (J/K). Im Folgenden werden wir fast ausschließlich die KELVIN-Skala verwenden.

2.3 Das System „heißer Körper"

In diesem Kapitel wollen wir zunächst die einfachst möglichen thermischen Systeme betrachten, bei denen S die einzige unabhängige extensive Variable ist. Der allgemeine Fall von Systemen mit mehreren extensiven Variablen wird in den nächsten Kapiteln behandelt. Dazu konstruieren wir nun das archetypische System „heißer Körper" als thermisches Analogon zu den zuvor besprochenen Beispielsystemen „freier Körper", „Rotator" und „Kondensator". Letztere besitzen in ihrer einfachsten Form nur eine unabhängige extensive Variable, nämlich den Impuls $\boldsymbol{P}$, den Drehimpuls $\boldsymbol{L}$ beziehungsweise die elektrische Ladung Q. Entsprechend ist die Entropie S die einzige[9] unabhängige extensive Variablen des Systems „heißer Körper". Um uns die Funktionen $T(S)$ und $E(S)$ für dieses System zu verschaffen, stützen wir uns auf die folgende experimentelle Beobachtung:

! Wird einem Körper (zum Beispiel einem Kupferblock, oder einem gewissen Volumen an Wasser) mit der Anfangstemperatur T_0 mittels eines elektrischen Widerstandes eine zeitlich konstante (Heiz-)Leistung zugeführt, so steigt dessen Temperatur (zumindest in einem gewissen Temperaturbereich) *linear* als Funktion der Zeit.

Aufgrund der Erhaltung der Energie muss die über den elektrischen Strom in das System transportierte Energiemenge $\Delta E = UI_Q \cdot \Delta t$ in dem Körper gespeichert werden. Aus der Beobachtung $\Delta T \propto \Delta t$ können wir also folgern, dass die Temperaturerhöhung ΔT und die Energieänderung ΔE des Körpers für hinreichend kleine ΔT zueinander proportional sind:

$$\Delta E = C(T)\,\Delta T \qquad \text{und} \qquad \frac{dE(T)}{dT} = C(T) \qquad \text{für} \qquad \Delta T \longrightarrow 0\,. \tag{2.4}$$

Die Größe $C(T)$ ist materialspezifisch und wird die *Wärmekapazität* des Körpers ge-

9 Dies entspricht der vereinfachenden Annahme, dass nur Prozesse betrachtet werden, bei denen alle anderen extensiven Variablen wie die Masse, die Stoffmenge (Abschnitt 3.1) und das Volumen des Systems zumindest näherungsweise konstant gehalten werden.

nannt. Integration von Gl. 2.4 nach T liefert die Funktion:

$$E(T) = \int_{T_0}^{T} C(T')\,dT' + E(T_0)\,, \tag{2.5}$$

wobei T_0 eine beliebige Referenztemperatur ist. Gleichung 2.5 nennen wir die *kalorische Zustandsgleichung* des heißen Körpers. Im Allgemeinen ist $C(T)$ nicht konstant, sondern eine Funktion der Temperatur.

Wir nehmen zunächst an, dass der elektrische Strom neben Energie nicht gleichzeitig Entropie mitführt.[10] Die aufgenommene Energie führt zur der in den folgenden Abschnitten eingehender diskutierten *Erzeugung* von Entropie im Heizdraht (JOULE'sche Wärme) und damit zu einer Zunahme der Entropie des heißen Körpers. Zusammen mit Gl. 2.1 können wir diese aus Gl. 2.4 bestimmen:

$$dE = T\,dS = C(T)\,dT \quad \Longrightarrow \quad dS = \frac{C(T)}{T}\,dT. \tag{2.6}$$

Damit erhalten wir die folgenden allgemein gültigen Relationen zwischen der in dem Körper enthaltenen Entropie und seiner Wärmekapazität:

$$C(T) = T\,\frac{dS(T)}{dT} \qquad \text{und} \tag{2.7}$$

!

$$S(T) = \int_{T_0}^{T} \frac{C(T')}{T'}\,dT' + S(T_0)\,. \tag{2.8}$$

Diese Relationen gelten unabhängig von dem für verschiedene Materialien unterschiedlichen Verlauf von $C(T)$.

Beschränkt man die Experimente auf einen nicht zu großen Temperaturbereich, so kann die T-Abhängigkeit von C vernachlässigt werden und man erhält aus Gl. 2.4:

$$E(T) = C \cdot T + E_0\,, \tag{2.9}$$

wobei E_0 eine weitere Systemkonstante des Systems *heißer Körper* mit konstanter Wärmekapazität darstellt. Diese bestimmt den Absolutwert der Energie. Für die Entropie resultiert in diesem Spezialfall:

$$S(T) = C\,\ln\left(\frac{T}{T_0}\right) + S(T_0)\,. \tag{2.10}$$

In dieser Gleichung können wir die Integrationskonstante $S(T_0)$ noch in den Logarithmus hineinziehen und erhalten

$$S(T) = C\,\ln\left(\frac{T}{T^*}\right)\,, \tag{2.11}$$

10 Die später diskutierten thermoelektrischen Phänomene zeigen, dass ein Teilchenstrom in der Regel auch einen Entropiestrom mitführt. Im vorliegenden Fall ist dieser Beitrag aber vernachlässigbar.

wobei

$$T^* = T_0 \exp\left(-\frac{S(T_0)}{C}\right) \tag{2.12}$$

eine charakteristische Temperatur und damit eine dritte Systemkonstante des heißen Körpers mit konstanter Wärmekapazität darstellt. Diese bestimmt den Absolutwert von dessen Entropie. Wenn wir Gleichung 2.10 nach T auflösen, bekommen wir:

$$T(S) = T^* \exp\left(\frac{S}{C}\right) . \tag{2.13}$$

Die Temperatur eines heißen Körpers mit konstanter Wärmekapazität nimmt bei Entropiezufuhr exponentiell zu. Wenn wir diesen Ausdruck in die kalorische Zustandsgleichung Gl. 2.9 einsetzen, so erhalten wir schließlich die MASSIEU-GIBBS-Funktion $E(S)$ des Systems *heißer Körper mit konstanter Wärmekapazität*:

$$E(S) = CT^* \exp\left(\frac{S}{C}\right) + E_0 . \tag{2.14}$$

Wir betonen noch einmal, dass alle Ergebnisse dieses Abschnitts auf der fundamentalen Relation $dE = T\,dS$ und der Definition der Wärmekapazität $C(T) = dE(T)/dT$ beruhen!

Für Systeme, die tatsächlich nur eine einzige unabhängige extensive Variable X besitzen, folgt aus der Homogenitätsrelation Gl. 1.43, dass $E(X) = \xi_0 X$ und die zu X konjugierte intensive Variable $\xi = \xi_0$ nicht von X abhängen darf, sondern konstant sein muss. Solche Systeme existieren nur im Gedanken-Experiment; man nennt sie *Reservoire*, weil sie es erlauben, die für die Realisierung bestimmter Prozesse erforderliche E- und X-Mengen zu extrahieren, ohne dass sich ξ dabei ändert.[11]

Wie wir aus Gl. 2.14 ersehen können, ist $E(S)$ bei einer konstanten Wärmekapazität (und auch sonst) keineswegs proportional zu S. Das System „heißer Körper" muss also noch andere extensive Variablen besitzen, um dem Homogenitätspostulat zu genügen. Es sind dies die Masse M, die Stoffmenge N (Abschnitt 3.1) und das Volumen V. Diese verbergen sich in der Wärmekapazität.[12] Wenn wir der Einfachheit halber zunächst annehmen, dass M, N und V untereinander durch die *konstanten* Materialparameter Molmasse $\hat{m} = M/N$, Massendichte $m = M/V$, Volumen pro Masse $\tilde{v} = V/M$, Molvolumen $\hat{v} = V/N$ und Stoffmengendichte $n = N/V$ zusammenhängen,[13] dann muss C *linear* von allen diesen Variablen abhängen, damit die thermische Zustandsgleichung des heißen Körpers dem Homogenitätspostulat genügt. Es liegt nahe, diese

11 Näherungsweise können Reservoire dadurch realisiert werden, dass man die Werte von X und E eines relativ beliebigen Systems einfach sehr groß gegen die bei dem Prozess ausgetauschten X- und E-Werte macht – dann bleiben die mit dem Prozess verbundenen ξ-Änderungen vernachlässigbar.

12 Dass vermeintliche Systemkonstanten weitere Variablen enthalten können, ist uns schon bei dem System „Kondensator mit variablem Plattenabstand" begegnet.

13 Das von uns zur Thermometrie benutzte Phänomen der thermischen Ausdehnung zeigt, dass $\tilde{v}$, $\hat{v}$, n und m tatsächlich nur näherungsweise als von T unabhängige Materialparameter aufzufassen sind. In Abschnitt 6.4 werden wir auch Volumenänderungen betrachten. Der Parameter $\hat{m}$ ist dagegen T-unabhängig und kann nur über die Isotopenmischung der betrachteten Stoffe geändert werden.

Proportionalität auszunutzen, um *spezifische Wärmekapazitäten*

$$\left.\begin{array}{c}\tilde{c}(T) := C(T,M)/M\ , \quad \hat{c}(T) := C(T,N)/N \\ \text{und} \\ c(T) := C(T,V)/V\end{array}\right\} \qquad (2.15)$$

zu definieren, welche von M, N und V unabhängige Materialcharakteristiken darstellen.

Messwerte der spezifischen Wärmekapazitäten sind für einige Stoffe in Tabelle 2.2 zusammengefasst. Es ist auffallend, dass die molaren Wärmekapazitäten wesentlich näher beieinander liegen als die auf die Masse bezogenen. Wie wir in Abschnitt 3.7 sehen werden, erwartet man nach dem Gleichverteilungssatz der klassischen Physik für einen aus einer Atomsorte aufgebauten Festkörper eine T-unabhängige Wärmekapazität mit dem auf Dulong und Petit zurückgehenden Wert von $\hat{c} = 24.9\,\text{J}/(\text{mol K})$. Für Al, Cu, Au, Fe und Hg wird dieser auch beobachtet. Für NaCl und H_2O werden zwei beziehungsweise drei Mal so hohe Werte beobachtet. Dies liegt an der doppelt und drei Mal so hohen Zahl von Atomen pro Mol – wir werden sehen, dass die Zahlenwerte der molaren Wärmekapazitäten als ein erster Hinweis auf die atomare Struktur der Materie zu verstehen sind. Nur bei Diamant und Beryllium sind sowohl die Werte der molaren Wärmekapazität als auch der Entropie deutlich kleiner als bei den anderen Stoffen.

Die Werte der für die verschiedenen Stoffe charakteristischen Temperaturen T^* wurden mit Hilfe von Gl. 2.12 aus den Messwerten für $\hat{s}$ und $\hat{c}$ gewonnen. In Abschnitt 6.4.1 werden wir ein Modell betrachten, welches die Wärmekapazität von Festkörpern auf die thermische Anregung von Schallwellen zurückführt.[14] Das Modell enthält eine charakteristische Temperatur Θ, die gemäß Gl. 6.45 durch die Schallgeschwindigkeit gegeben ist. Wieder mit Ausnahme von Diamant und Beryllium stimmen die experimentell bestimmten T^*-Werte recht gut mit den Modellparametern Θ überein. Für die Beispiele C und Be ist die Annahme einer konstanten Wärmekapazität auch bei Zimmertemperatur unzulässig.

Zum Schluss dieses Abschnitts wollen wir noch eine weitere Analogie zwischen dem System „heißer Körper“ und dem Beispielsystem „Kondensator“ aufzeigen, in dem die Größe

$$\frac{\partial Q(U)}{\partial U} = C_Q$$

als Systemkonstante „Ladungskapazität“ C_Q auftritt. Die Ladungskapazität C_Q gibt an, wieviel elektrische Ladung in einem Kondensator bei einer gewissen Spannung enthalten ist. Ebenso wie die Wärmekapazität ist auch die Ladungskapazität nicht notwendigerweise eine Konstante, wie die Spannungsabhängigkeit der Kapazität in einem Kondensator mit einem nichtlinearen Dielektrikum oder einer Kapazitätsdiode (Abschnitt II-6.5.4.1) zeigt. Gleichung 2.7 zeigt, dass die Größe $\partial S/\partial T = C/T$ in demselben

14 Bis zu einem gewissen Grad lässt sich dieses Modell auch auf Flüssigkeiten übertragen.
15 Näheres zur Stoffmenge N und der Einheit „Mol“ wird in Abschnitt 3.1 erklärt.

Tab. 2.2. Massendichte $m = M/V$, Molgewicht[15] $\hat{m} = M/N$, spezifische Wärmekapazitäten $\tilde{c} = C/M$ und $\hat{c} = C/N$, molare Entropie $\hat{s} = S/N$ sowie der charakteristischen Temperaturen T^* und θ (siehe Text) einiger Feststoffe und Flüssigkeiten bei $T = 298$ K und $p = 1013$ mbar.

Stoff		C (dia)	Be	Al	Cu	Au	Fe	NaCl	Hg	H_2O
m	[g/cm³]	3.52	1.85	2.699	8.960	19.32	7.874	2.170	13.55	0.998
$\hat{m}$	[g/mol]	12.01	9.02	26.98	63.55	197.0	55.85	58.44	200.6	18.02
$\tilde{c}$	[J/(g K)]	0.510	1.825	0.897	0.385	0.129	0.449	0.879	0.140	4.184
$\hat{c}$	[J/(mol K)]	6.12	16.44	24.20	24.44	25.42	25.10	51.50	28.08	75.20
$\hat{s}$	[J/(mol K)]	2.378	9.50	28.30	33.15	47.49	27.28	72.12	75.90	69.95
T^*	[K]	196	162	89	75	45	98	71	19	114
θ	[K]	480	299	101	81	55	108	83	25	118

Sinne als „Entropiekapazität“ anzusehen ist. Dass heute C und nicht C/T als charakteristische Größe eines heißen Körpers betrachtet wird, hängt vor allem damit zusammen, dass $C(T) = \Delta E/\Delta T$ über die mit einer Energiezufuhr ΔE verbundene Temperaturänderung ΔT direkt messbar ist, während die Angabe von $\partial S/\partial T = (\Delta E/\Delta T)/T$ zusätzlich die Kenntnis der absoluten Temperatur T erfordert.

Größen vom Typ $\partial X/\partial \xi$, welche die Abhängigkeit der extensiven Größen von den intensiven Größen beschreiben, nennt man *Suszeptibilitäten*. Weitere Beispiele sind die Induktivität, die inverse Federkonstante sowie die elektrische und die magnetischen Suszeptibilität. Ihre Kenntnis ist (bis auf Integrationskonstanten) der Kenntnis der Zustandsgleichungen äquivalent – allerdings sind die Suszeptibilitäten in der Regel wesentlich leichter zu messen. Aus einer Messung der Wärmekapazität $C(T)$ zwischen zwei Zuständen mit den Temperaturen T_0 und T lässt sich nach Gl. 2.8 die Entropiedifferenz zwischen diesen Zuständen experimentell bestimmen!

2.4 Der zweite Hauptsatz

Nach dieser Diskussion des Phänomens der Wärme wollen wir auf die spontane Einstellung von Gleichgewichten zurückkommen:
Die Auszeichnung einer bestimmten Richtung des Energieflusses (in unserem Beispiel aus Abschnitt 1.7 vom Kondensator zum Widerstand) bei der spontanen Einstellung von Gleichgewichten tritt in unzähligen Prozessen auf. Ein solch allgemeines Phänomen wird in der Physik sehr gerne auf ein fundamentales Prinzip zurückgeführt. Mit den jetzt vorhandenen Begriffen lässt sich ein solches Prinzip formulieren:

! Entropie kann *erzeugt*, aber *nicht vernichtet* werden.

Dieses Prinzip ist unter dem Namen *2. Hauptsatz der Thermodynamik* bekannt und lässt sich auch als eine Art *halbseitiger* Erhaltungssatz für die Entropie auffassen. Die Entropie genügt anders als die bisher besprochenen mengenartigen Größen E, Q, $\boldsymbol{P}$ und $\boldsymbol{L}$) keinem *allgemeinen* Erhaltungssatz.

Mit anderen Worten: Physikalische Prozesse, die mit der Erzeugung von Entropie verbunden sind, sind nicht umkehrbar, weil die einmal erzeugte Entropie nicht mehr vernichtet werden kann. Ein wichtiges Beispiel solcher, *irreversibel* genannten, Prozesse sind Reibungsprozesse, die stets mit einer Erwärmung der Umgebung verbunden sind. Entsprechend heißen Prozesse, bei denen die Entropie konstant bleibt, *reversibel*. Die Irreversibilität zeichnet, im Gegensatz zum Prinzip der Minimierung der Energie, eine Richtung für den Energietransfer bei der Einstellung von Gleichgewichten aus. Der Energietransfer erfolgt stets in ein thermisches System, welches die erzeugte Entropie aufnehmen kann. Dies wird durch unsere Alltagserfahrung illustriert, nach der sich ein Fahrzeug mittels einer Bremse unter Erwärmung der Bremse anhalten lässt. In Abschnitt 1.7 war es die Erzeugung von Entropie beim Stromfluss durch einen elektrischen Widerstand, welche die Anwendung des Prinzips der Energie-Minimierung bei der Einstellung des elektrischen Gleichgewichts zwischen zwei Kondensatoren möglich machte. Die Umkehrung dieses Prozesses, das heißt die Beschleunigung des Fahrzeugs mit Hilfe der in der Bremse gemeinsam mit Entropie gespeicherten Energie ist dagegen nur in beschränktem Maße möglich (Abschnitt 4.2). Wie wir im nächsten Abschnitt genauer besprechen werden, lassen sich Reibungsphänomene auch so charakterisieren, dass der *Transport* von physikalischen Größen in der Regel die Überwindung eines Reibungswiderstandes durch einen Antrieb erfordert. Die Verwendung von Energie zur Erzeugung von Entropie nennt man *Dissipation*.

Der zweite Hauptsatz sagt, dass Entropie in *thermisch isolierten* Systemen nicht abnehmen kann. Die Lehrpraxis zeigt, dass die Bedingung der thermischen Isolation immer wieder übersehen oder vergessen wird. Dies führt dann zu der (unrichtigen) Vorstellung, „dass die Entropie eines Systems *generell* nicht abnehmen kann". Daher betonen wir, dass der zweite Hauptsatz natürlich nicht ausschließt, dass Prozesse existieren, bei denen die Entropie eines Systems abnimmt:

> **!** Eine Abnahme der in einem System enthaltenen Entropie ist möglich, wenn diese, beispielsweise über den in Abschnitt 2.10 besprochenen Prozess der *Wärmeleitung*, gemeinsam mit Energie *an ein anderes System abgegeben wird.*

Die Abnahme der Entropie eines Körpers ist ein alltägliches Ereignis, das nach Gl. 2.10 beispielsweise bei der Abkühlung der Kaffeetasse auf unserem Frühstückstisch vorliegt. Dabei wird die ursprünglich im Kaffee gespeicherte Entropie an die Umgebung, und zwar überwiegend an die umgebende Luft, abgegeben. Die Umgebungsluft erwärmt sich dabei zunächst; die Wärmekapazität der Atmosphäre ist aber so groß, dass diese Temperatur-Erhöhung nach kurzer Zeit nicht mehr spürbar ist. Ein Abkühlungsprozess tritt immer dann auf, wenn ein Körper mit einem anderen in thermischen Kontakt gebracht wird, der sich auf einer niedrigeren Temperatur befindet. Der heißere Körper kühlt ab, der kältere erwärmt sich. Wie wir in den folgenden Abschnitten ausführlich besprechen werden, gibt der zweite Hauptsatz also unsere Alltagserfahrung wieder, dass ein thermischer Kontakt zwischen einem warmen und einem kalten Körper zu einem Transport von Energie und Entropie führt, der nach ausreichend langer Zeit stets einem Ausgleich der Temperaturdifferenz bewirkt. Wie wir in Abschnitt 2.9 sehen werden, nimmt die Entropie des kälteren Körpers dabei stärker zu, als die des wärmeren Körpers abnimmt – daher ist der Ausgleichsprozess mit der Erzeugung von Entropie verbunden und damit *irreversibel*.

Diejenigen Grundgleichungen der Physik, welche den zeitlichen Ablauf von Prozessen beschreiben, nämlich die Newton'schen Gleichungen, die Maxwell-Gleichungen oder die Schrödinger-Gleichung, weisen alle eine fundamentale Symmetrie auf: die Invarianz unter *Zeitumkehr*. Die Asymmetrie zwischen Erzeugbarkeit und Unvernichtbarkeit der Entropie bricht diese Zeitumkehrinvarianz! Das bedeutet, dass es schwer ist, die Erzeugung von Entropie im Rahmen von Modellen zu beschreiben, deren zeitliche Entwicklung durch die oben genannten Zeitumkehr-invarianten Grundgleichungen bestimmt wird.[16] Aus diesem Grund findet die Entropie in unserem durch die Mechanik und die Elektrodynamik geprägten Verständnis der Physik nur schwer einen Platz. Die in fast allen realen Prozessen auftretenden Irreversibilitäten werden in der theoretischen Physik am liebsten „wegidealisiert". Wenn es einen Weg gegeben hätte, die Entropie aus der Physik zu eliminieren, dann wäre das ganz sicher geschehen! Wir können allerdings nur feststellen, dass dies in den letzten 150 Jahren trotz aller Versuche offenbar nicht gelungen ist.

Es ist eines der zentralen Anliegen dieser Darstellung, das häufig anzutreffende Unbehagen im Umgang mit der Entropie dadurch zu mildern, dass wir die starken Analogien zwischen der Entropie und den vertrauteren Größen Energie, elektrische Ladung, Impuls, Drehimpuls und Stoffmenge betonen und klare Regeln für den Umgang mit der Entropie angeben. Diese Analogien haben ihre Ursache in der Eigenschaft der *Mengenartigkeit* und den damit verbundenen vertrauten Operationen des Bilanzierens.

2.5 Der dritte Hauptsatz

Wie bereits erwähnt, sollte die Wärmekapazität im Rahmen von auf der Basis der klassischen Mechanik gewonnenen Modellen stets *temperaturunabhängig* sein. Nehmen wir dies als gegeben an und betrachten dann Gl. 2.11, so stellen wir fest, dass $S(T)$ unterhalb der charakteristischen Temperatur T^* beliebig große *negative* Werte annimmt, wenn sich T dem absoluten Nullpunkt nähert. Wären unbeschränkt negative Werte der Entropie physikalisch sinnvoll, so sagt Gleichung 2.11 aus, dass einem heißen Körper

16 Dieses Thema ist noch immer Gegenstand der aktuellen Forschung.

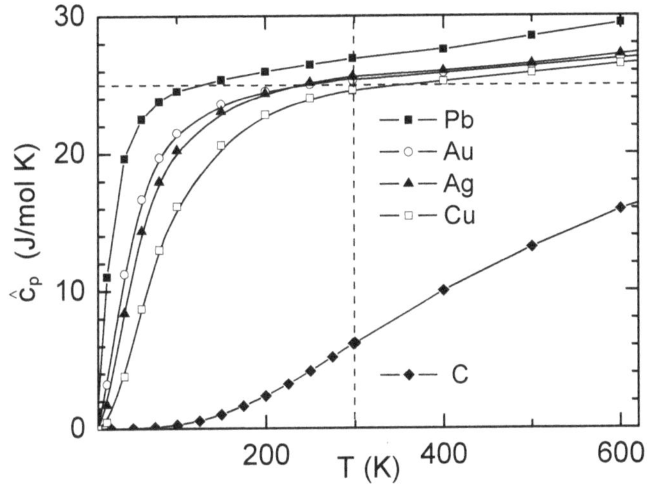

Abb. 2.2. Gemessener Verlauf der molaren Wärmekapazität für verschiedene Elemente als Funktion der Temperatur bei konstantem Druck (Daten aus [4]). Die horizontale gestrichelte Linie markiert den Wert von DULONG und PETIT; die vertikale gestrichelte Linie markiert 300 K. Auffallend ist, dass Diamant (C) die bei weitem kleinste Wärmekapazität aufweist. Die (zunächst qualitative) Erklärung dieser Unterschiede im gemessenen Verlauf auf der Basis eines mikroskopischen Modells des Festkörpers durch EINSTEIN stellt einen der frühen Triumphe der Quantentheorie dar (Abschnitt II-3.4).

mit einer bei allen Temperaturen endlichen Wärmekapazität unendliche Mengen an Entropie entzogen werden könnten.

Wie bei der Energie erscheint ein solches Verhalten unphysikalisch. Im 19. Jahrhundert wurden daher nur Entropiedifferenzen als physikalisch sinnvoll angesehen. Es war zu dieser Zeit nicht absehbar, dass die Wurzel des Problems nicht in der Entropie, sondern in der klassischen Mechanik zu suchen ist! Vertritt man die Auffassung, dass die in einem Körper mit endlicher Wärmekapazität enthaltene Entropiemenge positiv und endlich sein muss, so zeigt bereits das einfachst mögliche thermische System – der heiße Körper mit konstanter Wärmekapazität, dass das Konzept der Entropie mit der klassischen Physik nicht verträglich ist. Dies beinhaltet, dass die klassischen Modelle, welche eine T-Unabhängigkeit der Wärmekapazität zur Folge haben, bei $T \lesssim T^*$ kollabieren müssen. In Kapitel 6 und im zweiten Band dieses Werkes werden wir sehen, dass die Quantentheorie das Problem löst und die charakteristische Temperatur T^* in Gl. 2.11 mit dem Abstand der nach dieser Theorie nicht mehr kontinuierlich variierenden, sondern *diskreten* Anregungsenergien der betrachteten Systeme in Verbindung bringt. Im Falle der Festkörper sind dies die Quanten $\hbar\omega_0$ der Gitterschwingungen.

Auf der experimentellen Seite bedeutet dies, dass für $T \lesssim T^*$ Abweichungen von der durch Gl. 2.9 gegebenen Form der Zustandsgleichung auftreten müssen. In der Tat wurde bereits am Ende des 19. Jahrhunderts experimentell beobachtet, dass die Wärmekapazität von vielen Festkörpern und Gasen zu tiefen Temperaturen hin stark abnimmt. Diese Beobachtung wurde von Kelvin, dem wir das Konzept der absoluten Temperatur verdanken, als eine der „dunklen Wolken am Himmel der klassischen Physik“ bezeichnet und hat die damals angestrebte Zurückführung der Eigenschaften der Materie auf die klassische Mechanik vor ein fundamentales Problem gestellt.

Heute können Messungen der Wärmekapazität bis zu Temperaturen nahe am absoluten Nullpunkt durchgeführt werden. Wie Abbildung 2.2 zeigt, liegen die Ergebnisse für die Edelmetalle bei Zimmertemperatur dicht bei 24.9 J/(mol K), dem nach Dulong und Petit im Rahmen der klassischen Physik erwarteten Wert, während Diamant deutlich davon abweicht. Bei tiefen Temperaturen sind die Wärmekapazitäten jedoch alles andere als temperaturunabhängig und streben tatsächlich den Wert Null an. Bei hohen Temperaturen unterscheiden sich die Wärmekapazitäten bei konstantem Volumen und bei konstantem Druck merklich – die Erklärung dieses (bei Gasen wesentlich bedeutsameren) Effekts stellen wir bis zu Abschnitt 3.6 zurück.

Das unphysikalische Verhalten von $S(T)$ lässt sich durch die folgende Forderung ausschließen:

! Die Wärmekapazität jedes physikalischen Systems muss bei Annäherung an den absoluten Nullpunkt verschwinden.

Daraus folgt nach den Gleichungen 2.5 und 2.8, dass die Energie, wie die Entropie, nach unten beschränkt sind, und im Grenzfall $T \to 0$ konstanten Werten E_0 und S_0 zustreben müssen. Diese These wurde erstmals 1906 von Nernst ausgesprochen.[17] Von Planck wurde darüber hinaus vorgeschlagen den Nullpunkt der Entropie so festzulegen, dass $S_0 = 0$ ist. Anschaulich lässt sich dieser Sachverhalt wie folgt formulieren:

Der Entropieinhalt jedes endlichen Systems ist endlich. Wird einem System sämtliche Entropie entzogen, so kann es nicht weiter abgekühlt werden und seine Temperatur ist absolut gleich Null.

Diese Aussage legt die Absolutwerte der Entropie für jedes System eindeutig fest. Wir können daher die Integrationskonstante S_0 aus Gl. 2.8 eliminieren und erhalten allgemein:

$$S(T) = \int_0^T \frac{C(T')}{T'}\, dT' . \tag{2.16}$$

In der Literatur findet sich üblicherweise die Umkehrung dieser Formulierung:

17 Wie wir in Abschnitt 7.8 sehen werden, wurde Nernst durch Überlegungen zur Vorhersagbarkeit der Lage chemischer Reaktionsgleichgewichte zu seiner These geführt.

Bei Annäherung an den absoluten Nullpunkt strebt die Entropie jedes im inneren thermischen Gleichgewicht befindlichen Systems gegen den Wert *Null*.

Diese Aussage wird als der *dritte Hauptsatz der Thermodynamik* bezeichnet. Dabei ist die Einschränkung auf Systeme „im inneren thermischen Gleichgewicht" erforderlich, weil es Systeme gibt, die aus mehreren Teilsystemen bestehen, zwischen denen der thermische Kontakt sehr schwach sein kann. In diesem Fall kann die Einstellung einer einheitlichen Temperatur in allen Teilsystemen extrem lange dauern.[18]
Die Kühlleistung eines Kühlaggregats, das heißt der in das Kühlaggregat abgeführte und mit dem Entropiestrom I_S verbundene Energiestrom $I_E = T \cdot I_S$ muss wegen des Vorfaktors T bei Annäherung an den absoluten Nullpunkt verschwinden. Weil in der Realität keine perfekte thermische Isolation existiert, ist es unmöglich, den absoluten Nullpunkt tatsächlich zu erreichen.[19] Die tiefste mit einer realen Apparatur erreichbare Temperatur ist diejenige, bei der sich der Wärmeeintrag durch die unvollkommene Isolation und die Wärmeabfuhr durch das Kühlaggregat die Waage halten.

Die Existenz eines absoluten Temperatur-Nullpunkts ist der Existenz eines absoluten Nullpunkts für den *Druck* analog (und ähnlich plausibel). Dem absoluten Druck-Nullpunkt, den man auch als das „*absolute Vakuum*" bezeichnen könnte, nähert man sich an, wenn einem Gasvolumen mit Hilfe einer Pumpe Gasteilchen entzogen werden. Er liegt dort, wo dem System keine Teilchen mehr entzogen werden können. Ein absolutes Vakuum ist aufgrund der endlichen Leckrate realer Vakuum-Apparaturen und der mit dem Druck abnehmenden Effizienz realer Pumpen in der Praxis ebenso unerreichbar wie der absolute Nullpunkt der Temperatur.[20]
Die Existenz einer unteren Schranke für die Entropie und die Entropiedichte sowie die daraus folgende Existenz eines absoluten Nullpunkts der Temperatur erscheinen sehr natürlich. Wie wir gesehen haben, folgt daraus ein direkter Widerspruch zu den etablierten und anschaulichen, auf der Basis der klassischen Mechanik gewonnenen, Modellen. Letztlich sagt der 3. Hauptsatz also, dass bei tiefen Temperaturen die Quanten-Natur aller physikalischen Systeme zutage kommen muss. Er spielt daher eine wichtige Rolle bei der Bildung von Modellen. Im zweiten Band werden wir sehen, dass die Aussage des dritten Hauptsatzes auf der mikroskopischen Ebene mit der These äquivalent ist, dass der quantenmechanische Grundzustand, das heißt der Zustand niedrigster Energie, nicht *entartet* ist. Es kann jedoch durchaus vorkommen, dass es in der Nähe des Grundzustandes noch andere Zustände gibt, deren Energien so nahe an

18 Ein Beispiel für solches Verhalten liefern *Gläser*.

19 Entsprechend formulierte SIMON den 3. Hauptsatz als Unmöglichkeits-Aussage: „*Es ist unmöglich, einem Körper sämtliche Entropie zu entziehen.*"

20 Die besten bei Zimmertemperatur auf der Erde bisher realisierbaren Vakua weisen Drucke von $\simeq 10^{-13}$ mbar auf. Wie wir in Kapitel 3 sehen werden, entspricht dies immer noch einer Dichte von etwa einer Million Teilchen pro cm^3.

der des Grundzustandes liegen, dass es praktisch nicht möglich ist, dem System alle Entropie zu entziehen.

Wie bei den anderen Hauptsätzen handelt es sich auch beim dritten Hauptsatz um eine grundsätzlich unbeweisbare Verallgemeinerung unserer bisherigen experimentellen Erfahrung. Seine Rechtfertigung bezieht er aus der sehr großen Zahl von bisher bekannten physikalischen Systemen, die ihn erfüllen. Im Folgenden werden wir zahlreiche dieser Beispiele kennen lernen.

2.6 Transportphänomene und Entropieerzeugung

Wir kehren wieder zur spontanen Einstellung des Gleichgewichts zwischen zwei Kondensatoren zurück: Offenbar ist dieser Prozess mit dem *Transport* von elektrischer Ladung von einem Kondensator zum anderen verbunden. Nach einer gewissen Zeit kommt der Transport, das heißt der elektrische Strom in dem Schaltkreis, zum Erliegen, und zwar genau dann, wenn die Spannung, beziehungsweise die elektrische Potenzialdifferenz $U = \Delta\phi = \phi_1 - \phi_2$, über dem Widerstand null wird. Dies wird durch den Entladungsprozess nur asymptotisch erreicht, wobei der Grenzzustand der Gleichgewichtszustand ist.

Das OHM'sche Gesetz lässt sich also so interpretieren, dass das Aufrechterhalten eines elektrischen Stromes durch den Widerstand eine gewisse elektrische Potenzialdifferenz erfordert, deren Wert durch den Wert R des Widerstands bestimmt ist.

Es ist also möglich, eine elektrische Potenzialdifferenz $\Delta\phi$ in einem elektrisch leitfähigen Medium als *Antrieb* für einen Strom

$$I_Q = G_Q \cdot \Delta\phi \quad \text{OHM'sches Gesetz} \tag{2.17}$$

der zu ϕ thermodynamisch konjugierten Größe Q anzusehen, wobei $G_Q = 1/R$ der dem Widerstand entsprechende elektrische Leitwert ist. Dabei fließt bei diesem Prozess nach Gl. 1.45 neben der elektrischen Ladung auch ein *Energie*-Strom der Stärke $I_{E,1} = \phi_1 \cdot I_Q$ über die eine Zuleitung in den Widerstand hinein und ein zweiter Energiestrom der Stärke $I_{E,2} = \phi_2 \cdot I_Q$ über den zweiten Kontakt wieder ab. Während der einfließende Ladungsstrom betragsmäßig gleich dem abfließenden Ladungsstrom ist (im Widerstand also keine elektrische Ladung deponiert wird), beträgt die Differenz der zu- und abfließenden *Energie*-Ströme $\Delta I_E = \Delta\phi \cdot I_Q$.[21] Ohne Kühlung des Widerstands nimmt die in ihm enthaltene Energie also mit der Rate $\partial E/\partial t = -\Delta I_E$ zu und äußert

21 Wenn die lokalen Werte der Energieströme $I_E = \phi \cdot I_Q$, $I_E = \boldsymbol{v} \cdot \boldsymbol{I_p}$ und $I_E = T \cdot I_S$ absolut festgelegt sind, so impliziert dies, dass auch die Absolutwerte des elektrischen Potenzials ϕ, der Geschwindigkeit $\boldsymbol{v}$ und der Temperatur T absolut festgelegt sind. Dies scheint zunächst der aus der Mechanik (GALILEI-Invarianz) und Elektrodynamik vertrauten Tatsache zu widersprechen, dass die Nullpunkte der Geschwindigkeit und des elektrischen Potenzials frei wählbar sind. Die Lösung des Problems besteht darin, nur *relative* Geschwindigkeiten beziehungsweise elektrische Potenzialdifferenzen als

sich in einem Anstieg der Temperatur. Dies ist nur dann möglich, wenn der elektrische Leitungsprozess mit der *Erzeugung* von Entropie verbunden ist.

Ähnliche Sachverhalte treten nach Gl. 1.45 auch auf bei Ströme anderer mengenartiger Größen in anderen Systemen auf. So gilt für den Impulstransport durch ein viskoses Medium, wie zum Beispiel die Flüssigkeit in einem Stoßdämpfer,

$$-F_x = I_{p_x} = G_{\boldsymbol{p}} \cdot \Delta \boldsymbol{v}_x(y) \,, \tag{2.18}$$

wobei x-Komponente der Kraft, beziehungsweise des Impulsstroms $-F_x = I_{p_x}$ durch eine Geschwindigkeitsdifferenz senkrecht zur Bewegungsrichtung angetrieben wird (Abb. 2.3a). Der entsprechende „Impulsleitwert" $G_{\boldsymbol{p}}$ ist durch die *Viskosität* η des Mediums bestimmt. Dabei fließt bei diesem Prozess neben dem Impulsstrom auch ein *Energie*-Strom der Stärke $I_{E,2} = v_{x,2} \cdot I_{p_x}$ über den einen Aufhängepunkt in den Stoßdämpfer hinein und ein zweiter Energiestrom der Stärke $I_{E,1} = v_{x,1} \cdot I_{p_x}$ über den zweiten Aufhängepunkt wieder ab. Während der einfließende Impulsstrom betragsmäßig gleich dem abfließenden Ladungsstrom ist (im Stoßdämpfer also kein Impuls deponiert wird), beträgt die Differenz der zu- und abfließenden *Energie*-Ströme $\Delta I_E = \Delta v_x \cdot I_{p_x}$. Ohne Kühlung nimmt die im Stoßdämpfer enthaltene Energie also mit der Rate $\partial E/\partial t = -\Delta I_E$ zu und äußert sich ebenfalls in einem Anstieg der Temperatur. Besonders deutlich ist dieser Erwärmungseffekt bei Bremsen aller Art, deren Aufgabe es ist, den in einem Fahrzeug enthaltenen Impuls möglichst effektiv in die Erde abzuleiten und gleichzeitig die kinetische Energie des Fahrzeugs auf andere Weise zu speichern.[22] Auch die mechanische Reibung ist also mit der Erzeugung von Entropie (Reibungswärme) verbunden.

Nicht ganz analog gilt für ein wärmeleitfähiges Medium zwischen zwei Wärmereservoiren auf unterschiedlichen Temperaturen $T_1, T_2 > T_1$ (Abb. 2.3b), dass die Temperaturdifferenz $\Delta T = T_2 - T_1$ einen Antrieb für den nach Gl. 1.45 mit dem Entropiestrom I_S verbundenen Energiestrom

$$I_E = T \cdot I_S = G_{\text{th}} \cdot \Delta T \,, \tag{2.19}$$

durch ein Medium mit dem Wärmeleitwert G_{th} darstellt. Dabei variiert die lokale Temperatur $T(x)$ entlang des Mediums, so wie das lokale elektrische Potenzial $\phi(x)$ und die lokale Geschwindigkeit $v_x(y)$ in den anderen Beispielen.

---

thermodynamische Größen zuzulassen. Wie wir später (in Abschnitt 7.7.3) sehen werden, macht die *Erhaltung* einer mengenartigen Größe X die *absolute* Messung des Nullpunkts der zugehörigen intensiven Größe ξ_X unmöglich. Aus diesem Grund ist es gerade die *Erzeugbarkeit* der Entropie, welche es ermöglicht, absolute Temperaturen experimentell zu bestimmen.

22 Es handelt sich hierbei um einen Sonderfall eines inelastischen Stoßprozesses (Aufgabe 2.4). Da die Masse der Erde viel größer als die des Fahrzeuges ist, kann durch den Stoßprozess allein Impuls und keine Energie auf die Erde übertragen werden. Die Energie muss daher (zunächst) im Fahrzeug verbleiben und wird zur Erwärmung der Bremse verwendet.

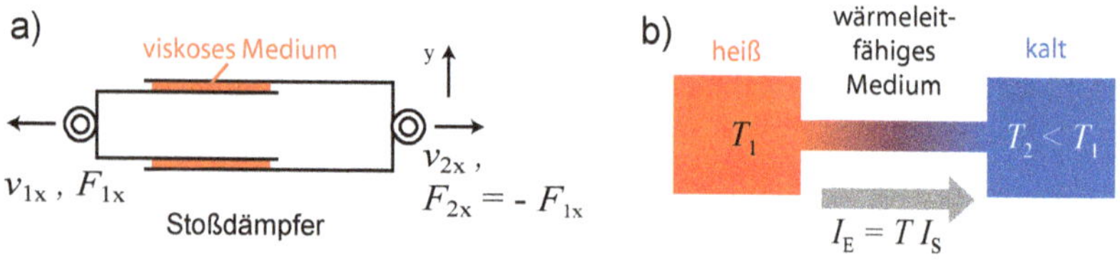

Abb. 2.3. Mechanisches und thermisches Analogon zu Abb. 1.11: a) Irreversibler Transport von Energie und Impuls durch ein viskoses Medium, getrieben von einer Geschwindigkeits-Differenz Δv_X der Aufhängepunkte. Ist $\Delta v_X \neq 0$, so bedeutet dies außerdem einen Energieübertrag auf das Medium, der zu seiner Erwärmung durch die innere Reibung führt, wenn das Medium nicht gekühlt wird. b) Irreversibler Transport von Energie und Entropie („Wärmestrom") durch ein wärmeleitfähiges Medium, getrieben von einer Temperaturdifferenz ΔT.

Die besondere, in Abschnitt 2.1 beschriebene historische Entwicklung hat zu der (nach Meinung des Verfassers problematischen) Sprech-(und Denk-)Gewohnheit geführt, nach der mit dem Wort „Wärmestrom" allein der (offenbar räumlich konstante) Energiestrom $I_E = T \cdot I_S$ gemeint ist, während der gleichzeitig auftretende Entropiestrom nicht (oder nur im Rahmen der als schwierig geltenden *irreversiblen Thermodynamik*) diskutiert wird.

Diese Betrachtungen lassen sich für kleine Differenzen[23] der intensiven Größe ξ_X zu der folgenden Regel verallgemeinern:

! Verbindet ein X-leitfähiges Medium zwei X-Reservoire, zwischen denen eine *Differenz* $\Delta\xi$ der zu X thermodynamisch konjugierten intensiven Größen ξ_X besteht, so ist der resultierende X-Strom I_X mit $\Delta\xi_X$ über den X-Leitwert G_X verknüpft:

$$I_X = G_X \cdot \Delta\xi_X \,. \tag{2.20}$$

Im *Gleichgewicht* bezüglich des Austausches der Größe X ist $\Delta\xi_X = 0$ und der X-Strom verschwindet. [24]

Die Beziehung zwischen Strom und Antrieb lässt sich nicht nur in der globalen Form von Gl. 2.20 sondern mit Hilfe der X-Stromdichte $\boldsymbol{j}_X$ auch in der lokalen Form

$$\boldsymbol{j}_X(\boldsymbol{r}) = -\sigma_X \text{ grad } \xi_X(\boldsymbol{r}) \tag{2.21}$$

23 Bei hinreichend großen ξ_X-Differenzen wird die Funktion $I_X(\Delta\xi_X)$ im Allgemeinen nichtlinear.

24 Wie wir in den Kapiteln 4 und 8 sehen werden, gibt es auch Systeme, in denen ein Strom der Größe X nicht nur durch Differenzen der konjugierten intensiven Größe ξ_X, sondern auch durch die Differenzen anderer intensiver Größen angetrieben werden kann.

darstellen. Dabei hängt die X-Leitfähigkeit σ_X mit den X-Leitwert G_X eines Mediums mit der Länge l und dem Querschnitt A über $\sigma_X = G_X \cdot l/A$ zusammen.[25]

$$\sigma_Q = \sigma = G_Q \frac{l}{A} \qquad \left[\frac{1}{\Omega\,\mathrm{m}} = \frac{\mathrm{Siemens}}{\mathrm{m}}\right] \qquad \text{elektrische Leitfähigkeit}$$

$$\sigma_{\boldsymbol{P}} = \eta = G_{\boldsymbol{P}} \frac{l}{A} \qquad \left[\mathrm{Pa\,s} = \frac{\mathrm{N\,s}}{\mathrm{m}^2} = \frac{\mathrm{kg\,m}}{\mathrm{s}}\right] \qquad \text{Impulsleitfähigkeit (Viskosität)}$$

$$\sigma_{\mathrm{th}} = \lambda = G_{\mathrm{th}} \frac{l}{A} \qquad \left[\frac{\mathrm{W}}{\mathrm{K\,m}} = \frac{\mathrm{J}}{\mathrm{K\,m\,s}}\right] \qquad \text{Wärmeleitfähigkeit}$$

Analog zu dem in Abschnitt 1.7 betrachteten elektrischen Potenzialausgleich zwischen den Platten eines Kondensators mit der Ladungskapazität C_Q über einen elektrischen Widerstand der Größe $R = 1/G_Q$, der innerhalb der elektrischen Relaxationszeit $\tau = RC_Q$ abläuft, stellt sich das thermische Gleichgewicht innerhalb einer *thermischen Relaxationszeit* $\tau_{\mathrm{th}} = C/G_{\mathrm{th}}$ ein. Hier tritt der inverse Wärmeleitwert an die Stelle des elektrischen Widerstands und die Wärmekapazität C an die Stelle der Ladungskapazität C_Q (Abschnitt 2.9 und Aufgabe 2.7).[26]

Die Transportgleichungen sind empirischer Natur und gelten keineswegs für jedes Medium und jede Art des Transports. Dennoch lässt sich eine wichtige Klasse von Transportprozessen in linearer Näherung so beschreiben. Die Transport-Koeffizienten G_Q, G_{th} und $G_{\boldsymbol{P}}$ sowie die zugehörigen Leitfähigkeiten σ, λ und η lassen sich experimentell bestimmen. Auf der Basis der kinetischen Gastheorie werden wir in Kapitel 8 ein einfaches Modell entwickeln, welches die Transportkoeffizienten (und beispielsweise auch ihre Temperaturabhängigkeit) mit mikroskopischen Materialeigenschaften in Verbindung bringt.

Wie bereits gesagt, erfolgt nach Gl. 1.45 in allen Beispielen nicht nur ein Transport der mengenartigen Größe X, sondern gleichzeitig auch von *Energie*. Dieser Energietransport ist (mit Ausnahme der Wärmeleitung) im Gegensatz zu dem von X „verlustbehaftet", das heißt die Energie wird nicht vollständig von einem X-Reservoir auf das andere übertragen, sondern mit der Rate

$$T \cdot \Sigma_S = \Delta\xi \cdot I_X = I_X^2/G_X \tag{2.22}$$

!

zur irreversiblen Produktion von *Entropie* verwendet. Solche Transporte nennt man *dissipativ*, da sie mit der „Dissipation", das heißt der irreversiblen „Zerstreuung" von Energie verbunden sind. Stationäre Verhältnisse, das heißt eine konstante Temperatur des Mediums, sind dabei nur möglich, wenn die erzeugte Entropie zusammen mit der

25 Solche Zusammenhänge sind dem Leser von der elektrischen Leitfähigkeit σ her wohlvertraut.

26 Wenn die Zeit t_{th} für die Einstellung des thermischen Gleichgewichts *innerhalb* eines Körpers (Gl. 2.30) mit $\tau_{\mathrm{th}} = C/G_{\mathrm{th}}$ vergleichbar wird, werden die Verhältnisse komplizierter (Abschnitt 2.10).

dissipierten Energie an ein *Wärmereservoir*, das heißt ein weiteres System abfließt, welches Energie und Entropie speichern kann. Dabei wird der Wärmestrom durch die Temperaturdifferenz zwischen Widerstand und Wärmereservoir getrieben. Nach Gl. 1.45 beträgt die Stärke des Energiestroms in das Wärmereservoir, beziehungsweise die an das Wärmereservoir abgegebene Heizleistung $P_{\text{heiz}} = I_E = T \cdot I_S$, wobei T die Temperatur des Wärmereservoirs ist. Bei Widerständen in elektronischen Schaltkreisen ist das Wärmereservoir die Umgebung des Widerstands, wobei die Erwärmung ein eher unerwünschter Nebeneffekt ist, den man gegebenenfalls durch Kühlkörper oder andere Kühlmaßnahmen reduzieren muss. Beim Tauchsieder oder beim Elektroherd dagegen ist das Wärmereservoir das zu erwärmende Gut und die Erwärmung selbst der Zweck des Geräts.

2.7 Die Messung der Temperatur

Zur Temperaturmessung benutzt man meist mechanische oder elektrische Größen von bestimmten Referenz-Systemen, die in bekannter Weise von der absoluten Temperatur abhängen. Wie in Abb. 2.4 dargestellt, wird dazu das Thermometer in thermischen Kontakt mit dem zu messenden System gebracht, dessen Temperatur gemessen werden soll. Dabei werden so lange Energie *und* Entropie ausgetauscht, bis *thermisches Gleichgewicht* vorliegt, das heißt, bis beide dieselbe Temperatur haben. Der Ausgleichsprozess kann eine Weile dauern (wie beim Fiebermessen). Wir berechnen mit Hilfe des Energieerhaltungssatzes die Temperaturänderung des Messobjekts:

$$\Delta E_1 + \Delta E_2 = C_1 \Delta T_1 + C_2 \Delta T_2 \stackrel{!}{=} 0 \,.$$

Daraus folgt, dass

$$\Delta T_1 = -\frac{C_2}{C_1} \Delta T_2 \ll |\Delta T_2| \,,$$

wenn $C_1 \gg C_2$ ist. Damit das Thermometer die Temperatur des zu messenden Systems nicht ändert, müssen die ausgetauschten Energie- und Entropiemengen ΔE und ΔS klein gegen die im zu messenden System enthaltenen Energie- und Entropiemengen E_1 und S_1 sein. Das kann dadurch erreicht werden, dass das Thermometer eine viel

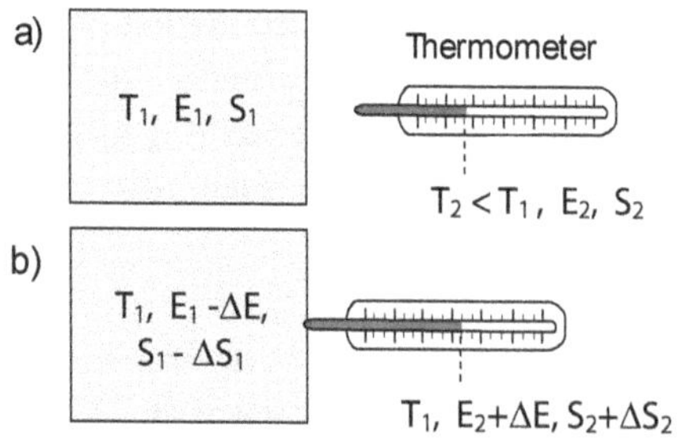

Abb. 2.4. Temperaturausgleich zwischen einem heißen Körper ($T = T_1$) und einem kälteren Thermometer ($T = T_2$). a) vor dem thermischen Kontakt; b) nach dem thermischen Kontakt.

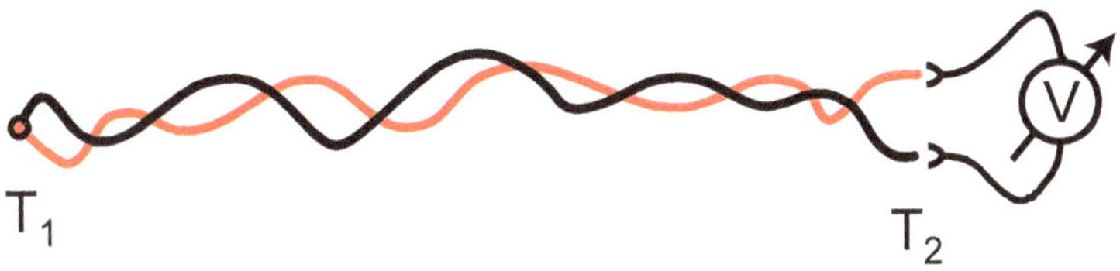

Abb. 2.5. Ein Thermoelement besteht aus zwei Metalldrähten aus unterschiedlichem Material, die an einer Stelle elektrisch verbunden sind. Die über dem Element gemessenen Thermospannung V hängt von den gewählten Materialien und den Temperaturen T_1 und T_2 ab. Besonders hohe Thermospannungen weisen Kombinationen mit einer (verdünnten) magnetischen Legierung wie Kupfer/Konstantan oder Gold/Gold-Eisen auf.

kleinere Wärmekapazität als das zu messende System hat. Im übernächsten Abschnitt werden wir sehen, dass für den Temperaturausgleich wie für jede andere spontane Einstellung eines Gleichgewichts $\Delta S_{\text{gesamt}} = \Delta S_1 + \Delta S_2 > 0$ ist. Die anfängliche Temperaturdifferenz zwischen Messobjekt und Thermometer ist die treibende Kraft für den Temperaturausgleich und die Einstellung des thermischen Gleichgewichts. In Abschnitt 2.9 werden wir sehen, dass der Ausgleichsprozess stets mit einem Entropiezuwachs verbunden und daher *irreversibel* ist. Neben den erwähnten auf der thermischen Ausdehnung beruhenden Thermometern werden heute oft elektrische Thermometer verwendet, zum Beispiel Widerstandsthermometer oder Thermoelemente.

Ein Thermoelement besteht aus zwei elektrischen Leitern aus verschiedenen Materialien, die an einer Stelle elektrisch leitfähig verbunden werden (Abb. 2.5). Die Verbindungsstelle befindet sich auf der zu messenden Temperatur T_1 und die offenen Enden auf einer Referenztemperatur T_2, zum Beispiel Zimmertemperatur. Die Temperaturdifferenz $\Delta T = T_1 - T_2$ bewirkt einen Wärmestrom $T\,I_S = G_{\text{th}}\,\Delta T$. Ein Thermoelement nutzt aus, dass der aufgrund der Temperaturdifferenz fließende Wärmestrom im Elektronensystem mit einem Elektronenstrom verknüpft ist, der in den unterschiedlichen Leitern in der Regel verschieden ist. Diese unterschiedlich starke Kopplung von I_N und I_S führt zu einer Spannungsdifferenz zwischen den offenen Enden, welche als *Thermospannung* gemessen werden kann. Im Zusammenhang mit der Modellierung der Transportphänomene in Kapitel 8 und bei der thermodynamischen Beschreibung des Elektronensystems in Kapitel II-6 wird dieser Effekt im Detail erklärt. Thermoelemente haben den Vorteil, dass sie einen sehr einfachen und robusten Aufbau, eine hohe Empfindlichkeit, eine sehr kleine Wärmekapazität und damit eine kurze Ansprechzeit sowie einen großen Temperaturbereich (vom absoluten Nullpunkt bis nahe an die Schmelztemperatur des Materials) miteinander verbinden.

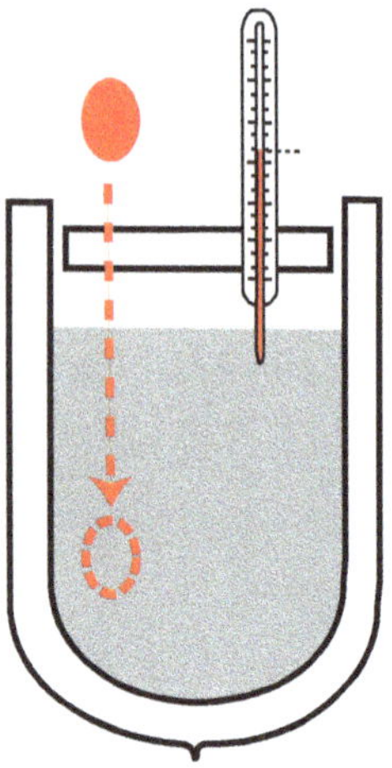

Abb. 2.6. Ein Kalorimeter dient der Bestimmung der bei Einstellung eines thermischen oder chemischen Gleichgewichts an das Wasser abgegebenen Energiemenge. Es erlaubt die Bestimmung von Wärmekapazitäten, solange diese unabhängig von der Temperatur sind.

2.8 Die Messung der Wärmekapazität und der Entropie

Kalorimetrie

Das historisch älteste Verfahren zur Bestimmung von Wärmekapazitäten ist die Kalorimetrie. Ein Kalorimeter besteht aus einem mit Wasser gefüllten und allseitig wärmeisolierten Behälter. Die Temperatur des Wassers wird mit einem Thermometer gemessen. Bringt man einen Körper mit der Wärmekapazität C_K und der Anfangstemperatur T_{Ka} in das Kalorimeter, so wird sich beim Einstellen des Temperaturgleichgewichts die Temperatur des Wassers von T_{Wa} auf die Endtemperatur T_e ändern. Dabei fließen bestimmte Beträge von Energie und Entropie vom Körper in das Wasser.

Die Energieänderung und damit die Wärmekapazität des Körpers lassen sich durch Ausnutzung der Erhaltung der Energie bestimmen, wenn die Wärmekapazität des Wassers bekannt ist:

$$\Delta E_{\text{Körper}} = C_K(T_{\text{Ka}} - T_{\text{e}}) = -\Delta E_{\text{Wasser}} = -C_W(T_{\text{Wa}} - T_{\text{e}}).$$

Das Verfahren setzt voraus, dass die beiden Wärmekapazitäten unabhängig von T sind. Die spezifische Wärmekapazität des Wassers beträgt $\tilde{c}_W = C_W/M_W = 1\,\text{kcal/(kgK)}$, wobei die sich Einheit „cal – Kalorie“ von dem alten Wort „Caloricum“ für die Wärmemenge ableitet (1 cal = 4.18 J). Mit Hilfe der Anfangs- und Endtemperaturen lässt sich auf diese Weise die Wärmekapazität des Körpers bestimmen, wenn die Wärmekapazität (der „Wasserwert“) des leeren Kalorimeters noch abgezogen wird. Ein Kalorimeter misst also *Energiemengen*. Kalorimeter werden heute noch in der Chemie (zum Beispiel zur Bestimmung von Reaktions„wärmen“), aber auch als Detektoren in der Teilchenphysik verwendet. Die *Entropiebilanz* des Temperaturausgleichs werden wir in Abschnitt 2.9 betrachten.

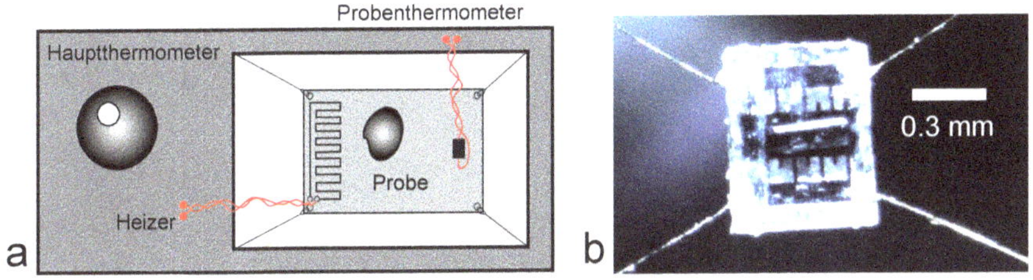

Abb. 2.7. Anordnungen zur Messung der Wärmekapazität eines Festkörpers bei tiefen Temperaturen mit dem Heizpulsverfahren. a) Eine in einem Kupferrahmen thermisch isoliert aufgehängte dünne Saphirplatte dient als Träger für ein kleines Kohlethermometer, einen aufgedampften mäanderförmigen Metallfilm als Heizer und die mit etwas Fett aufgeklebte Probe. b) Modernes Mikrokalorimeter aus einem auf 100 μm abgedünnten Cernox-Chip, der gleichzeitig als Heizer und Thermometer dient und an 10 μm dünnen elektrischen Zuleitungen aufgehängt ist. Die Probe ist ein kleiner Zeolith-Einkristall mit einer Masse von ca. 10 μg (Photo: Rolf Lortz, Hongkong University of Science and Technology).

Heizpulsverfahren

Die der einfachen Kalorimetrie innewohnende Beschränkung auf Körper mit konstanter Wärmekapazität lässt sich vermeiden, wenn nur sehr kleine Temperaturdifferenzen auftreten, bei denen C als konstant angenommen werden kann. Durch Erhöhung der Temperatur in vielen kleinen Schritten lässt sich dann die in Abb. 2.2 gezeigte Abhängigkeit der Wärmekapazität von der Temperatur experimentell bestimmen. Wie wir im zweiten Band sehen werden, ist diese Temperaturabhängigkeit physikalisch sehr interessant, da sie Aufschluss über die Energien der inneren Anregungszustände des zu untersuchenden Systems gibt. Die praktische Umsetzung dieser Idee ist das in Abb. 2.7 illustrierte „Heizpuls"-Verfahren:

Der Körper wird thermisch isoliert aufgehängt und mit einem elektrischen Heizer mit dem Widerstand R und einem Thermometer versehen. In dem Heizer wird durch einen Strompuls der Dauer Δt eine bestimmte Energiemenge $\Delta E = RI^2\Delta t$ dissipiert, das heißt die Entropiemenge $\Delta S = \Delta E/T$ erzeugt, und die resultierende Temperaturerhöhung ΔT gemessen. Daraus ergibt sich die Wärmekapazität $C(T) = T \cdot \Delta S_{\text{erzeugt}}/\Delta T = \Delta E_{\text{diss}}/\Delta T$.

Dabei muss ΔE klein genug gewählt werden, um zu gewährleisten, dass $C(T)$ im Temperaturintervall ΔT näherungsweise als konstant angenommen werden kann. Wie beim Kalorimeter muss die Wärmekapazität der Anordnung durch eine Messung ohne Probe bestimmt und dann von der Messung mit der Probe abgezogen werden. Nach Gl. 2.8 erhält man aus der gemessenen Wärmekapazität $C(T)$ durch Integrieren sofort die Entropiedifferenz $S(T_2) - S(T_1)$ zwischen dem Anfangs- und dem Endzustand der Messung. Eine experimentelle Bestimmung des *Absolutwerts* der Entropie erfordert dagegen eine Messung der Wärmekapazität bis hin zum absoluten Nullpunkt. Da dieser stets nur näherungsweise erreicht werden kann, ist man dabei auf eine Extrapolation der Messwerte der Wärmekapazität hin zu $T \to 0$ angewiesen, um den Absolutwert der Entropie nach Gl. 2.16 bestimmen zu können. Wir werden später auf dieses Problem

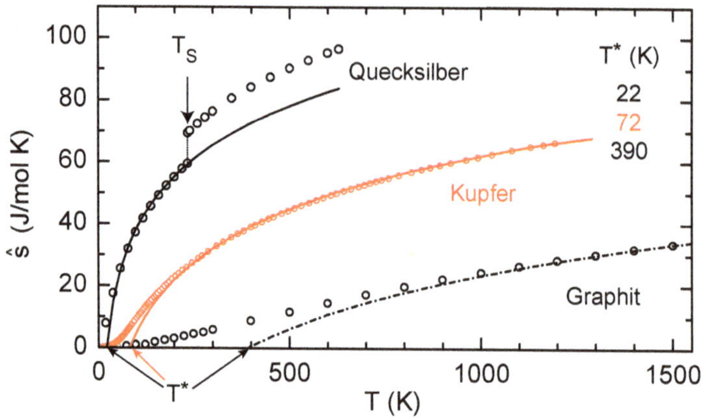

Abb. 2.8. Messwerte der auf eine Stoffmenge von einem Mol bezogenen Entropie von Quecksilber, Kupfer und Graphit. Die Linien entsprechen Gl. 2.8, wobei die charakteristische Temperatur T^* bei hohen Temperaturen angepasst wurde. Die sprunghafte Zunahme der Entropie von Quecksilber bei der Schmelztemperatur T_S (vertikaler Pfeil) ist mit dem Schmelzen des Festkörpers bei dieser Temperatur verbunden (Messwerte nach [4]).

zurückkommen. Abbildung 2.8 zeigt die so gewonnenen Messwerte der molaren Entropie $\hat{s}(T)$. Die Linien entsprechen einer Anpassung durch Gl. 2.11, wobei für die molare Wärmekapazität der Wert von DULONG-PETIT $\hat{c} = 24.9\,\text{J/(mol K)}$ verwendet und $\hat{s}(T)$ durch Variation von T^* bei hohen Temperaturen angepasst wurde. Bei Temperaturen $T \lesssim 4T^*$ weichen die Fitkurven nach unten von den Messwerten ab und schneiden bei T^* die T-Achse (schräge Pfeile). Substanzen mit einem höheren Atomgewicht $\hat{m}$ weisen offenbar höhere Werte von $\hat{s}$ und niedrigere Werte von T^* auf als solche mit niedrigem Atomgewicht. In den Kapiteln 6.2 und II-3 werden wir diese Regelmäßigkeit genauer untersuchen und darauf zurückführen, dass die Abstände zwischen den quantisierten Energieniveaus mit zunehmender Molmasse abnehmen. Die Messdaten für Quecksilber zeigen die Besonderheit, dass die Entropie bei der Schmelztemperatur $T_S = 234,3\,\text{K}$ sprunghaft um ca. $9.8\,\text{J/(mol K)}$ zunimmt (Kap. 9).

2.9 Entropieerzeugung durch irreversiblen Temperaturausgleich

In diesem Abschnitt wollen wir die Energie- und Entropiebilanz bei der Einstellung des *thermischen* Gleichgewichts zwischen zwei heißen Körpern quantitativ untersuchen. Gegeben seien also zwei Körper 1 und 2 mit nur einem Freiheitsgrad, nämlich S beziehungsweise T. Die Körper seien zunächst thermisch isoliert. Ihre Wärmekapazitäten C_1 und C_2 sollen, der Einfachheit halber, gleich groß ($= C$) und temperaturunabhängig sein, aber ihre Anfangstemperaturen $T_{1a} > T_{2a}$ seien unterschiedlich.

Werden beide Körper miteinander thermisch verbunden, fließen Energie *und* Entropie vom Körper 1 nach 2, bis der Zustand des thermischen Gleichgewichts mit

$T_1 = T_2 = T_{\text{Ende}}$ erreicht ist. Diesen *gemeinsamen* Transport von Energie und Entropie nennen wir kurz einen *Wärmestrom*. Der Energieerhaltungssatz sagt uns, dass die Stärke des Energiestroms entlang der wärmeleitfähigen Verbindung konstant sein muss. Da andererseits die lokale Temperatur $T(x)$ auf dem Weg von wärmeren zum kälteren Körper abnimmt, muss die Stärke des Entropiestrom kontinuierlich zunehmen, sodass an jedem Ort gilt:

$$I_E = T(x) \cdot I_S(x) = \text{const.} \tag{2.23}$$

Daher kommt im rechten Körper im Verlauf des Wärmetransport mehr Entropie an, als den linken Körper verlassen hat. Die zusätzliche Entropie wird entlang der Verbindung erzeugt. Der Prozess der Wärmeleitung ist daher stets irreversibel! Umgekehrt rechtfertigt die Tatsache, dass das spontane Auftreten einer Temperaturdifferenz zwischen zwei thermisch gekoppelten Körpern niemals[27] beobachtet wird, das Postulat, dass einmal erzeugte Entropie nicht wieder vernichtet werden kann, das heißt den zweiten Hauptsatz.

Den zeitlichen Verlauf des Ausgleichsprozesses werden wir im nächsten Abschnitt analysieren. Hier betrachten wir nur den Anfangszustand und den nach hinreichend langer Zeit vorliegenden stationären Endzustand, in dem thermisches Gleichgewicht besteht.

Zunächst stellen wir die *Energiebilanz auf:*

$$E_1 = C \cdot (T_1 - T_{\text{ref}}) + E(T_{\text{ref}})$$
$$E_2 = C \cdot (T_2 - T_{\text{ref}}) + E(T_{\text{ref}})$$

Dabei ist T_{ref} eine beliebige Referenztemperatur innerhalb des Temperaturbereichs in dem C temperaturunabhängig ist.

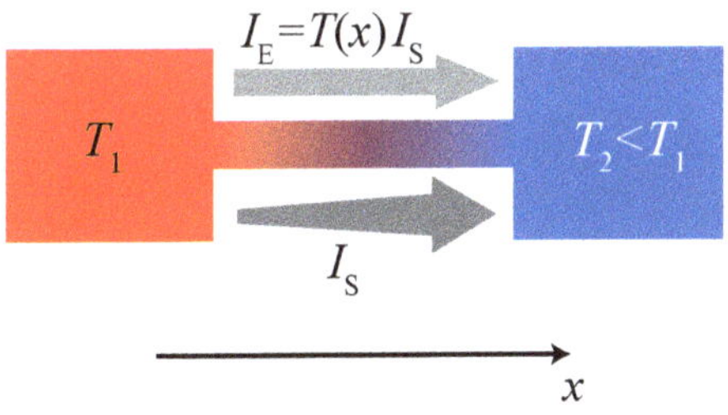

Abb. 2.9. Wärmestrom zwischen zwei über eine wärmeleitfähige Verbindung thermisch gekoppelte Körper mit den Temperaturen T_1 und T_2. Während die Stärke des Energiestroms an jeder Stelle der Verbindung gleich ist, nimmt die Stärke des Entropiestroms nach rechts kontinuierlich zu, da die lokale Temperatur $T(x)$ nach rechts kontinuierlich abnimmt.

27 Streng genommen gilt diese Aussage nur im zeitlichen Mittel. Die mit den statistischen Aspekten der Entropie verbundenen *Fluktuationen* der physikalischen Größen zwischen den beiden Körpern wollen wir bis zu einer eingehenden Diskussion im zweiten Band vernachlässigen.

Aus der Erhaltung der Energie folgern wir:

$$E_{\text{Gesamt}} = \underbrace{C(T_{1a} - T_{\text{ref}}) + C(T_{2a} - T_{\text{ref}}) + 2\,E(T_{\text{ref}})}_{\text{Anfangszustand } T_{1a} > T_{2a}}$$

$$\stackrel{!}{=} \underbrace{2\,C(T_{\text{Ende}} - T_{\text{ref}}) + 2\,E(T_{\text{ref}})}_{\text{Endzustand } T_1 = T_2 = T_{\text{Ende}}}$$

Daraus folgt

$$T_{1a} + T_{2a} = 2\,T_{\text{Ende}}$$

und schließlich erhalten wir

!

$$T_{\text{Ende}} = \frac{T_{1a} + T_{2a}}{2} \, .$$

Die Forderung nach der Konstanz der Gesamtenergie legt die Gleichgewichtstemperatur T_{Ende} fest. Die Einstellung des thermischen Gleichgewichts erfolgt also nicht durch eine Minimierung der Energie.

Noch interessanter ist die *Entropiebilanz*, die wir mit Hilfe der in Abschnitt 2.3, Gln. 2.8 und 2.10 gewonnenen Ausdrücke für $S(T)$ aufstellen können:

$$S(T) = \int_{T_{\text{ref}}}^{T} \frac{C}{T'}\, dT' = C \ln \frac{T}{T_{\text{ref}}} + S(T_{\text{ref}})$$

$$S_{\text{Anfang}} = S_1(T_{1a}) + S_2(T_{2a}) = C \ln \frac{T_{1a} T_{2a}}{T_{\text{ref}}^2} + 2S(T_{\text{ref}})$$

$$S_{\text{Ende}} = S_1(T_{\text{Ende}}) + S_2(T_{\text{Ende}}) = 2C \ln \frac{T_{\text{Ende}}}{T_{\text{ref}}} + 2S(T_{\text{ref}})$$

$$= 2C \ln \frac{T_{1a} + T_{2a}}{2T_{\text{ref}}} + 2S(T_{\text{ref}})$$

Damit erhalten wir für die bei diesem Prozess erzeugte Entropie:

$$\Delta S_{\text{erzeugt}} = S_{\text{Ende}} - S_{\text{Anfang}} = C \ln \left(\frac{(T_{1a} + T_{2a})^2}{4 T_{1a} T_{2a}} \right) \tag{2.24}$$

Da das arithmetische Mittel $\frac{1}{2}(T_{1a} + T_{2a})$ für beliebige Anfangstemperaturen stets größer oder gleich dem geometrischen Mittel $\sqrt{T_{1a} T_{2a}}$ ist, resultiert stets $\Delta S_{\text{erzeugt}} \geq 0$.

Als nächstes fragen wir, wie groß die Entropieänderungen der beiden Körper im Vergleich zur erzeugten Entropie sind. Mit Hilfe der Temperaturdifferenz

$$\Delta T = T_{1a} - T_{2a}, \quad T_{\text{Ende}} = \frac{T_{1a} + T_{2a}}{2} = T_{1a} - \frac{\Delta T}{2}$$

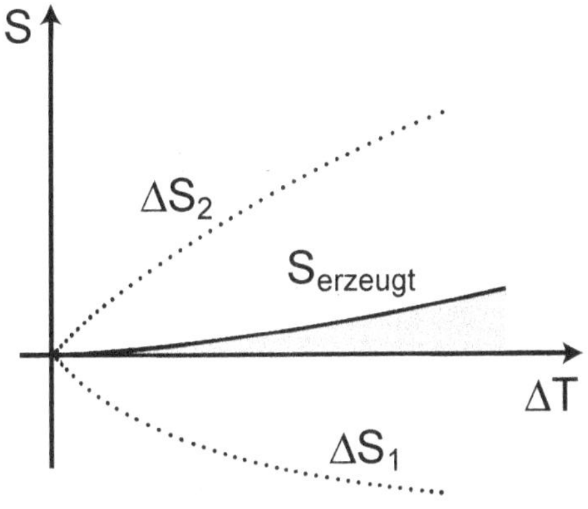

Abb. 2.10. Entropiebilanzen zweier Körper beim Temperaturausgleich. Der kalte Körper (2) nimmt mehr Entropie auf als der heiße Körper (1) abgibt. Die Differenz wird während des Wärmeleitungsprozesses erzeugt. Sie ist um so größer, je größer die anfängliche Temperaturdifferenz ΔT war.

erhalten wir für die Entropiedifferenzen:

$$\Delta S_1 = C \ln \frac{T_{\text{Ende}}}{T_{1a}} = C \ln\left(\frac{T_{1a} - \Delta T/2}{T_{1a}}\right) = C \ln\left(1 - \frac{\Delta T}{2T_{1a}}\right) \quad < \quad 0\,,$$

$$\Delta S_2 = C \ln \frac{T_{\text{Ende}}}{T_{2a}} = C \ln\left(\frac{T_{1a} - \Delta T/2}{T_{1a} - \Delta T}\right) = C \ln\left(1 + \frac{\Delta T}{2(T_{1a} - \Delta T)}\right) \quad > \quad 0\,.$$

Die Reihenentwicklung $\ln(1 \pm x) = \pm x - \frac{1}{2}x^2 + \cdots$ liefert für kleine $\Delta T/2T_{1a}$

$$\frac{\Delta S_2 + \Delta S_1}{C} = \underbrace{\frac{\Delta T}{2(T_{1a} - \Delta T)} - \frac{\Delta T}{2T_{1a}}}_{\frac{(\Delta T)^2}{2T_{1a}^2}} - \underbrace{\frac{1}{2}\left[\left(\frac{\Delta T}{2(T_{1a} - \Delta T)}\right)^2 + \left(\frac{\Delta T}{2T_{1a}}\right)^2\right]}_{\frac{(\Delta T)^2}{4T_{1a}^2}} + \cdots$$

und es folgt schließlich:

$$\Delta S_{\text{erzeugt}} = C\left(\frac{\Delta T}{2T_{1a}}\right)^2 + \cdots\,. \tag{2.25}$$

!

Der Wert der aus dem Körper 1 abgeflossenen Entropie beträgt aber $\Delta S_1 = -C\Delta T/(2T_{1a})$. Das heißt, bei kleinen Temperaturdifferenzen ist die Entropieerzeugung gegen den transportierten Entropiebetrag vernachlässigbar, bei großen dagegen nicht. Dies hat Konsequenzen für die Realisierung *reversibler* Prozesse. Wie Gleichung 2.19 zeigt, ist der Wärmestrom durch ein wärmeleitfähiges Medium in der Regel proportional zur Temperaturdifferenz ΔT. Wird ΔT klein gehalten, um die erzeugte Entropie klein gegen die übertragene Entropie zu machen, so ist auch der resultierende Wärmestrom klein! Das bedeutet, dass Wärmeleitungsprozesse nur dann näherungsweise reversibel größere Entropiemengen übertragen können, wenn sie *sehr langsam* ablaufen! Schnelle Prozesse, die auf Zeitskalen der thermischen Relaxationszeit $t \ll \tau_{\text{th}} = C/G_{\text{th}}$ (Abschnitt 2.6) realisiert werden, erlauben praktisch keinen Energie- und Entropieaustausch mit der Umgebung. Solche Prozesse nennt man auch *adiabatisch.* Bei langsamen Prozessen, die auf Zeitskalen $t \gg \tau_{\text{therm}}$ realisiert werden, bleibt das betrachtete System im thermischen Gleichgewicht mit der Umgebung. Wie wir im folgenden Abschnitt sehen werden, sind die Wärmeleitwerte verschiedener Materialien nicht allzu verschieden.

Soll Entropie über eine große Temperaturdifferenz reversibel übertragen werden, so kann dies nicht über Wärmeleitung geschehen. Wegen der Energieerhaltung muss die Energiedifferenz zwischen dem Anfangs- und dem Endzustand an ein anderes System abgeführt werden. Aus der Annahme

$$\Delta S_{\text{Gesamt}} = C \ln \frac{T_{1a}}{T_{\text{ref}}} + C \ln \frac{T_{2a}}{T_{\text{ref}}} - 2C \ln \frac{T_{\text{Ende}}}{T_{\text{ref}}} \stackrel{!}{=} 0 \qquad (2.26)$$

folgt:

$$T_1 T_2 - T_{\text{Ende}}^2 = 0 \quad \text{und} \quad T_{\text{Ende}} = \sqrt{T_{1a} T_{2a}} < \frac{T_{1a} + T_{2a}}{2} \,.$$

Die Endtemperatur ist niedriger als im Fall des irreversiblen Temperaturausgleichs, weil die am Ende des Prozesses in den beiden Körpern gespeicherte Energie um den abzuführenden Energiebetrag:

$$\Delta E_{\text{Gesamt}} = -C \left(T_{1a} + T_{2a} - 2\sqrt{T_{1a} T_{2a}} \right) .$$

niedriger ist. Dieser reversible Entropieübertrag zwischen zwei Wärmereservoiren und die damit notwendigerweise verbundene Übergabe der überschüssigen Energie an ein anderes (beispielsweise an ein mechanisches) System ist der Zweck einer *Wärmekraftmaschine* (Kapitel 4).

2.10 Wärmestrom und Wärmeleitung

Im letzten Abschnitt haben wir den Temperaturausgleich durch Wärmeleitung betrachtet, ohne den räumlichen und zeitlichen Verlauf dieses Prozesses zu analysieren. Dazu haben wir die aus der Energieerhaltung folgenden Bilanzen der Energie und der Entropie betrachtet, um aus den Daten des Ausgangszustands Rückschlüsse auf den Endzustand des Prozesses zu ziehen.

Um den räumlichen und zeitlichen Verlauf dieses Prozesses zu untersuchen, benötigen wir die lokale Version der Transportgleichung und der Kontinuitätsgleichung (Gl. 1.37) der beteiligten Größen E und S. Zunächst betrachten wir den Energietransport: Wie wir bereits in Abschnitt 2.6 gesehen haben, stellen räumliche Inhomogenitäten in der Temperaturverteilung einen Antrieb für Wärmeströme dar. Lokal wird die Temperaturverteilung durch den *Gradienten* der Temperatur charakterisiert:

!

$$\boldsymbol{j}_E(\boldsymbol{r}) = T(\boldsymbol{r}) \cdot \boldsymbol{j}_S(\boldsymbol{r}) = -\lambda \operatorname{grad} T(\boldsymbol{r}) \qquad \text{FOURIER'sches Gesetz} . \qquad (2.27)$$

Der Koeffizient λ [Einheit: W/(K m)] heißt die *Wärmeleitfähigkeit*.
Setzen wir die Transportgleichung Gl. 2.27

$$\boldsymbol{j}_E(\boldsymbol{r}, t) = -\lambda \operatorname{grad} T(\boldsymbol{r}, t)$$

Tab. 2.3. Wärmeleitfähigkeit λ, Wärmediffusionskonstante D und elektrische Leitfähigkeit σ einiger Stoffe bei 300 K:

	Stoff	Al	Stahl	Cu	Beton	Gasbeton	Glas	Wasser	Luft
λ	[W/(K m)]	237	21	401	0.8-2.1	0.22	0.8	0.6	0.026
D	[mm²/s]	91	6	116	1	1.15	0.4	0.14	20
σ	[MA/(V m)]	37.7	1.4	58.5			$2 \cdot 10^{-16}$		

in die lokale Form (Gl. 1.51)

$$\operatorname{div} \boldsymbol{j}_E(\boldsymbol{r}, t) + \frac{\partial e(\boldsymbol{r}, t)}{\partial t} = 0$$

der Kontinuitätsgleichung für E ein, so erhalten wir

$$\frac{\partial e(\boldsymbol{r}, t)}{\partial t} = \frac{\partial e(T)}{\partial T} \frac{\partial T(\boldsymbol{r}, t)}{\partial t} = \lambda \operatorname{div} \operatorname{grad} T\,.$$

Wenn wir noch annehmen, dass das wärmeleitende Medium eine temperaturunabhängige Wärmekapazität pro Volumen[28] $c = C/V$ hat, erhalten wir die *Wärmeleitungsgleichung*:

$$\frac{\partial T(\boldsymbol{r}, t)}{\partial t} = \frac{\lambda}{c} \operatorname{div} \operatorname{grad} T(\boldsymbol{r}, t)\,. \tag{2.28}$$

!

Der Koeffizient $D = \lambda/c$ [Einheit: m²/s] heißt *Wärmediffusionskoeffizient* oder „Temperaturleitzahl".[29] Die Wärmeleitungsgleichung ist analog der in Kapitel 8 diskutierten Diffusionsgleichung für Teilchenströme. Dort werden wir auch sehen, dass D die Diffusionskonstante der den Wärmestrom tragenden Teilchen ist. Wird die Wärmediffusionskonstante mit einer Zeit t verknüpft, so ergibt sich einen charakteristische Länge, die thermische Eindringtiefe, oder thermische Diffusionslänge

$$L_{\text{th}} = \sqrt{Dt} \tag{2.29}$$

die aussagt, welche Entfernung die Front des Diffusionsprofils in der Zeit t zurücklegen kann. Umgekehrt liefern t_{th} und D zusammen die Zeit, welche die Diffusionsfront benötigt, um die Entfernung L zurückzulegen:

$$t_{\text{th}} = \frac{L^2}{D}\,. \tag{2.30}$$

Dieser Zusammenhang zwischen den charakteristischen Zeit- und Längenskalen der Diffusionsphänomene bestimmt so unterschiedliche Fragestellungen wie die nach

---

28 In diesem Zusammenhang sollte klar sein, dass $c = de(T)/dT$ nicht mit der Lichtgeschwindigkeit zu verwechseln ist...

29 Die Bezeichnung „Temperaturleitzahl" ist etwas unglücklich, weil die Temperatur im Gegensatz zur Energie oder der Entropie keine strömende Größe ist.

der Mauerdicke, die erforderlich ist, um ein Haus gegen die täglichen Temperaturschwankungen, oder nach der Kellertiefe, die notwendig ist, um die Weinflaschen gegen die jährlichen Temperaturschwankungen zu isolieren, bis hin zu KELVINS Abschätzung des Alters der Erde (Aufgabe 2.10). Eine genauere Diskussion der Lösung von Differenzialgleichungen vom Typ 2.28 wird am Beispiel der vollkommen analogen Diffusionsgleichung für Teilchendichten in Abschnitt 8.3 gegeben.

Die Energiebilanz des Wärmeleitungsprozesses wird dadurch vereinfacht, dass die Energie eine Erhaltungsgröße ist. Die Entropiebilanz ist etwas komplizierter, weil die Entropie bei diesem Prozess lokal erzeugt wird. Die globale Form der Kontinuitätsgleichung für die Entropie lautet:

$$I_S + \frac{\partial S}{\partial t} = \Sigma_S , \tag{2.31}$$

wobei Σ_S die globale Entropieerzeugungsrate ist.

Gemäß Gl. 1.51 lautet die lokale Form der Kontinuitätsgleichung für die Entropie:

!

$$\operatorname{div} \boldsymbol{j}_S(\boldsymbol{r}, t) + \frac{\partial s(\boldsymbol{r}, t)}{\partial t} = \Sigma_{S,\text{lok}} , \tag{2.32}$$

wobei $s(\boldsymbol{r}, t)$ die lokale Entropiedichte und $\Sigma_{S,\text{lok}}$ die lokale Entropieerzeugungsrate ist.

Als nächstes wollen wir $\Sigma_{S,\text{lok}}$ bestimmen. Dazu nutzen wir wieder den Zusammenhang $\boldsymbol{j}_E(x) = T(x)\boldsymbol{j}_S(x)$ (Gl. 1.50) zwischen der Energie- und der Entropiestromdichte aus und bilden

$$\operatorname{div} \boldsymbol{j}_S = \operatorname{div}\left(\frac{\boldsymbol{j}_E}{T}\right) = \frac{1}{T} \cdot \operatorname{div} \boldsymbol{j}_E - \boldsymbol{j}_E \cdot \frac{\operatorname{grad} T}{T^2} .$$

Der Term mit $\operatorname{div} \boldsymbol{j}_E$ auf der rechten Seite muss im stationären Fall ($\partial e/\partial t = 0$ und $\partial s/\partial t = 0$) wegen der Energieerhaltung verschwinden. Mit der Transportgleichung Gl. 2.27 erhalten wir im stationären Fall:

$$\operatorname{div} \boldsymbol{j}_S = \Sigma_{S,\text{lok}} = \frac{\lambda}{T^2} |\operatorname{grad} T|^2 . \tag{2.33}$$

Die lokale Entropieproduktionsrate ist stets positiv und proportional zum Quadrat des Temperaturgradienten.

Wärmeströme sind erheblich schwerer zu kontrollieren als elektrische Ströme, weil die Wärmeleitfähigkeit der verschiedenen Materialien wesentlich geringere Unterschiede aufweist als die elektrischer Leitfähigkeit und eine Unterscheidung von Wärmeleitern und Wärmeisolatoren daher nur graduell möglich ist. Das liegt daran, dass in Festkörpern stets Wärmeleitung über die Gitterschwingungen (das heißt über den Austausch von Schallquanten – Phononen) möglich ist. Metalle sind besonders gute Wärmeleiter, da auch die freien Elektronen zum Wärmetransport beitragen und oft sogar den dominierenden Beitrag liefern. Daher sind λ und σ für die meisten Metalle proportional: $\lambda/\sigma = a \cdot T$, wobei die Konstante $a = 2.5 \cdot 10^{-8}\ \text{W}\Omega/\text{K}^2$ auch die LORENZ-Zahl genannt wird (WIEDEMANN-FRANZ'sches Gesetz). Ein genaueres Verständnis der

Transport-Prozesse im Allgemeinen und der thermodynamischen Eigenschaften von Festkörpern im Besonderen werden wir erst in den Kapiteln 6 und 8 sowie II-5 und II-6 erlangen.

Selbst das Vakuum, genauer das im Vakuum stets vorhandene elektromagnetische Feld, erlaubt den Transport von Energie und Entropie über den Austausch von Lichtquanten (Photonen) und verhindert damit eine perfekte Wärmeisolation. Für den Wärmetransport durch Abstrahlung eines schwarzen Körpers gilt das STEFAN-BOLTZMANN'sche Gesetz:

$$I_E = A\mathcal{S} \cdot T^4 \quad . \tag{2.34}$$

Dabei ist A die Oberfläche des Körpers und $\mathcal{S} = 5,67 \cdot 10^{-8}\,\mathrm{W/(m^2K^4)}$ die STEFAN-BOLTZMANN Konstante. Auch das STEFAN-BOLTZMANN Gesetz wurde zunächst empirisch gefunden, lässt sich aber im Rahmen der statistischen Thermodynamik ableiten (Abschnitte 6.3 und II-5.1.3).

In Flüssigkeiten und Gasen ist außerdem der Wärmetransport durch *Konvektion*, das heißt durch *Stoffströme* möglich. Dies ist der weitaus effektivste Weg um große Wärmemengen zu transportieren, weil der Transport nicht durch Temperaturgradienten sondern durch Druckgradienten in dem strömenden Medium getrieben wird. Die Reibungsverluste aufgrund der Viskosität des strömenden Mediums sind in der Regel klein verglichen mit den Verlusten durch den Wärmewiderstand selbst der besten wärmeleitenden Medien. Dies wird zum Beispiel bei der Zentralheizung ausgenutzt (Aufgabe 2.9).

Übungsaufgaben

Berechnen Sie soweit möglich konkrete Zahlenwerte und verwenden Sie dabei die in diesem Kapitel tabellierten Materialparameter.

2.1. Entropiezufuhr bei Erwärmung

Ein Kupferblock mit einer Masse von 150 g wird von einer Anfangstemperatur T_a um $\Delta T = 10\,\mathrm{K}$ erwärmt.

a) Wieviel Energie und Entropie müssen dabei zugeführt werden, wenn $T_\mathrm{a} = 30, 100, 300$ und $1000\,\mathrm{K}$ beträgt und die spezifische Wärmekapazität als T-unabhängig angenommen wird?

b) Welche Zahlenwerte ergeben sich für die lineare Approximation

$$\Delta S = \frac{C_\mathrm{Cu}}{T_a} \cdot \Delta T \ ?$$

Unter welcher Bedingung ist dies eine gute Näherung?

2.2. Wärmekapazitäten pro Volumen

Berechnen Sie die Wärmekapazitäten pro Volumen $c = C/V$ für die in Tabelle 2.2 aufgeführten Stoffe. Benutzen Sie ein Tabellenkalkulationsprogramm.

2.3. Entropie von Aluminium

Messungen zeigen, dass die Wärmekapazität eines Aluminiumblocks mit einer Masse von 27 g unterhalb von 50 K mit guter Genauigkeit durch die Formel

$$C(T) = aT + bT^3$$

wiedergegeben wird, wobei die Konstanten a und b die Werte $a = 1.35\,\mathrm{mJ/K^2}$ und $b = 24.8\,\mathrm{\mu J/K^4}$ haben.

a) Berechnen Sie die Entropie $S(T)$!

b) Geben Sie die Zahlenwerte von C und S für $T = 1\,\mathrm{K}$ und $T = 10\,\mathrm{K}$ an, und vergleichen Sie mit den Werten bei Zimmertemperatur!

2.4. Inelastischer Stoß

Ein Geschoss aus Eisen der Masse $M_1 = 20\,\mathrm{g}$ trifft mit der Geschwindigkeit $v_1 = 700\,\mathrm{m/s}$ einen in Ruhe befindlichen Block aus Kupfer mit der Masse $M_2 = 100\,\mathrm{g}$ und bleibt in ihm stecken. Unmittelbar nach dem Auftreffen des Geschosses bewegt sich der Kupferblock (gemeinsam mit dem Geschoss) mit der Geschwindigkeit v_2.

a) Berechnen Sie den Wert der Geschwindigkeit v_2!

b) Berechnen Sie das Verhältnis der kinetischen Energien des Geschosses (vor dem Einschlag) und des Kupferklotzes (mit Geschoss) nach dem Einschlag. Bestimmen Sie außerdem die erwartete Temperaturerhöhung ΔT des Systems unter der Annahme, dass Geschoss und Kupferblock vor dem Stoß die Temperatur $T_0 = 300\,\mathrm{K}$ besaßen und keine weiteren Energieverluste auftreten.

c) Wie viel Entropie wird bei dem beschriebenen Prozess erzeugt?

2.5. Treibendes Schiff

Der Rhein hat zwischen Basel und seiner Mündung in die Nordsee ein durchschnittliches Gefälle von 30 cm/km. Die Erfahrung zeigt, dass die Geschwindigkeit des Schiffes höher ist, als die Fließgeschwindigkeit des Wassers.

a) Was ist die Ursache für diese Geschwindigkeitsdifferenz?

b) Berechnen Sie die mittlere Entropie-Erzeugungsrate eines flussabwärts treibenden Schiffes mit einer Masse von 500 Tonnen, wenn dessen Geschwindigkeit 5 km/h größer als die des Wassers ist und die Wassertemperatur 288 K beträgt!

2.6. Tauchsieder

Der Heizdraht eines in Wasser getauchten 600-W-Tauchsieders hat eine Temperatur von 727 °C.

a) Wieviel Entropie wird pro Sekunde erzeugt, wenn
- die momentane Temperatur des Wassers 77 °C beträgt?
- das Wasser siedet?

b) Welcher Teil der erzeugten Entropie wird im Heizdraht erzeugt? Wo wird der Rest erzeugt?

c) Wenn das Wasser siedet, steigt die Temperatur des Wassers nicht weiter an, obwohl ständig weiter Energie und Entropie zugeführt werden. Wo bleiben diese?

2.7. Thermische Relaxationszeit

Ein allseits geschlossener kubischer Styoporbehälter mit heißem Wasser und einem Volumen von $0.5\,\ell$ enthält befinde sich in einem Wärmereservior. Die Dicke des Styropors sei 0.5 cm und seine Wärmeleitfähigkeit betrage $\lambda = 0.03\,\mathrm{W/(m{\cdot}K)}$.

a) Berechnen Sie die thermische Relaxationszeit $\tau_{\mathrm{th}} = R_{\mathrm{th}}C$ unter der Annahme, dass die Reservoirtemperatur konstant bleibt.

b) Wie groß sind die Änderungen der Energie und der Entropie nach der Zeit τ_{th}? Kommentieren Sie das Vorzeichen von ΔS.

2.8. Wärmeleitung

Ein Aluminiumblock mit der Temperatur T_{B} und einer Masse von 0.2 kg ist durch einen Stab aus Edelstahl (Länge $L = 10\,\mathrm{cm}$, Querschnitt $A = 1\,\mathrm{cm}^2$) mit einem Wärmereservoir bei $T_{\mathrm{R}} = 298\,\mathrm{K}$ verbunden. Der Wärmetransport finde lediglich durch Wärmeleitung statt, Wärmestrahlung und andere Verluste sollen vernachlässigt werden.

a) Berechnen Sie das Temperaturprofil $T(x)$ längs des Stabes, indem Sie die eindimensionale (stationäre) Wärmeleitungsgleichung mit den entsprechenden Randbedingungen lösen. Wie groß ist der resultierende T-Gradient $T'(x)$?

b) Berechnen Sie den Energiestrom $I_E(T')$, das heißt die übertragene „Heizleistung", wenn $T_{\mathrm{B}} = 500\,\mathrm{K}$ konstant gehalten wird.

c) Zeigen Sie mit Hilfe der Energiebilanz (Kontinuitätsgleichung), dass die Temperatur des Blocks als Funktion der Zeit exponentiell abnimmt, wenn die Heizung ausgeschaltet wird. Von welchen Größen hängt die dabei auftretende thermische Relaxationszeit ab, und wie groß ist ihr Zahlenwert?

2.9. Zentralheizung

Warum wird die Energieübertragung in unserer Zentralheizung mittels zirkulierenden Warmwassers realisiert – ließen sich alternativ zur Warmwasser-Zirkulation auch einfache Kupferstangen verwenden?

a) Berechnen Sie zunächst den thermischen Leitwert einer Kupferstange mit dem Durchmesser $2R_0 = 3\,\mathrm{cm}$ und der Länge $L_0 = 20\,\mathrm{m}$. Bestimmen Sie sodann die erforderliche Basistemperatur T_{Basis} einer Heizungsanlage, die über die Kupferstange eine nutzbare Heizleistung von $I_E = 3\,\mathrm{kW}$ über die Entfernung L_0 übertragen soll. Die Temperatur des Heizkörpers T_{Heiz} betrage 50°C. Vernachlässigen Sie dabei die Verluste durch die thermische Isolation der Kupferstangen in die Umgebung. Das Ergebnis zeigt, warum der Wärmetransport nicht mittels Kupferstangen realisiert wird.

Im Warmwasser werden Energie und Entropie *konvektiv* transportiert. Der nutzbare thermische Beitrag zur konvektiven Energiestromdichte beträgt $I_E(x) = A\, e_N(x) \cdot v_W$, wobei A der Leitungsquerschnitt, $e_N(x) = c\,\Delta T(x)$ die nutzbare Energiedichte im ruhenden Wasser und $\Delta T(x)$ die Differenz zwischen der lokalen Temperatur des Wassers $T(x)$ und der Umgebungstemperatur T_0 ist – c ist die spezifische Wärmekapazität des Wasser pro Volumen und v_W dessen Strömungsgeschwindigkeit.

b) Berechnen Sie den thermischen Leitwert pro Längeneinheit $\tilde{G}_{th} = G_{th}/L$ einer zylindrischen Isolation der Warmwasserleitung durch ein 5 cm dickes Thermovlies mit der Wärmeleitfähigkeit $\lambda = 0.037$ W/(K·m). Nehmen Sie dabei an, dass die Temperatur des strömenden Wassersüber den Leitungsquerschnitt konstant ist. Wie groß ist die lokale Energie-Verlustrate pro Länge Σ_E durch die Isolation, als Funktion von ΔT, wenn Sie annehmen, dass die Temperatur der Außenseite der Isolation T_0 beträgt?

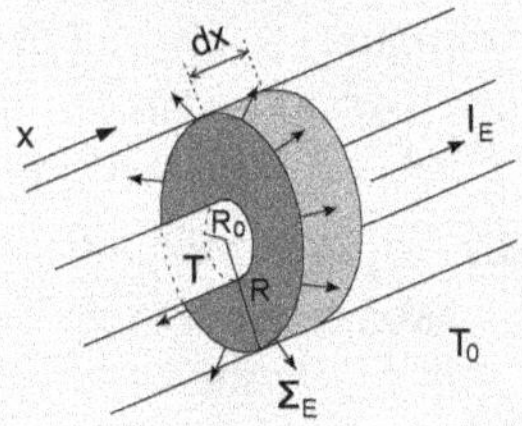

c) Ist die Wärmeleitung durch die Isolation nicht vernachlässigbar, so muss die Temperatur des Wassers zum Heizkörper hin abnehmen. Benutzen Sie die Energieerhaltung und die in b) berechnete Verlustrate $\Sigma_E(x)$, um eine Differenzialgleichung für $\Delta T(x)$ abzuleiten und zu lösen. Berechnen Sie die in der Lösung auftretende charakteristische Länge x_0.

d) Bestimmen Sie die notwendige Fließgeschwindigkeit $\boldsymbol{v}_W$ derart, dass die am Eingang des Heizkörpers zugeführte Heizleistung bei einer Wassertemperatur $T(L_0) = 50^\circ$C und $T_0 = 25^\circ$C noch 3 kW beträgt?

e) Berechnen Sie die notwendige Basistemperatur $T_{\text{Basis}} = T(0)$ und den Energiebedarf des Heizkessels, bei gleichem Rohrinnendurchmesser $2R_0 = 3$ cm.

2.10. Das Alter der Erde

Im Jahre 1895 hat der irische Mathematiker und Ingenieur John Perry, ein früherer Assistent Kelvins, eine Abschätzung zur Bestimmung des Alters der Erde vorgeschlagen, die auf einem Modell basierte, das unseren heutigen Vorstellungen bereits ziemlich nahe kommt. Er nahm an, dass die Erde unter einer dünnen festen Kruste flüssig ist. Im flüssigen Teil des Erdinneren wird Wärme durch Konvektion viel effizienter transportiert als durch Wärmeleitung (Konduktion). Dabei wird die innere Fläche der Erdkruste gleichmäßig von Energie und Entropie durchströmt. In diesem Fall sollte die Temperatur im flüssigen Teil der Erde annähernd räumlich konstant sein und nur in der dünnen festen Kruste zur Oberfläche hin abnehmen.

a) Nehmen Sie an, dass die innere Temperatur der Erde $T_i(t)$, die Temperatur der Außenseite $T_a = 300$ K, die Dicke der Kruste L und die thermische Leitfähigkeit λ beträgt. Des weiteren soll L klein genug sein, damit die Temperatur in guter

Näherung linear zur Oberfläche hin abfällt. Berechnen Sie den thermischen Energiefluss durch die Kruste zur Zeit t.

b) Der Energiefluss durch die Kruste ist gleich der Rate, mit der das Erdinnere seine Energie verliert. Vergleicht man beide Raten (I_E und dE/dt), so findet man eine einfache Differenzialgleichung für $T_i(t)$. Lösen Sie diese.

c) Die thermische Diffusionskonstante der Erde beträgt $D = \lambda/c \approx 1.2 \cdot 10^{-6}\ \mathrm{m^2/s}$, wobei c die Wärmekapazität pro Volumen ist. Nehmen Sie jetzt an, dass eine Anfangstemperatur der Erde $T_0 = 4000$ K war. Der heute beobachtete Temperaturgradient beträgt 22 °C/km und die durchschnittliche Dicke der Erdkruste beträgt 50 km. Bestimmen Sie das Alter der Erde t_E nach diesem Modell.

Für die Enthusiasten:

Perrys Modell war eine Alternative zu dem nachfolgend beschriebenen älteren Modell Kelvins von 1862. Aufgrund des überragenden Ansehens von Kelvin wurde es von den damaligen Physikern zunächst weitgehend ignoriert. Die Geologen haben dagegen Kelvins Modell von Anfang an abgelehnt, da es ein viel zu niedriges Alter der Erde ergab. Nimmt man mit Kelvin an, dass die Erde vollständig aus festem Gestein besteht, so können Energie und Entropie nur durch Wärmediffusion transportiert werden. Das bedeutet, dass die äußere Schicht schneller abkühlen, der Kern dagegen seine ursprüngliche Temperatur wesentlich länger halten würde. Zur Vereinfachung modellierte Kelvin die Erde als Halbraum, das heißt als einen halb-unendlichen Festkörper mit einer ebenen Oberfläche. Dadurch reduzierte er das eigentlich dreidimensionale mathematische Problem auf ein eindimensionales.

Ziel der Aufgabe ist nun die Abhängigkeit der Temperatur $T(x,t)$ vom Abstand zur Erdoberfläche x und der Zeit t durch die Lösung der eindimensionalen Wärmeleitungsgleichung zu bestimmen.

d) Zeigen Sie mit Hilfe der Wärmeleitungsgleichung, dass $T(x,t)$ nur von einer einzigen dimensionslosen Variablen $\eta = x/L_\mathrm{th}(t) = x/\sqrt{Dt}$ abhängt.

e) Wählen Sie das Koordinatensystem so, dass $x = 0$ an der Erdoberfläche, und lösen Sie die resultierende Differenzialgleichung für die Ableitung $h(\eta) := dT(\eta)/d\eta$.

f) Berechnen Sie die Abhängigkeit des T-Gradienten an der Oberfläche von t_E durch Anwendung der Kettenregel auf $h(\eta)$ und bestimmen Sie t_E aus dem Messwert für $\partial T(x,t)/\partial x|_{0,t_\mathrm{E}}$. Vergleichen Sie das Resultat mit dem für den zu Kelvins Zeiten angenommenen Wert des geothermischen Temperaturgradienten von 36 K/km.

g) Prüfen Sie ob und wieso Kelvins Vereinfachung, die Erde als ebenen Halbraum und nicht als eine Kugel zu modellieren, näherungsweise korrekt war. Vergleichen Sie dazu den Erdradius mit dem abgeschätzten Wert der charakteristischen Länge $L_\mathrm{th}(t_\mathrm{E})$.

3 Ideale Gase

Das ideale Gas ist eines der wichtigsten Modellsysteme nicht nur der Thermodynamik, sondern auch der Physik insgesamt. Historisch waren Gase die ersten Systeme, die als Arbeitsmedium für Wärmekraftmaschinen verwendet wurden. An Gasen wurden die fundamentalen Konzepte der Thermodynamik entwickelt und erprobt. In diesem Kapitel besprechen wir zunächst die grundlegenden Eigenschaften idealer Gase. Aber auch die Bildung von Modellen, welches heute einen großen Teil der physikalischen Forschung einnimmt, feierte am idealen Gas erste Triumphe, als es BERNOULLI, CLAUSIUS, MAXWELL und BOLTZMANN gelang, die thermodynamischen Eigenschaften der Gase mit mechanischen Modellen in Verbindung zu bringen. Die entscheidende Idee dieser Modelle ist es, das Vielteilchen-System „ideales Gas" in mikroskopische Teilsysteme zu zerlegen. Die vor dem Hintergrund der klassischen Mechanik naheliegende Zerlegung ist die in N Systeme vom Typ „NEWTON'scher freier Körper". Das Konzept der Idealität wird im Rahmen dieses Modells dadurch abgebildet, dass die Teilchen nicht oder nur schwach miteinander wechselwirken. Einige Implikationen dieses Modells werden wir in diesem Kapitel diskutieren.

3.1 Stoffmenge und chemisches Potenzial

Stoffe und Grundstoffe

Bisher haben wir nicht nach der chemischen Natur unserer Untersuchungsgegenstände gefragt. Eine chemisch einheitliche Substanz bezeichnen wir als einen *reinen Stoff*. Die Erfahrung zeigt, dass Gemische verschiedener Stoffe miteinander chemisch reagieren, also während des Ablaufs einer chemischen Reaktion neue Stoffe bilden können. Um diese Stoffumsetzungen thermodynamisch beschreiben zu können, benötigen wir eine weiteres Paar von konjugierten physikalischen Größen, die *Stoffmenge* N und das *chemische Potenzial* μ. Zuerst wollen wir die Stoffmenge besprechen.

Eine typische chemische Reaktion wie die Synthese von Ammoniak (NH_3) aus Wasserstoff (H_2) und Stickstoff (N_2) wird durch eine *Reaktions-Gleichung* dargestellt:

$$N_2 + 3H_2 \rightleftharpoons 2NH_3 .$$

Der Doppelpfeil deutet an, dass die Reaktion, je nach Bedingungen, in beide Richtungen laufen kann.

Die *stöchiometrischen Koeffizienten* ν_i (in unserem Beispiel $\nu_{N_2} = -1$, $\nu_{H_2} = -3$ und $\nu_{NH_3} = 2$) geben an, in welchen Mengenverhältnissen die beteiligten Stoffe bei der Reaktion umgesetzt werden. Die ν_i der Ausgangsstoffe (Edukte) der Reaktion werden negativ, die der Endstoffe (Produkte) positiv gewählt, um die Änderungen der N_i einheitlich zu beschreiben:

$$N_i(\lambda) = N_{ia} + \nu_i \lambda . \tag{3.1}$$

https://doi.org/10.1515/9783110560220-107

Dabei sind die N_{ia} die Anfangsmengen. Die Variable λ wird die *Reaktionslaufzahl* genannt. Sie ist im Anfangszustand gleich Null und gibt an, wie weit die Reaktion fortgeschritten ist.

Das Gesetz der *konstanten und multiplen Proportionen* sagt, dass sich die Verhältnisse der umgesetzten Stoffmengen $N_i(\lambda) - N_{i,a}$ bei chemischen Reaktionen stets im Verhältnis kleiner ganzer Zahlen ändern:

$$\frac{N_i(\lambda) - N_{ia}}{N_j(\lambda) - N_{j0}} = \frac{\nu_i}{\nu_j} \quad \text{wobei} \quad \nu_i, \nu_j \in \mathbb{Z} \,.$$

Die Ganzzahligkeit der stöchiometrischen Koeffizienten findet eine natürliche Erklärung in der Atom-Hypothese von DEMOKRIT, nach der alle Stoffe aus sehr kleinen, identischen Konstituenten – den Atomen und Molekülen – aufgebaut sind. Auf der Basis der atomistischen Vorstellung entwickelten BERNOULLI, CLAUSIUS, MAXWELL und BOLTZMANN ein zunächst sehr erfolgreiches mechanisches Modell der Gase, welche die thermischen und die Transporteigenschaften von Gasen durch die Bewegung und gegenseitigen Stöße der Atome und Moleküle erklärte. Dieses Modell ist Gegenstand der Abschnitte 3.4 und 3.5. Mangels einer direkten Beobachtung der Atome war die Atom-Hypothese allerdings bis zum Anfang des 20. Jahrhunderts heftig umstritten, bis EINSTEIN die BROWN'sche Molekularbewegung kleiner Körper in Flüssigkeiten durch deren Stöße mit thermisch bewegten Atomen oder Molekülen erklärte. Dabei gelang es ihm insbesondere, eine Abschätzung der Moleküldimensionen zu gewinnen. Ein weiterer Durchbruch wurde erzielt, als VON LAUE den diskreten Aufbau kristalliner Festkörper (und zugleich den Wellencharakter der Röntgenstrahlen) durch die Beugung von Röntgenstrahlen am Kristallgitter nachweisen konnte. Heute kann man zumindest die Atome auf Festkörperoberflächen mit Hilfe der Rastersondenmikroskopie direkt abbilden. Einzelne Atome lassen sich außerdem im Vakuum in speziellen Fallen einfangen und spektroskopisch untersuchen.

Je nachdem, ob man auf der Ebene einzelner Atome und Moleküle oder auf der makroskopischen Ebene arbeitet, ist es üblich, unterschiedliche Einheiten für die Stoffmenge zu verwenden: Auf der makroskopischen Ebene ist die Einheit von N das „Mol". Auf der mikroskopischen Ebene hat N die Einheit „Teilchen". Beide sind über die AVOGADRO-*Konstante*

$$N_\mathrm{A} = 6.022 \cdot 10^{23} \,\text{Teilchen/mol}$$

miteinander verknüpft. Die Einheit „Mol" ist eher in der Chemie gebräuchlich, während die Einheit „Teilchen" eher in der Physik verwendet wird.
In moderner Sprechweise lässt sich die Atom-Hypothese wie folgt formulieren:

! Die physikalische Größe *Stoffmenge* ist *ganzzahlig quantisiert*; die elementaren Mengenquanten werden als *Teilchen* bezeichnet und entsprechen der Stoffmenge

$$\tau_N = 1\,\text{Teilchen} \mathrel{\widehat{=}} 1/N_\mathrm{A} = 1.66 \cdot 10^{-24}\,\text{mol/Teilchen}\,.^1 \qquad (3.2)$$

Die Einheiten „Mol“ und „Teilchen“ sind den gebräuchlichen Einheiten „Coulomb“ (C = As) und der „Elementarladung“ ($e = 1.602 \cdot 10^{-19}$ C) der elektrischen Ladung analog. Das Coulomb wird zur Quantifizierung makroskopischer Ladungsmengen benutzt, während die Elementarladung für den quantisierten Ladungsaustausch auf der mikroskopischen Ebene verwendet wird. Der Ladung pro Teilchen $\hat{q} = ze = z \cdot 1.602 \cdot 10^{-19}$ C/Teilchen entspricht auf der makroskopischen Seite (zum Beispiel in der Elektrochemie) die Ladung pro Mol zF, wobei z in der Regel eine ganze Zahl und $F = N_A e = 96\,485$ C/mol die Faraday-Konstante ist. Ähnlich verhält es sich bei der Energie und bei der Masse. Auf der makroskopischen Ebene wird die Energie in „J“ gemessen, während auf der mikroskopischen Ebene für die Energie das „eV“ verwendet wird, wobei der Umrechnungsfaktor $1.602 \cdot 10^{-19}$ J/(eV) beträgt. Massen werden auf der makroskopischen Ebene in „g“ oder „kg“ gemessen, auf der mikroskopischen dagegen in *Atommasseneinheiten*: 1 u = $1.6606 \cdot 10^{-27}$ kg angegeben, wobei u in etwa die Protonenmasse ist.

Mit $n := N/V$ bezeichnen wir die *Mengen-* oder *Teilchendichte*. Damit benutzen wir durchgängig die Konvention, dass wir extensive Größen X mit Großbuchstaben, deren *Dichten* x mit Kleinbuchstaben und *Größen pro Teilchen*, beziehungsweise Größen pro Mol $\hat{x}$ mit einem „Hut“ bezeichnen.[2]

In der Chemie ist dagegen das „Mol“ als Einheit der Stoffmenge gebräuchlicher; die Mengendichte wird in der Chemie auch „Konzentration“ genannt und in Mol pro Liter angegeben. Räumlich ausgedehnte Systeme mit nur einer Mengenvariablen N

---

1 Die Einheit „Teilchen“ – und damit die Maßsystemkonstante τ_N – wirkt heute so natürlich, dass sie meistens weggelassen wird. Auch in diesem Buch werden wir sie nur verwenden, wenn dies der Klarheit dient. Bei konkreten Rechnungen mit makroskopischen Stoffmengen sind Größen pro Teilchen aber unpraktisch, weil dann stets gewaltige Zehnerpotenzen auftreten, für die man schwer ein Gefühl entwickeln kann – hier ist das „Mol“ einfacher zu handhaben.

In der Quantenphysik wird die Größe Stoffmenge wie andere physikalische Größen auch durch einen Operator dargestellt, der die Eigenwerte $N_i = i \cdot \tau_N$ hat, wobei $i \geq 0$ eine natürliche Zahl ist. Wie bei allen quanten-physikalischen Größen treten als Ergebnis einer Einzelmessung nur die Eigenwerte N_i auf. Daher entstand in der historischen Entwicklung zunächst der Eindruck, dass als Werte von N überhaupt nur natürliche Vielfache von τ_N *möglich* sind. Dies ist jedoch nicht korrekt – wie bei der Energie *Überlagerungen* von Zuständen mit verschiedenen Energiewerten ε_i möglich sind, sind auch *Überlagerungen* von Zuständen mit verschiedenen N_i realisierbar: Daher ist der Wertebereich der Größe N (wie bei allen anderen Variablen auch) ein reelles Kontinuum. Dies wird durch das Beispiel der Photonen-Zahl illustriert, welche der *Intensität* einer elektromagnetischen Welle entspricht und kontinuierlich variabel ist. Die Konsequenzen der Quantenphysik für den Teilchen-Begriff und die Thermodynamik werden im Detail in Kapitel II-2.1 besprochen.

2 Je nach Problemstellung ist es günstiger, Teilchenzahlen oder Molzahlen zu verwenden. Wir verwenden im Folgenden Bezeichnungen wie „Molvolumen“ oder „molare Wärmekapazität“ synonym mit „Volumen pro Teilchen“ oder „Wärmekapazität pro Teilchen“ und vertrauen darauf, dass der Leser bei der Berechnung von Zahlenwerten die für den konkreten Fall zweckmäßigere der beiden Einheiten der Stoffmenge benutzt.

nennt man auch *homogene Phasen*. Besitzt eine Phase mehr als eine Mengenvariable, so wird sie als *heterogene* Phase bezeichnet.

Größen pro Teilchen oder pro Mol nennt man auch *spezifische* Größen, weil diese oft für bestimmte Stoffe spezifische Werte haben. Beispiele sind das *Atomgewicht* oder *Molekülgewicht* $\hat{m} = M/N$, die *spezifische Ladung* $\hat{q} = Q/N$ oder die *spezifische Wärmekapazität* $\hat{c} = C/N$. Die Bezeichnung „spezifische Wärmekapazität" ist nicht ganz eindeutig, weil auch die Wärmekapazität pro Masse $\tilde{c} = C/M$ und die Wärmekapazität pro Volumen $c = C/V$ gerne spezifische Wärmekapazität genannt werden (wie wir das in Abschnitt 2.3 auch getan haben).

Wie kann eine gewisse Übersicht in die unendliche Vielfalt der Stoffe gebracht werden? Eine Strategie besteht darin, Stoffe durch ihren Gehalt an gewissen *Grundstoffen* zu charakterisieren. In der Chemie heißen diese Grundstoffe *Elemente*, ihre Konstituenten sind die Atome. Alle anderen Stoffe setzen sich aus diesen Grundstoffen zusammen; die zusammengesetzten Atomkomplexe heißen Moleküle. Bei einfachen Verbindungen genügt die Angabe der Mengen der Atome, um einen Stoff eindeutig zu identifizieren, aber bei komplizierteren Verbindungen, insbesondere in der organischen Chemie, können die gleichen Atome unterschiedliche räumliche Konfigurationen einnehmen, die verschiedenen Stoffen mit verschiedenen Eigenschaften entsprechen. Hier sind zur eindeutigen Identifikation des Stoffes weitere Angaben erforderlich. Ihren Status als Grundstoffe haben die chemischen Elemente dadurch erlangt, dass sich die Atome mit der Mitteln der Chemie nicht weiter zerlegen lassen und in diesem Sinne „elementar" sind. Die Bezeichnung der „Atome" rührt daher, dass diese im Sinne Demokrits als „atomos", das heißt als unteilbar angesehen wurden.

Das chemische Potenzial

Das chemische Potenzial ist die für eine thermodynamische Beschreibung erforderliche, zur Stoffmenge N konjugierte Größe. Es quantifiziert die mit Änderungen dN der Teilchenzahl verbundenen Energieänderungen $\mu\, dN$. Seine gebräuchlichen Einheiten sind entsprechend „J/mol" oder „eV". Betrachten wir eine chemisch heterogene Phase unter dem Druck p (das Variablenpaar Druck und Volumen wird im nächsten Abschnitt erklärt), die verschiedene Stoffe mit den Mengen N_i enthält, so lautet deren Gibbs'sche Fundamentalform:

$$dE = T\,dS - p\,dV + \sum_i \mu_i\, dN_i\ .$$

Die μ_i sind dabei die zu den verschiedenen Stoffen gehörigen chemischen Potenziale. So wie sich Temperaturdifferenzen als „thermische Spannungen", das heißt als Antrieb für einen Wärmestrom interpretieren lassen, so können Differenzen des chemischen Potenzials als „chemische Spannungen" und damit als Antrieb für Änderungen der N_i verstanden werden. Ein erstes konkretes Beispiel für das chemische Potenzial eines Festkörpers oder einer Flüssigkeit wird in Aufgabe 3.1 diskutiert.

Ein wesentlicher Beitrag zu μ stammt aus der Bindungsenergie der Teilchen an ihre Umgebung. Diese kann aus der kovalenten chemischen Bindung innerhalb der Moleküle, der Bindung der Elektronen an Atome, Moleküle oder einen Festkörper oder aus der Bindung an Oberflächen oder Nachbarmoleküle stammen. Dennoch darf das chemische Potenzial nicht mit der Bindungsenergie gleichgesetzt werden, denn Änderungen der N_i gehen bei konstanter Temperatur meist mit Änderungen von S einher, sodass eine enge Verknüpfung zwischen chemischen und thermischen Phänomenen besteht. Anders könnten thermisch induzierte Stoff-Umwandlungen wie die Dissoziation von Molekülen oder Phasenumwandlungen, die eine Zufuhr von Energie verlangen, nicht verstanden werden. Wie wir noch im Einzelnen sehen werden, ist die Thermodynamik in der Lage, diese (im Sinne der klassischen Disziplinen der Physik) interdisziplinären Zusammenhänge quantitativ zu beschreiben.

Betrachtet man ein gewisses Teilvolumen einer Phase, so können sich die darin enthaltenen Stoffmengen auf zweierlei Weise ändern:

1. **Teilchenströme:** Diese werden in der Regel durch räumliche Gradienten des chemischen Potenzials angetrieben. In diesem Fall spricht man von *Diffusions*strömen. Eine weitere Möglichkeit sind Grenzflächen zwischen zwei Phasen, an denen μ andere Werte als im Inneren der Phasen haben kann. Sind die beiden Phasen zwei Aggregatzustände desselben Stoffs, kontrollieren deren chemische Potenziale die Lage des Phasengleichgewichts. Bestehen die Phasen aus chemisch verschiedenen Stoffen, kontrolliert das chemische Potenzial des einen Stoffs an der Oberfläche des anderen die dort auftretenden Adsorptions- und Desorptionsprozesse. Grenzflächenphänomene sind auch für die Katalyse, das heißt für die Kontrolle der *Reaktionsraten* Σ_N wichtig.
2. **Chemische Reaktionen:** Unterscheiden sich die Bindungsenergien unterschiedlicher Moleküle, die aus den gleichen Atomen bestehen, so kann durch eine Reaktion (das heißt durch den Quantenübergang von einem Bindungszustand zu einem anderen) Energie freigesetzt werden. Die Reaktionsgeschwindigkeit wird durch die Reaktionsraten Σ_N bestimmt. Gleichzeitig mit den Teilchenzahlen ändern sich bei der Reaktion in der Regel auch die Entropie und die Dichte. Daher erstaunt es nicht, dass die chemischen Potenziale nicht identisch mit den Bindungsenergien, sondern auch von Druck und Temperatur abhängig sind. Die Druck- und Temperaturabhängigkeit der chemischen Potenziale ist mitentscheidend für die Lage des chemischen Gleichgewichts, das heißt für die Werte der Teilchendichten n_i, für die die (mit den stöchiometrischen Koeffizienten gewichteten) chemischen Potenziale der Reaktionspartner gleich sind und der Antrieb für eine Veränderung der Teilchenzahlen damit verschwindet.

In all diesen Fällen liefert das chemische Potenzial einen entscheidenden Beitrag zur Energiebilanz. Wird die bei der Reaktion freiwerdende Energie nicht auf anderem Wege abgeführt (zum Beispiel in einer Brennstoffzelle), so wird sie analog zum spontanen

Temperaturausgleich unter Erzeugung von Entropie dissipiert und führt damit zur Erwärmung (wie jeder weiß, der schon einmal ein Streichholz angezündet hat).

Das chemische Potenzial beschreibt nicht nur Diffusionsprozesse, Phasenübergänge und die üblichen chemischen Reaktionen, sondern auch Teilchen-Loch-Rekombinationen in Halbleitern, die Bildung von Cooper-Paaren in Supraleitern bis hin zu den Kernreaktionen in Sternen und Supernova-Explosionen, die zur Bildung der chemischen Elemente führen. Aus diesem Grund ist das chemische Potenzial eine extrem vielseitige und leicht zu handhabende Größe, die auch noch durch äußere Kraftfelder manipuliert werden kann. Man kann eigentlich nicht zuviel Reklame dafür machen…

3.2 Thermodynamische Beschreibung von Gasen

Um uns dem idealen Gas zu nähern, müssen wir zunächst überlegen, mit welchen physikalischen Größen das Gas am besten zu beschreiben sind. Fluide Systeme, das heißt Flüssigkeiten und Gase, können im Gegensatz zu Festkörpern beliebig deformiert werden – sie nehmen die Gestalt des Behälters an, in dem sie eingeschlossen sind. Statt der genauen geometrischen Form dieser Systeme ist in den meisten Fällen nur noch ihr *Volumen* V relevant, welches im einfachsten Fall durch die lineare Verschiebung x eines Kolbens mit der Stempelfläche A kontrolliert werden kann. Der durch eine externe Kraft durch den Kolben pro Fläche auf das Fluid übertragene Impuls steht dann stets senkrecht auf der Oberfläche des Systems und kann durch die skalare Variable *Druck* $p = |\boldsymbol{F}|/A$ beschrieben werden. Für den Druck sind die Einheiten *Pascal* (1 Pa = 1 N/m^2), *Bar* (1 bar = 10^5 Pa) und *Atmosphären* (1 atm = 1013 mbar = $1.013 \cdot 10^5$ Pa) gebräuchlich. Der Luftdruck auf Höhe des Meeresspiegels beträgt im Mittel etwa 1 atm = 1013 mbar = 1013 Hektopascal (hPa).

Bei Gasen, Flüssigkeiten und Festkörpern unter hydrostatischem Druck ist es daher sinnvoll, in der GIBBS'schen Fundamentalform den vektoriellen Term $-\boldsymbol{F}\,d\boldsymbol{x}$ durch $-p\,dV$ zu ersetzen, wobei die Volumenänderung durch $dV = A\,dx$ gegeben sind. Auch bei Festkörpern lässt sich das Volumen durch Anwendung von hydrostatischem Druck in einer geeigneten Druckzelle geringfügig (im Bereich von Promille) ändern. Von hydrostatischem Druck spricht man, wenn der Druck auf einen Festkörper über ein in der Druckzelle zusätzlich enthaltenes fluides Medium vermittelt wird. Dieses sorgt dafür, dass der Festkörper von allen Seiten gleichmäßig unter Druck gesetzt wird. Auf diese Weise wird vermieden, dass sich Scherspannungen ausbilden, die eine kompliziertere Beschreibung erfordern. Aufgrund der mangelnden Kohäsion können Gase keine Zugspannungen aufnehmen: der Druck kann bei diesen nur positive Werte annehmen! Für Flüssigkeiten (und Festkörper in einer Druckzelle) kann der Druck dagegen auch negativ sein, solange ein Verdampfen der Flüssigkeit vermieden werden kann (für Wasser immerhin bis zu –200 bar).

Die Unterschiede zwischen den Aggregatzuständen der Materie, das heißt zwischen den physikalischen Systemen „Festkörper", „Flüssigkeit" und „Gas", manifestiert sich

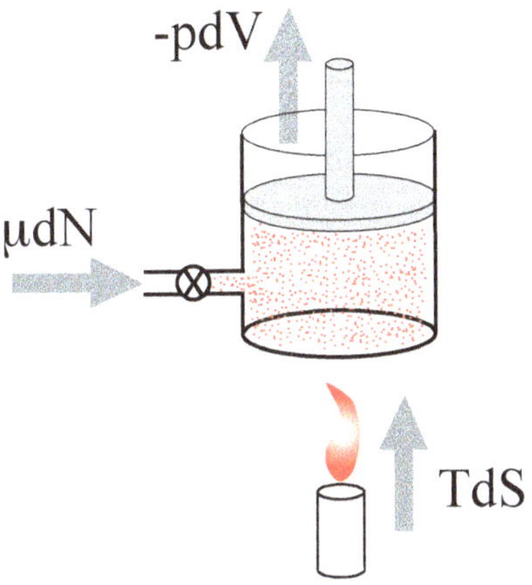

Abb. 3.1. Illustration der drei Freiheitsgrade, über die der Zustand einer homogenen Phase geändert werden kann, und die entsprechenden Terme der GIBBS'schen Fundamentalform. Um quantitative Aussagen zu machen, benötigen wir die *Zustandsgleichungen* des Gases, das heißt die funktionalen Zusammenhänge zwischen T, S, p, V, μ und N.

in den *Zustandsgleichungen* dieser Systeme, das heißt darin, wie die Variablen E, T, S, p, V, μ und N miteinander verknüpft sind. Solche *systemspezifischen* Zusammenhänge gilt es durch Experimente oder durch die Entwicklung von Modellen quantitativ festzustellen. Kennt man die Werte aller abhängigen Variablen als Funktion der unabhängigen, so sind die Eigenschaften des Systems vollständig beschrieben.

Unsere Aufgabe besteht jetzt darin, möglichst viel über die Zustandsgleichungen des idealen Gases herauszufinden. Aus experimenteller Sicht steht dem im Wege, dass nicht alle der in die Zustandsgleichungen eingehenden Größen direkt gemessen werden können. Daher haben sich die frühen Untersuchungen zunächst auf die einfach messbaren Größen p, V, T und N beschränkt.[3] Da eine homogene Phase drei unabhängige Variablen hat, liefert die Messung der vier Größen p, V, T und N *eine* der Zustandsgleichungen des Systems. Diese Zustandsgleichung wird die *thermische Zustandsgleichung* genannt.

Im übernächsten Kapitel werden wir sehen, dass neben der thermischen Zustandsgleichung nur noch *eine* weitere Messgröße (nämlich die spezifische Wärmekapazität des Gases) erforderlich ist, um *alle* anderen Eigenschaften des Gases über die System-unabhängigen Basis-Relationen (Gln.1.41, 1.42 und 1.43) der Thermodynamik zu berechnen. Auf der Basis dieser Relationen werden wir schließlich in Abschnitt 6.2.4 die MASSIEU-GIBBS-Funktion $E(S, V, N)$ eines idealen Gases mit konstanter Wärmekapazität bestimmen.

Um Informationen über die anderen Zustandsgleichungen zu gewinnen, können wir das Prinzip der Energie-Erhaltung ausnutzen, um die Energie des Gases durch Energiezufuhr von außen kontrolliert zu ändern. *Unabhängig von der Natur des Systems* sind die Änderungen der Energie mit denen der übrigen extensiven Variablen durch die GIBBS'sche Fundamentalform miteinander verbunden. Für eine einfache Phase mit

3 Neben der absoluten Temperatur hat sich auch der Wert der Teilchenzahl einer direkten Messung lange entzogen – Mengenverhältnisse waren jedoch über die entsprechenden Massen zugänglich.

nur einer Mengenvariablen N lautet diese:

$$dE = T\,dS - p\,dV + \mu\,dN \;.$$

Die Energie des Gases lässt sich damit über die drei in Abbildung 3.1 dargestellten „Kanäle" ändern. Eine Entropie-Änderung des Gases über den thermischen Kontakt mit einem externen Wärmereservoir führt zu einer Energieänderung über den thermischen Kanal und zu dessen Erwärmung oder Abkühlung – bei $V, N = \text{const.}$ aber auch zu einer Druckänderung. Eine Volumenänderung des Gases gegen oder mit dem Druck des Gases auf den Kolben führt zu einer Energieänderung über den mechanischen Kanal, bei $S, N = \text{const.}$ (thermische Isolation) auch zu einer Temperaturänderung. Eine Änderung der Gasmenge über das am Kolben angebrachte Ventil führt zu einer Energieänderung über den chemischen Kanal, bei $S, V = \text{const.}$ aber auch zu einer Änderung von Druck und Temperatur. Es ist diese intime Kopplung zwischen den thermischen, mechanischen und chemischen[4] Eigenschaften des Gases, welche die Vielfalt der an Gasen zuerst beobachteten Phänomene ausmachen, und mit denen wir uns im Folgenden befassen werden.

3.3 Die thermische Zustandsgleichung

Entsprechend Abb. 3.1 betrachten wir zunächst eine feste Menge N eines in einem Zylinder mit dem Querschnitt A eingeschlossenen Gases. Das Volumen des Gases kann über die Verschiebung x des Kolbens variiert werden: $V = A \cdot x$. Frühe Untersuchungen von Boyle und Mariotte zeigten, dass das Produkt pV bei konstanter Temperatur gleich einer Konstanten α ist. Betrachten wir das von Zylinder und Kolben eingeschlossene Gas als eine Art „black box", so können wir analog zu dem in Abschnitt 1.4 betrachteten System „elastische Feder" eine Relation zwischen der Kraft $F = A \cdot p$ auf den Kolben und seiner Verschiebung x herstellen:

$$pV = F \cdot x = \alpha \qquad \Longrightarrow \qquad F(x) = \frac{\alpha}{x} \;.$$

Die Zustandsgleichung, das heißt der Zusammenhang zwischen x und F, ist bei diesem System also anders als bei der Feder, nämlich nichtlinear. Analog zur Feder können

4 Solange nur eine chemische Spezies im Kolben ist, bleiben die thermisch oder mechanisch hervorgerufenen Änderungen des chemischen Potenzials ohne offensichtliche Folge. Sobald sich aber ein reaktives Gasgemisch im Kolben befindet, führen Änderungen von Druck und Temperatur zu einer Verschiebung des chemischen Gleichgewichts, das heißt zu Änderungen der Teilchenzahlen der verschiedenen chemischen Spezies. Um mit dem einfachst möglichen Fall anzufangen, beschränken wir uns zunächst auf chemisch homogene Gase. Später (in Kap. II-3) werden wir aber sehen, dass die Temperaturabhängigkeit der Wärmekapazität idealer Gase dadurch erklärt werden kann, dass auch „chemisch homogene" Gase ein Gemisch von *elementaren* idealen Gasen bilden, dessen Atome oder Moleküle sich jeweils im gleichen Quantenzustand befinden und deren Mengenverhältnisse sich mit der Temperatur ändern.

wir aber eine x-abhängige Federkonstante definieren:

$$\mathcal{K}(x) = -\frac{\partial F(x)}{\partial x} = \frac{\alpha}{x^2} \ .$$

Statt von einer Federkonstanten spricht man bei Gasen (und Phasen allgemein) von der *Kompressibilität*:

$$\kappa := -\frac{1}{V}\frac{\partial V(p)}{\partial p} = -\frac{1}{x}\frac{\partial x(F)}{\partial F} = \frac{1}{x\mathcal{K}(x)} = \frac{x}{\alpha}$$

Allerdings zeigen weitere Experimente, dass α keine (System)-Konstante ist, sondern von den Größen T und N abhängt:

$$\alpha \propto T \qquad \text{(Gay-Lussac)}$$

und

$$\alpha \propto N. \qquad \text{(Avogadro)}$$

Darüber hinaus entdeckte Avogadro, dass der Proportionalitätsfaktor zwischen pV/T und N nicht von der chemischen Natur des Gases, das heißt von der Stoffart abhängt. Fassen wir diese drei Erkenntnisse zusammen, so bekommen wir:

$$pV = Nk_\mathrm{B}T \quad \text{oder} \quad pV = NRT \tag{3.3}$$

!

Diese Gleichung nennt man das *ideale Gasgesetz* oder auch die *thermische Zustandsgleichung* des idealen Gases. Es beschreibt einen großen Teil der Eigenschaften des idealen Gases. Die darin auftretenden Konstanten

$$k_\mathrm{B} = 1.38 \cdot 10^{-23} \, \frac{\mathrm{J}}{\mathrm{Teilchen\,K}} \ ,$$

die Boltzmann-*Konstante*, und

$$R = N_A k_\mathrm{B} = 8.31 \, \frac{\mathrm{J}}{\mathrm{mol\,K}},$$

die *universelle Gaskonstante*, sind die heute gebräuchlichen Maßsystemkonstanten, welche die mechanischen Einheiten für p und V mit den thermochemischen Einheiten für T und N verknüpfen.[5] Die Boltzmann-Konstante wird verwendet, wenn die Stoffmenge in „Teilchen" gemessen wird, während die Gaskonstante benutzt wird, wenn die Stoffmenge in „Mol" gemessen wird.
Avogadros Entdeckung lässt sich auch folgendermaßen zusammenfassen:

5 Trotz des historisch bedingten Namens ist die Konstante R ebenso wie k_B universell, und treten bei allen thermischen Systemen und nicht nur bei Gasen auf. In der theoretischen Physik wird oft $k_\mathrm{B} = 1$ gesetzt und die Energie in K angegeben. Dagegen ist es unüblich, Temperaturen in J anzugeben.

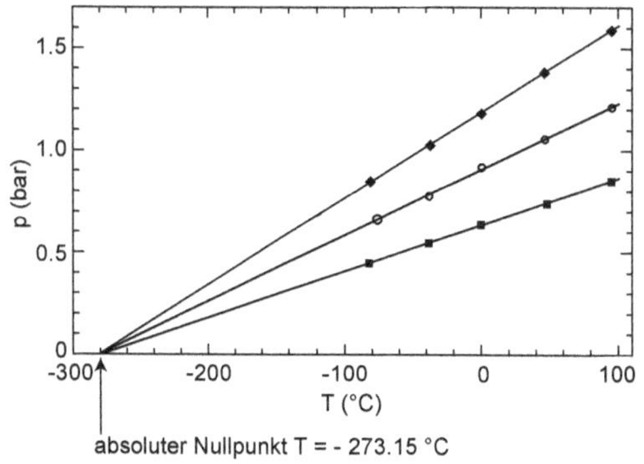

Abb. 3.2. Messung von $p(T)$ von Luft bei verschiedenen Luftmengen im Rezipienten. Die Messdaten lassen sich zu einem gemeinsamen Schnittpunkt mit der T-Achse extrapolieren, der für diese Messdaten bei −280 °C liegt. Genauere Messungen liefern den Wert −273.15 °C. (nach [5]).

Unabhängig von der Stoffart haben alle idealen Gase bei *Standardbedingungen*, das heißt $p^\circ = 101.3$ kPa = 1013 mbar und $T^\circ = 298.15$ K (25 °C), ein universelles Molvolumen $\hat{v}^\circ = V/N = RT/p = 0.0244\,\mathrm{m}^3/\mathrm{mol}$.

Letzteres lässt sich in ein ebenso universelles Volumen pro Teilchen $\hat{v}^\circ = V/N = 4.06 \cdot 10^{-26}\,\mathrm{m}^3/\text{Teilchen} = (3.44\,\mathrm{nm})^3/\text{Teilchen}$ umrechnen, welches einem mittleren Teilchenabstand von 3.44 nm und einer Teilchendichte von $n^\circ = 1/\hat{v}^\circ = 2.47 \cdot 10^{19}$ Teilchen/cm^3 entspricht. Die Dichte von Gasen ist unter diesen Bedingungen etwa einen Faktor 1000 kleiner als die typische Dichte von Festkörpern und Flüssigkeiten. Wie wir sehen werden, sind wegen der geringen Dichte die Wärmekapazität und die Wärmeleitfähigkeit von Gasen wesentlich kleiner als bei Festkörpern und Flüssigkeiten. Dies wird bei doppelt verglasten Fenstern, Tierpelzen und Isomatten ausgenutzt, die alle isolierende Luftpolster (im Idealfall ohne Konvektion) verwenden.

Misst man $p(T)$ bei $V = \text{const.}$ für verschiedene Gasmengen und extrapoliert zu $p \to 0$, so findet man im Grenzfall stark verdünnter Gase, dass die resultierenden Geraden alle denselben Schnittpunkt mit der T-Achse haben. Dies ist in Abb. 3.2 illustriert. Auf der Celsius-Skala für die Temperatur liegt der Schnittpunkt bei −273.15 °C. Diese experimentelle Bestimmung des *absoluten Nullpunkts* legt die Relation zwischen der Celsius- und der Kelvin-Skala fest.

Mit Hilfe des Gasgesetzes lassen sich noch einige weitere Suszeptibilitäten des idealen Gases berechnen, nämlich der *thermische Ausdehnungskoeffizient* bei konstantem Druck[6]

$$\beta_p := \frac{1}{V}\frac{\partial V(T,p,N)}{\partial T} = \frac{p}{Nk_\mathrm{B}T}\frac{\partial}{\partial T}\left(\frac{Nk_\mathrm{B}T}{p}\right) = \frac{1}{T} \tag{3.4}$$

und die *isotherme Kompressibilität*

$$\kappa_T; = -\frac{1}{V}\frac{\partial V(T,p,N)}{\partial p} = -\frac{p}{Nk_\mathrm{B}T}\frac{\partial}{\partial p}\left(\frac{Nk_\mathrm{B}T}{p}\right) = \frac{1}{p}\,. \tag{3.5}$$

6 Es gibt auch einen thermischen Ausdehnungskoeffizienten β_μ bei konstantem chemischen Potenzial – dieser hat aber nur geringe praktische Bedeutung.

Auch diese Beziehungen gelten unabhängig von der chemischen Natur des Gases. Der für niedrige Temperaturen große thermische Ausdehnungskoeffizient β_p ist für die nachfolgend beschriebenen besonderen Eigenschaften der Gase verantwortlich.

Aufgrund der Größe des thermischen Ausdehnungskoeffizienten β_p bieten sich Gase noch stärker als Flüssigkeiten und Festkörper zur Messung empirischer Temperaturen an. Die Größe

$$\tau_{\mathrm{G}} := \frac{pV}{N} \tag{3.6}$$

wird auch die Gastemperatur genannt. Wie wir später sehen werden, spiegelt sich die Idealität eines Gases darin wider, dass τ_{G} und die *absolute* Temperatur T *proportional* sind. Bei unserer Formulierung des idealen Gasgesetzes in Gl. 3.3 haben wir die Kenntnis des Proportionalitätsfaktoren R und k_{B} vorweggenommen. Wenn wir einen vollständigeren Überblick über die Eigenschaften des idealen Gases gewonnen haben, werden wir die Proportionalität von T und τ_{G} in Aufgabe 5.4 beweisen. Historisch stand die Formulierung des idealen Gasgesetzes in der Form von Gl. 3.3 erst am Ende eines langen Wechselspiels von Experiment und theoretischer Deutung.[7] Momentan halten wir fest, dass das Gasthermometer in den Zustandsbereichen, in denen das Arbeitsgas als *ideal* angesehen werden kann, ein sogenanntes *Primär-Thermometer* darstellt, welches direkten Zugang zur absoluten Temperatur gestattet.

3.4 Die kalorische Zustandsgleichung

Bisher haben wir die für die Thermodynamik typische „black box"-Beschreibung des idealen Gases verwendet, die sich allein auf die GIBBS'sche Fundamentalform sowie wenige experimentelle Beobachtungen, nämlich die Messungen der Zustandsgleichungen stützt. Um die kalorische Zustandsgleichung experimentell zu bestimmen müssen wir zunächst die Wärmekapazität des Gases bis hin zu möglichst tiefen Temperaturen messen und dann gemäß Gl. 2.5 integrieren.

In der Anfangsphase der Thermodynamik war dieser Zugang der einzig mögliche, da es vor dem Aufkommen der kinetischen Gastheorie an geeigneten Modellvorstellungen fehlte. Im Folgenden wollen wir zum ersten Mal versuchen, die „black box" mit einer solchen Modellvorstellung zu füllen und ein einfaches Modell[8] diskutieren, das auf einer mikroskopischen Interpretation des Gasdrucks basiert und uns eine zweite Zustandsgleichung für das ideale Gas, nämlich die *kalorische* Zustandsgleichung, liefern wird. In diesem Modell wird angenommen, dass sich das System „ideales Gas"

7 Es ist diese intime Verquickung von komplexen theoretischen Konzepten und einer Vielzahl von experimentellen Beobachtungen, welche die Thermodynamik bis heute zu einer intellektuellen Herausforderung macht. Aus diesem Grund haben wir das Konzept der absoluten Temperatur axiomatisch vorweggenommen und demonstrieren seine empirische Basis erst im Nachhinein in Kap. 5.

8 Die folgenden Überlegungen wurden zuerst von DANIEL BERNOULLI angestellt und später von CLAUSIUS verfeinert.

in N Teilsysteme vom Typ „freier Körper“ zerlegen lässt, wobei die Energien, Impulse und Orte der verschiedenen Körper oder „Teilchen“ auch die *Mikrovariablen* des Gases genannt werden. Der $6N$-dimensionale Raum der Werte $\{\boldsymbol{P}, \boldsymbol{R}\}$ der Impulse und Orte der Teilchen wird der *Phasenraum* des N-Teilchensystems genannt.

Die Zahl der Mikrovariablen ist meist sehr groß ($N \simeq 10^{23}$). Daher lassen sie sich nicht einzeln, sondern nur durch eine Wahrscheinlichkeitverteilung[9] erfassen. Bei nicht miteinander wechselwirkenden klassischen Teilchen sind die Orte gleichverteilt. Die Verteilungsfunktion der Impulse wollen wir im nächsten Abschnitt bestimmen.

Dieses Modell ist vor dem Hintergrund der klassischen Mechanik intuitiv einleuchtend und zunächst sehr erfolgreich. Bei hohen Temperaturen sind die Modellaussagen zumindest für einatomige Gase in guter Übereinstimmung mit den experimentellen Beobachtungen. In diesem Temperaturbereich spricht man daher gerne von „klassischen“ Gasen, weil die Übereinstimmung der Modellaussagen mit den experimentellen Befunden suggeriert, dass sich ihre „Bestandteile“, die Atome und Moleküle, wie klassische Teilchen verhalten. Allerdings werden wir später sehen, dass die quantenmechanische Eigenschaft der *Nichtunterscheidbarkeit* identischer Teilchen eine solche klassische Beschreibung selbst bei hohen Temperaturen unmöglich macht.[10] Wir machen die folgenden *Modellannahmen*:

- Ein Gas der Masse M bestehe aus N freien Körpern („Teilchen“) der Masse $\hat{m} = M/N$ und der Energie $\varepsilon(\boldsymbol{P}) = \boldsymbol{P}^2/2\hat{m} + \varepsilon_0$. Dabei ist $\boldsymbol{P}$ der statistisch schwankende Impuls der Teilchen und $\varepsilon_0 = \hat{m}c^2$ die Ruhenergie der Teilchen. Zunächst nehmen wir an, dass die Gasteilchen keine inneren Freiheitsgrade (zum Beispiel Rotationen oder Schwingungen) besitzen sollen.
- Der mittlere Abstand der Teilchen soll groß genug sein, um die Wechselwirkungsenergie der Teilchen untereinander gegen ihre kinetische Energie vernachlässigen zu können (ideale Gase).
- Das Gas befinde sich in einem Behälter, dessen Volumen V durch einen beweglichen Kolben geändert werden kann. Der Druck des Gases wird als Impulsübertrag der Teilchen bei Reflexion am Kolben interpretiert!
- Im Rahmen unserer Betrachtungen soll sich der Schwerpunkt des Gases in Ruhe befinden. In diesem Fall nennt man die Gesamtenergie des Gases

$$E - E_0 = N(\varepsilon - \varepsilon_0) = N\frac{\langle \boldsymbol{P}^2\rangle}{2\hat{m}} = \frac{N}{2\hat{m}} \int_{-\infty}^{\infty} d^3\boldsymbol{P} f(\boldsymbol{P})\,\boldsymbol{P}^2 \,.$$

9 Anhang B enthält eine kurze Darstellung der Grundbegriffe der Wahrscheinlichkeitsrechnung.

10 Bei sehr tiefen Temperaturen werden die Abweichungen vom „klassischen“ Verhalten extrem und es zeigt sich, dass es zwei grundsätzlich verschiedene Typen von Gasen gibt, die in Limes $T \to 0$ völlig unterschiedlichen Zuständen zustreben: diese sind das entartete Fermi-Gas (Kapitel II-6) und das Bose-Einstein-Kondensat (Kapitel II-5).

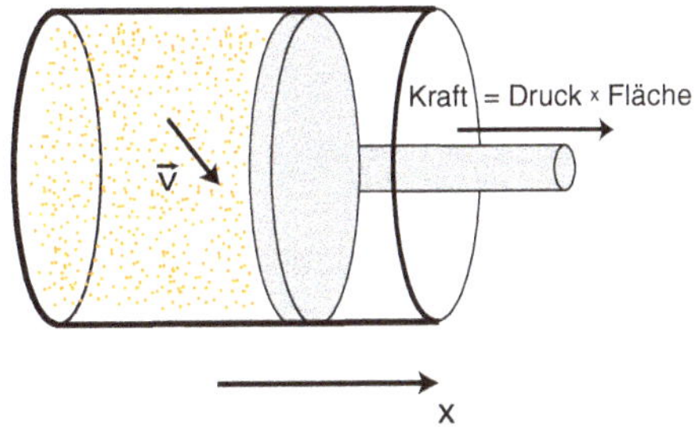

Abb. 3.3. Erklärung des Gasdrucks über den Impulsaustausch der Gasteilchen mit den Wänden nach BERNOULLI. Der Impulsübertrag durch die Reflexion der Gas-Teilchen an dem beweglichen Kolben treibt diesen nach außen.

auch die „innere" Energie,[11] um sie von der kinetischen Energie eines strömenden Gases zu unterscheiden. Die Verteilungsfunktion $f(\boldsymbol{P})$ der Impulse $\boldsymbol{P}$ nennt man die MAXWELL-Verteilung. Diese werden wir im nächsten Abschnitt im Rahmen unseres Modells herleiten.

Zur Berechnung der inneren Energie E des Gases benötigen wir zunächst nur die statistischen *Mittelwerte* (Anhang B) :

$$E = N \cdot \langle \varepsilon(\boldsymbol{P}) \rangle = N \cdot \left(\varepsilon_0 + \frac{\langle \boldsymbol{P}^2 \rangle}{2\hat{m}} \right)$$

Neben der Energie können wir auch den Druck des Gases auf die Teilchenimpulse zurückführen (Abb. 3.3). Weil der Kolben viel schwerer als ein Teilchen ist, überträgt jedes Teilchen, das am Kolben reflektiert wird, den Impulsbetrag $2P_x$ auf den Kolben. Daher erhalten wir für den gesamten Impulsübertrag ΔP_x im Zeitintervall Δt:

$$\Delta P_x = \underbrace{2P_x}_{\substack{\text{Impulsübertrag} \\ \text{pro Teilchen}}} \times \frac{N}{\underbrace{2}_{\substack{\text{Zahl der nach rechts} \\ \text{fliegenden Teilchen}}}} \times \underbrace{\frac{A v_x \Delta t}{V}}_{\substack{\text{Bruchteil des Volumens, aus} \\ \text{dem die Teilchen mit der Ge-} \\ \text{schwindigkeit } \boldsymbol{v}_x \text{ im Zeitin-} \\ \text{tervall } \Delta t \text{ auftreffen}}} = \frac{P_x^2}{\hat{m}} \frac{N}{V} A \Delta t \,. \qquad (3.7)$$

Nach der Mittelung über die Impulsverteilung erhalten wir daraus eine Beziehung zwischen dem Druck p und $\langle P_x^2 \rangle$:

$$p = \frac{F_x}{A} = \frac{\Delta P_x}{\Delta t A} = \frac{\langle P_x^2 \rangle}{\hat{m}} \cdot \frac{N}{V} \,, \qquad (3.8)$$

die von der Form $\varepsilon(\boldsymbol{P})$ des Energie-Impuls-Zusammenhangs, nicht aber von der Verteilungsfunktion $f(\boldsymbol{P})$ abhängig ist.[12] Andererseits folgt aus der Äquivalenz der drei

---

11 Dieser Anteil der Energie des Gases wird in vielen Darstellungen mit dem Symbol „U" bezeichnet. Da wir jedoch meistens Gase in Ruhe betrachten (ebenso wie man in der Elektrizitätslehre meistens Kondensatoren in Ruhe betrachtet), sehen wir keinen Grund, in der Thermodynamik von dem in der gesamten übrigen Physik etablierten Symbol „E" für die Energie abzugehen.

12 Im Verlauf des Buches werden wir mehrfach auf diese Überlegung zurückkommen, welche allein die Impulserhaltung bei der Reflexion der Teilchen an den Wänden ausnutzt und daher extrem robust ist.

Raumrichtungen $\langle P_x^2\rangle = \langle P_y^2\rangle = \langle P_z^2\rangle$ und daher

$$\langle\varepsilon\rangle - \varepsilon_0 = \frac{\langle \boldsymbol{P}^2\rangle}{2\hat{m}} = \frac{\langle P_x^2\rangle + \langle P_y^2\rangle + \langle P_z^2\rangle}{2\hat{m}} = 3\frac{\langle P_x^2\rangle}{2\hat{m}} \ .$$

Wenn wir dies in Gl. 3.8 einsetzen, erhalten wir die folgende Relation zwischen dem Druck p und der Energiedichte $e = E/V = n\hat{e}$:

!

$$p = \frac{2}{3}\cdot n\langle\varepsilon_i - \varepsilon_0\rangle = \frac{2}{3}(e(T) - n\hat{e}_0) \qquad \text{BERNOULLI-Relation} \ . \tag{3.9}$$

Gleichung 3.9 beruht allein auf der Impulserhaltung und der Form der Funktion $\varepsilon(\boldsymbol{P})$. Daher ist sie *unabhängig* von der Gestalt der Verteilungsfunktion und gilt nicht nur für Gase, die dem idealen Gasgesetz 3.3 genügen, sondern auch für die im zweiten Band zu besprechenden „Quantengase", sofern der Energie-Impuls-Zusammenhang der Gasteilchen quadratisch ist. Vergleicht man Gl. 3.9 mit den idealen Gasgesetz Gl. 3.3, so ergibt sich für die Energie pro Teilchen

$$\hat{e}(T) = \langle\varepsilon_i\rangle + \varepsilon_0 = \frac{3}{2}k_B T + \hat{e}_0 \ . \tag{3.10}$$

Die Konstante $\hat{e}_0$ bezeichnet dabei von der Temperatur unabhängigen Anteil der Energie des Gases bei $T = 0$. Sie entspricht der Ruhenergie der Gas-Teilchen, welche insbesondere auch deren *Bindungsenergie* enthält. Bei Atomen und Molekülen liefert die Bindungsenergie zwar nur einen sehr kleinen Anteil zu $\hat{e}_0$ – allerdings ist dieser Beitrag für chemische Reaktionen von entscheidender Bedeutung. In realen Gasen kommt noch ein Wechselwirkungsbeitrag und in den sogenannten Quantengasen ein *Korrelationsbeitrag* dazu. In vielen Fällen ist die Ruhenergie aber nicht relevant, weshalb wir sie im Folgenden zur Vereinfachung der Schreibweise gelegentlich unterdrücken.

Die mittlere kinetische Energie eines Moleküls ist in diesem einfachen Modell proportional zur Temperatur.[13] Damit erhalten wir die *kalorische Zustandsgleichung* eines einatomigen idealen Gases:

Ein anderes Anwendungsbeispiel sind Gase aus extrem-relativistischen Teilchen, wie das Photonengas, welches besser unter der Bezeichnung „thermische Strahlung" bekannt ist. Unsere Herleitung lässt sich leicht auf diesen Fall übertragen (Aufgabe 3.12).

13 In Büchern, welche das kinetische Modell als Ausgangspunkt für die Thermodynamik benutzen, wird Gl. 3.10 oft zur *Definition* der absoluten Temperatur herangezogen. Bei hinreichend tiefen Temperaturen müssen aber Abweichungen von Gl. 3.10 auftreten, weil aus ihr eine T-unabhängige Wärmekapazität folgt. Auch wenn das Modell für verdünnte Gase ohne innere Freiheitsgrade meist quantitativ korrekte Resultate liefert, erscheint es wenig nachhaltig, einen so zentralen Begriff wie die Temperatur durch eine Beziehung zu definieren, von der wir seit Abschnitt 2.5 wissen, dass sie mit dem Konzept der Entropie unvereinbar ist.

$$E(T, V, N) = \frac{3}{2} N k_B T + E_0 \qquad (3.11)$$

!

Die Funktion $E(T, V, N)$ ist nach diesem Modell unabhängig vom Volumen. Das liegt daran, dass wir bei der Berechnung der mittleren Energie nur die kinetische, nicht aber die Wechselwirkungsenergie zwischen den Gasteilchen berücksichtigt haben. Ideale Gase sind also solche, bei denen die Wechselwirkung (potentielle Energie) zwischen den Gas-Molekülen gegen ihre kinetische Energie vernachlässigbar ist. Die mittlere kinetische Energie $\langle \varepsilon_{\text{kin}} \rangle$ nimmt mit zunehmender Temperatur zu (thermische Bewegung). Die mittlere potentielle Energie $\langle \varepsilon_{\text{pot}} \rangle$ durch die Wechselwirkung der Moleküle untereinander nimmt mit abnehmendem mittleren Abstand und damit zunehmender Dichte zu. Gase verhalten sich im Grenzfall hoher Temperaturen und/oder kleiner Dichten immer idealer und idealer.

Das ideale Gasgesetz ist ein typisches Grenzgesetz, welches seinen eingeschränkten Gültigkeitsbereich durch seine Stoffunabhängigkeit wieder wettmacht. Unterschiede zwischen den Gasen, das heißt ihre chemische Natur, macht sich in ihren Wechselwirkungen und damit in Abweichungen von der Idealität bemerkbar (reale Gase). Anziehende Wechselwirkungen führen zu einer Verringerung des Druckes und bei genügend tiefen Temperaturen schließlich zur Kondensation des Gases. Gleichung 3.11 legt noch eine anschauliche Erklärung für die Existenz eines absoluten Nullpunkts der Temperatur nahe: Für $T \to 0$ geht die kinetischen Energie der Gasmoleküle ebenfalls gegen Null und ihre thermische Bewegung kommt zum Erliegen.

Die kalorische Zustandsgleichung 3.11 ist für das ideale Gas von ebenso grundlegender Bedeutung wie die thermische Zustandsgleichung (Gl. 3.3). Später werden wir sehen, wie wir aus den beiden Zustandsgleichungen die MASSIEU-GIBBS-Funktionen des (einatomigen) idealen Gases gewinnen können.

3.5 Die MAXWELL-Verteilung

Wie sieht die Wahrscheinlichkeitsverteilung der Impulse und Energien der Gas-Teilchen aus? Der historisch erste Ansatz zur Beantwortung dieser Frage stammt von MAXWELL, der postulierte, dass die drei Impulskomponenten der Gas-Teilchen voneinander statistisch unabhängig sein sollten. Mit anderen Worten, die Verteilungsfunktion $f(\boldsymbol{P})$ sollte aufgrund der Definition der statistischen Unabhängigkeit in Anhang B in die Verteilungsfunktionen $g(P_i)$ für die x, y und z-Komponenten der Impulses faktorisieren.[14] Außerdem liegt es nahe anzunehmen, dass die Verteilungsfunktion für ein ruhendes Gas *isotrop* ist, und $f(\boldsymbol{P})$ daher nur vom Impulsbetrag $|\boldsymbol{P}|$ abhängt. Damit erhalten wir

---

14 In Kapitel II-4 werden wir sehen, dass diese intuitiv plausible Annahme bei tiefen Temperaturen *nicht* erfüllt ist, weil dort Korrelationen aufgrund der *Nichtunterscheidbarkeit* von Teilchen in der Quantenmechanik spürbar werden.

die Bedingungen

$$f(\boldsymbol{P}) = f(|\boldsymbol{P}|) \stackrel{!}{=} g(P_x) \cdot g(P_y) \cdot g(P_z);. \tag{3.12}$$

Um die Funktionen $g(\boldsymbol{P}_i)$ als Funktion der Impulskomponenten $\boldsymbol{P}_i$ zu bestimmen, betrachten wir die logarithmische Ableitung

$$\frac{\partial \ln f(\boldsymbol{P})}{\partial P_i} = \frac{\partial \ln f(|\boldsymbol{P}|)}{\partial |\boldsymbol{P}|}\frac{\partial |\boldsymbol{P}|}{\partial P_i} = \frac{d \ln g(P_i)}{dP_i}$$

von $f(|\boldsymbol{P}|)$ nach einer der Impulskomponenten. Wegen

$$\frac{\partial |\boldsymbol{P}|}{\partial P_i} = \frac{P_i}{|\boldsymbol{P}|}$$

erhalten wir die Beziehung

$$\frac{1}{|\boldsymbol{P}|}\frac{\partial \ln f(|\boldsymbol{P}|)}{\partial |\boldsymbol{P}|} = \frac{1}{P_i}\frac{d \ln g(P_i)}{dP_i} = \alpha . \tag{3.13}$$

Da die linke Seite dieser Gleichung allein von $|\boldsymbol{P}|$ und die rechte allein von P_i abhängt[15], müssen beide Seiten von $|\boldsymbol{P}|$ und P_i unabhängig, also gleich einer Konstanten α sein. Die Trennung der Veränderlichen P_i und g liefert

$$\frac{dg}{g} = \alpha P_i \, dP_i ,$$

und durch Integration erhalten wir mit der Integrationskonstanten A:

$$\begin{aligned} \ln g(P_i) &= \frac{\alpha}{2} P_i^2 + A \\ g(P_i) &= A \exp\left(\alpha P_i^2/2\right) . \end{aligned} \tag{3.14}$$

Die Verteilungsfunktion $f(|\boldsymbol{P}|) = g(P_x)g(P_y)g(P_z)$ genügt einer analogen Differenzialgleichung. Die beiden Konstanten A und α sind durch die Normierung von $g(P_i)$ und $f(\boldsymbol{P})$ sowie durch Gl. 3.10 festgelegt. Zuerst bestimmen wir die Normierungskonstante A:

$$\int_{-\infty}^{+\infty} dP_i g(P_i) = A \int_{-\infty}^{+\infty} dP_i \, \exp\left(\alpha P_i^2/2\right) \stackrel{!}{=} 1$$

Das Integral existert nur dann, wenn α negativ ist. Als Resultat (Anhang C) erhalten wir

$$A = \left(-\frac{\alpha}{2\pi}\right)^{1/2} .$$

Die zweite Konstante α ist wegen der räumlichen Isotropie

$$\langle P_x^2 \rangle = \langle P_y^2 \rangle = \langle P_z^2 \rangle = \frac{1}{3}\langle P^2 \rangle = \frac{2}{3}\hat{m}(\varepsilon - \hat{e}_0) \tag{3.15}$$

15 Wenn nur eine Komponente P_i des Impulses vorgegeben ist, so sind die beiden anderen Komponenten beliebig, und der Wert von $|\boldsymbol{P}|$ kann unabhängig von dem von P_i gewählt werden.

und wegen Gl. 3.10 durch die Forderung

$$\langle P_x^2\rangle = A\int_{-\infty}^{+\infty} dP_x\, P_x^2 g(P_x)$$
$$= A\int_{-\infty}^{+\infty} dP_x\, P_x^2\cdot\exp\left(\alpha P_x^2/2\right) \stackrel{!}{=} \frac{1}{2}k_\mathrm{B}T\cdot 2\hat{m}$$

festgelegt. Nach Auswertung des Integrals ergibt sich

$$\alpha = -\frac{1}{\hat{m}k_\mathrm{B}T}\,.$$

Die Verteilungsfunktionen der Impulskomponenten haben daher die Form

$$g(P_i) = \frac{1}{\sqrt{2\pi\hat{m}k_\mathrm{B}T}}\cdot\exp\left(-\frac{P_i^2}{2\hat{m}k_\mathrm{B}T}\right)\,. \tag{3.16}$$

!

Die Verteilungsfunktion für den Impulsbetrag $\tilde{f}(|\boldsymbol{P}|)$ unterscheidet sich von $f(\boldsymbol{P})$ durch die Oberfläche $4\pi|\boldsymbol{P}|^2$ einer Kugel mit dem Radius $|\boldsymbol{P}|$ im $\boldsymbol{P}$-Raum. Der mittlere Impulsbetrag

$$\langle|\boldsymbol{P}|\rangle = \int_{-\infty}^{+\infty} d^3P\, f(\boldsymbol{P})\cdot|\boldsymbol{P}| = \int_0^{\infty} d|\boldsymbol{P}|\,\underbrace{4\pi|\boldsymbol{P}|^2\,\frac{\exp\left(-|\boldsymbol{P}|^2/2\hat{m}k_\mathrm{B}T\right)}{(2\pi\hat{m}k_\mathrm{B}T)^{3/2}}}_{\tilde{f}(|\boldsymbol{P}|)}\cdot|\boldsymbol{P}|$$

lässt sich mit Hilfe der Gammafunktion (Anhang C) leicht berechnen. Das Result lautet:

$$\langle|\boldsymbol{P}|\rangle = \sqrt{\frac{8\hat{m}k_\mathrm{B}T}{\pi}}\,.$$

Wegen $\langle|\boldsymbol{v}|\rangle = \langle|\boldsymbol{P}|\rangle/\hat{m}$ und Gl. 3.15 gilt außerdem für den Mittelwert des Geschwindigkeitsbetrages $\langle|\boldsymbol{v}|\rangle$:

$$\langle|\boldsymbol{v}|\rangle = \sqrt{\frac{8}{\pi}\frac{k_\mathrm{B}T}{\hat{m}}} = \sqrt{\frac{8\langle\boldsymbol{v}^2\rangle}{3\pi}} \simeq 0.92\cdot\sqrt{\langle\boldsymbol{v}^2\rangle}\,. \tag{3.17}$$

Das mittlere Geschwindigkeitsquadrat $\langle\boldsymbol{v}^2\rangle = 2\hat{m}(\varepsilon - \hat{e}_0)$ hätten wir auch direkt aus der kalorischen Zustandsgleichung Gl. 3.10 berechnen können:

$$\langle\boldsymbol{v}^2\rangle = \frac{3k_\mathrm{B}T}{\hat{m}} \simeq 1.18\,\langle|\boldsymbol{v}|\rangle^2\,. \tag{3.18}$$

Die Gleichungen 3.17 und 3.18 sind zentrale Ergebnisse der kinetischen Gastheorie und werden im Folgenden oft Verwendung finden.

Die MAXWELL-Verteilung $\tilde{f}(|\boldsymbol{v}|)$ der Geschwindigkeiten ist in Abb. 3.4 zusammen mit experimentellen Daten für atomaren Wasserstoff abgebildet. Mit zunehmender

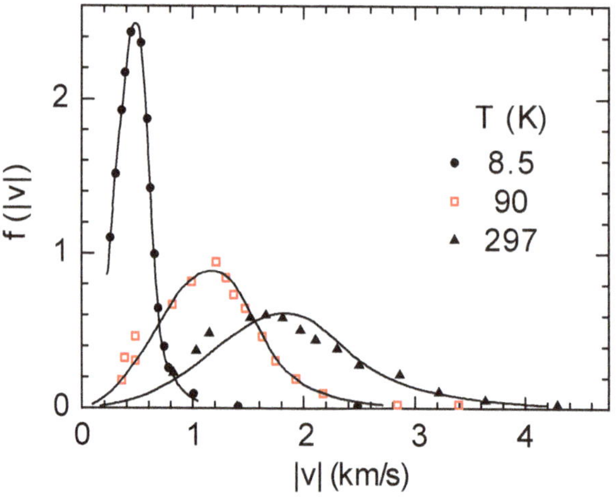

Abb. 3.4. Messungen der MAXWELL'schen Verteilungsfunktion für den Betrag der Geschwindigkeit für atomaren Wasserstoff bei verschiedenen Temperaturen. Ein Strahl von dissoziierten Wasserstoffatomen wird durch ein schnelles Ventil gepulst und mit einem Flugzeit-Massenspektrometer zeitaufgelöst detektiert. Die Messkurven sind durch die endliche Auflösung der Apparatur leicht verbreitert. [nach I. F. Silvera, Physics Letters **109&110B**, 1499 (1982)].

Temperatur verschiebt sich das Maximums deutlich zu höheren Geschwindigkeiten. Bei Zimmertemperatur ergeben sich für O_2 und N_2 typische Geschwindigkeiten von einigen 100 m/s.

Die allein auf Symmetrieargumenten beruhende Herleitung MAXWELLS hat dem kinetischen Modell und BERNOULLIS Hauptresultat Gl. 3.10 lange Zeit eine besondere Unangreifbarkeit gegeben. Nichtsdestotrotz ist Gl. 3.10 wegen der daraus folgenden (im nächsten Abschnitt besprochenen) Temperatur-Unabhängigkeit der Wärmekapazität mit dem Konzept der Entropie nicht vereinbar (Abschnitt 2.3). Für den Moment wollen wir diese bei Zimmertemperatur zumeist nicht auffälligen Schwierigkeiten – ebenso wie die naheliegende Frage, wie denn die Entropie mit der Verteilungsfunktion zusammenhängt – nicht weiter verfolgen, sondern zunächst die weiteren Konsequenzen der kalorischen Zustandsgleichung für die thermodynamischen Eigenschaften des idealen Gases untersuchen.

3.6 Erwärmung und Abkühlung – Wärmekapazitäten

In der üblichen Terminologie bezeichnet der Begriff „Wärmekapazität" das Verhältnis $Q/\Delta T$ zwischen dem mit der Zufuhr von *Entropie* verbundenen Energiebetrag $Q = \int T\,dS$, welchen ein System bei reversibler Erwärmung aus seiner Umgebung aufnimmt, und der daraus resultierenden Temperaturerhöhung ΔT. Besitzt das System neben S noch andere Freiheitsgrade, zum Beispiel V und N, so lässt sich eine Tempe-

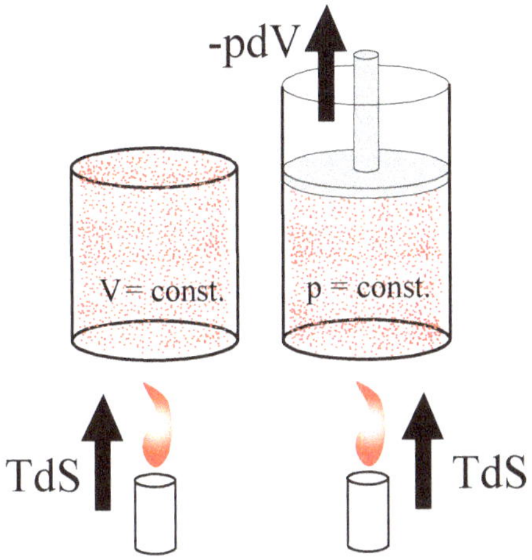

Abb. 3.5. Erwärmung eines Gases bei konstantem Volumen oder bei konstantem Druck. Bei V = const. ändert sich die Energie des Gases nur durch die Zufuhr von Entropie. Bei konstantem Druck führt die thermische Ausdehnung des Gases dazu, dass ein Teil der über die Entropie zugeführten Energie über die Verschiebung des Kolbens wieder abgeführt wird. Bei gleicher Entropiezufuhr ist die resultierende Temperaturerhöhung daher erheblich geringer und die Wärmekapazität C_p größer als C_V.

raturerhöhung ΔT durch beliebig viele verschiedene Prozesse bewirken, die sich in ihrem Weg in der V-N-Ebene unterscheiden. Da S in der Regel nicht nur von T, sondern auch von V und N abhängt, ist die im Verlauf des Prozesses über den „thermischen Kanal" zugeführte Energiemenge $\int T(S,V,N)\,dS$ und damit die dem Prozess zugeordnete Wärmekapazität $Q/\Delta T$ für alle diese Prozesse verschieden! Dies illustriert noch einmal sehr klar, dass Zahlenwerte von Q nur Prozessen, nicht aber den Zuständen des Systems zugeordnet werden können.

Um sinnvolle Aussagen machen zu können, beschränkt man sich daher in der Regel auf die Betrachtung von Prozessen, bei denen jeweils eine Variable aus jedem konjugierten Paar *konstant* gehalten wird. Als erstes Beispiel wollen wir Prozesse bei konstantem Volumen und konstanter Teilchenzahl anschauen. Unter diesen Bedingungen liefert der Term $T\,dS$ beziehungsweise die „Wärmezufuhr" den einzigen Beitrag zur GIBBS'schen Fundamentalform und damit zur Energieänderung des Systems:

$$C_v\,dT := dE(T,V,N) = T\,dS(T,V,N) \qquad \text{für } dV = dN = 0$$

Die Wärmekapazität C_v erhalten wir damit durch Ableitung der kalorischen Zustandsgleichung 3.11 nach T. In unserem kinetischen Modell erweist sich C_v als unabhängig von der Temperatur:

$$C_v(T) = \frac{\partial E(T,V,N)}{\partial T} = \frac{3}{2} N k_B\,. \tag{3.19}$$ **!**

Der Index v zeigt dabei an, dass diese Wärmekapazität bei Prozessen auftritt, bei denen das *Volumen* des Gases konstant gehalten wird (dass außerdem N konstant gehalten wird, gilt meist als selbstverständlich).

Dass die zugeführte Wärme Q weit enger mit der Entropie als mit der Energie des Gases verknüpft ist, wird bei anderen Prozessbedingungen deutlich, zum Beispiel p = const., wo zwei Terme in der GIBBS'schen Fundamentalform für die Energieänderung relevant sind. Zeigt ein System eine von Null verschiedene thermische Ausdehnung β_p, wie dies bei Gasen in besonders starkem Maß der Fall ist, so ändert sich das Volumen bei einer Temperaturänderung. In diesem Fall lautet die GIBBS'sche Fundamentalform:

$$dE(T, p, N) = T\,dS(T, p, N) - p\,dV(T, p, N) \qquad \text{für } dN = 0,$$

und es trägt auch der zweite Term in der GIBBS'schen Fundamentalform zur Energieänderung bei:

$$dE(T, p, N) = T\,dS(T, p, N) - p\frac{\partial V(T, p, N)}{\partial T}\,dT\,.$$

In diesem Fall ist der Energieübertrag $\delta Q = T\,dS$ über den thermischen Kanal von der gesamten Energieänderung dE verschieden. Bei Volumenzunahme ist der zweite Term negativ, es handelt sich um die *Ausdehnungsarbeit*, welche das System bei seiner thermischen Ausdehnung gegen den Umgebungsdruck p verrichtet. Die resultierende *Wärmekapazität bei konstantem Druck* ist also durch

$$\begin{aligned} C_p\,dT &:= T\,dS(T, p, N) = dE(T, p, N) + p\,dV(T, p, N) \\ &= \frac{\partial E(T, V, N)}{\partial T}\,dT + \left[\frac{\partial E(T, V, N)}{\partial V} + p\right] dV(T, p, N) \\ &= \left[C_v + \left(\frac{\partial E(T, V, N)}{\partial V} + p\right)\frac{\partial V(T, p, N)}{\partial T}\right] dT \end{aligned} \tag{3.20}$$

gegeben. Um den Energieverlust durch die Expansionsarbeit zu kompensieren, muss dem System über den thermischen Kanal ein entsprechend größerer Energiebetrag zugeführt werden, um dieselbe Temperaturerhöhung zu bewirken. Dies äußert sich in einer gegenüber dem Fall konstanten Volumens erhöhten Wärmekapazität

$$C_p = C_v + \left(\frac{\partial E(T, V, N)}{\partial V} + p\right)\frac{\partial V(T, p, N)}{\partial T}\,. \tag{3.21}$$

bei konstantem Druck. Der erste Term in der Klammer ist bei Gasen klein gegen den zweiten, für ideale Gase ist er sogar identisch Null (Gl. 3.11 und Abschnitt 3.8):

!

$$C_p = C_v + p \cdot \frac{\partial}{\partial T}\left(\frac{Nk_\mathrm{B}T}{p}\right) = C_v + Nk_\mathrm{B} = \frac{5}{2}Nk_\mathrm{B}\,, \tag{3.22}$$

wobei das letzte Gleichheitszeichen für Gase ohne innere Freiheitsgrade gilt.

In Abschnitt 5.2 werden wir sehen, dass sich die Differenz zwischen C_p und C_v nicht nur für Gase, sondern *unabhängig von der Natur des betrachteten Systems* durch die isotherme Kompressibilität κ_T und den thermischen Ausdehnungskoeffizienten β_p ausdrücken lässt:

$$C_p - C_v = T \cdot V \cdot \frac{\beta_p^2}{\kappa_T}\,. \tag{3.23}$$

Diese Relation ist vor allem für Flüssigkeiten und Festkörper von Bedeutung, deren thermische Zustandsgleichung $p(T, V, N)$ nicht universell, sondern in hohem Maße materialspezifisch ist. Für alle Systeme, die eine thermische induzierte Volumenänderung zeigen, gilt also $C_p > C_v$. Bei Gasen ist dieser Unterschied allerdings sehr viel größer als bei Flüssigkeiten und Festkörpern.

Anstatt den thermischen Beitrag $T\,dS$ zur GIBBS'schen Fundamentalform zu betrachten, können wir eine allgemeine Definition der Wärmekapazität angeben, die sich direkt auf die Entropie $S = S(T, \{\alpha_i\})$ als Funktion der Temperatur und beliebigen weiteren Variablen $\{\alpha_i\}$ stützt:

$$C_{\{\alpha_i\}}\,dT := T\,dS(T, \{\alpha_i\}) = T\Big(\frac{\partial S}{\partial T}\,dT + \underbrace{\sum_i \frac{\partial S}{\partial \alpha_i}\,d\alpha_i}_{=0}\Big) .$$

Damit erhalten wir als allgemeine Definition der *Wärmekapazität bei konstanten* α_i:

$$C_{\{\alpha_i\}}(T) = T\,\frac{\partial S(T, \{\alpha_i\})}{\partial T} . \qquad (3.24)$$

!

Welche Größen α_i konstant gehalten werden hängt von den jeweiligen Versuchsbedingungen ab. Für ein thermisches System mit r Freiheitsgraden sind $(r-1)^2 - 1$ verschiedene Wärmekapazitäten gebräuchlich. Werden V und N beziehungsweise p und N konstant gehalten, so gilt:

$$C_{v,N} = T\,\frac{\partial S(T, V, N)}{\partial T} , \quad \text{beziehungsweise} \quad C_{p,N} = T\,\frac{\partial S(T, p, N)}{\partial T} . \qquad (3.25)$$

Außerdem gibt es neben $C_{v,N}$ und $C_{p,N}$ noch eine Wärmekapazität bei konstantem chemischen Potenzial μ:

$$C_{v,\mu}(T) = T\,\frac{\partial S(T, V, \mu)}{\partial T} .$$

Letztere ist allerdings von geringer praktischer Bedeutung – wir werden ihr nur in den Abschnitten 5.6 und 8.12 wieder begegnen. Wenn es nicht ausdrücklich erwähnt wird, wollen wir in Zukunft stillschweigend $N = \text{const.}$ annehmen und die Indizes N und μ in Zukunft weglassen.

Es ist auch bei Gasen üblich, die Mengenabhängigkeit aus der Wärmekapazität herauszudividieren, um Werte zu erhalten, die für den jeweiligen Stoff charakteristisch sind. Dadurch erhält man die *Wärmekapazität pro Teilchen* $\hat{c}_{\{\alpha_i\}} = C_{\{\alpha_i\}}/N$, die in der Literatur auch *spezifische Wärmekapazität* oder kürzer, aber irreführend, *spezifische Wärme* genannt werden. Die letztgenannte Bezeichnung darf nicht zur Verwechslung von Wärmekapazität und Wärme Q führen. Ersteres ist eine über die Ableitung von $\partial S(T, \{\alpha_i\})/\partial T$ wohldefinierte Zustandsgröße, die letztere nicht! Die Wärmekapazitäten C_v und C_p sind (bis auf den Faktor T) analog den Ladungskapazitäten eines Kondensators bei konstantem Plattenabstand beziehungsweise konstanter Kraft zwischen den Platten.

3.7 Der Gleichverteilungssatz

Bei Molekülen sind die Translationsfreiheitsgrade nicht die einzigen mikroskopischen Freiheitsgrade,[16] die einen Beitrag zur thermischen Energie liefern. Zusätzliche Beiträge kommen von inneren Freiheitsgraden der Moleküle, wie den Rotationen und den Schwingungen. Die MAXWELL'sche Ableitung der Verteilungsfunktion lässt sich auf alle Fälle übertragen, in denen die Energie *quadratisch* von der entsprechenden extensiven Variable des Moleküls abhängt. Daraus resultiert der *Gleichverteilungssatz*:[17]

! Lässt sich die Energie der Moleküle eines Stoffes durch f in den Mikrovariablen quadratische Beiträge sowie die Ruhenergie darstellen, so gilt für die Gesamtenergie des Systems:

$$E(T, V, N) = \frac{f}{2} \cdot N k_B T + E_0 \qquad \textbf{Gleichverteilungssatz} \qquad (3.26)$$

Die in den Mikrovariablen quadratischen Freiheitsgrade werden auch kurz *quadratische Freiheitsgrade* genannt. Der Name *Gleichverteilungs-Satz* rührt daher, dass die zu Verfügung stehende Energie auf alle quadratischen Freiheitsgrade gleichmäßig verteilt ist. Im folgenden zählen wir die wichtigsten Beispiele auf:

$$\text{Translationsfreiheitsgrade:} \qquad \frac{p_x^2}{2\hat{m}}, \frac{p_y^2}{2\hat{m}}, \frac{p_z^2}{2\hat{m}},$$

$$\text{Rotationsfreiheitsgrade:} \qquad \frac{L_x^2}{2J}, \frac{L_y^2}{2J}, \frac{L_z^2}{2J},$$

$$\text{Elastische Freiheitsgrade:} \qquad \frac{1}{2}\mathcal{K}_x x^2, \frac{1}{2}\mathcal{K}_y y^2, \frac{1}{2}\mathcal{K}_z z^2.$$

Damit ergeben sich die folgenden Anwendungen:

- einatomige Gase (zum Beispiel Edelgase und Metalldämpfe)

$$\text{3 Translationsfreiheitsgrade} \qquad \langle \varepsilon_i \rangle = \frac{3}{2} k_B T, \; C_v = \frac{3}{2} N k_B$$

---

16 Man sollte die in der thermodynamischen Beschreibung des Gases als Ganzes auftretenden (makroskopischen) Freiheitsgrade nicht mit den (mikroskopischen) Freiheitsgraden seiner Moleküle durcheinanderbringen…

17 Der Gleichverteilungssatz lässt sich auch aus der später eingeführten BOLTZMANN-Verteilung ableiten (Kapitel II-3), wenn man entsprechend der klassischen Physik annimmt, dass die Energie der mikroskopischen Freiheitsgrade *kontinuierlich* variiert und nicht quantisiert ist.

- zweiatomige Gase (zum Beispiel O_2, N_2,...)

$$\left.\begin{array}{r}3\text{ Translationsfreiheitsgrade}\\ 2\text{ Rotationsfreiheitsgrade}\end{array}\right\}\qquad \langle\varepsilon_i\rangle = \frac{5}{2}k_\mathrm{B}T,\ C_v = \frac{5}{2}Nk_\mathrm{B}$$

$$\left(+\,2\text{ Schwingungsfreiheitsgrade:}\qquad C_v = \frac{7}{2}Nk_\mathrm{B}\right)$$

- dreiatomige, geknickte Molekülgase (zum Beispiel H_2O-Dampf)

$$\left.\begin{array}{r}3\text{ Translationsfreiheitsgrade}\\ 3\text{ Rotationsfreiheitsgrade}\end{array}\right\}\qquad \langle\varepsilon_i\rangle = 3k_\mathrm{B}T,\ C_v = 3Nk_\mathrm{B}$$

- Festkörper (zum Beispiel Au, Cu, ...)

$$\left.\begin{array}{r}3\text{ Translationsfreiheitsgrade}\\ 3\text{ elastische Freiheitsgrade}\end{array}\right\}\qquad \langle\varepsilon_i\rangle = 3k_\mathrm{B}T, C_v = 3Nk_\mathrm{B}$$

Das letzte Aussage ist als die Regel von Dulong und Petit bekannt. Gehen wir zu den in Abb. 2.2 gezeigten spezifischen Wärmekapazität $\hat{c}_p$ von Festkörpern zurück, so erkennen wir, dass die Messwerte gerade bei Zimmertemperatur recht gut mit der Regel von Dulong und Petit (gestrichelte Linie) übereinstimmen. Der weitere Anstieg vom $\hat{c}_p$ auf Werte oberhalb von $3k_\mathrm{B}$ ist auf die bei hohen Temperaturen auch für Festkörper nicht mehr vernachlässigbare thermische Ausdehnung und damit den Unterschied von $\hat{c}_p$ und $\hat{c}_v$ zurückzuführen Gl. 3.23). Die starke Diskrepanz bei tiefen Temperaturen ist dagegen im Rahmen des klassischen Modells nicht erklärbar.

Während sich die Wärmekapazitäten pro Teilchen $\hat{c}_v$ und $\hat{c}_p$ zwischen Gasen einerseits, und Flüssigkeiten und Festkörpern andererseits maximal um einen Faktor 2 unterscheiden, betragen diese Unterschiede für die Wärmekapazitäten pro Volumen $c_{v,p} = C_{v,p}/V$ bei Normaldruck etwa einen Faktor 1000. Dieser Unterschied kommt im wesentlichen durch das Verhältnis der Teilchendichten n zustande.

Aufgrund der aus dem Gleichverteilungssatz folgenden Temperatur-Unabhängigkeit der Wärmekapazitäten und der daraus resultierenden Divergenz der Entropie können wir jetzt schon sagen, dass der Gleichverteilungssatz bei tiefen Temperaturen nicht richtig sein kann. Das liegt an der Abschnitt 3.5 zugrundeliegenden (im Rahmen der klassischen Mechanik selbstverständlichen) Annahme, dass die molekularen Anregungsenergien stetig variieren. Letzteres widerspricht den Erkenntnissen der Molekülphysik. Nach der Quantenmechanik sind die Anregungsenergien meist quantisiert!

Die Aussage des Gleichverteilungssatzes gilt bei Molekülgasen meist nur in relativ engen Temperaturbereichen: Abbildung 3.6 zeigt, dass die gemessenen Wärmekapazitäten von mehratomigen Gasen in der Regel von der Vorhersage des Gleichverteilungssatzes abweichen. Dies liegt daran, dass die Energien der Rotations- und Schwingungs-Freiheitsgrade innerhalb des dargestellten Temperaturintervalls liegen. Bei hinreichend großen Temperaturvariationen zeigt sich in fast allen thermischen

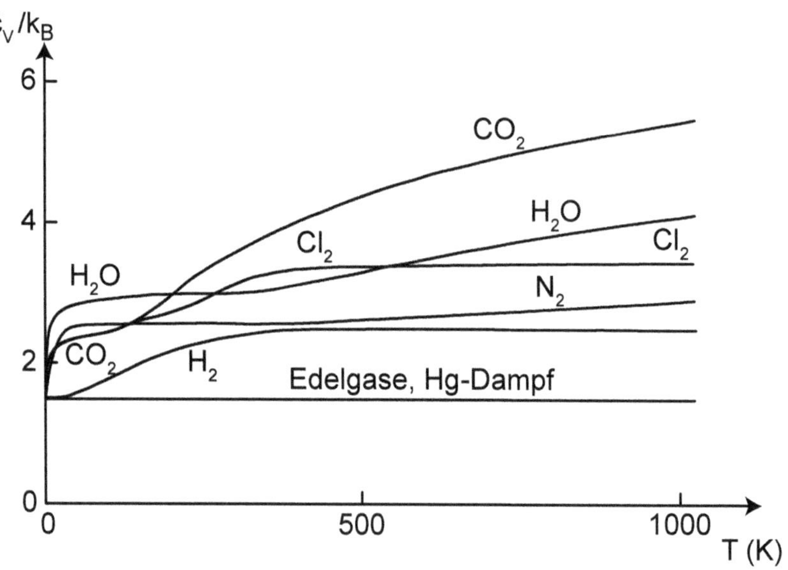

Abb. 3.6. Molare Wärmekapazitäten $\hat{c}_V$ für verschiedene Gase als Funktion der Temperatur. Mit Ausnahme von H_2 sind die Rotationsanregungen der zweiatomigen Moleküle bei Zimmertemperatur bereits voll angeregt. Die Schwingungsanregungen machen sich in vielen Fällen erst bei höheren Temperaturen bemerkbar [nach [11]].

Systemen eine Temperaturabhängigkeit der spezifischen Wärmen, die genuin quantenmechanischen Ursprungs ist und die wir in Abschnitt II-3.5 und II-3.4 quantitativ erklären werden. Aus heutiger Sicht waren diese Phänomene die ersten Vorboten des Zusammenbruchs der klassischen Physik.

Wir wollen abschätzen, bei welchen Temperaturen eine Temperaturabhängigkeit der Wärmekapazitäten auftreten sollte. Dazu sehen wir uns an, welche Werte die Energiequanten für die quantenmechanische Version der Systeme „Freier Rotator" und „Harmonischer Oszillator" annehmen:

Rotator:

Die Rotationsenergien $\varepsilon_l = [\hbar^2 l(l+1)]/2J$ variieren in Stufen, da der Drehimpuls $\hat{\ell}_z = \hbar l$ in Einheiten von $\hbar$ quantisiert ist. Dabei ist $\hbar = 1.054 \cdot 10^{-34}$ J s/Teilchen das PLANCK'sche Wirkungsquantum.

Als typische Trägheitsmomente erhalten wir:

Atome:
Trägheitsmoment des Elektrons im Atom:
$J = \hat{m}_e r_B^2 \approx 2.6 \cdot 10^{-51}\,\mathrm{J\,s^2}$

Moleküle:
Trägheitsmoment des Moleküls:
$J = 2\hat{m}_N \left(L_{N_2}/2\right)^2 = 1.4 \cdot 10^{-46}\,\mathrm{J\,s^2}$

Elektronenmasse:
$\hat{m}_e = 9.1 \cdot 10^{-31}$ kg
Wegen $\hat{m}_p \gg \hat{m}_e$ kann die Bewegung des Protons vernachlässigt werden.

BOHR'scher Radius:
$r_B = 5.3 \cdot 10^{-11}$ m

niedrigste Rotationsenergie:
$\Delta\varepsilon_{rot} = \frac{\hbar^2}{2J} \approx 2 \cdot 10^{-18}\,\text{J} \mathrel{\hat{=}} 10^5\,\text{K}$

Masse eines N-Atoms:
$\hat{m}_N = 14\,\text{u} = 2.3 \cdot 10^{-26}$ kg

Kernabstand von N_2:
$L_{N_2} = 1.1 \cdot 10^{-10}$ m

niedrigste Rotationsenergie:
$\Delta\varepsilon_{rot} = \frac{\hbar^2}{2J} \approx 2 \cdot 10^{-18}\,\text{J} \mathrel{\hat{=}} 10^5\,\text{K}$

Aufgrund des kleinen Trägheitsmoments lassen sich Elektronen in den Atomen bei Zimmertemperatur normalerweise nicht zu Rotationen anregen.[18] Aus demselben Grund entfällt in *linearen* Molekülen ein Rotationsfreiheitsgrad, nämlich der um die Längsachse. Beim Wasserstoff H_2 liegt die niedrigste Rotationsenergie $\varepsilon_1/k_B \approx 85$ K wegen der niedrigen Siedetemperatur ($\simeq 20.3$ K) im experimentell zugänglichen Bereich, bei Zimmertemperatur sind die Rotationsfreiheitsgrade daher so hoch angeregt, dass die Quantisierung der Anregungsenergien vernachlässigt werden kann.

Oszillator
Die Schwingungsenergien $\varepsilon_n = \hbar\omega(n + 1/2)$ sind ganzzahlig quantisiert, wobei $\omega = \sqrt{\mathcal{K}/\hat{m}}$ die Schwingungsfrequenz ist.

Die Schwingungsenergie $\hbar\omega$ ist typischerweise etwa 2–3 Größenordnungen größer als die Rotationsenergie $\hbar^2/2J$. Entsprechend werden Molekülschwingungen üblicherweise erst oberhalb von Zimmertemperatur merklich angeregt. Eine Ausnahme sind Molekülgase aus sehr schweren Atomen, wie zum Beispiel Br_2 und I_2.
Aus den in Abb. 3.6 gezeigten Messungen der Wärmekapazität von Gasen lässt sich also auf die charakteristischen Anregungsenergien der Moleküle schließen. Mit Hilfe geeigneter Modelle für Schwingungs- und Rotationsbeiträge zur Wärmekapazität (Kapitel II-3) können so mikroskopische Systemparameter, wie die Schwingungsfrequenz oder das Trägheitsmoment, bestimmt werden.

3.8 Expansion und Kompression – Kompressibilitäten

Freie Expansion nach GAY-LUSSAC
Neben der linearen Temperaturabhängigkeit ist die nach Gl. 3.10 erwartete *Unabhängigkeit* der Energie $E(T, V, N)$ vom Volumen ein weiteres wichtiges Charakteristikum von idealen Gasen. Diese lässt sich mit Hilfe des in Abb. 3.7 skizzierten Expansionsexperiments von GAY-LUSSAC experimentell untersuchen. Das Experiment zeigt, dass

18 Bei ausreichend hohen Temperaturen sind solche elektronischen Anregungen natürlich möglich.

die Temperatur eines thermisch isolierten Gases bei einer freien (das heißt nicht mit Arbeitsleistung verbundenen) Expansion *konstant bleibt*. Da außerdem N konstant ist, können wir wegen

$$\frac{\partial T(E,V,N)}{\partial V} = -\frac{\dfrac{\partial E(T,V,N)}{\partial V}}{\dfrac{\partial E(T,V,N)}{\partial T}} = -\frac{1}{C_v}\frac{\partial E(T,V,N)}{\partial V}$$

schließen, dass

$$\frac{\partial E(T,V,N)}{\partial V} \equiv 0 \tag{3.27}$$

ist (Anhang A.3). Wenn wir den Formalismus etwas weiter entwickelt haben, werden wir in Abschnitt 5.2 sehen, dass Gl. 3.27 eine Identifikation der in Gl. 3.6 definierten empirischen Gastemperatur mit der absoluten Temperatur erlaubt. Das GAY-LUSSAC-Experiment stellt daher eines der Schlüsselexperimente zur Etablierung der absoluten Temperaturskala dar (Aufgabe 5.4).

Da der Prozess außerdem bei E = const. abläuft, können wir die bei der freien Expansion erfolgende Zunahme der Entropie aus der GIBBS'schen Fundamentalform und der thermischen Zustandsgleichung berechnen:

$$dE = T\,dS - p\,dV + \mu \underbrace{dN}_{=0} \equiv 0 \quad \Longrightarrow \quad dS = \frac{p(T,V,N)}{T}\,dV = \frac{Nk_\mathrm{B}}{V}\,dV\,.$$

Damit folgt, dass bei dem Expansionsprozess der Entropiebetrag

$$\Delta S_\mathrm{erzeugt} = Nk_\mathrm{B}\int_{V_1}^{V_2}\frac{dV}{V} = Nk_\mathrm{B}\ln\left(\frac{V_2}{V_1}\right)$$

irreversibel erzeugt werden muss.

Isotherme Kompression und Expansion

Eine vollständige Umkehrung der freien Expansion ist wegen der Unvernichtbarkeit der dabei erzeugten Entropie nicht möglich. Entfernt man jedoch die thermische Isolation und komprimiert man das Gas bei konstantem N durch langsames Hineinschieben eines Kolbens (sodass auch T dabei konstant bleibt) von V_2 auf V_1 in den rechten Behälter, so kann der Anfangszustand des Gases wieder hergestellt werden. Die dabei *zugeführte* Energie (die dabei verrichtete Arbeit $\mathcal{W}$) kann einfach durch Integration von $p(T,V,N) = Nk_\mathrm{B}T/V$ bestimmt werden:

$$\mathcal{W} = -\int_{V_2}^{V_1} p(T,V,N)\,dV = Nk_\mathrm{B}T\,\ln\left(\frac{V_2}{V_1}\right)\,. \tag{3.28}$$

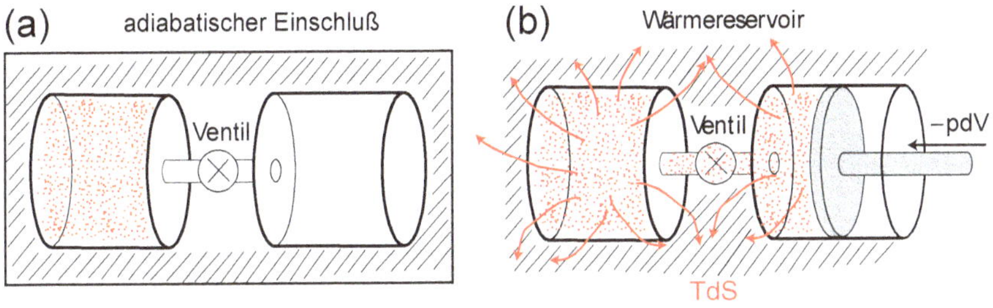

Abb. 3.7. a) Freie Expansion eines idealen Gases nach GAY-LUSSAC. Zwei thermisch gegen die Umgebung isolierte Behälter mit dem Gesamtvolumen V_2 sind über ein Ventil verbunden. Die thermische Isolation unterbindet den Entropie-Austausch mit der Umgebung. Die Temperatur des Gases wird mittels eines Thermometers gemessen. Das Gas befinde sich bei geschlossenem Ventil zunächst im linken Behälter mit dem Volumen V_1, während der rechte evakuiert ist. Durch Öffnen des Ventils strömt das Gas in den rechten Behälter über, bis sich ein Druckgleichgewicht zwischen beiden Behältern einstellt. b) Umkehrung der GAY-LUSSAC-Expansion eines idealen Gases. Um die Temperatur bei der Kompression konstant halten zu können, muss die thermische Isolation entfernt und der Prozess ausreichend langsam durchgeführt werden.

Die auf mechanischem Wege zugeführte Energiemenge $\mathcal{W}$ und die Änderung der im Gas *enthaltenen* Energie E können aber bei konstanter Temperatur wegen der Unabhängigkeit der Energie vom Volumen (Gl. 3.27) nicht identisch sein! Es ist nicht ausreichend, nur den mechanischen Freiheitsgrad des Systems zu betrachten, um die im Gas bei diesem Prozess auftretende Energieänderung zu bestimmen.

Anders als bei einer Feder wird die bei der *isothermen* Kompression über den mechanischen Freiheitsgrad zugeführte Energie nicht im Gas gespeichert, sondern über den thermischen Freiheitsgrad wieder abgeführt. Da T und N bei einer isothermen Kompression konstant sind, lässt sich die im vorangegangenen Abschnitt gezeigte Konstanz der Energie bei der isothermen Kompression eines Gases nur so verstehen, dass sich bei diesem Prozess ebenfalls die Entropie ändert. Aufgrund des 2. Hauptsatzes ist dies allein dadurch möglich, dass ein bestimmter Entropiebetrag an die Umgebung abgegeben wird. Die obige Rechnung zeigt, dass der abgeführte Entropiebetrag wegen $E(T, V, N) = \text{const.}$ gleich dem bei der GAY-LUSSAC-Expansion irreversibel erzeugten Entropiebetrag ist:

$$\Delta S_{\text{abgeführt}} = -\frac{\mathcal{W}}{T} = -Nk_{\text{B}} \ln\left(\frac{V_2}{V_1}\right) .$$

Dies ist kein Zufall, sondern muss schon deswegen so sein, weil der Anfangszustand vor der GAY-LUSSAC-Expansion und der Endzustand nach der isothermen Kompression identisch sind. Die Entropie des Gases nimmt damit wieder ihren Anfangswert an, während die Entropie der Umgebung um den bei der GAY-LUSSAC-Expansion erzeugten Betrag zunimmt.

Umgekehrt müssen bei einer reversiblen Realisierung der isothermen Expansion Energie und Entropie aus einem Wärmereservoir nachfließen, um die Energie des Gases bei der Expansion konstant zu halten. Charakteristisch für die thermodynamische

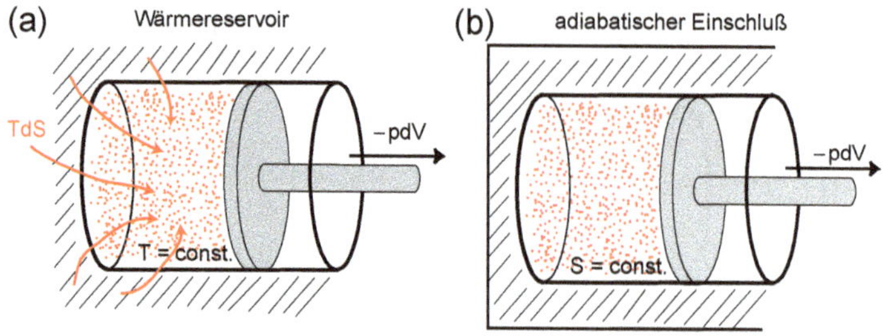

Abb. 3.8. Isotherme a) und isentrope b) Expansion eines idealen Gases. In beiden Fällen wird Energie über den Kolben abgeführt. Im isothermen Fall ist der Druckabfall geringer und die vom Kolben geleistete Arbeit höher, weil Energie aus dem Wärmereservoir nachfließt.

Beschreibung ist, dass die Änderungen der Werte der physikalischen Größen des Gases unabhängig davon sind, ob der von dem Gas durchlaufene Prozess reversibel oder irreversibel realisiert wird.

Isentrope Kompression und Expansion

Bezüglich der Entropie verhält sich das Gas bei isothermer Expansion und nachfolgender Kompression analog zu einem Schwamm, der sich in Kontakt mit Wasser zunächst vollsaugt und aus dem das Wasser bei Kompression wieder herausgepresst wird. Der Entropietransport aus dem Gas in die Umgebung erfolgt durch den Prozess der Wärmeleitung (Abschnitt 2.10). Experimentell äußert sich dies darin, dass die Temperatur des Gases bei einer *schnellen* Kompression ansteigt (Abb. 3.8). Eine Kompression oder Expansion ist schnell, wenn sie auf einer Zeitskala erfolgt, die kürzer als die *thermische Diffusionszeit* t_{th} (Gl. 2.30) des Gases ist.

Die Temperatur des Gases wird bei schneller Kompression in dem gesamten Volumen gleichmäßig erhöht,[19] weil die Wärmeleitung zu langsam ist, um das sofortige Abfließen der Entropie in die Umgebung zu erlauben. Dieser Effekt ist jedem bekannt, der schon einmal einen Fahrradschlauch aufgepumpt hat. Um solche schnellen Prozesse quantitativ zu beschreiben wenden wir uns nun der Frage zu, wie sich die *isentrop*[20] genannten Kompressions- und Expansions-Prozesse bei *konstanter Entropie* von den zuvor beschriebenen isothermen (T = const.) Prozessen unterscheiden. Insbesondere

19 Semantisch provokant könnte man sagen, dass eine adiabatische Kompression eine *Erwärmung ohne Wärmezufuhr* darstellt. Das Paradoxe an dieser Formulierung entsteht dadurch, dass das Alltagswort Ërwärmung"nicht zwischen Temperaturänderung und Entropieänderung unterscheidet.

20 Zur Terminologie: In vielen Büchern wird statt des Ausdrucks „isentrop" der Ausdruck „adiabatisch" benutzt. Damit ist gemeint, dass das System thermisch isoliert ist, das heißt, dass die das System begrenzenden Wände für Entropie undurchlässig sind. Wie das Beispiel der GAY-LUSSAC-Expansion zeigt, sind adiabatische Prozesse nicht notwendigerweise isentrop, da auch innerhalb der adiabatischen Hülle Entropie erzeugt werden kann. Nur wenn ein adiabatischer Prozess reversibel ist, ist er auch isentrop.

wollen wir die bei der isentropen Expansion geleistete Arbeit $\mathcal{W} = -\int p(S,V,N)\,dV$ berechnen. Dazu müssen wir p als Funktion von V kennen. Für isotherme Prozesse ist der Zusammenhang zwischen p und V durch die thermische Zustandsgleichung gegeben. Die Isothermen im pV-Diagramm sind daher einfach Hyperbeln. Für isentrope Prozesse lässt sich ein analoger Zusammenhang zwischen p und V angeben. Um diesen abzuleiten betrachten wir wieder die GIBBS'sche Fundamentalform

$$dE = T\,dS - p\,dV$$

für $N = \text{const.}$ und lösen diese nach

$$dS = \frac{1}{T}\,dE + \frac{p}{T}\,dV$$

auf. Nehmen wir an, dass die Wärmekapazität $C_v = N\varkappa k_B$ des Gases durch eine dimensionslose, temperaturunabhängige Systemkonstante $\varkappa$ gegeben ist, so können wir dS mit Hilfe der thermischen Zustandsgleichung umschreiben:

$$\begin{aligned} dS &= \frac{C_v}{T}\,dT + \frac{Nk_B}{V}\,dV \overset{!}{=} 0 \\ C_v \int_{T_0}^{T} \frac{dT'}{T'} &= -Nk_B \int_{V_0}^{V} \frac{dV'}{V'} \\ \varkappa \ln \frac{T}{T_0} &= -\ln \frac{V}{V_0} \\ \left(\frac{T}{T_0}\right)^{\varkappa} &= \frac{V_0}{V} \end{aligned}$$

Das Produkt $T^{\varkappa}V$ ist für Expansionsprozesse bei konstantem $\{S,N\}$ also eine von S und N abhängige Konstante $C(S,N)$:

$$VT^{\varkappa} = T_0^{\varkappa}V_0 = C(S,N)\,. \qquad (3.29)$$

!

Eliminiert man T mit Hilfe der thermischen Zustandsgleichung $T = pV/Nk_B$ oder $V = Nk_BT/p$, so erhält man folgende Varianten von Gl. 3.29 :

$$pV^{\frac{\varkappa+1}{\varkappa}} = pV^{\gamma} = p_0V_0^{\gamma} = C'(S,N) \quad \text{oder} \quad p/T^{\varkappa+1} = C''(S,N) \qquad (3.30)$$

mit den Konstanten $C'(S,N) = Nk_BC(S,N)^{1/\varkappa}$ und $C''(S,N) = Nk_B/C(S,N)$.
Die Gleichungen 3.29 und 3.30 werden die *Adiabatengleichungen* genannt und

$$\gamma = \frac{C_p}{C_v} = \frac{\varkappa+1}{\varkappa} \geq 1 \qquad (3.31)$$

heißt der *Adiabatenexponent*. Wir können Werte von γ nach unseren Überlegungen in Abschnitt 3.7 für einfache Beispiele angeben:

$$\text{einatomige ideale Gase:} \quad \varkappa = \frac{3}{2}, \quad \gamma = \frac{5}{2} \cdot \frac{2}{3} = \frac{5}{3} \approx 1.66 \tag{3.32}$$

$$\text{zweiatomige ideale Gase:} \quad \varkappa = \frac{5}{2}, \quad \gamma = \frac{7}{2} \cdot \frac{2}{5} = \frac{7}{5} = 1.4 \tag{3.33}$$

Könnten wir die Werte der von S und N abhängigen Konstanten bestimmen, so hätten wir auch Zugang zur Entropie. Für diese Aufgabe benötigen wir noch etwas mehr Rüstzeug, welches wir im nächsten Kapitel bereitstellen werden. Zuvor wollen wir aber noch einige Anwendungen der Adiabatengleichungen besprechen.

Isotherme und isentrope Kompressibilität

Die Definition der Kompressibilität $\kappa = -(1/V)\partial V/\partial p$ lässt zunächst offen, welche anderen Variablen bei der Kompression konstant gehalten werden sollen. Analog zur Wärmekapazität sind bei konstantem N zwei verschiedene Kompressibilitäten zu unterscheiden:

$$\kappa_T(T,p,N) = -\frac{1}{V}\frac{\partial V(T,p,N)}{\partial p} = \frac{1}{p} \qquad \text{isotherme Kompressibilität,}$$

$$\kappa_S(S,p,N) = -\frac{1}{V}\frac{\partial V(S,p,N)}{\partial p} \qquad \text{isentrope Kompressibilität.}$$

Die isotherme Kompressibilität κ_T folgt direkt aus der thermischen Zustandsgleichung (Gl. 3.3); für das ideale Gas erhalten wir $\kappa_T = 1/p$ (Gl. 3.5). Jetzt wollen wir κ_S aus der Isentropengleichung berechnen:

$$V(S,p,N) = \frac{C'(S,N)}{p^{1/\gamma}} \quad \Longrightarrow \quad \frac{\partial V(S,p,N)}{\partial p} = -\frac{1}{\gamma}\frac{C'(S,N)}{p^{(1+1/\gamma)}}$$

$$\kappa_S = -\frac{1}{V}\frac{\partial V(S,p,N)}{\partial p} = \frac{1}{\gamma}\frac{p^{1/\gamma}}{C'(S,N)} \cdot \frac{C'(S,N)}{p^{(1+1/\gamma)}} = \frac{1}{\gamma p}$$

Für die *isentrope Kompressibilität* resultiert damit:

$$\kappa_S = \frac{1}{\gamma p} \le \kappa_T \quad \text{da} \quad \gamma \ge 1 \tag{3.34}$$

Bei Systemen mit endlichem thermischen Ausdehnungskoeffizienten β_p ist die isotherme Kompressibilität κ_T stets größer als die isentrope κ_S, da die isentrope Kompression zu einer Temperaturerhöhung und damit bei gleicher Druckänderung zu einer kleineren Volumenänderung führt. Schallwellen sind ein Beispiel für isentrope Druckschwankungen, die so schnell erfolgen, dass der Temperaturausgleich durch Wärmeleitung vernachlässigbar ist.

Die Schallgeschwindigkeit

$$c_{\text{Schall}} = \frac{1}{\sqrt{m\kappa_S}} \tag{3.35}$$

wird durch die Massendichte $m = \hat{m}n$ und κ_S bestimmt. Daher lässt sich der Adiabatenexponent sehr elegant über eine Messung der akustischen Schallgeschwindigkeit bestimmen:

$$c_{\text{Schall}} = \frac{1}{\sqrt{\kappa_S m}} = \sqrt{\frac{\gamma p}{m}} = \sqrt{\frac{\gamma p}{\hat{m}n}} = \sqrt{\frac{\gamma k_B T}{\hat{m}}}\,, \tag{3.36}$$

da $n = N/V = p/(k_B T)$. Damit erhalten wir:

$$\gamma = \frac{\hat{m}c^2_{\text{Schall}}}{k_B T}\,.$$

Da γ von der Zahl der Freiheitsgrade der Gasmoleküle abhängt, erlauben Messungen der Schallgeschwindigkeit einen Rückschluss darauf, ob das Gas atomar (zum Beispiel He) oder als Molekül (zum Beispiel H_2) vorliegt. Derart unerwartete Zusammenhänge sind typisch für die Thermodynamik, da sie gerade die Verknüpfung von thermischen und mechanischen Eigenschaften quantitativ beschreiben kann.

Übungsaufgaben

3.1. Chemisches Potenzial eines inkompressiblen Körpers

Die Massieu-Gibbs-Funktion eines inkompressiblen Körpers mit konstanter Wärmekapazität $C(N) = N\hat{c}$ ist nach Gl. 2.14 durch

$$E(S, N) = N\hat{c}T^* \exp\left(\frac{S}{N\hat{c}}\right) + N\hat{e}_B$$

gegeben, wobei T^* seine durch das Hoch-Temperaturverhalten der Entropie (Abb. 2.8) definierte charakteristische Temperatur und $\hat{e}_B$ die Bindungsenergie seiner Atome ist.

a) Gewinnen Sie das *chemische Potenzial* μ eines heißen Körpers mit Hilfe der Zustandsgleichung

$$\mu(S, N) = \frac{\partial E(S, N)}{\partial N}\,.$$

b) Zeigen Sie, dass $\mu(T, N)$ allein von T, beziehungsweise von S/N abhängt, und dass gilt:

$$\mu(T) = \frac{E - TS}{N}\,.$$

Eine praktische Anwendung des chemischen Potenzials werden wir in den Kapiteln 6 und 9 kennenlernen.

3.2. Die Ausdehnung idealer Gase nach Gay-Lussac

Gay-Lussac entdeckte um 1800, dass verschiedene Gase dem universellen Ausdehnungsgesetz

$$V(\theta, p) = V_0(p) \cdot (1 + \beta\theta)$$

folgen, wobei θ die Temperatur auf der Celsius-Skala, und $V_0(p)$ das Volumen bei dem Druck p und 0°C ist. Berechnen Sie die Konstante β mit Hilfe der heutigen Form des idealen Gasgesetzes.

3.3. Prozesse mit idealen Gasen

a) Erklären Sie die Begriffe "isotherm", "isobar", "isentrop", "isochor", "isoenergetisch".

b) Gibt es einen Unterschied zwischen "isentrop" und "adiabatisch"?

c) Existieren Prozesse mit idealen Gasen, die gleichzeitig isentrop und isoenergetisch sind?

d) Existieren Prozesse, die gleichzeitig isobar und isochor sind?

3.4. Thermische Ausdehnung von Gasen

Betrachten Sie ein Röhrchen mit Durchmesser d und zwei offenen Enden, welches senkrecht in ein mit Wasser gefülltes Becken getaucht wird, so dass das obere Ende noch um die Höhe h aus dem Wasser herausragt. Die Temperatur betrage T_0. Dann wird das obere Ende des Röhrchens verschlossen und die Temperatur des Gases auf T_1 erhöht.

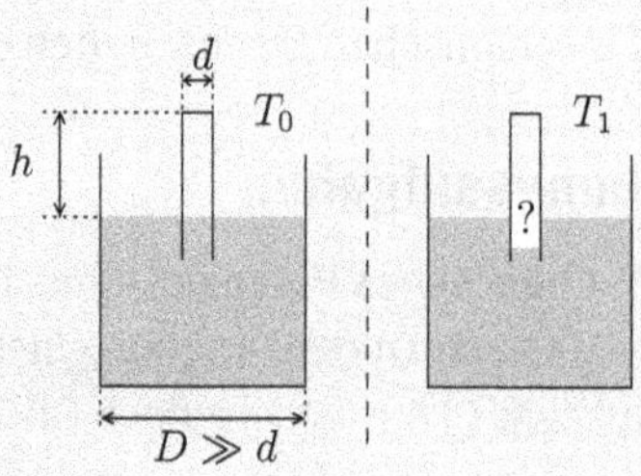

Wie verändert sich der Pegel der Wassersäule im Röhrchen?

Hinweis: Finden Sie die Bedingung für Druckgleichgewicht bei der erhöhten Temperatur.

3.5. Isotherme Expansion

Wir betrachten den Prozess der isothermen Expansion eines idealen Gases.

a) Wieviel Arbeit leisten 10 Liter Argon (als ideales Gas betrachtet), wenn sich das Volumen bei konstanter Temperatur (T = 300 K) um 50% vergrößert? Wie ändert sich dabei die Energie des Gases? Nehmen Sie an, dass der Anfangsdruck des Gases p_0 = 1 bar beträgt.

b) Berechnen Sie die Entropieänderung der betrachteten Gasmenge mit Hilfe des Gibbs'schen Fundamentalform sowie der Energieerhaltung. Woher kommt diese Entropie?

c) Eine experimentelle Realisierung der Gay-Lussac-Expansion benutzt zwei Behälter mit einem Volumen von jeweils 5 ℓ, die in einem thermisch isolierten

Wasserbad mit einer Wassermenge von 3.5 ℓ eingebettet sind. Der eine Behälter sei zu Beginn des Versuches evakuiert, der andere enthalte Luft bei einem Druck von 1 bar. Die Wärmekapazität der Behälter werde vernachlässigt; die des Wassers beträgt $\tilde{c} = 4.184$ kJ/(kg·K). Welche obere Schranke resultiert für den GAY-LUSSAC-Koeffizienten

$$\frac{\partial T(\hat{e},\hat{v})}{\partial \hat{v}} \qquad \left(\text{alternativ: } \frac{\partial T(E,V,N)}{\partial V} \right)$$

und die Änderung der molaren Energie

$$\frac{\partial \hat{e}(T,\hat{v})}{\partial \hat{v}} \qquad \left(\text{alternativ: } \frac{\partial E(T,V,N)}{\partial V} \right)$$

aus der Tatsache, dass keine Temperaturänderung beobachtet wird, wenn die Messgenauigkeit für die Temperatur des Wasserbades ±1 mK beträgt und die thermische Isolation als perfekt angenommen wird?

d) Vergleichen Sie das Resultat von c) mit der Energiedichte bei Standard-Bedingungen und dem aus anderen Experimenten bestimmten Wert $\partial E(T,V,N)/\partial V = 0.22\ \mathrm{J}/\ell$. Kommentieren Sie den Vergleich.

3.6. Thermodynamische Suszeptibilitäten

Benutzen Sie die thermische Zustandsgleichung des idealen Gases, um folgende Suszeptibilitäten zu berechnen:

a) Isotherme Kompressibilität:

$$\kappa_T = -\frac{1}{V}\frac{\partial V(T,p,N)}{\partial p} ,$$

b) Isobarer thermischer Ausdehnungskoeffizient:

$$\beta_p = \frac{1}{V}\frac{\partial V(T,p,N)}{\partial T} .$$

3.7. Messung des Adiabatenexponenten nach CLEMENT und DESORMES

Der Adiabatenexponent $\gamma = C_p/C_v$ eines idealen Gases kann auf folgende elegante Art bestimmt werden: Ein ideales Gas befinde sich bei Raumtemperatur T_0 in einem verschlossenen Gefäß (Volumen V_0), wobei sein Druck $p_0 + \Delta p_1$ geringfügig über dem Umgebungsdruck p_0 liegt. Der Druck wird an einem angeschlossenen Manometer abgelesen.

Dann wird ein Hahn geöffnet, so dass sich der Druck im Gas rasch mit dem der Umgebung ausgleicht – dabei sinkt die Temperatur unter T_0 (warum?).

Nachdem der Hahn wieder geschlossen ist, steigt die Temperatur erneut auf T_0 und es wird der Enddruck $p_0 + \Delta p_2$ abgelesen. Zeigen Sie, dass gilt:

$$\gamma = \frac{\Delta p_1}{\Delta p_1 - \Delta p_2}.$$

Hinweis: Bei der Ableitung der vorstehenden Formel findet die Tatsache Verwendung, dass die Beträge der auftretenden Druckänderungen klein sind.

3.8. Messung des Adiabatenexponenten nach Rüchardt

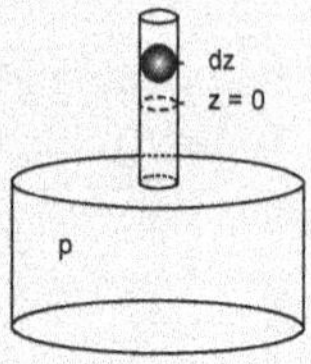

Ein in einem Volumen von 1 ℓ befindliches zweiatomiges ideales Gas werde durch eine in einem Zylinder nahezu reibungsfrei gelagerte Kugel mit der Masse $M = 10$ g und dem Querschnitt $A = 1\,\text{cm}^2$ abgeschlossen. Der Verlust durch zwischen der Kugel und der Zylinderwand ausströmendes Gas wird durch einen Zufluss ersetzt.

a) Berechnen Sie die Federkonstante des Gases und die Schwingungsfrequenz f des so realisierten Gasoszillators zunächst unter der Annahme, dass das Gas thermisch perfekt isoliert ist. Betrachte Sie dazu die lineare Näherung der Kraft auf die Kugel um die Gleichgewichtslage.

b) Was ändert sich, wenn die Oszillationsfrequenz so niedrig ist, dass die Schwingung isotherm erfolgt?

c) Begründen Sie mit Hilfe der thermischen Eindringtiefe $L_{\text{th}} = \sqrt{D/f}$, warum die isentrope Rechnung eine gute Näherung darstellt.

3.9. Statistische Verteilung von Zufallsgrößen

Eine Zufallsgröße x sei gemäß der Verteilungsfunktion $w(x) = A\,\exp(-x)$ im Intervall $[0, \infty]$ zufällig verteilt.

a) Berechnen Sie die Normierungskonstante A.

b) Berechnen Sie die Mittelwerte der folgenden Funktionen von x: $\sqrt{x}, x, x^2$. Benutzen Sie die Gammafunktion

$$\Gamma(x) = \int_0^\infty dt\, t^{x-1} e^{-t}\,, \text{ mit } \Gamma(1/2) = \sqrt{\pi} \quad \text{und} \quad \Gamma(N+1) = N! \quad \text{für } n \in \mathbb{N}.$$

c) Zeigen Sie, dass die Γ-Funktion folgender Rekursionsrelation genügt:

$$\Gamma(x+1) = x\Gamma(x)\,.$$

3.10. Maxwell-Verteilung

Die Verteilung der Geschwindigkeiten $v = |\boldsymbol{v}|$ der Teilchen in einem Gas lautet

$$f(v) = \frac{4}{\sqrt{\pi}} \left(\frac{\hat{m}}{2\,k_B T} \right)^{3/2} v^2 \exp\left(-\frac{\hat{m}\,v^2}{2k_B T} \right)\,.$$

a) Berechnen Sie mit Hilfe von $f(v)$ die mittlere Geschwindigkeit $\langle |\boldsymbol{v}| \rangle$ und das mittlere Geschwindigkeits-Quadrat $\langle \boldsymbol{v}^2 \rangle$ eines Gases mit dem Molgewicht $\hat{m}$.

b) Welche Zahlenwerte erhalten Sie für He und N_2 Gas bei $T = 300$ K?

c) Können Sie aufgrund des Ergebnisses in *b)* begründen, warum die Erdatmosphäre fast kein He (mehr) enthält?

3.11. Mikroskopische Interpretation der adiabatischen Kompression

a) Berechnen Sie die Änderungsrate $\langle \dot{\varepsilon} \rangle$ der mittleren kinetischen Energie der Teilchen eines einatomigen idealen Gases mit Hilfe der Adiabatengleichung $VT^{3/2}$, wenn dieses durch einen mit der Geschwindigkeit v_K bewegten Kolben komprimiert wird.

b) Berechnen Sie die Zunahme der (mittleren) Geschwindigkeitsbetrags $d\langle|\mathbf{v}|\rangle/dt$ und der kinetischen Energie $d\langle\varepsilon\rangle/dt$ von Gasteilchen der Masse $\hat{m}$ bei der Reflexion an dem bewegten Kolben

Hinweis: Betrachten Sie die Reflexion in dem Bezugssystem, in dem der Kolben ruht, und transformieren Sie dann auf das Laborsystem zurück. Nehmen Sie an, dass nur Impuls, aber keine Energie auf den Kolben übertragen wird (warum ist das gerechtfertigt?).Welches Resultat erwarten Sie?

3.12. Photonengas

Zeigen Sie analog zum Bernoulli-Modells für massive Teilchen, dass ein Gas aus extrem relativistischen Teilchen den folgenden Zusammenhang zwischen Druck p und Energiedichte e aufweist:

$$p = \frac{1}{3}e(T) .$$

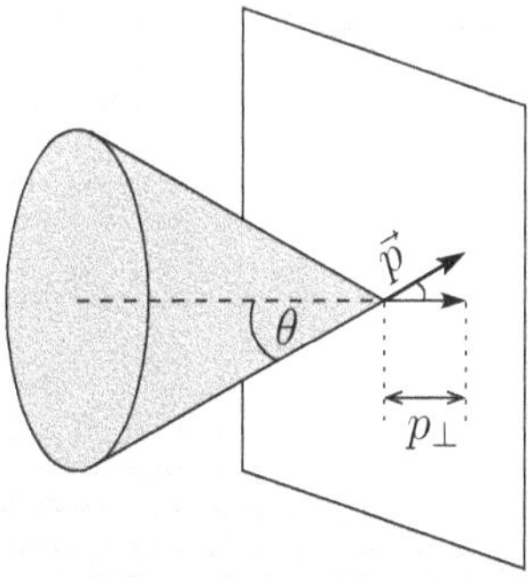

Hinweis: Berechnen Sie den mittleren Impulsübertrag $\langle|\boldsymbol{P}|\rangle$ auf eine Wand, indem Sie annehmen, dass die Verteilungsfunktion $f(\boldsymbol{P})$ nur von $|\boldsymbol{P}|$, aber nicht von der Richtung von $\boldsymbol{P}$ und der zu $\boldsymbol{P}$ parallelen Geschwindigkeit $\boldsymbol{c}$ abhängt. Benutzen Sie den Energie-Impuls Zusammenhang $\varepsilon = \boldsymbol{cP} = c|\boldsymbol{P}|$ der Photonen sowie die Zustandsgleichung relativistischer Teilchen (Gl. 1.6) und mitteln Sie den Impulsübertrag auf die Wand über alle Winkel θ.

3.13. Statistische Unabhängigkeit

Sind u und v *statistisch unabhängige* Zufallsvariablen, dann ist die Wahrscheinlichkeit dafür, dass u im Bereich zwischen u und $u + du$ und v im Bereich zwischen v und $v + dv$ liegen, definiert durch

$$W_{uv}(u, v)\;\; du\, dv = W_u(u)W_v(v)\;\; du\, dv .$$

a) Berechnen Sie die Mittelwerte $\langle u\rangle$ und $\langle v\rangle$ von u und v und die Korrelation von u und v, $\mathrm{corr}(u, v) = \langle uv\rangle - \langle u\rangle\langle v\rangle$. Es sei Y die Summe aus n Zufallsvariablen

X_i: $Y = \sum_{i=1}^{n} X_i$.

Alle X_i haben den gleichen Mittelwert $\langle X \rangle$ und die Varianz $\sigma_X = \sqrt{\langle X^2 \rangle - \langle X \rangle^2}$.

b) Berechnen Sie $\langle Y^2 \rangle$.

c) Berechnen Sie die *relative Streuung* $\frac{\sigma_Y}{n}$ als Funktion von σ_X.

4 Maschinen

In diesem Kapitel wird zunächst das grundlegende Funktionsprinzip abstrakter Maschinen, insbesondere der *Wärmekraftmaschine*, vorgestellt. All diesen Maschinen ist gemeinsam, dass ihnen Energie über einen Kanal A (im Sinne von Abschnitt 1.6) gemeinsam mit der Größe X_A zugeführt und über einen anderen Kanal B gemeinsam mit der Größe X_B wieder abgeführt wird. Im Allgemeinen ist keine vollständige Übertragung der Energie von dem Energieträger A auf den Energieträger B zu erzielen, weil die über A gemeinsam mit der Energie zugeführte Größe X_A auch wieder abgeführt werden muss, um das Arbeitssystem der Maschine (im zeitlichen Mittel) in einem stationären Zustand zu halten. Diese Tatsache ist unabhängig von der Natur der Maschine und liegt dem berühmten CARNOT'schen Wirkungsgrad zugrunde. Darüber hinaus wird untersucht, welche Eigenschaften ein physikalisches System haben muss, um als *Arbeitsmedium* für eine Maschine in Frage zu kommen. Schließlich besprechen wir Beispiele für die Realisierung von Kolbenmaschinen mit Gasen.

4.1 Die Kopplung verschiedener Energie-Transportprozesse

Im Abschnitt 2.6 haben wir bereits diskutiert, dass sich die Ströme mengenartiger Größen durch eine Differenz der zugehörigen intensiven Größen antreiben lassen. Eine *Maschine* hat den Zweck, den Strom einer Größe X_A und einen mit diesem Strom verbundenen Energiestrom durch die Differenz einer *anderen* intensiven Größe ξ_B anzutreiben. Auf diese Weise wird es möglich, den Strom I_{X_A} gegen die dazugehörige ξ_A-Differenz zu treiben und insbesondere ξ_A-Differenzen zwischen zwei X_A-Speichern zu erzeugen, die anfänglich im Gleichgewicht waren. Hier sind einige konkrete Beispiele:

- **Wasserturbine – Wasserpumpe**
  Eine PELTON-Turbine[1] ist eine Maschine, welche die potenzielle Energie des Wassers in einem Wasserreservoir dadurch nutzbar macht, dass es durch die Turbine hindurch in ein tiefer liegendes Wasserreservoir geleitet wird. Der Wasserstrom – abstrakter: ein Massenstrom I_M – wird durch die Differenz $\Delta\phi_M$ der zur Masse thermodynamisch konjugierten Größe – des Gravitationspotenzials ϕ_M – angetrieben. Die anfänglich im Gravitationsfeld gespeicherte Energie wird zunächst in die kinetische Energie des mit der Geschwindigkeit $\boldsymbol{v}$ strömenden Wassers umgesetzt. Ein Anteil $\Delta\boldsymbol{I}_p = \Delta\dot{\boldsymbol{P}} = \dot{M}\Delta\boldsymbol{v}$ des an den Massenstrom gekoppelten Impulsstroms fließt über die Lager der Turbine in die Erde ab. Dabei sind $\dot{M}$ die pro Zeiteinheit durchströmende Masse und $\Delta\boldsymbol{v}$ die Geschwindigkeitsdifferenz des Wassers vor und hinter der Turbine. Der Rotor der Turbine setzt den durchfließenden Impulsstrom

1 Bei einer KAPLAN-Turbine bleibt dagegen die Strömungsgeschwindigkeit der Wassers konstant, aber der Druck nimmt ab.

https://doi.org/10.1515/9783110560220-143

in einen Drehimpulsstrom durch die Turbinenachse um, der zur Arbeitsleistung – zum Beispiel in einem Generator – genutzt werden kann.
Eine Wasserpumpe kehrt diesen Prozess um und kann einen Massenstrom unter Zufuhr von Energie gegen das Gravitationspotenzial aus dem tiefergelegenen in das höhergelegene Reservoir pumpen.

- **Elektromotor – Generator**
  Ein Elektromotor ist die zur Turbine exakt analoge elektrische Maschine: Ein von einer elektrischen Potenzialdifferenz $U = \Delta\phi_Q$ getriebener elektrischer Strom fließt aus einem Ladungsreservoir, etwa dem Pol einer Batterie, durch die Magnetspulen des Motors in den anderen Pol der Batterie zurück. Die dabei auftretenden Magnetfelder treiben einen Drehimpulsstrom vom Stator zum Rotor des Motors, dessen Achse wie bei der Turbine zur Abfuhr der Nutzenergie dient.
  Ein Generator ist das elektrische Analogon zur Wasserpumpe und wird benutzt, um elektrische Ladung gegen eine elektrische Potenzialdifferenz, beispielsweise zum Aufladen eines Akkumulators, oder durch einen elektrischen Widerstand, zum Beispiel eine Glühbirne, einen Tauchsieder oder einen anderen elektrischen Verbraucher, zu treiben.

Wir haben diese bekannten Beispiele betrachtet, um im nächsten Beispiel zu sehen, dass sich eine *Wärmekraftmaschine* ganz ähnlich verhält – allein die strömende Größe (der „Träger“ des Energiestroms) ist nicht die Masse beziehungsweise die elektrische Ladung, sondern die *Entropie*:

- **Gasturbine – Wärmepumpe**
  Eine Gasturbine ist der Wasserturbine in der Hinsicht ähnlich, dass in beiden der Druck eines Arbeitsmediums (Wasser oder Gas) ausgenutzt wird, um die Drehung der Turbine anzutreiben. Der entscheidende Unterschied liegt in der Erzeugung des Drucks. Während in einer Wasserturbine meist das Schwerefeld der Erde ausgenutzt wird, arbeitet eine Gasturbine mit einer Verbrennungsreaktion: Bei dieser Reaktion wird eine große Menge an Entropie erzeugt, die gemäß Gl. 2.13 zu einem exponentiellen Temperaturanstieg führt.[2] Nach der thermischen Zustandsgleichung 3.3 nimmt der Druck eines (idealen) Gases mit seiner Temperatur (linear) zu. Der mit der Gasströmung verbundene Massenstrom durch die Turbine ist mit einer Druckabnahme und gleichzeitig mit dem Abtransport von Entropie in ein Wärmereservoir verbunden – dieses ist in der Regel die Umgebung der Maschine.
  Statt der kontinuierlich arbeitenden Turbinen werden in der Technik oft zyklisch arbeitende Kolbenmaschinen verwendet (Dampfmaschine, Ottomotor, Kühlschrank,

2 Ein einfacher exponentieller Temperaturanstieg ergibt sich genau genommen nur, wenn das Gas eine konstante Wärmekapazität besitzt. Wie bei anderen Stoffen ist dies nur in gewissen Temperaturbereichen der Fall; für die Funktion der Turbine ist der genaue Verlauf von $T(S)$ jedoch irrelevant.

Klimaanlage). Am Funktionsprinzip, das heißt der Umsetzung eines Entropietransport in eine Drehbewegung (oder umgekehrt), ändert das jedoch nichts.

– **PELTIER- und Thermoelemente**
Die in Abschnitt 2.7 wegen ihrer Bedeutung für die Thermometrie bereits angesprochenen Thermoelemente beruhen auf der Kopplung des Entropietransports an den Ladungstransport im Elektronensystem von Metallen und Halbleitern (Abschnitt 8.10). Die resultierende Thermospannung U_{th} zwischen dem heißen und dem kalten Ende des Metalldrahts ist in linearer Näherung proportional zur Temperaturdifferenz: $U_{th} = \mathcal{S}(T) \cdot \Delta T$. Der Faktor $\mathcal{S}(T)$ heißt die *Thermokraft.* Ein Temperaturgradient wird in einem Metall daher stets von einem Gradienten des elektrochemischen Potenzials der Elektronen begleitet. Letzterer wird oft auch als *elektromotorische Kraft* bezeichnet und kann für den Antrieb eines elektrischen Stroms ausgenutzt werden. PELTIER-Elemente werden umgekehrt zur Erzeugung eines Temperaturgradienten durch einen elektrischen Strom benutzt. Sie beruhen darauf, dass die von einem Elektronenstrom mitgeführte Entropiemenge für verschiedene Metalle unterschiedlich ist und beim Übergang des Ladungsstroms von einem Metall ins andere auftretende Entropiedifferenz entweder aus der Umgebung zugeführt (Kühlung) oder in diese abgeführt (Heizung) werden muss. In der Praxis bestehen PELTIER-Elemente aus vielen, parallel und seriell geschalteten Thermoelementen, um eine Maximierung der resultierenden Temperaturdifferenz und der Kühl- beziehungsweise Heizleistung zu erreichen.

– **Brennstoffzelle**
Eine Brennstoffzelle verknüpft chemische Umsetzungen mit dem Transport von elektrischer Ladung. Im Gegensatz zur Gasturbine erfolgt die „Verbrennungs"reaktion hier reversibel! Benötigt werden beispielsweise H_2 und O_2 als Brennstoff und ein Elektrolyt (zum Beispiel Schwefelsäure) als Arbeitsmedium und zur Aufnahme des entstehenden Wassers. Die Gase H_2 und O_2 umspülen zwei Platinelektroden, an die Elektronen abgegeben beziehungsweise von denen Elektronen aufgenommen werden. An den beiden Elektroden laufen die chemischen Reaktionen

$$\begin{array}{lrcl} \text{Kathode} & H_2 + 2\,H_2O & \rightleftharpoons & H_3O^+ + 2\,e^- \,, \\ \text{Anode} & O_2 + 2\,H_2O + 4\,e- & \rightleftharpoons & 4\,OH^- \end{array}$$

ab. Der Antrieb der Reaktion ist die „chemische Spannung" der beteiligten Stoffe, das heißt die Tatsache, dass $2\mu_{H_2} + \mu_{O_2} > 2\mu_{H_2O}$ ist. Durch die ablaufenden chemischen Reaktionen steigen an beiden Elektroden die Konzentration und das chemische Potenzial der jeweiligen Reaktionsprodukte. Der entstehende chemische Potenzialgradient treibt einen ionischen Diffusionsstrom von den Elektroden weg und baut einen elektrischen Potenzialgradienten auf. Der Anstieg der elektrischen Spannung kommt erst zum Stillstand, wenn der elektrische Potenzialgradient ausreicht, um den ionischen Diffusionsstrom zum Stillstand zu bringen. Die chemischen Potenziale der Reaktionspartner bestimmen den Energieumsatz und die elektrische Spannung der Zelle.

Für die Effizienz der Zelle ist deren Innenwiderstand von Bedeutung. Dieser wird überwiegend durch den Elektrolyten bestimmt, dessen wesentliche Funktion darin besteht, zwar den Transport von H_3O^+ und OH^- und deren Neutralisation zu H_2O zu erlauben, nicht aber den für den Ablauf der Reaktion ebenso erforderlichen Transport der Elektronen von einer Elektrode zur anderen. Letzterer erfolgt mittels zweier Drähte über einen Verbraucher, zum Beispiel einen Elektromotor.

4.2 Das CARNOT'sche Prinzip

Mit der Entdeckung der allgemeinen Erhaltung der Energie stellte sich die Frage, ob der in einem Wärmereservoir enthaltene Energievorrat *vollständig* zur Arbeitsleistung nutzbar gemacht werden kann. Eine solche Maschine könnte praktisch unerschöpfliche Energiemengen zum Beispiel aus der Abkühlung der Ozeane gewinnen. Sie wurde daher ein *perpetuum mobile 2. Art* genannt. Wie man aufgrund der Tatsache, dass derartige Maschinen nicht allgegenwärtig sind, bereits vermuten kann, gibt es dabei allerdings eine prinzipielle Schwierigkeit. Dies wurde zum ersten Mal von CARNOT dargelegt, von dem wichtige prinzipielle Betrachtungen zur Arbeitsweise von Maschinen, insbesondere der Wärmekraftmaschine, stammen. CARNOT überlegte sich anhand der oben dargelegten Analogie mit einem Wasserrad, auf welche Weise der Transport von *Wärme* (im Sinne des alten Caloricums) von einem Reservoir mit hoher Temperatur T_1 zu einem mit niedrigerer Temperatur T_2 zur Verrichtung von *Arbeit* genutzt werden kann. Dabei nahm er an, dass die Summe der Wärmemengen beider Wärmereservoire konstant, die gesamte Wärmemenge also erhalten ist. Anhand dieser Analogie hat er ein grundlegendes Charakteristikum *jeder* Wärmekraftmaschine erkannt, welches diese mit dem oben genannten mechanischen (und dem zu seiner Zeit noch unbekannten elektrischen) Beispiel gemeinsam hat: Die zugeführte Wärme (ebenso wie die der Turbine zugeführte Wassermenge und ebenso wie die dem Elektromotor zugeführte elektrische Ladung) muss auch wieder *abgeführt werden*, um einen kontinuierlichen Betrieb der Maschine zu gewährleisten! Die Analogie ist allerdings nur dann haltbar, wenn die Maschine ideal arbeitet (also keine Entropie erzeugt), und wir das, was CARNOT Wärme nannte, mit der *Entropie* und nicht mit der Energie identifizieren.

Zu CARNOT's Zeiten war noch nicht bekannt, dass sich hinter dem Phänomen des Wärmetransports *zwei* physikalische Größen, Energie *und* Entropie verbergen, ebenso wenig wie die Tatsache, dass sich hinter der mechanischen Arbeitsleistung der Transport von zwei Größen, nämlich Energie *und* Impuls verbergen. Außerdem nahm CARNOT wie seine Zeitgenossen als selbstverständlich an, dass die Wärmemenge stets erhalten ist. Letzteres wurde durch die Experimente von RUMFORD widerlegt, der experimentell zeigte, dass sich durch *Reibung* beliebige Wärmemengen *erzeugen* lassen. Diese Experimente zerstörten den Glauben an die „Stoffartigkeit" der Wärme, da es zu dieser Zeit dem gesunden Menschenverstand zu widersprechen schien, dass

Stoffe erzeugt und vernichtet werden können.[3] Tatsächlich ist die Vorstellung eines Wärmestoffs wie des Caloricums unhaltbar. Dessen logische Funktion im Rahmen der CARNOT'schen Theorie hat heute die Entropie übernommen, welche die Eigenschaft der Bilanzierbarkeit mit der Stoffmenge, der elektrischen Ladung und dem Impuls gemeinsam hat – und auf diese Eigenschaft gründet sich CARNOTs Analogieschluss. Die von CARNOT postulierten Prozesse mit konstanter Entropie werden heute *reversibel* genannt. Sie bilden einen zumindest in Gedankenexperimenten zu erwägenden Grenzfall, in dem sich die Funktion der Wärmekraftmaschinen besonders einfach darstellen lässt.

Die Erkenntnis, dass an der Funktion von Maschinen die Energie als eine weitere mengenartige Größe beteiligt ist, kam erst 25 Jahre später. Die Tatsache, dass die Energie und nicht die „Wärme" erhalten ist, führte dazu, dass CARNOTs Theorie (gemeinsam mit dem Begriff des Caloricums) zunächst verworfen wurde. Erst die Arbeiten von CLAUSIUS und WILLIAM THOMSON (LORD KELVIN) führten zur Rehabilitierung von CARNOTs Ideen – allerdings war der Begriff der Wärme zu dieser Zeit schon fest mit der Energie verknüpft. Die dadurch entstandenen begrifflichen Probleme haben wir bereits in Abschnitt 2.1 dargestellt.

Wir wollen nun die Bilanzen der physikalischen Größen des Arbeitsmediums (meistens ein Gas) einer Wärmekraftmaschine genauer betrachten. Die Maschine kann entweder kontinuierlich oder zyklisch arbeiten. Für die Aufstellung der Bilanzen sind keine Aussagen über den konkreten Aufbau und die Arbeitsweise der Maschine erforderlich. Es wird allein die Annahme gemacht, dass ihr Arbeitsmedium seinen (gegebenenfalls über einen Zyklus gemittelten) Zustand nicht ändert. Wie in Abb. 4.1 schematisch dargestellt, liefert ein Wärmereservoir mit der Temperatur T_1 die für den Betrieb der Maschine notwendige Energie und Entropie. Der in die Maschine einfließende Entropiestrom muss in ein zweites Wärmereservoir mit der Temperatur T_2 wieder abgeführt werden, da sich im Arbeitssystem (im zeitlichen Mittel) keine Entropie anhäufen darf – letzteres würde im Mittel zu einer (für die Funktion fatalen) fortschreitenden Erwärmung der Maschine führen. Der von der Maschine abgegebene „Nutz"-Energiestrom muss zusammen mit einem anderen Träger (zum Beispiel einem Impulsstrom) an ein weiteres Reservoir oder an einen „Verbraucher" abgegeben werden. Eine solche Maschine wird auch *CARNOT-Maschine* genannt. Das dritte Reservoir in Abb. 4.1 ist der Nutzenergiespeicher, beispielsweise eine Feder.

3 Das Sprichwort „Von nichts kommt nichts!" spiegelt diese Überzeugung wider. Dem entspricht auch die von DEMOKRIT begründete These, dass die „Grundbausteine der Materie" unzerstörbar und unvergänglich seien. Die moderne Physik hat aber gezeigt, dass Stoffe durch Prozesse wie den radioaktiven Zerfall, die Kernfusion oder die Paarerzeugung (zum Beispiel von Elektron/Positron-Paaren) durchaus erzeugt oder vernichtet werden können, ohne dass dadurch grundlegende Erhaltungssätze verletzt würden und ohne dass dies der Eigenschaft der Bilanzierbarkeit widerspricht: Diesen Prozessen kann durch den Erzeugungs- und Vernichtungsterm in der Kontinuitätsgleichung Rechnung getragen werden.

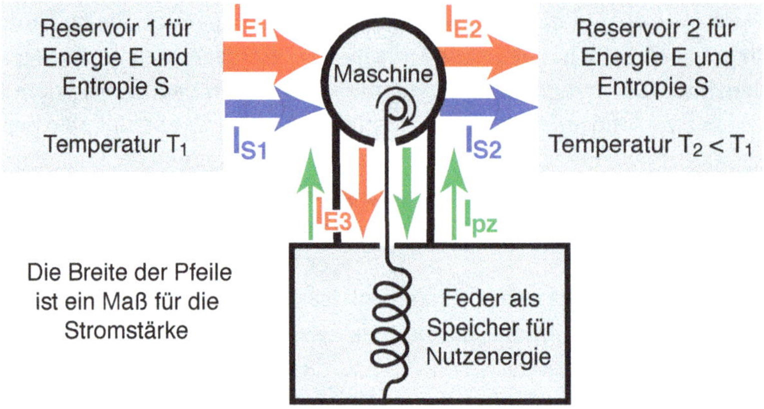

Abb. 4.1. Schematische Darstellung einer Wärmekraftmaschine mit zwei Wärmereservoiren und einem durch eine elastische Feder realisierten Nutzenergiespeicher. Die Maschine steht mit zwei Stützen auf dem Nutzenenergiespeicher. Die Energieströme sind als rote und die Entropieströme als blaue Pfeile eingezeichnet. Die grünen Pfeile geben die Stromstärken des in den Nutzenergiespeicher hinein- und hinausfließenden z-Impulses an. Wegen $F_z = -I_{P_z}$ entspricht dies den Kräften, welche der Nutzenergiespeicher über die Feder und die Stützen auf die Maschine ausübt. Die Gesamtkraft ist Null, das heißt, die z-Komponente des Impulses fließt in einem geschlossenen Kreislauf. Nur der Impulsstrom durch das bewegte (obere) Federende trägt die Nutzenergie aus der Maschine in die Feder.

Wie bereits erwähnt, postuliert der *erste Hauptsatz* die Erhaltung der Gesamtenergie aller beteiligten Systeme. Die über einen Zyklus gemittelte Summe aller Energieströme in das Arbeitssystem hinein und aus dem Arbeitssystem heraus muss Null sein, weil sich im Arbeitssystem keine Energie anhäufen darf. Falls nirgendwohin anders Energie abfließt, lautet die Energiebilanz:

$$I_{E1} + I_{E2} + I_{E3} = 0\ .$$

Dabei gilt die in Abschnitt 1.5 eingeführte Vorzeichenkonvention, nach der die das Arbeitsmedium verlassenden Energie- und Entropieströme positiv, die hineinfließenden negativ gezählt.

Der *zweite Hauptsatz* postuliert nach Abschnitt 2.4 die Unmöglichkeit, Entropie zu vernichten. Wird im Verlauf eines Prozesses Entropie erzeugt, so ist der Prozess *irreversibel*, das heißt unumkehrbar. Prozesse mit konstanter Entropie sind dagegen *reversibel*. Zunächst wollen wir – wie Carnot – idealisierend annehmen, dass unsere Wärmekraftmaschine *reversibel* arbeitet. Falls nirgendwohin anders Entropie abfließt und keine Entropie erzeugt wird, lautet die Entropiebilanz:

$$I_{S1} + I_{S2} = 0\ .$$

Der von der Temperaturdifferenz $T_1 - T_2$ getriebene Entropiestrom führt langfristig (bei endlicher Größe der Reservoire) zum Ausgleich der Temperaturdifferenz. Eine ideale Wärmekraftmaschine erlaubt also eine *reversible* Realisierung des Temperaturausgleichs, welche das Gegenstück des irreversiblen Temperaturausgleichs durch Wärmeleitung bildet (Abschnitt 2.9).

Schließlich lautet die Impuls-Bilanz:

$$I_{P_z,\,\text{Feder}} + I_{P_z,\,\text{Stütze}} = 0\,,$$

wobei der Strom I_{p_z} der z-Komponente des Impulses mit der (negativen) z-Komponente der wirkenden Kraft zu identifizieren ist (Gl. 1.40). Wie in Abb. 1.4 ist die Rückleitung des Impulses über die Stütze erforderlich, damit die Feder nicht insgesamt Impuls aufnimmt und sich in Bewegung setzt, anstatt gespannt zu werden. Der Energieerhaltungssatz äußert sich also darin, dass das Arbeitsmedium (die Wärmekraftmaschine) den durchfließenden Entropiestrom und die Längenänderung $v_z = \dot{z}$ der Feder im Mittel so koppeln muss, dass gilt:

$$I_{E1} + I_{E2} + I_{E3} = (-T_1 + T_2)I_S + v_z \cdot I_{P_z} = 0\,, \tag{4.1}$$

!

wobei $I_S = -I_{S1} = I_{S2} > 0$ und $I_{P_z} = I_{P_z,\,\text{Feder}} = -I_{P_z,\,\text{Stütze}} > 0$ ist. Diese Beziehung drückt das CARNOT'*sche Prinzip* aus:

> Die Differenz der in die Wärmekraftmaschine ein- und ausfließenden Wärmeströme ist gleich der nutzbaren Arbeitsleistung. Unabhängig von der Natur der Maschine hängt sie allein vom einfließenden Energiestrom und den Temperaturen der Wärmereservoire ab.

Von dem aus dem Wärmereservoir 1 in die Maschine fließenden Energiestrom I_{E1} wird ein mechanisch nutzbarer Energiestrom I_{E3} (die Nutzleistung) in die Feder abgezweigt, dessen Stärke von der Temperaturdifferenz zwischen den Reservoiren abhängt:

$$I_{E3} = (T_1 - T_2)I_S, \qquad I_{E1} = -T_1 I_S \tag{4.2}$$

Der Quotient von Nutzleistung I_{E3} zu zugeführter Heizleistung $|I_{E1}|$

$$\eta_{\text{CARNOT}} = \frac{I_{E3}}{|I_{E1}|} = \frac{T_1 - T_2}{T_1} = \frac{T_\text{H} - T_\text{L}}{T_\text{H}} < 1 \quad \text{für} \quad T_2 > 0 \tag{4.3}$$

heißt CARNOT'*scher Wirkungsgrad*. Dabei stehen T_H und T_L für die Temperaturen des heißen und des kalten Wärmereservoirs. [4]

Wenn sich das zweite Wärmereservoir auf einer endlichen Temperatur $T_2 > 0$ befindet, muss selbst bei einer idealen Wärmekraftmaschine $\eta_{\text{CARNOT}} < 1$ sein, da die

4 Die Definition von η_{CARNOT} durch T_H und T_L stellt sicher, dass η_{CARNOT} stets positiv ist, auch wenn $T_1 < T_2$. Dieser Fall tritt bei den in Abschnitt 4.8 diskutierten Wärmepumpen auf.

abzuführende Entropie den Bruchteil $I_{E2} = T_2 \cdot I_S$ des einfließenden Energiestroms I_{E1} in das zweite Wärmereservoir überträgt. Auf lange Sicht muss sich die Temperatur in diesem zweiten Wärmereservoir daher erhöhen, bis schließlich $T_1 = T_2$ wird und der Gewinn an Nutzenergie I_{E3} auf Null abfällt. Die Unvermeidbarkeit der Erwärmung des zweiten Wärmereservoirs ist mit der Formulierung des zweiten Hauptsatzes nach THOMSON äquivalent:

Es existiert keine periodisch arbeitende Maschine, die nichts weiter bewirkt als die Abkühlung eines Wärmereservoirs und das Heben einer Last (Unmöglichkeit eines *perpetuum mobiles* 2. Art).

Diese Formulierung lässt den springenden Punkt allerdings unausgesprochen:

! *Jede* periodisch arbeitende Wärmekraftmaschine bewirkt *zusätzlich* zum Heben einer Last und der Abkühlung eines Wärmereservoirs *die Erwärmung eines zweiten Wärmereservoirs*.

Die Abkühlung eines Wärmereservoirs impliziert, dass die Maschine diesem neben Energie auch Entropie entzieht. Letztere kann durch das Heben der Last nicht aus der Maschine entfernt werden. Die Abfuhr der Entropie aus der Maschine ist allein durch die Erwärmung eines *zweiten* Wärmereservoirs möglich! Wäre die Arbeitsleistung der Maschine auch für $T_1 < T_2$ möglich, so widerspräche dies der Unmöglichkeits-Aussage von CLAUSIUS:

Es gibt keinen Prozess, dessen einziges Resultat die Übertragung von Energie und Entropie von einem kälteren zu einem wärmeren Körper ist.

Auch hier bleibt unausgesprochen, dass eine Übertragung von Energie und Entropie von einem kälteren zu einem wärmeren Körper *notwendig* die Energiezufuhr aus einem weiteren System erfordert – zum Beispiel durch das Absinken einer Last.

In moderner Sprache lassen sich die Unmöglichkeits-Aussagen von THOMSON und CLAUSIUS zu der hier gewählten Formulierung des zweiten Hauptsatzes zusammenfassen:

Es gibt kein physikalisches System, keinen Prozess und damit auch keine Maschine, die Entropie vernichtet.

Der Witz der Größe Entropie besteht unter anderem darin, die Unmöglichkeit eines perpetuum mobiles 2. Art (welche durch die vergeblichen Bemühungen vieler Erfindergenerationen demonstriert wurde) auf ein allgemeines, durch physikalische Größen ausgedrücktes Prinzip – nämlich den Satz von der Unvernichtbarkeit der Entropie –

zurückzuführen, ähnlich wie die Unmöglichkeit eines perpetuum mobiles 1. Art auf das allgemeine Prinzip der Erhaltung der Energie zurückgeführt wird.

Die Beispiele Wasserturbine und Elektromotor haben bereits gezeigt, dass das Prinzip des CARNOT-Prozesses nicht an den Energietransport über Entropieströme gebunden ist – wie wir in Abschnitt 4.4 sehen werden, lässt sich dasselbe Verfahren auf den Transport von zwei beliebigen extensiven Variablen X_1, X_2 übertragen, wenn die zugehörigen intensiven Variablen ξ_1, ξ_2 des Arbeitsmediums beide Funktionen von X_1 *und* X_2 sind. Falls ein geeignetes Arbeitssystem existiert, lässt sich eine ξ_1-Differenz zwischen den X_1 Reservoiren zum Antrieb eines X_2-Stroms *gegen* eine ξ_2-Differenz zwischen den X_2-Reservoiren ausnutzen.

Im Falle der Wasserturbine und des Elektromotors erscheint uns selbstverständlich, dass die der Turbine zugeführte Wassermenge beziehungsweise die dem Elektromotor zugeführte Ladung auch wieder abgeführt werden müssen und weiterhin Energie mit sich führen. So trägt auch die in das zweite Wasserreservoir abzuführende Wassermenge eine gewisse Energiemenge mit sich, die von einer weiteren Turbine weiter unten am Fluss genutzt werden kann. Die entscheidende Einsicht von CLAUSIUS war die, dass sich hinter der Abweichung des Wirkungsgrads einer *idealen* Wärmekraftmaschine von 1 die Existenz einer von der Energie unabhängigen und von ihm Entropie genannten physikalischen Größe verbirgt. Hat man die Existenz der Entropie und ihre Mengenartigkeit bereits akzeptiert, so erscheint das Ergebnis seiner in Abschnitt 4.9 skizzierten Überlegungen nicht mehr überraschend.

Zum Abschluss dieses Abschnitts wollen wir noch auf eine historisch bedeutsame Konsequenz von CARNOTS Überlegungen hinweisen, die zuerst von KELVIN bemerkt wurde:

Für eine *ideale* CARNOT-Maschine gilt für das Verhältnis der von der Maschine aus dem Wärmereservoir 1 aufgenommenen, beziehungsweise ins Wärmereservoir 2 abgegebenen Energiebeträge

$$\frac{\Delta E_1}{\Delta E_2} = \frac{T_1 \Delta S_1}{T_2 \Delta S_2} = -\frac{T_1}{T_2}\,, \tag{4.4}$$

weil wegen der Reversibilität einer idealen Maschine $\Delta S_1 = -\Delta S_2$ sein muss. Wählt man die Temperatur T_1 als Bezugstemperatur für die ***absolute*** Temperaturskala und gibt ihr gemäß unseren Überlegungen in Abschnitt 2.3 einen beliebigen Zahlenwert, so ist

$$T_2 = -T_1 \cdot \frac{\Delta E_2}{\Delta E_1} \tag{4.5}$$

die absolute Temperatur des Wärmereservoirs 2. Diese Überlegung zeigt, dass der Nullpunkt der Temperatur nicht frei wählbar ist, sondern *absolut festgelegt sein muss*.

Wie wir im nächsten Abschnitt sehen werden, ist dieses Verfahren zur experimentellen Bestimmung der absoluten Temperatur des Wärmereservoirs 2 leider nicht geeignet, weil alle real existierenden Maschinen mehr oder weniger irreversibel arbeiten und daher $\Delta S_1 \neq -\Delta S_2$ ist. Erst in Abschnitt 5.3 haben wir genügend Hintergrundwissen, um ein praktikables Verfahren zur experimentellen Bestimmung der absoluten Temperatur anzugeben, welches auch mit Fluiden funktioniert, deren thermische Zustandsgleichung von der eines idealen Gases abweicht.

4.3 Unvollkommene Maschinen – Irreversibilität

Bisher haben wir angenommen, dass unsere Maschine reversibel arbeitet, sodass $I_{S1} = -I_{S2}$. Die meisten realen Prozesse sind jedoch mit der Erzeugung von Entropie verbunden. Solche Prozesse nennt man *irreversibel*, das heißt nicht (vollständig) umkehrbar. In der Praxis ist es fast unmöglich, die Erzeugung von Entropie zu vermeiden, da alle Reibungsphänomene Entropie erzeugen. Nur eine idealisierte Maschine ohne Reibungsverluste hat nach der Theorie den Wirkungsgrad η_{CARNOT}. Verluste spiegeln sich in der Entropiebilanz durch einen Erzeugungsterm wider:

$$I_{S1} + I_{S2} = \Sigma_S \tag{4.6}$$

Die mit der Rate Σ_S zusätzlich erzeugte Entropie muss ebenfalls in das Wärmereservoir 2 abgeführt werden und erhöht den Energiestrom I_{E2} in dieses Reservoir auf Kosten des Nutz-Energiestroms I_{E3}! Diese Energie fehlt damit im Nutzenergiespeicher – sie ist *vergeudet*.

Die Energiebilanz lautet entsprechend:

$$I_{E1} + I_{E2} + I_{E3} = T_1 I_{S1} - T_2 \left(I_{S1} + \Sigma_S\right) + I_{E3} = 0\ . \tag{4.7}$$

Die vergeudete Leistung $T_2\Sigma_S$ ist der bei Maschinen meist unerwünschte „Reibungsverlust“. Es gibt aber auch Fälle, in denen Reibungsverluste benutzt werden, um Energie kontrolliert und einfach abzuleiten, zum Beispiel bei allen Arten von Bremsen, mit denen die kinetische Energie von Fahrzeugen abgeführt wird.

Im Extremfall einer stehenden Maschine wird gar keine Nutzleistung extrahiert. In diesem Fall liegt der in Abschnitt 2.9 behandelte spontane Temperaturausgleich durch Wärmeleitung vor, und es muss $T_2\Sigma_S = (T_1 - T_2)I_{S1}$ sein, um die Energieerhaltung zu gewährleisten.

Im Gegensatz zum spontanen Temperaturausgleich durch Wärmeleitung ist der Temperaturausgleich durch eine *ideale* Wärmekraftmaschine umkehrbar. Lässt man eine Wärmekraftmaschine rückwärts laufen, so erhält man eine Wärmepumpe. Diese „pumpt“ Entropie von einem Wärmereservoir auf niedriger Temperatur unter Energiezufuhr in ein Wärmereservoir auf hoher Temperatur und kann so zur Erzeugung von Temperaturdifferenzen ausgenutzt werden. Dies wird zum Beispiel in Kühlschränken und Klimaanlagen angewendet.

4.4 Unzerlegbare Systeme

Die meisten der in den Abschnitten 1.4 und 2.3 aufgeführten Systeme sind in dem Sinn *einfach*, dass sie nur einen einzigen Freiheitsgrad haben. Wie das Beispiel des mechanischen und elektrischen Oszillators zeigt, können einfache Systeme zu komplexeren zusammengesetzt werden. Die MASSIEU-GIBBS-Funktion des zusammengesetzten Systems ist dann einfach die Summe der MASSIEU-GIBBS-Funktionen der Einzelsysteme. Wenn die Variablen der Teilsysteme unabhängig voneinander vorgegeben werden können, zerfällt die MASSIEU-GIBBS-Funktion des Gesamtsystems in variablenfremde Summanden, die wir als verschiedene *Speicherungsformen* der Energie interpretieren können. Dann müssen die Zustandsgleichungen des einen Teilsystems von den Variablen der anderen Teilsysteme unabhängig sein. Diese Bedingung liefert ein Kriterium für die *Zerlegbarkeit* eines thermodynamischen Systems in *unabhängige* Teilsysteme. Im Gegensatz zu den Speicherungsformen der Energie werden die verschiedenen Terme in der GIBBS'schen Fundamentalform, gerne als *Übertragungsformen* der Energie bezeichnet.[5]

Dass eine solche Systemzerlegung nicht immer möglich ist, zeigt das im letzten Kapitel intensiv besprochene ideale Gas. Das allgemein als thermische Zustandsgleichung bekannte Gasgesetz Gl. 3.3 ist nicht nur eine thermische, sondern gleichzeitig auch eine mechanische und eine chemische Zustandsgleichung, welche die thermische Größe T mit den mechanischen Größen p und V sowie mit der chemischen Größe N verknüpft. Das bedeutet, dass ein ruhendes ideales Gas nur *eine* Speicherungsform der Energie aufweist (nämlich die kinetische Energie seiner Moleküle), und nicht in ein thermisches, in ein mechanisches und in ein chemisches Teilsystem zerlegt werden kann. In diesem Abschnitt wollen wir zeigen, dass es genau die Eigenschaft der *Unzerlegbarkeit* ist, die ein physikalisches System als Arbeitssystem für eine *Maschine* geeignet macht.[6]
Wie man diese Erkenntnis für die Konstruktion einer *Wärmekraftmaschine* ausnutzen kann werden wir in nachfolgenden Abschnitt 4.5 zeigen.

Ein weiteres Beispiel für ein unzerlegbares System ist das elektrische Feld in dem bereits in Kapitel 1 angesprochenen Plattenkondensator mit variablem Plattenabstand. Dieses System hat einen mechanischen und einen elektrischen Freiheitsgrad, aber seine MASSIEU-GIBBS-Funktion (Gl. 1.24) lässt sich ebenfalls nicht in Summanden zerlegen, die ausschließlich elektrische beziehungsweise ausschließlich mechanische Größen enthalten – damit ist das System auch nicht in ein elektrisches und ein mechanisches Teilsystem zerlegbar. Dies äußert sich darin, dass die Zustandsgleichungen (Gln. 1.27, 1.28) des Systems jeweils *beide* unabhängigen Variablen enthalten. Formal lässt sich dies dadurch ausdrücken, dass die Ableitung einer Zustandsgleichung nach der jeweils

5 Wenn man diese Unterscheidung verwischt, und nur pauschal von „Energieformen" spricht, dann entstehen genau die logischen Schwierigkeiten, für die die Thermodynamik berüchtigt ist...

6 Anders ausgedrückt eignen sich diejenigen Systeme als Arbeitssysteme für Maschinen, die nur eine Speicherungsform der Energie aufweisen, aber mehrere Übertragungsformen. Dies macht es aber wiederum unmöglich die gespeicherte Energie mit einem Attribut wie „mechanisch", „elektrisch", oder „thermisch" zu versehen.

anderen Variablen nicht verschwindet:

$$-E_x = \frac{\partial U(Q,x)}{\partial x} = \frac{\partial^2 E(Q,x)}{\partial x \partial Q} \equiv \frac{\partial^2 E(Q,x)}{\partial Q \partial x} = -\frac{\partial F(Q,x)}{\partial Q} = \frac{Q}{\epsilon_0 A}\,, \tag{4.8}$$

wobei E_x die x-Komponente der elektrischen Feldstärke ist. Die Identität der gemischten partiellen Ableitungen von $E(Q,x)$ ist stets gegeben, wenn $E(Q,x)$ stetig differenzierbar ist (Satz von SCHWARZ). Relationen dieses Typs sind für beliebige unabhängige Variablen als MAXWELL-*Relationen* bekannt – in Abschnitt 5.2 werden wir diese allgemeiner besprechen. Gleichung 4.8 sagt aus, wie stark die Anziehungskraft zwischen den Kondensatorplatten beim Laden des Kondensators zunimmt, beziehungsweise wie stark die Spannung über dem Kondensator bei einer Erhöhung des Plattenabstandes zunimmt. Die Eigenschaft der *Unzerlegbarkeit* ist entscheidend für die Möglichkeit, ein System als Arbeitsmedium für eine Maschine (in diesen Fall das elektrostatische Feld als Arbeitsmedium für eine „Elektro-Kraft“-Maschine, das heißt als elektrostatischen Motor) zu nutzen. Eine solche Maschine ist in Abb. 4.2 skizziert.[7]

Wir wollen uns ein weiteres System ansehen, welches näherungsweise, aber nicht perfekt zerlegbar ist: Ein geeignet geformtes Stück Metall lässt sich sowohl als Beispiel für das System „Elastische Feder“ als auch als Repräsentant des Systems „Heißer Körper“ ansehen. Die MASSIEU-GIBBS-Funktion dieses Systems kann ebenfalls nicht einfach als Summe der durch die Gln. 1.1 und 2.14 gegebenen MASSIEU-GIBBS-Funktionen dargestellt werden. Der Grund dafür ist der Effekt der linearen *thermischen Ausdehnung*, welche die mechanischen und thermischen Eigenschaften (relativ schwach) miteinander koppelt[8] und die wir daher bereits für die Thermometrie ausgenutzt haben. Da der Effekt recht klein ist, betrachtet man am besten einen langen dünnen Draht mit der Ruhelänge L und dem Querschnitt A. Die Folge ist, dass eine Längenänderung Δx nicht nur von der Kraft F abhängt, mit der die Feder mit der Außenwelt wechselwirkt, sondern auch von der Temperatur. Zusammen mit dem HOOKE'schen Gesetz (Gl. 1.16) erhalten wir für die thermische Zustandsgleichung des Drahtes in linearer Näherung:

$$\Delta x(\Delta T, F) = \beta_L L \cdot \Delta T - \mathcal{K}^{-1} F\,, \tag{4.9}$$

wobei der lineare Längenausdehnungs-Koeffizient β_L in Gl. 2.3 definiert wurde. Dabei haben wir eine mögliche Temperaturabhängigkeit der Federkonstanten $\mathcal{K}$ vernachlässigt. Die thermoelastische Kopplung kann mittels der in Abb. 4.3 skizzierten Anordnung

---

7 Der in Abb. 1.6 skizzierte Drehkondensator lässt sich als Basis für eine reibungsärmere und daher praktikablere Elektrokraftmaschine verwenden. Diese hat außerdem den Vorteil, dass das Schwungrad in Form der rotierenden Kondensatorplatte bereits Bestandteil der Maschine ist, und sich als Speicher für die von der Maschine geleistete Arbeit nutzen lässt. Varianten der auf einem Drehkondensator beruhenden Elektrokraftmaschine sind als *Influenzmaschinen* bekannt, die sich zur einfachen mechanischen Erzeugung hoher Spannungen im kV-Bereich benutzen lassen.

8 Eine Erklärung für dieses Verhalten auf der Basis eines Modells werden wir in Abschnitt 6.4.2 vorstellen – die thermische Ausdehnung wird interessanterweise durch die Abweichungen vom HOOKE'schen Gesetz, das heißt durch die *Nichtlinearität* der Feder bestimmt.

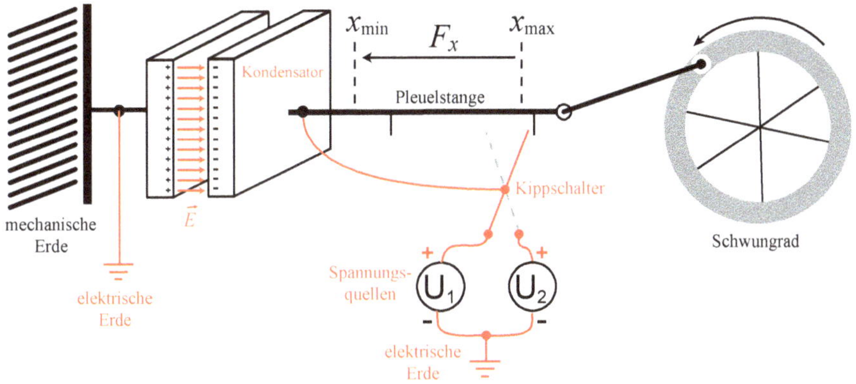

Abb. 4.2. Schema einer *Elektrokraftmaschine*, welche das elektrische Feld in einem Plattenkondensator als Arbeitsmedium nutzt. Eine Pleuelstange überträgt die linearen Bewegungen der beweglichen Kondensatorplatte auf ein Schwungrad, welches als Energiespeicher dient. An der Pleuelstange befinden sich zwei Umwerfer (schwarz), welche einen Kippschalter betätigen, der die Kondensatorplatte zwischen zwei Spannungsquellen hin und her schaltet. Läuft die Kondensatorplatte nach links, so ist sie mit der Spannungsquelle mit der höheren Spannung $U_1 > U_2$ verbunden, und überträgt Drehimpuls auf das Schwungrad. Nahe dem minimalen Plattenabstand wird der Schalter auf die andere Spannungsquelle umgeschaltet, sodass die Platte auf dem Rückweg nur noch schwach angezogen wird, sodass die im Schwungrad gespeicherte Energie ausreicht, um die Expansionsphase zu durchlaufen. Die linke Platte des Kondensators muss nicht nur mit einem Ladungsreservoir, der (elektrischen) Erde, sondern auch mit einem Impulsreservoir – der (mechanischen) Erde – verbunden sein, um das zur Beschleunigung des Schwungrads notwendige Drehmoment aufzubringen.

auch als Temperaturänderung ΔT bei einer plötzlichen elastischen Verformung des Drahtes sichtbar gemacht werden. Die Längenänderung wird durch eine plötzliche Belastung mit der Kraft $-F_0$ erreicht. Das Volumen des Drahtes nimmt dabei zu, während die im Draht enthaltene Entropie bei der Verformung konstant bleibt, sofern die Zeit für die Verformung klein gegen die thermische Relaxationszeit (Abschnitt 2.9) ist. Um die erwartete Temperaturänderung abzuschätzen, benötigen wir den Differenzialquotienten $\partial T(S,F)/\partial F$:

$$\begin{aligned}\Delta T &= \frac{\partial T(S,F)}{\partial F}F_0 = -\frac{\partial T(S,F)}{\partial S}\frac{\partial S(T,F)}{\partial F}F_0 \\ &= \left(\frac{\partial S(T,F)}{\partial T}\right)^{-1}\frac{\partial x(T,F)}{\partial T}F_0 = \frac{Tx_0\beta_L F_0}{Vm\tilde{c}_F} = \frac{T\beta_L F_0}{Am\tilde{c}_F},\end{aligned}$$

wobei $\tilde{c}_F = (T/M)\partial S(T,F)/\partial T$ die spezifische Wärmekapazität des Drahtes (bei konstanter Kraft) und m seine Massendichte sind. In dieser Herleitung wurden die MAXWELL-Relation[9] $-\partial S(T,F)/\partial F = \partial x(T,F)/\partial T$ und die Differentiationsregel Gl. A.3 verwendet. Mit den Zahlenwerten von β_L und $\tilde{c}_F$ für Stahl und $L = 1$ m ergibt eine plötzliche Belastung von $F_0/A = -0.5 \cdot 10^9$ N/m^2 (entsprechend etwa der halben Zerreißfestigkeit)

9 Hier nehmen wir ein Ergebnis aus Abschnitt 5.2 vorweg.

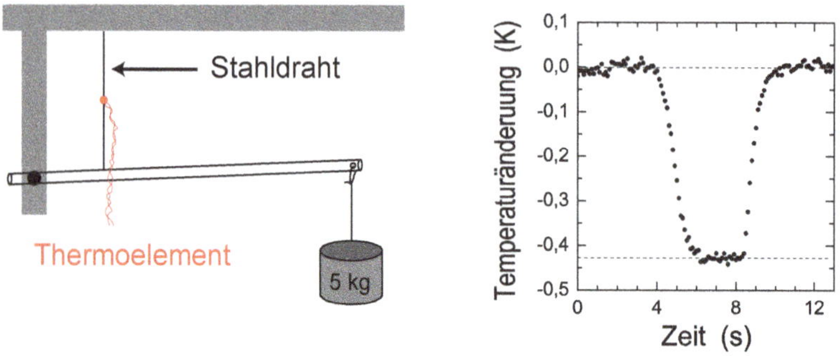

Abb. 4.3. Versuchsanordnung zum schnellen Strecken eines Stahldrahts. Die Temperatur in der Mitte des Drahtes wird mit einem Thermoelement gemessen und als Funktion der Zeit aufgezeichnet. Der Draht wird „schnell", das heißt, ohne dass Entropie aus der Umgebung nachfließen kann, belastet und dadurch gestreckt. Die Entropiedichte im Draht nimmt dabei ab, weil sein Volumen zunimmt. Dies äußert sich in einem Absinken der Temperatur. Nach einigen Sekunden wird der Draht wieder entlastet, sodass er wieder seine Ruhlänge und die Ausgangstemperatur annimmt. Die Gesamtentropie des Drahtes bleibt konstant, solange Wärmeleitungsprozesse vernachlässigt werden können.

eine *Abkühlung* von ca. −0.4 K. Dies stimmt in der Tat mit den in Abb. 4.3 gezeigten Messdaten überein. Wegen des kleinen Wertes der thermischen Ausdehnung in Festkörpern ist die thermoelastische Kopplung in Festkörpern nur selten von praktischer Bedeutung.[10]

Polymere, beispielsweise in einem Gummiband, sind Materialien, bei denen die thermoelastische Kopplung wesentlich stärker als bei Metallen ist. Polymere bestehen aus langen Ketten von Molekülen, welche als Freiheitsgrade nicht nur die Schwingungen der Atome innerhalb der Moleküle, sondern auch die Konfiguration der Kette selbst besitzen. Während es für eine maximal gestreckte Kette nur eine einzige, nämlich die lineare Konfiguration mit der Länge $L_{\max}$ gibt, so existieren für Abstände $L_K < L_{\max}$ der Endpunkte der Kette um so mehr Konfigurationen $\Omega(L_K)$ pro Kette, je kleiner L_K ist. Die in der statistischen Thermodynamik postulierte Proportionalität zwischen der Entropie pro Kette $S(L_K)$ und $\ln \Omega(L_K)$ vorwegnehmend,[11] können wir jetzt schon sagen, dass kleine Werte von L_K eine höhere Entropie zur Folge haben. Wird die Zahl der möglichen Konfigurationen durch ein plötzliches Strecken des Gummibands reduziert, muss die dabei abzugebende Entropie auf die Schwingungsfreiheitsgrade der Kette übergehen und sich in einer Temperaturerhöhung niederschlagen. Das Verhalten eines

---

10 Eine Ausnahme stellt die thermische Ausdehnung von Eisenbahnschienen dar. Bei Erwärmung um 20 °C–30 °C im Sommer kann der thermische Spannungskoeffizient $\partial F(T, x)/\partial T$ so große Werte erreichen, dass die Schienen aus ihrer Verankerung gerissen werden und sich schlangenlinienförmig verkrümmen. Um dies zu vermeiden, wurden früher Lücken zwischen den Schienen gelassen, um eine thermische Ausdehnung ohne Spannungsaufbau zu erlauben.

11 Die thermoelastischen Eigenschaften von Polymeren werden in Abschnitt II-3.3 in mehr Detail besprochen.

Gummibands bei Streckung ist dem eines Stahldrahts also genau entgegengesetzt – wir erwarten, dass sich ein Gummiband bei Erwärmung zusammenzieht, sein thermischer Ausdehnungskoeffizient β also *negativ* ist. Diese Phänomene lassen sich experimentell leicht beobachten. Die beobachtete Zunahme der Kraft ist allein auf die Entropiezunahme durch Erwärmung bei konstanter Länge des Gummibands zurückzuführen. Dies stellt ein Beispiel für „entropische Kräfte" dar, wie sie in der Biologie eine große Rolle spielen. Ein weiteres Beispiel ist der Druck eines idealen Gases, wie wir im nächsten Kapitel in Abschnitt 5.1.1 sehen werden.

Die obigen Beispiele illustrieren, wie die Eigenschaft der Unzerlegbarkeit dazu führt, dass die Zustandsgleichungen nicht nur von einer, sondern von zwei oder mehr Variablen bestimmt werden. Dies lässt sich in *Kreisprozessen*[12] ausnutzen, um Energie aus einem Reservoir eines Typs (zum Beispiel einem Wärmereservoir) zum Teil in ein Reservoir anderen Typs (zum Beispiel eine Batterie) zu überführen oder zur Gewinnung von Arbeit mittels einer Maschine nutzbar zu machen. Da solche Kreisprozesse einen Eckpfeiler des traditionellen Zugangs zur Thermodynamik darstellen, wollen wir im nächsten Abschnitt den Zusammenhang zwischen unserer, sich allein auf Zustandsgrößen stützenden, Terminologie und der traditionellen Darstellungsweise herstellen, bei der die Prozessgrößen „Wärme" und „Arbeit" eine größere Rolle spielen.

4.5 Wärme und Arbeit – der CARNOT'sche Kreisprozess

Zur Illustration seiner Ideen hat CARNOT eine Wärmekraftmaschine vorgeschlagen, welche ein ideales Gas als Arbeitssystem benutzt und Entropie reversibel zwischen zwei Wärmereservoiren transferiert, deren Temperaturen T_1 und T_2 konstant gehalten werden. Der Prozess besteht aus zwei isothermen und zwei isentropen Schritten zwischen den Zuständen A, B, C und D. Die Energie- und Entropie- und Impulsströme der einzelnen Prozessschritte sind in Abb. 4.4 dargestellt. Die GIBBS'sche Fundamentalform (Gl. 1.41) beschreibt die Änderungen der Energie eines thermoelastischen Systems, beispielsweise eines Gases, und nimmt für alle mit dem System bei konstanten Werten von N durchgeführten Prozesse die Form

$$dE = T(S, V)\, dS - p(S, V)\, dV\,. \tag{4.10}$$

an.

Betrachten wir einen Prozess γ, das heißt eine Folge von Zuständen zwischen einem Anfangszustand $\{S_\mathsf{A}, V_\mathsf{A}\}$ und einem Endzustand $\{S_\mathsf{C}, V_\mathsf{C}\}$ in der $\{S, V\}$-Ebene (Abb. 4.5). Die einzelnen Terme auf der rechten Seite der GIBBS'schen Fundamentalform beschreiben die beiden verschiedenen Kanäle, über die dem System Energie zugeführt werden kann. Wir beschränken uns auf reversible Prozesse, bei denen keine Entropie

12 Damit ist gemeint, dass sich das Arbeitsmedium der Maschine nach Durchlaufen eines Umlaufs der Maschine wieder im Anfangszustand befindet.

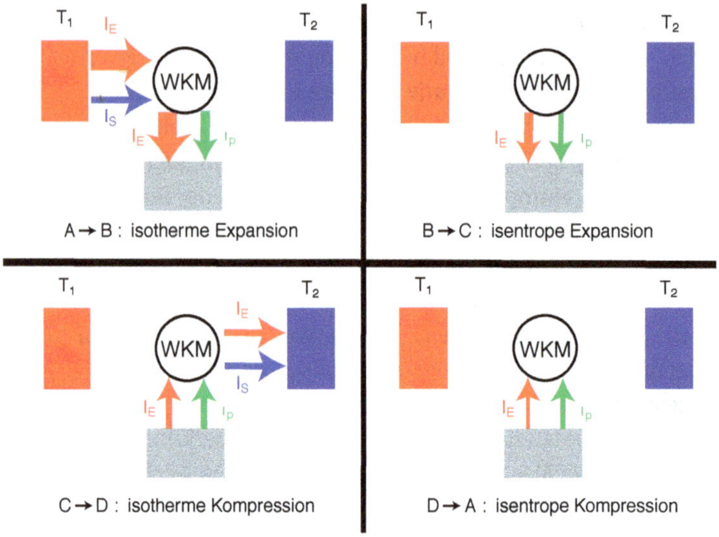

Abb. 4.4. Energie-, Entropie- und Impulsaustausch zwischen den zwei Wärmereservoiren (rot und blau), dem Arbeitsmedium einer CARNOT-Maschine (WKM) und einem Reservoir für Nutzarbeit (grau) bei den vier verschiedenen Schritten des CARNOT'schen Kreisprozesses. Die Werte der verschiedenen physikalischen Größen im Verlauf der einzelnen Prozessschritte ist in den Zustandsdiagrammen in Abb. 4.5 und 4.6 dargestellt. Die in Abb. 4.2 dargestellte Elektrokraftmaschine erlaubt einen völlig analogen Kreisprozess, für dessen Beschreibung lediglich das thermische Größenpaar (T, S) gegen das elektrische Größenpaar (U, Q) ausgetauscht werden muss.

erzeugt wird. In diesem Fall sind sowohl die Energie als auch die Entropie erhalten und die während des Prozesses zugeführte Energie und Entropie müssen aus einem Wärmereservoir stammen. Es ist üblich, den Energiebetrag

$$\mathcal{Q}_{\text{rev}} = \int_{\gamma} T(S,V)\, dS \tag{4.11}$$

die dem System aus einem Reservoir reversibel zugeführte *Wärme* zu nennen. Entsprechend wird der Energiebetrag

$$\mathcal{W}_{\text{rev}} = -\int_{\gamma} p(S,V) dV \tag{4.12}$$

die von dem System an einem anderen Energiereservoir reversibel verrichtete *Arbeit* genannt.[13] Gleichungen 4.11 und 4.12 repräsentieren das Prinzip der *Energie-Erhaltung*

13 Der Zusatz „reversibel" weist bereits darauf hin, dass den Gln. 4.11 und 4.12 eine Idealisierung zugrunde liegt. In aller Regel erfolgt die Wärmezufuhr aus einem Reservoir irreversibel, da eine Temperaturdifferenz erforderlich ist, um einen Wärmestrom vom Reservoir in das Arbeitssystem hinein und wieder heraus zu treiben. Ebenso setzt die Reversibilität der Arbeitsleistung voraus, dass der Kolben rei-

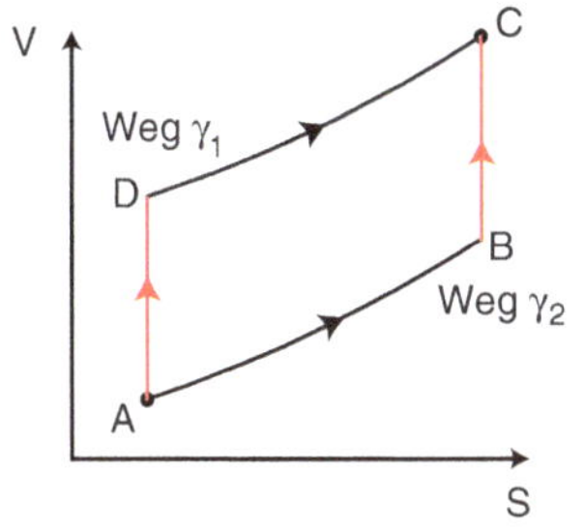

Abb. 4.5. Die Prozesse γ_1 = ADC und γ_2 = ABC in der *VS*-Ebene. Bei festem *N* entspricht jeder Punkt in der *VS*-Ebene einem Zustand des Gases. Die beiden Prozesse weisen jeweils einen isothermen (T = const., AB, CD, in schwarz) und einen isentropen (S = const.,, BC, DA, in rot) Prozessschritt auf. Die Verkettung von γ_1 und $-\gamma_2$ = CBA resultiert in einem Kreisprozess.

– die über den thermischen und den mechanischen Kanal zugeführten Energiemengen müssen am Ende des Prozesses im System *enthalten* sein.

Die naheliegende Schlussfolgerung, dass die Wärmemenge $\mathcal{Q}_{\text{rev}}$ beziehungsweise die Arbeit $\mathcal{W}_{\text{rev}}$ am Ende des Prozesses im System *enthalten sind*, ist jedoch *falsch*! Nur die Summe $\Delta E = \mathcal{Q}_{\text{rev}} + \mathcal{W}_{\text{rev}}$, nämlich die dem System insgesamt zugeführte Energiemenge, ist nach dem Prozess im System enthalten. Das liegt daran, dass $\mathcal{Q}_{\text{rev}}$ und $\mathcal{W}_{\text{rev}}$ nicht allein durch den Anfangs- und Endzustand des Prozesses festgelegt sind, sondern auch vom Verlauf des Prozesses in der S, V Ebene abhängen. Um uns dies klar zu machen, betrachten wir sogenannte *Kreisprozesse*: Kehren wir den Ablauf von Prozess γ_2 um, so bildet die Verkettung der Prozesse γ_1 und $-\gamma_2$ einen *Kreisprozess*, der vom Zustand A über B nach C und über Zustand D wieder zurück nach A führt. Dies ist für ein Gas in Abb. 4.5 illustriert. Das Charakteristikum eines Kreisprozesses ist, dass er wieder zum Anfangszustand zurückführt. Daher sind die Werte *aller* physikalischer Größen nach einem Umlauf wieder *dieselben*.
Wärme und Arbeit sind dagegen *keine* physikalischen Größen in diesem Sinne:

!

Hängt T nicht nur von S, sondern auch von V ab, so unterscheidet sich die zugeführte *Wärme* für die Prozesse γ_1 und γ_2.
Hängt p nicht nur von V, sondern auch von S ab, so unterscheidet sich auch die während der Prozesse γ_1 und γ_2 zu verrichtende *Arbeit*.[14]

---

bungsfrei gleitet. Ist dies nicht der Fall, so ist die am Kolben irreversibel geleistete Arbeit $\mathcal{W}_{\text{irr}} = -\int F dx$ größer als die vom Gas aufgenommene Arbeit $\mathcal{W}_{\text{rev}} = -\int p dV$. Die Differenz $\mathcal{W}_{\text{irr}} - \mathcal{W}_{\text{rev}} = T\Delta S_{\text{irr}}$ entspricht dem durch Reibung vergeudeten Energiebetrag. Die für die Verschiebung des Kolbens erforderliche Kraft F_{Kolben} ist höher als der zur Kompression des Gases erforderliche Wert $F_{\text{Gas}} = pA$ (A ist die Querschnittsfläche des Kolbens), weil aufgrund der Reibungskraft $F_{\text{reib}} = F_{\text{Kolben}} - pA$ neben dem Gas auch die Kolbenwand einen Teil der mechanischen Spannung aufnimmt. Erfolgt die Verschiebung hinreichend langsam, sind die irreversiblen Beiträge vernachlässigbar und Gln. 4.11 und 4.12 stellen eine gute Näherung dar. Deshalb wird in der traditionellen Darstellungsweise der Thermodynamik oft gefordert, dass Zustandsänderungen „quasistatisch“, das heißt unendlich langsam, zu erfolgen haben.

14 Man beachte den semantischen Unterschied zwischen diesen beiden Aussagen: Man spricht von der *zugeführten* Wärme, aber von der *zu verrichtenden* Arbeit. In der zweiten Aussage wird deutlicher,

Dies ist genau die Eigenschaft der *Unzerlegbarkeit* (Abschnitt 4.4). Diese Eigenschaft ist für die Funktion der Maschine zentral: Das Gas ist elastisches Medium, dessen Kompressibilität (analog zur Härte einer Feder) durch die Temperatur eingestellt werden kann. Wenn die Temperatur T_1 des Gases beim Prozessschritt AB höher als beim Prozessschritt CD ist, so ist der Druck und damit die im Prozessschritt AB gewonnene Arbeit größer als die zur Kompression des Gases bei der niedrigeren Temperatur T_2 zu verrichtende Arbeit.

Wir wollen die geometrische Bedeutung von Q und W für unser Beispiel im TS- und im pV-Diagramm (Abb. 4.6) darstellen. Man beachte, dass ein Punkt in der pV-Ebene zusammen mit dem festen Wert von N und den Zustandsgleichungen $p(T, V, N)$ und $S(T, V, N)$ einen Zustand des Systems definiert, sodass auch die thermischen Variablen T und S festgelegt sind. Umgekehrt legt ein Punkt in der TS-Ebene zusammen mit dem Wert von N über die Zustandsgleichungen auch die Werte der mechanischen Variablen p und V fest.

In jedem der Prozessschritte AB, BC, CD und DA ändert sich die Energie des Systems über den mechanischen Kanal, während Wärme nur während der beiden isothermen Schritte zu- beziehungsweise abgeführt wird. Da der Adiabatenexponent $\gamma > 1$ ist, laufen die Isentropen im pV-Diagramm steiler als die Isothermen. Damit kann ein Kreisprozess zwischen den Zuständen A, B, C und D konstruiert werden, bei dem während eines Zyklus aus einem Wärmereservoir mit der Temperatur T_1 mehr Wärme zugeführt wird, als an ein zweites Reservoir mit der Temperatur T_2 abgeführt wird. Die Differenz wird über den mechanischen Kanal von der Maschine abgegeben. Die Entropie und die Energie des Gases haben dabei nach Durchlaufen des Kreisprozesses wieder dieselben Werte!

Die Fläche unter einem Stück der in diesen Diagrammen laufenden Wege γ repräsentiert gerade die während dieses Prozess-Abschnitts zugeführte Wärme beziehungsweise der geleisteten Arbeit. Daher entspricht der *Flächeninhalt* der im pV-Diagramm bei einem vollständigen Umlauf umlaufenen Fläche gerade dem Betrag der während des Kreisprozesses gewonnenen Arbeit, während die im TS-Diagramm umlaufene Fläche gerade der aufgenommenen Wärme entspricht.[15] In üblicher Sprechweise bewirkt ein System, welches einen derartigen Kreisprozess durchläuft, eine „Umwandlung" von Wärme in Arbeit und stellt daher eine Wärmekraftmaschine dar.[16] Als Arbeitssystem

---

dass die Arbeit keine physikalische Größe ist, die man zuführen kann. Weniger missverständlich wäre es, statt von Wärme und Arbeit in den beiden Fällen von der zu verrichtenden thermischen und mechanischen Arbeit zu sprechen. Spricht man dagegen über die auf thermischen oder mechanischem Wege übertragene Energie und die gemeinsam mit ihr übertragenen mengenartigen Größen, so kann auf die Einführung der problematischen Begriffe Wärme und Arbeit ganz verzichtet werden.

15 Im Gegensatz dazu hat die im SV-Diagramm umlaufene Fläche keine physikalische Bedeutung.

16 Wir betonen noch einmal, dass die Unterscheidung verschiedener „Formen" von Energie problematisch ist, weil aus der für die „Umwandlung" *erforderlichen* (!) Unzerlegbarkeit des Arbeitssystems folgt, dass sich dessen Energie gerade *nicht* in einen thermischen und einen mechanischen Anteil zerlegen

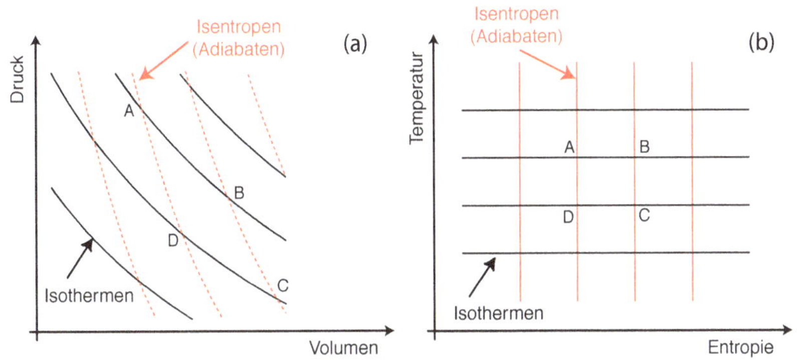

Abb. 4.6. Schematische Darstellung der Isothermen und Isentropen eines CARNOT'schen Kreisprozesses zwischen den Zuständen A, B, C und D a) im pV und b) im TS-Diagramm. Die von dem Prozess umlaufenen Flächen geben die pro Umlauf gewonnene Arbeit und die aufgenommene Wärme an.

kommt im Allgemeinen jedes physikalische System in Betracht, dessen Energie über zwei verschiedene Kanäle geändert werden kann und das im Sinne von Abschnitt 4.4 unzerlegbar ist. Das ideale Gas und die in den Kapiteln 5 und II-2 vorgestellten magnetischen Systeme sind Prototypen unzerlegbarer Systeme.

Die Wärme $\mathcal{Q}$ und die Arbeit $\mathcal{W}$ werden auch *„Prozessgrößen"* genannt, weil sie eine Aussage über den *Energieaustausch* des Systems mit seiner Umgebung, aber *nicht* über den *Zustand* des Systems machen. Sie hängen von der genauen Führung des Prozesses ab, der vom Anfangs- zum Endzustand des Prozesses führte. Daher ist mit den Prozessgrößen schwerer zu operieren als mit den bisher betrachteten Größen des Systems, die auch als *Zustands-Größen* bezeichnet werden. Wie wir in Abschnitt 4.9 sehen werden, macht sich dies mathematisch darin bemerkbar, dass die Änderung der Zustandsgrößen als einfache Differenzen oder Differenziale darstellen lassen, während die Prozessgrößen in der Regel *nicht integrable Differenzialformen* erfordern. Letztere sind mathematische Konstruktionen, die an der Schule gar nicht, und an der Universität nur bedingt zu vermitteln sind. Im folgenden werden wir wo immer möglich die Zustandsgrößen benutzen.

Kombinieren wir die durch die Gleichungen 4.11 und 4.12 ausgedrückte Erhaltung der Energie mit der GIBBS'schen Fundamentalform, so erhalten wir

$$\Delta E = \mathcal{Q}_{\text{rev}} + \mathcal{W}_{\text{rev}} \,. \tag{4.13}$$

lässt. Die Vorstellung von der „Umwandlung von einer Energieform in eine andere" stellt für die Lernenden eine Quelle der Verwirrung dar, weil sie die verschiedenen Realisierungen des Austausches von Energie mit historischen Beinamen befrachtet, welche keine eigenständigen physikalischen Größen repräsentieren, aber mit zweckmäßigeren Begriffen (den viel leichter handhabbaren Zustandsgrößen wie der Entropie oder dem chemischen Potenzial) konkurrieren. Wenn man dennoch von Energieformen sprechen möchte, so sollte man peinlich genau darauf achten, die Übertragungsformen von den Speicherungsformen der Energie im Arbeitssystem und in den Reservoiren zu unterscheiden.

Diese Gleichung stellt die traditionelle Formulierung des ersten Hauptsatzes der Thermodynamik dar. Sie besagt, dass die Energieänderung ΔE des Arbeitssystems durch die Summe der von außen zugeführten Wärme und der vom System geleisteten Arbeit gegeben ist. Natürlich ist für die Gültigkeit dieser Gleichung erforderliche reversible Prozessführung in der Praxis nicht gegeben. Daher wird die für eine Änderung der Energie des *Arbeitssystems* um den Betrag ΔE aufzuwendende oder abzuführende Energiemenge $\mathcal{Q} + \mathcal{W}$ stets von ΔE verschieden sein.

Ursprünglich hat CLAUSIUS die Entropie über die *reversibel* zugeführte Wärme $\mathcal{Q}_{\text{rev}}$ definiert (Abschnitt 4.9):[17]

$$\Delta S = \frac{\mathcal{Q}_{\text{rev}}}{T} . \tag{4.14}$$

Die Definition der Zustandsgröße S über die Prozessgröße $\mathcal{Q}_{\text{rev}}$ verschleiert nach Meinung des Verfassers die konzeptionelle Einfachheit der Entropie. Die Folge ist, dass die GIBBS'sche Fundamentalform

$$dE = T\,dS - p\,dV$$

in vielen Büchern durch die Kombination der differenziellen Formen der Gln. 4.12, 4.13 und 4.14 abgeleitet wird. Obwohl dies der historischen Entwicklung entspricht, wird das Pferd damit von hinten aufgezäumt: Die GIBBS'sche Fundamentalform ist von den Hauptsätzen *logisch unabhängig*! Sie enthält nämlich *ausschließlich* Größen des betrachteten Arbeitssystems und ist Folge unserer Grundannahme (Abschnitt 1.6), dass sich die Energie E des Arbeitssystems als Funktion von S, V (und N) schreiben lässt. Die Erhaltung der Energie kann sich nicht in Relationen widerspiegeln, die ein *einzelnes* System betreffen, sondern sie macht nur Aussagen über die Energiebilanz bei Transport von Energie zwischen *verschiedenen* Systemen.

Außerdem ist die GIBBS'sche Fundamentalform nicht nur für reversible, sondern für *alle* Prozesse des Arbeitssystems gültig, weil sie keine Information darüber enthält, welche Zusatzbedingungen bei der Änderung der Variablen erfüllt werden müssen. Sie macht keinerlei Unterschied zwischen erhaltenen und nicht erhaltenen Größen. Ein Prozess, das heißt, die genaue Variation der Werte der physikalischen Größe als Funktion der Zeit, ist unabhängig davon, auf welche Weise dieser Prozess realisiert wird. Wie der Vergleich der in Abschnitt 3.8 dargestellten GAY-LUSSAC- und der isothermen Expansion zeigt, kann derselbe Prozess, das heißt dieselbe zeitliche Abfolge von Zuständen, sowohl irreversibel als auch reversibel realisiert werden: Einmal wird die für das größere Volumen des Endzustands benötigte Entropie erzeugt und einmal aus der Umgebung nachgeführt. Die beiden Realisierungen des Expansionsprozesses

---

17 Aus diesem Grunde werden zur Beschreibung der Entropiebilanzen irreversibler Prozesse in manchen Büchern „reversible Ersatzprozesse" bemüht, bei denen die Entropie von außen zugeführt wird, statt intern erzeugt zu werden. Derart künstliche Konstruktionen werden vermieden, wenn umgekehrt die reversibel zugeführte Wärme über $\mathcal{Q}_{\text{rev}} = T\,\Delta S_{\text{ausgetauscht}}$ definiert wird.

unterscheiden sich nicht im Endzustand des Gases, sondern ausschließlich im Wert der Entropie seiner *Umgebung*.

4.6 Thermische Maschinen

Zur Realisierung einer Wärmekraft-Maschine sind im Prinzip alle Systeme als Arbeitssysteme geeignet, bei denen $\gamma > 1$, das heißt $C_p > C_v$ ist. Dies sind alle die Systeme, die das Phänomen der thermischen Ausdehnung zeigen, das heißt bei denen mechanische und thermische Freiheitsgrade gekoppelt sind. Bei reversibler Prozessrealisierung (Vermeidung von Entropieerzeugung) ist der Wirkungsgrad der bereits in Abschnitt 4.2 diskutierte CARNOT-Wirkungsgrad

$$\eta_{\text{CARNOT}} = \frac{T_1 - T_2}{T_1} \, .$$

Wie die dortigen Betrachtungen gezeigt haben, ist η_{CARNOT} gänzlich unabhängig von der Natur des Arbeitssystems. Es kommt allein darauf an, dass das Arbeitssystem einen von Null verschiedenen thermischen Ausdehungskoeffizienten aufweist. Die technische Realisierung ist umso leichter, je größer der Adiabatenexponent γ und damit der Unterschied zwischen C_p und C_v ist. Wegen der Kleinheit des thermischen Ausdehnungskoeffizienten von Festkörpern und Flüssigkeiten kommen in praxi nur Gase als Arbeitsmedien in Frage.

Der von CARNOT zur Illustration seiner Ideen erdachte Kreisprozess ist in einer realen Maschine nicht zu realisieren, weil der Wechsel zwischen den isothermen und isentropen Prozessschritten in Abb. 4.6 einen effizienten Wärmeschalter erfordert, der zwischen einem möglichst hohen und einem möglichst niedrigen Wärmeleitwert hin- und herschalten sollte. Ein solcher Schalter wurde bei Raumtemperatur oder bei noch höheren Temperaturen bisher nicht realisiert. Um zu einer effizienten Maschine zu kommen, gibt es zwei alternative Wege, die beide den verlustreichen und langsamen Transport von Energie und Entropie durch Wärmeleitung vermeiden, indem diese zusammen mit dem Arbeitsgas konvektiv durch die Maschine transportiert werden:

- **Verbrennungsmotoren:**
  Bei diesen erfolgt die Entropiezufuhr durch schnelle Verbrennung eines Gasgemisches im Kolben und die Entropieabfuhr mit dem Abgas durch einen Auspuff.
- **STIRLING-Motor:**
  Durch die Verschiebung des Arbeitsgases zwischen einem permanent geheizten und einem permanent gekühlten Teil der Maschine wird die Wärmeleitung auf die im Gas selbst beschränkt und ein Wärmeschalter überflüssig (Abschnitt 4.7).
- **Dampfmaschinen:**
  Die Dampfmaschine erreicht eine im Vergleich zum STIRLING-Motor eine hohe Leistung und Effizienz dadurch, dass das Arbeitsmedium einen Zyklus von Verdampfung und anschließender Kondensation durchläuft, der bereits bei moderaten

Temperaturen hohe Drucke, sowie sehr große Dichte- und Energieänderungen erlaubt (CLAUSIUS-RANKINE-Prozess).

- **Kältemaschinen:**
  Kältemaschinen nutzen die Umkehrung der obigen Kreisprozesse, um die Temperatur des Kühlmittels unter Zufuhr von Energie *isentrop* so stark zu erhöhen, dass sein Energie- und Entropie-Inhalt durch einfache Wärmeleitung an ein Reservoir bei hoher Temperatur abgeben werden kann. Auch hier werden Kondensation und Verdampfung ausgenutzt, um den Durchsatz von Energie und Entropie bei einem Umlauf zu erhöhen.

Verbrennungsmotoren, wie der OTTO- oder der DIESEL-Motor, haben den Vorteil, dass sie sehr hohe Umdrehungszahlen und damit auch hohe Leistungen erlauben, weil keiner der Prozessschritte einen (langsamen) Wärmeleitungsvorgang beinhaltet. Diese Motoren können leicht und kompakt gebaut werden. Außerdem haben die üblichen, bisher in der Regel auf Erdöl basierenden Brennstoffe eine sehr hohe Energiedichte. Die daraus resultierenden mobilen Motoren prägen seit einem Jahrhundert unsere technische Zivilisation. Der OTTO-Motor arbeitet mit einem (theoretischen) Temperaturgefälle von 1300 °C auf etwa 100 °C und erreicht einen praktischen Wirkungsgrad von 35 %–38 %, was etwa der Hälfte des mit dieser Temperaturdifferenz theoretisch erreichbaren Wirkungsgrads entspricht. In der Praxis wird das Gas nach der Zündung durch den thermischen Kontakt mit Zylinder und Kolben sehr schnell abgekühlt, sodass die effektive Eingangstemperatur deutlich niedriger ist. Der DIESEL-Motor erreicht eine etwas höhere Effizienz.

Dampfmaschinen haben den Vorteil, dass sie mit einer kontinuierlichen Heiz- beziehungsweise Kühlleistung arbeiten und ebenfalls hohe Leistungen erzeugen. Sie sind aber größer und schwerer als die Verbrennungsmotoren gleicher Leistung und spielen für den mobilen Einsatz daher keine Rolle mehr. Im stationären Einsatz in Kraftwerken werden heute keine Kolbenmaschinen, sondern nur noch Turbinen eingesetzt, weil diese einen höheren Wirkungsgrad haben und damit eine bessere Ausnutzung des Brennstoffs erlauben. Je höher der Durchsatz und je höher die Temperaturdifferenz, um so besser der Wirkungsgrad. Ein optimaler Wirkungsgrad lässt sich durch eine Kombination von Gas- und Dampfturbinen erreichen: Heißes Gas mit einer Eingangstemperatur von typisch 1400 °C treibt eine Gasturbine mit einer Ausgangstemperatur von etwa 550 °C; diese Turbine erreicht $\eta \simeq 35\,\%$, während der CARNOT-Wirkungsgrad 51 % beträgt. Das heiße Abgas dient als Energiequelle für eine Dampfturbine, die zwischen 500 °C und 25 °C operiert und in der Realität etwa 45 % erzielt (bei einem CARNOT-Wirkungsgrad von etwa 61 %). Der Gesamtwirkungsgrad der Anlage beträgt dann etwa 64 %, wobei der CARNOT-Wirkungsgrad für eine zwischen 1400 °C und 25 °C arbeitende Anlage 82 % beträgt.

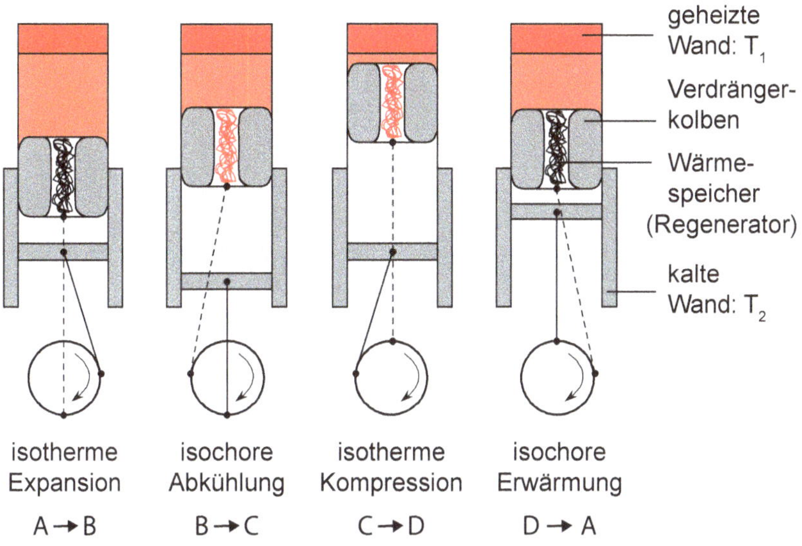

Abb. 4.7. Die vier Prozessschritte des STIRLING-Motors. AB: Isotherme Expansion bei hoher Temperatur T_1 und entsprechend hoher Arbeitsleistung, BC: Isochore Abkühlung ohne Arbeitsleistung und Zwischenspeicherung von Energie und Entropie im Regenerator. CD: Isotherme Kompression bei niedriger Temperatur T_2 und geringer Energieaufnahme aus dem Schwungrad. DA: Isochore Erwärmung durch Aufnahme von Energie und Entropie aus dem Regenerator (nach [6]).

4.7 Der STIRLING-Motor

Als weiteres Beispiel wollen wir den STIRLING-Motor etwas genauer besprechen. Dieser Motor arbeitet im Gegensatz zu den Motoren mit interner Verbrennung mit einer kontinuierlichen Heizung und Gegenkühlung und hat den Vorteil, dass er bereits bei relativ geringen Temperaturdifferenzen läuft. Als Energiequelle kommen deshalb nicht nur Verbrennungsprozesse, sondern insbesondere auch Solarenergie in Betracht. Damit ist er insbesondere in heißen Ländern zur dezentralen Stromversorgung geeignet.

Das Funktionsprinzip des STIRLING-Motors ist in Abb. 4.7 dargestellt. Er arbeitet mit zwei beweglichen Kolben, einem Arbeitskolben und einem Verdrängerkolben, die mit einem um 90° versetzten Phasenwinkel operieren. Während der Arbeitskolben die vom Gas geleistete Arbeit an ein Schwungrad (als mechanischen Zwischenspeicher) und an den mechanischen Verbraucher abgibt, dient der Verdrängerkolben dazu, das Gas abwechselnd zur heißen beziehungsweise zur kalten Seite des Motors zu verschieben, um so abwechselnd den thermischen Kontakt mit dem heißen und dem kalten Wärmereservoir herzustellen. Das Volumen des Gases ändert sich bei der Verschiebung des Arbeitskolbens näherungsweise isotherm, während sich seine Temperatur bei der Verschiebung des Verdrängerkolbens näherungsweise isochor (V = const.) ändert. In

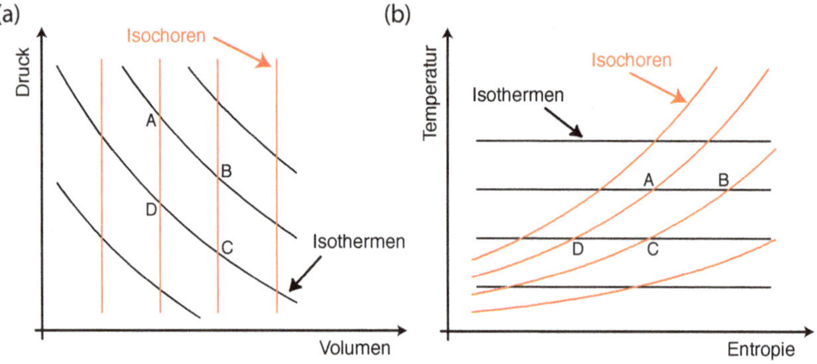

Abb. 4.8. Isothermen und Isochoren eines Stirling-Prozesses zwischen den Zuständen A, B, C und D a) im $p - V$ und b) im TS-Diagramm. Die von dem Prozess umlaufenen Flächen geben die pro Umlauf gewonnene Arbeit und die aufgenommene Wärme an.

Abb. 4.8 sind die auftretenden Paare von isothermen und isochoren Prozessschritten im pV- und im TS-Diagramm dargestellt.

Die Effizienz des Motor wird dadurch wesentlich gesteigert, dass das nach dem Arbeitstakt (der Teilprozess, in den der größte Teil der Nutzarbeit vom Gas abgegeben wird) noch immer relativ warme Gas bei der Verschiebung auf die kalte Seite Energie und Entropie an einen *thermischen* Zwischenspeicher, den *Regenerator*, abgibt und dadurch weiter abkühlt. Auf diese Weise entspannt sich das Gas noch weiter und kann in dem nachfolgenden Kompressionstakt durch den Arbeitskolben mit geringerem Energieaufwand wieder komprimiert werden. Wenn das Gas anschließend durch den Verdrängerkolben wieder durch den Regenerator geleitet wird, nimmt es die dort zwischengespeicherte Energie und Entropie wieder auf. Dadurch erhöht sich der Arbeitsdruck, und die Temperaturdifferenz zum heißen Reservoir verringert sich. Der Regenerator erlaubt eine höhere Temperaturdifferenz zwischen dem Arbeits- und dem Kompressionstakt und erhöht somit den Wirkungsgrad.

Der Stirling-Motor lässt sich im Gegensatz zu den oben besprochenen Wärmekraftmaschinen auch als Wärmepumpe benutzen, wenn er durch einen anderen Motor angetrieben wird. Das liegt daran, dass er im Gegensatz zu den Verbrennungsmotoren keinen notwendig irreversiblen Schritt (wie die interne Verbrennung des Kraftstoffs) benutzt.

Die zur Konstruktion des Motors erforderliche Optimierung besteht darin, dass die Prozessparameter so gewählt werden, dass die nach der Kompression und Verschiebung des Arbeitsgases auf die heiße Seite bestehende Temperaturdifferenz ΔT zum heißen Wärmereservoir einerseits groß genug ist, um während des Arbeitstakts genügend Energie durch Wärmeleitung in das Gas zu übertragen, dass andererseits die damit verbundenen Verluste durch den irreversiblen Temperaturausgleich (die mit ΔT^2 ansteigen) nicht zu groß werden.

4.8 Kältemaschinen

Eine Wärmekraftmaschine (Abb. 4.1) kann einen (idealerweise *reversiblen*) Temperaturausgleich zwischen zwei Wärmereservoiren herbeiführen. Dabei wird der bei konstanter Eingangsleistung I_{E1} in die Nutzlast (zum Beispiel in einen Generator) abfließende Bruchteil I_{E3} des Energiestroms mit abnehmender Temperaturdifferenz $\Delta T = T_1 - T_2$ immer kleiner. Wird die antreibende Temperaturdifferenz zu klein, um die Verluste zu überwinden, so bleibt die Maschine schließlich stehen.

Wenn man nun die Richtung des Energiestroms I_{E3} umkehrt, indem man beispielsweise den Generator als Elektromotor betreibt, dann werden weiterhin Energie und Entropie aus dem Wärmereservoir 1 in das Wärmereservoir 2 überführt. Schreitet dieser Prozess fort, so wird sich schließlich das Vorzeichen der Temperaturdifferenz ΔT umkehren. Das Wärmereservoir 2 wird sich auf Kosten des Wärmereservoirs 1 erwärmen. Dabei tauschen die Eingangsleistung und die Nutzleistung ihre Rollen: der Energiestrom I_{E1} ändert seine Bedeutung von der in die Wärmekraftmaschine einfließenden *Heizleistung* in die das Reservoir 1 abkühlende *Kühlleistung*. Dagegen wird die Nutzleistung I_{E3} der Wärmekraftmaschine zur (mechanischen) Eingangsleistung der Kältemaschine. Der Wirkungsgrad, beziehungsweise die Leistungszahl[18] einer Kältemaschine erfolgt also gemäß:

$$EER_{\mathrm{CARNOT}} = \frac{I_{E1}}{|I_{E3}|} = \frac{T_1}{T_2 - T_1} = \frac{T_L}{T_H - T_L} = \frac{1}{\eta_{\mathrm{CARNOT}}} - 1 > 0 \qquad (4.15)$$

!

Die Leistungszahl einer idealen Kältemaschine ist also stets > 0, und divergiert im Grenzfall kleiner T-Differenzen. In der Realität bleibt die Eingangsleistung $|I_{E3}|$ wegen der Verluste (quantifiziert durch die Entropieerzeugungsrate Σ_S) der Maschine stets endlich, auch wenn die Temperaturdifferenz gegen Null geht. Die im den Alltag am häufigsten anzutreffenden Kältemaschinen sind der Kühlschrank und die Klimaanlage.

Eine Wärmepumpe dient dazu Energie und Entropie aus einer vergleichsweise kühlen Umgebung abzuziehen und zum Heizen von Häusern zu verwenden. In diesem Fall ist die Nutzleistung die in das Wärmereservoir 2 abgegebene Heizleistung I_{E2}. Die entsprechende Leistungszahl beträgt für eine ideale Wärmepumpe:

$$COP_{\mathrm{CARNOT}} = \frac{I_{E2}}{|I_{E3}|} = \frac{T_2}{T_2 - T_1} = \frac{T_H}{T_H - T_L} = \frac{1}{\eta_{\mathrm{CARNOT}}} > 1 \qquad (4.16)$$

Wegen der meist niedrigen Temperaturdifferenzen zwischen dem Erdreich ($T_1 \approx 275$ K) und Wassertemperatur ($T_2 \approx 308$ K) im Heizkreislauf führt dies auf einen hohen idealen

18 Die Bezeichnungen *EER* und *COP* (Gl. 4.16) wurden aus der englischen Literatur übernommen und stehen für „energy efficiency ratio“ und „coefficient of performance“.

Wirkungsgrad von COP_{CARNOT} =308 K/33 K ≃ 9.3, der in der Realität natürlich nicht erreicht wird.

Dennoch lohnt sich eine Wärmepumpe, wenn die zum Erreichen einer gewünschten Heizleistung $I_{E,\text{Heiz}}$ benötigte Menge an elektrischer Energie kleiner ist, als $COP_{\text{real}} \cdot |I_{E3}| = COP_{\text{real}} \cdot \eta_{\text{real}} \cdot |I_{E,\text{Heiz}}|$, wobei $\eta_{\text{real}} \simeq 30\%$ den Wirkungsgrad bezeichnet, mit dem die Heizleistung „verstromt" werden kann. Dies führt auf die Bedingung $COP_{\text{real}} \cdot \eta_{\text{real}} > 1$ und $COP_{\text{real}} \gtrsim 3$. Dies sind Werte, die in der Praxis auch erreicht werden.

Wie bereits erwähnt, kann ein Stirling-Motor als Basis einer Wärmepumpe oder Kältemaschine verwendet werden. Wie bei seiner Verwendung als Wärmekraftmaschine ist die für eine gegebene Menge umlaufenden Kühlmittels erreichbare Leistung gering. Das liegt daran, dass rein gasförmige Kühlmittel bei Expansion und Kompression nur geringe Änderungen der molaren Entropie $\Delta\hat{s}$, und außerdem nur geringe Umlaufmengen erlauben (wegen der geringen Dichte), die pro Mol Kühlmittel als Kühl- oder Heizleistung $T\Delta\hat{s}$ in Erscheinung treten können. Daher benutzen die gängigen Kältemaschinen ein Kühlmittel, dass beim Umlauf unter Aufnahme einer großen Menge von Energie und Entropie durch Expansion auf der kalten Seite verdampft und durch Kompression auf der heißen Seite wieder kondensiert werden kann - wobei die Energie und Entropie dort wieder abgegeben werden (Kapitel 9). Die große Differenz der molaren Entropien und Molvolumina im flüssigen und gasförmigen Zustand wird so ausgenutzt, um den Durchsatz von Energie und Entropie während eines Zyklus drastisch zu erhöhen.

4.9 Der historische Weg zur Entropie

Nach der Entdeckung der allgemeinen Erhaltung der Energie wurde der erste Hauptsatz zunächst in der Form

$$dE = \delta\mathcal{Q}_{\text{rev}} + \delta\mathcal{W}_{\text{rev}} \quad (\text{für } N = \text{const.}) \tag{4.17}$$

formuliert. Der Zusammenhang des Arbeits„differenzials" $\delta\mathcal{W}_{\text{rev}}$ mit den Zustandsgrößen p und V war bereits bekannt: $\delta\mathcal{W}_{\text{rev}} = -p\,dV$. Dagegen ließ sich das Wärme„differenzial" $\delta\mathcal{Q}_{\text{rev}}$ nicht in analoger Weise auf bekannte Zustandsgrößen zurückführen. Löst man den ersten Hauptsatz nach $\delta\mathcal{Q}_{\text{rev}}$ auf, so erhält man:

$$\delta\mathcal{Q}_{\text{rev}} = dE + p\,dV\ .$$

Für *ideale Gase* gilt $dE = C_v\,dT$, da E unabhängig von V ist. Damit bekommen wir für $\delta\mathcal{Q}_{\text{rev}}$:

$$\delta\mathcal{Q}_{\text{rev}} = dE + p\,dV = C_v\,dT + \frac{Nk_BT}{V}\,dV$$

An dieser Gleichung lässt sich direkt sehen, dass $\delta\mathcal{Q}_{\text{rev}}$ nicht das Differenzial einer Funktion $\mathcal{Q}_{\text{rev}}(T,V)$ sein kann, denn $\delta\mathcal{Q}$rev erfüllt nicht die für die Existenz einer

Stammfunktion notwendige Integrabilitätsbedingung

$$\frac{\partial f(x,y)}{\partial y \partial x} = \frac{\partial f(x,y)}{\partial x \partial y}\,, \tag{4.18}$$

da

$$\frac{\partial C_v(T)}{\partial V} = 0 \quad \neq \quad \frac{\partial p(T,V)}{\partial T} = \frac{Nk_\mathrm{B}}{V}\,.$$

Man sagt: δQ_rev ist *kein exaktes* Differenzial. Dies hat zur Folge, dass *keine Funktion* $Q_\mathrm{rev}(T,V,N)$ *existiert*, die wir als Wärme im Sinne einer üblichen physikalischen Größe bezeichnen können. Aus diesem Grunde spricht man stets von zwischen Systemen *ausgetauschten* Wärmemengen und nicht von der in einem System *enthaltenen* Wärmemenge – obwohl die Existenz der letzteren durch den Zusatz „Menge" stark suggeriert wird.

CLAUSIUS entdeckte, dass der Faktor $1/T$ für reversible Prozesse einen *integrierenden Faktor* des Wärmedifferenzials bildet. Daher postulierte er die Existenz einer neuen physikalischen Größe, S, welche er Entropie nannte. Deren Differenzial dS hängt direkt mit δQ_rev zusammen:

$$dS := \frac{\delta Q_\mathrm{rev}}{T} = \frac{C_v}{T}\,dT + \frac{Nk_\mathrm{B}}{V}\,dV\,. \tag{4.19}$$

Das Differenzial dS ist exakt und besitzt im Gegensatz zu δQ_rev eine Stammfunktion $S(T,V)$, weil

$$\frac{\partial}{\partial V}\left(\frac{C_v(T)}{T}\right) = \frac{\partial}{\partial T}\left(\frac{Nk_\mathrm{B}}{V}\right) = 0$$

der Integrabilitätsbedingung Gl. 4.18 genügt.

Damit haben wir die CLAUSIUS'sche Definition der Entropie S über die reversibel ausgetauschte Wärme δQ_rev reproduziert. Die Nachteile dieser Definition haben wir in Abschnitt 4.5 diskutiert.

Die historische Entwicklung, die zur Unterscheidung von Entropie und Energie führte, ist ähnlich komplex wie jene, die in der Mechanik zur Unterscheidung von Energie und Impuls führte. Aus heutiger Sicht erschwert sie in überflüssiger Weise das Verständnis der Thermodynamik und ist eher von historischem Interesse.

Übungsaufgaben

4.1. Reversibler Temperaturausgleich

Eine Wärmekraftmaschine arbeitet reversibel zwischen zwei Wärmereservoiren mit gleicher Wärmekapazität und den Anfangstemperaturen T_1 und T_2. Im Laufe der Zeit gleichen sich die Temperaturen an.

a) Bei welcher Temperatur kommen die Reservoire ins Gleichgewicht?

b) Wieviel Energie wird bei dem Ausgleichsprozess durch die Maschine abgeführt?

4.2. Kraftwerk Landshut

Ein Kraftwerk an der Isar erzeugt heißen Wasserdampf bei einer Temperatur von 600°C. Die Kombination von Dampfturbine und Generator produziert 1 GW elektrische Energie mit einem Wirkungsgrad η_{Real} von 40% des CARNOT-Wirkungsgrades η_{Carnot}. Am Turbinenausgang hat der Dampf noch eine Temperatur von 150°C. Die Entropie des Dampfes wird über einen Wärmetauscher in die Isar abgeführt; das Wasser des Flusses habe dabei eine Ausgangstemperatur von 18°C und eine Fließgeschwindigkeit von 1.8 m/s.

a) Wie groß ist die Flussrate der Isar, wenn wir eine Breite von 40 m und eine Durchschnittstiefe von 3.5 m annehmen?

b) Um welchen Betrag erhöht sich die Temperatur des Isarwassers beim Passieren des Kernkraftwerks?

c) Wie groß ist der Entropiestrom am Turbinenausgang und am Ausgang des Wärmetauschers?

4.3. Satz von STOKES in der Ebene

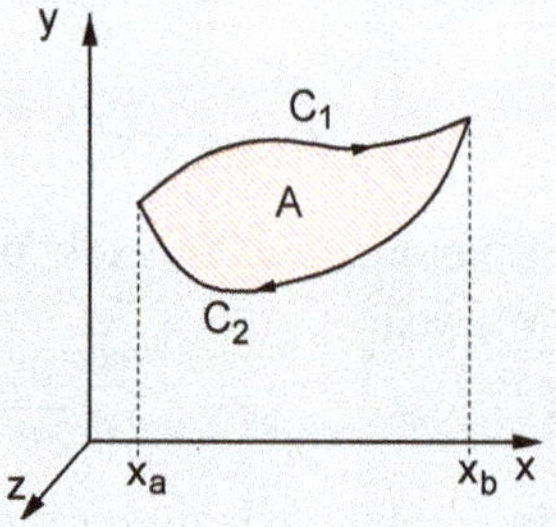

Betrachten Sie eine geschlossene Kurve C, die aus zwei orientierten Teilkurven C_1, C_2 zusammengesetzt ist (Abbildung rechts); hierbei sei C_1 der Graph der Funktion $y_1 = y_1(x)$ und entsprechend C_2 der Graph der Funktion $y_2 = y_2(x)$. Wir wollen die von der Kurve C eingeschlossene Fläche A berechnen und zeigen, dass

$$A = \oint_C y(x)\mathrm{d}x\,,$$

wobei y_j $(j = 1, 2)$ dem jeweiligen Kurvenstück zuzuordnen ist.

a) Überlegen Sie anhand der Integrale $\int_{x_a}^{x_b} y_j(x)\mathrm{d}x$ $(j = 1, 2)$, dass die obige Formel gilt.

b) Zeigen Sie nun, dass die Formel für die Fläche A auch als Spezialfall des Satzes von STOKES erhalten werden kann, indem über die von der Kurve C berandete Fläche *in der x-y-Ebene* integriert wird. Dabei ist das zu integrierende Vektorfeld so zu wählen, dass seine Rotation eine Projektion der Länge 1 in z-Richtung hat.

c) Als Beispiel wollen wir einen Halbkreis (in der oberen Halbebene) vom Radius $R = 1$ mit dem Mittelpunkt im Ursprung betrachten. Berechnen Sie die Fläche des Halbkreises nach beiden angegebenen Methoden.

4.4. Energieaustausch beim CARNOT-Prozess

Zeigen Sie, dass für die bei einem CARNOT-Prozess während der isentropen Prozessschritte B $\rightarrow$ C und D $\rightarrow$ A ausgetauschten Energiebeträge ΔE_{BC} und ΔE_{DA} entgegengesetzt gleich sind.

4.5. Dieselmotor

Die Arbeitsweise eines Dieselmotors lässt sich näherungsweise durch einen reversiblen Kreisprozess zwischen den Zuständen 1-4 wie im nebenstehenden pV-Diagramm beschreiben. Der Prozess besteht aus vier Schritten:

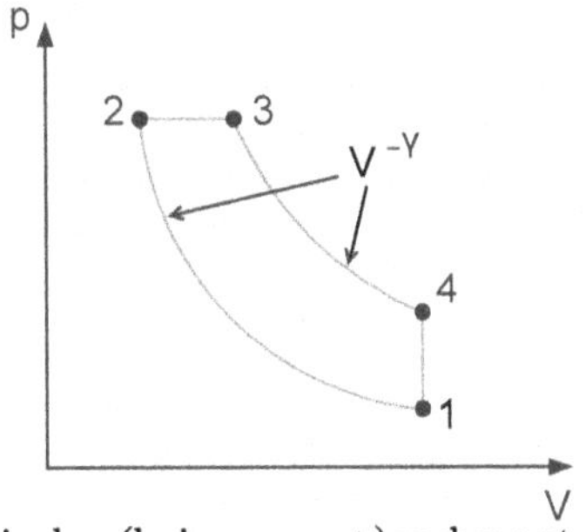

- Von 1 nach 2 erfolgt eine isentrope (bei $S = const.$) Kompression der eingesaugten Luft.
- Von 2 nach 3 wird der Kraftstoff eingespritzt und isobar (bei $p = const.$) verbrannt. Dabei soll die Änderung der Stoffmenge durch Kraftstoffzufuhr vernachlässigbar sein.
- Nach Ende der Verbrennung erfolgt eine isentrope Expansion von 3 nach 4.
- Von 4 nach 1 erfolgt der Ausstoß des Abgases und das Ansaugen frischer Luft. Dies entspricht einer isochoren (bei $V = const.$) Abkühlung.

Als Arbeitssubstanz lege man 0.2 mol eines zweiatomigen idealen Gases zugrunde.

a) Berechnen Sie ausgehend vom Zustand 1 für die Zustände 1 bis 4 den Wert von Temperatur T und Volumen V in Abhängigkeit vom Druck p_1, der Temperatur T_1, dem Kompressionsverhältnis $k = V_2/V_3$ und der bei der Verbrennung auftretende Temperaturerhöhung $\Delta T = T_3 - T_2$.
Hinweis: noch keine Zahlenwerte einsetzen.

b) Stellen Sie den Prozess qualitativ in einem $S-T$-Diagramm dar. Wie kann man aus einem solchen Diagramm die geleistete Arbeit entnehmen? Berechnen Sie aus den folgenden Betriebsdaten jeweils Temperatur T, Volumen V und Druck p für die Zustände 1 bis 4: $p_1 = 1$ bar, $T_1 = 288$ K, $k = 15$ und $\Delta T = 1300$ K.

c) Berechnen Sie für diese Daten die pro Umlauf abgegebene Arbeit $\mathcal{W}$ und den Wirkungsgrad $\eta = \mathcal{W}/\Delta E$ des Motors. Hierbei ist $\Delta E = C_p \cdot \Delta T$ die über den thermischen Kanal (d.h. durch die Verbrennung des Kraftstoffs) zugeführte Energie.
Vergleichen Sie η mit dem Wirkungsgrad $\eta_{\text{Carnot}} = (T_A - T_1)/T_A$ einer zwischen den Temperaturen $T_A = (T_2 + T_3)/2$ und T_1 arbeitenden CARNOT-Maschine.

5 Thermodynamische Potenziale

Anhand der besprochenen Beispiele haben wir dargestellt, wie die Thermodynamik mit physikalischen Größen operiert, um aus wenigen empirischen Beobachtungen oder einfachen Modellen Aussagen über die Zustandsgleichungen eines Systems zu gewinnen. Mit Hilfe der Zustandsgleichungen und der GIBBS'schen Fundamentalform lassen sich alle möglichen Zustandsänderungen des Systems beschreiben. Die erstmals von MASSIEU formulierte Idee der thermodynamischen Potenziale besteht darin, die in den Zustandsgleichungen enthaltene Information in einer *einzigen* Funktion zusammenzufassen, welche ein System für einen gegebenen Satz von unabhängigen Variablen vollständig charakterisiert.

In diesem Kapitel wollen wir folgende Fragen untersuchen:

- Wie kann das Konzept der System-charakterisierenden Funktion auf beliebige Variablensätze verallgemeinert werden und wie sehen diese für das ideale Gas und andere Systeme konkret aus?
- Welche Abhängigkeiten bestehen zwischen den Zustandsgleichungen und wieviele Zustandsgleichungen sind überhaupt erforderlich, um ein System mit r Freiheitsgraden zu beschreiben? Woher bekommen wir die Zustandsgleichung $\mu = \mu(T, V, N)$?

Die Antwort auf diese Fragen ist das Ergebnis der 200-jährigen Arbeit vieler Forschergenerationen, die schließlich in einer grundlegenden Arbeit von GIBBS in die hier dargestellte Form gebracht wurde. Die ein System charakterisierenden Funktionen werden daher MASSIEU-GIBBS-*Funktionen* oder – in Anlehnung an die Potenziale der Mechanik und Elektrodynamik – *Thermodynamische Potenziale* genannt. Es wird sich zeigen, dass der Anwendungsbereich und die Schlagkraft des in der modernen Physik ohnehin schon unentbehrlichen Potenzialbegriffs auf diese Weise noch einmal wesentlich erweitert wird.

5.1 Weitere MASSIEU-GIBBS-Funktionen

In diesem Abschnitt wollen wir zeigen, wie das Konzept der MASSIEU-GIBBS-Funktion und der GIBBS'schen Fundamentalform auf einen beliebigen Satz von unabhängigen Variablen verallgemeinert werden kann. Wir werden sehen, dass zu jedem Variablensatz eine andere MASSIEU-GIBBS-Funktion gehört. Weil all diese Funktionen dasselbe physikalische System beschreiben, müssen sie physikalisch äquivalent sein, das heißt, alle äquivalente Zustandsgleichungen liefern.

! Wie wir es von der Energie $E(S, V, N)$ bereits kennen, erfüllen alle MASSIEU-GIBBS-Funktionen eines Systems eine *Doppelfunktion*:

https://doi.org/10.1515/9783110560220-173

- Zum einen beschreiben sie die Energieänderungen des Systems bei Austauschprozessen mit anderen Systemen.
- Zum anderen liefern sie durch Differenzieren die Zustandsgleichungen des Systems.

5.1.1 Die freie Energie

Dies wollen wir anhand der in Abschnitt 4.5 besprochenen Arbeitsleistung $\mathcal{W}$ eines idealen Gases einmal bei isentroper und einmal bei isothermer Expansion illustrieren. Im isentropen Fall gibt das Gas über den Kolben den Energiebetrag $\mathcal{W}$ ab, während es ansonsten energetisch isoliert ist:

$$\mathcal{W}_{\text{rev}} = \int_{V_1}^{V_2} p(S, V, N)\, dV = -\Delta E_{\text{Gas}} .$$

Daher nehmen die im Gas gespeicherte Energie sowie der Druck und die Temperatur des Gases dabei ab.

Im isothermen Fall gibt das Gas über den Kolben ebenfalls Energie ab, seine Temperatur wird aber gleichzeitig durch die Ankopplung an ein Wärmereservoir konstant gehalten. Wenn Reibungsprozesse vernachlässigbar sind, der Prozess also reversibel durchgeführt wird, so nimmt das Gas den Entropiebetrag ΔS und den Energiebetrag $T\Delta S$ aus dem Wärmereservoir auf.[1] Da die in einem idealen Gas gespeicherte Energie bei einer isothermen Expansion konstant bleibt, wird die zusätzlich aus dem Wärmereservoir aufgenommene Energie über den Kolben wieder abgeführt. Die Energiebilanz des Gases lautet dann:

$$\Delta E_{\text{Gas}} = T\Delta S - \int_{V_1}^{V_2} p(T, V, N)\, dV = 0 ,$$

da bei idealen Gasen $E(T, V, N)$ von V unabhängig ist. Interessieren wir uns nur für den mechanischen Beitrag, das heißt für den aus dem Gas über den Kolben abgeführten Energiebetrag, so erhalten wir:

$$\mathcal{W}_{\text{rev}} = -\int_{V_1}^{V_2} p(T, V, N)\, dV = \Delta E_{\text{Gas}} - T\Delta S = \Delta F_{\text{Gas}} .$$

1 In diesem Fall brauchen wir nicht über S zu integrieren, da T voraussetzungsgemäß konstant ist. Wird bei dem Prozess durch Reibung der Entropiebetrag ΔS_{irr} erzeugt, so verringert sich die Aufnahme von Entropie und Energie aus dem Wärmereservoir um ΔS_{irr} beziehungsweise um $T\Delta S_{\text{irr}}$. Die vom Gas geleistete Arbeit reduziert sich dann ebenfalls um $T\Delta S_{\text{irr}}$, bis im Extremfall der vollständig irreversiblen GAY-LUSSAC-Expansion keine Arbeit mehr geleistet wird.

Dabei haben wir die neue Größe

$$F := E - TS \qquad \text{freie Energie} \tag{5.1}$$

eingeführt, die als Kombination von Zustandsgrößen selbst eine Zustandsgröße ist. Wir stellen fest, dass wir die vom Kolben reversibel geleistete Arbeit $\mathcal{W}_{\text{rev}}$ (die selbst *keine* Zustandsgröße ist) bei konstanten T und N durch die neue Zustandsgröße F ausdrücken können. Weil F die Arbeitsfähigkeit des Gases, das heißt die unter diesen Bedingungen über den mechanischen Kanal nutzbare Energie bezeichnet, nennt man F die *freie Energie*. Bei reversiblen Prozessen ist die abgegebene Energiemenge *unabhängig* vom zeitlichen Ablauf des Prozesses – das Ergebnis hängt nur vom Anfangs- und vom Endzustand ab.[2] Dies ist analog der Verschiebung eines Körpers in einem konservativen Kraftfeld, bei dem die Energieänderung ebenfalls nur von dem Anfangs- und dem Endpunkt des Prozesses, nicht aber von dem gewählten Weg abhängt. Obwohl die Funktion $F(T, V, N)$ *allein* für das ideale Gas und nicht für die mit dem Gas verbundenen Reservoire charakteristisch ist, beschreibt sie Prozesse, welche den Austausch von Energie mit einem Wärme- und einem Arbeitsreservoir einschließen, ohne dass letztere in der Beschreibung explizit auftauchen.

Um die zweite Bedeutung der freien Energie, nämlich ihre Äquivalenz zu den Zustandsgleichungen des betrachteten Systems zu illustrieren, betrachten wir das Differenzial von $F(T, V, N)$:

$$\begin{aligned} dF &= dE - d(T \cdot S) = dE - (T\,dS + S\,dT) \\ &= \cancel{T\,dS} - p\,dV + \mu\,dN - \cancel{T\,dS} - S\,dT \end{aligned}$$

und erhalten:

$$dF = -S\,dT - p\,dV + \mu\,dN\,.$$

Offenbar liefert das Differenzieren von $F(T, V, N)$ die zum Variablensatz $\{T, V, N\}$ gehörigen Zustandsgleichungen:

$$\frac{\partial F(T, V, N)}{\partial T} = -S(T, V, N) \tag{5.2}$$

$$\frac{\partial F(T, V, N)}{\partial V} = -p(T, V, N) \tag{5.3}$$

$$\frac{\partial F(T, V, N)}{\partial N} = \mu(T, V, N). \tag{5.4}$$

Die entscheidende Eigenschaft der MASSIEU-GIBBS-Funktionen ist es, durch Differenzieren nach einer Variablen die dazu thermodynamisch konjugierte Variable zu liefern!

---

2 Wenn bei der Realisierung des Prozesses Reibungsverluste auftreten, ist die abgegebene Energiemenge natürlich kleiner.

Auf diese Weise werden die r Zustandsgleichungen eines Systems mit r Freiheitsgraden in einem thermodynamischen Potenzial zusammengefasst, genau wie in der Mechanik und in der Elektrostatik die drei Kraft- beziehungsweise Feldkomponenten in einem skalaren Potenzial zusammengefasst werden.

Will man von der Variablen S zur Variablen T übergehen, genügt es nicht, die Zustandsgleichung $T(S,V,N) = \partial E(S,V,N)/\partial S$ nach S aufzulösen, in $E(S,V,N)$ einzusetzen und die Funktion $E(T,V,N)$ als MASSIEU-GIBBS-Funktion anzusehen. Wie das Beispiel des idealen Gases zeigt (Gl. 3.11), ist $\partial E(T,V,N)/\partial V \equiv 0$! Das liegt daran, dass $E(T,V,N)$ keine MASSIEU-GIBBS-Funktion, sondern die *thermische Zustandsgleichung* des Systems ist. $E(T,V,N)$ enthält keine Information über den Druck beziehungsweise die Kompressibilität des Systems. Die Information über die mechanischen Eigenschaften des Gases sind in der *thermischen* Zustandsgleichung $p(T,V,N)$ enthalten. Diese Information geht aber beim einfachen Substitution von S durch T in $E(S,V,N)$ verloren. Die partielle Ableitung von $E(T,V,N)$ nach T nach Gl. 3.19 liefert nicht die Entropie, sondern die Wärmekapazität $C_v(T,N)$!

Bei Differentiation von $F(T,V,N)$ nach V ergibt sich aus Gl. 5.1 und Gl. 5.3 dagegen

$$\frac{\partial F(T,V,N)}{\partial V} = \frac{\partial E(T,V,N)}{\partial V} - T\,\frac{\partial S(T,V,N)}{\partial V} = -p(T,V,N)\,. \tag{5.5}$$

Beim idealen Gas ist der Energie-Term identisch null, weil die Wechselwirkungskräfte zwischen den Gas-Molekülen vernachlässigbar sind. Daher ist der Druck des Gases ausschließlich auf die Volumenabhängigkeit der Entropie zurückzuführen. Man spricht in diesem Zusammenhang auch von *entropischen Kräften*. Bei Polymeren ist dies ähnlich (Abschnitt II-3.3), nur dass $\partial S(T,V,N)/\partial V$ im Gegensatz zum Gas nicht positiv, sondern negativ ist. Bei Flüssigkeiten und Festkörpern dominieren die in $E(T,V,N)$ enthaltenen elastischen Wechselwirkungen zwischen den Atomen und Molekülen über den Entropieterm, und die entropischen Effekte bewirken nur eine kleine Änderung der elastischen Eigenschaften.

Entscheidend ist beim Variablenwechsel, nicht nur eine Variable in der MASSIEU-GIBBS-Funktion, sondern ein konjugiertes Paar $\xi\,dX$ in der GIBBS'schen Fundamentalform gegen den Term $-X\,d\xi$ auszutauschen. Dies wird erreicht, indem man das Produkt ξX von der Ausgangs-MASSIEU-GIBBS-Funktion abzieht. Dieses, LEGENDRE-*Transformation*[3] genannte, Verfahren zum Austausch der unabhängigen Variablen lässt sich auf einzelne oder auch auf mehrere Terme in der GIBBS'schen Fundamentalform anwenden.

5.1.2 Die Enthalpie

Analog zur isothermen Expansion können wir die in Abschnitt 3.6 besprochene isobare Erwärmung von Gasen mit einer weiteren MASSIEU-GIBBS-Funktion in Verbindung

3 Der mathematische Hintergrund der LEGENDRE-Transformation wird in Anhang D erklärt.

bringen. Um ein Gas bei konstantem Druck zu erwärmen, muss es an ein Volumenreservoir angekoppelt werden, welches die beim Erwärmen auftretende thermische Ausdehnung des Gases unter Konstanthaltung des Drucks auffangen kann (Abb. 3.5). Die zur thermischen Expansion des Gases gegen den Druck des Reservoirs erforderliche Energie $\mathcal{W}_{\text{rev}}$ wird dem Gas dabei entzogen:

$$\Delta E_{\text{Gas}} = \int_{S_1}^{S_2} T\,dS - p\Delta V \,.$$

Die zur Erwärmung des Gases aus dem Wärmereservoir zuzuführende Energiemenge beträgt daher

$$\mathcal{Q}_{\text{rev}} = \int_{S_1}^{S_2} T\,dS = \Delta E_{\text{Gas}} + p\Delta V = \Delta H \,, \tag{5.6}$$

wobei die neue Größe

$$H := E + pV \qquad \text{Enthalpie} \tag{5.7}$$

!

eine weitere MASSIEU-GIBBS-Funktion des idealen Gases in den Variablen $\{S, p, N\}$ darstellt. Bei konstanten p und N lässt sich also auch die zu- oder abgeführte „Wärme" $\mathcal{Q}_{\text{rev}} = \int T\,dS$ durch die Änderung der Zustandsgröße H ausdrücken. Damit hängt das Ergebnis wiederum nur von dem Anfangs- und dem Endzustand ab.

Um die mit der Enthalpie verknüpften Zustandsgleichungen zu gewinnen, betrachten wir das Differenzial von H

$$dH = dE + (p\,dV + V\,dp)$$

$$dH = T\,dS + V\,dp + \mu\,dN \,.$$

Wenn wir die Funktion $H(S, p, N)$ nach S, p und N differenzieren, erhalten wir also die Zustandsgleichungen $T(S, p, N)$, $V(S, p, N)$ und $\mu(S, p, N)$.

$H(T, p, N)$ ist genau wie $E(T, V, N)$ keine MASSIEU-GIBBS-Funktion, sondern eine kalorische Zustandsgleichung, die bei Differentiation nach T die Wärmekapazität $C_p(T, p, N)$ bei konstantem Druck liefert. Dies ist leicht einzusehen, wenn wir uns die Herleitung von C_p nach Gl. 3.20 in Abschnitt 3.6 vergegenwärtigen:

$$\begin{aligned} C_p\,dT &= T\,dS(T, p, N) = dE(T, p, N) + p\,dV(T, p, N) \\ &= \left(\frac{\partial E(T, p, N)}{\partial T} + p\frac{\partial V(T, p, N)}{\partial T}\right) dT \\ &= \frac{\partial[E(T, p, N) + p\,V(T, p, N)]}{\partial T}\,dT \\ &= \frac{\partial H(T, p, N)}{\partial T}\,dT \end{aligned}$$

und damit

!

$$C_{p,N}(T,p,N) = T\frac{\partial S(T,p,N)}{\partial T} = \frac{\partial H(T,p,N)}{\partial T} . \tag{5.8}$$

Wir wiederholen noch einmal, dass die Wärmezu- oder abfuhr $\mathcal{Q}_{\text{rev}}$ bei Prozessen mit konstantem p und N, aber variablem T nach Gl. 5.6 durch die Änderungen der Enthalpie (und nicht der Energie!) gegeben ist:

$$\begin{aligned}\mathcal{Q}_{\text{rev}} &= \int_{S_1}^{S_2} T(S,p,N)dS = \int_{T_1}^{T_2} C_p(T,p,N)\,dT \\ &= H(T_2,p,N) - H(T_1,p,N) = \Delta H .\end{aligned}$$

Diese Aussage ist unabhängig von der Wahl der unabhängigen Variablen und gilt damit auch für $H(T,p,N)$. Wie oben und in Abschnitt 3.6 bereits erklärt, liegt dies an dem aufgrund der thermischen Ausdehnung bei $p = \text{const.}$ unvermeidbaren Energieaustausch über den mechanischen Kanal.

5.1.3 Die freie Enthalpie

Werden Prozesse betrachtet, bei denen sowohl die Temperatur als auch der Druck durch Ankopplung an Reservoire konstant gehalten werden, bleibt nur noch die Teilchenzahl als Variable. Änderungen der Teilchenzahl treten bei Phasenübergängen, wie dem Schmelzen von Eis oder dem Verdampfen von Wasser, Transportprozessen sowie chemischen Reaktionen auf. In diesem Fall müssen wir in der Gibbs'schen Fundamentalform sowohl $-p\,dV$ durch $V\,dp$ als auch $T\,dS$ durch $-S\,dT$ ersetzen.
Damit erhalten wir für die zum Variablensatz $\{T,p,N\}$ gehörige Massieu-Gibbs-Funktion:

$$G := E - TS + pV \qquad \text{freie Enthalpie.} \tag{5.9}$$

Dies führt auf

$$dG = dE - (T\,dS - S\,dT) + (p\,dV + V\,dp)$$

und

$$dG = -S\,dT + V\,dp + \mu\,dN .$$

Bei der Energieänderung durch die Zufuhr von Teilchen ist besonders stark auf die Bedingungen zu achten, unter denen diese erfolgt. In der Praxis werden dabei meistens nicht S und N, sondern T und p konstant gehalten. Gleichzeitig mit der Injektion von

Teilchen muss dann auch Entropie abgeführt beziehungsweise das Volumen vergrößert werden. Das hat zur Folge, dass die Energiebilanz dieses Prozesses nicht allein durch das chemische Potenzial und die Änderung der Teilchenzahl, sondern auch durch Wärmezufuhr und Arbeitsleistung bestimmt wird.

Abschließend wollen wir noch einmal betonen, dass in jeder Variante der GIBBS'schen Fundamentalform die Faktoren vor den Differenzialen stets die partiellen Ableitungen der MASSIEU-GIBBS-Funktionen sind, das heißt sie entsprechen den Zustandsgleichungen. Wenn man weiß, welche MASSIEU-GIBBS-Funktion zu welchem Variablensatz gehört, kennt man auch das zugehörige Differenzial.[4] Die LEGENDRE-Transformationen erlauben, den für das jeweilige Problem optimalen Variablensatz auszusuchen und es auf dem kürzesten Weg zu lösen. Der Formalismus wird natürlich erst dann zum Leben erweckt, wenn man die Zustandsgleichungen beziehungsweise MASSIEU-GIBBS-Funktionen konkreter Systeme vorliegen hat.

5.2 MAXWELL-Relationen

Die Tatsache, dass die Ableitung einer MASSIEU-GIBBS-Funktion nach einer Variablen die dazu thermodynamisch konjugierte Variable liefert, impliziert die *Existenz von Beziehungen zwischen den Zustandsgleichungen.* Der aus der Analysis bekannte Satz von SCHWARZ sagt aus, dass für eine zweimal stetig differenzierbare Funktion $f(x_1, \dots, x_r)$ gilt:

$$\frac{\partial^2 f}{\partial x_i \partial x_j} = \frac{\partial^2 f}{\partial x_j \partial x_i}.$$

Dies entspricht einer Integrabilitätsbedingung für die r Zustandsgleichungen $\partial f / \partial x_1, \dots, \partial f / \partial x_r$. Falls die MASSIEU-GIBBS-Funktionen zweimal stetig differenzierbar sind, gilt also:

> **!** Für jedes Paar unabhängiger Variablen sind die gemischten zweiten Ableitungen der MASSIEU-GIBBS-Funktionen gleich – die daraus resultierenden Identitäten nennt man die MAXWELL-*Relationen.*

Für ein System mit r Freiheitsgraden gibt es 2^r Kombinationen der extensiven und intensiven Variablen. Für $r = 3$ bedeutet dies, dass für jede der 8 MASSIEU-GIBBS-Funktionen nur 3 der 6 gemischten zweiten Ableitungen unabhängig sind. Den Nutzen der MAXWELL-Relationen wollen wir durch einige Beispiele illustrieren:

---

4 Dazu muss man nur mit den Vorzeichen etwas Buch halten. Der Verfasser hält es für sinnvoller, sich das entsprechende Differenzial bei Bedarf kurz abzuleiten, als eines der diversen auf dem Markt befindlichen Merkschemata für die thermodynamischen Potenziale und deren Differenziale auswendig zu lernen...

1. *Wie hängt S bei konstantem T und N von p ab?*
Die zum Variablensatz $\{T, p, N\}$ gehörige MASSIEU-GIBBS-Funktion ist die freie Enthalpie $G(T, p, N)$. Daher entspricht

$$\frac{\partial S(T,p,N)}{\partial p} = -\frac{\partial^2 G(T,p,N)}{\partial p \partial T} = -\frac{\partial^2 G(T,p,N)}{\partial T \partial p} = -\frac{\partial V(T,p,N)}{\partial T} \tag{5.10}$$

der thermischen Ausdehnung.
Als praktische Anwendung dieser Relation wollen wir Gl. 3.23 in Abschnitt 3.6 beweisen: Aus Gl. A.2 erhalten wir

$$\frac{\partial S(T,V,N)}{\partial T} = \frac{\partial S(T,p,N)}{\partial T} + \frac{\partial S(T,p,N)}{\partial p} \cdot \frac{\partial p(T,V,N)}{\partial T} .$$

Wegen Gl. A.3 gilt für den zweiten Faktor im zweiten Term außerdem

$$\frac{\partial p(T,V,N)}{\partial T} = -\frac{\partial p(T,V,N)}{\partial V} \cdot \frac{\partial V(T,p,N)}{\partial T} ,$$

Aus den Gleichungen 5.10 und A.4 folgt daher, dass die Differenz der Wärmekapazitäten

$$C_p - C_v = T \cdot \left[\frac{\partial S(T,p,N)}{\partial T} - \frac{\partial S(T,V,N)}{\partial T} \right] = -\frac{T \left(\frac{\partial V(T,p,N)}{\partial T} \right)^2}{\frac{\partial V(T,p,N)}{\partial p}} = T \cdot V \cdot \frac{\beta_p^2}{\kappa_T}$$

allgemein durch die thermische Ausdehnung bei konstantem Druck und die isotherme Kompressibilität ausgedrückt werden kann. Gemeinsam mit dem dritten Hauptsatz folgt daraus weiterhin, dass $C_p - C_v$ bei Annäherung an den absoluten Nullpunkt für jedes System gegen Null gehen muss (Aufgabe 5.3).
2. *Wie hängt die Energie bei konstantem T und N vom Volumen ab?*
Die für den Variablensatz $\{T, V, N\}$ zuständige MASSIEU-GIBBS-Funktion ist freie Energie $F(T, V, N)$. Mit der MAXWELL-Relation

$$\frac{\partial S(T,V,N)}{\partial V} = -\frac{\partial^2 F(T,V,N)}{\partial V \partial T} = -\frac{\partial^2 F(T,V,N)}{\partial T \partial V} = \frac{\partial p(T,V,N)}{\partial T} \tag{5.11}$$

folgt:

$$\frac{\partial E(T,V,N)}{\partial V} = \frac{\partial}{\partial V}(F + TS) = -p + T\frac{\partial S(T,V,N)}{\partial V}$$
$$= -p + T\frac{\partial p(T,V,N)}{\partial T} = -p + T\frac{Nk_B}{V} \equiv 0 \, !$$

Im letzten Schritt wurde das ideale Gasgesetz benutzt. Damit haben wir gezeigt, dass die Energie $E(T, V, N)$ eines idealen Gases von V unabhängig ist.[5] Analog

5 Umgekehrt lässt sich aus der empirischen Feststellung $\partial E(\tau_G, V, N)/\partial V = 0$ und der MAXWELL-Relation 5.11 folgern, dass die *empirische Gastemperatur* $\tau_G = pV/N$ und die *absolute* Temperatur $T = \partial E(S, V, N)/\partial S$ proportional sein müssen (Aufgabe 5.4).

kann man zeigen, dass $H(T, p, N)$ für ein ideales Gas unabhängig von p ist. Im Abschnitt 9.6.2 werden wir sehen, wie die intermolekularen Wechselwirkungen dazu führen, $\partial E(T, V, N)/\partial V \neq 0$ wird.

3. *Wie hängt die Temperatur des in Abschnitt 4.4 besprochenen thermisch isolierten Stahldrahts von seinem mechanischen Spannungszustand ab?*
Die zu den unabhängigen Variablen $\{S, F, N\}$ gehörige MASSIEU-GIBBS-Funktion ist analog zur *Enthalpie*:

$$H(S, F, N) = E(S, F, N) + \boldsymbol{F} \cdot \boldsymbol{x}(S, F, N)$$

wobei das vollständige Differenzial von H durch

$$dH = T\,dS + \boldsymbol{x}\,d\boldsymbol{F} + \mu dN$$

gegeben ist. Daher besteht die MAXWELL-Relation

$$\frac{\partial T(S, \boldsymbol{F}, N)}{\partial \boldsymbol{F}} = \frac{\partial^2 H}{\partial \boldsymbol{F} \partial S} = \frac{\partial^2 H}{\partial S \partial \boldsymbol{F}} = \frac{\partial \boldsymbol{x}(S, \boldsymbol{F}, N)}{\partial S} \,.$$

Der Zusammenhang mit der thermischen Zustandsgleichung des Drahtes (Gl. 4.9) ist durch die Differenzialbeziehung Gl. A.3 gegeben:

$$\frac{\partial \boldsymbol{x}(S, \boldsymbol{F}, N)}{\partial S} = \frac{\dfrac{\partial \boldsymbol{x}(T, \boldsymbol{F}, N)}{\partial T}}{\dfrac{\partial S(T, \boldsymbol{F}, N)}{\partial T}} = -\frac{T}{C_F} \cdot \beta' L \,,$$

wobei L die Ruhelänge des Drahtes ist.

4. *Wie hängt die Entropie bei konstantem T und p von der Teilchenzahl ab?*
Wiederum ist $G(T, p, N)$ die zuständige MASSIEU-GIBBS-Funktion:

$$\frac{\partial S}{\partial N} = \frac{\partial}{\partial N}\left(-\frac{\partial G}{\partial T}\right) = -\frac{\partial}{\partial T}\left(\frac{\partial G}{\partial N}\right) = -\frac{\partial \mu}{\partial T}$$

Solange die Stoffmenge konstant gehalten wird, taucht das chemische Potenzial μ nicht explizit auf. Das ändert sich, wenn chemische Reaktionen betrachtet werden, bei denen sich bei konstanten T und p die Teilchenzahlen ändern (Diese MAXWELL-Relation wird in Abschnitt 8.11 benutzt).

5.3 Die Messung der absoluten Temperatur

Als eine weitere Anwendung der *Maxwell*-Relationen wollen wir ein Verfahren zur experimentellen Bestimmung der *absoluten* Temperatur besprechen. Dieses Verfahren muss von den spezifischen Eigenschaften des als Thermometer verwendeten Systems unabhängig sein. In unseren bisherigen Anmerkungen zur Messung der Temperatur in den Abschnitten 2.3 und 2.7 hatten wir als *empirisches* Maß für die Temperatur verschiedene Systeme mit sehr verschiedenen temperaturabhängigen Messgrößen verwendet.

Derartige Thermometer nennt man *Sekundär-Thermometer*, weil ihre Benutzung die Existenz einer Kalibrationstabelle $\tau(T)$ erfordert, welche die Werte dieser Messgrößen mit der absoluten Temperatur verknüpft. Entsprechend der Wahl der als empirisches Temperaturmaß verwendeten Messgröße sind die Werte und die Einheit der empirischen Temperatur zunächst willkürlich. Es können ganz unterschiedliche Messgrößen benutzt werden; wir müssen nur fordern, dass die Funktion $\tau(T)$ eindeutig nach T auflösbar ist.

In diesem Abschnitt wollen wir nun angeben, wie eine solche Tabelle erstellt werden kann. Als Messgrößen sind im Prinzip alle Messgrößen geeignet, die empfindlich genug von der Temperatur abhängen. Für hohe Temperaturen liefert uns das ideale Gas ein besonders geeignetes System, weil dessen thermische Zustandsgleichung

$$pV = Nk_B T$$

die Definition einer empirischen Temperatur, der *Gastemperatur*

$$\tau_G = k_B T = \frac{pV}{N}$$

nahe legt, die proportional zur absoluten Temperatur ist (Aufgabe 5.4). Von besonderer Bedeutung ist dabei, dass der Proportionalitätsfaktor k_B zwischen T und τ_G *universell* ist und nicht von der chemischen Natur des verwendeten Gases abhängt. In der Praxis sind vor allem die Helium-Isotope ^{3}He und ^{4}He für Gasthermometer geeignet, weil bei diesen die Wechselwirkungen zwischen den Gasmolekülen von allen Gasen am schwächsten sind und der Zustandsbereich mit idealem Verhalten bei diesen die größten T- und p-Bereiche überdeckt.

Es erscheint als ein besonderer Glücksfall, dass die Natur ein derart universelles Mustersystem für uns bereithält. Allerdings sollte die Konstruktion der Thermodynamik nicht davon abhängen, ob ein solches Mustersystem existiert! Es muss also eine Möglichkeit geben, die absolute Temperatur experimentell zu bestimmen, *ohne* idealisierende Annahmen über die Zustandsgleichungen zu machen.

Es ist klar, dass sich nur solche Systeme als Thermometer verwenden lassen, die unzerlegbar sind, das heißt, bei denen der durch das Variablenpaar $\{T, S\}$ quantifizierte thermische Freiheitsgrad mit einem anderen, durch das Variablenpaar $\{\xi, X\}$ charakterisierten, Freiheitsgrad gekoppelt ist. Bei Gasen ist dies das Variablenpaar Druck und Temperatur, $\{-p, V\}$, bei den im nächsten Kapitel beschriebenen Paramagneten das dort neu einzuführende Variablenpaar externes Magnetfeld und Magnetisierung: $\{B_{ext}, m\}$. Die Unzerlegbarkeit des Systems bedeutet aber, dass es sich nicht nur als Thermometer, sondern auch als *Arbeitssystem* verwenden lässt, mit dem tiefe Temperaturen erzeugt werden können. Ein zur Bestimmung der absoluten Temperatur taugliches System ist daher immer auch als Arbeitsmedium für eine thermische Maschine geeignet – und umgekehrt!

Die nachfolgende Methode zur Bestimmung der absoluten Temperatur beruht darauf, dass die Temperatur $T(S, V, N)$ eines fluiden Systems bei konstantem N nicht

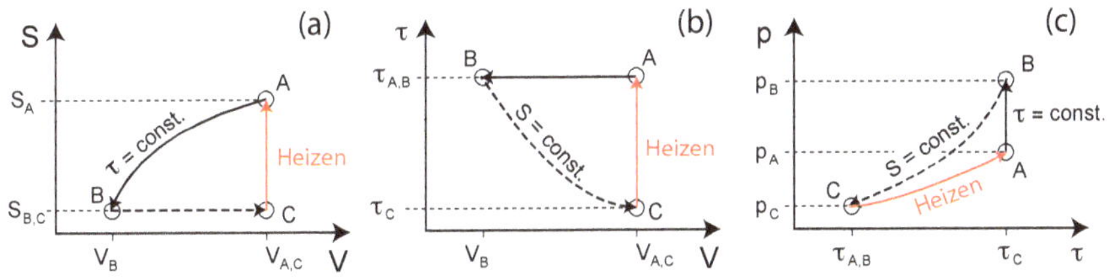

Abb. 5.1. Kreisprozess zur Messung der absoluten Temperatur (a) im S, V-Diagramm, (b) im τ, V-Diagramm, und c) in p, τ-Diagramm: eine beliebige Thermometersubstanz wird von einem Anfangszustand A mit der empirischen Temperatur τ_A zunächst bei konstanter Temperatur auf das Volumen V_B im Zustand B komprimiert. Sodann wird sie isentrop auf das Anfangsvolumen $V_C = V_A$ im Zustand C komprimiert, und im dritten Schritt bei konstantem Volumen geheizt, bis wieder der Anfangszustand A mit der Temperatur τ_A erreicht wird.

nur über die Zufuhr von Entropie (Heizen), sondern auch durch isentrope Kompression und Expansion geändert werden kann. Dies erlaubt es uns mit Hilfe der MAXWELL-Relation

$$\frac{\partial T(S,V,N)}{\partial V} = \frac{\partial^2 E(S,V,N)}{\partial V\,\partial S} = \frac{\partial^2 E(S,V,N)}{\partial S\,\partial V} = -\frac{\partial p(S,V,N)}{\partial S} \tag{5.12}$$

eine Temperaturänderung bei isentroper Kompression mit einer Druckänderung bei isochorer Entropiezufuhr in Verbindung zu bringen. Entscheidend ist, dass in diesem Schritt nur die mit einem beliebigen Thermometer (zum Beispiel einem anhand der CELSIUS-Skala kalibirierten Alkoholthermometer, einen Thermoelement oder einem Widerstandthermometer) gemessenen Differenzen der *empirischen* Temperatur und nicht die absolute Temperatur benötigt werden.

In Abb. 5.1 ist ein Kreisprozess dargestellt, dessen erster Schritt AB eine *isotherme* Kompression einer beliebigen Thermometersubstanz, wobei der Entropiebetrag $S_A - S_B$ an die Umgebung abgegeben wird. Im zweiten Schritt BC wird das System *isentrop* auf das Anfangsvolumen $V_A = V_C$ expandiert, und die dabei auftretende Erniedrigung $\tau_C - \tau_B$ der empirischen Temperatur gemessen. Im dritten Schritt CA wird das System bei konstantem Volumen mit Hilfe eines elektrischen Heizers wieder auf die Anfangstemperatur τ_A erwärmt, und die dafür notwendige Energiemenge ΔE_{heiz} bestimmt. Der Heizprozess muss ebenfalls schnell genug erfolgen, um das System als thermisch isoliert ansehen zu können, oder es muss die thermische Kopplung durch Wärmeleitung während der Prozessschritte BC und CA gegenüber der thermischen Kopplung in Schritt AB unterdrückt werden.

Bei monotonem Zusammenhang $\tau(T)$ zwischen der empirischen und der absoluten Temperatur können wir die Differenzen der absoluten Temperatur in der Form $\Delta T = dT(\tau)/d\tau \cdot \Delta\tau$ darstellen. Damit können wir Gl. 5.12 für genügend kleine Zustandsänderungen auch in der Form

$$\frac{dT(\tau)}{d\tau} \cdot \left.\frac{\tau_C - \tau_B}{V_C - V_B}\right|_{S=\text{const.}} = -\left.\frac{p_A - p_C}{S_A - S_C}\right|_{V=\text{const.}} = -T \cdot \left.\frac{p_A - p_C}{E_{\text{heiz}}}\right|_{V=\text{const.}} \tag{5.13}$$

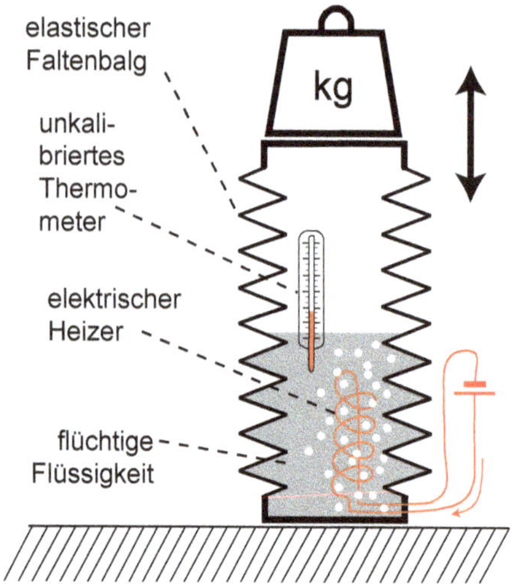

Abb. 5.2. Schema einer Apparatur zur experimentellen Bestimmung der absoluten Temperatur mit einer leicht flüchtigen Thermometersubstanz. Ein elastischer Faltenbalg erlaubt die Messung der isothermen Volumenänderung bei einer langsam zunehmenden Belastung, sowie der Änderung der empirischen Temperatur bei einer schnellen (isentropen) Entlastung. In einem dritten Prozessschritt wird das System bei konstantem Volumen durch einen Heizer auf die Temperatur im Anfangszustand erwärmt und die dafür nötige Energiemenge gemessen.

schreiben, wobei wir für das zweite Gleichheitszeichen ausgenutzt haben, dass die Entropieänderung $S_A - S_C = (E_A - E_C)/T = \Delta E_{\text{heiz}}/T = UI\Delta t$ im letzten Prozessschritt wegen V = const. allein von der absoluten Temperatur und der über den Heizer zugeführten Energiemenge bestimmt wird. Daher können wir Gl. 5.13 nach der absoluten Temperatur auflösen und erhalten:

$$T = \frac{dT(\tau)}{d\tau} \cdot \frac{\tau_C - \tau_B}{V_C - V_B} \cdot \frac{\Delta E_{\text{heiz}}}{p_A - p_C} \,. \tag{5.14}$$

Die Ableitung $dT(\tau)/d\tau$ verknüpft die Zahlenwerte und die Einheiten der empirischen und der absoluten Temperatur für ein Paar von infinitesimal benachbarten Zuständen. Ein entsprechend der Celsius-Skala kalibriertes Thermometer genügt, um die zu einem Intervall $\Delta\tau$ bei der empirischen Temperatur τ gehörende absolute Temperatur in Kelvin zu bestimmen – in diesem Fall ist $dT(\tau)/d\tau \equiv 1$.

Ein Schema einer entsprechenden Apparatur ist in Abb. 5.2 gezeigt. Bei dieser können Druck und Volumen durch langsame oder schnelle Variation des auf der Apparatur lastenden Gewichts eingestellt werden. Um Energieverluste durch Wärmeleitung und die Konvektion von Luft außerhalb der Apparatur zu vermeiden, sollte der ganze Aufbau während der adiabatischen Prozessschritte noch zusätzlich thermisch isoliert werden. Bei diesem Aufbau sind Gase nur bedingt als Thermometersubstanz geeignet, weil ihre Wärmekapazität klein gegen die der Apparatur ist, und daher die Temperaturänderung schwer genau genug messbar sind. Flüssigkeiten haben dagegen eine zu kleine Kompressibilität und einen zu kleinen thermischen Ausdehnungskoeffizienten, um hinreichend große Volumenänderungen zu erreichen.

Hier kommt zu Hilfe, dass Gl. 5.13 extrem allgemein ist: sie gilt nicht nur für einfache Phasen, sondern beliebig zusammengesetzte und auch räumlich inhomogene Systeme – insbesondere auch für zwei koexistierende Phasen. Dies erlaubt es uns die Vorteile von Gasen (hohe Kompressibilität) und Flüssigkeiten (hohe Wärmekapazität) in Gestalt einer leicht flüchtigen Flüssigkeit (zum Beispiel Azeton oder Schwefelhexafluorid) zu kombinieren. Koexistieren die flüssige und die gasförmige Phase, so führt das Heizen zum Verdampfen einer erheblichen Flüssigkeitsmenge, und damit zu einer leicht messbaren Volumenänderung. Andererseits ist die Wärmekapazität der Flüssigkeit groß genug, um durch eine geeignete thermische Isolation die bei der schnellen Expansion und dem nachfolgenden Heizen auftretende Wärmeleitung aus der Umgebung zu vernachlässigen.

Will man sich nicht auf die Linearität der Kalibrationsfunktion $T(\tau)$ (Abb. 2.1) des verwendeten empirischen Thermometers verlassen, oder diese überprüfen, so muss das Experiment in hinreichend kleinen τ-Schritten in dem gesamten interessierenden Temperaturbereich wiederholt werden. Um einen großen T-Bereich mit möglichst hoher Genauigkeit abzudecken, wird man eine Serie von Thermometersubstanzen mit verschiedenen Siedepunkten verwenden müssen.

Es ist aber auch möglich ein völlig unkalibriertes Thermometer zu verwenden. Um das Verhältnis T/T_{ref} der absoluten Temperatur zur Temperatur T_{ref} in einem beliebigen Referenzzustand zu bestimmen, lösen wir Gl. 5.14 zuerst nach dT/T auf, integrieren auf beiden Seiten und lösen schließlich nach der absoluten Temperatur auf. Dann erhalten wir :

$$T(\tau) = T_{\text{ref}} \cdot \exp\left\{ \int_{\tau_{\text{ref}}}^{\tau} \left(\frac{V_{\text{C}} - V_{\text{B}}}{\tau_{\text{C}} - \tau_{\text{B}}} \cdot \right) \left(\frac{p_{\text{A}} - p_{\text{C}}}{\Delta E_{\text{heiz}}} \right) d\tau' \right\} . \tag{5.15}$$

Die Temperatur im Referenzzustand ist beliebig - ihr kann daher ein beliebiger Zahlenwert zugewiesen werden. Wie in Abschnitt 2.2 bereits erwähnt, ist es üblich zur Festlegung der KELVIN-Skala den Tripelpunkt vom hochreinem Wasser als Referenzzustand zu wählen, und diesem den Wert $T_{\text{ref}} = 273.16\,\text{K}$ zuzuweisen. Dies entspricht wie bereits erwähnt der Bedingung

$$\frac{dT(\tau_{\text{CELSIUS}})}{d\tau_{\text{CELSIUS}}} \equiv 1 . \tag{5.16}$$

In Abschnitt 6.5.4 werden wir eine Variante dieses Verfahrens kennenlernen, bei dem ein paramagnetischer Festkörper verwendet wird. Paramagnete sind auch bei sehr tiefen Temperaturen als Thermometersubstanz geeignet, bei denen alle Flüssigkeiten (mit Ausnahme der Helium-Flüssigkeiten) erstarrt sind.

5.4 Homogenität der MASSIEU-GIBBS-Funktionen

Bereits in Kapitel 1 haben wir das *Homogenitätspostulat* formuliert, welches die Form der MASSIEU-GIBBS-Funktion $E(S, V, N)$ (zumindest für eine große Klasse von Systemen) einschränkt. Dies ist die mathematische Formulierung der Tatsache, dass die charakteristischen Relationen eines Systems nicht davon abhängen sollten, „wieviel" von dem System da ist. Das bedeutet, dass sich die ein System beschreibenden Zustandsgleichungen (und damit auch seine MASSIEU-GIBBS-Funktion) auf eine Weise darstellen lassen müssen, die *unabhängig* von der „Größe" des Systems ist. Beispielsweise sollten die Eigenschaften des Materials „festes Kupfer" unabhängig davon sein, wie groß der konkret untersuchte Kupferklotz ist. Ebenso sollten die Eigenschaften des Systems „ideales Gas" unabhängig davon sein, welches Volumen der verwendete Rezipient hat oder wie groß die darin enthaltene Gasmenge ist. Bisher haben wir von diesem Prinzip nur bei der Definition der spezifischen Wärmekapazitäten in Abschnitt 2.3 Gebrauch gemacht.

Die Tatsache, dass die meisten Systeme mehrere extensive Größen, wie Menge N, Volumen V, Masse M, besitzen, hatte schon dort zur Folge, dass sich das „System-spezifische" auf mehrere Weisen ausdrücken lässt. So lässt sich die Wärmekapazität sowohl auf die Stoffmenge, die Masse oder das Volumen beziehen. Ebenso lässt sich die Dichte eines Systems sowohl durch die Massendichte $m = M/V$ als auch durch die Mengendichte $n = N/V$ angeben. Die Umrechnung zwischen diesen verschiedenen Darstellungsweisen erfordert die Kenntnis des ebenfalls systemspezifischen Molekulargewichts $\hat{m} = M/N$.

Die Information über die Ausdehnung oder die Menge des betrachteten Gegenstands ist in jeder der *extensiven* Größen enthalten. Entscheiden wir uns für eine dieser Größen als Referenzgröße, so erhalten wir die dieser Wahl entsprechenden spezifischen Größen des Systems, indem wir alle anderen extensiven Größen durch die Referenzgröße dividieren.

Die *intensiven* Größen des Systems müssen definitionsgemäß von dieser Operation unberührt bleiben. Diese Eigenschaft stellt eine Art von *Skaleninvarianz*, das heißt, die Unabhängigkeit der Systemeigenschaften von bestimmten Maßstabstransformationen dar. Nur Systeme mit dieser Invarianzeigenschaft erlauben eine Unterscheidung zwischen extensiven und intensiven Variablen. Mathematisch lässt sich dies so formulieren, dass wir annehmen,[6] es existiere ein Variablensatz $\{X_1, \dots, X_r\}$, für den gilt (Gl. 1.43):

$$\lambda E(X_1, \dots, E_r) = E(\lambda X_1, \dots, \lambda X_r) \; ,$$

wobei λ eine beliebige dimensionslose Zahl ist. Variablensätze, für die die Energie diese Eigenschaft hat, nennen wir *extensiv*. Auf diese Weise ist sichergestellt, dass

$$\frac{\partial E(\lambda X_1, \dots, \lambda X_r)}{\partial \lambda X_i} = \frac{\lambda\, \partial E(X_1, \dots, X_r)}{\lambda \partial X_i} = \xi_i(X_1, \dots, X_r) \; ,$$

das heißt, dass die intensiven Variablen ξ_i tatsächlich unabhängig von der durch λ ausgedrückten Änderung der System„größe" sind. Man sagt, dass die intensiven Größen homogen vom Grad 0 sind.

Phasen mit nur einer Mengenvariablen nennt man *einkomponentig*. Für diese gilt:

$$E(\lambda S, \lambda V, \lambda N) = \lambda E(S, V, N) \; . \tag{5.17}$$

6 In Abschnitt 7.1 werden wir diskutieren, unter welchen Umständen diese Annahme gerechtfertigt ist.

Physikalisch drückt diese Relation aus, dass sich an den das System charakterisierenden Relationen nichts ändert, wenn alle *extensiven* Größen des Systems um denselben Faktor λ geändert werden, beispielsweise dadurch, dass aus einem Festkörper oder einem Gas ein beliebiges Teilstück herausgeschnitten wird, oder dadurch, dass zwei oder mehr Stücke desselben Materials zusammengefügt und als eines betrachtet werden.[7] Die Operation der Skalierung, das heißt die „System-Vervielfältigung“, ist sorgfältig von einer einfachen Expansion zu unterscheiden, bei der nur das Volumen, aber nicht auch alle übrigen extensiven Größen um den gleichen Faktor geändert werden.

Wieviel System vorliegt, wird üblicherweise durch die Stoffmenge oder das Volumen ausgedrückt. Es liegt daher nahe, die Volumen- beziehungsweise Mengenabhängigkeit zu eliminieren und anstelle der extensiven Größen die entsprechenden spezifischen Größen zu betrachten. Letztere sind (ebenso wie die Differenzialquotienten extensiver Größen) unabhängig von der „Größe“ des System, genauer, sie sind keine Eigenschaften der individuellen Gegenstände mehr, sondern nur noch der durch das System repräsentierten *Klasse* von Gegenständen, beziehungsweise Eigenschaften des *Materials* (zum Beispiel des Materials „festes Kupfer“ oder „Wasserstoffgas“), die unabhängig von seiner Menge oder seinem Volumen sind. Gebräuchlich sind die Eliminierung entweder der Menge oder des Volumens.

Die erste Wahl hat Vorteile, wenn man an den Charakteristika von bestimmten *Stoffen* oder Stoffsystemen interessiert ist, die unabhängig von der Menge des betrachteten Stoffes sind. Die zweite Wahl ermöglicht eine Beschreibung von Systemen mittels *Dichten*. In vielen praktisch relevanten Situationen treten Nicht-Gleichgewichtszustände mit räumlichen Variationen der intensiven und der Dichten der extensiven Größen auf. Wenn diese räumlichen Variationen auf Längenskalen erfolgen, die groß gegen interne Längenskalen des Materials (wie beispielsweise die später zu besprechende „freie Weglänge“) sind, so ist eine lokale thermodynamische Beschreibung auch vom Nichtgleichgewichts-Phänomenen in räumlich inhomogenen Systemen, zum Beispiel bei Transportprozessen, möglich (Kap. 8). Die erste Wahl wird überwiegend bei Fragestellungen verwendet, wie sie für die physikalische Chemie typisch sind. Die zweite Wahl wird insbesondere in der Hydrodynamik und in der Festkörperphysik benutzt.

Größen pro Teilchen – molare Größen:

Wenn die Funktion $E(S,V,N)$ homogen vom Grad 1 ist und wir $\lambda = N$ setzen, so gilt nach Gl. 5.17:

$$E(S,V,N) = N \cdot \hat{e}\left(\frac{S}{N}, \frac{V}{N}\right) = N \cdot \hat{e}(\hat{s}, \hat{v}).$$

7 Dies erfordert die Existenz eines *stabilen* Gleichgewichts zwischen den Teilstücken, wie wir in Kapitel 7 auseinandersetzen werden.

Die Energie pro Stoffmenge $\hat{e}(\hat{s}, \hat{v}) = E/N$ hängt daher von nur *zwei* Variablen ab, nämlich von der Entropie pro Menge $\hat{s} = S/N$ und dem Volumen pro Menge $\hat{v} = V/N$. Damit erhalten wir eine auf zwei Terme *reduzierte* GIBBS'sche Fundamentalform:

!

$$d\hat{e} = T\,d\hat{s} - p\,d\hat{v}\,, \tag{5.18}$$

und den Satz von *reduzierten* Zustandsgleichungen

$$T(\hat{s}, \hat{v}) = \frac{\partial \hat{e}(\hat{s}, \hat{v})}{\partial \hat{s}} \quad \text{und} \quad -p(\hat{s}, \hat{v}) = \frac{\partial \hat{e}(\hat{s}, \hat{v})}{\partial \hat{v}}\,. \tag{5.19}$$

Größen pro Volumen – Dichten

Analog zu den Größen pro Menge gilt nach Gl. 5.17 entsprechend:

$$E(S, V, N) = V \cdot e\left(\frac{S}{V}, \frac{N}{V}\right) = V \cdot e(s, n).$$

Die Energiedichte $e(s, n)$ hängt ebenfalls von nur *zwei* Variablen ab, nämlich von der Entropiedichte $s = S/V$ und der Teilchendichte $n = N/V$. In diesen Fall lautet die reduzierte GIBBS'sche Fundamentalform:

$$de = T\,ds + \mu\,dn\,, \tag{5.20}$$

mit dem Satz von reduzierten Zustandsgleichungen

$$T(s, n) = \frac{\partial e(s, n)}{\partial s} \quad \text{und} \quad \mu(s, n) = \frac{\partial e(s, n)}{\partial n}\,. \tag{5.21}$$

Systeme, die in der oben angegebenen Weise in Teilvolumina zerlegt werden können, sodass die Summe der Werte der extensiven Größen in den Teilvolumina deren Werte im Gesamtsystem ergibt, nennen wir *Phasen*. Diese werden durch die Verteilung der lokalen Dichten der extensiven Größen oder durch die konjugierten intensiven Größen vollständig beschrieben. Davon zu unterscheiden sind *Felder*, die sich dadurch auszeichnen, dass nicht nur die Dichten der extensiven Größen, sondern auch deren *Gradienten* in die MASSIEU-GIBBS-Funktionen eingehen. So hängt beispielsweise die Gesamtenergie eines ferromagnetischen Systems nicht nur von der lokalen Magnetisierung $\boldsymbol{M} = \boldsymbol{m}/V$, sondern auch vom Gradienten der Magnetisierung ab, weil die Austausch-Wechselwirkung zwischen benachbarten Teilvolumina eine parallele Ausrichtung der magnetischen Momente der Teilvolumina bevorzugt.

Für homogene Systeme lassen sich die extensiven Größen X also stets auf die Form $N \cdot \hat{x}$, beziehungsweise $V \cdot x$ bringen, wobei $\hat{x}$ die Größen X pro Menge und x die X-Dichte sind. Für nicht-homogene System ist ein extensiver Variablen-Satz gar nicht definiert.

Verzichtet man also auf die Mengen- oder Volumeninformation, so reduziert sich die Zahl der Freiheitsgrade von drei auf zwei. Damit sind bereits *zwei* Zustandsgleichungen zur Bestimmung der MASSIEU-GIBBS-Funktionen ausreichend. Sowohl die molaren MASSIEU-GIBBS-Funktionen als auch die MASSIEU-GIBBS-Dichten charakterisieren noch immer das physikalische System, allerdings ohne die Mengen- beziehungsweise die Volumeninformation zu enthalten. Daher nennen wir sie die *reduzierten* MASSIEU-GIBBS-Funktionen

Homogenitätsrelation

Als nächstes wollen wir eine weitere Konsequenz der Homogenität betrachten, die zu einer wichtigen Vereinfachung der thermodynamischen Beziehungen führt. Wenn die Beschreibung einer einkomponentigen Phase durch molare Größen oder Dichten nur zwei unabhängige Variablen beinhaltet, dann müssen die drei intensiven Größen voneinander abhängig sein. Um diese Abhängigkeit zu finden, differenzieren wir Gl. 5.17 nach λ:

$$E(S,V,N) = \frac{d}{d\lambda}[\lambda \cdot E(S,V,N)] = \frac{d}{d\lambda}\,[E(\underbrace{\lambda S}_{S'}, \underbrace{\lambda V}_{V'}, \underbrace{\lambda N}_{N'})]$$

$$= \underbrace{\frac{\partial E(S',V',N')}{\partial S'}}_{T} \cdot \underbrace{\frac{d(S')}{d\lambda}}_{S} + \underbrace{\frac{\partial E(S',V',N')}{\partial V'}}_{-p} \cdot \underbrace{\frac{d(V')}{d\lambda}}_{V} + \underbrace{\frac{\partial E(S',V',N')}{\partial N'}}_{\mu} \cdot \underbrace{\frac{d(N')}{d\lambda}}_{N}$$

und es folgt: [8]

$$E = TS - pV + \mu N \qquad \text{Homogenitätsrelation} \tag{5.22}$$

Lax gesprochen können wir festhalten, dass man die Differenzialzeichen in der GIBBS'schen Fundamentalform „weglassen“ darf. Die Homogenitätsrelation gilt unabhängig davon welche Größen als unabhängig, und welche als abhängig betrachtet werden. Eine direkte Konsequenz der Homogenitätsrelation ist die folgende Beziehung für die Enthalpie,

$$H = E + pV = TS + \mu N\,, \tag{5.23}$$

---

8 Dies ist ein Spezialfall der EULER'schen Satzes über homogene Funktionen, nach dem für eine Funktion $f(x_1,\dots,x_r)$, welche der allgemeineren Homogenitätsbedingung $f(\lambda x_1,\dots,\lambda x_r) = \lambda^a f(x_1,\dots,x_r)$ genügt, die EULER-Gleichung

$$a \cdot f(x_1,\dots,x_r) = \sum_{i=1}^{r} \frac{\partial f(x_1,\dots,x_r)}{\partial x_i} \cdot x_i$$

gilt. In der Physik wird dieser Satz beispielsweise bei der Ableitung des Virial-Theorems der klassischen Mechanik benutzt.

die sich gelegentlich als hilfreich erweisen wird.

Die Homogenitätsrelation beeinhaltet außerdem, dass diejenige MASSIEU-GIBBS-Funktion $J(T,p,\mu) = E - TS + pV - \mu N$, bei der alle extensiven durch die entsprechenden intensiven Variablen ersetzt wurden, identisch Null ist.[9] Die Beziehung $J(T,p,\mu) \equiv 0$ stellt eine eine implizite Definition der Funktionen $\mu(T,p)$, $p(T,\mu)$ und $T(p,\mu)$ dar, wobei sich im Folgenden zeigen wird, dass von diesen $\mu(T,p)$ und $p(T,\mu)$ die größte praktische Bedeutung haben.

Das Differenzial dJ von $J(T,p,\mu)$ ist ebenfalls identisch Null:

!

$$dJ = -S\,dT + V\,dp - N\,d\mu \equiv 0\,. \qquad \text{GIBBS-DUHEM-Relation} \tag{5.24}$$

In Vergleich zur GIBBS'schen Fundamentalform für die Energie (Gl. 1.41) sind in der GIBBS-DUHEM-Relation die extensiven und die intensiven Größen miteinander vertauscht. Es ist gewinnbringend, sich die GIBBS-DUHEM-Relation zu merken, weil diese leicht in Bestimmungsgleichungen für das chemische Potenzial oder den Druck umgeformt werden kann, von denen wir im folgenden exzessiv Gebrauch machen werden:

$$\begin{aligned} d\mu &= -\hat{s}\,dT + \hat{v}\,dp \\ dp &= s\,dT + n\,d\mu\,. \end{aligned} \tag{5.25}$$

Da die Differentiation von $\mu(T,p)$ die zu $\{T,p\}$ thermodynamisch konjugierten Variablen $\{-\hat{s},\hat{v}\}$ (beziehungsweise $p(T,\mu)$ die zu $\{T,\mu\}$ thermodynamisch konjugierten Variablen $\{s,n\}$) liefert, sind $\mu(T,p)$ und $-p(T,\mu)$ ebenfalls MASSIEU-GIBBS-Funktionen, nämlich die vollständigen LEGENDRE-Transformierten von $\hat{e}(\hat{s},\hat{v})$ beziehungsweise $e(s,n)$:

$$\begin{aligned} \hat{g}(T,p) &\equiv \mu(T,p) = \hat{e} - T\hat{s} + p\hat{v}\,, \\ k(T,\mu) &\equiv -p(T,\mu) = e - Ts - \mu n\,. \end{aligned} \tag{5.26}$$

Die jeweils zweite Hälfte der beiden letzten Gleichungen folgen auch direkt durch Division der Homogenitätsrelation (Gl. 5.22) durch N, beziehungsweise V, was auf die Relationen

$$\begin{aligned} \hat{e} &= T\hat{s} - p\hat{v} + \mu \\ e &= Ts - p + \mu n \end{aligned} \tag{5.27}$$

führt. Benutzt man molare Größen zur thermodynamischen Beschreibung, so treten die Stoffmenge N und das chemische Potenzial μ in den thermodynamischen Relationen nicht mehr auf. Allein μ ist noch in der Homogenitätsrelation versteckt. Aus diesem

9 $J(T,p,\mu)$ stellt also eine Ausnahme von der Regel dar, dass die Ableitung einer MASSIEU-GIBBS-Funktion (bis auf das Vorzeichen) die thermodynamisch konjugierte Größe liefert.

Grunde erscheinen in vielen älteren Darstellungen der Thermodynamik N meist nur als Konstante und μ gar nicht. Erst wenn räumliche Variationen der Teilchendichte n oder Reaktionen zwischen verschiedenen Teilchenarten auftreten, sind N beziehungsweise die $N_1, \ldots, N_r$ tatsächlich Variablen, und die zugehörigen chemischen Potenziale μ_i regeln den mit diesen Prozessen verbundenen Energieumsatz (Kapitel 7). Auch bei Diffusionsprozessen in äußeren Feldern und bei Phasenübergängen spielt das chemische Potenzial eine entscheidende Rolle (Kapitel 8 und 9). Diese Betrachtungen wurden oft eher der Chemie oder der physikalischen Chemie zugeordnet.

Mit dem starken Wachstum der Festkörperphysik hat sich die Situation jedoch geändert. Zum einen weisen Festkörper eine sehr geringe thermische Ausdehnung auf, weshalb das Volumen meist als Konstante betrachtet werden kann. Entsprechend spielen p und V eine geringe Rolle als Variable (außer um bei sehr hohen Drücken von mehreren Kilobar, bei denen Atomabstände geändert werden). Andererseits ist μ im Festkörper eine wichtige Variable, da in Festkörpern bewegliche Teilchen vorhanden sind (zum Beispiel freie Elektronen), die durch räumliche Gradienten von μ in Bewegung gesetzt werden können (Transportphänomene). In diesem Bereich ist es also sinnvoll $K(T, V, \mu) = E - TS - \mu N = -p(T, \mu) \cdot V$ als MASSIEU-GIBBS-Funktion zu benutzen. Darüber hinaus lässt sich $K(T, V, \mu)$ mit Hilfe der Methoden der Quantenstatistik theoretisch berechnen (Kapitel II-4) und die Folgerungen daraus mit dem Experiment vergleichen.

5.5 Entropieartige MASSIEU-GIBBS-Funktionen

Bisher war stets die Energie $E(S, V, N)$ Ausgangspunkt unserer Überlegungen. Falls $E(S, V, N)$ aber nach $S = S(E, V, N)$ auflösbar ist, können wir auch S als MASSIEU-GIBBS-Funktion benutzen. Die GIBBS'sche Fundamentalform lautet dann:

$$dS = \frac{1}{T}\,dE + \frac{p}{T}\,dV - \frac{\mu}{T}\,dN \tag{5.28}$$

Die intensiven Variablen haben in der Entropiedarstellung die Gestalt:

$$\frac{1}{T} = \frac{\partial S(E, V, N)}{\partial E}\,, \tag{5.29}$$

$$\frac{p}{T} = \frac{\partial S(E, V, N)}{\partial V}\,, \tag{5.30}$$

$$-\frac{\mu}{T} = \frac{\partial S(E, V, N)}{\partial N}\,. \tag{5.31}$$

Die Homogenitätsrelation lautet entsprechend:

$$S = \frac{1}{T}E + \frac{p}{T}V - \frac{\mu}{T}N\,. \tag{5.32}$$

Ebenso wie in der Energiedarstellung können wir zu molaren Größen übergehen:

$$\frac{S}{N} = \hat{s}(\hat{e}, \hat{v}), \qquad d\hat{s} = \frac{1}{T}\,d\hat{e} + \frac{p}{T}\,d\hat{v} \tag{5.33}$$

Die Entropiedarstellung der Thermodynamik wird für den statistischen Zugang zur Thermodynamik über die berühmte, auf PLANCK zurückgehende Formel

$$S(E, V, N) = k_B \ln \Omega(E, V, N)$$

benötigt. Dabei ist Ω die Zahl der mit den vorgegebenen Werten von E, V und N kompatiblen „Mikrozustände" des Systems, deren Berechnung eine zentrale Aufgabe der statistischen Mechanik ist. Viele allgemeine Aussagen erfordern allerdings gar nicht die Kenntnis der Funktion $\Omega(E, V, N)$, sondern nur deren *Existenz!* Alle Folgerungen, die allein aus der Annahme gezogen werden können, dass $S(E, V, N)$ existiert, bilden die Thermodynamik in der Entropiedarstellung. Damit erhält man eine Theorie, die zu der hier gewählten Energiedarstellung der Thermodynamik fast vollständig äquivalent ist. Der einzige Unterschied besteht darin, dass die Entropiedarstellung allein auf thermische Systeme – genauer: auf Zustandsgesamtheiten mit $T \neq 0$ – anwendbar ist, da in der Entropiedarstellung die intensiven Größen bei $T = 0$ in der Regel divergieren. Dagegen funktioniert die Energiedarstellung auch bei $T = 0$ und ist damit auch auf Systeme anwendbar, die gemeinhin „mechanisch" oder „elektrisch" genannt werden – allein die Zustandsgesamtheit der „thermischen" Systeme ist etwas größer als die der „nicht-thermischen", weil sich letztere auf Zustände mit $T = 0$ und $S = 0$ beschränken. Die (bei $T = 0$ funktionsunfähigen) nanomechanischen Systeme in den Zellen unseres Körpers illustrieren auf das deutlichste, dass heute eine echte Synthese von Mechanik und Elektrodynamik einerseits und der Thermodynamik andererseits erforderlich ist. Die Grundbegriffe und Regeln der Thermodynamik zeichnen sich dabei durch eine bemerkenswerte Langlebigkeit und Allgemeingültigkeit aus, wohingegen die Mechanik und die Elektrodynamik in der Vergangenheit des öfteren von „Revolutionen" erschüttert wurden, die scheinbare begriffliche Selbstverständlichkeiten als unzulässige Verallgemeinerungen unserer Alltagsgewohnheiten entlarvten. Daher erscheint dem Verfasser die Thermodynamik als ein zuverlässigerer Startpunkt für eine solche integrierte Darstellung als die klassische Mechanik, die stark von Vorstellungen geprägt ist, die heute nicht mehr als allgemein tragfähig angesehen werden können.

5.6 Drei Ebenen der Systembeschreibung

Die MASSIEU-GIBBS-Funktionen eines Systems bilden eine sehr kompakte Zusammenfassung aller (statischen) Eigenschaften eines physikalischen Systems. Mit den MASSIEU-GIBBS-Funktionen gleichwertig sind deren 1. und 2. Ableitungen, die *Zustandsgleichungen* sowie die Ableitungen der Zustandsgleichungen, die *Suszeptibilitäten*. Die Forderung nach Homogenität reduziert nach Division der extensiven Größen durch N oder V (Abschnitt 5.4) die Zahl der Freiheitsgrade einer einkomponentigen Phase auf zwei. Damit sind zur vollständigen Beschreibung eines Systems mit drei Freiheitsgraden zwei Zustandsgleichungen, oder – wegen der MAXWELL-Relationen – drei unabhängige Suszeptibilitäten erforderlich.

Suszeptibilitäten sind Ableitungen extensiver Größen nach intensiven Größen. Sie sagen, wie empfindlich die extensiven Größen auf Änderungen der intensiven Größen sind. Für den Fall N = const. haben wir folgende Beispiele kennengelernt:

$$\frac{\partial V(T,p,N)}{\partial(-p)} = V \cdot \kappa_T, \qquad \text{wobei } \kappa_T \text{ die isotherme Kompressibilität ist,}$$

$$\frac{\partial V(T,p,N)}{\partial T} = V \cdot \beta_p \quad \text{und} \quad \frac{\partial V(T,p,\mu)}{\partial T} = V \cdot \beta_\mu$$

die thermische Ausdehnung bei konstantem p, beziehungsweise μ sind;

$$\frac{\partial S(T,p,N)}{\partial T} = C_p/T \qquad \text{wobei } C_p \text{ die Wärmekapazität bei konstantem } p \text{ ist.}$$

Die Suszeptibilitäten sind die Ableitungen der Zustandsgleichungen, das heißt die zweiten Ableitungen der MASSIEU-GIBBS-Funktionen.

Wir haben also drei Ebenen der Systembeschreibung:

1. Die MASSIEU-GIBBS-Funktionen:

   $E(S,V,N)$ und LEGENDRE-Transformierte

   $\hat{e}(\hat{s},\hat{v})$ und LEGENDRE-Transformierte, zum Beispiel $\mu(T,p)$

   $e(s,n)$ und LEGENDRE-Transformierte, zum Beispiel $-p(T,\mu)$.

2. Die Zustandsgleichungen (für die Variablen $\{T,p\}$ und $\{T,\mu\}$):

$$\begin{pmatrix} \frac{\partial\mu}{\partial T} \\ \frac{\partial\mu}{\partial p} \end{pmatrix} = \begin{pmatrix} -\hat{s}(T,p) \\ \hat{v}(T,p) \end{pmatrix} \quad \text{oder} \quad \begin{pmatrix} \frac{\partial p}{\partial T} \\ \frac{\partial p}{\partial \mu} \end{pmatrix} = \begin{pmatrix} s(T,\mu) \\ n(T,\mu) \end{pmatrix}$$

3. Die entsprechende Suszeptibilitätsmatrix:

$$\hat{\chi}_{Tp} = \begin{pmatrix} \frac{\partial^2\mu}{\partial T^2} & \frac{\partial^2\mu}{\partial p\partial T} \\ \frac{\partial^2\mu}{\partial T\partial p} & \frac{\partial^2\mu}{\partial p^2} \end{pmatrix} = \begin{pmatrix} -\frac{\partial\hat{s}}{\partial T} & -\frac{\partial\hat{s}}{\partial p} \\ \frac{\partial\hat{v}}{\partial T} & \frac{\partial\hat{v}}{\partial p} \end{pmatrix} = \begin{pmatrix} -\hat{c}_p/T & \hat{v}\beta_p \\ \hat{v}\beta_p & -\hat{v}\kappa_T \end{pmatrix} \tag{5.34}$$

$$\chi_{T\mu} = -\begin{pmatrix} \frac{\partial^2 p}{\partial T^2} & \frac{\partial^2 p}{\partial\mu\partial T}, \\ \frac{\partial^2 p}{\partial T\partial\mu} & \frac{\partial^2 p}{\partial\mu^2} \end{pmatrix} = -\begin{pmatrix} \frac{\partial s}{\partial T} & \frac{\partial s}{\partial\mu} \\ \frac{\partial n}{\partial T} & \frac{\partial n}{\partial\mu} \end{pmatrix}\begin{pmatrix} -c_\mu/T & n\beta_\mu \\ n\beta_\mu & -\nu \end{pmatrix}, \tag{5.35}$$

wobei $\nu = n^2\kappa_T$ die nachfolgend erklärte Teilchenkapazität ist.

Als Beispiel geben wir die Suszeptibilitätsmatrix als Funktion von T und p für das ideales Gas mit konstanter Wärmekapazität an:

$$\hat{\chi}_{ij}(T,p) = \begin{pmatrix} -\hat{c}_p/T & \hat{v}\beta_p \\ \hat{v}\beta_p & -\hat{v}\kappa_T \end{pmatrix} = \begin{pmatrix} -\frac{(\varkappa+1)k_B}{T} & \frac{k_B}{p} \\ \frac{k_B}{p} & -\frac{k_B T}{p^2} \end{pmatrix} \tag{5.36}$$

Im übernächsten Kapitel werden wir sehen, dass die Suszeptibilitätsmatrix eines physikalischen Systems von entscheidender Bedeutung für seine thermodynamische *Stabilität* ist. Die Suszeptibilitätsmatrix als Funktion von $\{T,\mu\}$) geht auch in die *Transporteigenschaften* des Systems ein (Abschnitt 8.12).

Da die beiden Suszeptibilitätsmatrizen (als Funktion von $\{T, p\}$ beziehungsweise $\{T, \mu\}$) dasselbe System beschreiben, muss es zwischen ihren Elementen enge Beziehungen geben. Für die Differenz der Wärmekapazitäten $\hat{c}_p$ und c_μ gilt beispielsweise:

$$\frac{1}{T}\left(c_\mu - n\hat{c}_p\right) = n\frac{\partial \hat{s}(T,p)}{\partial p}\frac{\partial p(T,\mu)}{\partial T} = -\frac{1}{\hat{v}}\frac{\partial \hat{v}(T,p)}{\partial T} \cdot s(T,\mu) = -\beta_p \cdot s\,, \tag{5.37}$$

die zur Differenz zwischen $\hat{c}_p$ und $\hat{c}_v$ (Gl. 3.23) analog ist.
Für das folgende am wichtigsten ist die Beziehung zwischen der „mechanischen" Suszeptibilität

$$\kappa_T = -\frac{1}{\hat{v}}\frac{\partial \hat{v}(T,p)}{\partial p}$$

(der Kompressibilität) und der „chemischen" Suszeptibilität

!

$$\nu = \frac{\partial n(T,\mu)}{\partial \mu}\,. \tag{5.38}$$

Dieser Zusammenhang ergibt sich wie folgt:

$$\hat{v}\kappa_T = -\frac{\partial \hat{v}(T,p)}{\partial p} = -\frac{\partial}{\partial p}\left(\frac{1}{n(T,p)}\right) = \frac{1}{n^2}\frac{\partial n(T,p)}{\partial p}$$

$$\frac{\partial n(T,p)}{\partial p} = \frac{\partial n(T,\mu)}{\partial \mu}\frac{\partial \mu(T,p)}{\partial p} = \frac{\partial n(T,\mu)}{\partial \mu} \cdot \hat{v}(T,p)\,.$$

Im letzten Schritt haben wir verwendet, dass $\mu(T,p)$ wegen der GIBBS-DUHEM-Relation (Gl. 5.25) eine MASSIEU-GIBBS-Funktion ist. Damit erhalten wir die System-unabhängige Relation:

$$\nu = n^2\kappa_T = \frac{\partial n(T,\mu)}{\partial \mu}\,. \tag{5.39}$$

Die chemische Suszeptibilität ν hat in der Literatur keinen einheitlichen Namen. Wir wollen für sie im folgenden die Bezeichnung *Teilchenkapazität*[10] verwenden, da sie aussagt, wieviele Teilchen ein mit einem Teilchenreservoir verbundenes System aufnimmt, wenn das chemische Potenzial des Reservoirs um den Betrag $\Delta\mu$ erhöht wird. Die Teilchenkapazität wird in den folgenden Kapiteln dieses Buches eine wichtige Rolle spielen.

Schließlich muss auch ein Zusammenhang zwischen der thermisch induzierten Dichteänderung β_μ bei μ = const. und der thermischen Ausdehnung β_p bei p = const.

---

10 Aufgrund der Proportionalität 5.39 wird die Teilchenkapazität $\partial n/\partial\mu$ im Bereich der Festkörperphysik gelegentlich ebenfalls „Kompressibilität" genannt.

bestehen:

$$\begin{aligned}\beta_\mu &= -\frac{1}{n}\frac{\partial n(T,\mu)}{\partial T} = -\frac{1}{n}\frac{\partial n(T,p)}{\partial T} - \frac{1}{n}\frac{\partial n(T,\mu)}{\partial \mu}\frac{\mu(T,p)}{\partial T} \\ &= -\hat{v}\,\frac{\partial(1/\hat{v})}{\partial T} + n\kappa_T\cdot\hat{s} = \frac{1}{\hat{v}}\frac{\partial\hat{v}(T,p)}{\partial T} + \kappa_T\cdot s = \beta_p + \kappa_T\cdot s\,.\end{aligned} \tag{5.40}$$

Damit erhalten wir schließlich

$$\beta_\mu - \beta_p = \kappa_T\cdot s\,. \tag{5.41}$$

In der Regel sind die Suszeptibilitäten am ehesten experimentell zugänglich und auch die Größen mit der größten Empfindlichkeit, da die doppelte Ableitung auch schwache Variationen in den MASSIEU-GIBBS-Funktionen verstärkt und damit messbar macht. Für die theoretische Beschreibung sind dagegen die MASSIEU-GIBBS-Funktionen selbst am leichtesten zu berechnen, wie wir bei der Behandlung der Methoden der statistischen Thermodynamik sehen werden.

Übungsaufgaben

5.1. GIBBS-HELMHOLTZ-Gleichung

a) Zeigen Sie mit Hilfe der Entropie, dass die folgende allgemeine, das heißt systemunabhängige Beziehung zwischen der Energie und der freien Energie besteht:

$$E(T,V,N) = k_{\mathrm{B}}T^2\cdot\frac{\partial}{\partial T}\frac{F(T,V,N)}{T} \tag{5.42}$$

b) Beweisen Sie eine analoge Relation zwischen G und H – die GIBBS-HELMHOLTZ-Gleichung.

5.2. Isotherme und isentrope Kompressibilität

Zeigen Sie, dass die Differenz zwischen der isothermen und der isentropen Kompressibilität analog zur Differenz $C_p - C_v$ durch die systemunabhängige Beziehung

$$\kappa_T - \kappa_S = T\cdot V\cdot\frac{\beta_p^2}{C_p} \tag{5.43}$$

gegeben ist.

5.3. Suszeptibilitäten und der 3. Hauptsatz

Begründen Sie mit Hilfe geeigneter MAXWELL-Relationen die folgenden Konsequenzen des 3. Hauptsatzes:

a) Die thermische Ausdehnung β_p, und die Thermokraft $\mathcal{S} = (1/\hat{q})\cdot\partial s(T,n)/\partial n$ (Abschnitt 8.10) müssen bei Annäherung an den absoluten Nullpunkt gegen Null gehen.

b) Die isotherme Kompressibilität κ_T und die Teilchenkapazität ν müssen bei Annäherung an den absoluten Nullpunkt T-unabhängig werden.

c) Gelten diese Aussagen allgemein für die Suszeptibilitäten vom Typ

$$\chi_{Tj} = \frac{\partial x_i(T, \xi_2, \dots, \xi_r)}{\partial T} \qquad \text{und} \qquad \chi_{ij} = \frac{\partial x_i(T, \xi_2, \dots, \xi_r)}{\partial \xi_j} \;?$$

5.4. Absolute und empirische Gastemperatur

Zeigen Sie, dass aus der Kombination der Relation

$$\frac{\partial E(\tau_G, V, N)}{\partial V} = 0$$

mit dem idealen Gasgesetz

$$pV = N\tau_G$$

folgt, dass die empirische Gastemperatur τ_G und die absolute Temperatur T proportional sein müssen.

Hinweis: Gewinnen Sie mit Hilfe einer geeigneten MAXWELL-Relation die Beziehung

$$\frac{pV}{NT} = \frac{\partial}{\partial T}\left(\frac{pV}{N}\right)$$

und daraus eine Differenzialgleichung für $\tau_G(T)$.

5.5. Thermodynamik von Festkörpern

Messungen der Wärmekapazität $C_v(T)$ von Isolatoren zeigen, dass diese bei tiefen Temperaturen die Form

$$C_v(T, V, N) = 4N \cdot A(V, N) \cdot T^3$$

hat, wobei $A(V, N)$ eine zunächst unbekannte Funktion von V und N ist. Ziel dieser Aufgabe ist es, $A(V, N)$ mit Hilfe der einer einzigen zusätzlichen Information aus dem Experiment zu bestimmen.

a) Berechnen Sie die kalorische Zustandsgleichung $E(T, V, N)$ des Festkörpers, und bezeichnen Sie die dabei auftretende Integrationskonstante mit $E_0(V, N)$

b) Welche Einschränkung liefert das Homogenitätspostulat für die Form der Funktionen $A(V, N)$ und $E_0(V, N)$?

c) Bestimmen Sie die Entropie $S(T, V, N)$ durch Integration von C/T und geben die freie Energie $F(T, V, N)$ des Festkörpers an.

d) Berechnen Sie mit Hilfe der freien Energie die thermische Zustandsgleichung $p(T, V, N)$, den thermischen Spannungskoeffizienten $\partial p(T, V, N)/\partial T$, und die isotherme Kompressibilität κ_T.

e) Zeigen Sie, dass der thermische Ausdehnungskoeffizient β_p der GRÜNEISEN-Relation

$$\beta_p = \Gamma \cdot \kappa_T \, c_v \tag{5.44}$$

genügt, wobei

$$\Gamma = \frac{V}{3A} \frac{\partial A(V, N)}{\partial V}$$

der so genannte GRÜNEISEN-Parameter, und c_v die Wärmekapazität pro Volumen ist.

f) Messungen von β_p und κ_T zeigen, dass Γ für viele Stoffe nahezu T-unabhängig sind. Leiten Sie mit Hilfe dieser Beobachtung eine (gewöhnliche) Differenzialgleichung für $A(V, N)$ her. Lösen Sie diese durch Trennung der Veränderlichen und zeigen Sie, dass $A(V, N)$ die Form

$$A(V, N) = \alpha \cdot \left(\frac{V}{N}\right)^{3\Gamma}$$

hat, wobei α eine von der Integration der Differenzialgleichung herrührende Konstante ist.

5.6. Isotherme Expansion eines Stahldrahts

Wir betrachten die isotherme Ausdehnung eines Stahldrahts bei Anwendung einer Zugkraft vom Betrag F. Die Zustandsgleichung des Drahtes der Länge x und der Temperatur T ist gegeben durch Gl. 4.9.

a) Diskutieren Sie die Bedeutung der einzelnen Terme in der Zustandsgleichung (beachten Sie, dass F *nicht* die von außen auf den Draht wirkende Kraft, sondern die Rückstellkraft des Drahtes bezeichnet, mit der dieser auf seine Umgebung wirkt). Berechnen Sie die Entropieänderung beim isothermen Dehnen des Drahtes unter Anwendung einer äußeren Kraft. Benutzen Sie dabei die MAXWELL-Relation

$$\frac{\partial S(T, F)}{\partial F} = -\frac{\partial x(T, F)}{\partial T} \, .$$

Was ändert sich qualitativ, wenn anstatt des Drahtes ein Gummiband betrachtet wird?

b) Berechnen Sie – über die GIBBSsche Fundamentalform – die Energieänderung bei isothermer Ausdehnung um $\Delta x = 1$ mm für einen Stahldraht der Länge $x_0 =$ 50cm („Federkonstante" $\mathcal{K} = 10^6 \,\mathrm{Nm}^{-1}$, thermischer Ausdehnungskoeffizient $\beta' = 1.6 \cdot 10^{-5} \,\mathrm{K}^{-1}$).

6 Archetypische thermische Systeme

In diesem Kapitel wollen wir den nunmehr vollständig ausgearbeiteten Apparat der Thermodynamik anhand einiger wichtiger Beispiele illustrieren: kondensierte Materie, ideale Gase, die thermische Strahlung sowie ideale Paramagnete. Diese Modell-Systeme stehen exemplarisch für weite Teile der physikalischen Chemie und der Festkörperphysik. Aus wenigen empirischen Informationen, beziehungsweise einfachen Modellannahmen werden wir mit Hilfe des thermodynamischen Formalismus eine im Rahmen der Gültigkeit der Basisinformationen vollständige Übersicht über ihre thermodynamischen Eigenschaften gewinnen. Die in den Massieu-Gibbs-Funktionen komprimierte Information über die Modellsysteme wird für mannigfache Anwendungen in den folgenden Kapiteln bereitgestellt.

6.1 Inkompressible Festkörper und Flüssigkeiten

Inkompressible Festkörper und Flüssigkeiten zeichnen sich definitionsgemäß durch ein konstantes, von Druck und Temperatur unabhängiges Molvolumen aus. Sie sind damit Realisierungen des bereits in Abschnitt 2.3 besprochenen Systems *heißer Körper*. Bezüglich vieler thermodynamischer Eigenschaften sind Flüssigkeiten und Festkörper, die wir im Folgenden als *kondensierte Phasen* bezeichnen wollen, sehr ähnlich. Was wir bisher jedoch nur in Aufgabe 3.1 angesprochen haben, sind die Eigenschaften der Phasen bezüglich der Variation der Stoffmenge, beziehungsweise des äußeren Drucks. Wenn das Molvolumen als Systemkonstante angenommen wird, müssen wir den Druck als unabhängige Variable ansehen, wobei $\hat{v}(p,T) = \hat{v}_0 = const$. Damit ist die fundamentale thermodynamische Messgröße dieser Systeme die molare Wärmekapazität $\hat{c}_p(T)$ bei konstantem Druck. In diesem Abschnitt nehmen wir vereinfachend an, dass die molaren Wärmekapazitäten von T unabhängig sind, und die molaren Entropien durch die Angabe der charakteristischen Temperatur T^* bestimmt sind:

$$\hat{c}_p(T) = \hat{c} = const., \qquad \hat{s}(T,p) = \hat{c}T \, \ln\left(T/T^*\right) \, .$$

Wegen Gl. 5.8 liefert die Integration von $\hat{c}_p$ bezüglich T die molare Enthalpie – im vorliegenden Fall:

$$\hat{h}(T,p) = \hat{e}(T) + p\hat{v}_0 = \hat{e}_0 + \hat{c}T + p\hat{v}_0 \, , \tag{6.1}$$

wobei $\hat{e}_0$ eine Integrationskonstante ist, die wir mit der Bindungsenergie der Atome in der kondensierten Phase bei $T = 0$ identifizieren. Mit Hilfe der Homogenitätsrelation in der Form von Gl. 5.26 erhalten wir aus diesen einfachen Abhängigkeiten bereits einen nicht-trivialen Ausdruck für das chemische Potenzial des Systems:

$$\mu(T,p) = \hat{h}(T,p) - T\hat{s}(T) = \hat{e}_0 + \hat{c}T\left[1 - \ln\left(T/T^*\right)\right] + p\hat{v}_0 \, . \tag{6.2}$$

https://doi.org/10.1515/9783110560220-199

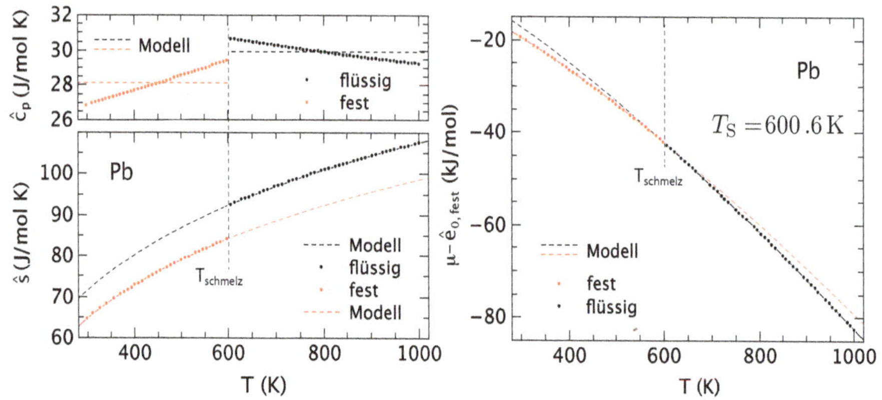

Abb. 6.1. Oben links: Molare Wärmekapazität von festem und flüssigem Blei [Modellparameter: $\hat{c}_{p,\text{fest}} = 28.14\,\text{J/(mol K)}$, $\hat{c}_{p,\text{flüssig}} = 29.92\,\text{J/(mol K)}$]. Unten links: Molare Entropie von festem und flüssigem Blei [Modellparameter: $T^*_{\text{fest}} = 30.14\,\text{K}$, $T^*_{\text{flüssig}} = 27.45\,\text{K}$ (Daten aus [11])]. Rechts: Chemische Potenziale der festen (rot) und flüssigen (schwarz) Phase. Der Wert von $\hat{e}_{0,\text{flüssig}}$ wurde relativ zu dem von $\hat{e}_{0,\text{fest}}$ so festgelegt, dass sich die Kurven bei der experimentell bestimmten Schmelztemperatur schneiden.

In dieser Näherung erscheinen kondensierte Phasen in ein mechanisches Teilsystem mit der molaren Enthalpie $\hat{h}_0(p) = \hat{e}_0 + p\hat{v}_0$ und ein davon unabhängiges thermisches Teilsystem mit der molaren freien Energie $\hat{f}(T) = \hat{c}T\,[1 - \ln(T/T^*)]$ zerlegbar.

Um zu sehen, wie realistisch eine solche Beschreibung ist, vergleichen wir unsere Modellausdrücke in Abb. 6.1 mit experimentellen Daten aus dem NIST-Webbook [11]. Man erkennt, dass die Wärmekapazitäten leicht von der Temperatur abhängen – dies ist der in diesem Abschnitt vernachlässigte Effekt der thermo-mechanischen Kopplung. Da die Abweichungen nur einige Prozent betragen, werden die Werte der molaren Entropie durch die Anpassung der charakteristischen Temperaturen T^* an die Messdaten dennoch gut reproduziert. Die gemessene Entropiedifferenz zwischen der flüssigen und der festen Phase beträgt $8.075\,\text{J/(mol K)}$. Damit sind bis auf die $\hat{e}_0$ alle Modell-Parameter festgelegt. Die Differenz $\hat{e}_{0,\text{flüssig}} - \hat{e}_{0,\text{fest}} = 4.283\,\text{kJ/mol}$ lässt sich aus der Forderung bestimmen, dass die feste und die flüssige Phase bei dem Standarddruck $p^\circ = 1013\,\text{mbar}$ am Schmelzpunkt $T_S = 600.6\,\text{K}$ im chemischen Gleichgewicht stehen müssen:

$$\mu_{\text{flüssig}}(T_S, p^\circ) = \mu_{\text{fest}}(T_S, p^\circ)\,.$$

Der hier vorliegende Spezialfall des chemischen Gleichgewichts, das Phasengleichgewicht (Abschnitt 9.3), stellt sich dabei durch den freien Austauschs von Teilchen (Pb-Atomen) zwischen den beiden Phasen ein. Der $p\hat{v}_0$-Term in der Enthalpie und im chemischen Potenzial ist etwa 5 Größenordnungen kleiner als die übrigen Beiträge und im Rahmen der hier gemachten Näherungen nicht von Bedeutung. Da das Molvolumen $\hat{v}_0$ der festen Phase etwa $2\,\text{cm}^3/\text{mol}$ (etwa 10 %) kleiner als das der flüssigen Phase ist verschiebt sich der Schmelzpunkt bei hohen Drucken im kbar-Bereich geringfügig zu höherer Temperatur. In der Realität ändern sich dabei jedoch die im Rahmen des Modells als konstant angenommenen Molvolumina leicht (Abschnitt 6.4).

6.2 Mehr über das ideale Gas

6.2.1 Die Entropie eines idealen Gases

Wir wollen nun die Funktion $S(T, V, N) = N\,\hat{s}(T, \hat{v})$ für ein ideales Gas mit *konstanter Wärmekapazität* $\hat{c}_v = \varkappa k_B$ und den Zustandsgleichungen $\hat{e}(T, \hat{v}) = \hat{e}_0 + \varkappa k_B T$ und $p(T, \hat{v}) = k_B T/\hat{v}$ bestimmen. Dazu müssen wir das Differenzial $d\hat{s}$ der molaren Entropie integrieren. Wir lösen zunächst die reduzierte GIBBS'sche Fundamentalform 5.18 nach $d\hat{s}$ auf:

$$d\hat{s} = \frac{1}{T}\,d\hat{e} + \frac{p}{T}\,d\hat{v} = \frac{\hat{c}_v}{T}\,dT + \frac{k_B}{\hat{v}}\,d\hat{v}\,. \tag{6.3}$$

Alternativ können wir auch das totale Differenzial der Funktion $\hat{s}(T, \hat{v})$ mit Hilfe der Definition der Wärmekapazität (Gl. 3.25) und der MAXWELL-Relation Gl. 5.11 erhalten:

$$d\hat{s}(T, \hat{v}) = \frac{\partial \hat{s}(T, \hat{v})}{\partial T}\,dT + \frac{\hat{s}(T, \hat{v})}{\partial \hat{v}}\,d\hat{v} = \frac{\hat{c}_v}{T}\,dT + \frac{\partial p(T, \hat{v})}{\partial T}\,d\hat{v}\,.$$

Mit Hilfe der thermischen Zustandsgleichung $p\hat{v} = k_B T$ des idealen Gases berechnen wir $\partial p(T, \hat{v})/\partial T = k_B/\hat{v}$ und erhalten ebenfalls Gl. 6.3.

Ausgehend von einem beliebigen Bezugszustand $\{T_b, \hat{v}_b\}$ innerhalb des Zustandsbereichs, in dem $\hat{c}_v = k_B\varkappa$ temperaturunabhängig ist, integrieren wir $d\hat{s}$ zunächst bezüglich der Temperatur:

$$\hat{s}(T, \hat{v}) = \int_{T_b}^{T} \frac{\hat{c}_v}{T'}\,dT' + \hat{s}(T_b, \hat{v}) = \hat{c}_v \ln \frac{T}{T_b} + \hat{s}(T_b, \hat{v})\,.$$

Um $\hat{s}(T_b, \hat{v})$ zu bestimmen, differenzieren wir nach $\hat{v}$:

$$\frac{\partial \hat{s}(T, \hat{v})}{\partial \hat{v}} = \underbrace{\frac{\partial}{\partial \hat{v}}\left(\hat{c}_v \ln \frac{T}{T_b}\right)}_{=0} + \frac{\partial \hat{s}(T_b, \hat{v})}{\partial \hat{v}} \overset{!}{=} \frac{k_B}{\hat{v}}\,.$$

Durch Integration bezüglich $\hat{v}$

$$\hat{s}(T_b, \hat{v}) = \int_{\hat{v}_b}^{\hat{v}} \frac{k_B}{\hat{v}'}\,d\hat{v}' + \hat{s}(T_b, \hat{v}_b) = k_B \ln \frac{\hat{v}}{\hat{v}_b} + \hat{s}(T_b, \hat{v}_b)$$

resultiert

$$\hat{s}(T, \hat{v}) = k_B\varkappa \ln \frac{T}{T_b} + k_B \ln \frac{\hat{v}}{\hat{v}_b} + \hat{s}(T_b, \hat{v}_b)\,. \tag{6.4}$$

Fassen wir die Logarithmen in Gl. 6.4 zusammen und drücken den Absolutwert $\hat{s}(T_b, \hat{v}_b)$ der Entropie im Bezugszustand $\{T_b, \hat{v}_b\}$ durch die *chemische Konstante* $j := \exp\left[\hat{s}(T_b, \hat{v}_b)/k_B - (\varkappa + 1)\right]/(T_b^{\varkappa}\hat{v}_b)$ aus,[1] so erhalten wir schließlich:

!

$$\hat{s}(T, \hat{v}) = k_B\left\{\ln\left(j\hat{v}T^{\varkappa}\right) + (\varkappa + 1)\right\}$$
$$S(T, V, N) = Nk_B\left\{\ln\left(\frac{jVT^{\varkappa}}{N}\right) + (\varkappa + 1)\right\} . \tag{6.5}$$

Eliminiert man mit Hilfe der thermischen Zustandsgleichung $\hat{v} = k_B T/p$ das Volumen zugunsten des Drucks als unabhängige Variable, so erhält man

$$\hat{s}(T, p) = k_B\left\{\ln\left(\frac{jk_B T^{\varkappa+1}}{p}\right) + (\varkappa + 1)\right\}$$
$$S(T, p, N) = Nk_B\left\{\ln\left(\frac{jk_B T^{\varkappa+1}}{p}\right) + (\varkappa + 1)\right\} . \tag{6.6}$$

In Abbildung 6.2 sind die Abhängigkeiten der Entropie von T, $\hat{v}$ und p graphisch dargestellt.

Die Temperaturabhängigkeit der Entropie ist bei idealen Gasen durch die spezifischen Wärmekapazitäten $\hat{c}_v$ beziehungsweise $\hat{c}_p$ festgelegt. Die Abhängigkeit der Entropie von T und V beziehungsweise p lassen sich folgendermaßen veranschaulichen: Die Entropie ist ein Maß dafür, wie stark die Energiedichte und die Teilchendichte des Gases thermisch fluktuieren. Je höher die Temperatur und je geringer die Dichte des Gases sind, um so mehr Phasenraum steht den Gasteilchen für Fluktuationen zur Verfügung und um so höher ist die Entropie. Daher nimmt die Entropie (bei $N = \text{const.}$) mit T und V zu, mit p dagegen ab!

Die chemische Konstante j hängt von der chemischen Natur des Gases ab. In Abbildung 6.3 sind die in [4] tabellierten Werte der molaren Entropie[2] unter Standardbedingungen für einer Reihe von idealen Gasen zusammen mit ihren $\varkappa$-Werten als Funktion der Masse pro Teilchen $\hat{m}$ aufgetragen. Viele Elemente, insbesondere die Metalle, liegen bei Standard-Bedingungen als Festkörper oder Flüssigkeit und nicht als ideales Gas vor – die in Abb. 6.3 aufgetragenen Werte von $\hat{s}^{\circ}$ stellen eine Extrapolation des ideales Gaszustands von hohen Temperaturen hin zu den Standard-Bedingungen

1 Diese aufgrund des Terms $(\varkappa + 1)$ zunächst überflüssig kompliziert anmutende Definition von j wird im nächsten Abschnitt eine kompakte Schreibweise für das chemische Potenzial erlauben.

2 Die experimentelle Bestimmung dieser Werte erfordert nach Abschnitt 2.8 die Messung der Wärmekapazität einer bekannten Substanzmenge bis in die Nähe des absoluten Nullpunkts. Da die Gase bei so starker Abkühlung kondensieren, müssen wir die Besprechung der Details dieses Verfahrens bis zur Diskussion von Phasenübergängen in Kapitel 9 (Abschnitt 9.3.5) zurückstellen.

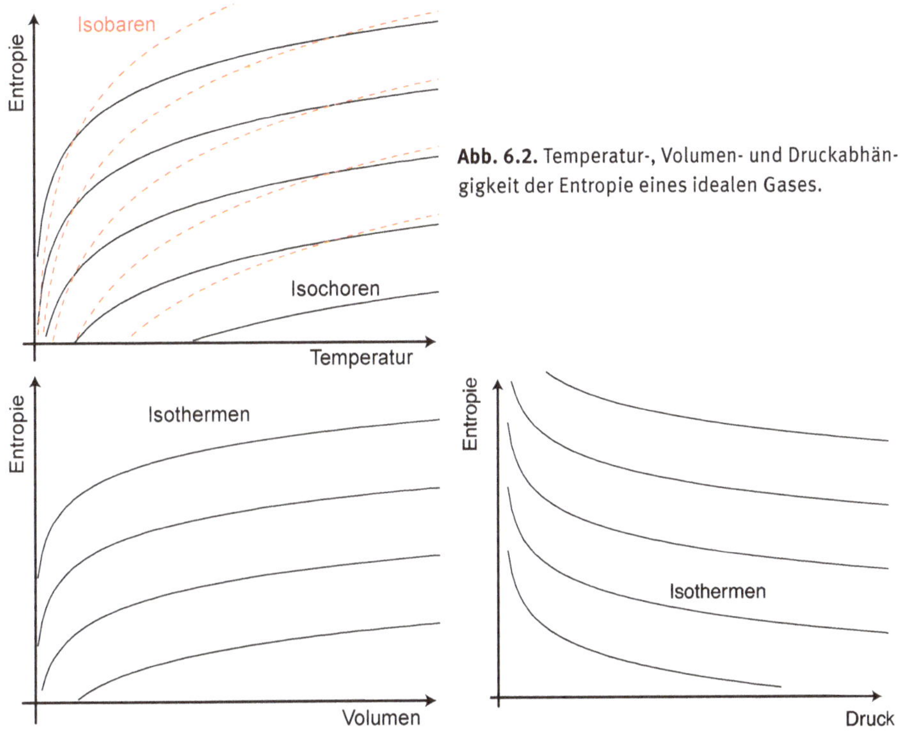

Abb. 6.2. Temperatur-, Volumen- und Druckabhängigkeit der Entropie eines idealen Gases.

dar. Die realen Entropiewerte der gasförmigen Elemente ergeben sich aus j natürlich nur in den Zustandsbereichen, in denen die Stoffe tatsächlich als ideale Gase vorliegen.

Die Art der Auftragung entspricht einer doppelt-logarithmischen Auftragung von j über $\hat{m}$. Man erkennt eine ausgeprägte Abhängigkeit vom Molekulargewicht $\hat{m}$. Offenbar gibt es für die molare Entropie von Gasen eine untere Schranke, die von den Messwerten für die Edelgase (mit Ausnahme von ^{3}He) und für die Dämpfe der zweiwertigen Metalle gebildet wird. Diese untere Schranke ist durch die Entropie der *Translationsfreiheitsgrade* des Gases gegeben. Die Anpassung eines Potenzgesetzes $j_{\text{trans}} = A\hat{m}^{3/2}$ an deren experimentelle Daten (durchgezogene Linie) liefert die Beziehung

$$\begin{aligned} j_{\text{trans}}(\hat{m}) &= A\hat{m}^{3/2} = \hat{m}^{3/2} \cdot (1.88 \pm 0.01) \cdot 10^{26} \cdot \hat{m}^{3/2} \frac{\text{Teilchen}}{\text{u}^{3/2}\,\text{K}^{3/2}\,\text{m}^3} \\ j^*_{\text{trans}}(\hat{m}) &= j_{\text{trans}}/N_A = \hat{m}^{3/2} \cdot (312 \pm 1) \frac{\text{mol}}{\text{u}^{3/2}\,\text{K}^{3/2}\,\text{m}^3}\,, \end{aligned} \tag{6.7}$$

wenn das Atom- oder Molekulargewicht $\hat{m}$ in Atommasseneinheiten gemessen wird:

$$1\,\text{u} \mathrel{\hat{=}} 1.6605 \cdot 10^{-27}\,\text{kg/Teilchen} = 1\,\text{g/mol}\,.$$

Die molaren Standard-Entropien der Dämpfe der einwertigen Metalle sowie die des Isotops ^{3}He liegen auf einer dazu parallelen Linie (gestrichelt), deren Entropiewerte gerade um den Wert $k_B \ln 2$ höher sind. In Abschnitt 6.5.3 werden wir sehen, dass

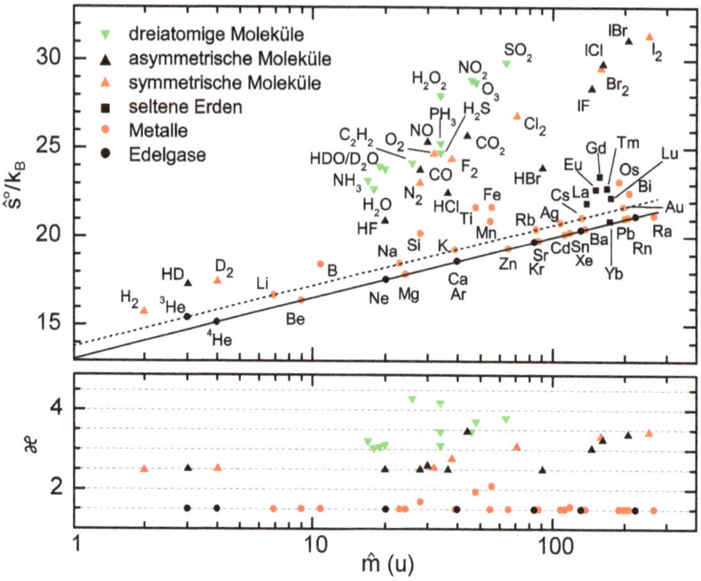

Abb. 6.3. Oben: Experimentelle Werte der molaren Entropien $\hat{s}^\circ$ verschiedener Gase unter Standardbedingungen (bei $T^\circ = 298\,\mathrm{K}$ und $p^\circ = 1013\,\mathrm{mbar}$) als Funktion des Atom- oder Molekülgewichts. Die Linien entsprechen $j = A\hat{m}^{3/2}$ (durchgezogen) und $j = 2A\hat{m}^{3/2}$) (gestrichelt). Unten: Gemessene $\varkappa$-Werte dieser Gase. Für die einatomigen Gase ist $\varkappa = 3/2$ (Daten aus [4]).

die Differenz $k_B \ln 2$ zwischen der durchgezogenen und gestrichelten Linie auf den *Spin* des Valenzelektrons der einwertigen Metalle beziehungsweise des ^{3}He-Atomkerns zurückzuführen ist. Abbildung 6.16 zeigt, dass das *Spin-System* dieser Gase in Abwesenheit eines äußeren Magnetfeldes in der Lage ist pro Atom den Entropiebetrag $k_B \ln 2$ aufzunehmen.

Die mehratomigen Gase und die Dämpfe der Übergangsmetalle, welche sich durch eine komplexe Elektronenstruktur auszeichnen, besitzen noch höhere Werte der molaren Standard-Entropie. Diese ist auf den Beitrag der in Abschnitt 3.7 bereits erwähnten *inneren Freiheitsgrade* zur Entropie des Gases zurückzuführen. Die Abweichungen der Standardentropien der Gase von der durchgezogenen Linie in Abb. 6.3 werden wir in Kapitel II-3 mit Hilfe der Quantentheorie quantitativ erklären. Hier nehmen wir nur vorweg, dass die chemische Konstante j_2 der zweiatomigen Gase wegen des um 1 höheren Wertes von $\varkappa$ eine für das Gas charakteristische Temperatur enthalten muss, die wir ebenfalls in Kapitel II-3 identifizieren werden.

Unsere Resultate für die Entropie idealer Gase zeigen aber auch, dass die Entropie eines Gases, anders als dessen Druck oder dessen Energie, in unserem kinetischen Modells nicht leicht zu interpretieren ist. Während erstere einfach als Summe der Beiträge der einzelnen Teilchen zu interpretieren sind, hängt die Entropie *pro Teilchen* nach Gln. 6.5 nicht nur von T und V, sondern auch davon ab, wie groß der Absolutwert der Teilchenzahl beziehungsweise der Teilchendichte ist. Anders ausgedrückt, verhält sich die Entropie so, als könnte jedes Teilchen für sich nur das Volumen $\hat{v} = V/N$ und nicht das Gesamtvolumen V beanspruchen. Dies ist kein Zufall, sondern eine Folge des Postulats der *Homogenität* (Abschnitt 5.4). Obwohl die Gasteilchen als unabhängig und wechselwirkungsfrei angenommen werden, wissen sie über den Wert der Entropie pro Teilchen dennoch, wieviele von von ihnen das gemeinsame Volumen bevölkern! Dieser Widerspruch macht eine Zerlegung eines Gases in N *unabhängige* Teilsysteme vom Typ „freier Körper" letztlich unmöglich. Wie wir am Ende von Abschnitt II-3.9 und in Kapitel II-4 im Detail sehen werden, wird das Problem in der Quantentheorie durch das Prinzip der *Nichtunterscheidbarkeit* identischer Teilchen gelöst.

Da $\hat{m}$ neben $\varkappa = 3/2$ der einzige substanzspezifische Modellparameter ist, der die Translationsfreiheitsgrade eines idealen Gases ohne innere Anregungszustände bestimmt, können wir erwarten, dass die Konstante A neben einem dimensionslosen Zahlfaktor ζ ausschließlich Maßsystemkonstanten enthält. Mit Hilfe des Verfahrens der *Dimensionsanalyse* lässt sich $j_{\text{trans}}(\hat{m})$ bestimmen. Dieses Verfahren nützt aus, dass das Argument des Logarithmus in Gl. 6.5 dimensionslos sein muss – woraus folgt, dass:

$$\dim(j_{\text{trans}}) = \frac{1}{\dim(\hat{v}T^{3/2})} = \frac{\text{Teilchen}}{\text{m}^3\text{K}^{3/2}} .$$

Um $j_{\text{trans}}(\hat{m})$ durch Maßsystemkonstanten auszudrücken machen wir den Ansatz

$$\begin{aligned} \dim(j_{\text{trans}}) &= \dim(\hbar^{\alpha}) \cdot \dim(k_{\text{B}}{}^{\beta}) \cdot \dim(\hat{m}^{\gamma}) \cdot \dim(\tau_N{}^{\delta}) \\ &= \left(\frac{\text{kg m}^2/\text{s}}{\text{Teilchen}}\right)^{\alpha} \left(\frac{\text{kg m}^2/\text{s}^2}{\text{K Teilchen}}\right)^{\beta} \left(\frac{\text{kg}}{\text{Teilchen}}\right)^{\gamma} \text{Teilchen}^{\delta} \\ &\overset{!}{=} \frac{\text{Teilchen}}{\text{m}^3\text{K}^{3/2}} , \end{aligned} \tag{6.8}$$

wobei $\tau_N = 1$ Teilchen $\simeq 1.66 \cdot 10^{-24}$ mol das elementare Mengenquantum (Abschnitt 3.1) und $\hbar \simeq 1.05 \cdot 10^{-34}$ J s/Teilchen die Planck-Konstante ist. Der Einschluss von $\hbar$ in den erwarteten Ausdruck für j_{trans} spiegelt die Einsicht wider, dass es unmöglich ist die Absolutwerte der Entropie im Rahmen von klassischen Modellen zu bestimmen.

Damit erhalten wir ein Gleichungssystem für die unbekannten Exponenten α, β, γ und δ. Da die Einheit „K" nur in $\dim(k_{\text{B}})$ vorkommt, lesen wir unmittelbar ab, dass $\beta = 3/2$ ist. Da die Einheit „m" nur in $\dim(\hbar)$ und $\dim(k_{\text{B}})$ auftritt, muss $2\alpha + 2\beta = -3$ und daher $\alpha = -3$ sein. Der Wert von $\gamma = 3/2$ ergibt sich aus der Bedingung $\alpha + \beta + \gamma = 0$ für die Einheit „kg". Und schließlich finden wir $\delta = 1$ aus der Bedingung für die Einheit „Teilchen".[3]

3 In Kapitel 3.1 haben wir bereits erwähnt, dass meist $\tau_N = 1$ gesetzt wird – dann tritt die Einheit „Teilchen" nicht in Erscheinung. Wie der Verwendung der natürlichen Einheiten (Fußnote auf S. 12) ist es legitim bestimmte oder alle Maßsystemkonstanten gleich eins zu setzen – man sollte sich nur darüber im Klaren sein, um am Ende die richtigen Zahlenwerte zu bekommen.

Auf diese Weise erhalten wir den interessanten Ausdruck

!

$$j_{\text{trans}}(\hat{m}) = A\,\hat{m}^{3/2} = \frac{\tau_N}{\zeta} \cdot \left(\frac{\hat{m}k_{\text{B}}}{\hbar^2}\right)^{3/2} , \qquad (6.9)$$

der die chemische Konstante bis auf einen dimensionslosen Faktor ζ festlegt.[4] Der Vergleich mit dem aus Abb. 6.3 experimentell bestimmten Zahlenwert der Konstanten A erlaubt es ζ zu bestimmen:

$$\zeta = 15.8 \pm 0.1 \simeq (2\pi)^{3/2} .$$

Das Versagen der mit Hilfe der klassischen Modellvorstellungen abgeleiteten Zustandsgleichungen und die physikalische Bedeutung der chemischen Konstanten werden noch deutlicher, wenn wir das Argument des Logarithmus in Gln. 6.5 entweder auf die Form

$$\frac{n_{\text{c}}(T)}{n} = \frac{T^{3/2} j_{\text{trans}}}{n} \quad \text{mit} \quad n_{\text{c}}(T) = T^{3/2} j_{\text{trans}} \qquad (6.10)$$

oder auf die gleichwertige Form

$$\left(\frac{T}{T_{\text{c}}(n)}\right)^{3/2} = \frac{T^{3/2} j_{\text{trans}}}{n} \quad \text{mit} \quad T_{\text{c}}(n) = (n/j_{\text{trans}})^{2/3} \qquad (6.11)$$

bringen. Man bezeichnet $n_{\text{c}}(T)$ als die *Entartungsdichte*[5] und $T_{\text{c}}(n)$ als die *Entartungstemperatur*. Man erkennt, dass die Gln. 6.5 für Dichten $n \gtrsim n_c(T)$ und Temperaturen $T \lesssim T_{\text{c}}(n)$ offenbar *negative* Werte für die Entropie von idealen Gasen vorhersagen.[6] Da die Entropie nicht negativ werden kann, signalisieren die *Entartungsbedingungen*

---

4 Auf den ersten Blick ist es überraschend, dass ein funktionaler Zusammenhang wie Gl. 6.9 nur mit Dimensionsargumenten eindeutig zu bestimmen ist. Das Verfahren muss aber so lange eindeutig sein, wie sich die beteiligten Maßsystemkonstanten nicht zu einer dimensionslosen Zahl kombinieren lassen. Mit den für die Physik der Gase relevanten Maßsystemkonstanten $\hbar$, τ_N und k_{B} ist letzteres nicht der Fall. Es gibt in der Physik nur wenige solcher dimensionslosen Kombinationen, darunter die *Feinstrukturkonstante*

$$\alpha = \frac{\tau_N e^2}{4\pi\varepsilon_0 \hbar c} \simeq \frac{1}{137} ,$$

die in der Quanten-Elektrodynamik eine entscheidende Rolle spielt.

5 In manchen Büchern wird $\hat{v}_Q(T) = 1/n_{\text{c}}(T)$ auch als das *Quanten-Volumen* bezeichnet, weil das Phänomen der Entartung nur auf der Basis der Quantentheorie zu verstehen ist (Abschnitt II-3.10 und Kapitel II-4).

6 Streng genommen geben die Gln. 6.12 an, wo $\mu(T,n)$ das Vorzeichen wechselt und $\hat{s}(T,n)/k_{\text{B}} = \varkappa + 1$ ist (Gl. 6.5). Da es hier um Größenordnungen und nicht um exakte Werte geht, ignorieren wir vereinfachend diese Diskrepanz, die einem Faktor $\exp(5/3) \simeq 5.3$ in der Temperatur entspricht.

$$\frac{n}{n_c(T)} \gtrsim 1 \qquad \text{und} \qquad \frac{T}{T_c(n)} \lesssim 1\,, \tag{6.12}$$

dass die in die Ableitung der Gln. 6.5 eingehenden Annahmen über die Form der thermischen und kalorischen Zustandsgleichungen bei hoher Dichte oder tiefen Temperaturen offenbar ungültig werden müssen. Gase in diesen Zustandsbereichen nennt man gerne *„Quanten"-Gase*, und ihre ungewöhnlichen Eigenschaften werden im zweiten Band dargestellt.

Darüber hinaus ist anzumerken, dass j selbst bei Temperaturen $T \gg T_c$ nur für Modell-Gase ohne innere Anregungen ($\varkappa = 3/2$) wirklich eine Konstante (das heißt unabhängig von T) ist. In der Realität werden bei hinreichend hohen Temperaturen immer die inneren Freiheitsgrade der Atome und Moleküle wie Rotationen, Schwingungen und elektronische Freiheitsgrade spürbar und äußern sich in einem temperaturabhängigen Beitrag zu Wärmekapazität des idealen Gases (Abschnitt II-3.8). Die stetige Variation der Wärmekapazität mit T erklärt auch die krummen Werte von $\varkappa$ in Abb. 6.3. Diese widersprechen dem Gleichverteilungssatz, nach dem $\varkappa$ ein Vielfaches von 1/2 sein sollte.

Bei tieferen Temperaturen treten außerdem Abweichungen aufgrund der Wechselwirkung zwischen den Gasmolekülen auf, die bei üblichen Dichten schon bei Temperaturen $T \gg T_c$ zur Kondensation des Gases führen. Eine wichtige Ausnahme bilden die Elektronen in Metallen, deren Dichte so hoch ist, dass ihre Entartungstemperatur weit oberhalb der Raumtemperatur liegt (Kap. II-6). In diesem Fall verhindert das PAULI-Prinzip eine Kondensation – es sei denn, es tritt das in Abschnitt II-6.6 dargestellte Phänomen der *Supraleitung* auf.

6.2.2 Freie Energie und chemisches Potenzial

Nachdem wir $S(T, V, N)$ gewonnen haben, könnten wir nach $T(S, V, N)$ auflösen,[7] um die in der GIBBS'schen Fundamentalform auftretenden Funktionen $T(S, V, N)$ und $-p(S, V, N)$ und schließlich auch die MASSIEU-GIBBS-Funktion $E(S, V, N)$ des idealen Gases zu bestimmen. Ob dies zweckmäßig ist, hängt davon ab, ob in dem zu analysierenden Experiment T und nicht S kontrolliert wird. Ebenso ist es in vielen Fällen wünschenswert, auch p anstelle von V als unabhängige Variable benutzen zu können. Im Folgenden werden wir die weiteren, für die wichtigsten Kombinationen von

7 Aus der Mathematik wissen wir, dass die (eindeutige) Auflösbarkeit von Funktionen an die Bedingung gebunden ist, dass diese in dem betrachteten Wertebereich keine Extrema aufweisen. Für das ideale Gas wird diese Bedingung von $T(S, V, N)$ in dem ganzen Wertebereich von S, V und N erfüllt. Wir wir in den Kapiteln 7 und 9 sehen werden, gibt es aber Systeme, in denen die Zustandsgleichungen in bestimmten Zustandsbereichen Extrema aufweisen, und sich nicht eindeutig auflösen lassen. Diese Fälle sind von großem physikalischem Interesse, weil sie absolute *Stabilitätsgrenzen* dieser Systeme aufzeigen, an denen *Phasenumwandlungen* auftreten müssen.

unabhängigen Variablen zuständigen MASSIEU-GIBBS-Funktionen für das ideale Gas untersuchen.

Mit Hilfe der Gln. 3.10 und 6.5 sind wir in der Lage, die (molare) freie Energie eines idealen Gases mit konstanter Wärmekapazität $\hat{c}_v = \varkappa k_B$ sofort anzugeben:

$$\hat{f}(T, \hat{v}) = \hat{e} - T\hat{s} = \hat{e}_0 + \varkappa k_B T - k_B T \Big\{ \ln (j\hat{v}T^{\varkappa}) + (\varkappa + 1) \Big\}$$

$$\hat{f}(T, \hat{v}) = \hat{e}_0 - k_B T \Big\{ \ln (j\hat{v}T^{\varkappa}) + 1 \Big\} . \tag{6.13}$$

Als Funktion der extensiven Variablen erhalten wir das zentrale Ergebnis

!

$$F(T, V, N) = N\hat{e}_0 - Nk_B T \left\{ \ln \left(\frac{jVT^{\varkappa}}{N} \right) + 1 \right\} . \tag{6.14}$$

Zunächst wollen wir zeigen, dass dieser Ausdruck für die freie Energie tatsächlich die kalorische und die thermische Zustandsgleichung reproduziert:

$$S(T, V, N) = -\frac{\partial F(T, V, N)}{\partial T} = Nk_B \left\{ \ln \left(\frac{jVT^{\varkappa}}{N} \right) + 1 \right\} + Nk_B T \frac{\varkappa T^{\varkappa - 1}}{T^{\varkappa}}$$

$$= Nk_B \left\{ \ln \left(\frac{jVT^{\varkappa}}{N} \right) + (\varkappa + 1) \right\} , \tag{6.15}$$

in Übereinstimmung mit Gleichung 6.5. Dass es sich bei dieser Gleichung um eine Variante der kalorischen Zustandsgleichung handelt, können wir daraus ersehen, dass weiteres Differenzieren nach T die Wärmekapazität liefert:

$$C_v(T) = T \frac{\partial S(T, V, N)}{\partial T} = T \cdot Nk_B \frac{\varkappa T^{\varkappa - 1}}{T^{\varkappa}} = N\varkappa k_B .$$

Lösen wir Gleichung 6.15 nach $VT^{\varkappa}$ auf, so erhalten wir außerdem die Adiabatengleichung (Gl.3.29):

$$VT^{\varkappa} = \frac{N}{j} \exp \left(\frac{S}{Nk_B} - (\varkappa + 1) \right) .$$

Die rechte Seite dieser Gleichung stellt die in Abschnitt 3.8 noch unzugängliche, von S und N abhängige, Integrationskonstante in der Adiabatengleichung dar. Weiterhin erhalten wir durch Differenzieren nach V die thermische Zustandsgleichung (Gl. 3.3)

$$p(T, V, N) = -\frac{\partial F(T, V, N)}{\partial V} = Nk_B T \frac{1}{V} = \frac{Nk_B T}{V} .$$

Als erste wirklich neue Anwendung der freien Energie berechnen wir das *chemische Potenzial*, das heißt die bisher fehlende dritte Zustandsgleichung des idealen Gases:

$$\mu(T, V, N) = \frac{\partial F(T, V, N)}{\partial N}$$

$$= \hat{e}_0 - k_B T \left\{ \ln \left(\frac{jVT^{\varkappa}}{N} \right) + 1 \right\} - Nk_B T \frac{-\frac{1}{N^2}}{\frac{1}{N}}$$

$$= \hat{e}_0 - k_B T \left\{ \ln\left(\frac{jVT^{\varkappa}}{N}\right) + 1 \right\} + k_B T \,.$$

Damit erhalten wir schließlich das wichtige Resultat

$$\mu(T, V, N) = \frac{\partial F(T, V, N)}{\partial N} = \hat{e}_0 - k_B T \ln\left(\frac{jVT^{\varkappa}}{N}\right) \,. \qquad (6.16)$$

!

Dieser Ausdruck für das chemische Potenzial ist für die Beschreibung von Diffusionsprozessen, Phasenübergängen, chemischen Reaktionen und Reaktionsgleichgewichten von enormer Bedeutung. Wir werden ihn im Folgenden vielfach benutzen.

Unter Ausnutzung der Homogenitätsrelation können wir das chemische Potenzial eines idealen Gases mit konstanter Wärmekapazität noch auf einem anderen, sehr kurzen Weg berechnen. Wir setzen unseren Ausdruck für die molare Entropie Gl. 6.5 in Gl. 5.26 ein und erhalten mit den Zustandsgleichungen $p\hat{v} = k_B T$ und $\hat{e} = \hat{e}_0 + \varkappa k_B T$:

$$\begin{aligned} \mu(T, \hat{v}) &= \hat{e} - T\hat{s} + p\hat{v} \\ &= \hat{e}_0 + \varkappa k_B T - k_B T \left\{ \ln(\hat{v} T^{\varkappa} j) + (\varkappa + 1) \right\} + k_B T \,. \end{aligned} \qquad (6.17)$$

In diesem Ausdruck können wir noch $\hat{v}$ durch p ersetzen und etwas vereinfachen:

$$\mu(T, p) = \hat{e}_0 - k_B T \ln\left(\frac{j k_B T^{\varkappa+1}}{p}\right) \,. \qquad (6.18)$$

Für praktische Rechnungen ist es oft geschickter, in molaren Größen statt in Größen pro Teilchen zu rechnen. Damit gilt

$$\mu(T, p) = \hat{e}_0 - RT \ln\left(\frac{j^* R T^{\varkappa+1}}{p}\right) \qquad \text{(Einheit: J/mol)} \,,$$

wobei j^* die auf das Mol bezogene Variante der chemischen Konstanten ist (Gl. 6.7).

Die chemische Konstante bestimmt nicht nur den Absolutwert der Entropie, sondern gemeinsam mit $\hat{e}_0 = \hat{m}c^2$ auch den des chemischen Potenzials.[8] Die *Bindungsenergie* der Atome und Moleküle des Gases ist dabei in $\hat{e}_0$ enthalten.[9] Für Gase mit konstanter Wärmekapazität $\hat{c}_v = \varkappa k_B$ bestimmen die Konstanten j und $\hat{e}_0$ das chemische Gleichgewicht.

Neben $\hat{f}(T, \hat{v})$ haben wir in $\mu(T, p)$ eine weitere MASSIEU-GIBBS-Funktion des idealen Gases gefunden. Wie wir in Kapitel 7 sehen werden, beruht ein erheblicher Teil der physikalischen Chemie auf diesem Ergebnis.

---

8 In der Chemie werden die $\hat{e}_0$ der Elemente konventionsgemäß so gewählt, dass $\mu^\circ = \mu(T^\circ, p^\circ) = 0$ für die unter Standard-Bedingungen $\{T^\circ, p^\circ\}$ stabilste Modifikation (Diamant für das Beispiel Kohlenstoff) des Elementes ist (Abschnitt 7.7.3).

9 Von den Atomkernen abgesehen, ist die Bindungsenergie verglichen mit der Ruheenergie sehr klein, aber dennoch nicht zu vernachlässigen, da es bei chemischen Reaktionen auf *μ-Differenzen* ankommt.

Was ist die anschauliche Bedeutung des chemischen Potenzials? Wir wissen schon aus den Abschnitten 3.1 und 6.1, dass μ die Energetik von lokalen Änderungen der Teilchendichte sowie das chemische Gleichgewicht regelt. Zusammen mit den Ergebnissen von Abschnitt 6.1 sind wir jetzt also in der Lage auch das Verdampfungs- und das Sublimationsgleichgewicht zu berechnen (siehe Kapitel 9). Darüber hinaus können wir der GIBBS'schen Fundamentalform entnehmen, dass μ die Energieänderung dE bei Teilchenzufuhr dN bei konstanten S und V angibt. Man könnte also vermuten, dass μ gleich der Energie „pro Teilchen" $\hat{e}$ ist. Nach der Homogenitätsrelation $\mu = \hat{e} - T\hat{s} + p\hat{v}$ (Gl. 5.26) stimmt das jedoch nur bei $T = 0$ und $p = 0$.

Bei endlichen, aber konstanten T und p weist μ einen *entropischen* Anteil $-T\hat{s}$ und einen Volumenanteil $p\hat{v}$ auf. Diese rühren daher, dass die Teilchenzufuhr bei konstanten T und p stets mit einer Entropiezufuhr aus einem Reservoir und einer Volumenausdehnung gegen den Umgebungsdruck verbunden ist. Im Grenzfall hoher Temperatur überwiegt daher stets der Entropieterm und $\mu - \hat{e}_0$ ist *negativ*. Wie man aus Gleichung 6.18 abliest, liegt dieser Fall beim idealen Gas *immer* vor, was auch anschaulich einleuchtet, da sich Gase nur im Limes hoher Temperaturen und kleiner Dichten (und damit kleiner Drucke) ideal verhalten. Bei niedrigen Temperaturen und hohen Drucken überwiegt dagegen der Volumenterm und $\mu - \hat{e}_0$ ist positiv. Dieser Fall liegt bei einem FERMI-Gas hoher Dichte vor (Gln. 6.12 und Kapitel II-6).

6.2.3 Die Teilchenkapazität $\partial n(T, \mu)/\partial\mu$

In räumlich inhomogenen Systeme ist es meist nicht sinnvoll, V und N einzeln als unabhängige Variablen zu verwenden. Um die lokalen Gegebenheiten zu beschreiben, bietet es sich eher an, das Verhältnis $n = N/V$, das heißt die lokale Teilchendichte, oder die zu n konjugierte Größe, das lokale chemische Potenzial, zu verwenden. Die Wahl von μ als unabhängige Variable bietet sich insbesondere dann an, wenn die Teilchendichte über externe Quellen kontrolliert wird. Dieser Fall tritt besonders häufig bei geladenen Teilchen auf, deren Dichten und Ströme durch Spannungsquellen kontrolliert werden können.

Ersetzen wir in Gl. 6.16 N/V durch die Dichte n, erhalten wir als weitere Zustandsgleichung des idealen Gases

$$\mu(T, n) = \hat{e}_0 - k_B T \ln\left(\frac{jT^{\varkappa}}{n}\right) , \tag{6.19}$$

beziehungsweise durch Auflösen nach n:

$$n(T, \mu) = jT^{\varkappa} \exp\left(\frac{\mu - \hat{e}_0}{k_B T}\right) = zjT^{\varkappa} = zn_c(T) , \tag{6.20}$$

wobei $n_c(T)$ die in Gl. 6.12 definierte Entartungsdichte darstellt, bei der die Zustandsgleichungen ihre Gültigkeit verlieren. Der Faktor

$$z(T, p) \;=\; \exp\left[(\mu(T, p) - \hat{e}_0)/k_B T\right] \tag{6.21}$$

wird auch die *Fugazität* genannt.[10]

In den folgenden Kapiteln wird immer wieder die Suszeptibilität

$$\nu = \frac{\partial n(T,\mu)}{\partial \mu}$$

(oder ihr Kehrwert $\partial\mu(T,n)/\partial n$) auftreten, der uns am Ende von Abschnitt 5.6 in Gl. 5.38 bereits begegnet ist und die wir dort *Teilchenkapazität* genannt haben. Die Ableitung von Gl. 6.20 nach μ liefert die Relation

$$\nu = \frac{\partial n(T,\mu)}{\partial \mu} = \frac{n}{k_B T} \quad \text{für das ideale Gas.} \tag{6.22}$$

Die Bezeichnung *Teilchenkapazität* für $\partial n/\partial\mu$ betont die enge Verwandtschaft von $\partial n/\partial\mu$ mit der *Ladungskapazität* $C_Q = \partial Q/\partial\phi_Q = \hat{q}\partial N/\partial\bar{\mu}$, die sagt, wie leicht ein System Ladung (geladene Teilchen mit der spezifischen Ladung $\hat{q}$) aufnimmt, wenn das elektrische beziehungsweise das elektrochemische Potenzial $\bar{\mu}$ erhöht wird (Abschnitt 8.4). In der Tat liefert $\partial n/\partial\mu$ in Systemen mit geladenen Teilchen unter bestimmten Bedingungen einen „chemischen" Beitrag zur Ladungskapazität C_Q, der in der modernen Physik gerne „Quantenkapazität" genannt wird (Aufgabe II-7.3d).

6.2.4 Das ideale Gas in Entropiedarstellung

In der in Abschnitt 5.5 eingeführten Entropiedarstellung lautet die GIBBS'sche Fundamentalform:

$$dS = \frac{1}{T}\,dE + \frac{p}{T}\,dV - \frac{\mu}{T}\,dN$$

Ebenso wie in der Energiedarstellung können wir zu molaren Größen übergehen und erhalten für die molare Entropie und die reduzierte GIBBS'sche Fundamentalform:

$$\hat{s}(\hat{e},\hat{v}) = \frac{S(E,V,N)}{N}, \qquad d\hat{s} = \frac{1}{T}\,d\hat{e} + \frac{p}{T}\,d\hat{v} \tag{6.23}$$

Ausgehend von dem Bezugszustand $\{T_b, \hat{v}_b\}$ können wir die kalorische Zustandsgleichung in der Form

$$\hat{e} = \varkappa k_B(T - T_b) + \hat{e}_b$$

schreiben. Damit erhalten wir als Variante der Zustandsgleichungen des idealen Gases mit konstanter Wärmekapazität:

$$\frac{p}{T}(\hat{e},\hat{v}) = \frac{k_B}{\hat{v}} \qquad \text{thermische Zustandsgleichung,}$$

10 In den Abschnitten 9.3.6 und II-4.6 wird die Fugazität noch weitere praktische Verwendungen bekommen.

$$\frac{1}{T}(\hat{e}, \hat{v}) = \left(\frac{\hat{e} - \hat{e}_b}{\varkappa k_B} + T_b \right)^{-1} \qquad \text{kalorische Zustandsgleichung.}$$

Diese können wir jetzt wie in Abschnitt 6.2.1 integrieren. Noch einfacher ist es jedoch, in unserem Ausdruck für die Entropie (Gl. 6.4) die Temperatur T zugunsten von $\hat{e}$ zu eliminieren:

!

$$\hat{s}(\hat{e}, \hat{v}) = k_B \ln \left\{ \frac{\hat{v}}{\hat{v}_b} \left(\frac{\hat{e} - \hat{e}_b}{\varkappa k_B T_b} + 1 \right)^{\varkappa} \right\} + \hat{s}_b \,, \tag{6.24}$$

wobei $\hat{s}_b$ die Entropie des Bezugszustands $\{T_b, \hat{v}_b\}$ ist. Mit $S = N\hat{s}$, $E = N\hat{e}$, $V = N\hat{v}$ ergibt sich schließlich

$$S(E, V, N) = Nk_B \ln \left\{ \frac{V}{V_b} \left(\frac{E - E_b}{N\varkappa k_B T_b} + 1 \right)^{\varkappa} \right\} + S_b \,. \tag{6.25}$$

Selbstverständlich sind alle LEGENDRE-Transformierten der letzten beiden Gleichungen ebenfalls (entropieartige) MASSIEU-GIBBS-Funktionen des idealen Gases.
Lösen wir Gleichung 6.25 nach E auf,

$$\frac{E - E_b}{N\varkappa k_B T_b} = \left(\frac{V_b}{V} \right)^{1/\varkappa} \exp\left(\frac{S - S_b}{N\varkappa k_B} \right) - 1 \,,$$

so erhalten wir schließlich die Energie $E(S, V, N)$ als MASSIEU-GIBBS-Funktion eines idealen Gases mit konstanter Wärmekapazität $C_v = N\varkappa k_B$:

$$E(S, V, N) = N\varkappa k_B T_b \left\{ \left(\frac{V_b}{V} \right)^{1/\varkappa} \exp\left(\frac{S - S_b}{N\varkappa k_B} \right) - 1 \right\} + E_b \,. \tag{6.26}$$

Wenn wir die Entropie mit Hilfe der chemischen Konstanten schreiben, können wir das Auftreten des Bezugszustands vermeiden. Für die Praxis ist Gl. 6.26 aber die nützlichste Variante von $E(S, V, N)$, weil sich die tabellierten Werte von $\hat{s}^\circ$ üblicherweise auf den Standardzustand $\{T^\circ = 298.15\,\mathrm{K}, \hat{v}^\circ = 0.0244\,\mathrm{m^3/mol}\}$ beziehen.

Obwohl das ideale Gas eines der einfachsten thermischen Systeme ist, erfordert die Berechnung seiner MASSIEU-GIBBS-Funktionen doch einen wesentlich höheren Aufwand, als für die zu Anfang in Kapitel 1 betrachteten Systeme mit nur einem Freiheitsgrad. Wie wir in den folgenden Kapiteln sehen werden, hat sich dieser Aufwand aber gelohnt, weil wir jetzt nicht nur eine außerordentlich schlagkräftige Methode zur Untersuchung komplexerer Systeme haben, sondern auch die spezifischen Eigenschaften des idealen Gases (die wir jetzt in seinen MASSIEU-GIBBS-Funktionen komprimiert verpackt haben) häufig benutzen werden. Insbesondere erweist sich das Konzept der *Idealität* als stark verallgemeinerungsfähig und wird im Folgenden vielfach Anwendung finden.

6.3 Thermische Strahlung – das Photonengas

6.3.1 Die kalorische Zustandsgleichung

Wir betrachten mit EINSTEIN die thermische Strahlung als ein Gas aus extrem relativistischen Teilchen (*Photonen*) mit dem Energie-Impuls-Zusammenhang (Gl. 1.8)

$$\varepsilon(\boldsymbol{P}) = c \cdot |\boldsymbol{P}| \,, \tag{6.27}$$

wobei c die Lichtgeschwindigkeit ist. Nach den DE BROGLIE-Relationen ist diese Relation äquivalent zu der linearen *Dispersions-Relation* $\omega(\boldsymbol{q}) = c|\boldsymbol{q}|$ der elektromagnetischen Wellen im Vakuum.

Als nächstes übertragen wir die Herleitung der BERNOULLI-Relation (Gl. 3.9) für NEWTON'sche Teilchen in Abschnitt 3.4 auf das in einem Spiegelkasten eingeschlossene Photonengas. Entsprechend Gl. 3.7 setzen wir an:

$$\Delta P_x = \underbrace{2P_x}_{\substack{\text{Impuls-}\\ \text{übertrag}\\ \text{pro}\\ \text{Teilchen}}} \times \underbrace{\frac{1}{2}}_{\substack{\text{Wahrscheinlichkeit}\\ \text{für nach rechts}\\ \text{fliegende Teilchen}}} \times \underbrace{\frac{A c_x \Delta t}{V}}_{\substack{\text{Bruchteil des Volumens, aus}\\ \text{dem die Photonen mit der}\\ \text{Geschwindigkeitskompo-}\\ \text{nente } \boldsymbol{c}_x \text{ im Zeitintervall } \Delta t\\ \text{auftreffen}}} = \frac{A\Delta t}{V} c_x^2 \frac{\varepsilon}{c^2} \,. \tag{6.28}$$

Dabei haben wir die Äquivalenz von Energie und Masse (Gl. 1.5) sowie die Definition der Masse (Gl. 1.6) ausgenutzt, die uns die Beziehung $P_x = (\varepsilon/c^2) \cdot c_x$ liefert. Dieser Ansatz benutzt allein die Dispersionsrelation und den Impulserhaltungssatz und ist daher ganz unabhängig von der (klassischen oder Quanten)-Natur der Teilchen. Summieren wir nun über die Beiträge aller Photonen und bedenken noch die Isotropie der Strahlung

$$\langle c_x^2 \rangle = \langle c_y^2 \rangle = \langle c_z^2 \rangle = c^2/3 \,,$$

so gilt für den Druck, den die Photonen auf die verspiegelten Wände ausüben:

$$p = \frac{F_x}{A} = \frac{\Delta P_x}{\Delta t A} = \frac{1}{3} \cdot \frac{E}{V} \,. \tag{6.29}$$

Damit lautet die BERNOULLI-Relation für ein Gas aus extrem-relativistischen Teilchen:

$$p = \frac{e}{3} \,. \tag{6.30}$$

Gleichung 6.30 stellt die Modellannahme dar, auf deren Basis BOLTZMANN erstmals die thermodynamischen Charakteristika der thermischen Strahlung abgeleitet hat.[11]

---

11 BOLTZMANN selbst waren Photonen natürlich noch unbekannt – er hat Gl. 6.30 mit Hilfe des MAXWELL'schen Spannungstensors für unpolarisierte isotrope elektromagnetische Wellen gewonnen.

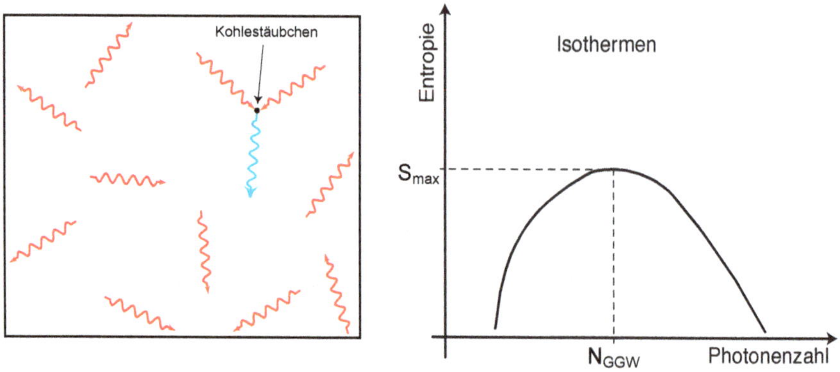

Abb. 6.4. *Links*: Zunächst monochromatische Photonen in einem perfekt reflektierenden Spiegelkasten. Unter Erhaltung der Gesamtenergie werden durch Absorptions- und Emissionsprozesse des Kohlestäubchchens (schwarz) Photonen anderer Frequenzen erzeugt, bis schließlich das Kohlestäubchen und das Photonengas im thermischen und chemischen Gleichgewicht stehen. *Rechts*: Schematische Darstellung der Entropie als Funktion der Photonenzahl. Unabhängig von dem gewählten Anfangszustand strebt die spektrale Verteilung der Photonen einen Zustand maximaler Entropie an, welcher das thermodynamische Gleichgewicht darstellt.

Eine weitere wichtige Vorüberlegung wurde bereits von KIRCHHOFF angestellt. Dieser fragte sich, auf welche Weise das innere thermische Gleichgewicht des Photonensystems sicherzustellen sei. Bei Molekülgasen wird das innere Gleichgewicht durch die mit hoher Rate auftretenden Stoßprozesse gewährleistet, mit denen Energie und Impuls zwischen den Molekülen übertragen werden, sodass die Impuls-Verteilungsfunktion der Moleküle die MAXWELL'sche Form annimmt (Abschnitt 3.5). Auf die thermische Strahlung ist dies nicht übertragbar, da aufgrund der Linearität der MAXWELL-Gleichungen für elektromagnetische Wellen das Superpositionsprinzip gilt, wonach sich Wellen verschiedener Frequenzen und Wellenvektoren linear überlagern, ohne miteinander in Wechselwirkung zu treten.

Um die Einstellung der Gleichgewichts zu ermöglichen, ersann KIRCHHOFF das berühmte *Kohlestäubchen*, ein in Prinzip beliebig kleines Stück Materie, welches Photonen aller Frequenzen absorbieren und die dabei aufgenommene Energie über Photonen anderer Frequenzen wieder abstrahlen kann, ohne dass sich der Mittelwert seiner Energie im zeitlichen Mittel ändert. Weder die Zahl der Photonen einer Farbe, noch die gesamte Photonenzahl sind dabei erhalten: die Absorptions- und Emissionsprozesse haben lediglich im zeitlichen Mittel den allgemeinen Erhaltungssätze für die Energie, den Impuls und den Drehimpuls zu genügen. Ein Anfangszustand mit monochromatischer Strahlung (zum Beispiel rot) wird durch vielfache Absorptions- und Emissionsprozesse polychromatisch. Dies ist in Abb. 6.4 illustriert. Wie bei Molekülgasen wird dabei Entropie erzeugt, bis schließlich der Zustand maximaler Entropie, und damit der Zustand thermischen und chemischen Gleichgewichts erreicht wird. Betrachten wir die

GIBBS'sche Fundamentalform

$$dE = T\,dS - p\,dV + \mu\,dN$$

für diesen Prozess mit E und $V = const.$, so stellen wir fest, dass die Änderungen der Gesamtentropie S und der gesamten Photonenzahl N gemäß

$$dS = -\frac{\mu}{T}\,dN$$

miteinander verknüpft sind. Für das thermische und chemische Gleichgewicht im Endzustand führt dies auf die Extremal-Bedingung

$$\frac{\partial S(E,V,N)}{\partial N} = -\frac{\mu}{T} \stackrel{!}{=} 0\,.$$

Da die Temperatur der Strahlung im Endzustand offensichtlich von Null verschieden ist, erhalten wir als spezifische Konsequenz der freien Erzeugung und Vernichtung von Photonen aller Frequenzen, dass das chemische Potenzial der thermischen Strahlung im Gleichgewicht stets den Wert Null hat:

$$\mu_{\text{Strahlung}}(T,p) \equiv 0 \quad ! \tag{6.31}$$

!

Diese Feststellung gilt für Systeme, bei denen Teilchenzahl frei fluktuieren kann.[12] Sie hat offensichtlich Folgen für die thermodynamischen Relationen des Photonengases, die wir nun bestimmen wollen. Da das Volumen des Systems festgelegt ist, bietet es sich an zu einer Beschreibung mit Hilfe der Dichten e und s überzugehen. Die μ enthaltenden Terme fallen dann aus der reduzierten GIBBS'sche Fundamentalform

$$de = T\,ds + \underbrace{\mu\,dn}_{=0} = T\,ds$$

und der Homogenitätsrelation

$$e = T\,s - p + \underbrace{\mu n}_{=0}$$

heraus. Damit erhalten wir für die Dichte f der freien Energie:

$$f(T) = e - T\,s(T) = -p(T)\,. \tag{6.32}$$

12 In jüngster Zeit wurden interessante Experimente durchgeführt, bei denen auch Zustände des Photonengases mit *endlichen* Werten des chemischen Potenzials realisiert werden konnten. Dazu wurde ein fester Mittelwert von N durch Laseranregung mit einer bestimmten Rate fixiert, und die effiziente Absorption und Re-Emission der Photonen durch Farbstoffmoleküle sorgte für die Ausbildung eines thermischen Zustands [14].

Die thermische Strahlung hat also nur eine unabhängige intensive Variable, nämlich die Temperatur T. Kombinieren wir Gl. 6.32 mit der BERNOULLI-Relation (Gl. 6.30), so resultiert:

$$f = e - Ts = -p \stackrel{!}{=} -\frac{e}{3} .$$

Differenzieren wir diese Gleichung nach T, so ergibt sich

$$\frac{df(T)}{dT} = -s(T) = -\frac{1}{3}\frac{de(T)}{dT} = -\frac{c_v(T)}{3} = -\frac{T}{3}\frac{ds(T)}{dT} ,$$

wobei $c_v(T)$ die Wärmekapazität pro Volumen ist. Wir erhalten also eine Differenzialgleichung für die Entropiedichte $s(T)$, die wir leicht durch Trennung der Veränderlichen und Integrieren über T lösen können:

$$\frac{ds}{s} = 3\frac{dT}{T} \qquad \Longrightarrow \qquad \ln\frac{s}{s_0} = 3\ln\frac{T}{T_0} .$$

Wir bekommen

$$s(T) = bT^3 \tag{6.33}$$

mit der Integrationskonstanten $b = s_0/T_0^3$. Daraus ergibt sich unmittelbar die Wärmekapazität pro Volumen

$$c_v(T) = T\frac{ds(T)}{dT} = 3bT^3 . \tag{6.34}$$

Die Integration von $c_v(T)$ führt uns sofort auf die Energiedichte $e(T)$ und damit auf die kalorische Zustandsgleichung des Photonengases. Alternativ können wir auch die Entropie in die freie Energiedichte (Gl. 6.32) einsetzen und nach der Energiedichte $e(T)$ auflösen.

Damit erhalten wir das BOLTZMANN'sche Ergebnis für die kalorische Zustandsgleichung der thermischen Strahlung:

!

$$e(T) = a_{\text{photon}}\, T^4 . \tag{6.35}$$

Zusammen mit Gl. 6.30 folgt daraus, dass auch der Photonendruck $\propto T^4$ ist.

Die einzige Systemkonstante des Photonengases ist die Lichtgeschwindigkeit c. Daher können wir annehmen, dass sich die Konstante $a_{\text{photon}} = 3b/4$ analog zur chemischen Konstanten j (Gl. 6.9) durch Dimensionsanalyse bestimmen lässt (Aufgabe 6.3):

$$a_{\text{photon}} = \zeta_a \frac{\tau_N k_B^4}{(\hbar c)^3} , \tag{6.36}$$

wobei der Zahlfaktor ζ_a den Wert $0.658 \simeq \pi^2/15$ hat, wie wir im nächsten Abschnitt experimentell und in Abschnitt II-5.1 theoretisch begründen werden.

Die Photonendichte ist aus den in diesem Abschnitt vorgestellten Überlegungen nicht zu ermitteln, weil diese zusätzlich die Kenntnis der thermischen Zustandsgleichung $\mu(T, n) \equiv 0$ erfordert, wodurch auch n allein eine Funktion der Temperatur wird.

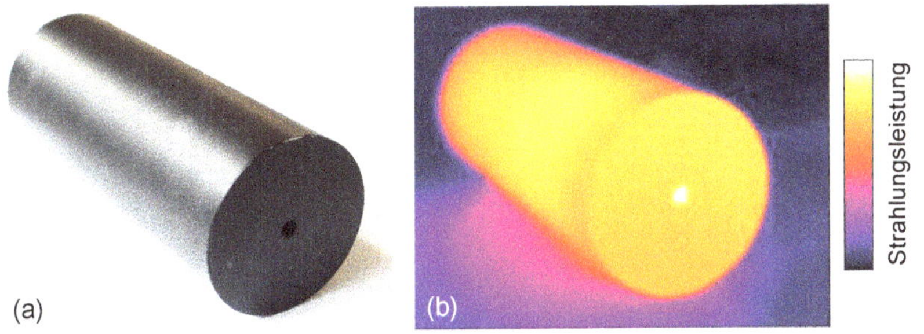

Abb. 6.5. Photograpie eines schwarzlackierten Körpers mit einer Öffnung (a) im sichtbaren und (b) im infraroten Spektralbereich. Man erkennt, dass die Öffnung im sichtbaren Bereich stärker absorbiert, aber im Infraroten stärker emittiert als der Lack, dessen Absorptionskoeffizient etwa 95 % beträgt. Dies illustriert eine weitere Erkenntnis von Kirchhoff, wonach das Absorptionsvermögen und das Emissionsvermögen eines Körpers in einem gegebenen Spektralbereich gleich sind. Ein Hohlraum stellt sowohl einen perfekten Emitter als auch einen perfekten Absorber für elektromagnetische Strahlung dar.

Diese Zustandsgleichung werden wir erst in Abschnitt II-5.1 ableiten. Dort werden wir sehen, dass die Photonendichte einfach proportional zur Entropiedichte ist und

$$n(T) \simeq 3.6 \cdot \frac{s(T)}{k_B} \tag{6.37}$$

beträgt. Die thermodynamischen Eigenschaften des Photonengases sind also allein durch die Temperatur sowie die charakteristische Geschwindigkeit c des Systems bestimmt. Wird die Temperatur eines schwarzen Hohlkörpers (der Licht aller Frequenzen zu 100 % absorbiert) von $T = 0$ an langsam erhöht, so „schwitzen“ dessen Wände Photonen aus, und das zunächst „leere“ Volumen füllt sich mit thermischen Photonen mit der durch Gln. 6.33, 6.35 und 6.37 gegebenen Entropie-, Energie- und Teilchendichte.

6.3.2 Energie- und Entropietransfer durch thermische Strahlung

Die Energiebilanz eines Körpers im elektromagnetischen Strahlungsfeld wird durch das Verhältnis der von ihm emittierten zu der von ihm absorbierten Strahlungsleistung bestimmt. Wir wollen nun zunächst den von einer strahlenden Fläche durch elektromagnetische Strahlung emittierten Energiestrom berechnen. Als Beispiel nehmen wir einen Hohlkörper, der thermische Strahlung aus einer Öffnung der Fläche A emittiert (Abb.6.5). Hierbei handelt es sich um ein so genanntes Effusions-Problem (siehe auch Abschnitt 8.8). Die Fläche A muss hinreichend klein gegen die Dimensionen des Hohlraums sein, um die Strahlung im Inneren des Ofens nicht merklich abzukühlen. Die Kleinheit der Öffnung stellt außerdem sicher, dass jedes einfallende Photon von dem Material der Ofenwand vielfach reflektiert und daher mit sehr großer

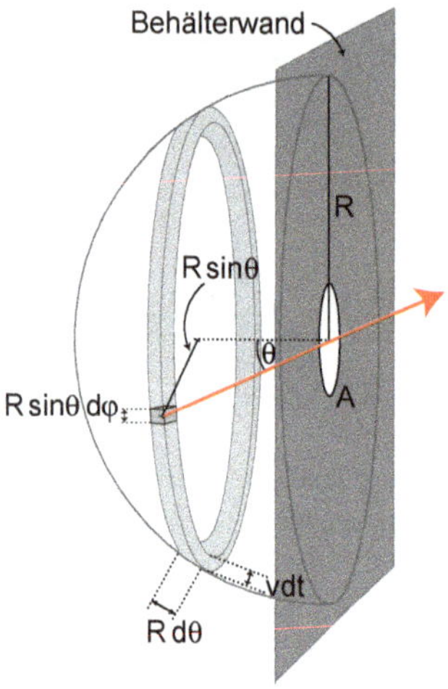

Abb. 6.6. Darstellung der Effusion eines Gases durch eine kleine Öffnung ins Vakuum. Jedes Volumenelement dV der Halbkugel emittiert unter einem gewissen Winkelpaar (θ, ϕ) durch die Austrittsfläche A.

Wahrscheinlichkeit *absorbiert* wird.[13] Dagegen ist die freie Weglänge innerhalb des Photonengases stets durch die Wände bestimmt und stellt – anders als bei Atom- und Molekül-Gasen – keine Beschränkung dar. Daher ist die Reflexionswahrscheinlichkeit für ein durch die Öffnung einfallendes Photon um ein Vielfaches kleiner, als für ein einfach reflektiertes Photon. Aus diesem Grund bildet der Hohlraum einen *idealen Absorber*, dessen Emissionsspektrum nicht mehr von den Emissionseigenschaften seiner Wände abhängt, die je nach verwendetem Material unterschiedlich „ideal" sein können.

Um den aus dem Hohlraum emittierten Energiestrom mit der Energiedichte im Photonengas in Beziehung zu setzen, betrachten wir die in Abb. 6.6 skizzierte, um eine Öffnung mit der Fläche A zentrierte, Halbkugel mit dem Radius $R = c\,dt$ und fragen, welcher Bruchteil der in der Halbschale enthaltenen Photonen in dem Zeitraum dt mit der Lichtgeschwindigkeit c durch das Loch emittiert wird. Greifen wir einen um die Winkel θ und ϕ zentrierten Ausschnitt (grau schattiert in Abb. 6.6) der Halbkugel heraus, so beträgt dessen Volumen

$$dV = c\,dt \times R\,d\theta \times R'\,d\phi\ .$$

Dabei ist $R'\,d\phi$ die Breite eines um die x-Achse geschlagenen Kreisringes mit dem Radius

$$R' = R\sin\theta\ ,$$

der senkrecht auf der Flächennormalen steht, wobei die Position des Volumenelements dV auf dem Kreisring durch den Winkel ϕ angegeben wird. Da die thermische Strahlung in dem Volumenelement dV isotrop ist, beträgt das Verhältnis zwischen der Zahl der

---

13 Der Reflexionskoeffizient „schwarzer" Materialien beträgt immer noch etwa 0.05. Die Wahrscheinlichkeit für 3 (10) Reflexionen beträgt dagegen nur noch etwa 10^{-4} (10^{-13}).

mit der Geschwindigkeit $c\cos\theta$ aus dV durch das Loch entweichenden Photonen zur Gesamtzahl der in dV enthaltenen Photonen

$$\frac{A\cos\theta}{4\pi R^2}\,.$$

Damit beträgt der Beitrag des Volumenelements dV zum entweichenden Energiestrom

$$e(T)\cdot\frac{A\cos\theta}{4\pi R^2}\cdot c\,dt\cdot R^2\sin\theta\,d\theta d\phi\,.$$

Integrieren wir den Energiestrom I_E der aus den einzelnen Volumenelementen emittierten Strahlung nun über die Winkel ϕ und θ, so erhalten wir für im Zeitintervall dt aus der Kugelschale emittierten Energiestrom:

$$I_E\,dt = \frac{Ac\,dt\,e(T)}{4\pi}\underbrace{\int_0^{2\pi}\int_0^{\pi/2}\cos\theta\sin\theta\,d\theta d\phi}_{\pi} = A\frac{ce(T)}{4}\,dt\,.$$

Das Ergebnis ist unabhängig vom Radius der Kugelschale. Der durch die Fläche A abgegebene Energiestrom beträgt also:

$$I_E(T) = A\cdot\frac{c}{4}\,e(T)\,. \tag{6.38}$$

Dividieren wir noch durch die Fläche A, so erhalten wir für den Betrag der Energiestromdichte:

$$|\boldsymbol{j}_E| = \frac{c}{4}\cdot a_{\text{Photon}}\,T^4 = \mathcal{S}T^4\,. \tag{6.39}$$

!

Gleichung 6.38 ist das bereits in Abschnitt 2.10 empirisch eingeführte STEFAN-BOLTZMANN-Gesetz. Dabei ist

$$\mathcal{S} = \frac{\pi^2}{60}\frac{\tau_N k_B^4}{\hbar^3 c^2} = 5.67\cdot 10^{-8}\,\frac{\text{W}}{\text{m}^2\,\text{K}^4}$$

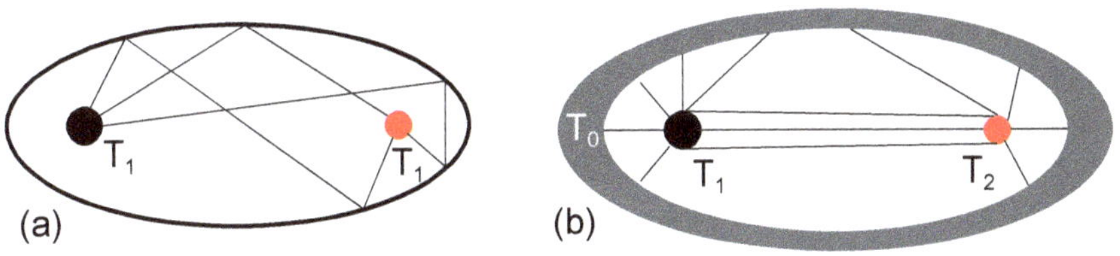

Abb. 6.7. Zwei Beispiele für das Strahlungsgleichgewicht: a) Ein schwarzer und ein nicht-schwarzer Körper in den Brennpunkten eines elliptischen und ideal reflektierenden Spiegelkasten. In diesem Fall trifft die gesamte von einem Körper emittierte Strahlung auf den zweiten Körper. b) Modell des Systems Sonne, Erde und Weltall. Die Sonne und das Weltall bilden Wärmereservoire, deren Temperaturen über sehr lange Zeiten konstant sind ($T_1 \simeq 5800$ K, $T_0 \simeq 2.7$ K). Die Temperatur T_2 der Erde richtet sich nach dem Verhältnis der Raumwinkel, unter denen die Sonne beziehungsweise der Weltraum erscheint.

Tab. 6.1. Relatives Emissionsvermögen ϵ einiger Oberflächen. Zwischenwerte in dem angegebenen Temperaturbereich können durch lineare Interpolation ermittelt werden.

Stoff	***T* (K)**	**ϵ**	**Stoff**	***T* (K)**	**ϵ**
polierte Metalle:			*Glühfäden:*		
Aluminium	525–875	0.039–0.057	Molybdän	970–2870	0.096–0.29
Messing	525–675	0.033–0.037	Platin	300–1470	0.036–0.19
Chrom	325–820	0.08–0.26	Tantal	1570–3300	0.19–0.31
Kupfer	370	0.018	Wolfram	300–3600	0.032–0.35
Eisen	420–1300	0.05–0.37	*Andere Materialien:*		
Nickel	300–630	0.045–0.087	Asbest	300–620	0.93–0.95
Zink	520–620	0.045–0.053	Eis (nass)	273	0.97
			Ruß	300–620	0.95
			Gummi (grau)	300	0.86

die Stefan-Boltzmann-Konstante. Die Messung der von einem schwarzen Körper emittierten Strahlungsleistung durch Stefan legte die Werte der Konstanten a_{Photon} und $\mathcal{S}$ und damit auch die kalorische Zustandsgleichung des Photonengases experimentell fest. Auch in diesem Fall sind die Absolutwerte der Entropie und der Energie durch die Planck'sche Konstante mitbestimmt. Wir betonen, dass die kalorische Zustandsgleichung 6.35 dem 3. Hauptsatz genügt. Die bisher besprochenen *schwarzen* Körper absorbieren und emittieren definitionsgemäß das Licht aller Wellenlängen vollständig. Der Strahlungshohlraum kommt dem Ideal eines schwarzen Körpers sehr nahe. In der Realität reflektieren jedoch alle Körper Photonen in bestimmten Bereichen des Spektrums ganz oder teilweise und weigern sich damit auch, in diesen Bereichen vollständig zu absorbieren oder zu emittieren.

Der Energieaustausch durch Strahlung ist in Abb. 6.7a für einen schwarzen und einen nicht-schwarzen Körper schematisch dargestellt. Befinden sich die Körper in den Brennpunkten des Ellipsoids, so sind sie thermisch optimal gekoppelt, weil (fast) alle von einem Körper ausgehenden Photonen den anderen Körper treffen. Nach hinreichend langer Zeit sind beide Körper untereinander und mit dem Strahlungsfeld im thermischen Gleichgewicht. Die Zeit, die für die Einstellung des Gleichgewichts erforderlich ist, hängt überwiegend von dem mittleren Reflexionskoeffizienten des nicht-schwarzen Körpers ab.

Um die Strahlungseigenschaften nicht-schwarzer Körper zu quantifizieren, führen wir den frequenzabhängigen Reflektionskoeffizienten $R(\nu)$ und den über alle Frequenzen ν gemittelten *relativen Absorptionsgrad*

$$\epsilon = 1 - \langle R(\nu) \rangle \tag{6.40}$$

ein. Körper mit $\epsilon < 1$ emittieren bei gleicher Temperatur weniger thermische Strahlung als schwarze Körper:

$$|\boldsymbol{j}_E^{\text{emittiert}}| = \epsilon \cdot \mathcal{S}T^4 \,.$$

In Tabelle 6.1 sind die ϵ-Werte einiger Materialien aufgeführt.

Eine für uns lebenswichtige Anwendung dieser Sachverhalte ist das Strahlungsgleichgewicht zwischen Sonne, Erde und dem Weltraum, welches zu der für uns Menschen im Allgemeinen angenehmen Oberflächentemperatur auf der Erde führt. Diese ist in Abb. 6.7b illustriert. Dabei können die Sonne ($T_1 \simeq 5800\,\mathrm{K}$) und der Weltraum $T_0 = 2.725\,\mathrm{K}$ als nahezu schwarze Strahler angesehen werden, während das Emissionsspektrum der Erde (zumindest im optischen Spektralbereich) deutlich von dem eines schwarzen Strahlers abweicht.

6.4 Schallquanten in kompressiblen Festkörpern

Warum sollten wir uns für kompressible Festkörper interessieren, wo wir doch in Abschnitt 6.1 gesehen haben, dass bereits die Annahme eines konstanten Molvolumens zu Ergebnissen führt, die recht gut mit dem Experiment übereinstimmen. Eine Antwort gibt uns Abb. 6.8, wo die Wärmekapazitäten $\hat{c}_p$ und $\hat{c}_v$ sowie die Kompressibilitäten κ_T und κ_S dargestellt sind. Der bei hohen Temperaturen doch erhebliche Unterschied zwischen den Wärmekapazitäten bei konstantem V und p, beziehungsweise konstantem T und S geht auf den in Abschnitt 6.1 vernachlässigten Effekt der thermischen Ausdehnung zurück und wurde von uns bereits durch die Gleichungen 3.23 und 5.43 quantitativ erfasst.

Die praktische Bedeutung dieser Beziehungen liegt darin, dass es für Festkörper extrem schwierig ist $\hat{c}_v$ oder κ_T *direkt* zu messen. Wie wir im Verlauf dieses Abschnitts sehen werden, entwickeln Festkörper beim Erwärmen bei $V = const.$ extrem hohe Drucke, die den Atmosphärendruck leicht um das Tausendfache oder mehr übersteigen. Da fast alle Festkörper dieses Verhalten zeigen, ist es praktisch unmöglich deren Volumen beim Erwärmen konstant zu halten. Umgekehrt ist die Kompressibilität der Festkörper so klein, dass ähnlich hohe Drucke erforderlich sind, um deren Volumen durch isotherme Kompression zu ändern – daher geht mit der Kompression eines Festkörpers auch stets eine Expansion der Druckzelle einher, und es ist sehr schwer die Kompressibilität der Probe von den elastischen Eigenschaften der Druckzelle zu trennen. Dagegen ist die isentrope Kompressibilität über die Schallgeschwindigkeit leichter zu messen.

Im Gegensatz zu der rein phänomenologischen Beschreibung durch die Messgrößen $\hat{c}$, T^*, $\hat{e}_0$ und $\hat{v}_0$ in Abschnitt 6.1 wollen wir die thermomechanischen Eigenschaften der Festkörper in diesem Abschnitt über den Aufbau eines Modells (einer vereinfachten Variante des DEBYE-GRÜNEISEN-Modells des Festkörpers) mit mikroskopischen Systemparametern in Verbindung bringen.

6.4.1 Die Analogie von Lichtwellen und Schallwellen

Die im vorangegangenen Abschnitt dargestellten Überlegungen zum Photonengas lassen sich auf die Schallwellen in Festkörpern (und recht ähnlich auch in Flüssigkeiten) übertragen. Bereits auf EINSTEIN (1907) geht die Idee zurück, die Quantenhypothese

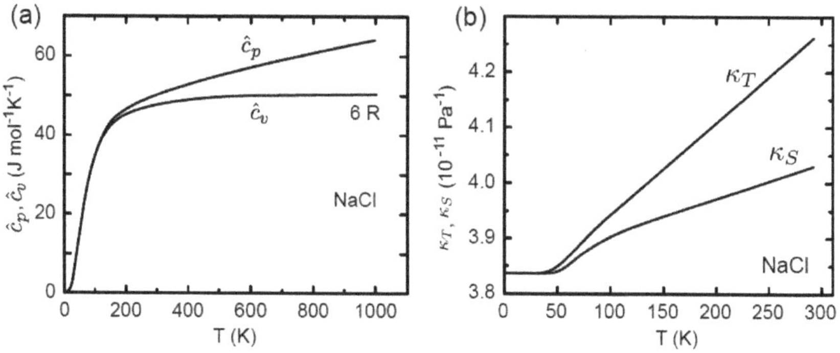

Abb. 6.8. a) Molare Wärmekapazitäten von NaCl, wobei nur $\hat{c}_p$ bei $p = 0$ direkt gemessen wurde. b) Kompressibilitäten von NaCl, wobei nur κ_S aus Messungen der Schallgeschwindigkeit direkt bestimmt wurde (nach [7]).

nicht nur auf die thermische Strahlung, sondern auch auf die Schwingungsfreiheitsgrade von Festkörpern anzuwenden, und zu postulieren, dass auch die Gitterschwingungen quantisiert sind. Heute werden die Schallquanten in Analogie zu den Photonen auch als *Phononen* bezeichnet. Wenig später (um 1911) wendete DEBYE die PLANCK-Verteilung auf die elastischen Wellen in Festkörpern an (Abschnitt II-5.2). Parallel dazu konnte GRÜNEISEN die thermische Ausdehnung der Festkörper durch die anharmonischen elastischen Eigenschaften des Kristallgitters erklären.

Wir gehen von der in Abb. 6.9a illustrierten experimentellen Beobachtung aus, dass die Wärmekapazität von Isolatoren bei tiefen Temperaturen proportional zu T^3 ist. Sie ähnelt darin dem Photonengas. Aus dieser Beobachtung können wir wagemutig schließen, dass sich im Grenzfall tiefer Temperaturen sämtliche thermodynamischen Beziehungen des Photonengases (Gln. 6.33-6.37) auf das System der Schallquanten in Festkörpern übertragen lassen! Nehmen wir an, dass die Schallquanten wie die Photonen durch eine lineare Dispersionsrelation $\omega(\boldsymbol{q}) = c_\mathrm{s}|\boldsymbol{q}|$ (entsprechend Gl. 6.27) charakterisiert werden, so wird ein Unterschied im Wert der Schallgeschwindigkeit c_s liegen, welche mit einigen km/s um fünf Größenordnungen niedriger als die Lichtgeschwindigkeit ist. Außerdem gibt es in isotropen Festkörpern drei unabhängige Polarisationsfreiheitsgrade – einen longitudinalen und zwei transversale – mit den Schallgeschwindigkeiten c_L und c_T, während die Lichtwellen nur zwei transversale Polarisationen erlauben. Da Scherverformungen des Festkörpers energetisch günstiger sind als Kompression und Expansion, gilt in der Regel $c_\mathrm{T} < c_\mathrm{L}$. Wegen der Unabhängigkeit der Schwingungsmoden addieren sich die a_photon entsprechenden Systemkonstanten, so dass wir eine mittlere Schallgeschwindigkeit $\bar{c}_\mathrm{s}$ gemäß

!

$$\frac{1}{\bar{c}_\mathrm{s}^3} = \frac{1}{3}\left(\frac{1}{c_\mathrm{L}^3} + \frac{2}{c_\mathrm{T}^3}\right) \qquad (6.41)$$

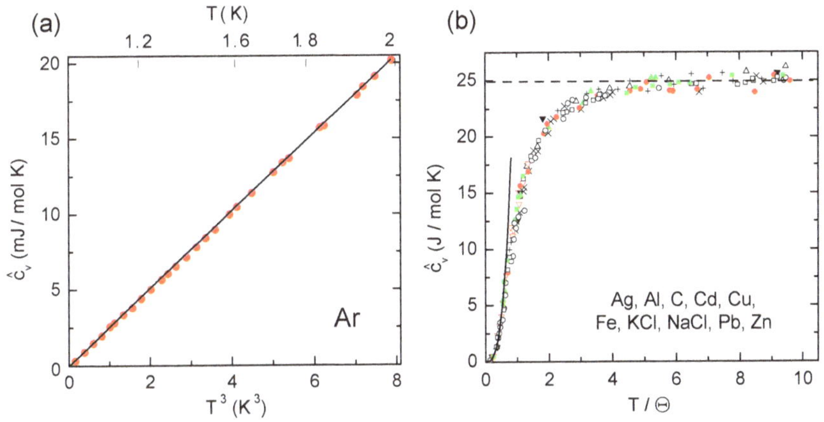

Abb. 6.9. a) Molare Wärmekapazität von festem Argon bei sehr tiefen Temperaturen als Funktion von T^3. Die Gerade entspricht $\Theta = 23.7$ K [nach L. Finegold, N. E. Philips, Phys. Rev. **177**, 383 (1964)].
b) Universeller Verlauf der molaren Wärmekapazitäten verschiedener Festkörper als Funktion der normierten Temperatur T/Θ. Die durchgezogene Linie gibt die T^3-Abhängigkeit nach Gl. 6.44 wieder. Bei hohen Temperaturen streben alle Messwerte gegen den Grenzwert von DULONG-PETIT (gestrichelte Linie). In allen Fällen wurden die gemessenen Werte von $\hat{c}_p(T)$ mit Hilfe von Gl. 3.23 in die gezeigten Werte von $\hat{c}_V(T)$ umgerechnet [nach E. Schödinger, *Handbuch der Physik*, Band X, H. Geiger, K. Scheel, Hrsg., Springer 1925].

definieren können. Damit erhalten wir für die Systemkonstante des Phononengases:

$$a_{\text{phonon}} = \frac{3}{2} \cdot a_{\text{photon}} = \frac{\pi^2}{10} \frac{\tau_N k_B^4}{(\hbar \bar{c}_s)^3} . \qquad (6.42)$$

!

Für das Photonengas ist die Wärmekapazität pro Volumen die einzige relevante Wärmekapazität, da die Photonenzahl nicht fest, und die Entropiedichte allein von der Temperatur abhängig ist. Im Gegensatz dazu ist die Zahl der Atome (wenn auch nicht die der Phononen) eines Festkörpers unabhängig von der Temperatur festlegbar. Für Festkörper ist daher die molare Wärmekapazität $\hat{c}_v$ gebräuchlich. Das Volumen pro Teilchen ist durch

$$\hat{v} = a^3/\tau_N \qquad (6.43)$$

gegeben, wobei a der mittlere Abstand zwischen benachbarten Atomen im Kristall ist. Der diskrete Aufbau des Kristalls aus Atomen bedingt also die Existenz einer charakteristischen Längenskala, die bei der thermischen Strahlung kein Gegenstück hat. Die Wärmekapazitäten pro Volumen und pro Teilchen hängen gemäß $\hat{c}_v = \hat{v} c_v$ zusammen. Messen wir die Stoffmenge in Mol, so erhalten wir für den Phononenbeitrag zur molaren Wärmekapazität

$$\hat{c}_v(T) = \hat{v} \cdot 4a_{\text{Phonon}} T^3 = 4R \cdot \frac{\pi^2}{10} \left(\frac{ak_B}{\hbar \bar{c}_s(\hat{v})} \cdot T \right)^3 = \frac{2\pi^2}{5} R \left(\frac{T}{\Theta(\hat{v})} \right)^3 , \quad (6.44)$$

wobei $R = N_A k_B$ und die charakteristische Temperatur $\Theta(\hat{v})$ durch

$$\Theta(\hat{v}) = \frac{\hbar \bar{c}_s(\hat{v})}{k_B a} \quad (6.45)$$

gegeben ist. Die Θ-Werte für einige Stoffe sind in Tabelle 2.2 angegeben.

Die mikroskopische Bedeutung dieser charakteristischen Temperatur besteht darin, dass sich $\Theta = \hbar\omega_0/k_B$ direkt aus den atomaren Federkonstanten $\mathcal{K}$ und dem Atomgewicht $\hat{m}$ ergibt: $\omega_0 = \sqrt{\mathcal{K}/\hat{m}}$.[14] Die kalorische Zustandsgleichung des Festkörpers lautet für $T \ll \Theta$ daher

$$E(T, V, N) = E_0(V, N) + \frac{\pi^2}{10} NR \cdot \frac{T^4}{\Theta^3(V/N)} , \quad (6.46)$$

wobei die Integrationskonstante $E_0(V, N)$ wieder die Bindungsenergie der Atome im Festkörper bezeichnet, und dessen elastische Eigenschaften im Grenzfall $T \to 0$ beschreibt. Für konkrete Materialien wird anstelle von Θ üblicherweise die Debye-Temperatur

$$\Theta_D = \sqrt[3]{6\pi^2}\,\Theta \simeq 3.90\,\Theta \quad (6.47)$$

tabelliert, welche der bei einer linearen Dispersionsrelation mit der Schallgeschwindigkeit $\bar{c}_s$ maximal möglichen Phononenenergie entspricht (auch in dem periodischen System im hinteren Einband dieses Buches wurden die Debye-Temperaturen der Elemente angegeben). Der genaue Wert des Vorfaktors ist jedoch von geringerer Bedeutung, verglichen mit der Tatsache, dass der diskrete Aufbau der Festkörper die Existenz einer oberen Schranke für die Frequenzen und die Wellenvektoren der Schallwellen nach

---

14 Die in der Mechanik und in der Festkörperphysik behandelte Dispersionsrelation

$$\omega(q) = 2\omega_0 \left| \sin\left(\frac{qa}{2}\right) \right|$$

einer linearen Kette von elastisch gebundenen Atomen der Masse $\hat{m}$ führt auf eine q-abhängige Schallgeschwindigkeit $c_s(q) = d\omega(q)/dq$. Für kleine Phononen-Impulse $\hbar q$ strebt c_s gegen den konstanten Wert $\omega_0 a$. In diesem Grenzfall definieren c_s und a die charakteristische Temperatur

$$\Theta = \frac{\hbar\omega_0}{k_B} = \frac{\hbar c_s}{k_B a} ,$$

was mit Gl. 6.45 übereinstimmt. Verhält sich die Kette harmonisch, so ist Θ von $\hat{v}$ unabhängig, und $c_s(a) \propto a$. Anharmonisches (nicht-lineares elastisches) Verhalten kann in *quasi-harmonischer Näherung* (bei Schwingungsamplituden $\ll a$) dadurch beschrieben werden, dass die Federkonstanten $\mathcal{K}(a)$ und damit auch $\Theta(a)$ vom Gitterabstand abhängen, wodurch sich die Schwingungsfrequenzen $\omega(q)$ bei Expansion oder Kompression des Kristalls verschieben.

sich zieht. Dies folgt einfach daraus, dass Wellenlängen, die den (mittleren) Atomabstand a unterschreiten, physikalisch nicht sinnvoll sein können. Durch die Messung der Wärmekapazität bis zu möglichst tiefen Temperaturen und weitere Extrapolation nach $T \to 0$ lassen sich die Energie, die Entropie und damit auch die freie Energie experimentell bestimmen:

$$F(T,V,N) = E - TS = N \cdot \left(\int_0^T \hat{c}_v(T',\hat{v})\,dT' - T \cdot \int_0^T \frac{\hat{c}_v(T',\hat{v})}{T'}\,dT' \right) . \qquad (6.48)$$

Dies zeigt aufs Neue, dass die Wärmekapazität eine zentrale Messgröße der Thermodynamik darstellt.

Im Gegensatz zur thermischen Strahlung, die keine der Gitterkonstante entsprechende innere Längenskala besitzt, ist die Energie der Schall-Quanten *nach oben beschränkt.* Diese Beschränkung ist dafür verantwortlich, dass das Phononensystem einen „klassischen Grenzfall" besitzt, in dem die Wärmekapazität $\hat{c}_v(T)$ von T unabhängig wird und gegen den Wert $3R$ von DULONG-PETIT strebt, wie wir es in Abschnitt 3.7 besprochen haben. Diese Überlegung impliziert, dass es einen Übergang zwischen dem T^3-Verhalten der Wärmekapazität im Temperaturbereich $T \ll \Theta$ und dem klassischen Verhalten für $T \gg \Theta$ geben muss. Wie Abb. 6.9b zeigt, wird dieser Übergang durch einen für eine Vielzahl von Stoffen *universellen* Verlauf von $\hat{c}_v(T/\Theta)$ beschrieben. Diese Universalität legt die Annahme nahe, dass auch der T-abhängige Anteil der freien Energie des Festkörpers in ähnlich universeller Weise von T/Θ abhängt. Gestützt auf den universellen Verlauf der Wärmekapazitäten postulieren wir mit DEBYE und GRÜNEISEN, dass die freie Energie des Festkörpers näherungsweise von der Form

$$F(T,V,N) = N \cdot \hat{f}(T,\hat{v}) = N \cdot \left\{ \hat{e}_0(\hat{v}) - RT \cdot \Phi\left[\frac{T}{\Theta(\hat{v})} \right] \right\} \qquad (6.49)$$

ist, wobei die drei Funktionen $\hat{e}_0(\hat{v})$,

$$\Phi\left(\frac{T}{\Theta(\hat{v})} \right) = -\frac{\hat{f}[T/\Theta(\hat{v})] - \hat{e}_0(\hat{v})}{RT} \qquad (6.50)$$

und $\Theta(\hat{v})$ im Folgenden zu bestimmen sind. Um ein Gefühl für die Form der universellen Funktion Φ zu bekommen, betrachten wir zunächst den Grenzfall tiefer Temperaturen ($T \ll \Theta$):

$$\hat{f}_\mathrm{T} - \hat{e}_0(\hat{v}) = -p_\mathrm{phonon}\hat{v} = -\frac{\hat{e}_\mathrm{phonon}(T,\hat{v})}{3} = -\frac{RT}{3}\left(\frac{T}{\Theta(\hat{v})} \right)^3 . \qquad (6.51)$$

Mit der Definition (Gl. 6.50) von Φ erhalten wir

$$\Phi_\mathrm{T}\left(\frac{T}{\Theta} \right) = \frac{1}{3}\left(\frac{T}{\Theta} \right)^3 . \qquad (6.52)$$

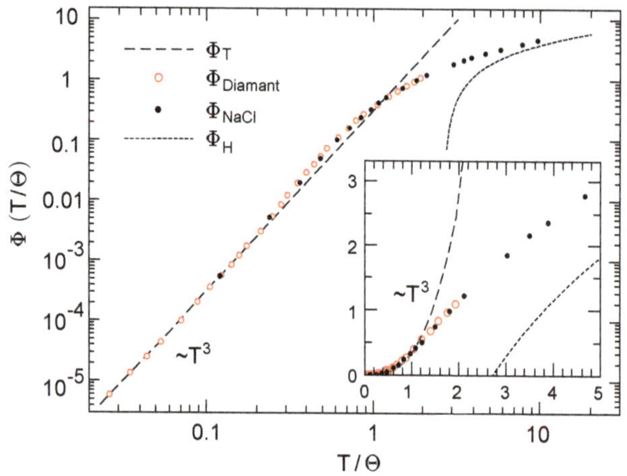

Abb. 6.10. Durch Integration der Wärmekapazitäten experimentell bestimmte Funktion $\Phi(T/\Theta)$ für Kochsalz und Diamant (Θ_{NaCl} = 82.7 K, $\Theta_{Diamant}$ = 567 K) [Daten aus [7] und J. E. Desnoyehs, J. A. Morrison, Phil. Mag.**3**, 42 (1958); A. C. Victor, J. Chem. Phys. **36**, 1903 (1962)]. Die gestrichelten Linien entsprechen den Grenzfällen hoher und niedriger Temperaturen. Inset: dieselben Daten in einer linearen Auftragung.

Die Auswertung von Gl. 6.48 liefert wegen $\hat{c}_v = const.$ im entgegengesetzten Grenzfall hoher Temperaturen ($T \gg \Theta$):

$$\hat{f}_H - \hat{e}_0 = 3RT\left[1 - \ln\left(\frac{T}{\Theta}\right)\right] \tag{6.53}$$

und damit

$$\Phi_H\left(\frac{T}{\Theta}\right) = 3\left[\ln\left(\frac{T}{\Theta}\right) - 1\right] . \tag{6.54}$$

Abbildung 6.10 zeigt die beiden Grenzfälle zusammen mit den experimentellen Werten von $\Phi(T/\Theta)$ für Kochsalz und Diamant, die über $\hat{f}(T, \hat{v})$ mit Hilfe von Gl. 6.48 durch numerische Integration gewonnen wurden. Die experimentellen Werte von $\Phi(T/\Theta)$ weichen von Φ_T zunächst nach oben ab. Dies deutet darauf hin, dass die tatsächliche Dispersionskurve $\omega(\boldsymbol{q})$ der Schallwellen vom linearen Verlauf $\omega(\boldsymbol{q}) \propto |\boldsymbol{q}|$ bei höheren Werten von $|\boldsymbol{q}|$ nach unten abweicht, so wie dies nach dem Modell der linearen Kette auch erwartet wird (Fußnote auf S. 202). Unter der Annahme, dass die lineare Dispersionsrelation $\omega(\boldsymbol{q})$ der Phononen bei einer Maximalfrequenz $\omega_D = k_B\Theta_D/\hbar \simeq \sqrt[3]{6\pi^2}\, k_B\Theta/\hbar$ (Gl. 6.47 abbricht, gelang es DEBYE mit den Methoden der statistischen Thermodynamik (Abschnitt II-5.2) eine kompakte Formel für $\Phi(T/\Theta)$ zu gewinnen, die eine Interpolation zwischen den beiden Grenzfällen erlaubt.[15]

15 Nach der statistischen Thermodynamik ist $\Phi(T) = \ln Z(T)$, wobei $Z(T)$ die *Zustandssumme* des Festkörpers genannt wird. Diese werden wir in Abschnitt II-5.2 berechnen. Im Allgemeinen ist die charakteristische Temperatur Θ für beide Grenzfälle verschieden. Im Rahmen des DEBYE-Modell beträgt die Abweichung jedoch nur 2.3%; in der Realität ist der Hochtemperaturwert von Θ typischerweise

Allein die Form von Gl. 6.49 ist schon bemerkenswert, weil aus ihr folgt, dass sich die Temperaturabhängigkeit der Wärmekapazität von verschiedenen Materialien bei konstantem Volumen nach DEBYE durch einen einzigen mikroskopischen Systemparameter Θ beschreiben lässt. Auf GRÜNEISEN geht die noch weitergehende Einsicht zurück, dass sich nicht nur die thermischen, sondern auch die elastischen Eigenschaften des Festkörpers sowie die thermo-elastische Kopplung durch die Abhängigkeit $\Theta(\hat{v})$ vom Molvolumen beschreiben lassen. Im Folgenden werden wir außerdem zeigen, dass die Funktionen $\hat{e}_0(\hat{v})$ und $\Theta(\hat{v})$ über die elastischen Konstanten, das heißt durch die interatomaren Wechselwirkungen miteinander verknüpft sind.

6.4.2 Die MIE-GRÜNEISEN-Zustandsgleichung

Zur Herleitung der Zustandsgleichungen aus der freien Energie betrachten wir zunächst die Ableitung der universellen Funktion $\Phi[T/\Theta(\hat{v})]$ (Gl. 6.49) nach T:

$$\frac{\partial \Phi[T/\Theta(\hat{v})]}{\partial T} = -\frac{\partial}{\partial T}\left(\frac{\hat{f}-\hat{e}_0}{RT}\right) = \frac{\hat{s}}{RT} + \frac{\hat{f}-\hat{e}_0}{RT^2} = \frac{\hat{e}-\hat{e}_0}{RT^2} . \tag{6.55}$$

Lösen wir diese Gleichung nach $\hat{e}$ auf und multiplizieren mit der Zahl der Atome N, so ergibt sich eine allgemeinere Form der *kalorischen Zustandsgleichung* des Festkörpers:

$$E(T,V,N) = N \cdot \left\{\hat{e}_0(\hat{v}) + RT^2 \cdot \frac{\partial \Phi[T/\Theta(\hat{v})]}{\partial T}\right\} . \tag{6.56}$$

Durch Differenzieren von Gl. 6.49 nach $\hat{v}$ bekommen wir die zu Gl. 6.56 komplementäre *thermische Zustandsgleichung*:

$$p(T,\hat{v}) = -\frac{\partial \hat{f}(T,\hat{v})}{\partial \hat{v}} = -\frac{\hat{e}_0(\hat{v})}{\partial \hat{v}} + RT \cdot \frac{\partial \Phi[T/\Theta(\hat{v})]}{\partial \hat{v}} . \tag{6.57}$$

Eliminieren wir $\Phi' = d\Phi(x)/dx$ aus den beiden Ableitungen

$$\frac{\partial \Phi}{\partial T} = \frac{\Phi'}{\Theta} \qquad \text{und}$$

$$\frac{\partial \Phi}{\partial \hat{v}} = -\frac{T}{\Theta^2}\frac{d\Theta}{d\hat{v}}\Phi' = -\frac{T}{\Theta}\frac{d\Theta}{d\hat{v}} \cdot \frac{\Phi'}{\Theta}$$

von $\Phi[T/\Theta(\hat{v})]$ nach T und nach $\hat{v}$, so erhalten wir:

$$\frac{\Phi'}{\Theta} = \frac{\partial \Phi(T/\Theta)}{\partial T} = -\frac{\Theta}{T}\left(\frac{d\Theta}{d\hat{v}}\right)^{-1} \frac{\partial \Phi(T/\Theta)}{\partial \hat{v}} . \tag{6.58}$$

10-15% niedriger, was überwiegend darauf zurückzuführen ist, dass die Schallgeschwindigkeit für kurze Wellenlängen abnimmt. Auf der logarithmischen Skala von Abb. 6.10 fällt dieser Unterschied wenig ins Gewicht.

Also besteht zwischen beiden Ableitungen von $\Phi[T/\Theta(\hat{v})]$ die folgende Beziehung:

$$\frac{\partial\Phi(T/\Theta)}{\partial\hat{v}} = -\left(\frac{T}{\Theta}\frac{d\Theta}{d\hat{v}}\right)\cdot\frac{\partial\Phi(T/\Theta)}{\partial T} \, . \tag{6.59}$$

Definieren wir den dimensionslosen GRÜNEISEN-*Parameter* als

!

$$\Gamma = -\frac{\hat{v}}{\Theta}\frac{d\Theta(\hat{v})}{d\hat{v}} \tag{6.60}$$

und setzen dann Gl. 6.59 in die thermische Zustandsgleichung (Gl. 6.57) ein, so resultiert mit Hilfe von Gl. 6.55 die MIE-GRÜNEISEN-*Zustandsgleichung* für Festkörper unter hydrostatischen Druck:

$$p(T,\hat{v}) = -\frac{\hat{e}_0(\hat{v})}{\partial\hat{v}} + \Gamma\cdot\left[e(T,\hat{v}) - e_0(\hat{v})\right] . \tag{6.61}$$

Aufgrund der kombinierten T- und $\hat{v}$-Abhängigkeit der Funktion $\Phi[T/\Theta(\hat{v})]$ lassen sich die kalorische und die thermische Zustandsgleichung also zu einer Verallgemeinerung der BERNOULLI-Relation des Photonengases kombinieren, die gegenüber Gl. 6.30 um den T-unabhängigen ersten Term erweitert ist, während der Faktor Γ nicht notwendig den Wert $1/3$ hat, sondern eine neue Systemkonstante darstellt.

Differenzieren wir die MIE-GRÜNEISEN-Zustandsgleichung nach T, so erhalten wir den *thermischen Spannungskoeffizienten*

$$\frac{\partial p(T,\hat{v})}{\partial T} = \Gamma\cdot c_v(T,\hat{v}) \tag{6.62}$$

des Festkörpers, wobei c_v wieder die Wärmekapazität pro Volumen ist. Wegen der Ableitungsregel Gl. A.3 gilt außerdem

$$\frac{\partial p(T,\hat{v})}{\partial T} = -\frac{\partial p(T,\hat{v})}{\partial\hat{v}}\cdot\frac{\partial\hat{v}(T,p)}{\partial T} = \frac{\beta_p}{\kappa_T} , \tag{6.63}$$

wobei κ_T die isotherme Kompressibilität des Festkörpers ist. Aus dem Vergleich der Gln. 6.62 und 6.63 resultiert die einprägsame GRÜNEISEN-*Beziehung* für den thermischen Ausdehnungskoeffizienten β_p des Festkörpers:

$$\beta_p = \Gamma\cdot\kappa_T\, c_v \, . \tag{6.64}$$

GRÜNEISEN stellte durch genaue Messungen des thermischen Ausdehnungskoeffizienten an vielen Materialien fest, dass das Verhältnis $\beta_p/\hat{c}_v$ für viele Materialien ähnlich ist und nur schwach von T abhängt. Da die Kompressibilität nur schwach ($\simeq 10\%$) von T abhängt, bedeutet dies, dass auch Γ nur schwach von T abhängt. Für die meisten Festkörper nimmt Γ Werte zwischen 1 und 3 an.

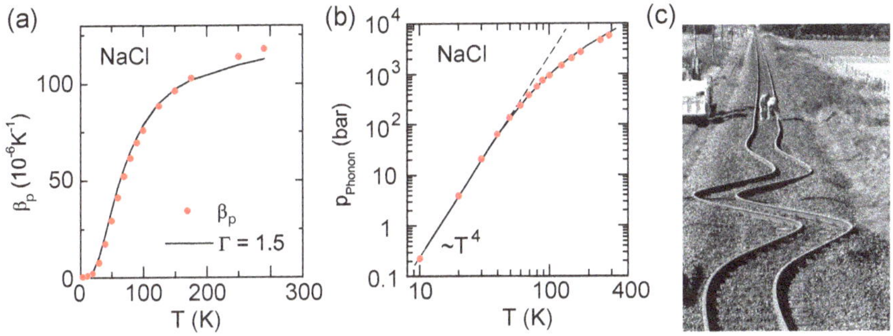

Abb. 6.11. a) Gemessener thermischer Ausdehnungskoeffizient β_p von NaCl (Punkte) im Vergleich mit der GRÜNEISEN-Relation (6.64) für $\Gamma = 1.5$ (Linie). b) Phononendruck von NaCl aus der Integration von Gl. 6.63. Die durchgezogene Linie deutet das nach der MIE-GRÜNEISEN-Zustandsgleichung erwartete Verhalten an (Daten aus [7]). c) Photographie einer durch die thermische Ausdehnung der Bahnschienen verursachte Gleisverwerfung [Quelle: Wikimedia].

Die für Kochsalz gemessenen Werte von β_p sind zusammen mit der GRÜNEISEN-Relation in Abb. 6.11a dargestellt. Dabei wurden die in Abb. 6.8 gezeigten Messungen von $\hat{c}_v$ und κ_T verwendet. Ein konstanter Wert von $\Gamma = 1.5$ liefert im Rahmen der Messgenauigkeit eine gute Übereinstimmung der beiden Kurven. Dies zeigt, dass der DEBYE-GRÜNEISEN-Ansatz für die freie Energie des Festkörpers (Gl. 6.49) mit seiner spezifischen Abhängigkeit von T/Θ nicht nur die Wärmekapazität verschiedener Materialien, sondern auch deren thermische Ausdehnung in guter Näherung beschreibt.

Mit Messwerten von β_p und κ_T lässt sich durch numerische Integration von Gl. 6.62 der Phononendruck $p_{\text{phonon}}(T, \hat{v})$ gewinnen. Abbildung 6.11b stellt den Druck $p_{\text{phonon}}(T, \hat{v})$ des Phononensystems im Kochsalz dar, der bei tiefen Temperaturen analog zu Gl. 6.32 $\propto T^4$ zunimmt. Auch hier ist die Übereinstimmung mit der MIE-GRÜNEISEN-Zustandsgleichung exzellent. Auf den ersten Blick ist es erstaunlich, dass die zunächst so körperlos wirkenden Phononen in der Lage sind bereits bei Zimmertemperatur Drucke von über 5 kbar zu erzeugen. Gegenüber $T = 0$ bewirken diese eine Volumenzunahme um 2.2 %. Umgekehrt wäre ein Außendruck von über 5 kbar erforderlich, um das Volumen des Kochsalzes beim Erwärmen von 0 K auf 300 K konstant zu halten.[16] Dies ist durch die sehr hohe Phononenzahl zu verstehen, welche die Zahl der Atome bei hinreichend hohen Temperaturen um ein Vielfaches übersteigen kann (Abschnitt II-5.2.2.1). Außerdem wird verständlich, dass der Kristallverband solch enormen Innendrucken irgendwann nicht mehr standhalten kann – sondern zu schmelzen oder zu sublimieren beginnt! Im nächsten Abschnitt werden wir sehen, dass sich die unbekannte Funktion $\Theta(\hat{v})$ näherungsweise durch zwei Systemkonstanten,

16 Eine weitere Manifestation dieser extremen Kräfte ist die aus der Frühzeit der Eisenbahn bekannte Deformation von Eisenbahnschienen bei hohen Temperaturen, wenn die vorgesehenen Dehnungsfugen nicht ausreichten. Abb. 6.11c zeigt ein modernes Beispiel.

nämlich ihren Tieftemperatur-Grenzwert Θ_0 und den GRÜNEISEN-Parameter Γ festlegen lässt.

6.4.3 Das anharmonische elastische Verhalten

Motiviert durch die gute Übereinstimmung unseres Modellansatzes mit dem Experiment wollen wir jetzt annehmen, dass der GRÜNEISEN-Parameter Γ tatsächlich eine weitere Systemkonstante ist. Dann entspricht die Definition von Γ in Gl. 6.60 einer Differenzialgleichung für die bisher unbekannte Funktion $\Theta(\hat{v})$, die wir wieder durch Trennung der Veränderlichen lösen können:

$$\frac{d\Theta}{\Theta} = -\Gamma \frac{d\hat{v}}{\hat{v}} .$$

Die Integration bezüglich $\hat{v}$ liefert

$$\Theta(\hat{v}) = \Theta_0 \left(\frac{\hat{v}_0}{\hat{v}}\right)^{\Gamma} , \tag{6.65}$$

mit $\Theta_0 = \Theta(\hat{v}_0)$ und $\hat{v}_0 = \hat{v}(T = 0, p = 0)$. Die Schwingungsfrequenzen des Festkörpers hängen in dieser Näherung also gemäß einem Potenzgesetz von $\hat{v}$ ab, wobei Γ den zugehörigen Exponenten darstellt, und damit eine klare physikalische Bedeutung erhält. Für $\Gamma = 0$ sind die Schwingungsfrequenzen von $\hat{v}$ unabhängig, $\Theta(\hat{v})$ ist konstant und die effektive Schallgeschwindigkeit $\bar{c}_s$ proportional zum Gitterabstand. In diesem hypothetischen Fall zerfällt der Festkörper in ein mechanisches und ein davon unabhängiges thermischen Teilsystem, wie bei dem in Abschnitt 6.1 besprochenen Beispiel. In der Realität sind fast alle Festkörper mehr oder weniger anharmonisch.[17]

Der Effekt einer isothermen oder isentropen Volumenänderung des Festköpers ist in Abb. 6.12 dargestellt. Ist $\Gamma > 0$, so führt eine isotherme Expansion zur Abnahme der Schwingungsfrequenzen, einer Zunahme der Energie, die hauptsächlich von die elastischen Deformation herrührt, sowie einer Zunahme der Entropie. Wird die Expansion isentrop realisiert, so nimmt die Energie ebenfalls zu, aber die Temperatur fällt, wie dies bereits in Abb. 4.3 experimentell demonstriert wurde. Im Gegensatz dazu führt eine isotherme Kompression zu einer Zunahme der Schwingungsfrequenzen und der Energie, jedoch zu einer Abnahme der Entropie.

Da die Energie sowohl bei Kompression als auch Expansion des Festkörpers zunimmt, ist beides *energetisch* ungünstig. Andererseits nimmt die Entropie zu, wenn die Schwingungsfrequenzen und damit $\Theta(\hat{v})$ abnimmt, weil dann mehr Phononen thermisch angeregt werden können. Dies hat eine Abnahme der freien Energie $F = E - TS$

---

17 Bei bestimmten Eisen-Legierungen ist β_p in der Nähe der Zimmertemperatur sehr klein. Diese zeigen fast keine thermische Ausdehnung und werden daher *Invar-Legierungen* genannt.

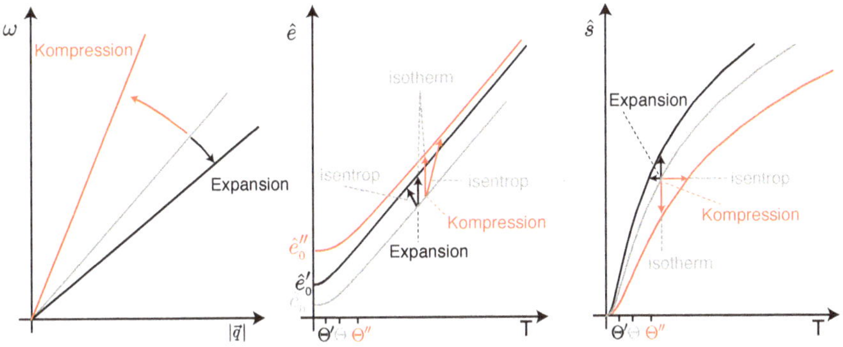

Abb. 6.12. Schematische Darstellung des Verhaltens a) der Dispersionsrelation $\omega(|\boldsymbol{q}|)$, b) der Energie und c) der Entropie eines Festkörpers mit $\Gamma > 0$ bei Kompression (rot) oder Expansion (schwarz). Der Anfangszustand liegt auf der grauen Linie. Die roten und schwarzen Pfeile zeigen auf den jeweiligen Endzustand.

zur Folge, und daher kann die Entropiezunahme den für elastische Verspannung des Kristallgitters erforderlichen Energiebetrag *überkompensieren*. Daher ist die Volumenabhängigkeit der *Entropie* und nicht die der Energie für die hohen Phononendrucke und damit die thermisch induzierten Volumenänderungen des Festkörpers verantwortlich – neben dem Druck eines idealen Gases ist dies ist ein weiteres Beispiel für eine entropische Kraft.

Was bleibt, ist die Bestimmung der unbekannten Funktion $\hat{e}_0(\hat{v})$ in der freien Energie und den Zustandsgleichungen. Dieser Beitrag entspricht der *Bindungsenergie* des Festkörpers – er beschreibt dessen elastische Eigenschaften bei $T = 0$. Mit Hilfe der Relation $\kappa_0(\hat{v})^{-1} = (C_{11} + 2C_{12})/3$ können wir die Kompressibilität $\kappa_0(\hat{v})$ durch die elastischen Konstanten C_{11} und C_{12} ausdrücken [16]. Die elastischen Konstanten sind in Verallgemeinerung von Gl. 3.35 durch Linearkombinationen der Quadrate der Schallgeschwindigkeiten verschiedener Typen von Gitterwellen gegeben.

Nehmen wir vereinfachend an, dass die verschiedenen Schallgeschwindigkeiten in gleicher Weise von $\hat{v}$ abhängen, so können wir $\kappa_0(\hat{v})^{-1}$ durch eine (von $\bar{c}_s$ in Gl. 6.41 verschiedene) mittlere Schallgeschwindigkeit c_* und die entsprechende Temperatur $k_B\Theta_*(\hat{v}) = \hbar c_*(\hat{v})/a$ ausdrücken. Beachten wir noch $a \propto \sqrt[3]{\hat{v}\tau_N}$ (Gl. 6.43), so folgt für die Abhängigkeit der inversen Kompressibilität vom Volumen:

$$\kappa_0^{-1}(\hat{v}) = \frac{\hat{m}c_*^2(a)}{\hat{v}} = \frac{\hat{m}[k_B\Theta_*(\hat{v})\cdot a]^2}{\hat{v}\hbar^2} \propto \frac{\Theta_*^2(\hat{v})}{\hat{v}^{1/3}} . \tag{6.66}$$

Mit Hilfe von Gl. 6.65 erhalten wir dann:

$$\kappa_0^{-1}(\hat{v}) = \kappa_{00}^{-1}\cdot\left(\frac{\hat{v}_0}{\hat{v}}\right)^{2\Gamma+1/3} , \tag{6.67}$$

wobei κ_{00} die Kompressibilität bei $T = 0$ und $p = 0$ ist. Integrieren wir nun

$$-\frac{\partial p(T,\hat{v})}{\partial\hat{v}} = \frac{\kappa_0^{-1}(\hat{v})}{\hat{v}} = \frac{\kappa_{00}^{-1}}{\hat{v}_0}\cdot\left(\frac{\hat{v}_0}{\hat{v}}\right)^{2\Gamma+4/3}$$

bezüglich $\hat{v}$, so erhalten wir die thermische Zustandsgleichung im Grenzfall $T \to 0$:

$$-p(T=0,\hat{v}) = \frac{\partial \hat{e}_0(\hat{v})}{\partial \hat{v}} = -\frac{\kappa_{00}^{-1}}{(2\Gamma+1/3)} \cdot \left[\left(\frac{\hat{v}_0}{\hat{v}}\right)^{2\Gamma+1/3} - 1\right]. \tag{6.68}$$

Dabei wird die Integrationskonstante durch die Bedingung $p(T=0,\hat{v}_0)=0$ festgelegt. Eine weitere Integration bezüglich $\hat{v}$ liefert die gesuchte $\hat{v}$-Abhängigkeit der Kohäsionsenergie in der GRÜNEISEN-Näherung ($\Gamma = const.$)

$$\hat{e}_0(\hat{v}) = \hat{e}_{00} + \frac{\hat{v}_0\kappa_{00}^{-1}}{(2\Gamma+1/3)} \cdot \left[\frac{1}{2\Gamma-2/3}\left(\frac{\hat{v}_0}{\hat{v}}\right)^{2\Gamma-2/3} + \frac{\hat{v}}{\hat{v}_0}\right], \tag{6.69}$$

wobei die Integrationskonstante $\hat{e}_{00}$ sicherstellt, dass $\hat{e}_0(\hat{v})$ insgesamt negativ ist, wie man dies von einer Bindungsenergie erwartet.
Kombinieren wir alle Ergebnisse, so lautet die molare freie Energie des Festkörpers im GRÜNEISEN-Modell :

!

$$\hat{f}(T,\hat{v}) = \left\{\hat{e}_{00} + \frac{\hat{v}_0\kappa_{00}^{-1}}{\alpha+1}\left[\frac{1}{\alpha}\left(\frac{\hat{v}_0}{\hat{v}}\right)^{\alpha} + \frac{\hat{v}}{\hat{v}_0}\right] - RT\,\Phi\left[\frac{T}{\Theta_0}\left(\frac{\hat{v}}{\hat{v}_0}\right)^{\Gamma}\right]\right\} \tag{6.70}$$

mit der Abkürzung $\alpha = 2(\Gamma - 1/3)$. In diesem einfachen Modell wird der kompressible Festkörper durch die fünf Systemkonstanten $\hat{e}_{00}$, κ_{00}, $\hat{v}_0$, Θ_0 und Γ sowie die universelle Funktion Φ beschrieben.

Die Anwendbarkeit der GRÜNEISEN-Näherung beruht letztlich darauf, das es hinreichend ist, die Kompressibilität $\kappa_0(\hat{v})$ um das Gleichgewichtsvolumen $\hat{v}_0$ durch ein durch Γ kontrolliertes Potenzgesetz anzunähern. Da die erreichbaren Volumenänderungen stets klein gegen $\hat{v}$ sind, ist dies in der Regel mit befriedigender Genauigkeit möglich.

6.5 Der ideale Paramagnet

6.5.1 Die Energie im externen Magnetfeld

In Systemen mit magnetischen Dipolmomenten ist oft das von außen angelegte (intensive) Magnetfeld $\boldsymbol{B}_{\text{ext}} = \mu_0\boldsymbol{H}_{\text{ext}}$ diejenige Variable, die experimentell leichter zu kontrollieren ist, als das magnetische Moment $\boldsymbol{m}$. Daher ist es oft vorteilhaft, $\boldsymbol{B}_{\text{ext}}$ anstatt der extensiven Größe $\boldsymbol{m}$ als unabhängige Variable zu wählen.[18]
Die zu dem Variablensatz $\{S, V, \boldsymbol{B}_{\text{ext}}, N\}$ gehörige MASSIEU-GIBBS-Funktion lautet:

18 Im einfachsten Fall einer räumlich homogenen Magnetisierung $\boldsymbol{M}$, auf den wir uns hier beschränken werden, gilt einfach: $\boldsymbol{m} = V \cdot \boldsymbol{M}$. Es ist streng zwischen dem von außen angelegten Magnetfeld $\boldsymbol{B}_{\text{ext}}$ und dem innerhalb des magnetisierten Materials *lokal* herrschenden Magnetfeld $\boldsymbol{B}(\boldsymbol{r}) = \boldsymbol{B}_{\text{ext}} + \mu_0[H_K(\boldsymbol{r}) + \boldsymbol{M}(\boldsymbol{r})]$ zu unterscheiden. Dabei ist $\mu_0 H_K(\boldsymbol{r})$ der durch den magnetischen Körper erzeugte Quellenanteil des Magnetfeldes, der zu dem in der Regel durch eine Magnetspule erzeugten Wirbelanteil $\boldsymbol{B}_{\text{ext}}$ hinzutritt. Der Beitrag von $\mu_0 H_K(\boldsymbol{r})$ ist für Proben mit der Form von dünnen, langgestreckten

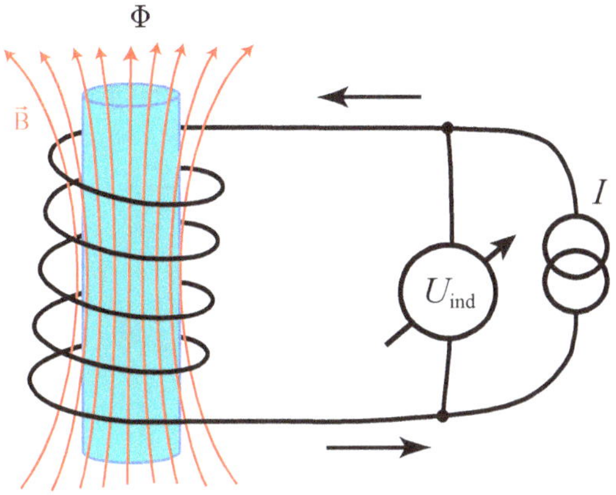

Abb. 6.13. Spule mit magnetisierbarem Kern (blau). ***B*** ist das Magnetfeld und *Φ* der von dem Spulendraht eingeschlossene magnetische Fluss. Der Spulenstrom *I* wird durch eine geregelte Stromquelle kontrolliert und die bei Änderungen des Spulenstroms auftretende Induktionsspannung U_{ind} gemessen. Wenn die Ohm'schen Verluste im Spulendraht vernachlässigbar sind, so entspricht das Produkt $I \cdot U_{ind}$ dem über den magnetischen Kanal zu- oder abgeführten Energiestrom I_E.

$$\mathcal{U} := E - \boldsymbol{B}_{\text{ext}} \cdot \boldsymbol{m} \quad \text{Energie im externen Magnetfeld.} \tag{6.71}$$

!

Für das Diffenzial von $\mathcal{U}$ erhalten wir:

$$d\mathcal{U} = T\,dS - p\,dV - \boldsymbol{m}\,d\boldsymbol{B}_{\text{ext}} + \mu\,dN\,. \tag{6.72}$$

Die Differenz zwischen E und $\mathcal{U}$ besteht in der Wechselwirkungsenergie

$$\Delta E_M = -\int_{\boldsymbol{B}_{\text{ext}1}}^{\boldsymbol{B}_{\text{ext}2}} \boldsymbol{m}(\boldsymbol{B}_{\text{ext}}) \cdot d\boldsymbol{B}_{\text{ext}} \tag{6.73}$$

zwischen dem magnetischen Moment und dem externen Magnetfeld, die in $\mathcal{U}$ mitgezählt wird, in E aber nicht. Wird das externe Magnetfeld wie in Abb. 6.13 gezeigt in einer Spule erzeugt und von einer geregelten Stromquelle konstant gehalten, so bewirkt das Einbringen eines magnetisierbaren Körpers in die Spule eine magnetische Flussänderung und damit eine Induktionsspannung. Richtet sich das magnetische Moment parallel zum Magnetfeld der Spule aus, so wird die Energiemenge ΔE_M freigesetzt und an die Stromquelle abgegeben. Dieser Fall tritt bei Paramagneten und homogen magnetisierten Ferromagneten ohne magnetische Anisotropie auf. Bei Diamagneten ist die Ausrichtung von $\boldsymbol{m}$ und $\boldsymbol{B}_{\text{ext}}$ anti-parallel, und in diesem Fall muss die Stromquelle die Energiemenge ΔE_M in das System „Spule + Magnetischer Körper" einbringen. Der Unterschied zwischen E und $\mathcal{U}$ beschreibt also analog zu den vorangegangenen

Zylindern oder Ellipsoiden vernachlässigbar, wenn $\boldsymbol{B}_{\text{ext}}$ parallel zur Längsachse angelegt wird. Bei anderer Geometrie, zum Beispiel bei kugelförmigen Proben, treten *Entmagnetisierungseffekte* auf. Mit Ausnahme von diamagnetischen Materialien äußern sich diese in einer effektiven Reduktion des von außen angelegten Feldes und werden in Anhang F beschrieben.

Beispielen den Gewinn oder Verlust an Energie, die dem magnetischen Körper über den magnetischen Kanal zu- oder abgeführt wird.

Änderungen von $\mathcal{U}$ bei konstanten $\{V, B_{\text{ext}}, N\}$ entsprechen der reversibel zugeführten Wärme $Q_{\text{rev}} = \int T(S, V, B_{\text{ext}}, N)\, dS$. Deshalb wird $\mathcal{U}$ auch als *magnetische Enthalpie* bezeichnet. Die Funktion $\mathcal{U}(T, V, \boldsymbol{B}_{\text{ext}}, N)$ ist genau wie $E(T, V, N)$ und $H(T, p, N)$ keine MASSIEU-GIBBS-Funktion, sondern stellt eine kalorische Zustandsgleichung dar. Diese liefert beim Differenzieren nach T die Wärmekapazität $C_B(T, V, \boldsymbol{B}_{\text{ext}}, N)$:

$$\begin{aligned} C_B\, dT &= T\, dS(T, V, \boldsymbol{B}_{\text{ext}}, N) = dE(T, V, \boldsymbol{B}_{\text{ext}}, N) - B_{\text{ext}}\, d\boldsymbol{m}(T, V, \boldsymbol{B}_{\text{ext}}, N) \\ &= \left(\frac{\partial E(T, V, \boldsymbol{B}_{\text{ext}}, N)}{\partial T} - \boldsymbol{B}_{\text{ext}} \frac{\partial \boldsymbol{m}(T, V, \boldsymbol{B}_{\text{ext}}, N)}{\partial T} \right) dT \\ &= \frac{\partial [E(T, V, \boldsymbol{B}_{\text{ext}}, N) - \boldsymbol{B}_{\text{ext}}\, \boldsymbol{m}(T, V, \boldsymbol{B}_{\text{ext}}, N)]}{\partial T}\, dT \\ &= \frac{\partial \mathcal{U}(T, V, \boldsymbol{B}_{\text{ext}}, N)}{\partial T}\, dT\,. \end{aligned}$$

Damit ist

$$\begin{aligned} C_B(T, V, \boldsymbol{B}_{\text{ext}}, N) &= T \cdot \frac{\partial S(T, V, \boldsymbol{B}_{\text{ext}}, N)}{\partial T} \\ &= \frac{\partial \mathcal{U}(T, V, \boldsymbol{B}_{\text{ext}}, N)}{\partial T} \end{aligned} \tag{6.74}$$

die Wärmekapazität bei konstanten $\{V, B_{\text{ext}}, N\}$.

6.5.2 Die freie Energie im externen Magnetfeld

Entsprechend lautet die zum Variablensatz $\{T, V, \boldsymbol{B}_{\text{ext}}, N\}$ gehörige MASSIEU-GIBBS-Funktion:

$$\mathcal{F} := F - \boldsymbol{B}_{\text{ext}} \cdot \boldsymbol{m} \quad \text{freie Energie im externen Magnetfeld.} \tag{6.75}$$

Für das Diffenzial von $\mathcal{F}$ erhalten wir:

$$d\mathcal{F} = -S\, dT - p\, dV - \boldsymbol{m}\, d\boldsymbol{B}_{\text{ext}} + \mu\, dN\,. \tag{6.76}$$

Auf analoge Weise kann auch eine freie *Enthalpie* im Magnetfeld $\mathcal{G} := \mathcal{F} + pV$ definiert werden, falls der Druck anstelle von V experimentell kontrolliert wird. Bei Festkörpern ist dies fast immer der Fall, weil die mit der thermischen Ausdehnung und der *Magnetostriktion* (das heißt der Deformation bei Magnetisierungsänderungen) verbundenen mechanischen Kräfte meist sehr groß sind. Im Vakuum ist allerdings $p = 0$ und daher $\mathcal{F} = \mathcal{G}$. In der Literatur werden E und $\mathcal{U}$, F und $\mathcal{F}$ sowie G und $\mathcal{G}$ oft nicht namentlich

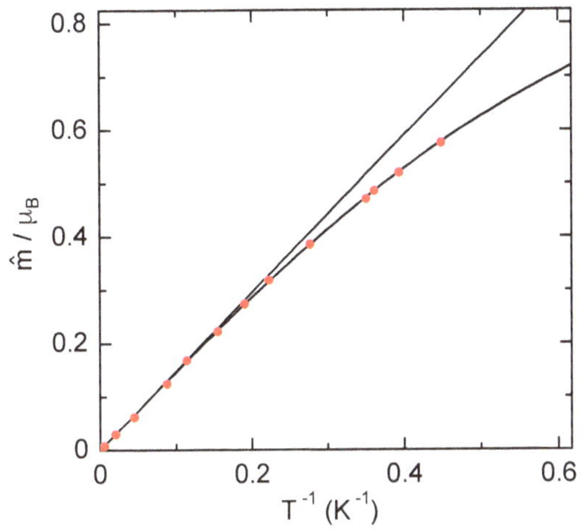

Abb. 6.14. Magnetisierungskurve $\hat{m}(B_{ext}/T)$ der paramagnetischen Verbindung Diphenyl-Picryl-Hydrazyl bei B_{ext} = 2.06 T zwischen 2.2 und 300 K. Dieses organische Molekül enthält ein ungepaartes Elektron mit dem Spin 1/2 auf einem Stickstoffatom [Daten aus P. Grobet, L. van Gerven, A. van den Bosch, J. Chem. Phys. **68**, 5225 (1978)].

unterschieden.[19] In diesem Fall hat man sich stets an den verwendeten unabhängigen Variablen zu orientieren.

6.5.3 Der Spin-1/2 Paramagnet

Um die obigen Betrachtungen an einem konkreten Beispiel zu illustrieren, betrachten wir die in Abb. 6.5.3 dargestellte Messung der Magnetisierung an einem organischen Salz, das 'freie Radikale' das heißt ungepaarte[20] Elektronen enthält. Ungepaarte Elektronen haben einen Eigendrehimpuls ('*Spin*') mit dem Wert $\hbar/2$ und tragen ein magnetisches Moment $\mu_M = \mu_B$, wobei $\mu_B = 9.25 \cdot 10^{-24}$ J/(T Teilchen) das BOHR'*sche Magneton* genannt wird. Wegen des 'halb-zahligen' Wertes des Eigendrehimpulses spricht man von einem 'Spin 1/2 Paramagneten' – dieses sind die einfachsten magnetischen Systeme. [21] Zusammen mit der Dichte n der magnetischen Momente bestimmt μ_B die *Sättigungs-Magnetisierung* $M_S = n\,\mu_B$.

Das Experiment in Abb. 6.14 zeigt, dass dieses Salz durch ein externes Magnetfeld magnetisiert werden kann. Die gemessene Magnetisierungskurve kann durch die folgende Funktion sehr gut angenähert werden:

19 Nachahmenswerte Ausnahmen bilden beispielsweise die (von einem gänzlich anderen Standpunkt geschriebenen) Lehrbücher von F. Schwabl und M. Kardar [8; 9].

20 Die bei organischen Verbindungen vorherrschenden kovalenten Bindungen werden von Elektronenpaaren gebildet, deren magnetische Momente antiparallel und die daher unmagnetisch sind.

21 Im Allgemeinen enthält das atomare magnetische Moment μ_M sowohl Beiträge der Elektronenspins, als auch Beiträge des Bahnmagnetismus. Typisch sind sind Werte von $\mu_M = \zeta_M\ \mu_B$, wobei ζ_M wieder eine Zahl von der Größenordnung 1 ist. Die Form von μ_B lässt sich wieder durch Dimensionsanalyse bestimmen. Im Rahmen der Atomphysik ergibt sich $\mu_B \simeq e\hbar/2\hat{m}_{el}$.

!

$$\hat{m}(T, B_{\text{ext}}) := |\hat{\boldsymbol{m}}(T, B_{\text{ext}})| = \mu_{\text{B}} \cdot \tanh\left(\frac{\mu_{\text{B}} B_{\text{ext}}}{k_{\text{B}} T}\right), \tag{6.77}$$

wobei der Betrag des magnetischen Moments pro Teilchen $\hat{m} = |\boldsymbol{M}|/n$ in diesem Zusammenhang nicht mit der früheren Abschnitten aufgetretenen Masse pro Teilchen verwechselt werden sollte. Letztere bezeichnen wir in diesem Abschnitt mit $\hat{m}_{\text{el}}$ Die Magnetisierungskurven von Paramagneten mit größeren atomaren magnetischen Momenten $\mu_M > \mu_{\text{B}}$ sind dem Verlauf in Gl. 6.77 qualitativ ähnlich. Magnetische Systeme, bei denen die Wechselwirkungen zwischen den Spins vernachlässigt werden können, nennt man *ideale Paramagnete* (in Analogie zum idealen Gas).

Gleichung 6.77 stellt die *magnetische Zustandsgleichung* des Systems dar. Durch deren Ableitung nach B_{ext} erhalten wir mit der Abkürzung $X = \mu_{\text{B}} B_{\text{ext}}/k_{\text{B}} T$ die *magnetische Suszeptibilität*

$$\chi_{\text{m}}(T, B_{\text{ext}}) = \mu_0 \cdot \frac{\partial M(T, B_{\text{ext}})}{\partial B_{\text{ext}}} = n \cdot \frac{\mu_0 \mu_{\text{B}}^2}{k_{\text{B}} T} \frac{1}{\cosh^2 X}$$

$$\lim_{B_{\text{ext}} \to 0} \chi_{\text{m}}(T, B_{\text{ext}}) = n \cdot \underbrace{\frac{\mu_0 \mu_{\text{B}}^2}{k_{\text{B}} T}}_{\hat{\chi}_{\text{m}}} \propto \frac{1}{T} \quad \text{CURIE-Suszeptibilität}, \tag{6.78}$$

wobei wobei $\mu_0 = 1.256 \cdot 10^{-6}\,\text{V s/(A m)}$ die magnetische Feldkonstante und $\hat{\chi}_{\text{m}} = \chi_{\text{m}}/n$ die magnetische Suszeptibilität pro Teilchen ist.
Aus Gleichung 6.71 lesen wir die *kalorische Zustandsgleichung* des Systems ab:

$$\begin{aligned} \mathcal{U}(T, V, B_{\text{ext}}, N) &= E_{\text{gitter}}(T, V, N) - m(T, B_{\text{ext}}, N) B_{\text{ext}} \\ &= N \cdot \left[\hat{e}_{\text{gitter}}(T, \hat{v}) - \mu_{\text{B}} B_{\text{ext}} \cdot \tanh\left(\frac{\mu_{\text{B}} B_{\text{ext}}}{k_{\text{B}} T}\right)\right], \end{aligned} \tag{6.79}$$

wobei $N\hat{e}_{\text{gitter}}(T, \hat{v})$ den in Abschnitt 6.4 besprochenen von den magnetischen Größen unabhängigen Beitrag des Kristallgitters zur Energie des Festkörpers bezeichnet, in welchen die magnetischen Momente eingebaut sind.

Differenzieren wir die kalorische Zustandsgleichung nach T, so gewinnen wir die molare Wärmekapazität bei konstantem Magnetfeld (analog $\hat{c}_p$ beim idealen Gas):

$$\hat{c}_{v,B}(T, \hat{v}, B_{\text{ext}}) = \frac{1}{N} \frac{\partial \mathcal{U}(T, V, B_{\text{ext}}, N)}{\partial T} = \hat{c}_{v,\,\text{gitter}}(T, \hat{v}) + \frac{k_{\text{B}} X^2}{\cosh^2 X}. \tag{6.80}$$

Wie in Abb. 6.15 illustriert wird, weist die Wärmekapazität des Spinsystems einen charakteristischen, nichtmonotonen Verlauf auf, der unter dem Namen SCHOTTKY-Anomalie bekannt ist. Es ist bemerkenswert, dass wir die Wärmekapazität allein aus

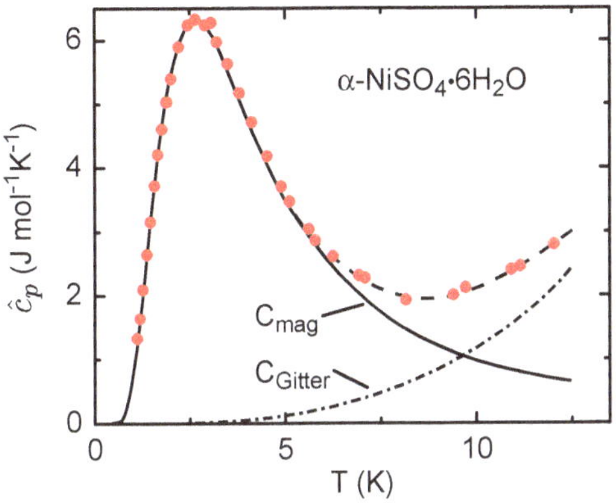

Abb. 6.15. Molare Wärmekapazität von Nickelsulfat als Funktion der Temperatur. Wegen der Umgebung der Ni-Atome im Kristallgitter zeigen die Spinzustände in diesem Beispiel auch ohne externes Magnetfeld eine Energie-Aufspaltung. Die durchgezogene Linie entspricht einer SCHOTTKY-Anomalie; die strichpunktierte Linie gibt den Gitterbeitrag und die gestrichelte Linie die Summe aus Spin- und Gitterbeitrag an [nach J. W. Stout, W. B. Hadley, J. Chem. Phys. **40**, 55 (1964)].

den für verschiedene Temperaturen experimentell bestimmten Magnetisierungskurven $m(T, B_{\text{ext}})$ gewinnen können.

Als nächstes nehmen wir die Bestimmung der molaren *freien Energie im Magnetfeld* $\hat{\mathcal{F}}$ in Angriff. Dies lässt sich auf verschiedenen Wegen bewerkstelligen. Wir schreiben das Differenzial

$$d\hat{\mathcal{F}} = -\hat{s}\,dT - p\,d\hat{v} - \hat{m}\,dB_{\text{ext}}$$

auf und berechnen $\hat{\mathcal{F}}$ durch Integration[22] von Gl. 6.77 bezüglich B_{ext}:

$$\hat{\mathcal{F}}(T, \hat{v}, B_{\text{ext}}) = \hat{f}_0(T, \hat{v}) - k_B T \cdot \ln\left[\cosh\left(\frac{\mu_B B_{\text{ext}}}{k_B T}\right)\right] .$$

Zur Bestimmung der Integrationskonstanten $\hat{f}_0(T, \hat{v})$ differenzieren wir nach T:

$$\hat{s}(T, \hat{v}, B_{\text{ext}}) = -\frac{\partial \hat{f}_0(T, \hat{v})}{\partial T} + k_B \ln\left[\cosh X\right] + k_B T\left(-\frac{X}{T}\right)\tanh X .$$

Im Grenzfall $T \to 0$ finden wir

$$\begin{aligned} \hat{s}(T = 0, \hat{v}, B_{\text{ext}}) &= k_B (\ln 2 + X) - k_B X - \frac{\partial \hat{f}_0(T, \hat{v})}{\partial T} \\ &= k_B \ln 2 + \hat{s}_0(T \to 0, \hat{v}) \stackrel{!}{=} 0 . \end{aligned}$$

Das letzte Gleichheitszeichen wird durch den dritten Hauptsatz gefordert. Somit erhalten wir für den vom Magnetfeld unabhängigen Anteil der molaren Entropie

$$\hat{s}_0(T, \hat{v}) = k_B \ln 2 + \hat{s}_{\text{gitter}}(T, \hat{v})$$

sowie

$$\hat{f}_0(T, \hat{v}) = \hat{f}_{\text{gitter}}(T, \hat{v}) - k_B T \ln 2 .$$

Fassen wir die Ergebnisse zusammen, so lautet die molare freie Energie eines Spin-1/2-Paramagneten im Magnetfeld:

22 Die Stammfunktion von $\tanh x$ lautet $\ln(\cosh x)$.

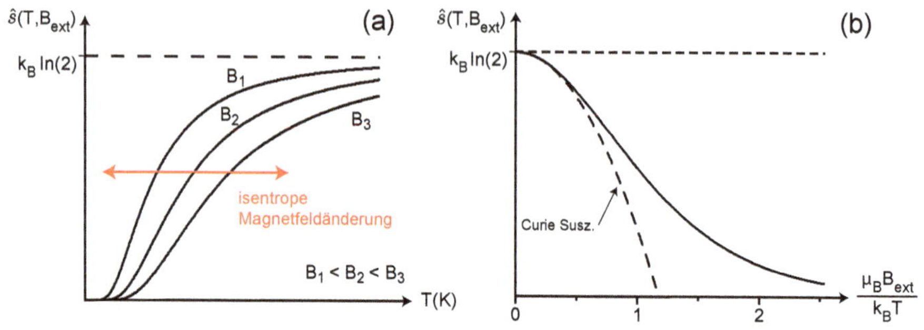

Abb. 6.16. Molare Entropie eines idealen Paramagneten mit Spin 1/2 a) als Funktion der Temperatur bei konstantem Magnetfeld. Roter Doppelpfeil: bei isentroper Prozessführung ist eine Erhöhung des Magnetfeldes mit einer Temperaturerhöhung verbunden (magnetokalorischer Effekt). Umgekehrt führt eine isentrope Verringerung des Magnetfeldes zur Abkühlung. b) Molare Entropie als Funktion des Magnetfeldes bei konstanter Temperatur. Die Fähigkeit des Paramagneten, Entropie zu speichern, nimmt mit zunehmendem Magnetfeld sehr stark ab, weil die Spins mehr und mehr ausgerichtet werden. Gestrichelt ist der in Aufgabe 6.7 berechnete quadratische Verlauf angegeben, der aus dem CURIE-Gesetz für $B_{ext} \to 0$ folgt. Danach wird $\hat{s}$ bei höheren Magnetfeldern negativ, was anzeigt, dass das CURIE-Gesetz mit dem 3. Hauptsatz unvereinbar ist.

!

$$\hat{\mathcal{F}} = \hat{f}_{gitter}(T,\hat{v}) - k_B T \cdot \ln\left[2\cosh\left(\frac{\mu_B B_{ext}}{k_B T}\right)\right] . \tag{6.81}$$

Für die molare Entropie finden wir entsprechend:

$$\hat{s}(T,\hat{v},B_{ext}) = \hat{s}_{gitter}(T,\hat{v}) + k_B\Big[\ln 2 + \ln(\cosh X) - X\tanh X\Big] . \tag{6.82}$$

Wird der Paramagnet bei festem Magnetfeld aufgeheizt, so steigt die Entropie vom Ausgangswert $S = 0$ monoton an, bis sie bei Temperaturen $k_B T \gg \mu_B B_{ext}$ den Wert $S = Nk_B \ln 2$ erreicht (Abb. 6.16a). Dieser Grenzfall liegt auch im Nullfeld vor – zum Beispiel im Falle der einwertigen Metalle in Abb. 6.3. Einwertige Metalle haben ebenfalls ein ungepaartes Elektron, und dessen Spin ist dafür verantwortlich, dass die Entropie pro Teilchen für diese Gase um den Wert $k_B \ln 2$ gegenüber den zweiwertigen Metallen und den Edelgasen erhöht ist.[23]

Noch interessanter ist die Abhängigkeit der Entropie vom Magnetfeld. Abbildung. 6.16b demonstriert, dass S bei fester Temperatur und steigendem Magnetfeld von dem Wert $Nk_B \ln 2$ aus monoton abfällt und in dem Maß verschwindet, in dem die Spins durch das Magnetfeld ausgerichtet werden. Bei vollständiger Ausrichtung im Grenzfall $B_{ext} \to \infty$ liegt schließlich $S = 0$ vor. Gleichzeitig sinkt die Energie im Magnetfeld auf den Wert $\mathcal{U} = -N\mu_B B_{ext}$ ab. Da die bei der Ausrichtung frei werdenden Entropie- und

23 Im Fall von ^{3}He ist der Kernspin für die Erhöhung verantwortlich.

Energiebeträge nicht verschwinden können, müssen diese über einen thermischen Kontakt an die Umgebung abgeführt werden. Bei adiabatischer Prozessführung (roter Doppelpfeil in Abb. 6.16a) nimmt die Temperatur des Spinsystems bei konstantem magnetischen Moment zu. Dieses Phänomen nennt man den *magnetokalorischen Effekt.* Weil $\hat{s}$ und $\hat{m}$ beide nur vom Verhältnis B_{ext}/T abhängen, ist für konstantes $\hat{s}(B_{\text{ext}}/T)$ auch B_{ext}/T und damit $\hat{m}(B_{\text{ext}}/T)$ konstant, und es müssen B_{ext} und T proportional sein.

Wird das Spinsystem umgekehrt bei fester Temperatur von einem hohen Magnetfeld mit starker Ausrichtung der Spins zu kleinen Magnetfeldern mit schwächerer Ausrichtung hin „entmagnetisiert", so müssen dafür Energie und Entropie aus einem Wärmereservoir zugeführt werden.[24] Ist dies nicht möglich, weil die Entmagnetisierung unter thermischer Isolation des Spinsystems stattfindet, so muss das Spinsystem *abkühlen*! Dies ist das Prinzip der magnetischen Kühlung durch *adiabatische Entmagnetisierung*, durch die der ideale Paramagnet als Arbeitssystem für Kühlprozesse einsetzbar ist. Dieses Verfahren ist eine der leistungsfähigsten Methoden zur Erzeugung *ultratiefer* Temperaturen. Die erreichbaren Temperaturen sind nach unten nur durch die Idealität des verwendeten paramagnetischen Materials, das heißt durch die Stärke der Wechselwirkung zwischen den Spins, und natürlich durch die Güte der thermischen Isolation beschränkt. Mit Elektronenspins in paramagnetischen Salzen lassen sich Temperaturwerte von einigen mK erreichen, mit den wesentlich schwächer wechselwirkenden Kernspins, beispielsweise in Kupfer, wurden bisher Spin-Temperaturen von einigen 100 pK (Pikokelvin!) demonstriert.[25]

Die Effizienz des Paramagneten als Arbeitsmedium, das heißt die Stärke des magnetokalorischen Effekts, wird durch die (neben $\hat{c}_{vB}$ und $\hat{\chi}_m$) dritte Suszeptibilität des Systems, nämlich

$$\begin{aligned}\hat{\zeta}_{MK}(T,B_{\text{ext}}) &= \frac{\partial \hat{s}(T,B_{\text{ext}})}{\partial B_{\text{ext}}} = \frac{\partial \hat{m}_z(T,B_{\text{ext}})}{\partial T} = \mu_{\text{B}}\frac{\partial \tanh X}{\partial T} \\ &= -\frac{\mu_{\text{B}}^2 B_{\text{ext}}}{k_{\text{B}}T^2}\frac{1}{\cosh^2 X} = -\frac{\hat{c}_{vB}(T,B_{\text{ext}})}{B_{\text{ext}}} < 0 \qquad (6.83)\end{aligned}$$

charakterisiert. Wegen des im Vergleich zu dem Gitterbeitrag hohen Wert $\hat{c}_B(T) \simeq 0.44\,k_{\text{B}}$ der molaren Wärmekapazität des Spin-Systems am Maximum der SCHOTTKY-Anomalie nimmt der magnetokalorische Effekt $\hat{\zeta}_{MK}$ bei kleinen (effektiven) Magnetfeldern und tiefen Temperaturen hin gemäß $\propto 1/T^2$ zu.

---

24 Weil die Magnetisierung genau wie die Entropie konstant bleibt, ist die für die adiabatische Reduktion des Magnetfelds übliche Bezeichnung „adiabatische Entmagnetisierung" etwas irreführend.

25 So tiefe Temperaturen sind nur erreichbar, wenn das Spin- und das Gittersystem thermisch entkoppelt sind und das Gitter viel wärmer als das Spinsystem ist. Dies erfordert eine sehr große Spin-Gitter-Relaxationszeit. In Systemen mit kurzer Spin-Gitter-Relaxationszeit, wie zum Beispiel beim metallischen Silber, bleiben die Spins und das Gitter im thermischen Gleichgewicht und es wurden mit Hilfe der Kernspin-Entmagnetisierung Werte der Gittertemperaturen um 2 μK erreicht.

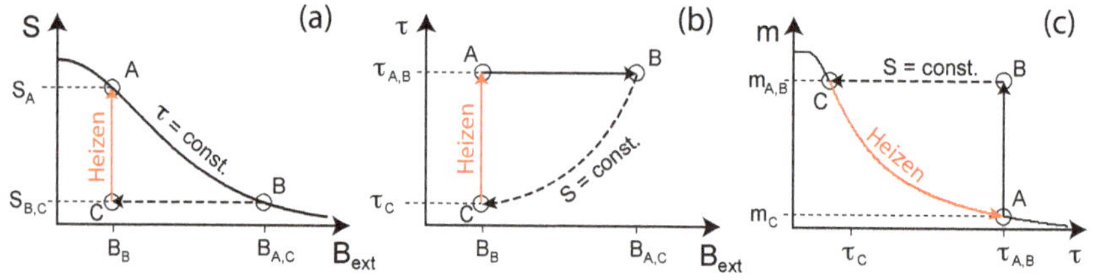

Abb. 6.17. Kreisprozess zur Messung der absoluten Temperatur (a) im S, B_{ext}-Diagramm, (b) im τ, B_{ext}-Diagramm, und c) in m, τ-Diagramm: eine paramagnetische Thermometersubstanz wird von einem Anfangszustand A mit der empirischen Temperatur τ_A zunächst bei konstanter Temperatur aufmagnetisiert. Sodann wird sie isentrop von B_B auf das Anfangsfeld $B_A = B_C$ im Zustand C entmagnetisiert. Der dritte Schritt führt durch Heizen bei konstantem Magnetfeld B_C zurück zum Anfangszustand A mit der Temperatur τ_A.

6.5.4 Magnetische Thermometrie

Paramagnetische Festkörper lassen sich auch als Thermometer nutzen, weil die inverse magnetische Suszeptibilität bei hohen Temperaturen wie beim idealen Gas proportional zur absoluten Temperatur ist:

$$\tau_m = \frac{VB_{ext}}{\mu_0 \cdot m} = \frac{1}{\chi_m(T)} = \frac{T}{A} . \tag{6.84}$$

Die *magnetische Temperatur* τ_m ist mit der absoluten Temperatur T über die CURIE-Konstante A verknüpft. Die CURIE-Konstante ist im Gegensatz zur Gaskonstante R im idealen Gasgesetz nicht universell, sondern von der chemischen Natur des Paramagneten abhängt. Daher erfordert die Temperaturmessung mit einem paramagnetischen Thermometer stets eine Bestimmung seiner CURIE-Konstanten mit einem anderen Thermometer, zum Beispiel mit einem Gasthermometer.

Paramagnetische Festkörper sind für die Thermometrie von besonderem Wert, weil sie sich auch bei extrem tiefen Temperaturen verwenden lassen, bei denen Gase längst kondensiert sind. Jedoch entsteht dabei dasselbe Problem, wie bei den Gasthermometer – in Abwesenheit einer unabhängigen Bestimmung der absoluten Temperatur lässt sich nicht sagen, ab welcher Temperatur Wechselwirkungen zwischen den Spins möglicherweise zu einer Abweichung der magnetischen Zustandsgleichung von der CURIE-Form in Gl. 6.84 führen und die Temperaturmessung verfälschen.

Die Messung der absoluten Temperatur läuft wie in Abschnitt 5.3 darauf hinaus, die über den thermischen Kanal zugeführten Energie- und Entropiemengen mit Hilfe einer geeigneten MAXWELL-Relation separat zu bestimmen. Wir benutzen die Entropie und das externe Magnetfeld als unabhängige Variablen. Nach Abschnitt 6.5.1 ist die Energie im Magnetfeld $\mathcal{U}(S, B_{ext})$, die auch als die *magnetische Enthalpie* bezeichnet wird, das für diesen Variablensatz zuständige thermodynamische Potenzial.

Analog zu Abschnitt 5.3 halten wir N konstant und gehen von der MAXWELL-Relation

$$\frac{\partial T(S, B_{ext})}{\partial B_{ext}} = \frac{\partial \mathcal{U}(S, B_{ext})}{\partial B_{ext}\,\partial S} = \frac{\partial \mathcal{U}(S, B_{ext})}{\partial S\,\partial B_{ext}} = -\frac{\partial m(S, B_{ext})}{\partial S} \tag{6.85}$$

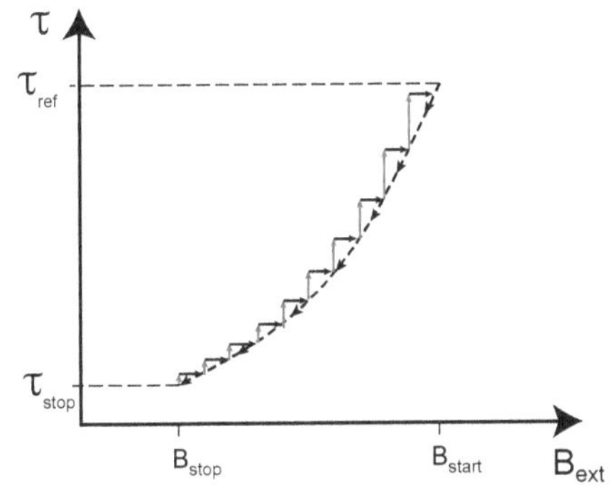

Abb. 6.18. Folge von infinitesimalen Magnetisierungs-Entmagnetisierungs-Zyklen, mit denen die Temperatur sukzessive erniedrigt, und dabei jeweils die Änderung der absoluten Temperatur bestimmt wird.

aus. Wir betrachten den in Abb. 6.17 skizzierten Kreisprozess, dessen erster Schritt AB eine isotherme Magnetisierung $B_\mathrm{A} \to B_\mathrm{B}$ ist, bei der Entropie aus dem magnetischen System an die Umgebung abgegeben wird. Im zweiten Prozessschritt BC wird das Magnetfeld bei thermischer Isolation des Festkörpers von B_B auf $B_\mathrm{C} = B_\mathrm{A}$ durch adiabatische Entmagnetisierung[26] reduziert, wodurch die Temperatur von der Anfangstemperatur $\tau_\mathrm{A} = \tau_\mathrm{B}$ auf τ_C abnimmt. Im dritten Schritt wird die weiterhin thermisch isolierte Probe bei konstantem Magnetfeld B_C mittels eines elektrischen Heizers erwärmt und die dafür nötige Energiemenge bestimmt.

Damit können wir Gl. 5.12 für genügend kleine Zustandsänderungen auch in der Form

$$\frac{dT(\tau)}{d\tau} \cdot \left.\frac{\tau_\mathrm{C} - \tau_\mathrm{B}}{B_\mathrm{C} - B_\mathrm{B}}\right|_{S=\mathrm{const.}} = -\left.\frac{m_\mathrm{A} - m_\mathrm{C}}{S_\mathrm{A} - S_\mathrm{C}}\right|_{B_\mathrm{ext}=\mathrm{const.}} \tag{6.86}$$

darstellen. Die Entropieänderung im letzten Prozessschritt können wir wegen $B_\mathrm{ext} = \mathrm{const.}$ gemäß $S_\mathrm{A} - S_\mathrm{C} = (\mathcal{U}_\mathrm{A} - \mathcal{U}_\mathrm{C})/T = \Delta E_\mathrm{heiz}/T$ bestimmen. Die Messung einer Änderung von m lässt sich beispielsweise dadurch realisieren, dass man die paramagnetische Probe in einer Spule platziert und die bei der Änderung des magnetischen Flusses Φ in der Spule auftretende Induktionsspannung $U_\mathrm{ind}(t) = -\dot{\Phi}$ über die Zeit integriert. Durch die Integration der Werte von $dT(\tau)/d\tau$ (Gl. 6.86) über viele Magnetisierungs-

26 Das für die magnetische Kühlung traditionell verwendete Wort „Entmagnetisierung“ erscheint in diesem Zusammenhang eigentlich unpassend, weil die Magnetisierung bei perfekter thermischer Isolation des *Spinsystems* trotz der Reduktion des Magnetfelds bei diesem Schritt konstant bleibt. Sinnvoll wird diese Sprechweise, wenn zusätzlich zum Spin-System das *Phononensystem* des die magnetischen Momente beinhaltenden Festkörpers in die Betrachtung eingeschlossen wird. Die Kühlung des Phononensystems durch das Spinsystem und die damit verbundene Entropiezufuhr in das Spinsystem, reduziert dessen magnetisches Moment, so dass bei der Reduktion des Magnetfelds nicht nur die Temperatur, sondern auch das magnetische Moment abnimmt. Bezüglich des Gesamtsystems 'Festkörper = Spin- + Phononensystem' kann damit von einer 'adiabatischen Entmagnetisierung' gesprochen werden, obwohl die Entropie des Spin-Systems dabei zunimmt und dieses also nicht adiabatisch isoliert ist.

Entmagnetisierungszyklen erhalten wir wieder :

$$T(\tau) = T_{\text{ref}} \cdot \exp\left\{ \int_{\tau_{\text{ref}}}^{\tau} \left(\frac{B_{\text{C}} - B_{\text{B}}}{\tau_{\text{C}} - \tau_{\text{B}}} \right) \cdot \left(\frac{m_{\text{A}} - m_{\text{C}}}{\Delta E_{\text{heiz}}} \right) d\tau' \right\} . \tag{6.87}$$

Die absolute Temperatur des Referenzzustandes bei höheren Temperaturen muss mit einem Gasthermometer oder einem anderen Primärthermometer bestimmt werden, bevor die zyklische Messung durch schrittweises Entmagnetisieren in den neuen Bereich zu tiefen Temperaturen hin ausgedehnt wird. Dies ist in Abb. 6.18 skizziert.

Es zeigt sich, dass eine Messung der absoluten Temperatur wesentlich aufwendiger ist als die magnetische Kühlung, weil für die Kühlung lediglich eine einzelne adiabatische Entmagnetisierung erforderlich ist. Jedes Mal, wenn mit einem neuen Kühlmittel in einen neuen, bisher unerforschten Temperaturbereich vorgedrungen wird, muss erst einmal das Kühlmittel selbst gründlich untersucht werden. Wenn das magnetische Thermometer mit den oben beschriebenen Verfahren kalibriert ist, dann liefert eine Messung der empirischen Temperatur zuverlässig auch die entsprechenden absoluten Temperaturen. Auf diese Weise ist es gelungen mit paramagnetischen Salzen zunächst in den Milli-Kelvin-Bereich und später mit Kernspin-Paramagneten wie Kupfer und Silber auch in den Mikro-, Nano- und Piko-Kelvin-Bereich vorzustoßen.

Übungsaufgaben

6.1. Energie des idealen Gases

Wir betrachten die Energie eines idealen Gases mit konstanter Wärmekapazität als Funktion der extensiven Variablen, $E = E(S, V, N)$:

$$E(S, V, N) = E_b + \varkappa NRT_b \left\{ \left(\frac{V_b}{V} \right)^{1/\varkappa} \exp\left(\frac{S - S_b}{\varkappa NR} \right) - 1 \right\} ,$$

wobei E_b, S_b, und V_b die Werte von E, S, und V in einem frei wählbaren Bezugszustand sind (Gl. 6.26).

a) Berechnen Sie die partiellen Ableitungen nach S, V und N. Zeigen Sie, dass die Ableitung nach S die Adiabatengleichung (Gl. 3.29) liefert, während deren Kombination mit der Ableitung nach V auf das ideale Gasgesetz (Gl. 3.3) führt.

b) Betrachten Sie nun E als Funktion der Variablen (T, V, N):

$$E(T, V, N) = \varkappa NR(T - T_b).$$

Berechnen Sie die Ableitungen

$$\frac{\partial E(T, V, N)}{\partial T}, \quad \frac{\partial E(T, V, N)}{\partial V}, \text{und} \quad \frac{\partial E(T, V, N)}{\partial N},$$

und vergleichen Sie

$$\frac{\partial E(T, V, N)}{\partial V} \text{ mit } \frac{\partial E(S, V, N)}{\partial V}, \text{ und } \frac{\partial E(T, V, N)}{\partial N} \text{ mit } \frac{\partial E(S, V, N)}{\partial N}.$$

Erklären Sie die Unterschiede.

6.2. Enthalpie des idealen Gases

a) Berechnen Sie die *Enthalpie* $H = E + pV$ eines idealen Gases mit konstanter Wärmekapazität als Funktion von $\{T, p, N\}$ und $\{S, p, N\}$.

b) Leiten Sie die Adiabaten-Gleichung (Gl. 3.30) her, indem Sie $H(S, p, N)$ nach p differenzieren.

6.3. Dimensionsanalyse der Systemkonstanten a_{photon}

Die Tatsache, dass die Lichtgeschwindigkeit die einzige Systemkonstante des Photonengases ist, lässt vermuten, dass der Wert von a_{photon} in Gl. 6.35 ansonsten allein durch Maßsystemkonstanten bestimmt wird. Daher liegt es nahe, a_{photon} durch einen Potenzansatz der Gestalt

$$a_{\text{photon}} = \zeta_a \cdot c^{\alpha} \cdot k_{\text{B}}^{\beta} \cdot \hbar^{\gamma} \cdot \tau_N^{\delta}$$

darzustellen. Dabei ist τ_N das elementare Mengenquantum (Gl. 3.2) und ζ eine dimensionslose Zahl, die auf diese Weise natürlich nicht bestimmt werden kann.

Bestimmen Sie die Exponenten $\alpha, \beta, \gamma, \delta$ und ϵ so, dass die *Dimension* der rechten Seite mit der bekannten Dimension von a_{photon}, nämlich $\dim a_{\text{photon}} = \text{J}/(\text{K}^4\text{m}^3)$ übereinstimmt.

6.4. Sonne und Erde

Die Energiestromdichte der thermischen Strahlung an der Oberfläche eines schwarzen Körpers beträgt

$$|\boldsymbol{j}_E| = \mathcal{S} \cdot T^4 ,$$

wobei $\mathcal{S} = 5.67 \cdot 10^{-8}\ \text{W}/(\text{K}^4\text{m}^2)$ die Stefan-Boltzmann-Konstante ist. Die in Erdnähe gemessene Energiestromdichte $1370\ \text{W/m}^2$ wird Solarkonstante genannt, wobei der Abstand zwischen Sonne und Erde $R \simeq 150 \cdot 10^6$ km beträgt.

a) Berechnen mit Hilfe des Sonnenradius $R_S \simeq 7.0 \cdot 10^8$ m die von der Sonne emittierte Strahlungsleistung (die Luminosität) sowie die Oberflächentemperatur der Sonne.

b) Berechnen Sie (zunächst unter der Annahme perfekter Absorption) die von der Erde (Radius $R_E = 6370$ km) absorbierte Strahlungsleistung.

c) Die Erde absorbiert nicht nur, sondern emittiert auch Strahlung – berechnen Sie die Oberflächentemperatur T_E der Erde, die erforderlich ist, um den einfallenden Energiestrom durch Abstrahlung ins Weltall zu kompensieren, und so einen stationären Wert von T_E zu ermöglichen.

d) Wie ändert sich der Wert von T_E, wenn die Erde (hauptsächlich aufgrund von Wolken und Eisflächen) 30 % der einfallenden Strahlungsleistung reflektiert.

6.5. Elektronen in Metallen

Seit Drudes Theorie der elektrischen Leitfähigkeit von Metallen ist es üblich, die Leitungselektronen in Metallen als ideales Gas anzusehen.

a) Berechnen Sie die chemische Konstante eines Gases aus freien Elektronen und bestimmen Sie die Dichte, bei der die Entartungsbedingung Gl. 6.12 bei Zimmertemperatur verletzt wird, ein solches Gas also nicht mehr als „klassisch" angesehen werden kann.

b) Vergleichen Sie mit den typischen Dichten der Leitungselektronen in Metallen ($n \simeq 10^{22}$ Teilchen/cm^3) und Halbleitern ($n \simeq 10^{15}$ Teilchen/cm^3). Bilden die Leitungselektronen ein ideales Gas im „klassischen" Sinne?

6.6. Metalle bei sehr tiefen Temperaturen

Im Unterschied zu Isolatoren zeigen Messungen der Wärmekapazität $C_v(T)$ von Metallen einen zusätzlichen Beitrag von der Form

$$C_v(T, V, N) = B(V, N) \cdot T ,$$

wobei $B(V, N)$ wieder eine zunächst unbekannte Funktion von V und N ist. Dieser Beitrag rührt von den Leitungselektronen des Metalls her, die nach der vorangehenden Aufgabe kein klassisches Gas bilden können.

a) Zeigen Sie, dass $B(V, N)$ eine charakteristische Temperatur T_{F} des Systems der Leitungselektronen enthält.

b) Bestimmen Sie Abhängigkeit von T_{F} von der Elektronendichte n_{el} und der Masse pro Elektron, $\hat{m}_{\mathrm{el}}$, durch Dimensionsanalyse.

c) Berechnen Sie die charakteristische Temperatur T_{F} (bis auf einen Zahlfaktor) mit Hilfe der für metallisches Aluminium im hinteren Einband angegebenen Daten. Benutzen Sie bei der Bestimmung der Elektronendichte, dass Aluminium dreiwertig ist, sowie den angegebenen Wert von $\gamma' = B/N$.

d) Vergleichen Sie diesen Zahlenwert von T_{F} mit der Abschätzung $T_c(n_{\mathrm{el}}, \hat{m}_{\mathrm{el}})$ für die Entartungstemperatur eines Elektronengases mit der im Aluminium vorliegenden Dichte.

6.7. Magnetische Kühlung I

Hier wollen wir auf phänomenologischer Basis die Grundlagen der magnetischen Kühlung erarbeiten. Bekanntlich gilt für die magnetische Suszeptibilität χ von paramagnetischen Salzen experimentell (im Grenzfall $H \to 0$) das CURIE-Gesetz

$$\chi = \frac{\partial M(T, H)}{\partial H} = \frac{A}{T} \tag{6.88}$$

wobei M die Magnetisierung, $B_{\mathrm{ext}} = \mu_0 H$ das extern angelegte Magnetfeld, welches von äußeren Quellen *ohne* Anwesenheit magnetischer Substanzen erzeugt würde, T die Temperatur und A die CURIE-Konstante ist.

a) Bestimmen Sie die Magnetisierung durch Integration von Gleichung (6.88). Beachten Sie dabei die Integrationskonstante. Von welcher Variable kann diese noch abhängen? Warum muss die für den Grenzfall $H \to \infty$ resultierende thermische Zustandsgleichung $M(T, H)$ im entgegengesetzten Grenzfall $H \to \infty$ falsch werden?

b) Finden Sie die MAXWELL-Relation für $\partial M(T, H)/\partial T$ und bestimmen Sie darüber die Entropie $S(T, H)$ als Funktion von T und H.
Hinweis: Dieses Problem ist vollkommen analog zu jenem des gestreckten Stahldrahtes in Aufgabe 5.6.

c) Skizzieren Sie das in b) erhaltene Resultat für zwei verschiedene Temperaturen T_1 und $T_2 < T_1$ in einem S-H-Diagramm. Nehmen Sie dabei an, dass $S(T, B_{ext} = 0)$ unabhängig von T ist. Begründen Sie, wieso es möglich ist, den Paramagneten durch *Verringern* des Magnetfeldes abzukühlen. Für welche Temperaturbereiche ist das Verfahren effektiv?

7 Zusammengesetzte Systeme und Gleichgewichte

Die Leistungsfähigkeit der Thermodynamik zeigt sich vor allem in der Beschreibung heterogener Systeme, die aus mehreren Teilsystemen oder Stoffen zusammengesetzt sind. Wir beschreiben erst die Verfahren der *System-Zerlegung* und *System-Zusammensetzung* mit einigen Beispielen. Wird dabei der freie Austausch bestimmter physikalischer Größen zwischen den Teilsystemen zugelassen, so stellen sich in der Regel *Gleichgewichte* zwischen den Teilsystemen ein. Die Existenz solcher Gleichgewichte ist an bestimmte Eigenschaften der MASSIEU-GIBBS-Funktionen – die *Stabilitätsbedingungen* – geknüpft. Die Gleichgewichtsbedingungen lassen sich als Extremalprinzipien für die thermodynamischen Potenziale des zusammengesetzten Systems formulieren. Anschließend besprechen wir eine Reihe wichtiger Anwendungen des Gleichgewichtsbegriffs.

Die Entwicklung von Methoden zur Zerlegung von „makroskopischen" Systemen in „mikroskopische" Teilsysteme ist das Ziel des zweiten Bandes dieser Darstellung. Diese Methoden bilden eine Brücke zwischen der Makro- und der Mikrophysik und erlauben die Ableitung der MASSIEU-GIBBS-Funktionen makroskopischer Systeme im Rahmen von *Modell-Vorstellungen* und damit deren tiefer gehendes Verständnis sowie die Vorhersage neuer Phänomene. Wie wir im zweiten Band im Einzelnen sehen werden, unterscheidet der hier vertretene thermodynamische System-Begriff *nicht* zwischen Makro- und Mikro-Systemen und erlaubt daher eine Beschreibung beider Arten von Systemen auf einer einheitlichen Grundlage.

7.1 Was ist eigentlich ein System?

Bisher haben wir uns weitgehend auf die einfachst-möglichen physikalischen Systeme, wie die in den Kapiteln 1–3 dargestellten „archetypischen" Systeme, beschränkt, um die Darstellung des thermodynamischen Beschreibungsverfahrens so transparent wie möglich zu gestalten. In diesem und den folgenden Abschnitten wollen wir mit Hilfe dieser Bausteine komplexere Systeme aufbauen. Dabei spielt der Begriff des *Gleichgewichts* zwischen den Teilsystemen eines zusammengesetzten Systems eine zentrale Rolle. Wie wir bereits in Abschnitt 2.6 gesehen haben, zeichnen sich die Gleichgewichtszustände eines zusammengesetzten Systems dadurch aus, dass keine Ausgleichsprozesse stattfinden und alle physikalischen Größen der beteiligten Teilsysteme zeitlich konstant sind.

Bevor wir darauf im Einzelnen eingehen, wollen wir aber noch versuchen, die Bedeutung des Worts „System" zu präzisieren. In Abschnitt 1.2 haben wir bereits festgestellt, dass ein physikalisches System (im Gegensatz zu dem in der Physik üblichen Alltags-Jargon[1]) eine Abstraktion unserer Erfahrung, aber keinen spezifischen Gegen-

1 Wenn keine Missverständnisse möglich sind, benützen wir diesen Jargon auch in diesem Buch, da er eine kompakte Ausdrucksweise ermöglicht.

https://doi.org/10.1515/9783110560220-247

stand, wie etwa ein Stück Kupfer, darstellt. Es ist üblich sich ein System in einem *Raumbereich* lokalisiert vorzustellen, der mit seiner Umgebung gewisse physikalische Größen austauschen kann. Dadurch ist eine Unterscheidung von *abgeschlossenen*,[2] *geschlossenen*[3] oder *offenen*[4] Systemen möglich. Diese ist jedoch weniger dazu geeignet ein konkretes System zu charakterisieren, als vielmehr dafür, die unter bestimmten Prozess-Bedingungen möglichen Austausch-Prozesse zu benennen.

Ein System im Sinne der Thermodynamik ist durch die Zahl und Art seiner physikalischen Größen sowie die funktionalen Abhängigkeiten zwischen deren Werten gekennzeichnet. Eine allgemeine Definition des Begriffs „System“, welche auch im Bereich der Quantenphysik noch tragfähig ist, lässt sich folgendermaßen formulieren:

! Ein physikalisches *System* ist eine *Menge von Zuständen*, von denen jeder durch gewisse Wertekombinationen aller physikalischen Größen des Systems festgelegt wird.

Derart definierte Systeme erlauben die üblichen Operationen der Mengenlehre, insbesondere die Bildung von Teilmengen und Vereinigungsmengen. Wenn sich die Teilmengen und Vereinigungsmengen wiederum durch eine MASSIEU-GIBBS-Funktion charakterisieren lassen, repräsentieren diese Mengen-Operationen die Verfahren der System-Zerlegung und der System-Zusammensetzung, die wir im nächsten Abschnitt genauer untersuchen werden.

Die einem bestimmten System mit r Freiheitsgraden entsprechende Zustandsmenge ist durch die Angabe einer MASSIEU-GIBBS-Funktion Ξ als Funktion der unabhängigen Variablen $\{Y_1, \ldots, Y_r\}$ vollständig charakterisiert. Mathematisch entspricht diese Zustandsmenge der durch $\Xi(Y_1, \ldots, Y_r)$ definierte r-dimensionale Hyperfläche im Raum $\mathbb{R}^{r+1}$ im Raum der Größen $\{\Xi, Y_1, \ldots, Y_r\}$. Durch Differenzieren von $\Xi(Y_1, \ldots, Y_r)$ lassen sich die Werte der zu den $\{Y_1, \ldots, Y_r\}$ thermodynamisch konjugierten Größen berechnen – die Funktion $\Xi(Y_1, \ldots, Y_r)$ legt also zusammen mit der Vorgabe von Zahlenwerten für $\{Y_1, \ldots, Y_r\}$ die Werte aller anderen Größen fest und definiert damit einen Zustand im Sinne der in Abschnitt 1.2 postulierten Fundamentalrelation zwischen den Begriffen *System*, *Zustand*, *Größe* und *Wert*. Der Übergang auf einen anderen Variablensatz mit Hilfe einer LEGENDRE-Transformation erzeugt eine andere MASSIEU-GIBBS-Funktion mit einer andere Hyperfläche, lässt aber das System, das heißt, die möglichen Kombinationen der Zahlenwerte der physikalischen Größen in den möglichen Zuständen des Systems, unverändert.

Das abstrakte System *festes Kupfer* umfasst alle denkbaren Kupferstücke, die durch drei unabhängige Variablen und die zugehörige MASSIEU-GIBBS-Funktion (zum Beispiel

---

2 Systeme, die weder Energie, noch Teilchen mit der Umgebung austauschen.

3 Systeme, die Energie, aber keine Teilchen mit der Umgebung austauschen.

4 Systeme, die Energie und Teilchen mit der Umgebung austauschen – Systeme, die Impuls oder Drehimpuls mit der Umgebung austauschen, verdienen offenbar keinen eigenen Namen…

$\{T, p, N\}$ und $G(T, p, N)$) vollständig beschrieben werden. Ein bestimmter Kupferstab stellt dagegen nur eine zweidimensionale, durch $\{T, p\}$ parametrierte Teilmenge des Systems *festes Kupfer* dar, in der die Variable N auf einen bestimmten Wert festgelegt ist.[5] Diese Teilmenge ist in der Regel kein System mehr, weil die Funktion $G(T, p)$ das Homogenitätsprinzip verletzt.

In der Praxis werden Prozesse oft dadurch realisiert, dass ein Kontakt mit einem oder mehreren anderen System hergestellt wird, das mit dem ersten nicht im Gleichgewicht steht (Abschnitt 1.7). Dieser Kontakt führt zu einer Zeitentwicklung, die in der Regel zur Einstellung eines Gleichgewichts-Zustandes zwischen den beteiligten Systemen führt, in dem die (Mittel)-Werte der physikalischen Größen wieder zeitunabhängig sind, sich aber von denen des Anfangszustands unterscheiden.[6] Auch im Experiment erfolgt die Festlegung von Zuständen eines Systems oft durch die Einstellung eines Gleichgewichts mit einem anderen System, zum Beispiel mit einem Reservoir.

Als einfachstes Beispiel für ein zusammengesetztes System betrachten wir zwei Stücke Kupfer, die über eine wärmeleitfähige Verbindung in thermischem Kontakt stehen, deren Wärmeleitfähigkeit viel kleiner als die der Kupferstücke ist. Dann ist die Temperatur der Kupferstücke in guter Näherung räumlich konstant, und die Kupferstücke können als Teilsysteme eines zusammengesetzten Systems mit 6 Freiheitsgraden und mit unterschiedlichen Werten der Temperatur aufgefasst werden. Die Zustände des Gesamtsystems und der beiden Teilsysteme sind durch die beiden Zahlentripel $\{T_{1,2}, V_{1,2}, N_{1,2}\}$ festgelegt. Das aus beiden Teilsystemen zusammengesetzte System befindet sich in einem Nichtgleichgewichts-Zustand, der in der Regel eine endliche Lebensdauer aufweist. Ist der Wärmeleitwert der Verbindung hinreichend niedrig, so kann die Lebensdauer des Nichtgleichgewichtszustands sehr lang werden.

Allgemeiner lässt sich ein Stück Kupfer in beliebige Teilstücke zerlegt denken, bei denen die Werte der physikalischen Größen im Prinzip unabhängig voneinander zu variieren sind. Wir betonen noch einmal, dass ein Gegenstand wie ein Kupferstück in der Regel kein thermodynamisches System ist, weil *derselbe Kupferstab* für $T(x) = \text{const.}$ als Teilmenge eines Systems, für $T(x) \neq \text{const.}$ dagegen nur als zusammengesetztes System aufgefasst werden kann, das aus vielen Teilsystemen mit verschiedenen

5 Wie wir in Kapitel 9 sehen werden, ist diese Aussage nur im zeitlichen Mittel korrekt, weil das System *festes Kupfer* mit dem System *Kupferdampf* im Sublimationsgleichgewicht steht und damit ständig Kupferatome mit seiner Umgebung austauscht.Das bedeutet, dass der Zustand des Systems *festes Kupfer* nur durch den statistischen Mittelwert $\langle N \rangle$ von N und nicht durch scharfe Werte von N festgelegt werden kann. Die quantitative Behandlung solcher Schwankungsphänomene ist Gegenstand des zweiten Bandes.

6 Im einfachsten Fall erfolgt die Einstellung des Gleichgewichts durch einen Relaxationsprozess, bei dem sich die intensiven Größen der Teilsysteme exponentiell angleichen. Bei einer komplexeren Dynamik des zusammengesetzten Systems kann die Einstellung des Gleichgewichts auch mit anderen Zeitabhängigkeiten verbunden sein. Experimente, welche die Erforschung der inneren Dynamik eines zusammengesetzten Systems zum Ziel haben, sind stets mit der Störung eines inneren Gleichgewichts verbunden.

Werten von T besteht. Die Feinheit der Unterteilung entspricht der Genauigkeit, mit der Nichtgleichgewichtszustände beschrieben werden können. Solche Klassen von Nichtgleichgewichtszuständen sind Gegenstand von Kapitel 8.

Im Vorgriff auf den zweiten Band möchte ich bemerken, dass auch Einteilchen-Quantensysteme wie der harmonische Oszillator oder das Wasserstoff-Atom thermodynamische Systeme im Sinne der obigen Definition sind. Die Zustände dieser Systeme sind durch die Gesamtheit der Eigenfunktionen der diese Systeme repräsentierenden HAMILTON-Operatoren darstellbar. Wie wir in Kapitel II-3 sehen werden, sind für die Thermodynamik in der Regel nur die Teilmenge der Zustände relevant, in denen die *Mittel*werte von Ort und Impuls konstant gleich Null sind, wohingegen die Energie, Entropie und Temperatur variieren – unter diesen Umständen handelt es sich also um Systeme von Typ *heißer Körper*.[7]

Gerade bei Quantensystemen werden bestimmte Situationen oft dadurch abgebildet, dass nur Teilmengen der Zustände der beteiligten Systeme herausgegriffen werden. Ein Beispiel für dieses Vorgehen bildet die approximative Beschreibung des Bindungszustands zweier Wasserstoffatome im H_2^+-Molekül-Ion (Abschnitt II-3.2). Dabei wird jeweils nur der Grundzustand der beiden Einzelatome berücksichtigt, und diese beiden Zustände zu einem zweidimensionalen Zustandsraum gefasst, in welchem sich die niederenergetischen Eigenschaften des Moleküls bereits bereits näherungsweise beschreiben lassen. Die Ausbildung des Bindungszustands wird durch eine Superposition der Grundzustände der beiden Einzelatome beschrieben, deren Energie unterhalb der Summe der Energien der Einzelatome liegt, der angeregte (anti-bindende) Zustand des Systems wird durch eine andere, von der ersten linear unabhängige Linear-Kombination beschrieben. Für das neutrale H_2-Molekül, muss die Basis des Zustandsraums um zwei

---

7 Aus der Perspektive der Mechanik lassen sich Zwei-Körper-Systeme, deren Wechselwirkung nur vom Relativ-Abstand der beiden Körper abhängt, durch die Transformation auf Relativ- und Schwerpunktskoordinaten in zwei unabhängige Teilsysteme zerlegen (Anhang E). Die Teilsysteme sind vom Typ *Freier Körper* (beschrieben durch die Schwerpunktskoordinaten $\{\boldsymbol{R}, \boldsymbol{P}\}$) und vom Typ *Körper im Zentralfeld* (beschrieben durch die Relativ-Koordinaten $\{\boldsymbol{r}, \boldsymbol{p}\}$). Aus der Sicht der klassischen Mechanik sind die Zustände mit $\boldsymbol{R}, \boldsymbol{P} = 0$ und $\boldsymbol{r}, \boldsymbol{p} = 0$ trivial, weil die Körper in diesen Zuständen in Ruhe sind. Dagegen sind in der Quantenmechanik oft die Mittelwerte $\langle \boldsymbol{R} \rangle$, $\langle \boldsymbol{P} \rangle$ und $\langle \boldsymbol{r} \rangle$, $\langle \boldsymbol{p} \rangle$ von Bedeutung. In vielen Fällen sind zunächst die Energie-Eigenzustände wichtig, welche die Basis der quantenmechanischen Beschreibung bilden. Die Energie-Eigenzustände sind stationär (alle Mittelwerte sind zeitunabhängig), aber über das verfügbare Volumen delokalisiert.
Zustände, bei denen die Mittelwerte $\langle \boldsymbol{r} \rangle$, $\langle \boldsymbol{p} \rangle$ von Null verschieden sind, stellen keine Gleichgewichtszustände dar, sondern zeigen eine Zeitentwicklung, welche mit der Emission von Photonen verbunden ist. Dies zeigt, dass Quantensysteme mit geladenen Teilchen untrennbar mit dem elektromagnetischen Feld gekoppelt sind und nur dann in einem stationären Gleichgewichtszustand vorliegen, wenn sie mit Letzterem im thermischen Gleichgewicht stehen.
Die thermischen Eigenschaften des Systems „Freier Körper“ werden uns in den Abschnitten II-3.9 und II-3.10 auf das ideale Gas ohne innere Freiheitsgrade führen, wohingegen uns das System „Körper im Zentralfeld“ in den Abschnitten II-3.4 bis II-3.6 zu den Beiträgen der inneren Anregungen von Atom- und Molekülgasen führen wird.

weitere Zustände für das zweite Elektron erweitert werden. Weitere Teilsysteme von Bedeutung sind die Spins der beteiligten Elektronen und Protonen. Eine noch genauere Beschreibung ergibt sich durch die Berücksichtigung der ersten Anregungszustände der isolierten Atome, zum Beispiel zur Beschreibung der gerichteten Bindungen des Kohlenstoffs. Mathematisch ist der Zustandsraum eines zusammengesetzten Quantensystems durch das *Tensorprodukt* der Zustandsräume der Untersysteme gegeben (Abschnitt II-3.8).

Der obige Systembegriff erlaubt also eine äußerst flexible, verschiedene Approximationsgrade umfassende Charakterisierung von physikalischen Systemen, sowohl auf der makroskopischen als auch auf der mikroskopischen Ebene. In den nächsten drei Kapiteln wollen wir auf der makroskopischen Ebene bleiben und im zweiten Band dasselbe Konzept zur Beschreibung von Quantensystemen von Gasen über das elektromagnetische Feld bis hinab zu Nanometer-großen Systemen anwenden.

7.2 System-Zerlegung und System-Zusammensetzung

In Abschnitt 4.4 haben wir ein Kriterium für die Unzerlegbarkeit von Systemen mit mehreren Freiheitsgraden diskutiert. Die *Zerlegbarkeit* eines Systems lässt sich im einfachsten Fall daran erkennen, dass sich seine MASSIEU-GIBBS-Funktion (näherungsweise) in variablenfremde Summanden zerlegen lässt.[8] Falls die MASSIEU-GIBBS-Funktionen eines Systems $\mathfrak{S}$ mit $r + s$ Freiheitsgraden sich in der Form

$$\Xi(Y_{a1}, \ldots, Y_{ar}, Y_{b1}, \ldots, Y_{bs}) = \Xi_\mathsf{A}(Y_{a1}, \ldots, Y_{ar}) + \Xi_\mathsf{B}(Y_{b1}, \ldots, Y_{bs})$$

darstellen lässt, so ist es die durch die MASSIEU-GIBBS-Funktionen Ξ_A und Ξ_B charakterisierten Systeme A und B zerlegbar. Seine Suszeptibilitätsmatrix $\partial^2\Xi/\partial Y_i \partial Y_j$ ist dann blockdiagonal. Sind umgekehrt zwei Systeme mit den MASSIEU-GIBBS-Funktionen Ξ_A und Ξ_B gegeben, so lassen sich diese Systeme zu einem größeren System mit der MASSIEU-GIBBS-Funktion $\Xi = \Xi_\mathsf{A} + \Xi_\mathsf{B}$ zusammensetzen.

Ein einfaches Beispiel bildet das aus zwei Kondensatoren bestehende zusammengesetzte System mit den MASSIEU-GIBBS-Funktionen:

$$E(Q_a, C_a, Q_b, C_b) = \frac{Q_a^2}{2C_a} + \frac{Q_b^2}{2C_b} \tag{7.1}$$

und

$$\mathcal{E}(U_a, C_a, U_b, C_b) = E - Q_a U_a - Q_b U_b = -\frac{1}{2} C_a U_a^2 - \frac{1}{2} C_b U_b^2 \,. \tag{7.2}$$

Ein zusammengesetztes System erlaubt *äußere* und *innere* Prozesse, bei denen die bilanzierbaren physikalischen Größen sowohl mit der Umgebung als auch zwischen

---

8 Tatsächlich ist es für die Zerlegbarkeit bereits ausreichend, wenn die Summanden nur bezüglich einer Auswahl ihrer unabhängigen Größen variablenfremd sind, während sie andere Größen gemeinsam haben.

den beiden Teilsystemen ausgetauscht werden können. Wenn die Wechselwirkung zwischen zwei Teilsystemen $\mathcal{S}_a$ und $\mathcal{S}_b$ durch eine Relation vom Typ

$$f(Y_{ia}, Y_{ib}) = 0 \tag{7.3}$$

darstellbar ist, so nennen wir Y_{ia} und Y_{ib} die *Kopplungsvariablen* und Gl. 7.3 eine *Kopplungsrelation*. Sind die in dem obigen Beispiel genannten Kondensatoren parallel geschaltet, so nimmt die Kopplungsrelation die besonders einfache lineare Form

$$Q \ := \ Q_a + Q_b \tag{7.4}$$

an, wobei Q die von außen vorgegebene Gesamtladung des zusammengesetzten Systems ist. Ist das zusammengesetzte System elektrisch isoliert, so ist Q konstant, und es sind allein *innere* Prozesse (Verschiebungen der Ladung von einem Kondensator zum anderen) möglich, welche aufgrund der Erhaltung der Ladung der Bedingung

$$dQ_a + dQ_b = 0$$

genügen müssen. Bei einer Serienschaltung lautet die Kopplungsbedingung dagegen

$$U \ := \ U_a + U_b \ , \tag{7.5}$$

wobei die Gesamtspannung U die unabhängige äußere Variable des Systems ist. Auch hier ist eine innere Ladungsverschiebung von einer Platte eines Kondensators auf den anderen möglich. Etwas allgemeiner können wir schreiben:

$$Y_i \ := \ \alpha Y_{ia} + \beta Y_{ib} \tag{7.6}$$

an, wobei die Koeffizienten α und β reelle Zahlen sind (in vielen Fällen gilt $\alpha = \beta = \pm 1$).[9]

Eine lineare Kopplungsrelation hat die Konsequenz, dass sich die Größen Y_i als *äußere* Größen des zusammengesetzten Systems auffassen lassen, weil sie von außen vorgegeben werden können. Selbstverständlich gehört zu jeder äußeren Größe Y_i eine dazu thermodynamisch konjugierte Variable y_i, welche ebenfalls eine äußere Größe des Gesamtsystems darstellt.

Ein Beispiel für nicht-lineare Kopplungsbedingungen liefert ein kugelförmiger Flüssigkeitstropfen, dessen Oberflächeninhalt A und Volumen V über den Radius R gemäß

$$R \ = \ \sqrt[3]{\frac{3V}{4\pi}} \ = \ \sqrt{\frac{A}{4\pi}}$$

9 Ein Beispiel, für das α und β im Allgemeinen ungleich ± 1 sind, liefern die stöchiometrischen Koeffizienten der in Abschnitt 7.7 besprochenen chemischen Reaktionen. Weitere Beispiele bilden Hebel, Flaschenzüge, Getriebe und Transformatoren, welche sämtlich eine zwar proportionale, aber um einen gewissen Faktor über- oder untersetzte Kopplung zwischen Verschiebungen, Drehwinkeln oder magnetischen Flüssen bewirken.

zusammenhängen. Die Oberflächenspannung der Flüssigkeit setzt den Tropfeninhalt unter Druck und komprimiert diesen. Ein Ziel dieses Kapitels ist es, Kriterien dafür zu formulieren, welche den im Gleichgewicht resultierenden Tropfenradius festlegen.

Allgemein bewirken die Kopplungsrelationen Gl. 7.3 eine Abhängigkeit zwischen den Werten von $\{Y_{ia}, Y_{ib}\}$ in beiden Teilsystemen. Nach Vorgabe der äußeren Variablen $\{Y_i\}$ stellt nur noch eine Auswahl der inneren Variablen *innere Freiheitsgrade* des Systems dar, während die anderen durch die Kopplungsrelation bestimmt werden. Die Aufrechterhaltung der Kopplungsbedingungen 7.3 während der möglichen Prozesse des Systems erfordert in der Regel Variationen der extensiven und intensiven Größen der Teilsysteme und insbesondere den *Transport* der erhaltenen mengenartigen Größen aus einem Teilsystem in das andere.

Wie wir es in Abschnitt 1.7 für den Fall des Ladungstransports zwischen zwei Kondensatoren bereits kurz besprochen haben und im folgenden allgemein zeigen werden, kann sich ein *Gleichgewicht* zwischen den Teilsystemen *spontan* und unter Erzeugung von Entropie dadurch einstellen, dass sich die Werte von Y_{1a} und Y_{1b} so einstellen, dass die für den jeweiligen Variablensatz zuständige MASSIEU-GIBBS-Funktion ein Extremum annimmt. Der freie Austausch und das resultierende *innere Gleichgewicht* des zusammengesetzten Systems manifestiert sich darin, dass die inneren Variablen (zumindest auf Zeitskalen, die lang gegen die für die Einstellung des Gleichgewichts benötigte Zeit sind) nicht mehr frei wählbar sind, sondern nur noch den äußeren Variablen Y_i beliebige Werte zugewiesen werden können. Solche Systeme *verlieren* für jede Kopplungsbedingung jeweils einen inneren Freiheitsgrad. Die verschiedenen möglichen Kopplungsbedingungen manifestieren sich in unserem Beispiel mit den Kondensatoren darin, dass die konjugierten Größen Gesamtladung Q und Gesamtspannung U des Gesamtsystems in beiden Fällen unterschiedlich miteinander zusammenhängen, da die in ersten Fall die Kapazität C des Gesamtsystems durch $C = C_1 + C_2$ und in zweiten Fall durch $C = (1/C_1 + 1/C_2)^{-1}$ gegeben ist.

Ein anderes Beispiel bildet die bereits erwähnte Zerlegung einer einkomponentigen homogenen Phase, sagen wir eines Kupferblocks, in willkürlich wählbare räumliche Bereiche, die untereinander im thermischen Gleichgewicht stehen. Wird einer dieser Bereiche kurzzeitig aufgeheizt, so wird die Temperaturverteilung räumlich inhomogen, bis der Prozess der Wärmeleitung für die Wiederherstellung des globalen Gleichgewichtszustands sorgt.

Im folgenden Abschnitt werden wir sehen, dass die Existenz eines räumlich homogenen Gleichgewichtszustands daran gebunden ist, dass die Suszeptibilitätsmatrix des Systems gewissen *Definitheits*-Bedingungen genügt. Werden diese Bedingungen verletzt, muss der räumlich homogene Gleichgewichtszustand zusammenbrechen. Ein solches Verhalten ist charakteristisch für die in Kapitel 9 beschriebenen *Phasenübergänge*.

Die Tatsache, dass der Zustand makroskopischer Körper mit sehr vielen inneren (stets quantenmechanischen) Freiheitsgraden durch die Werte nur weniger makroskopischer Variablen wie Entropie, Volumen und Teilchenzahl festlegbar ist, kann durch die Existenz solcher inneren Gleichgewichte zwischen elementaren Teilsystemen erklärt werden. Die Zerlegung makroskopischer Systeme in Teilsysteme ist Thema des zweiten Bandes. Die elementaren Teilsysteme makroskopischer Körper lassen sich dadurch experimentell untersuchen, dass das innere Gleichgewicht durch einen kurzzeitigen Energietransfer auf eines oder wenige der Teilsysteme gestört werden kann. Auf diese Weise entsteht ein Nichtgleichgewichts-Zustand des Gesamtsystems mit einer endlichen Lebensdauer, die durch die Stärke der Kopplung des angeregten Teilsystems an die Übrigen bestimmt wird. Zunächst wollen wir aber zusammengesetzte Systeme auf der makroskopischen Ebene untersuchen.

7.3 Gleichgewicht und Stabilität

Unsere Betrachtung von Gleichgewichtszuständen und die Ausgleichsprozesse zu deren Einstellung wollen wir jetzt auf den Fall verallgemeinern, dass die Teilsysteme neben der Austauschvariablen und der zugehörigen Konjugierten weitere Variablen besitzen, die während der Einstellung des Gleichgewichts konstant gehalten werden. Das Ergebnis des Ausgleichsprozesses wird je nach Randbedingung an die übrigen Variablen anders ausfallen. Es wird sich zeigen, dass die Lage und Stabilität der Gleichgewichtszustände eng mit den Extremalwerten der für den jeweiligen Variablensatz zuständigen MASSIEU-GIBBS-Funktionen verknüpft sind.

7.3.1 Beispiel: Druckgleichgewicht

Als Beispiel betrachten wir verschiedene Varianten des *Druckgleichgewichts*. Abbildung 7.1 illustriert, wie zwei mit Gas gefüllt Volumina durch einen Kolben so gekoppelt werden, dass das Gesamtvolumen V bei einer Verschiebung dx des Kolbens konstant bleibt.

Fall 1: Isentrope Verschiebung

Bei einer Verschiebung bei $V = V_1 + V_2 = \text{const.}$ sei der Austausch der Größen S und N zwischen den Teilvolumina und mit der Umgebung gehemmt:

$$dS_1 = dS_2 = dN_1 = dN_2 = 0\ .$$

Wir wollen annehmen, dass die Wertekombinationen von $\{S, V, N\}$ der beiden Gase im Anfangszustand so gewählt sind, dass $T_1 = T_2$, aber $p_1 \neq p_2$ ist. Die für den

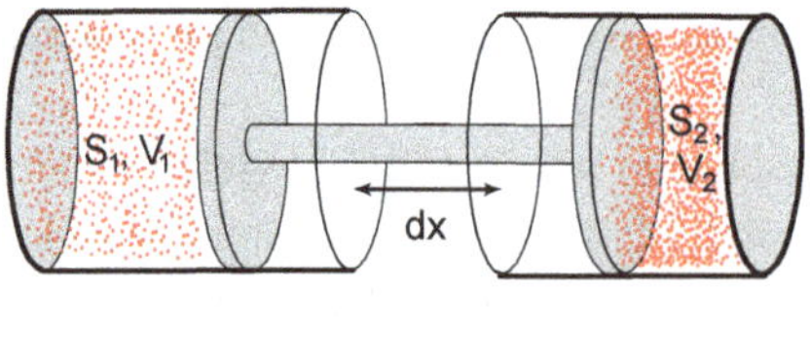

Abb. 7.1. Druckgleichgewicht bei isentroper Verschiebung mit $V = V_1 + V_2 = \text{const.}$ Nach der Adiabatengleichung ändern sich die Temperaturen der Gase bei der Einstellung des Gleichgewichts zusammen mit dem Druck.

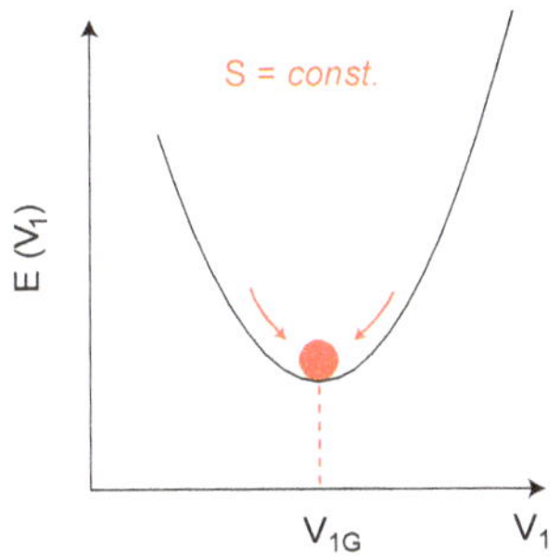

Abb. 7.2. Das zusammengesetzte System ist am Punkt V_{1G} beim *Minimum der Energie* im Gleichgewicht und das Gleichgewicht ist bezüglich Verschiebungen dV_1 *stabil.*

extensiven Variablensatz $\{S, V, N\}$ zuständige MASSIEU-GIBBS-Funktion ist die *Energie*. Dann können wir für die MASSIEU-GIBBS-Funktion des zusammengesetzten Systems schreiben:

$$E(S_1, S_2, V_1, V_2, N_1, N_2) = E_1(S_1, V_1, N_1) + E_2(S_2, V_2, N_2)$$

$$= E(\ldots, V_1, V, \ldots),$$

da $V_2 = V - V_1$ ist. Neben dem Gesamtvolumen V gibt es nur eine weitere unabhängige Volumen-Variable, zum Beispiel V_1. Fordern wir, dass die Gesamtenergie des Systems im Gleichgewicht ein Extremum haben soll, so erhalten wir aus der GIBBS'schen Fundamentalform:

$$dE = dE_1 + dE_2 = p_1\,dV_1 + p_2\,dV_2 = (p_1 - p_2)dV_1 \stackrel{!}{=} 0$$

und damit

$$p_1(S_1, V_{G1}, N_1) = p_2(S_2, V - V_{G1}, N_2)\,. \tag{7.7}$$

!

Offenbar erhalten wir einfach das aus der Mechanik bekannte „Gleichgewicht der Kräfte"! Da bei der Verschiebung des Kolbens der Druck in einem Behälter zu-, im anderen dagegen abnimmt, wird die Temperatur des Gases im ersten (zweiten) Behälter gemäß der Adiabatengleichung ebenfalls zunehmen (abnehmen). Der Prozess ist also nur bei thermischer Isolation der beiden Gase möglich, weil die Einstellung des Druck-Gleichgewichts die Erzeugung eines thermischen *Ungleichgewichts* nach sich zieht! Offenbar ist das thermische Ungleichgewicht energetisch immer noch günstiger, als das Druck-Ungleichgewicht, denn sonst würde sich das Druckgleichgewicht nicht einstellen.

Das Vorzeichen der zweiten Ableitung $d^2E(V_1)/dV_1^2$ der Gesamtenergie bestimmt, ob es sich um ein Maximum oder Minimum handelt:

$$\frac{\partial E(V_1)}{\partial V_1} = \frac{\partial E_1(V_1)}{\partial V_1} + \frac{\partial E_2(V_2)}{\partial V_2}\underbrace{\frac{\partial V_2}{\partial V_1}}_{=-1} = \frac{\partial E_1(V_1)}{\partial V_1} - \frac{\partial E_2(V_2)}{\partial V_2}$$

$$= -p_1(V_1) + p_2(V - V_1)$$

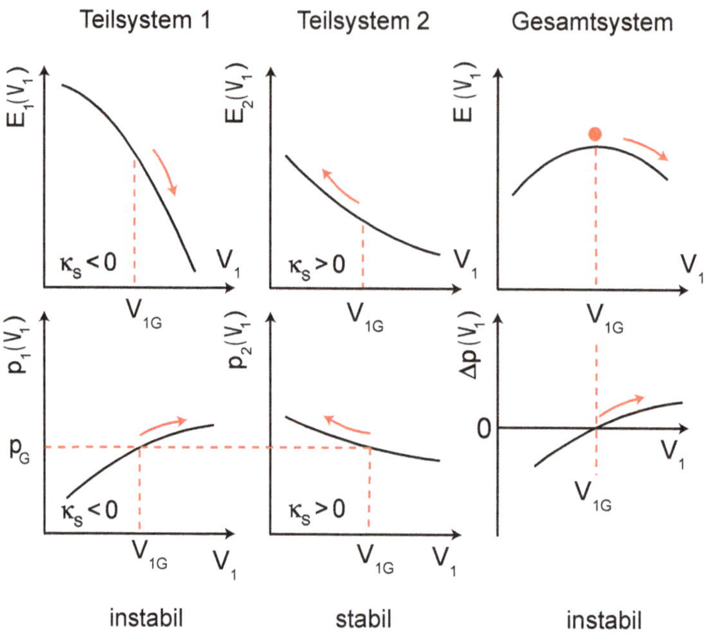

Abb. 7.3. Obere Reihe: Energie der Teilsysteme 1 und 2 sowie des Gesamtsystems als Funktion von V_1. Das Teilsystem 1 habe eine negative Kompressibilität κ_{S1} und sei damit *instabil*. Untere Reihe: Druck der Teilvolumina 1 und 2 sowie die Druckdifferenz $\Delta p = p_1 - p_2$ als Funktion von V_1. Die Pfeile geben die Richtung der bei einer beliebig kleinen Erhöhung von V_1 über V_{1G} einsetzenden Verschiebung an. Die negative Kompressibilität des Gases im Teilvolumen 1 entspricht einer negativen Krümmung von E_1. Die Instabilität äußert sich in einer *Zunahme* von p_1 bei Vergrößerung von V_1 und damit einer „Explosion" von V_1. Teilvolumen V_2 verhält sich normal: p_2 nimmt bei Vergrößerung von V_2 ab. Eine beliebig kleine Verringerung von V_1 unter V_{1G} führt dagegen zur „Implosion" von V_1. Die Energie des Gesamtsystems hat im instabilen Bereich des Teilsystems 1 ein Maximum.

$$\frac{\partial^2 E(V_1)}{\partial V_1^2} = -\frac{\partial p_1(V_1)}{\partial V_1} - \frac{\partial p_2(V_2)}{\partial V_2} \underbrace{\left(\frac{\partial V_2}{\partial V_1}\right)^2}_{=1} .$$

Mit $\kappa_S = -\frac{1}{V}\frac{\partial V}{\partial p}$ folgt:

$$\frac{\partial^2 E(V_1)}{\partial V_1^2} = \frac{1}{V_1 \kappa_{S1}(V_1)} + \frac{1}{V_2 \kappa_{S2}(V - V_1)} > 0 .$$

Die letzte Bedingung ist dann sicher erfüllt, wenn sowohl $\kappa_{S1}(V_1)$, als auch $\kappa_{S2}(V_2)$ *positiv* sind. In diesem Fall hat $E(V_1)$ bei dem Wert von V_1 ein *Minimum* für den $p_1(V_1) = p_2(V-V_1)$ erfüllt ist (Abb. 7.2). Das zusammengesetzte System ist am Punkt V_{1G} bezüglich der Verschiebung dV_1 im *Gleichgewicht* und *stabil*. $p_G = p_1(V_{1G}) = p_2(V - V_{1G})$ heißt der Gleichgewichtsdruck.

Auf dem Weg zum Gleichgewichtszustand muss das Gesamtsystem eine gewisse Energiemenge an ein weiteres System abgeben, deren Betrag durch die *Differenz* der Energien zwischen Anfangs- und Gleichgewichtszustand gegeben ist. Wenn die Verschiebung des Kolbens nicht zur Leistung von Arbeit genutzt wird, ist es für die Einstellung des Gleichgewichts entscheidend, dass die Verschiebung des Kolbens *nicht* reibungsfrei erfolgt! Eine annähernd reibungsfreie Bewegung des Kolbens würde sonst zu einer oszillierenden Bewegung führen, wie sie beispielsweise bei Schallwellen oder der Bestimmung des Adiabatenexponenten nach RÜCHARDT (Aufgabe 3.8) vorliegt. Die Druckoszillationen sind von entsprechenden Temperaturoszillationen begleitet. Erst die Dissipation der kinetischen Energie des Kolbens durch Reibung und Wärmeleitung ermöglicht die Abnahme der Energie des zusammengesetzten Systems Gas 1 und Gas 2, wenn die Reibungswärme zusammen mit der erzeugten Entropie an die Umgebung abfließt. Wenn die erzeugte Entropie klein gegen die in den beiden Gasen gespeicherte Entropie ist (und man darauf verzichtet die Temperatur der beiden Gase zu messen), fällt der dissipative Charakter der Einstellung des Gleichgewichts nicht auf, und man ist geneigt den Prozess als einen rein mechanischen Vorgang anzusehen.

Anhand von Abb. 7.3 fragen wir nun, was geschieht, wenn beispielsweise $\kappa_{S1}(V_1)$ *negativ* ist, sodass die Ableitung $\partial^2 E/\partial V_1^2 < 0$ und außerdem $p_1 < p_G$ ist? Das würde bedeuten, dass das Teilsystem 1 seinen Druck bei Volumen*verminderung* weiter *erniedrigt*. Damit würde V_1 so lange kollabieren, bis $\kappa_{S1}(V_1)$ wieder positiv wird, während das Teilvolumen 2 weiter expandiert. Ist umgekehrt im Anfangszustand $p_1 > p_G$, so würde das Teilsystem 1 seinen Druck bei Volumen*zunahme* weiter *erhöhen* und auf Kosten von V_2 expandieren, bis $\kappa_{S1}(V_1)$ wieder positiv wird.

Ein negativer Wert von $\kappa_{S1}(V_1)$ – allgemeiner, eine negative Krümmung von $E_1(S_1, V_1, N_1)$ bezüglich einer der Variablen in einem der Teilsysteme – resultiert in einer *Instabilität* des Gesamtsystems: Das instabile Teilsystem zerfällt in Bereiche unterschiedlicher *Dichte*. Genau dies geschieht bei der *Kondensation* eines Gases (Abschnitt 9.7). In Zuständen mit $\kappa_{S1}(V_1) < 0$ ist also kein räumlich homogener Gleichgewichtszustand herstellbar, selbst wenn die Krümmung der Gesamtenergie positiv ist.

Fall 2: Reversible isotherme Verschiebung:

Jetzt wollen wir annehmen, dass die beiden Teilvolumina an Wärmereservoire mit den Temperaturen T_1 und T_2 gekoppelt sind, wobei die beiden Temperaturen verschieden sein können. Unter den Randbedingungen $dT_1 = dT_2 = dN_1 = dN_2 = 0$ werden sich die Entropien der Teilgase bei der Einstellung des Gleichgewichts durch Austausch mit den Reservoiren ändern, wohingegen deren Energien konstant bleiben. Die Gleichgewichtswerte p_{1G} und V_{1G} werden sich von denen des vorangegangen Beispiels (mit $S_1, S_2 = \text{const.}$) unterscheiden. Die für den Variablensatz $\{T, V, N\}$ relevante MASSIEU-GIBBS-Funktion des Gesamtsystems ist die *freie Energie*:

$$F(T_1, T_2, V_1, V, N_1, N_2) = F_1(T_1, V_1, N_1) + F_2(T_2, V - V_1, N_2)\,.$$

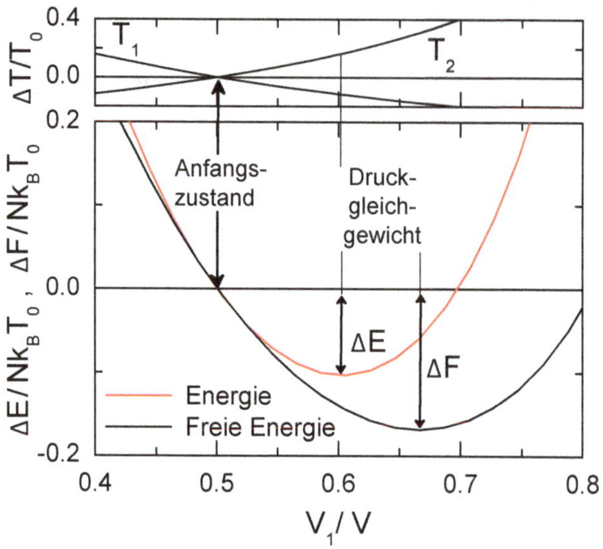

Abb. 7.4. Oben: Relative Temperaturänderung ΔT bei isentroper Verschiebung des Kolbens bei anfänglichem thermischen Gleichgewicht bei $T = T_0$. Unten: Änderung der Energie ΔE bei isentroper und der freien Energie ΔF bei isothermer Verschiebung des Kolbens mit $V = V_1 + V_2 = \text{const.}$ (Aufgabe 7.4).

Wieder gibt es einen Wert des Teilvolumens V_1, für das das Differenzial von F verschwindet:

$$dF = -p_1\,dV_1 - p_2\,dV_2 = -(p_1 - p_2)\,dV_1 \stackrel{!}{=} 0\,.$$

Die Summe der *freien* Energien hat ebenfalls ein *Minimum*, wenn

!

$$p_1(T_1, V_{G1}) = p_2(T_2, V - V_{G1}) \tag{7.8}$$

ist und außerdem $\kappa_{T1}, \kappa_{T2} > 0$ sind. In Abb. 7.4 sind die Energie und die freie Energie des Gesamtsystems dargestellt (siehe Aufgabe 7.4). Es wurde angenommen, dass zu Anfang $V_1 = V_2$ und $T_1 = T_2$ sowie $p_1 = 2p_2$ ist. Die resultierende Verschiebung ist im isothermen Fall größer als im isentropen, weil im isothermen Fall zusätzlich Energie aus dem Wärmereservoir geliefert wird. Daher ist auch die nutzbare Arbeit $\mathcal{W} = \Delta F$ größer, als im isentropen Fall, wo sie $\mathcal{W} = \Delta E$ beträgt.

Der bei Einstellung des Gleichgewichts maximal mögliche Arbeitsgewinn, beziehungsweise die bei vollständig irreversibler Prozessführung erzeugte Wärme $T\Delta S$, ist jetzt durch die Änderung der *freien* Energie gegeben. Die erzeugte Entropie fließt ebenfalls in das Wärmereservoir ab.

Eine dem ersten Beispiel analoge Analyse der Stabilität zeigt, dass die Stabilitätsbedingung nun $\kappa_{T1,2}^{-1} = V_{1,2} \cdot \partial^2 F_{1,2}/\partial V_{1,2}^2 > 0$ lautet.

In Abb. 7.5 ist das Ergebnis eines entsprechenden Experiments dargestellt. Ein Zylinder mit dem Volumen V_1 ist durch einen Kolben gegen die Atmosphäre, die als zweites

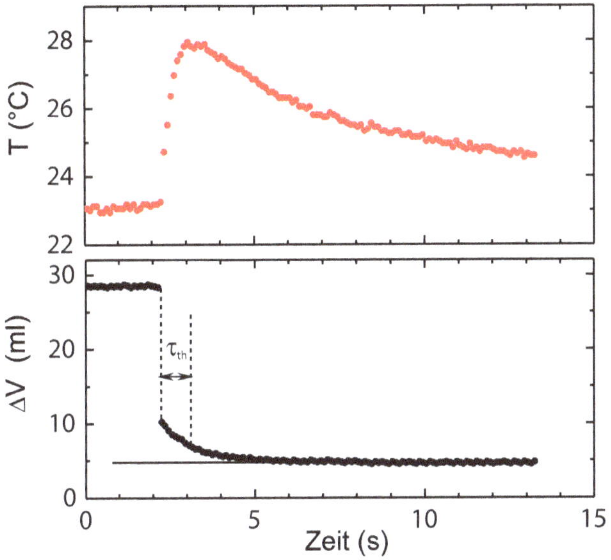

Abb. 7.5. *Unten*: Volumenänderung durch Verschiebung eines Kolbens bei der Einstellung eines Druck-Gleichgewichts zwischen einem Kolben und der Atmosphäre. *Oben*: Gleichzeitige Messung der Temperatur im Kolben.

Teilvolumen fungiert, abgeschlossen. Der Kolbens wurde zunächst herausgezogen und zum Zeitpunkt $T = 2.2$ s losgelassen. Das *isentrope* Druckgleichgewicht stellt sich nahezu instantan ein, was zu einer isentropen Kompression des Gases mit einem entsprechend scharfen Temperaturanstieg führt. Dagegen erfordert die Einstellung des *isothermen* Druckgleichgewichts einen Wärmeleitungsprozess, der sich in einer weiteren Abnahme des Volumens bei gleichzeitiger exponentieller Relaxation der Temperaturdifferenz mit der thermischen Relaxationszeit τ_{th} äußert. Ein Teil der im Gas gespeicherten Entropie fließt wegen der hohen Temperaturdifferenz in die Zylinderwände, was zu einer unvollkommenen Einstellung des Temperaturgleichgewichts in dem gemessenen Zeitintervall führt. Wegen der Trägheit des Thermometers erscheint die mit dem Thermometer gemessene thermische Relaxationszeit länger als die Zeit für die Einstellung des Gleichgewichtsvolumens. Außerdem ist die angezeigte Maximaltemperatur wesentlich kleiner als die nach der Adiabatengleichung erwartete T-Änderung, die etwa 70 °C (!) beträgt.

Fall 3: Irreversible isoenergetische Verschiebung

Nun wollen wir eine Prozessrealisierung wählen, bei der die Gesamtenergie, das Gesamtvolumen sowie die Stoffmengen der Teilsysteme konstant gehalten werden: $dE_1 - dE_2 = dV_1 - dV_2 = dN_1 = dN_2 = 0$. Der Energieaustausch kann nicht nur über

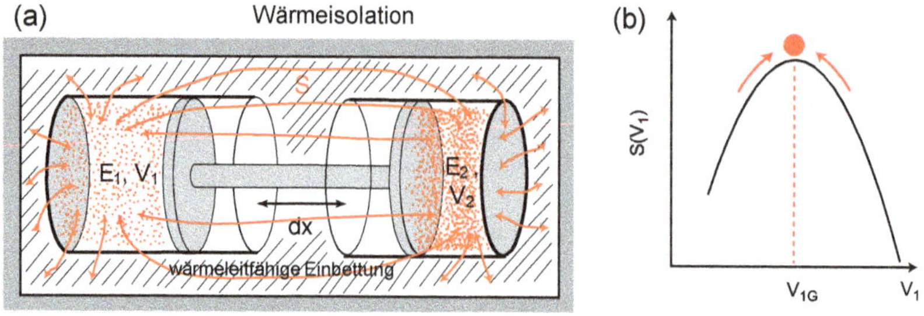

Abb. 7.6. a) Gleichgewicht bezüglich des Austausches von Energie und Volumen in einer thermisch isolierenden Hülle. Aufgrund der Erzeugung von Entropie durch den Wärmeleitungsprozess kann sich das Gleichgewicht auch in einem thermisch und mechanisch isolierten System einstellen. b) Das zusammengesetzte System ist am Punkt V_{1G} beim *Maximum der Entropie* im Gleichgewicht und das Gleichgewicht ist bezüglich Verschiebungen dV_1 *stabil.*

den Kolben, sondern auch durch Wärmeleitung zwischen den Teilvolumina erfolgen (Abb. 7.6). Der Teilchenaustausch sei weiterhin gehemmt. Nach Abschnitt 5.5 ist die für diesen Variablensatz zuständige MASSIEU-GIBBS-Funktion die *Entropie*:

$$S(E, E_1, V_1, V, N_1, N_2) = S_1(E_1, V_1, N_1) + S_2(E_1, V - V_1, N_2) .$$

Das Differenzial der Entropie lautet:

$$dS = \frac{1}{T_1} dE_1 + \frac{p_1}{T_1} dV_1 + \frac{1}{T_2} dE_2 + \frac{p_2}{T_2} dV_2 = \left(\frac{1}{T_1} - \frac{1}{T_2}\right) dE_1 + \left(\frac{p_1}{T_1} - \frac{p_2}{T_2}\right) dV_1 .$$

Die Gesamtentropie hat Extremum, wenn

!

$$\frac{1}{T_1}(E_1, V_1) = \frac{1}{T_2}(E - E_1, V - V_1) \quad \text{und} \quad \frac{p_1}{T_1}(E_1, V_1) = \frac{p_2}{T_2}(E - E_1, V - V_1) \tag{7.9}$$

sind. Aufgrund der ersten Bedingung in Gl.7.9) $T_1 = T_2$ ist die zweite zur Bedingung des isothermen Druckgleichgewichts $p_1 = p_2$ äquivalent (Gl. 7.8). Um zu bestimmen, ob es sich um ein Maximum oder Minimum handelt, betrachten wir die zweiten Ableitungen der Entropie S_1 des ersten Teilsystems:

$$\frac{\partial S_1}{\partial E_1} = \frac{1}{T_1}(E_1, V_1) \quad \text{und} \quad \frac{\partial S_1}{\partial V_1} = \frac{p_1}{T_1}(E_1, V_1)$$

$$\frac{\partial^2 S_1}{\partial E_1^2} = \frac{\partial\left(\frac{1}{T_1}(E_1, V_1)\right)}{\partial E_1} \quad \text{und} \quad \frac{\partial^2 S_1}{\partial V_1^2} = \frac{\partial\left(\frac{p_1}{T_1}(E_1, V_1)\right)}{\partial V_1}$$

$$= -\frac{1}{T_1^2}\frac{\partial T_1(E_1, V_1)}{\partial E_1} = -\frac{1}{T_1^2 C_{v1}} \quad \text{und} \quad = -\frac{V_1}{T_1 \kappa_{T1}} .$$

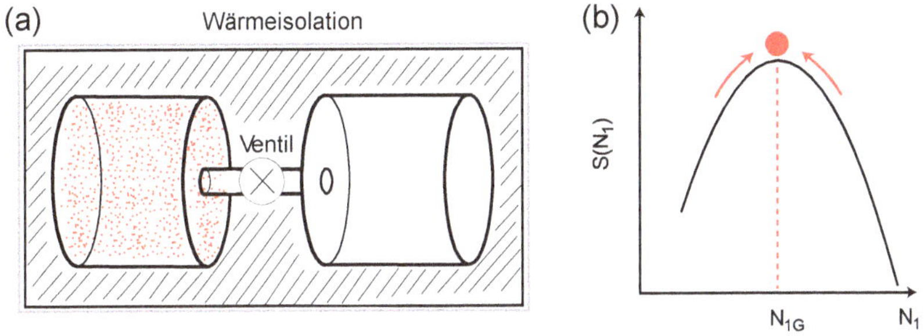

Abb. 7.7. a) Gleichgewicht bezüglich des Austausches von Energie und Teilchen in einer thermisch isolierenden Hülle. Die zur Einstellung des Gleichgewichts nötige Entropie wird in diesem Fall durch die Drosselwirkung des Ventils erzeugt. b) Das Gesamtsystem ist am Punkt N_{1G} beim *Maximum der Entropie* im Gleichgewicht und das Gleichgewicht ist bezüglich Änderungen der Teilchenzahl dN_1 *stabil*.

Damit folgt

$$\frac{\partial^2 S_1}{\partial V_1^2} < 0 \text{ wenn } C_{v1} \text{ und } \kappa_{T1} \text{ positiv sind.}$$

!

Diese Forderung stellt wiederum eine Stabilitätsbedingung dar, nur dass die Entropie im Gegensatz zur Energie und zur freie Energie kein Minimum, sondern ein *Maximum* in den stabilen Gleichgewichtszuständen des Gesamtsystems aufweist! Im Unterschied zu den Fällen 1 und 2 kann das Gesamtsystem ohne Beteiligung eines weiteren Systems dem Gleichgewicht zustreben, da *S erzeugbar* ist.

Fall 4: Irreversible Gay-Lussac Expansion

In unserem letzen Beispiel wollen wir noch einmal zur Gay-Lussac-Expansion zurückkehren. Bei dieser findet keine Verschiebung, sondern ein Energie- sowie ein Teilchenaustausch zwischen den beiden Teilvolumina statt (Abb. 7.7). Dabei sind die Gesamtenergie sowie die Gesamtmenge und die Teilvolumina konstant: $dE_1 - dE_2 = dN_1 - dN_2 = dV_1 = dV_2 = 0$. Wiederum ist Entropie für diesen Variablensatz zuständige Massieu-Gibbs-Funktion:

$$S(E, E_1, V_1, V_2, N, N_1) = S_1(E_1, V_1, N_1) + S_2(E_1, V_2, N - N_1)\,.$$

Das Differenzial der Entropie lautet:

$$dS = \frac{1}{T_1} dE_1 - \frac{\mu_1}{T_1} dN_1 + \frac{1}{T_2} dE_2 - \frac{\mu_2}{T_2} dN_2 = \left(\frac{1}{T_1} - \frac{1}{T_2}\right) dE_1 - \left(\frac{\mu_1}{T_1} - \frac{\mu_2}{T_2}\right) dN_1\,.$$

Die Gesamtentropie hat ein Extremum, wenn

$$\frac{1}{T_1}(E_1, N_1) = \frac{1}{T_2}(E - E_1, N - N_1) \quad \text{und} \quad \frac{\mu_1}{T_1}(E_1, N_1) = \frac{\mu_2}{T_2}(E - E_1, N - N_1)$$

sind. Aufgrund der ersten Bedingung $T_1 = T_2$ ist die zweite $\mu_1 = \mu_2$ äquivalent. Zur Untersuchung der Stabilitätsbedingungen betrachten wir wieder die zweiten Ableitungen der Entropie S_1 des ersten Teilsystems:

$$\frac{\partial S_1}{\partial E_1} = \frac{1}{T_1}(E_1, N_1) \quad \text{und} \quad \frac{\partial S_1}{\partial N_1} = -\frac{\mu_1}{T_1}(E_1, N_1)$$

$$\frac{\partial^2 S_1}{\partial E_1^2} = -\frac{1}{T_1^2}\frac{\partial T_1(N_1, V_1)}{\partial E_1} \quad \text{und} \quad \frac{\partial^2 S_1}{\partial N_1^2} = -\frac{1}{T_1 V_1}\frac{1}{\partial n/\partial \mu}$$

$$= -\frac{1}{T_1^2 C_{v1}} \quad \text{und} \quad = -\frac{V_1}{T_1 N_1^2 \kappa_{T1}}\,.$$

Im letzten Schritt haben wir die in Abschnitt 5.6 gezeigte Äquivalenz zwischen der Teilchen-Kapazität $\partial n/\partial \mu = n^2 \kappa_T$ und der Kompressibilität ausgenutzt (Gl. 5.39). Wir erhalten also dasselbe Ergebnis wie im vorangegangenen Beispiel:

$$\frac{\partial^2 S_1}{\partial V_1^2} < 0 \text{ wenn } C_{v1} \text{ und } \kappa_{T1} \text{ positiv sind.}\,.$$

Dies ist kein Zufall, sondern eine Konsequenz der Gibbs-Duhem Relation (Gl. 5.24)! Wenn durch den freien Teilchenaustausch *chemisches* Gleichgewicht $\mu_1 = \mu_2$ hergestellt wurde, so liegt gleichzeitig Druckgleichgewicht $p_1 = p_2$ vor: Wegen $p = p(T, \mu)$ muss, wenn T und μ gleich sind, auch der Druck in beiden Teilvolumina gleich sein. Diese Redundanz zwischen p und μ ist damit eine Folge der Homogenität. Die Endzustände der Beispiele 3 und 4 sind (falls es sich in beiden Fällen chemisch um das gleiche Gas handelt) identisch, auch wenn der Prozess, mit dessen Hilfe das Gleichgewicht eingestellt wurde, ein anderer ist.

7.3.2 Allgemeine Gleichgewichts- und Stabilitätsbedingungen

Die vorangegangenen Beispiele zeigen, das die Einstellung eines Druckgleichgewichts zwischen zwei Teilvolumina unter verschiedenen Bedingungen und durch ganz unterschiedliche Prozesse erfolgen kann. Die Lage des Gleichgewichts hängt davon von ab, welche Variablen bei dem verwendeten Prozess konstant gehalten werden. Wir wollen jetzt allgemeine Bedingungen für die Gleichgewichte und ihre Stabilität formulieren, die für alle möglichen Prozessbedingungen gelten. Eine solches allgemeines Kriterium für stabile Gleichgewichte (und damit für die beteiligten Systeme) ist notwendigerweise ziemlich abstrakt, da es alle möglichen Variablensätze umfassen muss. Es lässt sich wie folgt formulieren:

Gegeben sei ein zusammengesetztes System mit der MASSIEU-GIBBS-Funktion $\Xi(Y_1, \ldots, Y_i, \ldots, Y_r)$ sowie die Kopplungsbedingung $f(Y_1, \ldots, Y_i, \ldots, Y_r)$. Die Kopplungsvariable Y_i kann eine beliebige extensive oder intensive Größe der Teilsysteme sein. In einem sich bezüglich der Variation von Y_i einstellenden Gleichgewicht zwischen den Teilsystemen gilt:

Allgemeine Gleichgewichtsbedingung für thermodynamische Potenziale **!**

1. Sind die Kopplungsvariable Y_i sowie alle anderen unabhängigen Variablen *extensiv*, so nimmt die *Energie* in einem bezüglich der Änderung von Y_i stabilen Gleichgewichtszustand ein *Minimum* an.
2. Werden eine oder mehrere der anderen unabhängigen Variablen $Y_j \neq Y_i$ durch ihren thermodynamisch konjugierten Partner ersetzt, so nimmt die entsprechende LEGENDRE-Transformierte der Energie im Gleichgewicht ebenfalls ein *Minimum* an.
3. Ist die Kopplungsvariable Y_i *intensiv*, so nimmt die zugehörige LEGENDRE-Transformierte der Energie im Gleichgewicht ein *Maximum*[10] an (Anhang D).
4. Jede Kopplungsrelation reduziert die Zahl der Freiheitsgrade des zusammengesetzten Systems um eins.

Entsprechende Bedingungen gelten für die entropieartigen MASSIEU-GIBBS-Funktionen – mit dem Unterschied, dass anstelle der Minima Maxima gefordert werden (und umgekehrt).

Wie wir am Beispiel des Kupferblocks auf Seite 227 gesehen haben, lässt sich jedes thermodynamische System aufgrund des Homogenitäts-Postulats in beliebige Untersysteme mit denselben Variablen zerlegen. Insbesondere können die Zustandsgleichungen von *thermodynamischen Phasen* mit einer oder mehreren Mengenvariablen aus den *reduzierten* MASSIEU-GIBBS-Funktionen (Abschnitt 5.4) gewonnen werden.

Wir wollen nun eine Bedingung für die Existenz eines *inneren Gleichgewichts* – das heißt die thermodynamische Stabilität – eines in gleichartige Teilsysteme zerlegbaren Gesamtsystems bezüglich der Variation sämtlicher Kopplungsvariablen formulieren. In Verallgemeinerung unserer Überlegungen zum Druckgleichgewicht betrachten wir Suszeptibilitätsmatrix, das heißt die Matrix der 2. Ableitungen der vollständigen LEGENDRE-Transformierten der reduzierten Energie

$$\xi_1(\xi_2, \ldots, \xi_r) = \frac{E(X_1, \xi_2, \ldots, \xi_r)}{X_1} - \sum_{i=2}^{r} \xi_i \cdot \frac{X_i(X_1, \xi_2, \ldots, \xi_r)}{X_1}$$

des Systems, wobei X_1 eine beliebige extensive Variable des Systems ist.

10 Der Fall von intensiven Kopplungsvariablen U_1, U_2 mit der Kopplungsrelation $U_{\mathrm{ext}} = U_1 + U_2$ ist beispielsweise bei der Serienschaltung zweier Kondensatoren realisiert.

Stabilitätsbedingung für thermodynamische Systeme
Ein Zustand eines physikalischen Systems ist *thermodynamisch stabil*, wenn die Suszeptibilitätsmatrix des Systems in diesem Zustand *negativ definit* ist.

Instabile Zustände – solche bei denen die Stabilitätsbedingung verletzt ist, wie zum Beispiel bei einem Artisten auf dem Hochseil – können nur durch eine aktive Regelung stabilisiert werden. Eine solche aktive Regelung kompensiert die (thermodynamischen) Kräfte aufgrund von unvermeidbaren kleinen Schwankungen um die instabile Ruhelage, welche das System ansonsten stets von dem Ruhelage wegtreiben.
Für einfache Phasen mit den drei Freiheitsgraden $\{S, V, N\}$ sind, wie in Abschnitt 5.6 ausgeführt, die Funktionen $\mu(T, p)$ oder $p(T, \mu)$ relevant. Für molare Größen lautet die Suszeptibilitätsmatrix (Gl. 5.34)

$$\hat{\chi}_{T,p} = \begin{pmatrix} \frac{\partial^2 \mu}{\partial T^2} & \frac{\partial^2 \mu}{\partial p \partial T} \\ \frac{\partial^2 \mu}{\partial T \partial p} & \frac{\partial^2 \mu}{\partial p^2} \end{pmatrix} = \begin{pmatrix} -\hat{c}_p/T & \hat{v}\beta_p \\ \hat{v}\beta_p & -\hat{v}\kappa_T \end{pmatrix} . \tag{7.10}$$

Die Stabilitätsbedingung ist also gleichbedeutend damit, dass sowohl die Wärmekapazität $\hat{c}_p$ als auch die Kompressibilität κ_T stets *positiv* sein müssen, und außerdem die Bedingung

$$\det\left(\hat{\chi}_{Tp}\right) = \hat{v}\kappa_T \cdot \hat{c}_p/T - (\hat{v}\beta_p)^2 > 0 \tag{7.11}$$

erfüllt sein muss. Daraus lesen wir ab, dass die relative thermische Ausdehnung bei konstantem Druck β_p (wie das Beispiel flüssigen Wassers in Abb. 2.1 zeigt) nicht nur positiv, sondern auch negativ sein kann; ihr Betrag den Wert $\sqrt{n\kappa_T \hat{c}_p/T}$ aber nicht überschreiten darf. Analoges gilt für die Suszeptibilitätsmatrix für Dichten $\chi_{ij}(T, \mu)$ (Gl. 5.35).

7.4 Mischungsentropie

Wir betrachten ein *ideales* Gemisch von r Gasen mit den Mengenvariablen $N_1, \ldots, N_r$. Dabei bedeutet „ideal", dass die MASSIEU-GIBBS-Funktionen der Mischung einfach die Summe der MASSIEU-GIBBS-Funktionen der Komponenten ist. Im Gegensatz dazu weisen die in Kapitel 9 besprochenen *realen* Mischungen Wechselwirkungsbeiträge zu den MASSIEU-GIBBS-Funktionen auf, in denen mehrere Mengenvariablen auftreten. Durch die Wechselwirkungsbeiträge lassen sich die realen Mischungen im Gegensatz zu den idealen Mischungen nicht mehr in unabhängige Teilsysteme zerlegen. Für idealen Mischungen lautet die freie Energie:

$$F(T, V, N_1, \ldots, N_r) = F_1(T, V, N_1) + \cdots + F_r(T, V, N_r) ,$$

$$\Longrightarrow \quad p = -\frac{\partial F}{\partial V} = -\left\{\frac{\partial F_1}{\partial V} + \cdots + \frac{\partial F_r}{\partial V}\right\} = p_1 + \cdots + p_r ,$$

wobei p der Gesamtdruck und die p_i die Partialdrucke der i-ten Komponente der Mischung sind. Mit anderen Worten: Ideale Mischungen verhalten sich so, als befände sich jede *allein* im Volumen – die Partialdrucke addieren sich! Bei Systemen mit anziehenden und/oder abstoßenden Wechselwirkungen ist dies nicht der Fall.
Befolgen die Komponenten der Mischung das ideale Gasgesetz $p_i V = N_i RT$, so tut dies auch ihre Mischung:

$$pV = \left(\sum_i N_i\right) RT = NRT \qquad \text{DALTON'sches Gesetz}\,, \tag{7.12}$$

!

wobei $N = \sum_i N_i$ die Gesamtmenge und $x_i = N_i/N$ die *Molenbrüche* des Gemisches sind.

Zur Berechnung der Entropie des Gemisches betrachten wir die freie Enthalpie $G = E - TS + pV$.[11] Aus der Homogenitätsrelation (siehe Abschnitt 5.4) für die Mischung

$$E = T\,S - p\,V + \mu_1\,N_1 + \cdots + \mu_r\,N_r \tag{7.13}$$

folgt allgemein:

$$G(T, p, N_1, \ldots, N_r) = \sum_{i=1}^{r} \mu_i(T, p, x_1, \ldots, x_r) \cdot N_i\,,$$

weil die chemischen Potenziale $\mu_i(T, p, x_1, \ldots, x_r)$ wegen der GIBBS-DUHEM-Relation nur von intensiven Größen abhängen dürfen. Für ideale Gase gilt nach Gleichung 6.18:

$$\begin{aligned}\mu_i(T, p, x_1, \ldots, x_r) = \mu_i(T, p, x_i) &= \hat{e}_{0i} - RT \ln\left(\frac{j_i^* RT^{\varkappa_i+1}}{x_i p}\right) \\ &= \hat{e}_{0i} - RT \ln\left(\frac{j_i^* RT^{\varkappa_i+1}}{p}\right) + RT \ln x_i\end{aligned}$$

Damit erhalten wir den Ausdruck

$$\mu_i(T, p, x_1, \ldots, x_r) = \mu_{iR}(T, p) + RT \ln x_i\,, \tag{7.14}$$

wobei $\mu_{iR}(T, p)$ das chemische Potenzial des reinen Gases der Stoffart i beim Druck p ist.

Die Anwesenheit der übrigen Komponenten bei gegebenen Gesamtdruck p reduziert das chemische Potenzial der i-ten Komponente um einen *Mischungsterm*

11 Diese Wahl bietet sich an, wenn bei konstantem Druck gearbeitet werden soll – bei konstantem Volumen läuft eine analoge Betrachtung über die freie Energie.

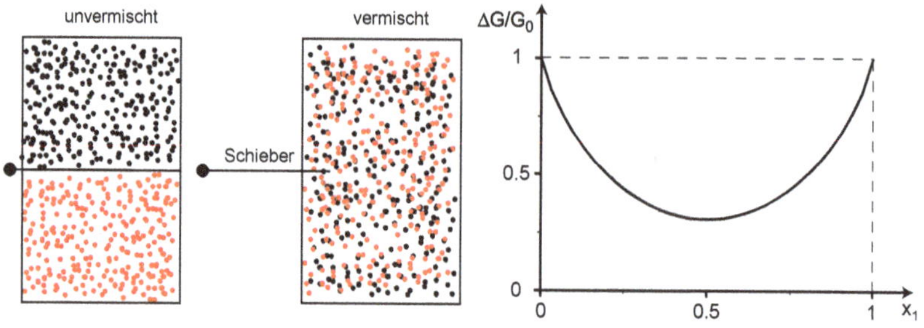

Abb. 7.8. Gegeben sind zwei mit *verschiedenen* Gasen gefüllte Teilvolumina, die durch einen Schieber getrennt sind. Nach dem Herausziehen des Schiebers expandieren die Gase irreversibel in das jeweils andere Teilvolumen, bis ihre Dichte (und damit ihr chemisches Potenzial) räumlich konstant und die Gase daher homogen vermischt sind. Triebkraft der Vermischung ist die Differenz der chemischen Potenziale der Einzelgase zwischen den Teilvolumina. Aus der Differenz ΔG der freien Enthalpien des Anfangs- und des Endzustandes bekommen wir die während des Prozesses erzeugte Entropie: $\Delta S = -\Delta G/T$. Der Zustand mit minimalem ΔG liegt bei $x_1 = x_2 = 1/2$.

$RT \ln N_i/N$, der vom Mengenverhältnis der Komponenten zur Gesamtmenge abhängt. Entsprechend reduziert sich auch die freie Enthalpie G der Mischung um einen *Mischungsterm* gegenüber dem unvermischten Zustand:

$$\begin{aligned} G(T, p, N_1, \ldots, N_r) &= \sum_i \mu_i(T, p, N_i) \cdot N_i \\ &= \sum_i \mu_{iR}(T, p) \cdot N_i + \underbrace{NRT\left(\sum_i \frac{N_i}{N} \ln \frac{N_i}{N}\right)}_{\text{Mischungsterm}} . \end{aligned} \tag{7.15}$$

Der einfachste Fall ist in Abb. 7.8 illustriert, wo zwei zunächst durch einen Schieber getrennte Volumina mit den Gasen 1 und 2 und den Drucken $p_1 = p_2 = p$ dargestellt sind. Im Anfangszustand gilt für den linken Behälter $\mu_{1a} = \mu_{1R}(T, p)$ und $\mu_{2a} \to -\infty$, da $N_{2a} = 0$ ist.[12] Im rechten Behälter sind die Verhältnisse entsprechend umgekehrt. Wenn die Mischung ideal ist, so ist der Prozess der Vermischung für die einzelnen Gase identisch mit dem der irreversiblen Expansion. Nach dem Herausziehen der Trennwand bildet die Differenz der chemischen Potenziale in beiden Behältern den Antrieb für einen *Diffusionsstrom* von Gas 1 in den rechten und Gas 2 in den linken Behälter, an dessen Ende ein chemisches Gleichgewicht vorliegt, in dem μ_1 und μ_2 über das ganze Volumen konstant sind:

$$\mu_1 = \mu_{1R} + RT \ln N_1/N \quad \text{und} \quad \mu_2 = \mu_{2R} + RT \ln N_2/N$$

12 Diese logarithmische Divergenz von μ_{2a} ist mathematisch harmlos, da der entsprechende Beitrag $N_{2a}\mu_{2a}$ zur freien Enthalpie im Grenzfall $N_{2a} \to 0$ gegen Null geht.

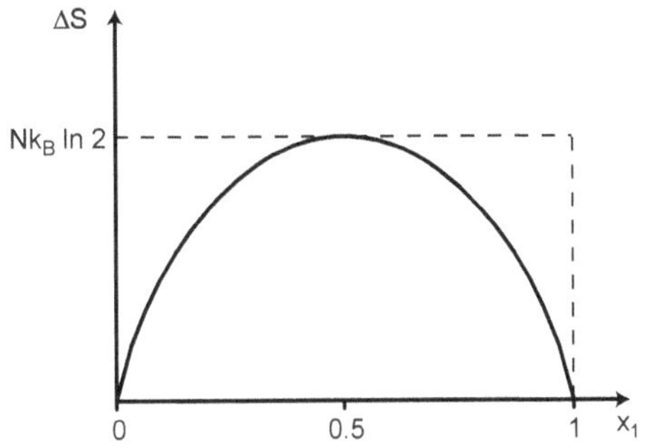

Abb. 7.9. Entropiedifferenz ΔS zwischen dem unvermischten und dem vermischten Zustand. Der Zustand maximaler Entropie liegt bei $x_1 = x_2 = 1/2$.

Insgesamt gilt wie bei jeder Einstellung eines Gleichgewichts:

$$G_{\text{unvermischt}} > G_{\text{vermischt}}$$

Die bei dem Diffusionsprozess erzeugte Entropie nennt man die *Mischungsentropie*:

$$\Delta S = S_{\text{vermischt}} - S_{\text{unvermischt}} = -\frac{\partial}{\partial T}\left(G_{\text{vermischt}} - G_{\text{unvermischt}}\right)$$

Differenzieren des Mischungterms von G in Gl. 7.15 nach T liefert:

$$\Delta S \;=\; -NR\sum_{i=1}^{r}\frac{N_i}{N}\ln\frac{N_i}{N}\,. \tag{7.16}$$

Für die Mischung zweier Gase ist die Anhängigkeit der Mischungsentropie vom der Zusammensetzung der Gasmischung in Abb. 7.9 dargestellt. Gleichung 7.16 lässt sich auch direkt gewinnen, wenn wir in der Formel für die unvermischten Teilgase

$$S(T,V_1,\dots,V_r,N_1,\dots,N_r) = \sum_{i=1}^{r} RN_i\left\{\ln\left(\frac{j_i^* V_i T^{\varkappa_i}}{N_i}\right) + (\varkappa_i + 1)\right\}$$

die Teilvolumina V_i gegen das Gesamtvolumen $V = \sum_i V_i = V_i/x_i$ expandieren lassen:

$$\begin{aligned} &S(T,V_1,\dots,V_r,N_1,\dots,N_r) \\ &= \sum_{i=1}^{r} RN_i\left\{\ln\left(\frac{j_i^* V T^{\varkappa_i}}{N_i}\right) + (\varkappa_i + 1)\right\} \\ &= \underbrace{\sum_{i=1}^{r} RN_i\left\{\ln\left(\frac{j_i^* V_i T^{\varkappa_i}}{N_i}\right) + (\varkappa_i + 1)\right\}}_{\text{unvermischt}} + \underbrace{\left\{-NR\sum_{i=1}^{r} x_i \ln x_i\right\}}_{\text{Mischungsentropie}}\,. \end{aligned} \tag{7.17}$$

Hierbei wird deutlich, dass es bei *idealen* Gasen für den Wert der Gesamtentropie nach der Expansion/Vermischung irrelevant ist, ob sich die einzelnen Gase in getrennten Volumina V befinden oder sie sich das Volumen teilen. Gl. 7.17 zeigt, dass die Entropie der Einzelgase unabhängig von der Dichte der übrigen Gase ist. Dies liegt daran, dass im Grenzfall hoher Verdünnung, der ja ideale Gase auszeichnet, die Wechselwirkung zwischen allen Gasteilchen vernachlässigt werden kann, unabhängig davon, ob es sich um dieselbe chemische Spezies handelt oder nicht. Bei Mischungen von realen Gasen (siehe Kapitel 9) ist dies anders; dort machen sich die Wechselwirkungen bemerkbar. Aus diesem Grund trifft der Ausdruck „Verdünnungs"-Entropie die Verhältnisse vielleicht etwas besser als „Mischungs"-Entropie.

Die Mischungsentropie lässt eine *statistische* Interpretation zu: Wir denken uns das Volumen der Mischung in kleine Teilvolumina zerlegt, die im Mittel jeweils *ein* Molekül enthalten. Dann ist

$$\Delta\hat{s} = \Delta S/N = -k_B \sum_i W_i \ln W_i \tag{7.18}$$

Die $W_i = N_i/N = x_i$ sind dann die Wahrscheinlichkeiten, dass dieses Molekül zur Stoffart i gehört. Diese Form der Mischungsentropie wird uns in der statistischen Formulierung der Thermodynamik wieder begegnen.

7.5 Ideale Lösungen

Idealität bedeutet bei Gasen die Vernachlässigbarkeit von Wechselwirkungen zwischen den Gasmolekülen aufgrund geringer Dichten. Das Konzept der Idealität ist auf verdünnte Lösungen übertragbar. Wir betrachten eine r-komponentige Mischung aus einer Flüssigkeit mit der Menge N_1, dem *Lösungsmittel*, mit anderen Stoffen mit den Mengen $N_2, \ldots N_r$, den *gelösten Stoffen*.

Eine verdünnte Lösung liegt vor, wenn $N_1 \gg N_2, \ldots, N_r$ ist, sodass $N_1 \approx N = \sum_i N_i$ und $x_1 \approx 1$ ist. Wenn wir bei konstanter Temperatur und konstantem Druck arbeiten, so ist

$$\{T, p, N, x_2, \ldots, x_r\} \quad \text{mit} \quad x_i \approx \frac{N_i}{N} \ll 1 \quad \text{für} \quad i \neq 1,$$

ein geeigneter Variablensatz. Alternativ zu dem Molenbrüchen x_i werden in der Chemie auch die Mengendichten oder Konzentrationen $n_i = N_i/V \approx x_i n$ verwendet. Letztere haben jedoch den Nachteil, über die Dichte $n_1(T, p)$ des Lösungsmittels von Druck und Temperatur abzuhängen. Als Massieu-Gibbs-Funktion des Systems verwenden wir die molare freie Enthalpie, die nach der Homogenitätsrelation (Gl. 7.13) durch die chemischen Potenziale der Komponenten ausgedrückt werden kann:

$$\frac{G}{N}(T, p, x_2, \ldots, x_r) \approx \frac{G}{N_1}(T, p, x_2, \ldots, x_r) = \mu_1 + \sum_{i=2}^{r} x_i \mu_i \tag{7.19}$$

Eine *ideale Lösung* zeichnet sich dadurch aus, dass die Wechselwirkungen der gelösten Moleküle untereinander bei hinreichend kleinen x_i gegen ihre Wechselwirkung mit den Molekülen des Lösungsmittels vernachlässigbar sind. Thermodynamisch lassen sich die gelösten Stoffe dann genau wie ideale Gase betrachten, wobei das Lösungsmittel die Rolle eines „Quasi-Vakuums" spielt.

Nach VAN'T HOFF lässt sich dies wie folgt formulieren: Wir nennen eine Lösung *ideal*, wenn die Mengenabhängigkeit des chemische Potenzials der gelösten Stoffe durch denselben Mischungsterm $RT \ln x_i$ wie bei Gasen (Gl. 7.14) beschrieben wird:

$$\mu_i(T, p, x_i) \approx \mu_{i,0}(T, p) + RT \ln x_i \tag{7.20}$$

Die (hier nicht weiter zu diskutierenden) Funktionen $\mu_{i,0}(T, p)$ enthalten dabei die Wechselwirkung der gelösten Stoffe mit dem Lösungsmittel, insbesondere die kalorischen Eigenschaften der Lösung. Entscheidend ist für uns, dass der zweite Term in Gl. 7.20 genau dieselbe Gestalt wie bei idealen Gasen hat und wir unsere Herleitung der Mischungsentropie ungeändert übernehmen können. Aus Gl. 7.20 folgern wir, dass die μ_i von den x_j $(i \neq j, i \neq 1)$ *unabhängig* sind (Idealität) sowie

$$\frac{\partial \mu_i(T, p, x_i)}{\partial x_i} = \frac{RT}{x_i} = \frac{RT}{n_i} \tag{7.21}$$

!

Gleichung 7.21 hat also genau dieselbe Form wie Gl. 6.22 bei idealen Gasen. Über das chemische Potenzial des Lösungsmittels μ_1 sowie über die Funktionen $\mu_{i0}(T, p)$ wissen wir zunächst nichts. Zum Glück können wir unabhängig davon eine wichtige Aussage über die Abhängigkeit des chemischen Potenzials des Lösungsmittels von den Konzentrationen der gelösten Stoffe machen, indem wir von der GIBBS-DUHEM-Relation (Gl. 5.24) der Mischung ausgehen:

$$S\,dT - V\,dp + \sum_{i=1}^{r} N_i\,d\mu_i = 0 \tag{7.22}$$

ausgehen. Wegen T, p = const. folgt:

$$d\mu_1 = -\sum_{i=2}^{r} x_i\,d\mu_i = -\sum_{i=2}^{r} x_i \frac{\partial \mu_i}{\partial x_i} dx_i = -\sum_{i=2}^{r} x_i \frac{RT}{x_i}\,dx_i = -RT \sum_{i=2}^{r} dx_i\,.$$

Im vorletzten Schritt haben wir Gl. 7.21 ausgenutzt. Durch Integration nach den x_i folgt für das chemische Potenzial des Lösungsmittels in linearer Näherung:[13]

$$\mu_1(T, p, N_1, \ldots, N_r) = \mu_{1R}(T, p) - RT \cdot \sum_{i=2}^{r} \frac{N_i}{N}\,, \tag{7.23}$$

wobei $\mu_{1R}(T, p)$ das chemische Potenzial des *reinen* Lösungsmittels bezeichnet. Gelöste Stoffe *erniedrigen* also das chemische Potenzial μ_1 des Lösungsmittels! Dieses Resultat zieht viele weitere Effekte nach sich, zum Beispiel die Schmelzpunktserniedrigung beziehungsweise Siedepunktserhöhung bei Zugabe von gelösten Stoffen zur flüssigen Phase (siehe Abschnitt 9.3) sowie den osmotischen Druck, den wir im nächsten Abschnitt behandeln wollen.

13 In Elektrolytlösungen treten schon bei sehr kleinen Konzentrationen Abweichungen auf (Abschnitt 9.4).

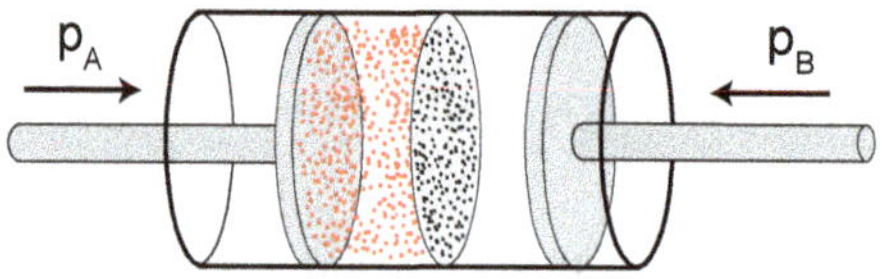

Abb. 7.10. Eine für gelöste Stoffe undurchlässige semipermeable Membran trennt zwei Teilvolumina. Werden die Drucke p_A im linken und p_B im rechten Teilvolumen so eingestellt, dass keine Verschiebung der Kolben mehr eintritt, so ist $p_A > p_B$. Die Druckdifferenz ist der osmotische Druck der Lösung im linken Teilvolumen.

7.6 Der osmotische Druck

Erfolgt die Vermischung zweier fluider Stoffe irreversibel, so wird Entropie erzeugt und damit die in den anfangs bestehenden chemischen Potenzialdifferenzen steckende chemische Energie *vergeudet*. Stattdessen lässt sich die Vermischung auch reversibel durchführen und als *Arbeit* mechanisch nutzen. Dazu betrachten wir eine *semipermeable* Membran, die zwei Teilvolumina in einem Kolben trennt (siehe Abb. 7.10). Im linken Teilvolumen befinde sich eine Lösung (beispielsweise eine wässrige Zucker-Lösung), im rechten das reine Lösungsmittel. Die Membran sei nur für das Lösungsmittel, nicht aber für die gelösten Stoffe durchlässig. Sind die Drucke p_A und p_B auf beiden Seiten der Membran gleich, so besteht zwischen beiden Seiten eine Differenz der chemischen Potenziale des Lösungsmittels:

$$\mu_1^A - \mu_1^B = \mu_{1R}(T, p_A) - RT \sum_{i=2}^{r} \frac{N_i}{N_1} - \mu_{1R}(T, p_B = p_A) < 0 \,,$$

wobei $N_1 \approx N$. Aufgrund dieser chemischen Potenzialdifferenz wird das Lösungsmittel aus dem rechten Teilvolumen in das linke strömen, um dort die Konzentration der gelösten Stoffe zu verringern und so die chemische Potenzialdifferenz abzubauen. Damit wird sich eine Druckdifferenz $p_A - p_B > 0$ aufbauen, die ihrerseits das chemische Potenzial auf der linken Seite erhöht, so lange, bis die chemische Potenzialdifferenz verschwindet und chemisches Gleichgewicht bezüglich des Austauschs von Lösungsmittel eintritt. Um die resultierende Druckdifferenz abzuschätzen benötigen wir die Druckabhängigkeit des chemischen Potenzials. Diese erhalten wir aus der GIBBS-DUHEM-Relation (Gl. 5.24) für das reine Lösungsmittel:

$$\frac{\partial \mu_{1R}(T, p)}{\partial p} = \hat{v}_{1R}(T, p) = \frac{V}{N_{H_2O}} = 0.018 \, \frac{\ell}{\text{mol}} \,. \tag{7.24}$$

Mit dem Molvolumen von Wasser können wir die Änderung der chemischen Potenzials mit dem Druck in linearer Näherung abschätzen

$$\mu_1^A(T, p_A) = \mu_{1R}(T, p_B) + \hat{v}_{1R}(p_A - p_B)$$

und erhalten schließlich aufgrund der Gleichheit der chemischen Potenziale des Lösungsmittels im Diffusionsgleichgewicht

$$\mu_1^A = \mu_{1R}(T, p_B) + \hat{v}_{1R}(p_A - p_B) - RT \sum_{i>1}^{r} \frac{N_i}{N_1} \stackrel{!}{=} \mu_{1R}(T, p_B)$$

und wegen $\hat{v}_1 N_1^{\mathrm{L}} = V_{\mathrm{L}}$ für die Druckdifferenz:

$$p_{\mathrm{A}} - p_{\mathrm{B}} = RT \sum_{i=2}^{r} n_i = \sum_{i=2}^{r} \frac{N_i RT}{V_{\mathrm{A}}} . \tag{7.25}$$

!

Diese Gleichung stammt ebenfalls von VAN'T HOFF. Der durch den gelösten Stoff aufgebaute osmotische Druck hat also genau dieselbe Form wie bei einem idealen Gas. Dies unterstreicht noch einmal die Tatsache, dass das Lösungsmittel für den gelösten Stoff ein „Quasivakuum" darstellt.

Diese Betrachtungen spielten eine wichtige Rolle bei der Entdeckung, dass Salze in Ionen *dissoziieren* statt in „Salzmolekülen" gebunden zu sein. Messungen des osmotischen Druckes ergeben (zum Beispiel für Kochsalzlösungen) für n höhere Werte, als die Zahl der NaCl-„Einheiten" vermuten lässt. Für quantitative Betrachtungen sind allerdings die in Abschnitt 9.4 diskutierten Effekte der COULOMB-Wechselwirkungen der Ionen zu berücksichtigen.

Der osmotische Druck ist von entscheidender Bedeutung in der Biologie, wo die Zellmembranen oft semipermeabel sind, ja die Durchlässigkeit der Zellwand für bestimmte Stoffe von der Zelle gezielt gesteuert wird. Als Abschätzung für die Größenordnung des osmotischen Drucks in Pflanzenzellen, in denen ein gelöstes Molekül oder Ion auf ca. 200 Wassermoleküle kommt, erhalten wir mit Gl.osmose7.25:

$$p_{\mathrm{A}} - p_{\mathrm{B}} = RT \cdot \frac{N_{\text{gelöst}}}{\hat{v}_{\mathrm{H_2O}} N_{\mathrm{H_2O}}} \simeq 6.9 \cdot 10^5 \ \mathrm{N/m^2} = 6.9 \ \mathrm{bar} .$$

Ein so hoher Druck ist ausreichend um 70 m hohe Bäume mit Wasser zu versorgen! Zusätzlich zum osmotischen Druck unterstützen auch *Kapillarkräfte*, das heißt die Anziehungskräfte zwischen der Flüssigkeit und dem Material der Baumkapillaren, das Aufsteigen des Saftes in den Bäumen. Die höchsten vorkommenden Bäume werden etwa 140 m hoch.

7.7 Chemische Reaktionen

7.7.1 Das Massenwirkungsgesetz

Die homogene Vermischung verschiedener Stoffe durch Diffusion bildet ein Beispiel der spontanen Einstellung eines chemischen Gleichgewichts im Raum, ohne dass sich die im Gesamtvolumen enthaltene Menge der einzelnen Stoffe ändert. Wenn die verschiedenen Stoffarten miteinander chemisch reagieren können, verändern sich auch die Absolutwerte der Stoffmengen derart, dass sich zwischen den verschieden Teilchensorten chemisches Gleichgewicht einstellt. Wie bereits in Kapitel 3.1 erwähnt, sind die r Mengenvariablen N_i dabei nicht unabhängig, sondern durch Erhaltungssätze aneinander gekoppelt, sodass die Stoffumsetzungen zueinander stets in gewissen Proportionen stehen. Die kommt in den stöchiometrischen Koeffizienten ν_i

in der Reaktionsgleichung zum Ausdruck. Die äußeren Variablen des Systems sind die Teilchenzahlen der in den Stoffen vorhandenen Elemente sowie Druck und Temperatur.

Typische Beispiele für chemische Reaktionen sind die Ammoniaksynthese oder die Bildung von Salzsäure in der Gasphase:

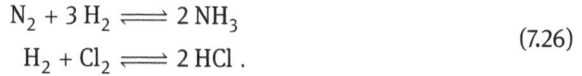

$$\begin{aligned} N_2 + 3\,H_2 &\rightleftharpoons 2\,NH_3 \\ H_2 + Cl_2 &\rightleftharpoons 2\,HCl\,. \end{aligned} \tag{7.26}$$

Wie wir bereits in Abschnitt 3.1 erwähnt haben, sind die Teilchenzahlen beim Fortschreiten der Reaktion gemäß der *Kopplungs-Relation*

$$N_i(\lambda) = N_{i\mathrm{a}} + \nu_i \lambda\,, \tag{7.27}$$

miteinander verknüpft, wobei die $N_{i\mathrm{a}}$ die Anfangswerte der Teilchenzahlen bezeichnen. Der Fortgang der Reaktion wird durch die *Reaktionslaufzahl* λ beschrieben, welche den einzigen inneren Freiheitsgrad des Systems darstellt. Die Änderungen der Teilchenzahlen betragen daher

$$dN_i = \nu_i\, d\lambda\,. \tag{7.28}$$

Das chemische Gleichgewicht ist (wie alle Gleichgewichte) durch ein Extremum der zum gewählten Variablensatz zugehörigen MASSIEU-GIBBS-Funktion ausgezeichnet. Wir folgen einer Gewohnheit der Physikochemiker und betrachten Reaktionen bei konstanten T und p.[14] Daher verwenden wir die freie Enthalpie $G(T, p, N_1, \ldots, N_r)$ als MASSIEU-GIBBS-Funktion. Mit Hilfe der $dN_i(\lambda)$ aus Gl. 7.28 erhalten wir für das Differenzial von G bei konstanten T und p:

$$dG = \sum_{i=1}^{r} \mu_i\, dN_i = \left\{\sum_{i=1}^{r} \nu_i \mu_i\right\} d\lambda = \mathcal{A}\, d\lambda\,.$$

Die Funktion $\mathcal{A}(T, p, x_1, \ldots, x_r)$ wird in der Chemie auch die *Affinität* der Reaktion genannt. Als Extremalbedingung für $G(T, p, N_1, \ldots, N_r)$ erhält man dann:

!

$$\mathcal{A}(T, p, x_1, \ldots, x_r) := \sum_{i=1}^{r} \nu_i \mu_i(T, p, x_1 \ldots, x_r) \stackrel{!}{=} 0\,. \tag{7.29}$$

Für ideale Gase und verdünnte Lösungen kennen wir die $\mu_i(T, p, x_1 \ldots, x_r)$ (Gl. 7.14):

$$\mu_i(T, p, x_1 \ldots, x_r) = \mu_{i\mathrm{R}}(T, p) + RT \ln x_i\,,$$

14 Ebenso könnten wir den Variablensatz $\{T, V, N_1, \ldots, N_r\}$ mit der freien Energie als MASSIEU-GIBBS-Funktion verwenden (siehe Aufgabe 7.6).

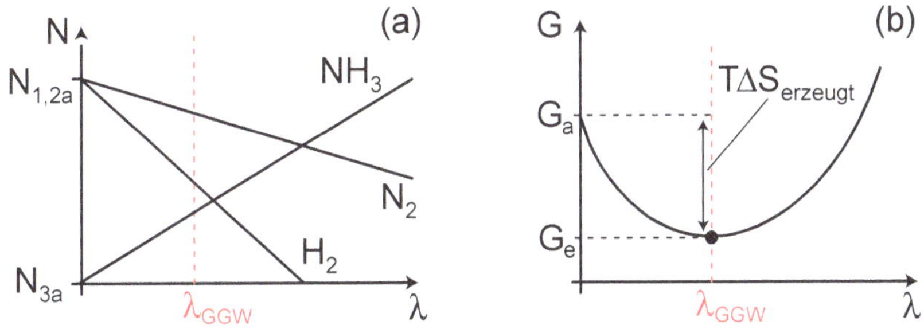

Abb. 7.11. a) Stoffmengen der Ammoniaksynthese als Funktion der Zahl der Reaktionslaufzahl λ. Die Steigung der Gerade entspricht dem stöchiometrischen Koeffizienten ν_i. b) Verlauf der freien Enthalpie G als Funktion von λ. Das Minimum G_e von $G(\lambda)$ liefert die Lage λ_{GGW} des chemischen Gleichgewichts. Der Differenz $[G_a(\lambda = 0) - G_e(\lambda = \lambda_{GGW})]$ bestimmt die durch die Reaktion erzeugte Entropie.

wobei die $\mu_{i\mathrm{R}}(T, p)$ wieder die chemischen Potenziale der reinen Stoffe sind. Setzen wir dies in die Gleichgewichtsbedingung ein, so erhalten wir:

$$RT \sum_{i=1}^{r} \nu_i \ln x_i = -\sum_{i=1}^{r} \nu_i \mu_{i\mathrm{R}}(T, p) =: -\Delta\hat{g}_\mathrm{R}(T, p) .$$

Die Funktion

$$\Delta\hat{g}_\mathrm{R}(T, p) = \sum_i |\nu_i| \, \mu_{i\mathrm{R,Produkte}} - \sum_i |\nu_i| \, \mu_{i\mathrm{R,Edukte}} \tag{7.30}$$

heißt die *molare freie Reaktionsenthalpie*. Im Unterschied zur Affinität $\mathcal{A}$ hängt $\hat{g}_\mathrm{R}$ nicht mehr von den Molenbrüchen, sondern nur noch von den chemischen Potenzialen der reinen Stoffe ab. Damit erhalten wir das *Massenwirkungsgesetz*

$$K(T, p) := \exp\left\{-\frac{\Delta\hat{g}_\mathrm{R}(T, p)}{RT}\right\} = \prod_{i=1}^{r} [x_i]^{\nu_i} , \tag{7.31}$$

wobei die Funktion $K(T, p)$ die *Gleichgewichtskonstante* der Reaktion genannt wird, da sie bei festen T und p unabhängig von den x_i ist.[15] In der Chemie schreibt man das Massenwirkungsgesetz üblicherweise in der Form:

$$\frac{\prod [x]^{\nu_i}_\mathrm{Produkte}}{\prod [x]^{|\nu_i|}_\mathrm{Edukte}} = K(T, p) .$$

Der etwas kuriose Name „Massenwirkungsgesetz“ rührt daher, dass die Molenbrüche früher „wirksame Masse“ genannt wurden.

15 Die eckigen Klammern sollen zum Ausdruck bringen, dass Gl. 7.31 für die Gleichgewichtswerte $[x_i]$ der Konzentrationen gilt.

Ist $\Delta\hat{g}_R(T,p) < 0$ (das heißt $K(T,p) > 1$), so wird bei der Reaktion freie Enthalpie frei und das chemische Gleichgewicht liegt auf der Seite der Produkte – die Reaktion läuft „freiwillig" ab. Ist dagegen $\Delta\hat{g}_R(T,p) > 0$ (das heißt $K(T,p) < 1$), so „kostet" die Reaktion freie Enthalpie, und das chemische Gleichgewicht liegt auf der Seite der Edukte – die Reaktion findet nicht statt.

Wir wollen die Gleichgewichtskonstante noch in ihre T- und p-abhängigen Anteile separieren:

$$\ln K(T,p) = -\frac{1}{RT}\sum_{i=1}^{r} \nu_i \mu_{iR}(T,p) = \sum_{i=1}^{r}[\nu_i \zeta_i(T) - \nu_i \ln p]$$
$$= \sum_{i=1}^{r} \nu_i \zeta_i(T) - \ln\left[p^{(\sum_i \nu_i)}\right]$$

Die ζ_i regeln die Temperaturabhängigkeit der chemischen Potenziale. Wir erkennen, dass es zwei Typen von Reaktionen gibt, die sich durch Druck und Temperatur unterschiedlich beeinflussen lassen:

Typ I: $\sum_i \nu_i = 0$

Für Reaktionen dieses Typ bleibt die gesamte Teilchenzahl (und damit der Druck) während der Reaktion konstant und $K(T)$ ist unabhängig von p. Damit ist die Lage des Gleichgewichts unabhängig vom Druck!

Typ II: $\sum_i \nu_i > 0\ (< 0)$

Für Reaktionen dieses Typs nimmt die gesamte Teilchenzahl und damit der Druck während der Reaktion zu (ab) und $K(T,p)$ nimmt mit wachsendem Druck ab (zu). Das chemische Gleichgewicht verschiebt sich bei einer Druckerhöhung daher auf die Seite der Edukte (Produkte).

Für eine anschauliche Erklärung der T- und p-Abhängigkeit betrachten wir noch einmal die verschiedenen Beiträge zu ΔG:

$$\Delta G = \Delta H - T\Delta S = \Delta E - T\Delta S + p\Delta V\,.$$

Der wesentliche Beitrag zu ΔE kommt aus den molekularen Bindungsenergien. Dieser Term favorisiert daher die *Bildung* von Molekülen. Der Term mit $T\Delta S$ geht negativ ein und bevorzugt bei hohen Temperaturen die Mischungsentropie, das heißt die Bildung von Teilchen durch die *Dissoziation* von Molekülen. Schließlich favorisiert der Term $p\,\Delta V$ bei hohen Drucken große Dichten und ein kleines Molvolumen und fördert daher wiederum die *Bildung* von Molekülen.

Diese Druck- und Temperaturabhängigkeit wollen wir am Beispiel der berühmten Ammoniaksynthese (Gl. 7.26) noch einmal genauer ansehen. Diese Reaktion ist vom Typ II (also druckempfindlich) und es gilt

$$\sum_i \nu_i = 2 - 3 - 1 = -2 < 0\,,$$

das heißt hoher Druck verlagert das Gleichgewicht auf die NH_3-Seite!
Um eine Aussage über die Temperaturabhängigkeit zu machen, können wir die Gleichgewichtskonstante aus den chemischen Potenzialen (unter der Annahme idealen Verhaltens) explizit berechnen:

$$\begin{aligned}\ln K(T,p) &= -\frac{1}{RT}\sum_i \nu_i \mu_{i\mathrm{R}}(T,p)\\ &= -\sum_i \nu_i \left\{\frac{\hat{e}_{0i}}{RT} - \ln\left(\frac{j_i^* RT^{\varkappa_i+1}}{p}\right)\right\}\\ &= \sum_i \ln\left(\frac{j_i^* RT^{\varkappa_i+1}}{p}\right)^{\nu_i} - \sum_i \frac{\nu_i \hat{e}_{0i}}{RT}\end{aligned}$$

Damit erhalten wir schließlich für die Gleichgewichtskonstante

$$K(T,p) = \prod_i (Rj_i^*)^{\nu_i} \cdot \frac{T^{\sum_i \nu_i(\varkappa_i+1)}}{p^{\sum_i \nu_i}} \cdot \exp\left(-\sum_i \frac{\nu_i \hat{e}_{0i}}{RT}\right). \tag{7.32}$$

!

Der Löwenanteil der Temperaturabhängigkeit von $K(T,p)$ rührt von der Exponentialfunktion im letzten Faktor her. Die Lage des chemischen Gleichgewichts wird damit wesentlich durch die (gewichtete) Summe

$$\Delta\hat{e}_\mathrm{R} = \sum_{i=1}^{r} \nu_i \hat{e}_{0i}$$

der *Bindungsenergien* $\hat{e}_{0i}$ der Moleküle bestimmt. Ist $\Delta\hat{e}_\mathrm{R}$ positiv, wird durch die Reaktion Bindungsenergie gewonnen und (bei irreversibler Prozessführung[16]) zur Erzeugung von Entropie verwendet. Ist $\Delta\hat{e}_\mathrm{R}$ negativ, muss die erforderliche Energie zusammen mit Entropie aus dem Wärmereservoir, dass während des Ablaufes der Reaktion die Temperatur konstant hält, zugeführt werden (endotherme Reaktionen). Wie wir im nächsten Abschnitt sehen werden, tritt dies als positive oder negative Reaktionswärme in Erscheinung. Die Berechnung der $\hat{e}_{0i}$ im Rahmen der Atom- und Molekülphysik erfordert „chemische Genauigkeit“, das heißt relative Fehler von 10^{-4}–10^{-3}, um hinreichend genaue Aussagen über die Gleichgewichtskonstanten machen zu können. Die „Chemie“, das heißt die stoffspezifischen Eigenschaften, stecken außer in den $\hat{e}_{0i}$ auch in den ν_i und den chemischen Konstanten j_i, welche die Information über die Zahl der Bindungspartner und innere Freiheitsgrade der Moleküle enthalten (siehe Abschnitt II-3.1).

H_2 und N_2 sind lineare Moleküle mit zwei Rotationsfreiheitsgraden – daraus folgt: $\varkappa + 1 = 7/2$. Dagegen ist NH_3 kein lineares Molekül und hat 3 Rotationsfreiheitsgrade

16 Bestimmte Reaktionen können in elektrochemischen Zellen (Batterien!) weitgehend reversibel ablaufen. Die frei werdende Bindungsenergie wird dann an einen elektrischen Verbraucher abgeführt.

– daraus folgt $\varkappa + 1 = 8/2 = 4$. Diese Resultate gelten, wenn die Rotationsfreiheitsgrade voll angeregt sind, die Anregung der Schwingungsanregungen jedoch noch vernachlässigbar ist. Damit erhalten wir für die Ammoniaksynthese

$$\sum_i \nu_i(\varkappa_i + 1) = -4 \cdot 7/2 + 2 \cdot 4 = -1, \qquad \sum_i \nu_i = -6\,,$$

$$K(T,p) = \prod_i (j_i^* R)^{\nu_i} \cdot \frac{p^2}{T^6} \cdot \exp\left\{-\sum_i \frac{\nu_i \hat{e}_{0i}}{RT}\right\}.$$

Die Ammoniaksynthese erfordert hohe Drucke und niedrige Temperaturen, weil diese das Gleichgewicht auf die H_2/N_2-Seite verlagern. Um trotz niedrigen Temperaturen hinreichende Reaktionsraten zu erzielen ist ein Katalysator (zum Beispiel Platin) erforderlich.

Generell sagt die Favorisierung einer bestimmten Lage des chemischen Gleichgewichts durch die Bedingung $\mathcal{A}(T, p, x_1, \ldots, x_r) = 0$ noch nichts darüber, ob sich das Gleichgewicht auch freiwillig einstellt. Zur Dissoziation oder Bildung von Molekülen sind nämlich häufig die Zufuhr einer gewisser *Aktivierungsenergie* erforderlich. Bei hohen Temperaturen gibt es im zeitlichen Mittel mehr schnelle Moleküle mit hoher kinetischer Energie, die diese Aktivierungsenergie „mitbringen“. Daher laufen bei hohen Temperaturen Reaktionen generell schneller ab. Die Rolle eines Katalysators besteht darin, auf die eine oder andere Weise eine *Erniedrigung* der Aktivierungsenergie zu bewirken und die Reaktionsrate auf diese Weise zu erhöhen.

Gleichung 7.32 ist mehr für das theoretische Verständnis, als für die praktische Anwendung zu gebrauchen, weil die Tabellenwerke nicht die mikroskopischen Systemkonstanten $\hat{e}_{0i}$ und j_i enthalten, sondern die Standardwerte μ_i° der chemischen Potenziale. Für die praktische Berechnung der Gleichgewichtskonstanten geht man daher besser von

$$\mu_{iR}(T,p) = \mu_{iR}^\circ - RT \ln\left[\left(\frac{T}{T^\circ}\right)^{\varkappa_i+1} \frac{p^\circ}{p}\right]$$

aus und erhält damit

$$K(T,p) = \exp\left\{-\frac{\Delta\hat{g}_R^\circ(T,p)}{RT}\right\} \cdot \left[\left(\frac{T}{T^\circ}\right)^{\sum_i \nu_i(\varkappa_i+1)} \left(\frac{p^\circ}{p}\right)^{\sum_i \nu_i}\right]. \tag{7.33}$$

Entsprechend unserer Herleitung der Entropie ist Ergebnis in den T- und p-Bereichen verlässlich, in denen die $\varkappa_i$ als konstant angesehen werden können. In Kapitel II-3 werden wir Methoden kennen lernen, mit denen die T-Abhängigkeit des Beitrags der inneren Anregungen zu den thermodynamischen Größen berücksichtigt werden kann.

Die freie Reaktionsenthalpie bei Standardbedingungen $\Delta\hat{g}_R^\circ = \Delta\hat{g}_R(T^\circ, p^\circ)$ ist für viele Verbindungen tabelliert.[17] Aus diesen Werten lassen sich die $\Delta\hat{g}_R^\circ$-Werte für beliebige Reaktionen berechnen (siehe Tabelle 7.1 für eine kleine Auswahl).

---

17 Da die chemischen Potenziale der bei Standardbedingungen stabilsten Form der Elemente in der Chemie konventionsgemäß gleich Null gesetzt werden, ist der Zahlenwert von $\Delta\hat{g}_R^\circ$ identisch mit dem

Hier sind einige konkrete Beispiele:
- Ammoniaksynthese: $\Delta\hat{g}_R^\circ = 32.9\,\text{kJ/mol}$
- Dissoziation von Wasser: $\Delta\hat{g}_R^\circ = 79.9\,\text{kJ/mol}$
- Lösung von Gasen in Wasser
- Ionisation von Wasserstoff: $\Delta\hat{g}_R^\circ = 13.9\,\text{eV/Teilchen}$
- Teilchen-Loch-Gleichgewicht im Halbleiter (Aufgabe 7.7):

$$e^- + h^+ \rightleftharpoons \text{Phononen} \qquad \Delta\hat{g}_R^\circ = \begin{cases} 1.12\,\text{eV pro } e^-h^+\text{-Paar für reines Silizium} \\ 0.7\,\text{eV pro } e^-h^+\text{-Paar für reines Germanium} \end{cases}$$

Das chemische Gleichgewicht zwischen Elektronen und Löchern im letzten Beispiel bestimmt unter anderem die Temperaturabhängigkeit des Widerstands reiner und dotierter Halbleiter (siehe Abschnitt II-6.5.1 und Aufgabe 7.7).

7.7.2 Reaktionswärmen

Die irreversible Einstellung des chemischen Gleichgewichts ist wie in allen anderen Fällen der irreversiblen Einstellung eines Gleichgewichts mit der Produktion von Entropie verbunden. Für einen gegebenen Anfangszustand $\{T, p, x_{1a}, \ldots, x_{ra}\}$ beträgt die während einer bei konstanten T und p ablaufenden Reaktion erzeugte Entropiemenge

$$S_{\text{erzeugt}} = -\frac{\Delta G}{T} = \frac{G_a(T, p, N_{1a}, \ldots, N_{ra}) - G_e(T, p, N_{1e}, \ldots, N_{re})}{T} ,$$

wobei G_a die freie Enthalpie des Anfangszustands und G_e die des Endzustands ist (Abb. 7.11). Andererseits differiert die Entropie S_e des Endzustands bei konstanter Temperatur T von der Entropie S_a des Anfangszustands um den Wert

$$\Delta S = -\frac{\partial(\Delta G)}{\partial T} .$$

Im Normalfall wird der Wert von ΔS, welcher durch die spezifischen Entropien der beteiligten Einzelstoffe im Anfangs- und Endzustand bestimmt ist, von dem von S_{erzeugt} verschieden sein, da Letzterer durch $\Delta G = -TS_{\text{erzeugt}}$ gegeben ist. Die Differenz beträgt

$$\Delta S - S_{\text{erzeugt}} = \frac{T\Delta S + \Delta G}{T} = \frac{\Delta H}{T} . \qquad (7.34)$$

Im Folgenden beziehen wir uns auf einen Umsatz $\Delta\lambda$ von einem Mol. Die Größe $\Delta H_R = H_e - H_a$, die analog zu ΔS gebildet wird, wird die molare *Reaktionsenthalpie*[18] genannt.

---

chemischen Potenzial μ_R° der Verbindung relativ zu denen der Elemente, aus denen sie besteht (siehe Abschnitt 7.7.3).

18 Für eine Reaktion, bei der eine Verbindung aus den Elementen gebildet wird, spricht man auch von der molaren *Bildungs-Enthalpie*.

Je nachdem, ob ΔH positiv oder negativ ist, hat der Endzustand $\{T, p, x_{1e}, \ldots, x_{re}\}$ gegenüber dem Anfangszustand entweder ein Entropiedefizit oder einen Entropieüberschuss. Soll die Reaktion wie angenommen bei $T, p = \text{const.}$ ablaufen, so muss die Energiemenge $\Delta H = T(\Delta S - S_{\text{erzeugt}})$, die auch die *Reaktionswärme* genannt wird, aus einem Wärmereservoir zugeführt oder abgeführt werden. Zusätzlich ist ein weiterer Energiebetrag $\Delta F = -p\Delta V$ erforderlich, da das Behältervolumen wegen der Änderungen der Teilchenzahlen bei konstantem Druck um den Betrag

$$\Delta V = \frac{\partial(\Delta G)}{\partial p}$$

geändert werden muss. Die Energieänderungen der Reservoire werden durch den Entropie- und den Volumenterm in $G(T, p, N_1, \ldots, N_r)$ automatisch berücksichtigt.

Läuft die Reaktion dagegen bei $p = \text{const.}$ und *adiabatisch*[19] ab, so muss sich die Temperatur der Reaktanden nach Gl. 5.8 entweder ab- oder zunehmen:

$$\Delta T = -\frac{\Delta H}{C_p} .$$

Wie man sieht, tritt nur ein Teil der erzeugten Entropie in Form einer Temperaturänderung in Erscheinung. Ein manchmal erheblicher Teil der bei der Reaktion erzeugten Entropie wird durch die zur Erreichung des Gleichgewichts erforderliche Änderung der Teilchenzahlen *ohne Temperaturänderung* konsumiert. Reaktionen, bei denen die für $T = \text{const.}$ benötigte Änderung der Entropie ΔS größer als die im Verlauf der Reaktion erzeugte Entropie S_{erzeugt} ist, und die deshalb zu einer Abkühlung führen, heißen *endotherm*. Wird im umgekehrten Fall mehr Entropie erzeugt, als zur Erzeugung von Teilchen benötigt wird, kommt es zu einer Erwärmung. Solche Reaktionen heißen *exotherm*. Die Triebkraft endothermer Reaktionen liegt offenbar nicht in dem Bestreben des Systems seine Energie zu minimieren, sondern (wie besprochen) im Abbau der durch die freie Enthalpie G quantifizierten „chemischen Spannung", welche durch die mit den ν_i gewichteten chemischen Potenziale der Reaktanden bestimmt ist.

Die Enthalpie (und natürlich auch ihre Differenzen) lässt sich auch direkt mit der freien Enthalpie verknüpfen, da

!

$$\begin{aligned} \Delta H &= \Delta G + T\Delta S = \Delta G - T \cdot \frac{\partial \Delta G(T,p)}{\partial T} \\ &= -T^2 \cdot \frac{\partial[\Delta G(T,p)/T]}{\partial T} = RT^2 \frac{\partial \ln K(T,p)}{\partial T} . \end{aligned} \tag{7.35}$$

Diese Relation ist als die Gibbs-Helmholtz Gleichung bekannt.[20] Sie stellt einen Zusammenhang zwischen der Reaktionsenthalpie ΔH und der logarithmischen Ableitung

19 Hier ist der Unterschied zwischen *adiabatisch* und *isentrop* entscheidend, da der Prozess thermisch isoliert (adiabatisch), aber nicht isentrop, da *irreversibel*, erfolgt.

20 Eine analoge Relation besteht zwischen ΔE und ΔF.

der Gleichgewichtskonstanten $K(T, p)$ (Gl. 7.32) nach der Temperatur her. Die molaren Standard-Reaktionsenthalpien

$$\Delta\hat{h}^\circ = \sum_{i=1}^{r} \nu_i \hat{h}_i^\circ(T^\circ, p^\circ)$$

sowie die molaren Entropien und Wärmekapazitäten sind ebenfalls tabelliert [4; 10; 11; 12].

In Tabelle 7.1 sind Messwerte der thermochemischen Größen einer Reihe von anorganischen Stoffen unter Standardbedingungen zusammengefasst. Die chemischen Potenziale der bei Zimmertemperatur stabilsten Form der Elemente werden konventionsgemäß gleich Null gesetzt (dies wird im nachfolgenden Abschnitt begründet). Daher werden die molaren freien Reaktionsenthalpien $\Delta\hat{g}_\mathrm{R}$ für die Bildung der Verbindungen aus den Elementen auch als molare *freie Bildungsenthalpien* $\Delta\hat{g}_\mathrm{B}$ bezeichnet. Diese sind mit dem chemischen Potenzial μ der Verbindungen identisch und ihre Standardwerte $\mu(T^\circ, p^\circ)$ sind in der zweiten Spalte aufgeführt. Die dritte Spalte enthält die Standardwerte molaren Bildungsenthalpien $\Delta\hat{h}_\mathrm{B}^\circ$,[21] welche nach der GIBBS-HELMHOLTZ-Gleichung (Gl. 7.35) die T-Abhängigkeit der Gleichgewichtskonstanten beschreiben. Außerdem bestimmt $\Delta\hat{h}_\mathrm{f}^\circ/T^\circ$ die gesamte Entropiebilanz einschließlich der bei der Reaktion erzeugten Entropie (Gl. 7.34). Die vierte Spalte enthält die Standardwerte $\hat{s}^\circ$ der Entropie. Diese bestimmen nach der GIBBS-DUHEM-Relation (Gl. 5.24) auch die T-Abhängigkeit des chemischen Potenzials des jeweiligen Stoffs, während dessen p-Abhängigkeit durch die Mol-Volumina gegeben ist. Die fünfte Spalte enthält den T-abhängigen Anteil der molaren Enthalpie

$$\hat{h}^\circ - \hat{h}(T = 0) = \int_0^{T^\circ} dT' \, \hat{c}_p(T') \,,$$

der es erlaubt, zusammen mit den molaren Bildungsenthalpien $\Delta\hat{h}_\mathrm{B}^\circ$, die *Bindungsenergien*

$$\hat{e}_0 = \Delta\hat{h}_\mathrm{B}^\circ - \sum_{i=1}^{r} \nu_i [\hat{h}_i^\circ - \hat{h}_i(T = 0)]$$

der Verbindungen zu berechnen. Die molaren Bindungsenergien legen die Werte von $\hat{e}$, $\hat{h}$, und μ der Verbindungen (Moleküle) relativ zu denen der Elemente (Atome) fest. Die sechste Spalte enthält schließlich die molaren Wärmekapazitäten bei konstantem Druck.

Die Werte von $\Delta\hat{g}_\mathrm{B}^\circ$, $\Delta\hat{h}_\mathrm{B}^\circ$ und $\Delta\hat{s}^\circ$ für die Ionen sind dabei relativ zur denen der H^+-Ionen zu verstehen und beziehen sich auf wässerige Lösungen mit einer Konzentration von 1 mol/ℓ. Daher können bei den Ionen zum Teil auch negative Entropiewerte in wässriger Lösung auftreten – Ionen mit großer Ladung und kleinem Radius binden

21 Im Englischen werden die Bezeichnungen $\Delta\hat{g}_\mathrm{f}^\circ$ und $\Delta\hat{h}_\mathrm{f}^\circ$ für „enthalpies of formation" verwendet.

Wassermoleküle stärker als das H^+-Ion, und bilden daher größere Hydrathüllen mit einer niedrigeren Entropie. Tabelle 7.2 enthält schließlich die thermochemischen Daten einer Reihe von organischen Verbindungen.

Ob die Reaktionen wie erwartet ablaufen ist auch eine Frage der Reaktionsraten Σ_{N_i}, die extrem unterschiedlich sein können. Das Verständnis der Reaktionsraten ist der Gegenstand der *chemischen Kinetik*.

Tab. 7.1. Standardwerte der thermochemischen Größen verschiedener fester (f), flüssiger (fl) und gasförmiger (g) Stoffe sowie von Ionen in wässiger Lösung (aq) [4; 10; 11; 12].

Stoff	$\mu^\circ = \Delta\hat{g}^\circ_B$ [kJ/mol]	$\Delta\hat{h}^\circ_B$ [kJ/mol]	$\hat{s}^\circ$ [J/(mol K)]	$\hat{h}^\circ - \hat{h}(0)$ [kJ/mol]	$\hat{c}^\circ_p$ [J/(mol K)]
Ag (f)	0	0	42.55	5.74	25.4
Ag (g)	246.0	284.9	172.99	6.197	20.8
Ag^+ (aq)	77.1	105.8	73.4		
AgCl (f)	−109.8	−127.0	96.2	12.03	50.8
Al (f)	0	0	28.3	4.54	24.4
Al (g)	289.4	330	164.55	6.919	21.4
Al^{3+} (aq)	−485.0	−538	−325		
Al_2O_3 (f)	−1582.3	−1675	50.9	10.01	79.0
Br (g)	82.4	111.8	175.01	6.197	20.8
Br^- (aq)	−104.0	−121.4	82.5		
Br_2 (fl)	0	0	152.2	24.52	75.7
Br_2 (g)	3.1	30.9	245.46	9.725	36.0
C (Graphit)	0	0	5.74	1.05	8.52
C (Diamant)	2.900	1.879	2.378	0.536	6.12
C (g)	671.20	716.7	158.10	6.536	20.8
CO (g)	−137.2	−110.5	197.7	8.671	29.1
CO_2 (g)	−394.4	−393.5	213.78	9.365	37.1
CO_2 (aq)		−413.2	119.3		
CO_3^{2-} (aq)	−527.8	−675.2	−50.0		
Ca (f)	0	0	41.6	5.73	25.9
Ca^{2+} (aq)	−553.6	−542.8	−56.2		
CaO (f)	−603.3	−634.9	38.1	6.75	42.0
Cl (g)	105.7	121.3	165.19	6.272	21.8
Cl^- (aq)	−131.2	−167.0	56.6		
Cl_2 (g)	0	0	223.08	9.181	33.9
Cs (f)	0	0	85.2	7.71	32.2
Cs (g)	49.6	76.5	175.6	6.197	20.8
Cs^+ (aq)		−258.0	132.1		
Cu (f)	0	0	33.2	5.00	24.4
Cu (g)	297.7	337.4	166.39	6.197	20.8
$CuSO_4$ (f)	−662.2	−771	109.2	16.8	98.5
Cu^{2+} (aq)		64.9	−98		
F (g)	62.3	79.3	158.75	6.518	22.7
F^- (aq)	−278.8	−335.3	−13.8		
F_2 (g)	0	0	202.79	8.825	31.3

Tab. 7.1. Fortsetzung

Stoff	$\mu^\circ = \Delta\hat{g}^\circ_B$ [kJ/mol]	$\Delta\hat{h}^\circ_B$ [kJ/mol]	$\hat{s}^\circ$ [J/(mol K)]	$\hat{h}^\circ - \hat{h}(0)$ [kJ/mol]	$\hat{c}^\circ_p$ [J/(mol K)]
Fe (f)	0	0	27.3		25.1
Fe (g)	370.7	416.3	180.5		25.7
Fe_2O_3 (f)	-742.2	-824.2	87.4		103.9
Fe^{2-} (aq)	-4.7	-48.5	-315.9		
H (g)	203.3	217.99	114.71	6.197	20.8
H^+ (aq)	0	0	0		
H_2 (g)	0	0	130.68	8.468	28.8
H_2O (fl)	−237.1	−285.83	69.9	13.27	75.3
H_2O (g)	−228.6	−241.82	188.84	9.905	33.6
H_2S (g)	33.4	−20.6	205.8	9.96	34.2
H_2S (aq)	126	−38.6	126		
HBr (g)	−53.4	−36.3	198.70	8.648	29.31
HCl (g)	−92.3	−92.3	186.90	8.640	29.14
HF (g)	−275.4	−273.3	173.78	8.599	29.14
HJ (g)	1.7	26.5	206.59	8.657	29.2
HCO_3 (aq)		−689.9	98.4		
HPO_4^{2-} (aq)	−1089	−1299	−33.5		
HSO_4^- (aq)		−887	131		
$H_2PO_4^-$ (aq)		−1302	92		
Hg (fl)	0	0	75.9	9.34	28.0
Hg (g)	31.8	61.38	174.97	6.197	20.8
J (g)	70.2	106.76	180.78	6.197	20.8
J^- (aq)	−51.6	−56.78	106.4		
J_2 (f)	0	0	116.1	13.19	54.4
J_2 (g)	19.3	62.42	260.68	10.11	36.9
K (f)	0	0	64.6	7.08	29.6
K (g)	60.5	89.0	160.34	6.197	20.8
K^+ (aq)	−283.3	−252.1	101.20		
Li (f)	0	0	29.1	4.63	24.8
Li (g)	126.6	159	138.78	6.197	20.8
Li^+ (aq)	−293.3	−278.5	12.2		
Mg (f)	0	0	32.6	4.99	24.9
Mg (g)	112.5	147.1	148.648	6.197	20.8
MgO (f)	−569.3	−601.6	26.9	5.16	37.2
N (g)	455.5	472.6	153.30	6.197	20.8
N_2 (g)	0	0	191.61	8.670	29.1
NH_3 (g)	−16.5	−45.9	192.77	10.043	35.1
NH_4^+ (aq)	−79.3	−133.2	111.1		
NO_3^- (aq)	−111.3	−206.8	146.7		
Na (f)	0	0	51.3	6.46	28.2
Na (g)	77.0	107.5	153.71	6.197	20.8
Na^+ (aq)	−261.9	−240.34	58.4		
O (g)	231.7	249.2	161.059	6.725	21.9
O_2 (g)	0	0	205.15	8.680	29.4

Tab. 7.1. Fortsetzung

Stoff	$\mu^\circ = \Delta\hat{g}^\circ_B$ [kJ/mol]	$\Delta\hat{h}^\circ_B$ [kJ/mol]	$\hat{s}^\circ$ [J/(mol K)]	$\hat{h}^\circ - \hat{h}(0)$ [kJ/mol]	$\hat{c}^\circ_p$ [J/(mol K)]
OH^- (aq)	−157.20	−230.02	−10.9		
P (weiß, f)	0	0	41.1	5.36	238
P (g)	280.1	317	163.2	6.197	20.8
Pb (f)	0	0	64.8	6.87	26.4
Pb (g)	195.2	195.2	175.37	6.197	20.8
Pb^{2+} (aq)	−24.4	0.92	18.5		
$PbSO_4$ (f)	−813.2	−920.0	148.5	20.05	
Rb (f)	0	0	76.7	7.49	31.1
Rb (g)	53.1	80.9	170.1	6.197	20.8
Rb^+ (aq)	121.75	−251.1	121.7		
S (f)	0	0	32.05	4.41	22.6
S (g)	236.7	277.1	167.83	6.657	23.7
S_2 (g)	228.17	128.6	228.16	9.132	32.5
SO_2 (g)	−300.1	−296.8	248.22	10.549	39.9
$SO_4{}^{2-}$ (aq)	−744.5	−909.3	18.5		
Si (f)	0	0	18.8	3.217	20.00
Si (g)	405.5	450	167.98	7.550	22.3
SiO_2 (f)	−856.3	−911	41.4	6.91	44.4
Sn (f)	0	0	51.1	6.32	27.0
Sn (g)	266.2	301	168.49	6.215	21.3
Sn^{2+} (aq)	−27.2	−8.9	−16.7		
SnO_2 (f)	−515.8	−577.6	49.0	8.38	52.6
Ti (f)	0	0	30.7	4.824	25.0
Ti (g)	428.4	473	180.29	7.539	24.4
$TiCl_4$ (g)	−737.2	−763	353	21.5	145.2
Zn (f)	0	0	41.6	5.65	25.4
Zn (g)	94.8	130.4	160.99	6.197	20.8
Zn^{2+} (aq)	−147.1	−153.4	−109.8		
ZnO (f)	−320.5	−350.4	43.6	6.93	40.3

7.7.3 Die Absolutwerte des chemischen Potenzials

Die Berechnung der Gleichgewichtskonstanten $K(T, p)$ im Massenwirkungsgesetz (Gl. 7.31) erfordert konkrete Werte für die chemischen Potenziale der Reaktionspartner. Damit stellt sich die Frage nach den Absolutwerten des chemischen Potenzials. Für Gase ohne innere Freiheitsgrade haben wir diese Absolutwerte über die Konstanten $\hat{e}_0$ und j_{trans} (Gl. 6.9) in Gl. 6.18 bereits in der Hand. Zur Fixierung des Absolutwerts genügt ein einziger Wert, zum Beispiel der Standardwert bei $T = 298.15$ K und $p = 1013$ mbar. Weitere Werte können, wie im vorangegangenen Abschnitt besprochen, aus Messungen der Wärmekapazitäten und Integration der GIBBS-HELMHOLTZ-Gleichung gewonnen werden. Messdaten für die Entropie, die Enthalpie, das chemische Potenzial und ande-

Tab. 7.2. Standardwerte der thermochemischen Größen einiger organischer Verbindungen.

Stoff		$\mu^\circ = \Delta\hat{g}^\circ_B$	$\Delta\hat{h}^\circ_B$	$\hat{s}^\circ$	$\hat{c}^\circ_p$
Benzol	C_6H_6 (g)	129.7	82.9	269.2	82.4
Benzol	C_6H_6 (fl)	124.5	49.1	173.4	136.0
Cyclohexan	C_6H_{12} (fl)	26.8	−156.4	204.5	154.9
Ethan	C_2H_6 (g)	−32.0	−84.0	229.2	52.5
Ethanol	C_2H_6O (g)	−167.9	−234.8	281.6	65.6
Ethanol	C_2H_6O (fl)	−174.8	−277.6	160.7	112.3
Ethen	C_2H_4 (g)	68.4	52.4	219.3	42.9
Ethin	C_2H_2 (g)	209.2	227.4	200.9	44
Kohlenstoffdisulfid	CS_2 (g)	66.8	116.9	238.0	45.7
Methan	CH_4 (g)	−50.5	−74.6	186.3	35.7
Methanol	CH_4O (g)	−162.3	−201.0	239.9	44.1
Methanol	CH_4O (fl)	−166.6	−239.2	126.8	81.1
n-Pentan	C_5H_{12} (g)	−8.2	−146.9	349.1	120.1
Phenol	C_6H_6O (f)	−50.2	−165.1	144.0	127.4
Propen	C_3H_8 (g)	−23.4	−103.8	270.3	73.6
Saccharose	$C_{12}H_{22}O_{11}$ (f)	−1544.6	−2226.1	360.2	424.3
Tetrachlor-	CCl_4 (g)	−58.2	−95.7	309.7	83.4
kohlenstoff	CCl_4 (fl)	−62.5	−128.2	214.4	133.9

re Materialgrößen werden seit vielen Jahren über weite Druck- und Temperaturbereiche gesammelt und tabelliert und haben zu einem immensen quantitativen Wissen über die thermodynamischen Eigenschaften der verschiedensten Substanzen geführt. Zum Teil sind diese Daten auch über Internet-Datenbanken abrufbar [11].

Obwohl die Absolutwerte der chemischen Potenziale im Prinzip eindeutig festgelegt sind, ist es zumindest in der Chemie praktischer, die Berechnungen der freien Reaktionsenthalpien und der Gleichgewichtskonstanten mittels bestimmter Konventionen zu vereinfachen.

Um dies einzusehen, stellen wir zunächst fest, dass der Absolutwert einer intensiven Größe ξ schwer zu messen ist, wenn die konjugierte extensive Größe X einem Erhaltungssatz genügt. Wenn wir annehmen, dass für E und X zumindest Differenz-Messverfahren existieren, so ist es grundsätzlich möglich, den Absolutwert ξ_1 von ξ für ein gegebenes System mit Hilfe der Gibbs'schen Fundamentalform zu bestimmen:

$$\xi_1(X) = \frac{\Delta E}{\Delta X} \; .$$

Wenn die Größe X aber eine Erhaltungsgröße ist, so bedeutet dies, dass der Betrag ΔX einem anderen physikalischen System entnommen werden muss. Für diese Entnahme ist aber ebenfalls ein gewisser Energiebetrag zu aufzubringen, der durch den Wert ξ_2 von ξ in dieser Quelle bestimmt ist. Nur die Energiedifferenz

$$\Delta E = (\xi_1 - \xi_2)\, \Delta X$$

ist (beispielsweise mit Hilfe eines dem CARNOT-Prozess analogen Verfahren) experimentell zugänglich.[22] Daher ist bei Prozessen, bei denen die Größe X erhalten ist, in der Regel auch nur die ξ-Differenz $\xi_2 - \xi_1$ experimentell bestimmbar und der Nullpunkt der zu X konjugierten Größe ξ kann willkürlich festgelegt werden. Beispiele für diese Eigenschaft liefern etwa die konjugierten Größenpaare $\{\boldsymbol{P}, \boldsymbol{v}\}$ oder $\{Q, \phi_Q\}$. Die Nullpunkte der Geschwindigkeit und des elektrischen Potenzials sind frei wählbar. Dies spiegelt auch die als GALILEI-Invarianz[23] bekannte Freiheit bei der Wahl des Nullpunkts für die Geschwindigkeit wider. Die Variablenpaare S, T und $V, -p$ sind dagegen Beispiele dafür, dass die Möglichkeit der Entropie-Erzeugung und die Nicht-Erhaltung des Volumens ausgenutzt werden können, um die Absolutwerte von Temperatur und Druck experimentell zu bestimmen (siehe Abschnitt 5.3).

Wo steht nun das Variablenpaar $\{\mu, N\}$ in dieser Systematik? Die Antwort auf diese Frage hängt interessanterweise davon ab, ob wir *Chemie* oder *Teilchenphysik* betreiben.

Jeder Versuch, das chemische Potenzial eines Stoffes durch Messung des Energieaufwands für die Extraktion aus einer gegebenen Phase oder chemischen Verbindung zu bestimmen, impliziert die Notwendigkeit, diese Atome in eine andere Phase oder Verbindung einzubringen. Damit kann das chemische Potenzial dieses Stoffes immer nur relativ zu denen der anderen Phase oder Verbindung bestimmt werden. Definieren wir die „Chemie" etwas willkürlich als alle diejenigen Prozesse, welche die Teilchenzahlen der *chemischen Elemente*[24] invariant lassen, so ist nach den obigen Überlegungen der Nullpunkt des chemischen Potenzials für jeweils einen frei wählbaren Aggregatzustand jedes Elements unabhängig festsetzbar! Entsprechend besteht im Bereich der Chemie die folgende *Konvention*:

! Das chemische Potenzial der unter Standardbedingungen stabilsten Modifikation jedes Elements wird gleich Null gesetzt. Die Standard-Werte der chemischen Potenziale in Tabelle 7.1 spiegelt diese Konvention wider.

Dagegen können die Differenzen der chemischen Potenziale der aus den Elementen hervorgehenden Verbindungen oder zwischen verschiedenen Phasen desselben Elements aus den thermochemischen Daten bestimmt werden, wenn der Nullpunkt der Entropie festgelegt ist (diese Bedingung wird im nachfolgenden Abschnitt diskutiert).

---

22 Dennoch existiert eine prinzipielle Möglichkeit, die Absolutwerte von ξ zu messen, indem die EINSTEIN'sche Äquivalenz von Energie und Masse ausgenutzt wird: Dazu muss der dem System 1 gemeinsam mit dem X-Betrag ΔX entnommene Energiebetrag $\xi_1 \Delta X$ durch eine präzise Bestimmung der damit verbundenen *Massenänderung* $\Delta M = \xi_1 \Delta X / c^2$ ermittelt werden. Praktisch ist der auftretende *Massendefekt* wegen des großen Faktors c^2 in der EINSTEIN'schen Relation $E = Mc^2$ nur bei sehr großen Energieänderungen, zum Beispiel bei Kernreaktionen, zu bestimmen.

23 Eine vollständige Beschreibung muss natürlich die Relativitätstheorie einbeziehen ...

24 Noch genauer – wir müssen eine Erhaltung der Teilchenzahl für jedes Isotop der chemischen Elemente einzeln fordern, also radioaktive Zerfälle und andere Umwandlungen der Elemente ausschließen.

Die Teilchenphysik (und teilweise auch die Physik der kondensierten Materie) zeichnet sich insbesondere dadurch aus, dass die Elemente in andere Elemente oder andere „Elementarteilchen" zerfallen oder aus diesen synthetisiert werden können. In diesem Bereich der Kern- und Teilchenreaktionen ist es nicht nur möglich und notwendig, die chemischen Potenziale der Elemente zueinander in Beziehung zu setzen, sondern es ist auch nötig, die Ruhenergie $\hat{e}_0 = \hat{m}c^2$ im chemischen Potenzial zu berücksichtigen, die bei der Erzeugung eines Teilchen zusätzlich zu dem Beitrag eventueller Bindung an seine Umgebung aufzubringen und bei seiner Vernichtung abzuführen ist. Dieser Beitrag dominiert gewöhnlich (mit Ausnahme der sogenannten „masselosen" Teilchen wie Photonen und Phononen) alle anderen Beiträge, so dass die Absolutwerte der chemischen Potenziale grundsätzlich als positiv anzusehen sind.

7.8 Der dritte Hauptsatz in der physikalischen Chemie

Der dritte Hauptsatz der Thermodynamik, den wir bereits in Abschnitt 2.5 eingeführt haben, wurde zuerst von dem Physiko-Chemiker NERNST in Zusammenhang mit der quantitativen Beschreibung chemischer Gleichgewichte formuliert [13]. Dieser beschäftigte sich mit dem Problem der experimentellen Bestimmung der freien Reaktionsenthalpien, um gemäß Gl. 7.31 Voraussagen über die Lage der chemischen Gleichgewichte machen zu können.

Nach Gl. 7.32 ist die Gleichgewichtskonstante durch die molare freie Reaktionsenthalpie durch

$$K(T, p) = \exp\left\{-\frac{\Delta\hat{g}_R(T, p)}{RT}\right\}$$

gegeben. Wegen der Homogenitätsrelation Gl. 5.26 sind die Absolutwerte

$$\mu = \hat{e} - T\hat{s} + p\hat{v} = \hat{h} - T\hat{s} .$$

der chemischen Potenziale in $\Delta\hat{g}_R$ mit den Absolutwerten von $\hat{e}$ *und* mit denen der molaren Entropie $\hat{s}$ verknüpft. Nullpunktsverschiebungen der Energie bewirken nur Verschiebungen der chemischen Potentiale, während Nullpunktsverschiebungen der Entropien auch die Temperaturabhängigkeit der $\mu_{iR}(T, p)$, und damit die Lage des chemischen Gleichgewichts beeinflussen. NERNST erkannte, dass eindeutige Aussagen über die Lage chemischer Gleichgewichte nur dann möglich sind, wenn die Werte der Entropien der verschiedenen miteinander reagierenden Stoffe relativ zueinander ebenso festgelegt sind, wie dies für deren Energien und Enthalpien gilt. Zu dieser Zeit war die Bedeutung des Absolutwerts der Entropie allerdings noch im Dunkeln, vor allem weil die molare Entropie von Gasen nach Gl. 6.5 im Grenzfall $T \to 0$ (bei konstanter Teilchendichte) divergiert. Aus diesem Grund wurden nur Entropie-*Differenzen* als physikalisch sinnvoll angesehen.

Um die Gleichgewichtskonstanten $K(T, p)$ und damit die Lage des Gleichgewichts einer chemischen Reaktion vorhersagen zu können ist es wünschenswert die freie

Reaktionsenthalpie $\Delta\hat{g}_R$ aus anderen messbaren Eigenschaften der Reaktionspartner zu bestimmen. Diese messbaren Eigenschaften sind die molaren Wärmekapazitäten und die Standardwerte der molaren Enthalpien $\hat{h}_i^\circ(T,p)$. Ist der Verlauf von $\Delta\hat{h}_\mathrm{R}(T,p)$ für einen bestimmten Druck p bekannt, so kann $\Delta\hat{g}_\mathrm{R}(T,p)$ durch die Integration der GIBBS-HELMHOLTZ-Gleichung (Gl. 7.35) bezüglich T bestimmt werden. Dazu müssen die molaren Enthalpien $\hat{h}_i$ der einzelnen Reaktionspartner als Funktion der Temperatur bestimmt werden, indem die molaren Wärmekapazitäten $\hat{c}_{p,i}(T)$ zu möglichst tiefen Temperaturen hin gemessen, und dann gemäß

$$\hat{h}_i(T) = \int_0^T \hat{c}_{p,i}(T')\,dT' + \hat{h}_{0,i}(p)$$

integriert werden, wobei $\hat{h}_{0,i}(p) = \hat{e}_{0,i} + p\hat{v}_{0,i}(p)$ eine Integrationskonstante ist.[25] Durch nochmalige Integration bezüglich T erhält man aus Gl. 7.35

$$\Delta\hat{g}_\mathrm{R} = -T\int_0^T \frac{\Delta\hat{h}_\mathrm{R}(T',p)}{T'^2}\,dT' + T\cdot C(p)\,, \tag{7.36}$$

wobei $C(p)$ eine weitere vom Druck abhängige Integrationskonstante ist. Experimentell zeigt sich, dass $\Delta\hat{h}_\mathrm{R}$ wegen der starken Abnahme der Wärmekapazitäten bei Annäherung an den absoluten Nullpunkt stets konstant wird, also eine horizontale Tangente aufweist. Um den Wert von $\Delta\hat{g}_\mathrm{R}$ eindeutig festlegen zu können, postulierte NERNST 1906, *dass $\Delta\hat{h}_\mathrm{R}$ und $\Delta\hat{g}_\mathrm{R}$ am absoluten Nullpunkt nicht nur denselben Wert, sondern auch dieselbe horizontale Tangente besitzen sollten und daher die Konstante $C(p)\equiv 0$ sein muss.* Diese Aussage ist zusammen mit Gl. 7.36 identisch mit der Feststellung, dass die molare Reaktionsentropie

$$\Delta\hat{s}_R = \frac{\Delta\hat{g}_\mathrm{R} - \Delta\hat{h}_\mathrm{R}}{T} \tag{7.37}$$

am absoluten Nullpunkt verschwindet.

Von PLANCK stammt die heute übliche Formulierung des 3. Hauptsatzes, nach welcher der Absolutwert $\hat{s}(T\to 0)$ für jede Substanz einzeln gegen Null gehen muss. Betrachten wir die molare Reaktionsentropie

$$\Delta\hat{s}_\mathrm{R}(T,p) = \sum_{i=1}^r \nu_i[\hat{s}_i(T,p) + \hat{s}_0] = \sum_{i=1}^r \nu_i\hat{s}_i(T,p) + \left(\sum_{i=1}^r \nu_i\right)\cdot\hat{s}_0\,, \tag{7.38}$$

so sehen wir, dass $\Delta\hat{s}_\mathrm{R}(T,p)$ bei Reaktionen vom Typ I ($\sum_i \nu_i = 0$) invariant gegen eine gemeinsame Verschiebung $\hat{s}_0$ der Entropiewerte aller Reaktanden sind, wohingegen

25 Dabei hilft die Tatsache, dass die Wärmekapazitäten bei Annäherung an den absoluten Nullpunkt klein werden und der Fehler aufgrund der notwendigen Extrapolation von der tiefsten erreichbaren Messtemperatur zu $T = 0$ ebenfalls klein ist.

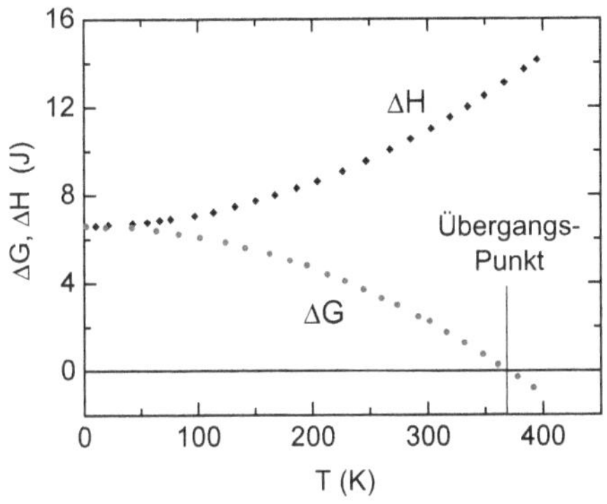

Abb. 7.12. Gemessene Reaktionsenthalpie ΔH und daraus durch Integration (Gl. 7.36) bestimmte Differenz der GIBBS'schen freien Enthalpien ΔG von 1 g rhombischem und monoklinem Schwefel als Funktion der Temperatur [13]. Der Übergang von einer Kristallstruktur zur anderen wird am Nulldurchgang von ΔG bei 369.6 K erwartet, was sehr gut mit dem direkt gemessenen Wert von 368.4 K übereinstimmt [nach E. D. Eastman, W. C. McGavock, J. Am. Chem. Soc **59**, 145 (1937)].

Reaktionen vom Typ II ($\sum_i \nu_i \neq 0$) keine solche Freiheit erlauben. Im zweiten Band werden wir sehen, dass PLANCKs weitergehende Aussage über den Absolutwert der Entropie auch im Rahmen der statistischen Thermodynamik begründet werden kann.

Die experimentelle Rechtfertigung des NERNST'schen Postulates besteht jetzt darin, dass der auf dieser Basis durch Integration von $\Delta H_R/T^2$ erhaltene Verlauf von ΔG_R die *Nullstellen* der Affinität $\mathcal{A}$ der Reaktion, und damit die Lage chemischer Gleichgewichte einschließlich der in Kapitel 9 zu besprechenden Phasenübergänge, für eine große Zahl von Beispielen korrekt vorhersagt.

Während bei Gasreaktionen die Molenbrüche aller Reaktionspartner im Allgemeinen sämtlich von Null verschieden sind und sich bei Variation von T und p stetig verschieben, zeichnen sich die im übernächsten Kapitel besprochenen Phasenübergänge dadurch aus, dass der betrachtete Stoff bei Überschreiten der Übergangstemperatur auch unstetig von einer Modifikation in eine andere übergehen kann. In diesem Fall ist das chemische Potenzial der einen Modifikation vom Molenbruch der anderen unabhängig, sodass die Affinität $\mathcal{A}$ mit der freien Reaktionsenthalpie $\Delta \hat{g}_R$ identisch wird, und der Übergangspunkt durch die Bedingung $\Delta \hat{g}_R = 0$ bestimmt wird. In Abb. 7.12 ist dies am Beispiel eines strukturellen Phasenübergangs, nämlich der Umwandlung von der rhombischen in die monokline Modifikation von festem Schwefel, illustriert. Zunächst wurde die Wärmekapazität von rhombischem Schwefel von 15 K bis zum Übergangspunkt bei etwa 370 K gemessen. Danach wurde die Probe für 24 h auf ca. 373 K aufgeheizt, um eine möglichst vollständige Umwandlung in monoklinen Schwefel zu erreichen. Nach einer schnellen Abkühlung auf 60 K wurde dann die Wärmekapazität des monoklinen Schwefels gemessen. Weil dieser strukturelle Phasenübergang wegen der tiefen Temperaturen nur sehr langsam abläuft, konnte die monokline Kristallstruktur so auch bei Temperaturen unterhalb des Übergangspunkts vermessen und die Differenz der Wärmekapazitäten bestimmt werden. Diese war dann der Ausgangspunkt für die Berechnung der in Abb. 7.12 gezeigten Daten.

Die Aussage über das Verschwinden der Entropie am absoluten Nullpunkt erlaubt also Aussagen über den Ablauf von Phasenumwandlungen und chemischen Reaktionen bei viel höheren Temperaturen! Dieser überraschende Zusammenhang geht auf die Bestimmung der relativen chemischen Potenziale der beteiligten Stoffe zurück, welche ihrerseits auf der korrekten Festlegung der Werte der Entropie beruht. Ein historische bedeutendes Beispiel für die Anwendung dieser Zusammenhänge ist das die Vorhersage der Lage des Ammoniak-Gleichgewichts und die darauf beruhende Ammoniak-Synthese, die wenige Jahre später (1913) gelang.

Unser Zugang zur Thermodynamik hat uns schon in Abschnitt 2.5 gezeigt, dass das NERNST'sche Postulat bereits von Anfang an in die Konstruktion der Thermodynamik mit eingebaut werden kann. Allein der ätherische Charakter des Entropiebegriffs in der traditionellen Darstellungsweise verschleiert die plausible Tatsache, dass der Entropieinhalt jedes endlichen physikalischen Systems endlich ist und sich bei hinreichender Abkühlung schließlich dem Wert Null annähern muss.

Übungsaufgaben

7.1. LEGENDRE-Transformation am Beispiel Kondensator

Wir betrachten zwei parallel geschaltete Kondensatoren mit den Kapazitäten C_0 und C, wobei $C_0 \gg C$. Die Gesamtladung $Q_{ges} = Q_0 + Q$ des Systems soll konstant sein.

a) Wie lautet die für die unabhängigen Variablen$\{U_0, U\}$ zuständige MASSIEU-GIBBS-Funktion $\mathcal{L}(U_0, U)$ des Gesamtsystems?

b) Schreiben Sie nun die Gesamtenergie des Systems mit den beiden Kapazitäten C und C_0 – bei konstanter Gesamtladung Q_{ges} – auf und bestimmen Sie die Gleichgewichtsladung Q auf der Kapazität C durch Minimieren der Gesamtenergie.

c) Schreiben Sie nunmehr die Gesamtenergie als Funktion von Q und vergleichen Sie die Größe der auftretenden Terme. Vernachlässigen Sie den kleinsten Beitrag.

d) Begründen Sie, weshalb man den großen Kondensator mit der Kapazität C_0 praktisch als Ladungsreservoir mit U = const. betrachten kann. Vergleichen Sie das Resultat mit dem Ergebnis von Teilaufgabe a) und interpretieren Sie die einzelnen Beiträge zur MASSIEU-GIBBS-Funktion des Systems.

e) Geben Sie die aus den MASSIEU-GIBBS-Funktionen $E(Q_0, Q)$ und $\mathcal{L}(U_0, U)$ folgenden MAXWELL-Relationen an.

7.2. Elektrisches Gleichgewicht

Betrachten Sie das im Text genannte, aus zwei Kondensatoren mit den Kapazitäten C_1 und C_2 bestehende zusammengesetzte System.

a) Berechnen Sie die Lage des durch die Kopplungsbedingungen Gln. 7.4 und 7.5 definierten Gleichgewichts durch Extremalisierung der jeweils relevanten MASSIEU-GIBBS-Funktionen des zusammengesetzten Systems. Wie lauten die jeweils resultierenden Gleichgewichtsbedingungen? Liegen Maxima oder Minima der zuständigen MASSIEU-GIBBS-Funktionen vor?

b) Geben Sie die MASSIEU-GIBBS-Funktionen des Gesamtsystems im inneren Gleichgewicht als Funktion der Gesamtladung Q beziehungsweise als Funktion der Gesamtspannung U für beide Fälle an.

c) Leiten Sie daraus für beide Fälle die Ladungskapazität des Gesamtsystems im inneren Gleichgewicht ab.

7.3. Steighöhe eines flüssigen Dielektrikums in einem Kondensator

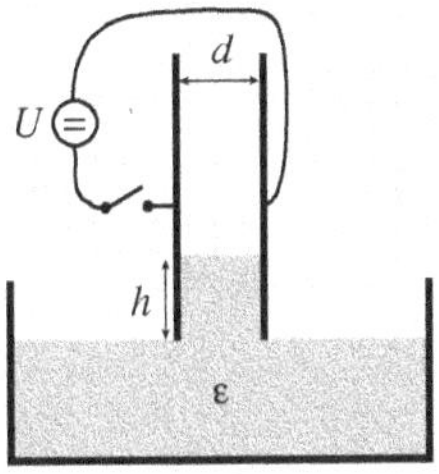

Ein quadratischer Plattenkondensator mit dem Plattenabstand $d = 1$ mm und einer Kantenlänge $L = 2$ cm steht am unteren Rand in Kontakt mit einem flüssigen Dielektrikum ($\epsilon = 4$, Massendichte $m = 4\,\mathrm{g/cm^3}$). Beim Aufladen des Kondensators mit einer Ladung Q oder einer Spannung U steigt der Flüssigkeitsspiegel im Kondensator um den Betrag h.

a) Berechnen Sie die potenzielle Energie der im Schwerefeld angehobenen Flüssigkeit, und berücksichtigen Sie dabei, dass deren Masse mit h zunimmt.

b) Berechnen und skizzieren Sie die Energie des zusammengesetzten Systems „zwei parallele Plattenkondensatoren“ (mit und ohne Dielektrikum) + Flüssigkeit im Schwerefeldäls Funktion der Steighöhe h bei konstanter Ladung.

c) Zeigen Sie, dass die Gleichgewichtsbedingung bei konstanter Ladung durch eine in h kubische Gleichung gegeben ist.

d) Was ändert sich, wenn während des Steigvorgangs nicht die Ladung, sondern die Spannung konstant gehalten wird? Wie ändert sich die Energiebilanz? Geben Sie die unter diesen Bedingungen zuständige MASSIEU-GIBBS-Funktion $E^*(U,h)$ sowie die neue Gleichgewichtsbedingung an, und skizzieren Sie $E^*(h)$ für verschiedene U. Wie groß ist die Steighöhe für $U = 3000$ V?

7.4. Isentropes und isothermes Druckgleichgewicht

Gegeben sei ein einatomiges ($\varkappa = 3/2$) ideales Gas, welches anfänglich bei ein Druckverhältnis von $p_1/p_2 = 2$ in zwei gleiche Teilvolumina $V_1 = V_2 = V/2$ eingeschlossen ist. Ein beweglicher Kolben erlaubt die Einstellung eines Druckgleichgewichts zwischen beiden Teilvolumina bei konstantem Gesamtvolumen V.

a) Berechnen Sie zunächst das Gleichgewichts-Volumen V_{1G} bei thermischer Isolation der Teilvolumina (S_1, S_2 = const.) sowie bei thermischem Kontakt mit einem Wärmereservoir mit der Temperatur $T_0 = T_1 = T_2$ = const..

b) Berechnen Sie die Gesamtenergie des Systems

$$E(S,V,V_1,N) = E_1(S_1,V_1,N_1,) + E_2(S_2,V-V_1,N_2)$$

mit $S = S_1 + S_2$ und $N = N_1 + N_2$ nach Gl. 6.26. Vergewissern Sie sich mit Hilfe dieses Ausdrucks, dass das Minimum von $E(S,V_1,V,N)$ tatsächlich bei dem in (a) berechneten Wert von V_{1G} liegt.

c) Berechnen Sie für isentrope Verschiebungen die Temperaturen in den beiden Teilvolumina als Funktion von V_1 unter der Annahme, dass im Anfangszustand $V_1 = V_2$ ist und thermisches Gleichgewicht bei der Temperatur T_0 vorliegt.

d) Zeigen Sie, dass die freie Energie des einzelnen Gases für eine feste Temperatur T_0 die folgende Form annimmt:

$$F(T_0, V, N) = E - T_0 S = NRT_0 \left[\varkappa - \frac{S_0}{(NR)} - \ln\left(\frac{V}{V_b}\right) \right] ,$$

wobei $S_0 = S(T_0, V_b, N)$ und V_b ein beliebiges Bezugsvolumen sind. Bestimmen sie die gesamte freie Energie des Systems

$$F(T_0, V, V_1, N) = F_1(T_0, V_1, N_1,) + F_2(T_0, V - V_1, N_2)$$

und berechnen Sie daraus ebenfalls die Lage des Druckgleichgewichts.

Hinweis: Die Werte von S_0, T_0 und V_b werden an keiner Stelle benötigt, wenn man sich auf die Berechnung von geeignet normierten F-Differenzen beschränkt. Das Ergebnis dieser Aufgabe ist in Abb. 7.4 graphisch dargestellt.

7.5. Mischungsentropie und osmotischer Druck

Betrachten Sie zwei Gasvolumina V_1 und V_2, die durch ein Schiebeventil und eine entlang der Kolbenachse bewegliche Membran voneinander getrennt sind. Die Teilvolumina seien mit zwei verschiedenen Gasen, N_2 und He, gefüllt. Die Membran ist für He durchlässig. Im Anfangzustand (A) liegen die Werte $p_A = 1013$ mbar, $T = 300$ K und $V_1 = 0.2\ \ell$, $V_2 = 0.8\ \ell$ vor. Die Temperatur wird durch den Kontakt mit einem Wärmebad konstant gehalten. Nun werden die beiden Gase in zwei Teilschritten entspannt:

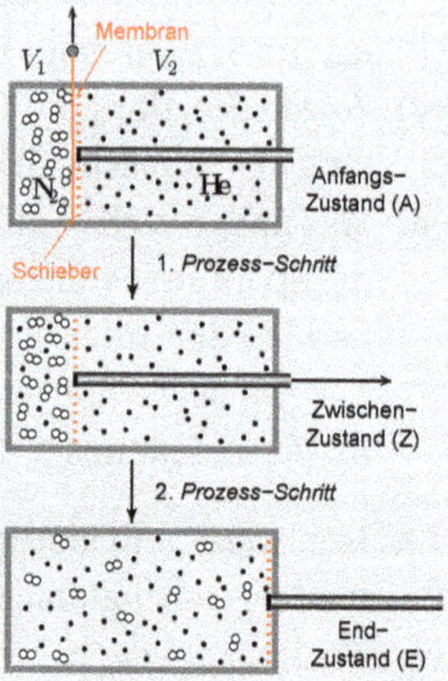

1. Wird der Schieber in einem ersten Prozess-Schritt herausgezogen, so diffundiert das He durch die (zunächst festgehaltene) Membran in das andere Teilvolumen, bis der Partialdruck p_{He} (und damit auch das chemische Potential μ_{He}) in beiden Teilvolumina gleich p_Z ist.
2. Wird dann im zweiten Prozess-Schritt die Membran losgelassen, so wird sie durch den Partialdruck p_{N_2} von Stickstoff (d.h. durch den *osmotischen* Druck) reibungsfrei nach rechts verschoben.

Am Ende liegt eine homogene Mischung der beiden Gase vor, in der sowohl die Partialdrucke p_E, als auch die chemischen Potenziale beider Gase in beiden Teilvolumina gleich sind.

a) Wie groß sind die Stoffmengen N_{N_2} und N_{He} und welcher Gesamtdruck liegt in beiden Teilvolumina vor, wenn sich das System im Zwischenzustand (Z) befindet?

b) Wieviel Entropie wird durch die Diffusion von Helium in das Teilvolumen V_1 erzeugt und wie groß ist die Änderung $\Delta F_{A\to Z}$ der freien Energie der Mischung? Entspricht die Änderung der freien Energie geleisteter oder vergeudeter Arbeit?

c) Berechnen Sie, wieviel Arbeit im zweiten Prozess-Schritt durch die Verschiebung der semipermeablen Membran, d.h. durch eine isotherme Expansion des Gases A, maximal gewonnen werden kann. Wie groß ist die entsprechende Änderung $\Delta F_{Z\to E}$ der freien Energie? Vergleichen Sie das Ergebnis mit dem für den ersten Prozess-Schritt (Teilaufgabe *b)*) resultierenden Wert von $\Delta F_{A\to Z}$. Woher stammt die für den zweiten Prozess-Schritt benötigte Mischungsentropie? Wie könnte eine *vollständig reversible* Vermischung der beiden Gase realisiert werden?

7.6. Massenwirkungsgesetz bei konstantem Volumen
Leiten Sie eine Variante des Massenwirkungsgesetzes für die Reaktionen von Gasgemischen bei konstantem Volumen ab. Wie lautet die Gleichgewichtskonstante, wenn auf der linken Seite des Massenwirkungsgesetzes die Teilchendichten n_i statt der Molenbrüche stehen?

7.7. Ladungsträgerdichten in Halbleitern
Halbleiter wie Silizium werden erst durch die thermische Anregung von Elektron-Loch-Paaren elektrisch leitfähig. Die Löcher sind gewissermaßen die Antiteilchen der Elektronen im Halbleiter - beide Typen von Ladungsträgern besitzen die Dispersionsrelation (für Materiewellen) $\varepsilon_{e,h}(\boldsymbol{k}) = \varepsilon_0 + (\hbar \boldsymbol{k})^2/2\hat{m}_{e,h}$. Die Löcher haben eine positive Ladung und, wie Elektronen im Halbleiter, in der Regel eine von Masse $\hat{m}_0$ freier Elektronen und Positronen abweichende Masse pro Teilchen $\hat{m}_h$. Die Masse der Elektronen in Silizium beträgt $\hat{m}_e = 1.5\hat{m}_0$, die der Löcher $\hat{m}_h = 0.5\hat{m}_0$. Die Erzeugung und Vernichtung von Elektron-Loch-Paaren wird durch die „Reaktionsgleichung“

$$e^-_{\boldsymbol{k}} + h^+_{\boldsymbol{k}'} \rightleftharpoons \text{Phononen} .$$

beschrieben; sie erfordert (zusätzlich zur kinetischen Energie) mindestens die Energie $2\varepsilon_0$; die Vernichtung setzt denselben Energiebetrag frei. In der Halbleiterphysik wird die minimale Anregungsenergie ($2\varepsilon_0 = 1.12$ eV bei Silizium) als der „Bandabstand“ zwischen dem Leitungsband und dem Valenzband bezeichnet.

a) Leiten Sie die Bedingung für das chemische Gleichgewicht für diese bei konstantem (Kristall)-Volumen ablaufende „chemische“ Reaktion durch Minimierung der freien Energie her (das chemische Potenzial der Phononen ist identisch gleich Null)!

b) Bestimmen Sie die Gleichgewichtskonstante $K(T)$ dieser Reaktion aus den bekannten chemischen Potenzialen

$$\mu_{\mathrm{e,h}}(T, n_{\mathrm{e,h}}) = \varepsilon_0 - k_{\mathrm{B}} T \ln\left(\frac{j_{\mathrm{e,h}} T^{3/2}}{n_{\mathrm{e,h}}}\right)$$

der Elektronen und Löcher ab, wobei $j_{\mathrm{e,h}} = 2 \cdot \left(\hat{m}_{\mathrm{e,h}} k_{\mathrm{B}} / 2\pi\hbar^2\right)^{3/2}$ die zugehörigen chemischen Konstanten sind.

c) Berechnen Sie aus $K(T)$ die Dichten $n_{\mathrm{e,h}}(T)$ der Elektronen und Löcher in reinem Silizium, und aus den $n_{\mathrm{e,h}}(T)$ die zugehörigen chemischen Potenziale.

d) Was ändert sich wenn der Halbleiter mit einer gewissen Dichte $n_D = 10^{15}$ Teilchen/cm^3 von Donator-Atomen (zum Beispiel Phosphor) *dotiert* ist? Zeigen Sie, dass die Gleichgewichtsbedingung unverändert bleibt. Berechnen Sie für diesen Fall die Ladungsträgerdichten als Funktion der Temperatur. Wie verändern sich die chemischen Potenziale? Skizzieren Sie die chemischen Potenziale der Elektronen als Funktion von T für den undotierten und den dotierten Fall.

7.8. Dissoziation von Wasser

Der pH-Wert stellt ein Maß für den Säuregrad, das heißt die Konzentration von H^+- (beziehungsweise H_3O^+-)Ionen in wässerigen Lösungen dar, und ist durch $\mathrm{pH} := -\log_{10} n_{\mathrm{H}^+}$ definiert.

a) Überzeugen Sie sich mit Hilfe der Werte in Tabelle 7.1, dass die freie Reaktionsenthalpie für die Dissoziation von Wasser

$$\mathrm{H_2O} \rightleftharpoons \mathrm{H^+} + \mathrm{OH^-}$$

den Standardwert $\Delta\hat{g}_{\mathrm{R}}^{\circ} = 79.9\,\mathrm{kJ/mol}$ hat.

b) Begründen Sie, warum der pH-Wert von reinem Wasser den Wert 7 hat. Berechnen Sie dazu die Dichten n von H^+ und OH^--Ionen in reinem Wasser bei 300 K.

7.9. Erfinder

Ein Erfinder behauptet, sein neuer Motor gibt pro mit Luft verbranntem Kilogramm Methanol eine Nutzleistung von 20 MJ über eine Welle ab.

a) Stellen Sie die Reaktionsgleichung auf und überprüfen Sie die Energiebilanz der Reaktion, indem Sie die freie Reaktionsenthalpie

$$\Delta\hat{g}_{\mathrm{R}} = \sum_i \nu_i \mu_{i\mathrm{R}}$$

als Funktion der chemischen Potenziale der beteiligten Stoffe berechnen. Ist die Behauptung des Erfinders korrekt? Welche Bedingung muss $\Delta\hat{g}_{\mathrm{R}}$ erfüllen, damit die Reaktion Energie freisetzt?

Hinweis: Die molare Masse von Methanol beträgt $\hat{m}_{\mathrm{Methanol}} = 32\,\mathrm{g/mol}$.

b) Angenommen, es handelt sich um eine CARNOT-Maschine, die zwischen zwei Wärmereservoirs mit den Temperaturen T_a und T_b arbeitet, wobei $T_a = 300\,\mathrm{K}$. Wie groß müßte T_b sein?

Substanz	**μ (kJ/mol)**
Kohlendioxid CO_2 (g)	-394
Methanol CH_3OH (fl)	-166
Sauerstoff O_2 (g)	0
Wasser (g)	-229

7.10. Verbrennung

a) Wieviel Energie wird bei der „Verbrennung" von 1 kg Schokolade frei und wieviel Entropie wird dabei erzeugt (wenn der Prozess bei Zimmertemperatur stattfindet)? Rechnen Sie mit Zucker (Sacharose), einem der Hauptbestandteile von Schokolade:

$$C_{12}H_{22}O_{11} + 12\,O_2 \longrightarrow 12CO_2 + 11\,H_2O\ .$$

b) Eine Lokomotive wiegt ca. 80 Tonnen. Auf welche Geschwindigkeit (in km/h) kann man eine anfänglich stehende Lokomotive mit der vorstehenden Energiemenge beschleunigen, wenn alle Verluste vernachlässigt werden?

c) Wieviel Entropie wird beim Verrosten von 1 kg Eisen erzeugt?

Substanz	**μ (kJ/mol)**
Eisen (f)	0
Eisenoxid Fe_2O_3 (f)	-742
Kohlendioxid CO_2 (g)	-394
Oktan (fl)	6.41
Sauerstoff O_2 (g)	0
Wasser (fl)	-237
Zucker $C_{12}H_{22}O_{11}$ (f)	-1544

7.11. Diamant-Synthese aus Graphit

Das chemische Potenzial μ_A eines Stoffes A charakterisiert – pointiert gesagt – die Tendenz dieses Stoffes zu verschwinden (ggf. begleitet vom Entstehen anderer Stoffe B, C, ...). Es leuchtet ein, dass der Wert von μ von Zustandsgrößen wie dem Druck p und der Temperatur T abhängt. In linearer Näherung um den Bezugszustand $\{T_0, p_0\}$gilt somit

$$\mu(T, p_0) = \mu(T_0, p_0) - \hat{s}_0 \cdot (T - T_0)$$
$$\mu(T_0, p) = \mu(T_0, p_0) + \hat{v}_0 \cdot (p - p_0)\ .$$

Die chemischen Potentiale sowie die Temperatur- und Druckkoeffizienten für die Modifikationen des Kohlenstoffs lauten (für Normalbedingungen):

$$\mu_{0,\text{Graphit}} = 0 \qquad \mu_{0,\text{Diamant}} = 2.9\ \text{kJ/mol}$$

$$\hat{s}_{0,\text{Graphit}} = -0.0057\ \text{kJ/(mol}\cdot\text{K)} \qquad \hat{s}_{0,\text{Diamant}} = -0,0024\ \text{kJ/(mol}\cdot\text{K)}$$

$$\hat{v}_{0,\text{Graphit}} = 0,541\ \text{kJ/(mol}\cdot\text{kbar)} \qquad \hat{v}_{0,\text{Diamant}} = 0.342\ \text{kJ/(mol}\cdot\text{kbar)}$$

a) Welche Modifikation ist unter Normalbedingungen häufiger anzutreffen?

b) Skizzieren Sie qualitativ die Temperatur- beziehungsweise Druckabhängigkeit der chemischen Potenziale von Graphit und Diamant.

c) Ist es möglich, Diamant aus Graphit herzustellen – und wenn ja, wie?

8 Transportphänomene

Die Einstellung eines Gleichgewichts zwischen Systemen ist in der Regel mit dem Transport physikalischer Größen von einem Teilsystem in ein anderes verbunden. Die Untersuchung von *Transport-Phänomenen* stellt daher neben dem Studium der Gleichgewichtszustände eine wichtige Klasse von Experimenten zur Erforschung komplexer Systeme dar.

In diesem Kapitel wollen wir die Transporteigenschaften von verdünnten Gasen darstellen. Dazu nehmen wir an, dass sich das Gas in einem Nichtgleichgewichtszustand mit einer langsamen räumlichen Variation der intensiven Größen ξ und der Dichten x der thermodynamisch konjugierten mengenartigen Größen X befindet. Die Herstellung des Gleichgewichtszustands wird durch den *Transport* der Größen X erfolgen, der im Allgemeinen von den Gebieten mit der höheren X-Dichte in die mit der niedrigeren X-Dichte verläuft. Die treibenden (verallgemeinerten) Kräfte für den Transportprozess sind die mit den Dichte-Gradienten verknüpften Gradienten der intensiven Größen ξ.

Auf dieser Basis werden wir viel verwendete Relationen für die in Abschnitt 2.6 eingeführten *Transport-Koeffizienten* gewinnen. Es zeigt sich, dass die Transportkoeffizienten der verschiedenen mengenartigen Größen in diesem Rahmen durch die thermodynamischen Suszeptibilitäten des Systems sowie einen einzigen neuen Parameter – die Diffusionskonstante – kontrolliert werden.[1] Die Ergebnisse werden unter minimalen Voraussetzungen abgeleitet und gelten nicht nur für die in diesem Abschnitt betrachteten idealen Gase, sondern lassen sich auch auf die später zu besprechenden Quantengase übertragen. Sie beschreiben daher auch einen wichtigen Teil der Transporteigenschaften von Festkörpern und Quanten-Flüssigkeiten.

8.1 Transport durch bewegliche Teilchen

Gase und andere makroskopische fluide Systeme können in Teilvolumina zerlegt werden, die untereinander im thermodynamischen Gleichgewicht stehen. Wie bei anderen zusammengesetzten Systemen kann man sagen, dass sich das makroskopische System als Ganzes im „inneren“ Gleichgewicht befindet. Eine Möglichkeit, dieses Gleichgewicht zu stören, ist es, räumliche Gradienten der intensiven Größen oder der Dichten der bilanzierbaren Größen zu erzeugen, die dann zu *Strömen* dieser Größen Anlass geben, welche danach streben, das innere Gleichgewicht wieder herzustellen.

Entscheidend für die Ableitung der Transportkoeffizienten ist die Annahme, dass das Gas eine *innere Längenskala* Λ aufweist, unterhalb derer sich kein inneres Gleichgewicht einstellen kann. Dieser Annahme liegt die Vorstellung zu Grunde, dass die Einstellung eines *lokalen Gleichgewichts* eines Relaxationsmechanismus bedarf, des-

1 In der Halbleiterphysik ist dieser Zugang als das *Drift-Diffusions*-Modell bekannt.

https://doi.org/10.1515/9783110560220-295

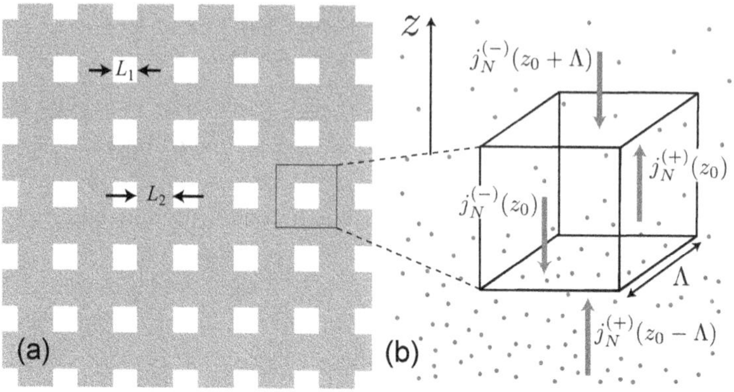

Abb. 8.1. Berechnung der Diffusionskonstanten. a) Modellhafte Zerlegung des Gasvolumens in Teilvolumina der Größe L_1^3 im inneren Gleichgewicht (n, s =const.), getrennt durch Bereiche der Breite L_2, in denen n und s variieren. b) Im Grenzfall $L_1 \to 0, L_2 \to \Lambda$ entsteht die feinste physikalisch sinnvolle Zerlegung in Bereiche der Größe Λ^3. Bei einer Zunahme der Teilchendichte von oben nach unten und gleicher mittlerer Geschwindigkeit $\langle|\boldsymbol{v}|\rangle$ driften mehr Teilchen von unten nach oben als von oben nach unten und bewirken einen resultierenden N-Strom von unten nach oben.

sen Effektivität im Rahmen des Modells (Abschnitt 3.4) durch die charakteristische Längenskala Λ quantifiziert wird. Modellhaft nehmen wir zunächst an, dass wir das Systemvolumen in Teilvolumina der Größe L_1^3 im inneren Gleichgewicht (T, n =const.) zerlegen können, die durch Bereiche der Breite L_2, getrennt sind, in denen beispielsweise die Teilchendichte n und die Entropiedichte s variieren (Abb. 8.1a). Die feinstmögliche, physikalisch sinnvolle Zerlegung entsteht im Grenzfall $L_1 \to 0, L_2 \to \Lambda$: In diesem Fall wird das Gasvolumen in Bereiche der Größe Λ^3 unterteilt.

Die Größe Λ wird die *mittlere freie Weglänge* genannt und gibt die mittlere Wegstrecke an, die ein Atom oder Molekül zurücklegt, ohne an Seinesgleichen oder an anderen Streupartnern gestreut zu werden. Entsprechend ist die *Relaxationszeit* τ die mittlere Flugzeit zwischen zwei Stößen. Der Zusammenhang zwischen Λ und τ ist durch die mittlere Geschwindigkeit $\langle|\boldsymbol{v}|\rangle$ der Teilchen *zwischen* den Stößen gegeben:

$$\Lambda = \langle|\boldsymbol{v}|\rangle \cdot \tau \,. \tag{8.1}$$

Zunächst betrachten wir den Transport von Teilchen in Abwesenheit von äußeren Kraftfeldern. Zerlegen wir das Gasvolumen entsprechend Abb. 8.1b in Teilvolumina der Größe Λ^3, so ist der Betrag der Teilchenstromdichte $\boldsymbol{j}_N$, mit der Teilchen von einem herausgegriffenen Teilvolumen in jedes der sechs benachbarten Volumenelemente strömen, durch

$$|\boldsymbol{j}_N| = \frac{1}{6} n \cdot \langle|\boldsymbol{v}|\rangle$$

gegeben, wobei n die Teilchendichte ist. Der Vorfaktor 1/6 kommt daher, dass die Stromdichte durch die sechs das betrachtete Teilvolumen V_0 begrenzenden Flächen gleich sein muss, wenn die Verteilung der Geschwindigkeiten isotrop ist.[2] Jetzt nehmen wir an, dass in dem Gas ein Gradient der Teilchendichte, beispielsweise in z-Richtung, vorliegt. Dann setzt sich die z-Komponente der Teilchenstromdichte $\boldsymbol{j}_N(z_0)$ durch eine bei $z = z_0$ senkrecht auf der z-Achse stehenden Ebene aus den folgenden vier Beiträgen zusammen:

$$\begin{aligned} j_N^{(+)}(z_0) &= +\frac{1}{6}n(z_0)\cdot\langle|\boldsymbol{v}|\rangle\,, \\ j_N^{(-)}(z_0) &= -\frac{1}{6}n(z_0)\cdot\langle|\boldsymbol{v}|\rangle\,, \\ j_N^{(+)}(z_0-\Lambda) &= +\frac{1}{6}n(z_0-\Lambda)\cdot\langle|\boldsymbol{v}|\rangle\,, \\ j_N^{(-)}(z_0+\Lambda) &= -\frac{1}{6}n(z_0+\Lambda)\cdot\langle|\boldsymbol{v}|\rangle\,. \end{aligned}$$

Die ersten beiden Beiträge beschreiben die aus dem Volumenelement V_0 bei z_0 herausströmenden Teilchen, während die anderen beiden Beiträge von den Nachbar-Volumina bei $z_0 \pm \Lambda$ in das betrachtete Teilvolumen V_0 hineinströmen. Als Summe dieser Beiträge ergibt sich

$$|\boldsymbol{j}_N(z)| = -\frac{1}{3}\,\langle|\boldsymbol{v}|\rangle\Lambda\cdot\frac{\partial n(z)}{\partial z}\,. \tag{8.2}$$

Das Minus-Zeichen bedeutet, dass der Transport (normalerweise) in Richtung niedrigerer Teilchendichten erfolgt und damit bestehende Dichte-Unterschiede ausgleicht. Für eine beliebige Orientierung des n-Gradienten gilt:

$$\boldsymbol{j}_N(\boldsymbol{r}) = -D\cdot\operatorname{grad} n(\boldsymbol{r})\,. \tag{8.3}$$

!

Gleichung 8.3 gilt in Abwesenheit äußerer Kraftfelder und wird auch das 1. FICK'sche Gesetz genannt. Die Größe

$$D = \frac{1}{3}\,\langle|\boldsymbol{v}|\rangle\,\Lambda \tag{8.4}$$

heißt die *Diffusionskonstante.*[3] Die Diffusionskonstante bildet im folgenden den entscheidenden Parameter für die Effizienz der Transportprozesse. Diese extrem vereinfachte Überlegung vernachlässigt, dass die Teilchengeschwindigkeiten eine breite Wahrscheinlichkeitsverteilung aufweisen und die mittlere freie Weglänge im Allgemeinen von der Geschwindigkeit abhängig ist. Dennoch wird sich dieses Resultat als sehr nützlich erweisen, auch wenn es in bestimmten Fällen zusammenbricht.

---

2 In einer und zwei Raumdimensionen beträgt dieser Faktor entsprechend 1/2 beziehungsweise 1/4.

3 Der Vorfaktor in Gl. 8.4 beträgt in einer und zwei Raumdimensionen nicht 1/3, sondern 1 beziehungsweise 1/2.

Die vorstehende Überlegung lässt sich ganz analog auf den allgemeinen Fall des Transports einer beliebigen mengenartigen Größe X übertragen. An die Stelle der Teilchendichte tritt dabei die X-Dichte $x = n\hat{x}$, in der sowohl n als auch $\hat{x}$ ortsabhängig sein können. Damit erhalten wir die folgende allgemeinere[4] Form der *Transportgleichung*:

! $$j_X(\mathbf{r}) = -D \cdot \operatorname{grad} x(\mathbf{r})\,. \tag{8.5}$$

Diese Gleichung zeichnet sich durch einen (gemessen an ihrer Einfachheit) verblüffend großen Gültigkeitsbereich und ein sehr breites Spektrum von Anwendungen aus. Bevor wir sie für verschiedene interessante Transportgrößen auswerten, wollen wir noch die freie Weglänge Λ für Gase berechnen.

8.2 Mittlere freie Weglänge

Die mittlere freie Weglänge Λ wird durch die Streuwahrscheinlichkeit der Teilchen in dem betrachteten Medium bestimmt. Die Teilchen können entweder aneinander oder an andere (feste oder bewegliche) Streuzentren stoßen. Um im Rahmen eines einfachen Modells einen Ausdruck für Λ zu gewinnen, beschränken wir uns zunächst auf feste Streuzentren und betrachten einen flachen Quader der Querschnittsfläche A und der Dicke ΔL innerhalb des Mediums, der für eine gegebene Dichte n_{streu} der Streuer dünn genug ist, um nur eine Schicht von Streuzentren zu enthalten (Abb. 8.2). Die Bewegungsrichtung eines zur Illustration herausgegriffenen Teilchens sei senkrecht zur Fläche A des Quaders. Die Effektivität der Streuzentren ist durch ihren *Streuquerschnitt* (oder Wirkungsquerschnitt) σ_{streu} bestimmt, der ein Maß für die effektive Fläche ist, die

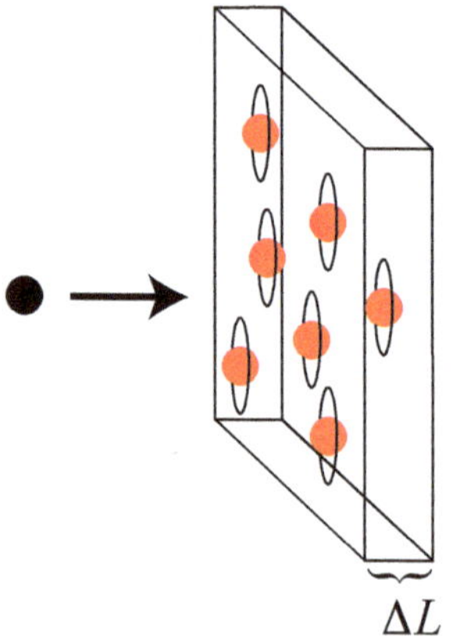

Abb. 8.2. Berechnung der mittleren freien Weglänge über die Teilchendichte und den Streuquerschnitt σ_{st}. Der Streuquerschnitt wird durch die quantenmechanischen Streueigenschaften bestimmt und ist im allgemeinen energieabhängig. Für das klassische Modell harter Kugeln entspricht er der Querschnittsfläche einer Kugel mit dem doppelten Teilchendurchmesser.

4 In Abschnitt 8.4 werden wir sehen, dass Gl. 8.5 in Gegenwart externer Kraftfelder noch um den Beitrag der externen Kraft ergänzt werden muss.

ein Streuer in der Querschnittsfläche des Quaders abdeckt. Im Rahmen der klassischen Mechanik ist der Wirkungsquerschnitt für die Streuung der einlaufenden Kugeln mit dem Radius R an harten Kugeln mit dem Radius R_{streu} isotrop und beträgt $\sigma_{\mathrm{streu}} = \pi(R + R_{\mathrm{streu}})^2$ pro Teilchen. Im Rahmen der Quantenmechanik ist die Streuung für den normalerweise dominierenden Beitrag mit dem Bahndrehimpuls 0 (s-Wellen-Streuung) ebenfalls isotrop.

Wir betrachten nun eine Anzahl von Z einlaufenden Teilchen der Masse $\hat{m}$ innerhalb der Querschnittsfläche A des Quaders und fragen, wieviele davon auf der Strecke ΔL gestreut werden. Dabei nehmen wir an, dass ΔL hinreichend klein ist, so dass die Wahrscheinlichkeit, dass sich zwei Streuzentren hintereinander befinden, vernachlässigbar klein ist. Da das Quadervolumen $N_{\mathrm{st}} = n_{\mathrm{st}} \cdot A \cdot \Delta L$ Streuzentren enthält, beträgt die durch die Streuzentren abgedeckte Fläche $\Delta A = \sigma_{\mathrm{streu}} \cdot N_{\mathrm{st}}$. Daher resultiert für die relative Änderung $\Delta Z/Z$ der Zahl der *nicht* gestreuten Teilchen:

$$\frac{\Delta Z}{Z} = -\frac{\Delta A}{A} = -\sigma_{\mathrm{streu}} n_{\mathrm{st}} \cdot \Delta L \qquad \Longrightarrow \qquad \frac{\Delta Z}{\Delta L} = -\sigma_{\mathrm{streu}} n_{\mathrm{st}} \cdot Z(L)\ .$$

Die letzte Gleichung stellt im Grenzfall $\Delta L \to 0$ eine einfache Differenzialgleichung für die Zahl der nicht gestreuten Teilchen bei beliebiger Dicke L des Quaders dar und besitzt die Lösung:

$$Z(L) = Z_0 \exp\Big(- \sigma_{\mathrm{streu}} n_{\mathrm{st}} \cdot L\Big) = Z_0 \exp\Big(- L/\Lambda\Big)\ .$$

Die mittlere freie Weglänge Λ zwischen zwei Stößen beträgt also:

$$\Lambda = \frac{1}{\sigma_{\mathrm{streu}} n_{\mathrm{st}}}\ . \tag{8.6}$$

!

Im folgenden betrachten wir die Diffusion eines Gases in einem diffusiven Medium mit statistisch verteilten, fixierten Streuzentren. Dieses findet beispielsweise in der gleich folgenden Diffusion eines Gases durch die Poren eines Tonzylinders, aber auch bei der Diffusion des Elektronengases in einem Metall oder Halbleiter mit einer fest vorgegebenen Verteilung von Streuzentren Anwendung. Für Gase in einem freien Volumen kann die Diffusion nur in zwei- oder mehrkomponentigen Gasgemischen auftreten. In diesem Fall spricht man von *gegenseitiger Diffusion*. Bei Gasgemischen sind die Streuzentren ebenfalls bewegliche Teilchen der Masse $\hat{m}_{\mathrm{st}}$. Daher reduziert sich die mittlere freie Weglänge Λ in Gl. 8.6 (und damit auch die Diffusionskonstante) um einen durch die *reduzierte Masse* (Anhang E)

$$\hat{m}_{\mathrm{red}} = \left(\frac{1}{\hat{m}_{\mathrm{st}}} + \frac{1}{\hat{m}}\right)^{-1} \tag{8.7}$$

der Streupartner bestimmten Faktor [18]:

$$\Lambda = \left(\frac{\hat{m}_{\mathrm{st}}}{\hat{m}_{\mathrm{st}} + \hat{m}}\right)^{1/2} \cdot \frac{1}{\sigma_{\mathrm{streu}} n_{\mathrm{st}}}\ . \tag{8.8}$$

Als Beispiel betrachten wir die Diffusion eines verdünnten idealen Gases mit dem Molekulargewicht $\hat{m}$ durch die Poren eines Tonzylinders. Mit der mittleren Geschwindigkeit $\langle|\boldsymbol{v}|\rangle = \sqrt{8k_\mathrm{B}T/\pi\hat{m}}$ erhalten wir für die Diffusionskonstante:

$$D = \frac{1}{3}\sqrt{\frac{8}{\pi}\frac{k_\mathrm{B}T}{\hat{m}}}\frac{1}{\sigma_\mathrm{streu}n_\mathrm{st}} .$$

Leichte Teilchen diffundieren also wesentlich schneller als schwere. Dies kann man experimentell sichtbar machen, indem man einen mit Stickstoff gefüllten porösen Tonzylinder mit Heliumgas umspült. Die schnell in den Zylinder hineindiffundierenden Heliumatome erzeugen im Inneren des Zylinders solange einen Überdruck bis die schweren N_2-Moleküle den Weg nach außen gefunden haben und sich die Konzentrationen von He und N_2 auf beiden Seiten der Wand des Tonzylinders angeglichen haben. Ersetzt man das Helium auf der Außenseite danach wieder durch Stickstoff, so diffundiert das Helium ebenso schnell wieder nach außen, und es entsteht für eine gewisse Zeit ein Unterdruck im Zylinder, bis es der langsamere Stickstoff wieder hineingeschafft hat.

In den folgenden Abschnitten wollen wir die Transportgleichungen in linearer Näherung auswerten und die Stromdichten der Transportgrößen S, N und $\boldsymbol{P}$ mit den Antrieben für den Transport, nämlich den Gradienten der intensiven Größen T, μ und $\boldsymbol{v}$, in Verbindung bringen.

8.3 Diffusion

In Abschnitt 7.4 haben wir nur den Anfangs- und den Endzustand des Diffusionsprozesses betrachtet. Um den raum-zeitlichen Verlauf des Diffusionsprozesses zu beschreiben, gehen wir ganz analog wie bei dem Problem der Wärmeleitung in Abschnitt 2.10 vor. Dazu kombinieren wir die Transportgleichung 8.3 für den Teilchenstrom $\boldsymbol{j}_N$ mit der Kontinuitätsgleichung[5] für die Teilchendichte:

$$\operatorname{div}\boldsymbol{j}_N + \frac{\partial n}{\partial t} = 0 . \tag{8.9}$$

Setzen wir die Transportgleichung in die Kontinuitätsgleichung ein, erhalten wir eine Differenzialgleichung für n:

!

$$\frac{\partial n(\boldsymbol{x},t)}{\partial t} = D \operatorname{div}\operatorname{grad} n(\boldsymbol{x},t) \tag{8.10}$$

Diese Gleichung wird auch das 2. Fick'sche Gesetz genannt. Sie ist ganz analog zur Wärmeleitungsgleichung Gl. 2.28. Daher beschreiben nachfolgend dargestellten Lösungen von Gl. 8.10 ebenso diejenigen von Gl. 2.28.

5 In Abwesenheit chemischer Reaktionen verschwindet der Erzeugungsterm Σ_N.

Um uns Einsicht in die Charakteristika des Diffusionsprozesses zu verschaffen, wollen wir Gl. 8.10 für ein eindimensionales Problem lösen. Dazu betrachten wir die bezüglich x FOURIER-transformierte Diffusionsgleichung:

$$\frac{\partial n_q(t)}{\partial t} = -Dq^2\, n_q(t)\,. \tag{8.11}$$

Dabei ist $n_q(t)$ die FOURIER-Transformierte der Dichte:

$$n_q(t) = \int_{-\infty}^{\infty} dx\, \exp(iqx)\, n(x,t)\,.$$

Die FOURIER-transformierte Diffusionsgleichung ist linear in n und hat die Lösung

$$n_q(t) = n(q,0)\exp(-Dq^2t)\,. \tag{8.12}$$

Die Funktion $n(q,0)$ beschreibt die (FOURIER-transformierte) räumliche Verteilung der Teilchendichte. Ist im einfachsten Fall $n(q,0) = n_0$ konstant, so entspricht dies einer punktförmigen Anfangsverteilung $n(x,0) = n_0\delta(x)$. Gleichung 8.12 sagt uns, dass Inhomogenitäten der Teilchendichte auf einer Längenskala $1/q$ innerhalb der charakteristischen Zeit $1/Dq^2$ exponentiell zerfallen. Kleinskalige Inhomogenitäten mit großen q zerfallen also schnell, großräumige Inhomogenitäten langsam. Anders gesagt: Der Stofftransport durch Diffusion ist über kurze Stecken effektiv, über lange Strecken nicht. Je größer die Diffusionskonstante D ist, um so schneller ist die Diffusion. Um die Ortsabhängigkeit der Relaxation zur erhalten, müssen wir Gleichung 8.12 FOURIER-rücktransformieren:

$$n(x,t) = n_0 \int_{-\infty}^{\infty} dx\, \exp(iqx - q^2Dt)\,. \tag{8.13}$$

Durch quadratische Ergänzung des Exponenten lässt sich das FOURIER-Integral auf ein GAUSS-Integral $\int_0^\infty \exp(-x^2)dx = \sqrt{\pi}$ zurückführen:

$$n(x,t) = \frac{n_0}{2\sqrt{\pi Dt}}\, \exp\left(-\frac{x^2}{4Dt}\right) \tag{8.14}$$

Das Resultat ist eine auf n_0 normierte GAUSS-Funktion, die in Abb. 8.3 für verschiedene Zeiten t dargestellt ist. Die Breite der Gauß-Funktion, beziehungsweise das mittlere *Verschiebungsquadrat* $\langle (x - \langle x \rangle)^2 \rangle = 2Dt$, wächst mit der Zeit linear an.

Nach EINSTEIN lässt sich der Diffusionsprozess auch als Zufallsbewegung deuten („random walk"), bei dem das einzelne Molekül einen durch die Stöße mit den übrigen Molekülen zufälligen Pfad zurücklegt. Die Stöße sorgen dafür, dass die Verschiebung beziehungsweise die Geschwindigkeit der Moleküle bei einer homogenen Anfangsverteilung im Mittel gleich Null sind. Ist die Dichteverteilung am Anfang inhomogen, so bewirkt die Diffusion einen Nettotransport, der die Dichteunterschiede ausgleicht.

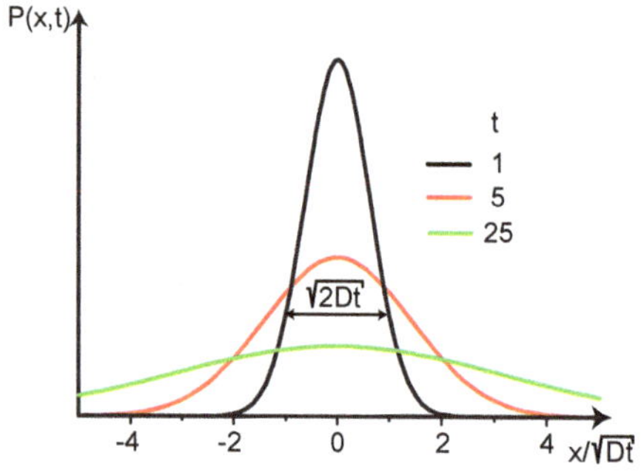

Abb. 8.3. Die räumliche Verteilung der Wahrscheinlichkeitsdichte $w(x, t)$ ist wegen der Normierung der Wahrscheinlichkeiten in allen Fällen gleich.

Die Dichteverteilung der Gesamtheit der Moleküle einer Sorte, beziehungsweise die Aufenthaltswahrscheinlichkeit für ein einzelnes Molekül, wird durch die Lösungen der Diffusionsgleichung bei gegebenen Anfangsbedingungen beschrieben. Gleichung 8.14 ist die GREEN'sche Funktion der Diffusionsgleichung (auch „Diffusionspropagator" genannt), mit deren Hilfe sich die Lösung der Diffusionsgleichung für eine beliebige Anfangsverteilung $n(x, t_0)$ gewinnen lässt:

$$n(x,t) = \int_{-\infty}^{\infty} dx' \, \frac{n_0(x', t_0)}{2\sqrt{\pi D t}} \exp\left(-\frac{(x-x')^2}{4D(t-t_0)}\right) \tag{8.15}$$

Dividieren wir Gleichung 8.14 noch durch n_0, so erhalten wir die Verteilungsfunktion des Diffusionsprozesses (Anhang B):

$$w(x,t) = \frac{1}{2\sqrt{\pi D t}} \exp\left(-\frac{x^2}{4Dt}\right) \tag{8.16}$$

Lässt man ein Molekül für eine Zeit t diffundieren, so legt es im Mittel die Entfernung $L = \sqrt{Dt}/2$ zurück. Deutet man $dL/dt \propto 1/\sqrt{t}$ als eine Art „mittlere Geschwindigkeit" so geht diese für lange Zeiten gegen Null. Dies ist äquivalent zu der Feststellung, dass Dichteunterschiede über große Abstände nur sehr langsam ausgeglichen werden. Das dreidimensionale Äquivalent zu Gl. 8.16 lautet

$$w(x,t) = \frac{1}{\left(2\sqrt{\pi D t}\right)^3} \exp\left(-\frac{\boldsymbol{r}^2}{4Dt}\right). \tag{8.17}$$

8.4 Diffusion und Diffusionsgleichgewichte in äußeren Feldern

8.4.1 Thermodynamik im äußeren Kraftfeld

Teilchenströme in Fluiden können außer durch Gradienten des chemischen Potenzials auch durch *externe Felder* in Bewegung gesetzt werden. Diese Felder stellen neben dem Gas weitere physikalische Systeme dar, deren Energie durch die räumliche Verteilung einer oder mehrerer extensiver Größen X des Gases, wie der elektrischen Ladung Q

oder der Masse M, gegeben ist. Die Größe X ist in der Regel über eine Stoff-(oder gar Natur-)Konstante $\hat{x}$ fest mit der Teilchenzahl verknüpft:

$$X = \hat{x}N \; .$$

Für ein konservatives Kraftfeld ist die auf die Teilchen wirkende Kraft $\boldsymbol{F}$ durch ein Potenzial darstellbar:

$$\boldsymbol{F} = -\hat{x}\,\mathrm{grad}\,\phi_X(\boldsymbol{r}) \; .$$

Durch die Verschiebung eines Teilchens in dem Kraftfeld kann also Energie gespeichert oder aus dem Kraftfeld entnommen werden, was zu einer Energieänderung

$$dE_{\mathrm{Feld}} = \phi_X\, dX$$

des zusammengesetzten Systems 'Gas + Kraftfeld' führt. Dieser Term muss an die GIBBS'sche Fundamentalform des Gases angefügt werden, um dessen Kopplung an das externe Feld zu berücksichtigen:

$$dE_{\mathrm{Gas+Feld}} = T\,dS - p\,dV + \mu\,dN + \phi_X\,dX = T\,dS - p\,dV + (\mu + \hat{x}\phi_X)\,dN \; .$$

Die wichtigsten Beispiele für eine solche Kopplung zwischen Teilchen und Feldern sind Gase im Gravitationsfeld und Elektronen oder Ionen in elektrischen Feldern, die wir weiter unten näher besprechen werden. Da $X = \hat{x}N$, bietet es sich an, die zu X zugehörige intensive Größe mit dem chemischen Potenzial zu einer *neuen* intensiven Größe

$$\bar{\mu} := \mu + \hat{x}\phi_X \tag{8.18}$$

des Gesamtsystems „Gas + Kraftfeld“ zusammenzufassen, um die energetischen Aspekte der Verschiebung des Gases in einem Kraftfeld in der üblichen Weise thermodynamisch zu beschreiben. Dies ist möglich, wenn die betrachteten Zustandsänderungen so langsam sind, dass der Beitrag der Schwerpunktsbewegung des Gases zur Gesamtenergie vernachlässigbar ist[6] und eine Beschreibung des Feldes in *statischer Näherung* möglich ist, weil keine inneren Freiheitsgrade des Feldes angeregt werden.[7]

Für das Folgende ist insbesondere die Tatsache wichtig, dass das Gleichgewicht bezüglich räumlicher Änderungen der Teilchendichte $n(\boldsymbol{r})$ zwischen dem Gas und dem

---

6 Die Beschreibung von Fluiden und Gasen unter Berücksichtigung der Schwerpunktsbewegung ist der Gegenstand der Hydrodynamik.

7 In diese approximativen Beschreibung, in der die für das System „Kraftfeld“ charakteristischen Variablen nicht explizit auftreten, ist nur bei hinreichend langsamen Zustandsänderungen möglich. Immer wenn die Geschwindigkeit ℓ/τ einer Zustandsänderung auf der Längenskala ℓ in der Zeit τ mit der Ausbreitungsgeschwindigkeit c im Feld vergleichbar wird, so werden die inneren Freiheitsgrade des Feldes bedeutsam. Die schnelle Verschiebung von elektrischen Ladungen äußert sich in der Emission elektromagnetischer Wellen, welche die inneren Freiheitsgrade des Systems 'elektromagnetisches Feld' darstellen. Ähnlich liegen die Verhältnisse in Gasen, oder im Verzerrungsfeld eines Festkörpers, in denen bei schnellen Zustandsänderungen Schallwellen angeregt werden können.

Kraftfeld durch die räumliche Konstanz der zu N thermodynamisch konjugierten Größe $\bar{\mu}$ gegeben ist:

$$\bar{\mu}(\boldsymbol{r}) = \mu(\boldsymbol{r}) + \hat{x}\phi_X(\boldsymbol{r}) = \text{const.} \tag{8.19}$$

Dies stellt eine Verallgemeinerung der bisher betrachteten Gleichgewichtsbedingungen dar, bei denen ein Austausch der Größe X zwischen nur zwei Systemen betrachtet wurde. Hier geht es um das Diffusionsgleichgewicht in einem kontinuierlichen Medium, das beliebig in Teilvolumina aufgeteilt werden kann, sofern deren Größe Λ^3 nicht unterschreitet.

8.4.2 Die Einstein-Relation

Gemäß dem (leicht verallgemeinerten) Ohm'schen Gesetz,

$$\boldsymbol{j}_N = -\sigma_N \operatorname{grad} \phi_X ,$$

liefert das externe Kraftfeld einen weiteren Beitrag zur Stromdichte nach Gleichung 8.3. Dabei ist σ_N die (Teilchen-)*Leitfähigkeit* des Systems. Neben der Leitfähigkeit ist es üblich, auch die *Beweglichkeit* (Einheit „s/kg")

$$B = \sigma_N / n$$

der Teilchen einzuführen. Dies ist dadurch motiviert, dass die Relation

$$\boldsymbol{j}_N = n \cdot \langle \boldsymbol{v} \rangle \tag{8.20}$$

die *Driftgeschwindigkeit* $\langle \boldsymbol{v} \rangle$ (nicht zu verwechseln mit $\langle |\boldsymbol{v}| \rangle$!) definiert. Im Gegensatz zu $\langle |\boldsymbol{v}| \rangle$ stellt $\langle \boldsymbol{v} \rangle$ die mittlere Transportgeschwindigkeit der Teilchen dar und verschwindet im Gleichgewicht. Die Beweglichkeit ist der Proportionalitätsfaktor zwischen der externen Kraft und der durch das Kraftfeld bewirkten Driftgeschwindigkeit gemäß

$$\langle \boldsymbol{v} \rangle = B \cdot \boldsymbol{F} . \tag{8.21}$$

Addieren wir den Diffusionsstrom und den Beitrag durch das externe Kraftfeld, so erhalten wir (in Abwesenheit eines Temperaturgradienten) für die Stromdichte $\boldsymbol{j}_N$:[8]

$$\begin{aligned} \boldsymbol{j}_N &= -\left\{D \operatorname{grad} n + \sigma_N \hat{x} \operatorname{grad} \phi_X\right\} \\ &= -\left\{D\nu \operatorname{grad} \mu + \sigma_N \hat{x} \operatorname{grad} \phi_X\right\} . \end{aligned} \tag{8.22}$$

wobei $\nu = \partial n(T, \mu)/\partial\mu$ die in Abschnitt 5.6 eingeführte Teilchenkapazität ist.

8 Die beiden Beiträge in Gl. 8.22: der *Diffusionsstrom*, der durch den Gradienten des chemischen Potenzials μ angetrieben wird, und der *Feldstrom*, der durch das externe Feld angetrieben wird, haben zu dem Namen „Drift-Diffusions-Modell" Anlass gegeben.

Zunächst erscheinen die Koeffizienten D und σ_N als voneinander unabhängig. Sie sind es jedoch nicht, wenn wir fordern, dass $\boldsymbol{j}_N$ im Gleichgewicht verschwindet. Im Gleichgewicht müssen die beiden Antriebe nicht einzeln verschwinden, aber sie müssen sich gegenseitig aufheben, sodass wegen der Gleichgewichtsbedingung Gl. 8.19

$$\operatorname{grad}\mu = -\hat{x}\operatorname{grad}\phi_X$$

gilt:

$$\boldsymbol{j}_N = -\{D\nu - \sigma_N\}\operatorname{grad}\mu \stackrel{!}{=} 0 \,.$$

Aus den Gleichungen 8.22 und 8.19 folgt also, dass die Leitfähigkeit σ_N, die Diffusionskonstante D und die Beweglichkeit B durch die EINSTEIN-*Relation*

$$\sigma_N = nB = \nu D \tag{8.23}$$

miteinander verknüpft sind. Damit erhalten wir für den Teilchenstrom in einem äußeren Kraftfeld ϕ_X schließlich

$$\boldsymbol{j}_N = -\sigma_N \operatorname{grad}\bar{\mu}_X \,. \tag{8.24}$$

Falls neben dem Gradienten von $\bar{\mu}_X$ auch ein Temperatur-Gradient vorhanden ist, tritt noch ein weiterer Beitrag zum Strom auf, den wir in Abschnitt 8.10 besprechen werden.

Der Gradient von $\bar{\mu}_X$ definiert eine *verallgemeinerte Kraft*:

$$\boldsymbol{F}(\boldsymbol{x},t) = -\left[\operatorname{grad}\mu(\boldsymbol{x},t) + \hat{x}\operatorname{grad}\phi_X(\boldsymbol{x},t)\right] . \tag{8.25}$$

Der chemische Beitrag $-\operatorname{grad}\mu$ zur verallgemeinerten Kraft führt ebenso wie die externe Kraft zu einer endlichen Driftgeschwindigkeit im Sinne von Gl. 8.21. Er beschreibt genau wie eine reguläre Kraft den „chemischen“ Beitrag zur Energiebilanz bei der Verschiebung von Teilchen in einem chemischen Potenzialgradienten. In einem diffusiven System führt die verallgemeinerte Kraft nicht zu einer Beschleunigung des Teilchenstroms: Die Teilchen können nur beschränkt Impuls in die durch $\boldsymbol{F}$ ausgezeichnete Richtung akkumulieren, weil dieser durch die Streuung sofort an andere Teilchen weitergegeben wird.[9]

Der Ursprung der EINSTEIN-Relation ist die Zusammenfassung von chemischem und externem Potenzial in Gl. 8.18. Sie gilt daher sehr allgemein; viel allgemeiner, als die klassisch anmutende Definition der Beweglichkeit durch Gl. 8.21 vermuten lässt.

Für ein ideales Gas folgt aus $\nu = n/k_B T$ (Gl. 6.22) und der EINSTEIN-Relation (Gl. 8.23):

$$nB = \nu D = \frac{n}{k_B T}\cdot\frac{1}{3}\langle|\boldsymbol{v}|\rangle^2\tau \simeq \frac{n}{3k_B T}\,\frac{3k_B T}{\hat{m}}\cdot\tau \,.$$

9 Einen exotischen Fall stellt das suprafluüssige Helium dar: Dort bewirkt auch der chemische Beitrag $-\operatorname{grad}\mu$ eine Beschleunigung der suprafluiden Komponente des Heliums.

Im letzten Schritt haben wir unser Ergebnis aus Gl.8.4 für die Diffusionskonstante eingesetzt und mit $\langle|\boldsymbol{v}|\rangle^2 \simeq \langle \boldsymbol{v}^2\rangle = 3k_\mathrm{B}T/\hat{m}$ den Unterschied von etwa 8 % zwischen dem Betrag der mittleren Geschwindigkeit und der Wurzel aus dem mittleren Geschwindigkeitsquadrat vernachlässigt (Gln. 3.17 und 3.18). Damit erhalten wir

$$B = \frac{\tau}{\hat{m}} \tag{8.26}$$

als handliches Resultat für die Beweglichkeit einer Teilchensorte in einem Gemisch klassischer Gase oder der Ionen in einer idealen Lösung. Ein weiteres, für die moderne Physik wichtiges Anwendungsbeispiel sind die Ladungsträger in einem Halbleiter, welche aufgrund ihrer geringen Dichte (Aufgabe 6.5) ebenfalls als ideales Gas aufgefasst werden können. Aus der Beweglichkeit erhalten wir die elektrische Leitfähigkeit

$$\sigma = \hat{q}^2 \nu D = \hat{q} n B' = n\hat{q}^2 B = \frac{n\hat{q}^2}{\hat{m}}\tau \qquad \text{Drude-Formel.} \tag{8.27}$$

Dabei ist $B' = \hat{q}B$ die in der Halbleiterphysik gebräuchliche Beweglichkeit,[10] und $\hat{q}$ die Ladung pro Teilchen. Überraschenderweise bleibt die Drude-Formel auch für die (entarteten) Elektronen in Metallen richtig, obwohl für diese sowohl ν als auch $\langle|\boldsymbol{v}|\rangle$ durch völlig andere Ausdrücke gegeben sind (Abschnitt II-6.1.4).

8.4.3 Abschirmung elektrischer Felder

Das erste Beispiel, das wir besprechen wollen, sind elektrisch geladene Teilchen mit der spezifischen Ladung $\hat{q}$, die in einem elektrischen Feld diffundieren. Dabei ist zu beachten, dass die elektrostatische Energie einer homogenen Ladungsverteilung sehr hoch ist. Die meisten Systeme beinhalten daher geladene Teilchen beider Polaritäten und sind überwiegend elektrisch neutral. Die gilt für Elektrolytlösungen ebenso wie für Metalle oder Halbleiter. Letztere bilden ein besonders einfaches Beispiel, weil eine Sorte von Ladungen, nämlich die Dotieratome, fest ins Kristallgitter eingebaut sind. Nur die von den Dotieratomen abgegebenen Elektronen oder Löcher sind frei beweglich und bilden bei hinreichend schwacher Dotierung ein ideales Gas mit der Teilchendichte n_0. Als typisches Beispiel fragen wir, wie das System der beweglichen Ladungen auf das elektrische Feld einer extern vorgegebenen Ladungsverteilung $q_\mathrm{ext}(\boldsymbol{r})$ reagiert, das heißt welches Konzentrationprofil $n(\boldsymbol{r})$ sich im Diffusionsgleichgewicht ausbildet.

Die Ortsabhängigkeit des elektrischen Potenzials ϕ_Q wird durch die Lösungen der Poisson-Gleichung beschrieben:

$$\operatorname{div}\operatorname{grad}\phi_Q = -\frac{q(\boldsymbol{r})}{\varepsilon_r\varepsilon_0}\,, \tag{8.28}$$

10 In der Halbleiterphysik wird die Beweglichkeit mit μ bezeichnet und durch $B' := \hat{q}B = \sigma/(\hat{q}n) = \langle \boldsymbol{v}\rangle/|\boldsymbol{E}|$ mit der Einheit „$\mathrm{m^2/Vs}$“ definiert. Dabei ist $\boldsymbol{E}$ die lokale elektrische Feldstärke. Um Verwechslungen mit dem chemischen Potenzial zu vermeiden, ziehen wir hier die Symbole B und B' vor.

wobei $q(\boldsymbol{r}) = q_{\text{ext}}(\boldsymbol{r}) + \hat{q}\delta n(\boldsymbol{r})$ die lokale Ladungsdichte und $\delta n(\boldsymbol{r}) = n(\boldsymbol{r}) - n_0$ die Abweichung der Dichte der beweglichen Ladungsträger von der homogenen Verteilung ist. ε_0 ist die elektrische Feldkonstante und ε_r die relative Dielektrizitätskonstante des Lösungsmittels beziehungsweise des intrinsischen Halbleiters. Die durch ε_r gegebene elektrische Polarisierbarkeit des Mediums, in dem sich die Ladungsträger bewegen, führt bereits zu einer teilweisen Abschirmung des elektrischen Feldes und damit zu einer Reduktion der elektrostatischen Wechselwirkung zwischen den Ladungsträgern. Als Gleichgewichtsbedingung fordern wir die räumliche Konstanz des *elektrochemischen Potenzials* $\bar{\mu} = \mu + \hat{q}\phi_Q$ der diffundierenden Teilchen:

$$\bar{\mu} = \mu + \hat{q}\phi_Q = \text{const.}$$

Lösen wir die Gleichgewichtsbedingung nach ϕ_Q auf und bilden den Gradienten, so erhalten wir unter der Annahme einer konstanten Temperatur in linearer Näherung

$$\operatorname{grad}\phi_Q(\boldsymbol{r}) = -\frac{1}{\hat{q}}\operatorname{grad}\mu(\boldsymbol{r}) = -\frac{1}{\hat{q}}\frac{\partial\mu}{\partial n}\operatorname{grad}n(\boldsymbol{r}) = -\frac{1}{\hat{q}\nu}\operatorname{grad}\delta n(\boldsymbol{r})\,. \tag{8.29}$$

Setzen wir diese Beziehung in die POISSON-Gleichung für ϕ_Q ein, ergibt sich eine Differenzialgleichung für die Teilchendichte:

$$-\operatorname{div}\operatorname{grad}\phi_Q = \frac{1}{\hat{q}\nu}\operatorname{div}\operatorname{grad}\delta n = \frac{1}{\varepsilon_r\varepsilon_0}\Big(\hat{q}\delta n(\boldsymbol{r}) + q_{\text{ext}}(\boldsymbol{r})\Big)\,.$$

Lösen wir nach dem externen Anteil der Ladungsdichte q_{ext} auf der rechten Seite auf, so erhalten wir eine inhomogene Differenzialgleichung, die mit der Diffusionsgleichung (Abschnitt 8.3) eng verwandt ist:

$$\operatorname{div}\operatorname{grad}\delta n(\boldsymbol{r}) - k_S^2\,\delta n(\boldsymbol{r}) = k_S^2\,\frac{q_{\text{ext}}(\boldsymbol{r})}{\hat{q}}\,, \tag{8.30}$$

!

wobei der Kehrwert von k_S

$$\lambda_S = \frac{1}{k_S} = \sqrt{\frac{\epsilon_r\epsilon_0}{\hat{q}^2\nu}} \tag{8.31}$$

in der Elektrochemie DEBYE-HÜCKEL-*Abschimlänge* heißt, während in der Festkörperphysik von der THOMAS-FERMI-*Abschirmlänge* gesprochen wird. In mehrkomponentigen Systemen mit mehreren Typen von Ladungsträgern ist in Gl. 8.29 über die Beiträge der verschiedenen Ladungsträger zur gesamten Ladungsdichte zu summieren. Dies ist der Fall bei Elektrolytlösungen – nehmen wir an, dass die Teilchenkapazität ν_i der i-ten Ionensorte durch die für ideale Lösungen gültige Beziehung $\nu_i = n_i/RT$ gegeben ist (Abschnitt 7.5), so muss der Term $\hat{q}^2\nu$ in Gl. 8.31 durch

$$\sum_i \hat{q}_i^2\nu_i = \frac{F^2}{RT}\underbrace{\sum_i z_i^2 n_i}_{\mathcal{I}} = \frac{F^2}{RT}\cdot\mathcal{I}(\{n_i\}) \tag{8.32}$$

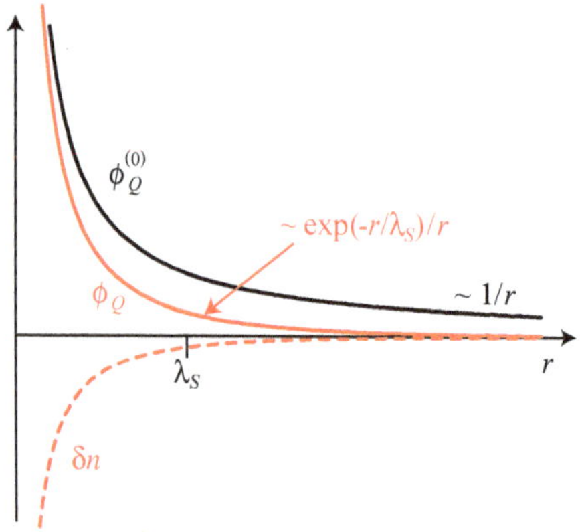

Abb. 8.4. Räumlicher Verlauf des ursprünglichen („nackten") elektrostatischen Potenzials ($\phi_Q^{(0)}$) einer Punktladung Q_0 und des abgeschirmten (ϕ_Q) Potenzials um diese Ladung in einem Medium mit freien Ladungsträgern gleicher Polarität. Die gestrichelte Linie stellt die Dichte δn der beweglichen Ladungsträger dar.

ersetzt werden.[11] Die hier auftretende Summe $\mathcal{I}(\{n_i\}) = \sum_i z_i^2 n_i$ wird in der Elektrochemie als *Ionenstärke* bezeichnet und beschreibt eine effektive Gesamtkonzentration aller Ionen in der Lösung. Die Ladungen pro Teilchen $\hat{q}_i = z_i e/\tau_N$ gehen in die Ladungen pro Mol $\hat{q}_i = z_i F$ über, wobei z_i die Ladungszahlen der verschiedenen Ionen sind und $F = 96\,485$ C/mol die FARADAY-Konstante ist. In der Festkörperphysik ist die Abschirmlänge für Elektronensystem von Metallen (Abschnitt II-6.1.4) und Halbleitern (Abschnitt II-6.5.1) relevant, weil sie dort den Streuquerschnitt für die Streuung an geladenen Störstellen bestimmt.

Um den Effekt der Abschirmung zu veranschaulichen, betrachten wir als Beispiel eine positive Punktladung am Ort $\boldsymbol{r}_0 = 0$ mit $q_{\text{ext}} = Q_0 \cdot \delta(\boldsymbol{r})$ und lösen die Differenzialgleichung analog zur Lösung der Diffusionsgleichung in Abschnitt 8.3 durch FOURIER-Transformation:

$$-\left(\boldsymbol{k}^2 + k_S^2\right)\delta n_{\boldsymbol{k}} = k_S^2 \frac{Q_0}{\hat{q}} ,$$

$$\delta n_{\boldsymbol{k}} = -\frac{k_S^2 Q_0}{4\pi\hat{q}} \frac{4\pi}{\boldsymbol{k}^2 + k_S^2} .$$

Berücksichtigen wir, dass die FOURIER-Rücktransformation von $4\pi/(\boldsymbol{k}^2 + k_S^2)$ die Funktion $\exp(-k_S r/|\boldsymbol{r}|)$ ergibt,[12] so erhalten wir das Ergebnis (Abb. 8.4) :

!

$$\delta n(\boldsymbol{r}) = -\frac{k_S^2 Q_0}{4\pi\hat{q}} \frac{\exp\left(-k_S|\boldsymbol{r}|\right)}{|\boldsymbol{r}|} . \qquad (8.33)$$

11 Im Rahmen der Elektrochemie ist es sinnvoll die Stoffmengen durch Molzahlen anstelle von Teilchenzahlen auszudrücken.

12 Diese Funktion beschreibt auch das aus der Teilchenphysik stammende YUKAWA-Potenzial, welches eine andere kurzreichweitige Variante des COULOMB-Potenzials darstellt.

Das Minuszeichen in Gl. 8.33 bedeutet, dass das Vorzeichen von δn dem von $Q_0/\hat{q}$ stets entgegengesetzt ist. Anschaulich ist dies leicht verständlich, da die externe Ladung die beweglichen Ladungen abstößt, wenn $Q_0/\hat{q} > 0$ ist, und anzieht, wenn $Q_0/\hat{q} < 0$ ist. Integriert man die induzierte Ladungsverteilung $\delta n(\boldsymbol{r})$ über den ganzen Raum, so erhält man genau $-Q_0$. Da der größte Teil der induzierten Ladung im Bereich λ_S um die eingebrachte Ladung konzentriert ist, bedeutet dies, dass im Gleichgewicht *das elektrische Feld der externen Ladung durch die sie umgebende Wolke beweglicher Ladungsträger auf Längenskalen, welche größer als λ_S sind, vollständig abgeschirmt wird.*[13]

Diese Tatsache hat sehr weitreichende Folgen, da sie impliziert, dass es in Systemen mit geladenen beweglichen Teilchen im Diffusionsgleichgewicht *keine langreichweitigen Coulomb-Kräfte* gibt! Sie erklärt den auf den ersten Blick überraschenden Erfolg des Modells freier Elektronen in der Festkörperphysik.

Um uns realistische Größenordnungen klarzumachen, berechnen wir die Abschirmlänge für eine ideale Lösung oder für einen Halbleiter mit einfach geladenen Dotieratomen ($Q_0 = 1.6 \cdot 10^{-19}$As) und der Ladungsträgerdichte $n_0 = 2.5 \cdot 10^{15}$ cm^{-3}, entsprechend $\simeq 0.1$ mmol/ℓ. Mit Gl. 8.32 und $\epsilon_r = 12.4$ (für Silizium) resultiert für $T = 300$ K ein Wert von $\lambda_S \simeq 90$ nm bei einem mittleren Ionenabstand von $\simeq 60$ nm. Bei dieser Dichte enthält das Volumen λ_S^3 nur noch wenige Teilchen. In Wasser beträgt die Dielektrizitätskonstante $\varepsilon_r \simeq 80$ (wegen der großen Dipolmoments der Wassermoleküle) und λ_S ist damit recht klein. Da die bei der Ableitung erfolgte Linearisierung des Zusammenhangs zwischen μ und n kleine Werte von $\delta n/n_0$ erfordert, ist die quantitative Gültigkeit dieser einfachst-möglichen Theorie der Abschirmung auf Konzentrationen unter $\simeq 10^{-3}$ mol/ℓ beschränkt. Weiterhin liegt unserer Betrachtung zugrunde, dass die mittlere Teilchendichte als homogen angesehen werden kann. Bei kleinen Volumina, die im Mittel nur noch wenige Teilchen enthalten, müssen starke statistische Fluktuationen der Teilchendichte auftreten.

Bei dem Elektronensystem in Metallen ist die Teilchendichte so hoch, dass die Entartungsbedingungen (Gln. 6.12) verletzt sind und die Elektronen nicht als ideales Gas im bisherigen Sinne angesehen werden können. Gleichung 6.22 ist in diesem Fall ungültig. Diesen Fall müssen wir bis zur thermodynamischen Behandlung von FERMI-Systemen in Kapitel II-6 zurückstellen. Der *qualitative* Effekt der Abschirmung bleibt jedoch auch bei hohen Teilchendichten bestehen und ist von enormer Bedeutung für das Verständnis der Coulomb-Wechselwirkung in Systemen mit geladenen Teilchen!

---

13 Dies ändert sich, wenn Ladungsströme fließen, die einen Antrieb durch Differenzen von $\bar{\mu}$ erfordern.

8.5 Gase im Schwerefeld: die Atmosphäre

8.5.1 Die barometrische Höhenformel

Ganz analoge Verhältnisse liegen vor, wenn Teilchen der Masse $\hat{m}$ in einem Gravitationsfeld (beschrieben durch das *Gravitationspotenzial* ϕ_M), welches an alle Materie ankoppelt. Bei Objekten mit Größen im Labormaßstab kann ϕ_M in den meisten Fällen als konstant angesehen werden.[14] Dies ändert sich, wenn wir große Objekte, wie die Atmosphäre oder die Ozeane betrachten, innerhalb derer das Gravitationspotenzial bereits erheblich variiert.

Wir betrachten die reduzierte GIBBS'sche Fundamentalform eines Fluids im Gravitationsfeld der Erde:

$$de = T\,ds + \mu\,dn + \phi_M\,dm\,. \tag{8.34}$$

Wir wollen in diesem Abschnitt zunächst annehmen, dass $T(z) = \text{const.}$ ist. Unter diesen Bedingungen ist die Dichte der freien Energie $f(T, n)$ die relevante reduzierte MASSIEU-GIBBS-Funktion. Deren Differenzial lautet:

$$df = -s\,dT + (\underbrace{\mu + \hat{m}\phi_M}_{\bar{\mu}_G})\,dn\,. \tag{8.35}$$

Da die Massedichte $m = \hat{m}n$ eines reinen Stoffes über das Atom- oder Molekulargewicht $\hat{m}$ fest mit der Teilchendichte n verknüpft ist, führen wir als neue, den Effekt des Gravitationsfeldes berücksichtigende intensive Größe das *gravitochemische Potenzial* $\bar{\mu}_G$ ein:

$$\bar{\mu}_G = \mu + \hat{m}\phi_M\,. \tag{8.36}$$

Analog zu den früheren Beispielen stellt das gravitochemische Potenzial den Antrieb für eine lokale Änderung der Teilchendichte dar. Daher erhalten wir in diesem Fall als Bedingung für das Diffusionsgleichgewicht:

$$\bar{\mu}_G = \mu(T, p(z)) + \phi_M(z) = \text{const.} \tag{8.37}$$

Die räumliche Konstanz von $\bar{\mu}_G$ drückt aus, dass sich im Gleichgewicht die *Antriebe* für den durch den chemischen Potenzialgradienten angetriebenen Diffusionsstrom ($\boldsymbol{j}_N \propto -\operatorname{grad}\mu$) und den durch die Schwerkraft angetriebenen Massen- beziehungsweise Teilchenstrom ($\hat{m}\boldsymbol{j}_N \propto -\hat{m}\operatorname{grad}\phi_M$) gegenseitig gerade kompensieren.[15] Wenn der

14 Eine technisch wichtige Ausnahme sind Zentrifugen, in denen hohe Gravitationsfelder lokal erzeugt werden.

15 Häufig wird dieser Sachverhalt so beschrieben, dass der Gradient der Teilchendichte einen Diffusionsstrom antreibt, der Gradient des äußeren Potenzials aber einen Feld- oder Driftstrom, und dass sich diese beiden *Ströme* im Gleichgewicht gegenseitig kompensieren. Dies ist physikalisch etwas irreführend, weil es suggeriert, dass auch im Gleichgewicht ständig Ströme flössen. Das Wesen des Gleichgewichts besteht jedoch darin, dass gerade keine Ströme fließen, weil dafür kein Antrieb vorhanden ist!

Gravitationspotenzial $\phi_M(z)$ höhenabhängig ist, können wir schließen, dass $\mu(T, p)$ über $T(z)$ und $p(z)$ höhenabhängig sein müssen.

Zur Berechnung von $p(z)$ setzen wir die Änderung des gravitochemischen Potenzials $\bar{\mu}_{\mathrm{G}}$ gleich null und benutzen die GIBBS-DUHEM-Relation :

$$d\bar{\mu}_{\mathrm{G}} = d\mu + \hat{m}\, d\phi_M = -\hat{s}\, dT + \hat{v}\, dp + \hat{m}\frac{\phi_M(z)}{dz}\, dz \overset{!}{=} 0 , \qquad (8.38)$$

wobei $g(z) = -\phi_M(z)/dz$ die Gravitationsfeldstärke ist. Wegen $dT = 0$ erhalten wir

$$\hat{v}\, dp = -\hat{m}g(z)\, dz \quad \text{oder} \quad \frac{dp(z)}{dz} = -mg(z) . \qquad (8.39)$$

Die rechte dieser Gleichungen nennt man die *Grundgleichung der Hydrostatik*. Sie bestimmt die Druckverteilung in einem gravitierenden System.

Der Einfachheit halber beschränken wir uns nun auf die Nähe der Erdoberfläche, wo das Gravitationspotenzial als Funktion der Höhe z linear genähert werden kann:

$$\phi_M(z) = gz + \phi_M(z = 0) , \qquad (8.40)$$

wobei $g = 9.81\ \mathrm{m/s^2}$ die Gravitationsfeldstärke an der Erdoberfläche ($z = 0$) ist. Setzen wir nun das ideale Gasgesetz $\hat{v} = RT/p$ in Gl. 8.39 ein, so folgt:

$$\frac{RT}{p}\, dp = -\hat{m}g\, dz ,$$

$$\frac{dp}{p} = -\frac{\hat{m}g}{RT}\, dz ,$$

$$\ln\left(\frac{p}{p_0}\right) = -\frac{\hat{m}gz}{RT} ,$$

wobei $p_0 = p(z = 0)$ der Druck an der Erdoberfläche ist. Für Höhenbereiche, in denen die Temperatur der Atmosphäre als konstant angesehen werden kann, erhalten wir schließlich die *barometrische Höhenformel*:

$$p(z) = p_0 \exp\left(-\frac{\hat{m}gz}{RT}\right) . \qquad (8.41)$$

Die wohlbekannte Wirkung des Gravitationsfeldes besteht also darin, die Atmosphäre in der Nähe der Erdoberfläche zu komprimieren. Die komprimierende Wirkung hängt exponentiell von $\hat{m}$ ab. Dies erklärt warum die Verteilung des leichten Heliums in der Erdatmosphäre stark inhomogen ist: Beträgt der Heliumanteil in der untersten Schicht der Atmosphäre nur wenige ppm, wird Helium oberhalb von etwa 400 km Höhe die dominierende Spezies. Da ein merklicher Anteil der He-Atome in der MAXWELL-Verteilung Geschwindigkeiten oberhalb der Fluchtgeschwindigkeit aus dem Gravitationsfeld der Erde hat, diffundiert ständig Helium in den Weltraum hinaus. Gleichzeitig wird es aus dem Erdinneren durch Vulkanismus und seit kurzem auch durch die Förderung von Erdgas (wo 7-11% He enthalten sind) nachgeliefert.

Die Abhängigkeit der Sedimentationswirkung von der Molmasse wird in Zentrifugen technisch ausgenutzt, um Stoffe mit hohen Molmassen am Boden der Zentrifuge zu konzentrieren.

8.5.2 Die isentrope Atmosphäre

Im vorangegangen Abschnitt haben wir eine *isotherme* Atmosphäre angenommen. In der Realität ist die Temperatur in der Atmosphäre jedoch nicht konstant, sondern es wird bis zu einer Höhe von etwa 10 km ein Temperaturgradient von etwa einem Kelvin pro 100 m gemessen. Es stellt sich zunächst die Frage, warum sich dieser Temperaturgradient nicht einfach durch Wärmeleitung ausgleicht? Die Antwort auf diese Frage bekommen wir, wenn wir mit Hilfe der thermischen Relaxationszeit (Gl. 2.30) abschätzen wie lange der Temperaturausgleich durch Wärmeleitung über eine Entfernung von 100 m in der Atmosphäre dauern würde. Mit der thermischen Diffusionskonstante für Luft (Tabelle 2.3) ergibt sich ein Zeitraum von ca. 16 (!) Jahren.

Das bedeutet, dass die Wärmeleitung in der Atmosphäre gegenüber den von der Sonneneinstrahlung getriebenen Konvektionsprozessen keine Rolle spielt, und dass die Luftströmungen im Wesentlichen adiabatisch (und für einen hinreichen kleinen Gehalt an Wasserdampf auch isentrop) erfolgen. Vertikale Luftbewegungen im Gravitationsfeld werden wegen des Druckgradienten aber mit einer Volumenänderung und daher mit einer adiabatischen Erwärmung oder Abkühlung einhergehen. Es ist leicht möglich die entsprechende Temperaturänderung eines Luftvolumens mit Hilfe der Adiabatengleichungen zu berechnen (Aufgabe 8.6). Hier wollen wir jedoch einen eleganteren Weg[16] über die Energiedichte $e(s, n)$ als reduziertes thermodynamisches Potenzial wählen. Dazu schreiben wir die reduzierte GIBBS'sche Fundamentalform (Gl. 5.20) im Gravitationsfeld auf

$$de = T\,ds + (\mu + \hat{m}\phi_M)\,dn\,,$$

und nutzen aus, dass Entropie einer isentrop im Schwerefeld bewegten Luftmenge und damit auch deren molare Entropie $\hat{s}$ eine Konstante ist. Daher ist die Änderung der Entropiedichte $ds = \hat{s}\,dn$ proportional zur Änderung der Teilchendichte dn und wir erhalten die Gleichung

$$de = \underbrace{(T\hat{s} + \mu + \hat{m}\phi_M)}_{\bar{\bar{\mu}}_G}\,dn\,, \tag{8.42}$$

wobei das 'thermo-gravitochemische Potenzial' $\bar{\bar{\mu}}_G = \bar{\mu}_G + T\hat{s}$ wieder den Antrieb für eine lokale Änderung der Teilchendichte darstellt. Analog zu Gl. 8.37 können wir daraus

16 Diese Lösungsidee verdanke ich einer Anregung von F. HERRMANN.

die folgende Bedingung für *thermo-gravitochemisches Gleichgewicht* ablesen:[17]

$$\bar{\bar{\mu}}_G(z) = T(z)\hat{s} + \mu(z) + \hat{m}\phi_M(z) \overset{!}{=} \text{const.}\,. \tag{8.43}$$

Diese Bedingung können wir mit Hilfe der molaren Enthalpie $\hat{h} = T\hat{s} + \mu$ (Gl. 5.23) einfacher schreiben:

$$\bar{\bar{\mu}}_G(z) = \hat{h}(z) + \hat{m}\phi_M(z) \overset{!}{=} \text{const.}\,. \tag{8.44}$$

Für Luft ($\hat{c}_p = 7/2\,R = \text{const.}$) gilt $\hat{h}(z) = \hat{e}_0 + \hat{c}_p T(z)$. Somit nimmt die Gleichgewichtsbedingung in der Nähe der Erdoberfläche die Form

$$\frac{\partial\bar{\bar{\mu}}_G(z)}{\partial z} = \hat{c}_p \frac{dT(z)}{dz} + \hat{m}g \overset{!}{=} 0 \tag{8.45}$$

an, und wir erhalten für den Temperaturgradienten in der trockenen Atmosphäre das überraschend einfache Ergebnis

$$\frac{dT(z)}{dz} = -\frac{\hat{m}g}{\hat{c}_p} = -0.0098\,\text{K/m} \simeq -1\,\text{K}/100\text{m}\,. \tag{8.46}$$

Die Temperatur in der Atmosphäre sollte also linear mit der Höhe *abnehmen*, was durch Ballon-Messungen bis zu einer Höhe von etwa 10 km bestätigt werden kann. Die Bomberpiloten des 2. Weltkriegs, wie auch die Everest-Besteiger mussten und müssen sich also warm anziehen, weil die Temperatur in 8 – 10 km Höhe typischerweise −50 bis −60°C beträgt.

Enthält die Luft Wasserdampf, so muss dieser kondensieren sobald die Lufttemperatur den *Taupunkt* unterschreitet. An ruhigen Tagen führt dies zu einer scharfen Wolken-Untergrenze bei einer gewissen Höhe z_0. Oberhalb von z_0 wird der T-Gradient betragsmäßig kleiner oder wechselt sogar das Vorzeichen, weil der kondensierende Wasserdampf Energie und Entropie freisetzt (wie wir im nächsten Kapitel sehen werden). Kondensations- und Verdampfungsprozesse liefern neben dem Sonnenlicht die wesentlichen Beiträge zur Energiebilanz der Atmosphäre – bis hin zu so dramatischen Phänomenen wie Taifunen und Hurrikanen, welche ihre Energie aus dem hohen Wasserdampfgehalt der Atmosphäre über den tropischen Ozeanen beziehen, und nicht zufällig stets mit extremen Regenfällen einhergehen.

Mit Hilfe der Adiabatengleichung (Gl. 3.30) in der Form

$$p/p_0 = (T/T_0)^{\varkappa+1}$$

17 Hierbei handelt es sich um die Gl. 7.7 äquivalente Bedingung für das isentrope Druckgleichgewicht, die nur auf Zeitskalen erfüllt ist, die kurz gegen die thermische Diffusionszeit in der Atmosphäre sind. Für Luft beträgt diese bei einer Distanz von 9 km über 100000 Jahre (!). Dass sich der atmosphärische Temperaturgradient über das Alter der Erde von über 4 Milliarden Jahren noch nicht ausgeglichen hat liegt an seiner kontinuierlichen Erneuerung durch den Energieeintrag über die Sonneneinstrahlung und die Erdwärme.

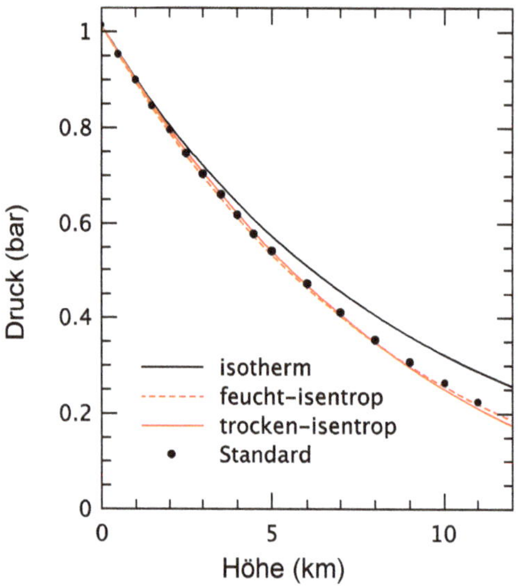

Abb. 8.5. Druck in der Atmosphäre für die isotherme (schwarz), die isoentrope (rot) und die feucht-isoisentrope Atmospäre (rot gestrichelt). Die schwarzen Punkte stellen Modellwerte für eine *Standard-Atmosphäre* dar, die einen gemittelten Zustand der Atmospäre angibt. Die Abweichungen zwischen der isothermen und der isentropen Atmosphäre machen sich naturgemäß vor allem in großen Höhen bemerkbar.

und $\varkappa = 5/2$ für zweiatomige Gase können wir den Druckverlauf in der isentropen Atmosphäre leicht berechnen. Setzen wir den Temperaturverlauf $T(z) = T_0 - \hat{m}gz/\hat{c}_p$ ein, so finden wir

$$p(z) = p_0 \left(1 - \frac{\hat{m}gz}{(\varkappa + 1)RT_0}\right)^{\varkappa+1} ,$$

wobei p_0 und T_0 der Druck und die Temperatur an der Erdoberfläche ($z = 0$) sind.

In der Realität treten im Temperaturprofil der Atmosphäre häufig *Inversionen* auf – dies sind Bereiche, in denen der T-Gradient *positiv* ist. Am frühen Morgen sind Inversionen in der Nähe der Erdoberfläche vor allem durch die Abkühlung des Bodens während der Nacht bedingt. Dadurch ist die Luft am Boden dichter. Allgemein sind Temperaturprofile mit $dT/dz > -\hat{m}g/\hat{c}_p$ stabil gegen vertikale Konvektion, und können praktisch nur durch Sonneneinstrahlung oder Wind wieder aufgelöst werden. Wird die Sonneneinstrahlung durch Wolken unterdrückt, können solche Bodeninversionen über Wochen anhalten und zu den bekannten Smog-Wetterlagen führen. Wärmt der Boden durch Sonneneinstrahlung wieder auf, dann dehnt sich die Luft an der Oberfläche thermisch aus. In diesem Fall nimmt die Dichte der Luft ab, bis Temperaturgradient $dT/dz < -\hat{m}g/\hat{c}_p$ wird und die warme Luft einen Auftrieb erfährt. Das Druck- und Temperaturprofil wird *instabil* gegen vertikale Konvektion, und an den wärmsten Punkten steigen Blasen erwärmter Luft auf. Dies ist das von Raubvögeln und Segelfliegern sehr geschätzte Phänomen der *Thermik*. Die Wolkenbildung durch die Kondensation von Wasserdampf kann wegen der erwähnten Freisetzung von Energie und Entropie ebenfalls zu lokalen Inversionen des Temperaturgradienten führen.

Dagegen ist der T-Gradient in der Stratosphäre (10–50 km) positiv, weil hier der Sauerstoff das UV-Licht der Sonne absorbiert und Ozon gebildet wird. Diese Inversion macht die Stratosphäre zu einer Barriere für aufsteigende Gewitterwolken und verhilft

Letzteren zu einer typischen Amboss-förmigen Gestalt. Oberhalb von 50 bis ca. 90 km fällt die Temperatur wieder bis auf unter –90°C, während der Luftdruck in dieser Höhe nur noch ca. 10^{-9} bar beträgt. In der hohen Atmosphäre (oberhalb 90 km) steigt die Temperatur wieder dramatisch an (bis zu ≃ 2000°C in 600 km Höhe) - dies liegt an der Absorption der kosmischen Höhenstrahlung. In dieser Schicht leuchten die Polarlichter. Die internationale Raumstation ISS läuft in etwa 400 km Höhe um – trotz der geringen Drucks verliert sie durch die Luftreibung pro Jahr etwa 134 m an Höhe. Dies muss durch die Triebwerke angedockter Raumfahrzeuge regelmäßig ausgeglichen werden.

8.6 Impulstransport und Viskosität

Zur Beschreibung von Reibungsphänomenen in einem viskosen Medium betrachten wir zwei parallele Platten im Abstand d, die gemäß der Skizze in Abb. 8.6 gegeneinander mit der Relativgeschwindigkeit v_x bewegt werden, und fragen nach der Kraft $F_x = -\boldsymbol{j}_{P_x} \cdot \boldsymbol{A}$ auf die obere Platte, die erforderlich ist, um diese Geschwindigkeitsdifferenz aufrecht zu erhalten. Diese Kraft entspricht einem Strom der x-Komponente P_x des Impulses mit der Impulsstromdichte $\boldsymbol{j}_{P_x}$, wobei $\boldsymbol{A}$ die Fläche ist, über die Impuls fließen kann, und der Vektor $\boldsymbol{j}_{P_x}$ in y-Richtung zeigt.[18] Dabei nehmen wir an, dass die Impulsstromdichte homogen ist. Entsprechend der kinetischen Modellvorstellung streuen die Teilchen des Mediums an den Platten und untereinander. Die Reflexion der Teilchen an den Oberflächenrauhigkeiten der Platte soll diffus sein und damit ebenso zu einer zufälligen Richtungsänderung führen wie die Streuung der Teilchen untereinander. Dies führt dazu, dass die Teilchen in der Nähe einer Platte im Geschwindigkeitsgleichgewicht mit der Platte stehen, das heißt, dieselbe mittlere Geschwindigkeit $\langle \boldsymbol{v}_x \rangle$ wie die Platte haben. Zwischen den beiden Platten muss sich daher ein Geschwindigkeitsprofil ausbilden, um die Randbedingung $\langle \boldsymbol{v}_x \rangle = v_x^{\mathrm{Platte}}$ erfüllen zu können. Bei hinreichend kleinen Geschwindigkeiten ist das Strömungsprofil *laminar*, das heißt die lokale mittlere Ge-

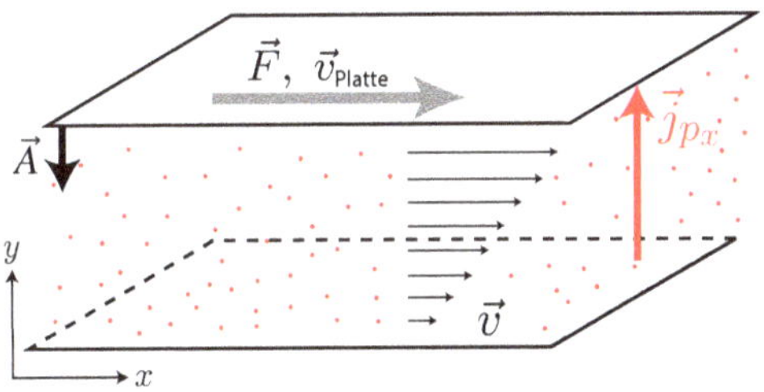

Abb. 8.6. Geschwindigkeitsprofil in einem viskosen Medium zwischen zwei gegeneinander bewegten Platten. Unterhalb einer kritischen Geschwindigkeit bildet sich eine laminare Strömung mit einem konstanten Gradienten von v_x in y-Richtung aus.

---

18 Charakteristisch für Reibungsphänomene und den Vektorcharakter des Impulses ist dabei, dass die Richtung der Impulskomponente P_x (die x-Richtung) nicht mit der Richtung des Stromdichtevektors $\boldsymbol{j}_{P_x} \parallel \hat{e}_y$ identisch ist – hierin äußert sich der *tensorielle* Charakter der Impulsstromdichte.

schwindigkeit ist parallel zur x-Richtung.[19] Durch die Stöße der Teilchen untereinander und mit den Platten wird der Transport der x-Komponente P_x des Impulses von einer Platte zur anderen vermittelt. Ist die Geschwindigkeitsdifferenz vorgegeben, so stellt dies den Antrieb für einen dissipativen Impulsstrom dar, den wir als Reibungskraft wahrnehmen. Wir wollen die entsprechende Stromdichte $\boldsymbol{j}_{P_x}$ der x-Komponente des Impulses mit Hilfe der allgemeinen Transportgleichung 8.5 berechnen:

$$\boldsymbol{j}_{P_x} = -D \operatorname{grad} p_x = -Dm \operatorname{grad} v_x = -\eta \operatorname{grad} v_x \,, \tag{8.47}$$

wobei die Ableitung der x-Impulsdichte p_x nach v_x die Massendichte $m = \partial p_x/\partial v_x$ liefert. Genau wie im Fall der Diffusion ist die P_x-Stromdichte mit dem Gradienten der konjugierten Variable v_x verknüpft, wobei der Proportionalitätsfaktor η zwischen beiden die *Viskosität*[20] genannt wird:

!

$$\eta = Dm = nD\hat{m} \,. \tag{8.48}$$

Hierbei ist n die Teilchendichte und $\hat{m}$ die Masse pro Teilchen. Die Einheit der Viskosität ist $[\eta] = \text{Pa s} = \text{N s/m}^2 = \text{kg/(m s)}$.[21]

Wenn wir unsere für verdünnte Gase gültigen Ausdrücke 8.4 und 8.6 für die Diffusionskonstante und die freie Weglänge Λ in Gl. 8.48 einsetzen, so erhalten wir

$$\eta = \frac{1}{3}\, n\hat{m}\langle|\boldsymbol{v}|\rangle\Lambda = \frac{n\hat{m}\langle|\boldsymbol{v}|\rangle}{3\sigma_{\text{streu}} n} = \frac{\hat{m}\langle|\boldsymbol{v}|\rangle}{3\sigma_{\text{streu}}} \propto \sqrt{T} \,. \tag{8.49}$$

Tab. 8.1. Gemessene Viskosität η einiger Gase (bei 273 K und 1013 mbar) und die daraus extrahierten freien Weglängen (aufgrund der reduzierten Masse bei Stößen gleichartige Atome ist in Gl. 8.6 der Faktor $1/\sqrt{2}$ zu ergänzen):

Gas	η (µPa s)	Λ(nm)	Gas	η (µPa s)	Λ (nm)
Luft	17.1	60	Sauerstoff (O_2)	19.2	63
Kohlendioxid (CO_2)	13.8	39	Stickstoff (N_2)	16.6	59
Argon	21.0	62.6	Neon	29.7	124
Helium	18.6	174	Wasserstoff (H_2)	8.4	111

19 Wird ein kritischer Wert der Geschwindigkeitsdifferenz $\Delta\boldsymbol{v}$ überschritten, so bilden sich zunächst Wirbel, dann wird die Strömung turbulent.

20 Der Übergang zwischen den verschiedenen Strömungsregimen wird durch die dimensionslose REYNOLDS-Zahl $\text{Re} = |\Delta\boldsymbol{v}|L/\eta_k$ bestimmt, wobei L eine charakteristische Länge im System ist und $\eta_k = \eta/m$ die kinematische Viskosität genannt wird. Im Rahmen unseres Modells sind die kinematische Viskosität und die Diffusionskonstante identisch. Die Strömung durch ein Rohr wird in etwa bei $\text{Re} \simeq 2300$ turbulent. Bilden sich Wirbel in der Strömung so tritt ein zusätzlicher Term in der Reibungskraft auf, der quadratisch in der Geschwindigkeitsdifferenz ist.

21 In der älteren Literatur findet man oft die Einheit „Poise“: 1 Poise = 0.1 Pa s.

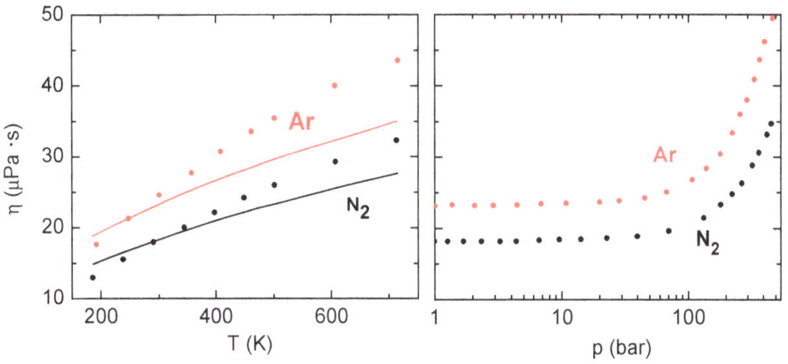

Abb. 8.7. Gemessene Viskosität von Argon und Stickstoff. a) Temperaturabhängigkeit: Die Linien entsprechen dem Modell harter Kugeln (Gl. 8.49). Die Abweichungen zwischen der Modellrechnung und den Messdaten kommt daher, dass der quantenmechanische Streuquerschnitt mit zunehmender 'Temperatur und damit zunehmender kinetischer Energie der Gasteilchen abnimmt. b) Druckabhängigkeit: Die Viskosität ist über einen weiten Bereich druckunabhängig (nach [12]).

In Tabelle 8.1 sind experimentelle Daten für die Viskosität einiger Gase sowie die daraus extrahierten freien Weglängen zusammengestellt.

Damit erhalten wir also das auf den ersten Blick überraschende Ergebnis, dass die Viskosität eines verdünntes Gases von seiner Dichte$n$ *unabhängig* ist. Dies kommt daher, dass sich die n-Abhängigkeit der Massendichte und der freien Weglänge gerade kompensieren. In der historischen Entwicklung gab die experimentelle Bestätigung dieser Vorhersage der kinetischen Gastheorie starken Auftrieb.

Die Temperaturabhängigkeit von η ist in diesem Modell allein durch die mittlere Geschwindigkeit gegeben. Nimmt man diese Formeln wörtlich, so lässt sich aus Messungen der Viskosität der Streuquerschnitt und im Modell harter Kugeln der Radius der Gasteilchen abschätzen. Die Resultate solcher Messungen sind in Abbildung 8.7 dargestellt. Deutliche Abweichungen ergeben sich insbesondere in der Temperaturabhängigkeit, welche stärker als die im Modell harter Kugeln aufgrund der mittleren Geschwindigkeit erwartete $\sqrt{T}$-Abhängigkeit ist. Dies liegt daran, dass Atome und Moleküle keine harten Kugeln sind, sondern eine gewisse Elastizität besitzen. Ihre Wechselwirkung wird am besten durch das LENNARD-JONES-Potenzial[22] beschrieben. Für dieses Potenzial nimmt der Streuquerschnitt als Funktion der Teilchenenergie ab,

22 Dieses Wechselwirkungspotenzial hat die Form:

$$V_{\mathrm{LJ}}(r) = -\frac{\alpha}{r^6} + \frac{\beta}{r^{12}} ,$$

wobei der erste Term die Form einer magnetischen Dipol-Dipol-Wechselwirkung hat. Der zweite Term ist ein Resultat der extrem kurzreichweitigen PAULI-Abstoßung zwischen den Atomrümpfen und sollte mehr als eine empirische Anpassung und nicht als ein exaktes Resultat angesehen werden. Beide Phänomene sind rein quantenmechanischen Ursprungs.

die Moleküle werden also effektiv etwas kleiner. Dies erklärt die im Vergleich zum einfachen Modell erhöhte Viskosität, die einer Zunahme der Effektivität des Impulsübertrags zwischen den Platten entspricht.

8.7 Entropietransport und Wärmeleitfähigkeit

In diesem Abschnitt wollen wir unsere Transportgleichung auf das Problem der Wärmeleitung in Gasen anwenden. Wir betrachten dazu die Transportgleichung für die Entropie. Die Entropie-Dichte $s = S/V$ ist durch die Zustandsgleichung $s = s(T, n)$ des Systems gegeben. Daher erhalten wir zwei Beiträge zur Entropiestromdichte:

$$\begin{aligned} \boldsymbol{j}_S(\boldsymbol{r}) &= -D \cdot \operatorname{grad} s[T(\boldsymbol{r}), n(\boldsymbol{r})] \\ &= -D \left\{ \frac{\partial s(T,n)}{\partial T} \operatorname{grad} T(\boldsymbol{r}) + \frac{\partial s(T,n)}{\partial n} \operatorname{grad} n(\boldsymbol{r}) \right\} \\ &= -D \frac{\partial s(T,n)}{\partial T} \operatorname{grad} T(\boldsymbol{r}) + \frac{\partial s(T,n)}{\partial n} \cdot \boldsymbol{j}_N \, . \end{aligned} \tag{8.50}$$

Im letzten Schritt haben wir Gl. 8.3 benutzt. Multiplizieren wir diese Gleichung mit T, so erhalten wir den mit dem Entropiestrom verbundenen Energie- oder Wärmestrom:

$$T \cdot \boldsymbol{j}_S(\boldsymbol{r}) = -\lambda \operatorname{grad} T(\boldsymbol{r}) + T \cdot \frac{\partial s(T,n)}{\partial n} \cdot \boldsymbol{j}_N \, . \tag{8.51}$$

Der erste Anteil stellt einen *konduktiven* Anteil zur Wärmestromdichte dar, der auch dann auftritt, wenn die Teilchenstromdichte verschwindet. Der zweite Anteil stellt einen *konvektiven* Anteil zur S-Stromdichte dar, welcher von der *Mitnahme* von Entropie durch den Teilchenstrom herrührt. Ein Wärmestrom $T\boldsymbol{j}_S$ kann also nicht nur durch einen T-Gradienten getrieben, sondern auch von einem Teilchenstrom mitgeführt werden, so wie uns dies von der Zentralheizung oder vom Föhn her vertraut ist. Den zweiten Beitrag werden wir in den nachfolgenden Abschnitten genauer diskutieren.

Zunächst befassen wir uns mit dem ersten Term in Gl. 8.50, welcher den konduktiven Entropietransport, das heißt das Phänomen der Wärmeleitung beschreibt. Der Vergleich von Gl. 8.50 und 8.51 liefert die *Wärmeleitfähigkeit* λ:

$$\lambda(T, n) = T \cdot D \frac{\partial s(T,n)}{\partial T} = D c_v(T, n) = n D \hat{c}_v(T) \, . \tag{8.52}$$

Damit haben wir den bereits in Gl. 2.28 auftretenden Wärmediffusionskoeffizienten D auf die mikroskopischen Modellparameter $\langle|\boldsymbol{v}|\rangle$ und Λ des wärmeleitfähigen Mediums zurückgeführt. Die breite Anwendbarkeit des kinetischen Modells beruht darauf, dass sich der Wärmetransport in den meisten Fällen auf die Diffusion (1. Term in Gl. 8.50) oder auf die Konvektion (2. Term in Gl. 8.50) von Entropie und Energie zurückführen lässt[23] – und zwar auch dann, wenn die relevanten Teilchen (vor allem in Festkörpern)

---

23 Eine interessante Ausnahme stellt das Phänomen des 2. Schalls in suprafüssigem ^{4}He und in stark anharmonischen Festkörpern dar. Dabei handelt es sich um eine *wellenartige* Ausbreitung von Entropie

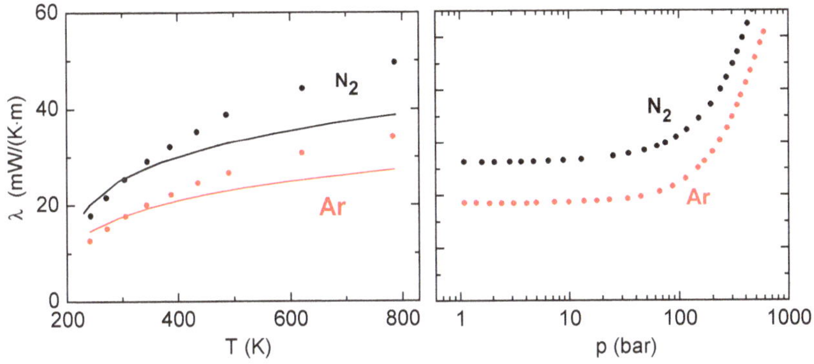

Abb. 8.8. Gemessene Wärmeleitfähigkeit von Argon und Stickstoff. a) Temperaturabhängigkeit: Die Linien entsprechen dem Modell harter Kugeln (Gl. 8.49). b) Druckabhängigkeit: Auch die Wärmeleitfähigkeit ist über einen weiten Bereich druckunabhängig (nach [12]).

nicht die Atome, sondern andere *Quasiteilchen* sind. Solche Quasiteilchen stellen die in den Kapiteln II-5 und II-6 besprochenen kollektiven Freiheitsgrade des Festkörpers dar.

Analog zur Viskosität ist die Wärmeleitfähigkeit verdünnter Gase von der Dichte weitgehend unabhängig und variiert im Modell harter Kugeln als Funktion der Temperatur aufgrund der Temperaturabhängigkeit der mittleren Geschwindigkeit wie $T^{1/2}$. In Abbildung 8.8 sind Messungen der Wärmeleitfähigkeit als Funktion von p und T dargestellt, die zeigen, dass unser Modell in akzeptabler qualitativer Übereinstimmung mit dem Experiment ist.

Das Drift-Diffusions-Modell lässt sich auch auf die thermische Leitfähigkeit von Metallen anwenden, wenn wir mit DRUDE annehmen, dass die Elektronen im Metall ein ideales Gas bilden. Dann erhalten wir wegen $c_v = (3/2)nk_B$ die Beziehung $\lambda = c_v D = (3/2)nk_B D$ für die Wärmeleitfähigkeit. Bilden wir den Quotienten $\lambda/(T\sigma)$, so erhalten wir mit den Gln. 8.23 und 6.22 das WIEDEMANN-FRANZ-Gesetz, welches besagt, dass die LORENZ-*Zahl*

$$\mathcal{L}_0 := \frac{\lambda}{T\sigma} = \frac{n\hat{c}_v}{e^2 T\nu} \simeq \frac{3}{2}\left(\frac{k_B}{e}\right)^2 = \text{const.} \tag{8.53}$$

für viele Metalle ähnliche Werte hat. Die experimentell gemessenen Werte liegen etwa bei

$$\mathcal{L}_0 \simeq 3\left(\frac{k_B}{e}\right)^2 ,$$

was wieder bis auf einen Faktor 2 mit der Aussage des Modells übereinstimmt. Dieser Übereinstimmung kann man entnehmen, dass in vielen Metallen die Wärmeleitung und die elektrische Leitung von denselben Teilchen, nämlich den Elektronen, dominiert

---

und Energie mit einer Geschwindigkeit, die zwar kleiner als die akustische Schallgeschwindigkeit ist, aber dennoch etliche 10 m/s betragen kann.

wird. Da die Elektronen in Metallen kein verdünntes Gas, sondern ein entartetes FERMI-Gas bilden (Kapitel II-6), sind v und c_v für diese durch völlig andere Ausdrücke gegeben – das Verhältnis $\mathcal{L}_0$ bleibt davon jedoch nahezu unberührt.

8.8 Effusion aus kleinen Öffnungen

Die kinetische Gastheorie lässt sich nicht nur auf die bisher betrachteten diffusiven Transportphänomene, sondern auch auf das ballistische Regime anwenden, in dem die freie Weglänge Λ groß gegen die relevanten geometrischen Abmessungen ist. Das einfachste Beispiel für solche Prozesse ist der Austritt (oder die *Effusion*) eines Gases aus einer kleinen Öffnung mit der Fläche A und dem Durchmesser $d \lesssim \Lambda$ ins Vakuum.

Um den aus dem Gasvolumen emittierten Teilchenstrom mit der Teilchendichte im Gas in Beziehung zu setzen, betrachten wir die bereits in Abb. 6.6 (Abschnitt 6.3.2) skizzierte Geometrie. Die dortige Betrachtung der Effusion von Photonen aus einem Strahlungshohlraum lässt sich ohne ohne Änderung auf die Effusion eines Gases ins Vakuum übertragen, weil sie von der Natur der Teilchen und deren Verteilungsfunktion völlig unabhängig ist.[24] Der einzige Unterschied besteht darin, dass wir Energiedichte durch die Teilchendichte $n(T,p)$ sowie die Lichtgeschwindigkeit durch die mittlere Geschwindigkeit $\langle|\boldsymbol{v}|\rangle$ der Gasteilchen zu ersetzen haben. Entsprechend liefert die Integration über alle Winkel denselben Faktor $1/4$ und der gesamte durch die Fläche A emittierte Teilchenstrom beträgt:

$$I_N(T,p) = A \cdot \frac{\langle|\boldsymbol{v}|\rangle\, n(T,p)}{4} = A \cdot \frac{p}{\sqrt{2\pi\hat{m}k_B T}}\,, \tag{8.54}$$

wobei die Temperaturabhängigkeit der mittleren Geschwindigkeit durch $\langle|\boldsymbol{v}|\rangle = \sqrt{8k_\mathrm{B}T/(\pi\hat{m})}$ (Gl. 3.17) und die Teilchendichte durch die thermische Zustandsgleichung $n(T,p) = p/(k_\mathrm{B}T)$ gegeben ist. Bei gleichem Druck und Temperatur nimmt die Ausström-Rate mit zunehmender Molmasse $\hat{m}$ ab.

8.9 Teilchendiffusion durch dünne Kapillaren

Mit dem Ergebnis des vorangegangenen Abschnitts können wir auch den Transport durch Rohre (oder dünne Kapillaren) behandeln, deren Durchmesser d ebenfalls vergleichbar mit oder kleiner als die mittlere freie Weglänge Λ im Gasvolumen ist. In diesem Fall findet die Mehrzahl der Streuprozesse nicht mehr zwischen den Teilchen, sondern zwischen den Teilchen und der Kapillarwand statt. Das bedeutet, dass die freie Weglänge von Druck und Temperatur unabhängig wird, weil sie im wesentlichen

24 Ein weiteres Anwendungsbeispiel ist der in Abschnitt II-7.2.2 diskutierte SHARVIN-Widerstand eines metallischen *Punktkontaktes*.

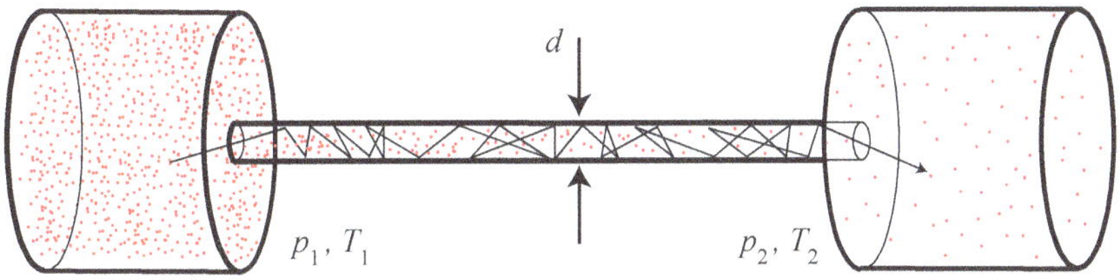

Abb. 8.9. Diffusion eines Gases durch eine dünne Kapillare im Grenzfall $\Lambda \gg d$ (KNUDSEN-Strömung).

durch den Rohrdurchmesser gegeben ist. Das Rohr befinde sich zwischen zwei Gasvolumina, die eine Druck- oder Temperaturdifferenz aufweisen, sodass sich ein Gradient der Teilchendichte $n(x)$ entlang des Rohres ausbildet.

Für die Teilchenstromdichte können wir eine eindimensionale Variante von Gl. 8.2 aufstellen, bei der die mittlere freie Weglänge Λ durch den Durchmesser ersetzt wird:

$$j_N = \frac{1}{4}\langle|\mathbf{v}|\rangle\Big(n(x-d) - n(x+d)\Big) \tag{8.55}$$

$$= -\frac{1}{4}\langle|\mathbf{v}|\rangle \frac{dn(x)}{dx} \cdot 2d$$

$$= -\frac{d}{2}\langle|\mathbf{v}|\rangle \left\{\frac{\partial n(T,p)}{dT}\frac{dT(x)}{dx} + \frac{\partial n(T,p)}{dp}\frac{dp(x)}{dx}\right\} , \tag{8.56}$$

wobei $\langle|\mathbf{v}|\rangle = \sqrt{8k_B T/(\pi\hat{m})}$ die mittlere thermische Geschwindigkeit (Gl. 3.17) und L die Länge des Rohrs ist. Der Vorfaktor 1/4 resultiert wie im vorangegangenen Abschnitt aus der Mittelung über die Geschwindigkeits-Komponente parallel zur Rohrachse über die Winkelverteilung der auf die Rohröffnung einfallenden Teilchen (Gl. 8.54). Da das Rohr normalerweise eine auf der atomaren Skala raue Oberfläche hat, ist die Streuung an der Oberfläche genauso diffusiv wie im Inneren eines makroskopischen Gasvolumens (Abb. 8.9).

Wegen der Erhaltung des Teilchenstroms können wir die lokale Relation Gl. 8.56 durch die globale Relation

$$j_N = \frac{1}{4}\Big[\langle|\mathbf{v}_1|\rangle n(T_1,p_1) - \langle|\mathbf{v}_2|\rangle n(T_2,p_2)\Big] \tag{8.57}$$

ersetzen, wobei $T_{1,2}$ und $p_{1,2}$ die Temperaturen und Drucke in den beiden Reservoiren sind. Für $j_N = 0$ erhalten wir daraus wieder mit Gl. 3.17 und der thermischen Zustandsgleichung $n(T,p) = p/(k_B T)$ die Beziehung

$$\frac{p_1}{\sqrt{T_1}} = \frac{p_2}{\sqrt{T_2}} . \tag{8.58}$$

Bei gegebenem Verhältnis p_1/p_2 muss sich ein dazu reziprokes Verhältnis $T_1/T_2 = (p_1/p_2)^{-1/2}$ der Temperaturen einstellen. Der durch eine Druckdifferenz getriebene Teilchenstrom führt also zur Abkühlung der Hochdruck-Seite und einer Erwärmung der Niederdruck-Seite. Das liegt daran, dass der fließende Teilchenstrom auch einen Entropiestrom konvektiv mitführt (Aufgabe 8.10). Umgekehrt muss sich bei gegebenem Verhältnis der Temperaturen ein entsprechendes Druckverhältnis einstellen.

In linearer Näherung können wir den Teilchenstrom in Gl. 8.57 für den Fall einer Druckdifferenz $\Delta p = p_1 - p_2 \ll p_1, p_2$ bei $T = \text{const.}$ zwischen den Gasvolumina berechnen. Mit Hilfe der thermischen Zustandsgleichung erhalten wir für die Ableitung

$$\frac{\partial n(T,p)}{\partial p} = \frac{1}{k_B T}$$

und damit für den Teilchenstrom $I_N = \pi(d/2)^2 \cdot j_N$:

$$I_N = \frac{\pi d^3 \langle |\mathbf{v}| \rangle}{8 k_B T} \frac{\Delta p}{L} \quad \text{für} \quad d \ll \Lambda , \tag{8.59}$$

wobei L die Länge des Rohres ist. Der Strom fließt erwartungsgemäß dem Druckgradienten entgegen, das heißt von hohen zu niedrigen Drucken beziehungsweise Dichten. Wieder mit Hilfe von (Gl. 3.17) ergibt sich für den Massenstrom das kompakte Resultat:

$$I_M = \hat{m} I_N = \frac{d^3}{\langle |\mathbf{v}| \rangle} \frac{\Delta p}{L} .$$

Die KNUDSEN-*Strömung* unterscheidet sich von der für große Rohrdurchmesser $d \gg \Lambda$ auftretende POISEUILLE-*Strömung* durch die Abhängigkeit des Teilchenstroms ($\propto d^3$ anstelle von $\propto d^4$) vom Durchmesser. Dies ist von großer Bedeutung in der Hochvakuumtechnik, weil die freien Weglängen für N_2 und O_2 bei Drucken $p < 10^{-4}$ mbar mehr als 6 cm betragen und damit vergleichbar mit typischen Rohrquerschnitten sind.

Der komplementäre Fall einer Temperaturdifferenz $\Delta T = T_1 - T_2 \ll T_1, T_2$ bei $p = \text{const.}$ ist noch interessanter, weil sich hier die *Stromrichtung* umkehrt! Mit der thermischen Zustandsgleichung folgt

$$\frac{\partial n(T,p)}{\partial T} = -\frac{p}{k_B T^2} = -\frac{n}{T} .$$

Für den thermisch induzierten Massenstrom bei $p = \text{const.}$ erhalten wir damit:

$$I_M = -\frac{d^3 n k_B}{\langle |\mathbf{v}| \rangle} \frac{\Delta T}{L} \quad \text{für} \quad d \ll \Lambda . \tag{8.60}$$

In diesem Fall fließt der Strom noch immer von hohen zu niedrigen Dichten, aber von *niedrigen zu hohen* Temperaturen. Er verhält sich damit entgegengesetzt zu unserer spontanen Erwartung, die intuitiv von einer konstanten Dichte ausgeht und daher hohen Druck und hohe Temperatur assoziiert. Dieses Phänomen nennt man *Thermodiffusion* oder „thermische Transpiration“.

Die Thermodiffusion lässt sich leicht experimentell nachweisen. Dazu wird ein poröser Tonzylinder über einen Schlauch mit einem Wasserbehälter verbunden, der den Druck im Schlauch konstant hält und den durchfließenden Luftstrom durch Luftblasen

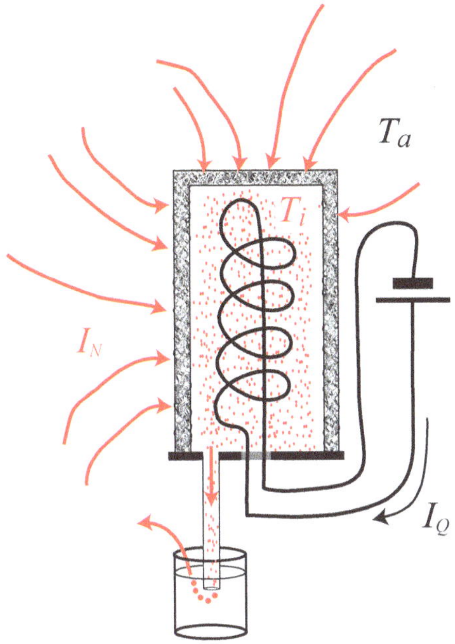

Abb. 8.10. Demonstration des *Thermodiffusions*-Effekts: Trotz Bestehen eines Druck-Gleichgewichts zwischen dem Inneren eines porösen Tonzylinders und dem Außenraum fließt ein kontinuierlicher Gasstrom durch den unten am Zylinder befestigten Schlauch, solange eine durch die Heizspirale gegenüber dem Außenraum erhöhte Innentemperatur besteht. Der Antrieb für diesen Teilchenstrom I_N ist der durch die T-Differenz induzierte Gradient von $n/\langle|\mathbf{v}|\rangle$ zwischen dem Innen- und dem Außenraum.

sichtbar macht (Abb. 8.10). Dabei wird sichergestellt, dass sich das Innere des Zylinders und die Außenluft stets im Druckgleichgewicht befinden. Wird die Luft im Inneren des Zylinders mittels eines Heizers erwärmt, dehnt sie sich gemäß dem idealen Gasgesetz zunächst aus, bis sich ein stationärer Zustand einstellt, in dem sich die eingebrachte Heizleistung und die Ableitung der Wärme in die Umgebung die Waage halten. Nach Erreichen des stationären Zustands beobachtet man aber, dass der Gastransfer in das Volumenreservoir keineswegs zum Stillstand kommt. Im Gegenteil, solange die Temperatur an der Innenwand des Tonzylinders höher ist als an der Außenwand, wird ein kontinuierlicher Gasstrom beobachtet. Nach kurzer Zeit übersteigt die in das Volumenreservoir transferierte Gasmenge das ursprünglich im Zylinder enthaltene Volumen deutlich! Die Erklärung für diese Beobachtung ist das Fließen eines kontinuierlichen Gasstroms, der *gegen* den Temperaturgradienten vom Außenraum in das Innere des Zylinders diffundiert! Das Druckgleichgewicht in unserer Anordnung impliziert die Abnahme der Dichte auf der heißen Seite. Wird der Druckausgleich verhindert, resultiert ein Druckanstieg im Inneren des Zylinders.

Eine technische Anordnung, die den KNUDSEN-Effekt ausnutzt, ist der KNUDSEN-*Kompressor*, der ohne bewegliche Teile auskommt. Falls allerdings $d \gtrsim \Lambda$, ist die erreichbare Druckdifferenz leider nicht allein durch Gl. 8.56 bestimmt, sondern eine endliche Druckdifferenz treibt zusätzlich die oben erwähnte POISEUILLE-Strömung, bei der sich ein parabolisches Geschwindigkeitsprofil im Gas ausbildet (Aufgabe 8.5). Der KNUDSEN-Strom fließt in der Nähe der Rohrwand dem hydrodynamischen Strom entgegen; in diesem Fall spricht man auch von „thermischer Gleitung“.

Eine weitere Variante der Thermodiffusion liegt vor, wenn sich mesoskopische Körper, zum Beispiel Staubpartikel, in einem ruhenden Gas unter Einfluss eines Temperaturgradienten bewegen. In diesem Fall spricht man von *Thermophorese*.

8.10 Thermoelektrizität

Wie lässt sich die nach Gl. 8.50 erwartete, von einem Teilchenstrom mitgeführte Entropie experimentell sichtbar machen? Die deutlichste Manifestation eines solchen Mitnahmeeffekts finden wir in stromdurchflossenen elektrischen Leitern, das heißt, in Metallen und Halbleitern.

Der Einfachheit halber nehmen wir zunächst an, dass die Entropieerzeugung durch den konduktiven Beitrag zum Entropiestrom sowie den Teilchenstrom (die JOULE'sche Wärme) vernachlässigbar sind:[25]

$$\Delta\bar{\mu} \cdot I_N \ll T \cdot I_S \quad \text{und} \quad T = \text{const.}$$

Die Kontinuitätsgleichung für den Entropiestrom lautet dann

$$\begin{aligned}\Sigma_S &= \frac{\partial s(T,n)}{\partial t} + \operatorname{div} \boldsymbol{j}_S \\ &= \frac{\partial s(T,n)}{\partial n} \cdot \frac{\partial n(t)}{\partial t} + \operatorname{div} \boldsymbol{j}_S \\ &= -\frac{\partial s(T,n)}{\partial n} \cdot \operatorname{div} \boldsymbol{j}_N + \operatorname{div} \boldsymbol{j}_S \simeq 0\,.\end{aligned}$$

Im letzten Schritt haben wir die Kontinuitätsgleichung für die Teilchendichte mit $\Sigma_N = 0$ benutzt. Damit erhalten wir die lokal gültige Beziehung

$$\boldsymbol{j}_S = \frac{\partial s(T,n)}{\partial n} \cdot \boldsymbol{j}_N\,. \tag{8.61}$$

Die durch Konvektion *mitgeführte* Entropie pro Teilchen beträgt also $\partial s(T,n)/\partial n$, und nicht einfach $\hat{s}(T,n)$, wie man es erwarten würde, wenn die Entropie des Gases als die Summe der Entropien der einzelnen Teilchen aufzufassen wäre. Hier zeigt sich erneut, dass die Entropie pro Teilchen nicht einfach als die mittlere Entropie eines Teilchens interpretiert werden kann, wie wir es in Abschnitt 6.2 bereits gesehen haben.[26] Gleichung 8.61 entspricht dem zweiten Term in Gleichung 8.51.

Für geladene Teilchen nennt man das Verhältnis zwischen dem Wärmestrom $T\boldsymbol{j}_S$ und dem elektrischen Strom $\boldsymbol{j}_Q = \hat{q}\boldsymbol{j}_N$ den PELTIER-*Koeffizienten*

---

25 Eine allgemeinere Betrachtung wird in Anschnitt 8.13 durchgeführt.

26 Siehe auch die Fußnote auf Seite 33.

$$\Pi = T \cdot \frac{1}{\hat{q}} \frac{\partial s(T,n)}{\partial n} . \qquad (8.62)$$

!

In Gegensatz zur mitgeführten Entropie pro Teilchen kann der PELTIER-Koeffizient Π – abhängig vom Vorzeichen der Ladung pro Teilchen $\hat{q}$ – beiderlei Vorzeichen haben: negative für Ladungstransport durch Elektronen, positive beispielsweise in p-dotierten Halbleitern. Für (nicht zu stark) dotierte Halbleiter können wir den PELTIER-Koeffizienten leicht berechnen, da die Ladungsträger in diesem Fall ein ideales Gas bilden (Aufgabe 7.7). Differenzieren von Gl. 6.5 nach $n = 1/\hat{v}$ liefert

$$\frac{\partial s(T,n)}{\partial n} = \frac{\partial [n\hat{s}(T,n)]}{\partial n} = \hat{s}(T,n) - k_B$$
$$= k_B \left\{ \ln\left(\frac{jT^{3/2}}{n} \right) + \frac{3}{2} \right\} . \qquad (8.63)$$

Typische Ladungsdichten in dotierten Halbleitern[27] sind $n \simeq 10^{14}/\text{cm}^3$–$10^{18}/\text{cm}^3$. Damit erhalten wir $\hat{s} - k_B \simeq 12.5 \cdot k_B$ bis $21.5 \cdot k_B$ bei Zimmertemperatur. Man beachte, dass $\hat{s}(T,n)$ mit zunehmender Teilchendichte abnimmt. Für den PELTIER-Koeffizienten eines solchen Halbleiters resultieren damit typische Werte von

$$\Pi \simeq \frac{k_B}{\hat{q}} \cdot 3750\,\text{K} \quad \text{bis} \quad \frac{k_B}{\hat{q}} \cdot 6450\,\text{K} \simeq 0.32\,\text{W/A} \quad \text{bis} \quad 0.55\,\text{W/A} .$$

Die Elektronen in Metallen können, wie bereits öfter erwähnt, nicht als verdünntes ideales Gas angesehen werden. Deren thermodynamische Behandlung in Kapitel II-6 liefert

$$\frac{\partial s(T,n)}{\partial n} = \frac{\hat{s}(T,n)}{3} = \frac{\pi^2}{6} \frac{k_B T}{T_F(n)} , \qquad (8.64)$$

wobei die sogenannte FERMI-Temperatur $T_F(n)$ eine materialspezifische charakteristische Temperatur des Elektronensystems ist, die in Metallen typischerweise 5 bis $10 \cdot 10^4$ K beträgt, und damit sehr hoch ist (Abschnitt II-6.1). Wir erhalten für den PELTIER-Koeffizienten von Metallen bei Zimmertemperatur

$$\Pi = \frac{k_B}{\hat{q}} \cdot \frac{\pi^2}{6} \frac{T^2}{T_F(n)} \simeq \frac{k_B}{\hat{q}} \cdot 1.5\,\text{K} \simeq 0.13\,\text{mW/A} .$$

Thermoelektrische Effekte in Metallen sind wegen der in der Regel sehr kleinen Entropie pro Teilchen wesentlich kleiner als in Halbleitern.

Bei räumlich konstanter Temperatur macht sich die von den Ladungsträgern mitgeführte Entropie innerhalb eines Leiters nicht durch thermische Effekte bemerkbar.[28]

---

27 In dieser Abschätzung nehmen wir an, dass die Ladungsträgerdichte n durch die Dotierung bestimmt ist (*Störstellenerschöpfung*, Abschnitt II-6.5.2) und nur schwach von der Temperatur abhängt. Bei Temperaturen außerhalb dieses Bereichs müssen weitere Effekte berücksichtigt werden.

28 Bei gleichzeitigem Vorhandensein eines T-Gradienten und eines elektrischen Stroms tritt zusätzlich zum JOULE'schen Beitrag zur Energiedissipation ein zu grad T proportionaler Beitrag in der Energie- und Entropiebilanz auf – die THOMSON-Wärme.

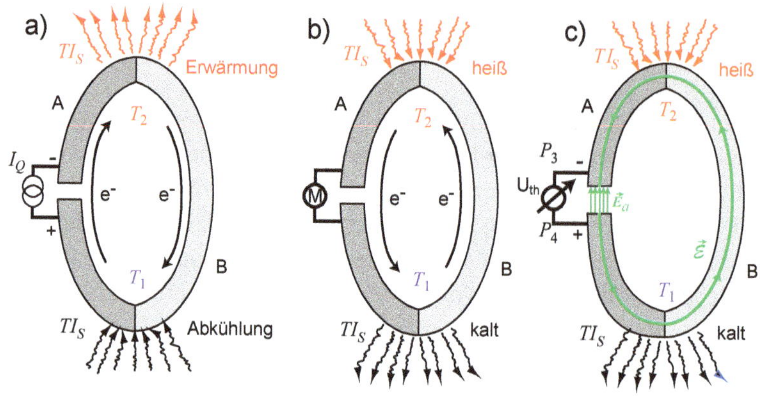

Abb. 8.11. Verschiedene Anordnungen zur Messung thermoelektrischer Effekte an einem Thermoelement aus den Leitern A (dunkelgrau) und B (hellgrau). Die PELTIER-Koeffizienten Π und SEEBECK-Koeffizienten $\mathcal{S}$ seien negativ (für Elektronen ist $\hat{q} = -e$/Teilchen) und $|\mathcal{S}_A| > |\mathcal{S}_B|$. Die Temperatur T_2 ist höher als T_1. a) PELTIER-Effekt: Der von einer Stromquelle getriebene elektrische Strom I_Q führt den Wärmestrom $\Pi_A \cdot I_Q$ beziehungsweise $\Pi_B \cdot I_Q$ mit. An der oberen Kontaktstelle wird die Differenz $(\Pi_A - \Pi_B) \cdot I_Q$ frei, an der unteren wird sie absorbiert. b) SEEBECK-Effekt: Anordnung zum Antrieb eines Motors M durch den thermoelektrischen Strom. Man beachte die umgekehrte Richtung des Entropiestroms und des elektrischen Stroms in (a) und (b). Die Anordnung in (a) ist eine Wärmepumpe, während (b) eine Wärmekraftmaschine darstellt. c) Anordnung zur Messung der Thermospannung U_{th}. Die lokale elektromotorische Kraft $\mathcal{E}$ ist grün eingezeichnet. Da die Elektronen beim Aufbau der Temperaturdifferenz gegen den Uhrzeigersinn getrieben werden, lädt sich der mit der heißen Seite des Thermoelements verbundene obere Pol des Voltmeters *negativ* auf.

Wenn der elektrische Strom aber durch eine Grenzfläche zwischen zwei Leitern mit unterschiedlichem PELTIER-Koeffizienten fließt, sind die ein- und auslaufenden Entropieströme verschieden. Die Diskrepanz

$$T\,\Delta I_S = (\Pi_2 - \Pi_1) \cdot I_Q\,, \tag{8.65}$$

die PELTIER-*Wärme*, wird an der Grenzfläche frei oder absorbiert. Dies resultiert in einer kontinuierlichen Heiz- beziehungsweise Kühlleistung, welche entweder zugeführt oder abgeführt werden muss, um die Temperatur an der Grenzfläche konstant zu halten. Ohne externe Zu- oder Abfuhr von Energie und Entropie erwärmt sich die Grenzfläche entweder, oder sie kühlt ab. Abbildung 8.11a zeigt eine Anordnung, bei der ein Draht aus einem Material A mit dem PELTIER-Koeffizienten $\Pi_A < 0$ mit einem zweiten Draht aus einem anderen Material B mit dem PELTIER-Koeffizienten $\Pi_B < 0$ zu einen geschlossenen Stromkreis verbunden sind. An einer Stelle ist der Kreis durch eine Stromquelle unterbrochen, die einen im Uhrzeigersinn zirkulierenden Elektronenstrom antreibt. Wenn $|\Pi_A| > |\Pi_B|$ ist, so werden an der oberen Kontaktstelle Energie und Entropie frei, an der unteren absorbiert – die Anordnung wirkt als Wärmepumpe. Das Analogon des PELTIER-Effekts in Elektrolyt-Lösungen nennt man den SORET-Effekt.

Wenn ein Teilchenstrom einen Wärmestrom mitführen kann, so ist zu erwarten, dass auch ein Wärmestrom einen Teilchenstrom mitführen kann. Dies wurde von SEE-

BECK erstmals beschrieben. Wird ein elektrisch isolierter Metalldraht an einem Ende erwärmt, so bewirken die von dem resultierenden Wärmestrom zum kalten Ende mitgeführten Ladungsträger eine Ladungsakkumulation am kalten und eine entsprechenden Verarmung am heißen Ende. Im Inneren des Leiters ändert sich die Ladungsverteilung nicht, weil die Ausbildung makroskopischer Raumladungszonen unverhältnismäßig viel elektrostatische Energie kostet. Daher bilden sich Oberflächenladungen in einer Randzone von der Dicke der THOMAS-FERMI-Abschirmlänge (Abschnitt 8.4.3), bis deren elektrostatisches Feld den Antrieb für den thermoelektrischen Strom gerade kompensiert und die Ladungsverteilung an der Oberfläche zeitlich konstant wird. Auf diese Weise entsteht ein thermisch induzierter Gradient des elektrostatischen Potenzials, welcher dem der Temperatur entgegen wirkt. Das chemische Potenzial nimmt bei konstanter Dichte zum kalten Ende hin zu, was den thermoelektrischen Strom zusätzlich reduziert.

Um die erwartete Verbindung zwischen den Gradienten von T und $\bar{\mu}$ zu finden, werten wir die Transportgleichung für den Teilchenstrom für den allgemeinen Fall ($\operatorname{grad}\bar{\mu}$, $\operatorname{grad} T \neq 0$) aus:

$$\begin{aligned}\boldsymbol{j}_N &= -\{D \operatorname{grad} n(T,\mu) + \sigma_N \hat{q} \operatorname{grad} \phi_Q\} \\ &= -D\left\{\frac{\partial n(T,\mu)}{\partial \mu} \operatorname{grad}\bar{\mu} + \frac{\partial n(T,\mu)}{\partial T} \operatorname{grad} T\right\} \\ &= -\sigma_N\left\{\operatorname{grad}\bar{\mu} + \frac{\partial s(T,n)}{\partial n} \operatorname{grad} T\right\} . \end{aligned} \tag{8.66}$$

Hier haben wir wieder das chemische und das elektrostatische Potenzial zu $\bar{\mu}$ zusammengefasst und die aus Gl. 5.25 folgende MAXWELL-Relation

$$\frac{\partial n(T,\mu)}{\partial T} = \frac{\partial s(T,\mu)}{\partial \mu} = \frac{\partial s(T,n)}{\partial n} \cdot \frac{\partial n(T,\mu)}{\partial \mu} \tag{8.67}$$

sowie Gl. A.1 benutzt.

Aus Gl. 8.66 folgt, dass ein Temperaturgradient entlang eines elektrisch isolierten Drahtes ($\boldsymbol{j}_N = 0$) einen zu $\operatorname{grad} T$ proportionalen Gradienten des elektrochemischen Potenzials erzeugt:

$$\operatorname{grad}\bar{\mu} = -\frac{\partial s(T,n)}{\partial n} \cdot \operatorname{grad} T . \tag{8.68}$$

Der thermisch induzierte Gradient von $\bar{\mu}$ zeigt bei konstanter Dichte dem Gradienten von T *entgegen*. Die Ladungsträger fließen vom heißen zum kalten Ende des Drahtes, den T-Gradienten hinab, den elektrochemischen Potenzialgradienten dagegen *hinauf*. Dies ist ein Charakteristikum der in Abschnitt 4.1 besprochenen Wärmekraftmaschinen.

Den Proportionalitätsfaktor $\mathcal{S}$ zwischen $\operatorname{grad} T$ und der *elektromotorischen Kraft*

$$\mathcal{E} := -\frac{1}{\hat{q}} \operatorname{grad}\bar{\mu} = -\frac{1}{\hat{q}} \operatorname{grad}\mu + \boldsymbol{E}_{\mathrm{i}} = \mathcal{S} \operatorname{grad} T \tag{8.69}$$

nennt man die *Thermokraft* beziehungsweise den SEEBECK-Koeffizienten. Dabei ist $\boldsymbol{E}_\mathrm{i}$ das lokale elektrostatische Feld *im Innern des Leiters.*[29] Mit Gl. 8.68 erhalten wir:

!

$$\mathcal{S} = \frac{1}{\hat{q}} \frac{\partial s(T,n)}{\partial n} . \tag{8.70}$$

Der Vergleich zwischen Gl. 8.62 und Gl. 8.70 liefert die KELVIN-*Relation*

$$\Pi = T \cdot \mathcal{S} \tag{8.71}$$

zwischen $\mathcal{S}$ und Π. Beim PELTIER-Effekt führt der Teilchenstrom einen Wärmestrom mit; beim SEEBECK-Effekt dagegen führt der Wärmestrom einen Teilchenstrom mit. Die durch die KELVIN-Relation Gl. 8.71 quantifizierte Symmetrie der beiden Mitführeffekte wurde von ONSAGER erstmals als ein grundlegendes Prinzip erkannt. Solange die Beziehung zwischen den Strömen und den Gradienten *linear* ist, genügen die bisher bekannten Systeme diesem Prinzip.[30]

Wird die Stromquelle in Abb. 8.11a durch einen Motor ersetzt (Abb. 8.11b), so erhält man eine thermoelektrische Wärmekraftmaschine: Ein Temperaturgefälle zwischen der oberen und der unteren Kontaktstelle induziert einen gegen den Uhrzeigersinn zirkulierenden Elektronenstrom. Die zirkulierenden Elektronen nehmen aus dem heißen Wärmereservoir pro Zeiteinheit einen Energiebetrag $T_2 \Delta S_A$ auf und geben am kalten Reservoir den kleineren Energiebetrag $T_1(\Delta S_A + S_{A,\mathrm{irr}})$ wieder ab, wobei $S_{A,\mathrm{irr}}$ die OHM'schen Verluste im Leiter A angibt. Auf dem Rückweg extrahieren die Elektronen den kleineren Energiebetrag $T_1 \Delta S_B$ aus dem Reservoir und geben den größeren Betrag $T_2(\Delta S_B + S_{B,\mathrm{irr}})$ wieder ab. Dabei wird ein Teil der gewonnenen Energie benötigt, um die Entropie von der Temperatur T_1 wieder auf die höhere Temperatur T_2 „hochzupumpen".

Zur experimentellen Bestimmung der thermoelektrischen Koeffizienten $\mathcal{S}$ und Π ersetzen wir den Motor in Abb. 8.11b durch ein Voltmeter (Abb. 8.11c), welches den Stromkreis unterbricht und die Leerlaufspannung der Anordnung zwischen den Punkten P_3 und P_4 misst. Die Thermospannung U_th erhalten wir durch die Integration der in Gl. 8.69 definierten elektromotorischen Kraft $\mathcal{E}$ entlang des vom Punkt P_4 zum

29 Das elektrostatische Feld im Inneren eines Leiters wird von Oberflächenladungen erzeugt, die sich erst durch den Stromfluss ausbilden. Die Ladungsverteilung und damit die lokale Stromdichte stellt sich dabei so ein, dass die Entropierzeugung im Leiter *minimal* wird – der Strom fließt den Weg des 'geringsten Widerstandes'.

30 ONSAGER wurde außerdem durch die exakte Lösung des zweidimensionalen ISING-Modells für wechselwirkende Spins und durch Arbeiten zum superfluiden Helium berühmt. Für sein *Reziprozitäts-*Theorem wurde er 1968 mit dem Nobelpreis für Chemie ausgezeichnet.

Punkt P_3 führenden Weges durch das Thermoelement:[31]

$$U_{\text{th}}(T_1, T_2) = \frac{\bar{\mu}_3 - \bar{\mu}_4}{\hat{q}} = -\left\{ \int_{P_4}^{P_1} \mathcal{E}(\boldsymbol{r})\, d\boldsymbol{r} + \int_{P_1}^{P_2} \mathcal{E}(\boldsymbol{r})\, d\boldsymbol{r} + \int_{P_2}^{P_3} \mathcal{E}(\boldsymbol{r})\, d\boldsymbol{r} \right\}$$

$$= \int_{P_1}^{P_4} \mathcal{S}_{\mathsf{A}} \cdot \operatorname{grad} T(\boldsymbol{r})\, d\boldsymbol{r} - \int_{P_1}^{P_2} \mathcal{S}_{\mathsf{B}} \cdot \operatorname{grad} T(\boldsymbol{r})\, d\boldsymbol{r} + \int_{P_3}^{P_2} \mathcal{S}_{\mathsf{A}} \cdot \operatorname{grad} T(\boldsymbol{r})\, d\boldsymbol{r}$$

$$= \int_{T_1}^{T_2} \left[\mathcal{S}_{\mathsf{A}}(T) - \mathcal{S}_{\mathsf{B}}(T) \right] dT \,, \tag{8.72}$$

wenn wir annehmen, dass die Temperaturen an beiden Punkten P_3 und P_4 gleich sind. Die Thermospannung ist unabhängig davon, an welcher Stelle der Stromkreis unterbrochen wird. Für die Ableitung der Thermospannung nach der Temperatur ergibt sich damit

$$\frac{dU_{\text{th}}(T)}{dT} = \mathcal{S}_{\mathsf{A}}(T) - \mathcal{S}_{\mathsf{B}}(T) \,. \tag{8.73}$$ **!**

Diese Gleichung stellt also eine präzise Messvorschrift für die Differenz zweier SEEBECK-Koeffizienten dar. Zur experimentellen Bestimmung der Thermokraft des Materials A muss die Thermokraft des Referenzmaterials B bekannt sein.[32]) Der Innenwiderstand des Voltmeters muss viel größer als der des Thermoelements sein, damit der fließende Strom vernachlässigbar ist.

Ohne Nutzlast beträgt der maximale elektrische Ringstrom (Kurzschluss-Strom) des Thermoelements

$$I_Q = \frac{U_{\text{th}}}{R_{\mathsf{A}} + R_{\mathsf{B}}} \,, \tag{8.74}$$

wobei R_{A} und R_{B} die elektrischen Widerstände der beiden Drähte sind. Wird wie in Abb. 8.11b ein Elektromotor mit dem elektrischen Widerstand R_{M} in den Stromkreis eingefügt, so sinkt der Ringstrom auf den Wert $I_Q = U_{\text{th}}/(R_{\mathsf{A}} + R_{\mathsf{B}} + R_{\mathsf{M}})$. Der Spannungsabfall über dem Motor beträgt dann

$$U_{\mathsf{M}} = \frac{U_{\text{th}} R_{\mathsf{M}}}{R_{\mathsf{A}} + R_{\mathsf{B}} + R_{\mathsf{M}}} \,. \tag{8.75}$$

---

31 Die Thermospannung ist keine rein elektrostatische Potenzialdifferenz, sondern enthält auch einen Beitrag vom chemischen Potenzial der Elektronen.

32 *Supraleiter* sind als Referenzmaterialien besonders geeignet, weil in diesen der Ladungsstrom *nicht* mit einem konvektiven Entropiestrom [für das den Suprastrom tragende COOPER-Paar-*Kondensat* sind s und $\partial s(T, n)/\partial n \equiv 0$] verbunden ist (Abschnitt II-6.6). Daher sind in diesem Fall $\mathcal{S}$ und Π *exakt* gleich Null.

Der höchste Wirkungsgrad ergibt sich, wenn der Widerstand des Motors R_M gleich dem Innenwiderstand des Thermoelements $R_A + R_B$ ist. Der Spannungsabfall über dem Motor ist dann nur halb so groß wie die in Abb. 8.11c gemessene Thermospannung.

Der Wirkungsgrad dieser Wärmekraftmaschine ist neben $\mathcal{S}$ auch durch die elektrische (σ) und die Wärmeleitfähigkeit (λ) der verwendeten Leiter bestimmt. Um die Entropie-Erzeugung im Thermoelement zu minimieren, muss σ möglichst groß und λ möglichst klein sein. Aufgrund des WIEDEMANN-FRANZ-Gesetzes (Gl. 8.53) ist hier ein Kompromiss erforderlich. Die Eignung eines Materials für thermoelektrische Anwendungen wird durch den dimensionslosen *Qualitätsfaktor*

$$ZT = \frac{\sigma T \mathcal{S}^2}{\lambda} \tag{8.76}$$

bestimmt.

Die dotierten Halbleiter Bi_2Te_3, Bi_2Se_3 und Sb_2Te_3 sind die bei Zimmertemperatur geeignetsten konventionellen Materialien ($ZT \simeq 1$), die eine hohe Thermokraft mit einem niedrigen Widerstand und einer niedrigen Wärmeleitfähigkeit kombinieren. Halbleiter sind interessant, weil in einem Thermoelement n- und p-dotierte Materialien verwendet werden können, deren SEEBECK-Koeffizienten sich betragsmäßig addieren und deren Wärmeleitfähigkeit relativ niedrig ist. Gegenwärtig laufen in der aktuellen Forschung große Anstrengungen, ZT für künstliche Materialien, zum Beispiel für Halbleiter-Übergitter, zu optimieren. In solchen Systemen wurden bereits Werte von $ZT \simeq 2$–3 erreicht.

8.11 Kritik des Drift-Diffusionsmodells

Die wesentliche Schwäche dieses einfachen Modells ist die Tatsache, dass in der Transportgleichung das Produkt der *Mittelwerte* von D und des Gradienten der X-Dichte auftritt. Bekanntlich ist für Wahrscheinlichkeits-Verteilungen, die asymmetrisch um den Mittelwert verteilt sind, das Produkt der Mittelwerte ungleich dem Mittelwert des Produkts. Genauere Ergebnisse werden erwartet, wenn die Energieabhängigkeit der Diffusionskonstante berücksichtigt wird.

Einen ersten Schritt zur Verfeinerung des Drift-Diffusionsmodells stellen wir im zweiten Band im Zusammenhang mit den Transporteigenschaften von Metallen vor (Abschnitt II-6.4). Dort wird sich zeigen, dass sich der hier verwendete Zugang leicht verallgemeinern lässt, wenn wir Teilchen mit derselben Energie separat betrachten. In diesem verbesserten Modell ergeben sich Resultate für die elektrischen Leitfähigkeit und die Wärmeleitfähigkeit, die mit denen der BOLTZMANN-Gleichung in Relaxationszeitnäherung (BOLTZMANN nannte diese Näherung den „Stoßzahlenansatz“) identisch sind. Die stärksten Abweichungen treten bei der Thermokraft auf, die am sensitivsten

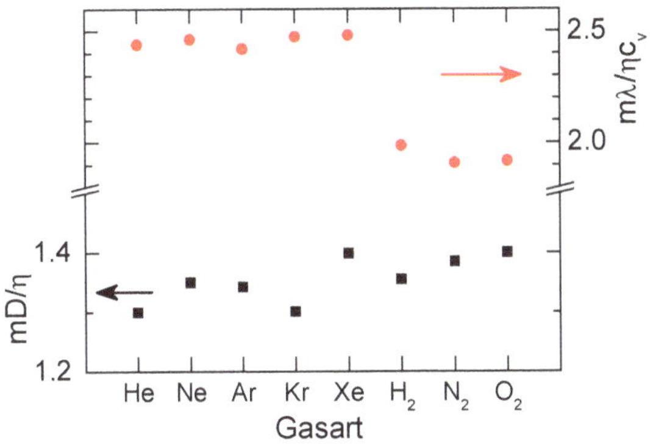

Abb. 8.12. Die Verhältnisse mD/η und $m\lambda/\eta c_V$ für ein- und zweiatomige Gase (Daten aus [4]).

auf die genannten Asymmetrien reagiert.[33] Darüber hinaus zeigt die dortige Analyse, dass die Abweichung der Verteilungsfunktion von der Verteilung im Gleichgewicht so klein ist, dass die thermodynamischen Eigenschaften des stromdurchflossenen Mediums gleich bleiben. Daher ist es gerechtfertigt, die aus Experimenten im Gleichgewicht bestimmten thermodynamischen Suszeptibilitäten auch im Zusammenhang mit den Transport-Koeffizienten zu benutzen.

Eine über die Relaxationszeitnäherung hinausgehende Behandlung der Stöße ist mathematisch so viel schwieriger, dass es nach Aufstellung der BOLTZMANN-Gleichung und deren Lösung in Relaxationszeitnäherung durch den im Jahre 1872 weitere 45 Jahre dauerte, bis CHAPMAN und ENSKOG 1916–17 die Entwicklung eines effektiveren Näherungsverfahrens gelang. Für einatomige verdünnte Gase liefert dieses die universellen Verhältnisse

$$\frac{mD}{\eta} = \frac{6}{5} = 1.2 \quad \text{und} \quad \frac{\hat{m}\lambda}{\eta\hat{c}_v} = \frac{5}{2} = 2.5\,,$$

welche nach Gl. 8.48 und 8.52 beide $= 1$ sein sollten. Die Korrekturen sind für den Wärmetransport größer als für den Impulstransport. Das liegt daran, dass die Teilchen mit Geschwindigkeiten $|\boldsymbol{v}| > \langle|\boldsymbol{v}|\rangle$ nicht nur schneller sind, sondern auch mehr Energie tragen.

---

33 Nimmt man Gleichung 8.70 wörtlich, so kompensieren sich die Thermokraft und der aus der T-Abhängigkeit von $\mu(T,n)$ resultierende μ-Gradient bei konstanter Dichte n in Gl. 8.66 wegen der MAXWELL-Relation $\partial s(T,n)/\partial n = -\partial\mu(T,n)/\partial T$ (Beispiel 4 in Abschnitt 5.2). Dann wäre der thermoelektrische Strom stets Null, weil die thermisch induzierte elektromotorische Kraft von dem aufgrund der T-Abhängigkeit von $\mu(T,n)$ ebenfalls vorhandenen chemischen Potenzialgradienten exakt kompensiert wird. Dies mag der Grund sein, warum Gl. 8.70 trotz ihrer Prägnanz weitgehend in Vergessenheit geriet, obwohl sie bereits 1851 von keinem Geringeren als KELVIN abgeleitet wurde [19]. Die Berücksichtigung der Energieabhängigkeit der Diffusionskonstanten und weiter verfeinerte Modelle für die mitgeführte Entropie liefern Ergebnisse, die sich von Gl. 8.70 um einen numerischen Faktor im Bereich von ± 10 unterscheiden. Für qualitative Betrachtungen stellt Gl. 8.70 eine brauchbare Abschätzung dar, die insbesondere die Temperaturabhängigkeiten von $\mathcal{S}$ vielfach richtig wiedergibt (Abschnitte II-6.4 und II-6.5.3).

Für einatomige Gase sind diese Ergebnisse in guter Übereinstimmung mit den in Abb. 8.12 gezeigten Messwerten:

$$\frac{mD}{\eta} = 1.35 \pm 0.05 \quad \text{und} \quad \mathfrak{E} = \frac{\hat{m}\lambda}{\eta\hat{c}_v} = 2.5 \pm 0.1\,, \tag{8.77}$$

wobei $\mathfrak{E}$ der EUCKEN-Faktor genannt wird. Die Reduktion von $\mathfrak{E}$ bei den zweiatomigen Gasen kommt daher, dass der Beitrag der inneren Anregungen (Rotationen und Vibrationen) zur Wärmekapazität näherungsweise unabhängig von der Geschwindigkeit ist und daher nicht von dem Erhöhungsfaktor 2.5 profitiert. Der entsprechende korrigierte Erhöhungsfaktor ist leicht zu berechnen. Wenn $c_{v,T}$ den Beitrag der Translation und $c_{v,i}$ den Beitrag der inneren Anregungen zur Wärmekapazität pro Volumen bezeichnet, gilt wegen $c_{v,T} = n\hat{c}_{v,T} = 3nk_B/2$

$$\lambda = \left(\frac{5}{2}c_{v,T} + c_{v,i}\right)\frac{\eta}{m} = \left(\frac{3}{2}c_{v,T} + c_v\right)\frac{\eta}{m} = \left(\frac{9}{4}nk_B + c_v\right)\frac{\eta}{m}\,.$$

Mit Hilfe des Adiabatenexponenten $\gamma = c_p/c_v$ und wegen $nk_B = (\gamma - 1)c_v$ resultiert:

$$\lambda = \mathfrak{E}c_v\eta/m \quad \text{mit} \quad \mathfrak{E} = \frac{1}{4}(9\gamma - 5)\,. \tag{8.78}$$

Für einatomige Gase hat hat der EUCKEN-Faktor den Wert $\mathfrak{E} = 2.5$ und für zweiatomige Gase den Wert $\mathfrak{E} = 1.9$. Gleichung 8.78 liefert auch, unabhängig von der T-Abhängigkeit von $\hat{c}_v$, Werte, die in guter Übereinstimmung mit experimentellen Daten wie denen in Abb. 8.12 sind.[34]

Der quantitative Vergleich der experimentell bestimmten Transportkoeffizienten der Gase mit den Aussagen des Drift-Diffusions-Modells zeigt also, dass dieses die Temperatur- und Dichte-Abhängigkeit weitgehend richtig wiedergibt, während die Absolutwerte in der Regel um einen Faktor 1.3–3 unterschätzt werden. Gemessen an dem Aufwand unserer Herleitung ist das Ergebnis also recht befriedigend.

Insgesamt stellen die in diesem Kapitel gewonnen Resultate der einfachen Transporttheorie die überwiegend verwendete Grundlage für die Behandlung von Transportphänomenen nicht nur in Gasen, sondern auch in Festkörpern und (Quanten)-flüssigkeiten dar.

8.12 Die Matrix der Transportkoeffizienten

Um die Vielzahl von Ergebnissen noch übersichtlicher darzustellen, wollen wir die beiden Transportgleichungen für S und N in Matrixform zusammenfassen. In linearer

34 Im Zusammenhang mit strömenden Medien wird statt $\mathfrak{E}$ auch die PRANDTL-Zahl $\mathrm{Pr} = 1/\mathfrak{E}$ verwandt. Für flüssiges Wasser ist $\mathfrak{E} = 1/7$, für Quecksilber 40.

Näherung erhalten wir:

$$\begin{pmatrix} \boldsymbol{j}_S \\ \boldsymbol{j}_N \end{pmatrix} = -D \begin{pmatrix} \dfrac{\partial s(T,\mu)}{\partial T} & \dfrac{\partial s(T,\mu)}{\partial \mu} \\ \dfrac{\partial n(T,\mu)}{\partial T} & \dfrac{\partial n(T,\mu)}{\partial \mu} \end{pmatrix} \begin{pmatrix} \operatorname{grad} T(\boldsymbol{r}) \\ \operatorname{grad} \bar{\mu}(\boldsymbol{r}) \end{pmatrix} \tag{8.79}$$

$$= -\begin{pmatrix} L_{ss} & L_{sn} \\ L_{ns} & L_{nn} \end{pmatrix} \begin{pmatrix} \operatorname{grad} T(\boldsymbol{r}) \\ \operatorname{grad} \bar{\mu}(\boldsymbol{r}) \end{pmatrix} . \tag{8.80}$$

Die Matrix der *kinetischen Koeffizienten* L_{sn} genügt wegen der MAXWELL-Relation Gl. 8.67 der ONSAGER-Symmetrie. Drei der darin auftretenden Elemente, nämlich

$$L_{nn} = \sigma_N \quad \text{und} \quad L_{sn} = L_{ns} = \sigma_N \hat{q} S$$

sind uns bereits bekannt. Um das vierte Element L_{ss} durch vertrautere Größen auszudrücken, wenden wir Gl. A.2 sowie Gl. 8.67 an und erhalten:

$$\begin{aligned} L_{ss} &= D \frac{\partial s(T,\mu)}{\partial T} \\ &= D \left\{ \frac{\partial s(T,n)}{\partial T} + \frac{\partial s(T,n)}{\partial n} \frac{\partial n(T,\mu)}{\partial T} \right\} \\ &= D \left\{ \frac{\partial s(T,n)}{\partial T} + \left(\frac{\partial s(T,n)}{\partial n} \right)^2 \frac{\partial n(T,\mu)}{\partial \mu} \right\} \\ &= \frac{\lambda}{T} + \sigma_N (\hat{q} S)^2 . \end{aligned} \tag{8.81}$$

Der zweite Beitrag zu L_{ss} kommt daher, dass wir $\operatorname{grad} \bar{\mu}$ als unabhängige Variable betrachten. Der Fall $\operatorname{grad} T \neq 0$, $\operatorname{grad} \bar{\mu} = 0$, in dem $\boldsymbol{j}_N = -L_{sn} \operatorname{grad} T$ ist, lässt sich nur dadurch realisieren, dass zusätzlich zu dem durch $\operatorname{grad} T$ getriebenen Wärmestrom ein Teilchenstrom $\boldsymbol{j}_N$ fließt, der den durch die T-Abhängigkeit von $\mu(T,n)$ resultierenden $\bar{\mu}$-Gradienten gerade kompensiert. Setzen wir umgekehrt $\boldsymbol{j}_N = 0$, so gilt

$$\operatorname{grad} \bar{\mu} = -\frac{L_{ns}}{L_{nn}} \operatorname{grad} T = -\hat{q} S \operatorname{grad} T$$

und damit

$$\boldsymbol{j}_S = -\left\{ \frac{\lambda}{T} + \sigma_N (\hat{q} S)^2 - \sigma_N (\hat{q} S)^2 \right\} \operatorname{grad} T = -\frac{\lambda}{T} \operatorname{grad} T ,$$

in Übereinstimmung mit unserem früheren Resultat in Gl. 8.52. Ebenso lässt sich leicht nachrechnen, dass auch Gl. 8.50 reproduziert wird. In Aufgabe 8.12 ist zu zeigen, dass die Anwendung der Transportgleichung auf die Energiedichte $e(T,\bar{\mu})$ den aus Gl. 1.50 wohlbekannten Zusammenhang

$$\boldsymbol{j}_E = -D \operatorname{grad} e(T,\bar{\mu}) = T \boldsymbol{j}_S + \bar{\mu} \boldsymbol{j}_N$$

reproduziert.

8.13 Entropieproduktion durch Ströme

In diesem Abschnitt wollen wir einen allgemeinen Ausdruck für die Entropieproduktion durch Ströme ableiten und in linearer Näherung mit den Transportkoeffizienten in Verbindung bringen. Dazu beginnen wir mit der GIBBS'schen Fundamentalform in *Entropie*-Darstellung (Abschnitt 6.2.4), das heißt dem totalen Differenzial der Entropiedichte $s(e, x_i)$:

$$ds = \frac{1}{T} de - \sum_{i=2}^{n} \frac{\xi_i}{T} dx_i = \sum_{i=1}^{n} \tilde{\xi}_i \, dx_i \,,$$

wobei die x_i die Dichten mengenartiger Größe X_in und ξ_i die zugehörigen Energie-konjugierten Größen sind. Die $\tilde{\xi}_i$ heißen zu den X_i *Entropie-konjugiert*. Insbesondere ist $\tilde{\xi}_1 := 1/T$ zu $x_1 := e$ Entropie-konjugiert, während

$$\tilde{\xi}_i = -\frac{\xi_i}{T} \quad \text{für} \quad i \geq 2 \tag{8.82}$$

gilt. Die zeitlichen Ableitungen $\dot{s}, \dot{e}$ und $\dot{x}_i$ der Dichten der mengenartigen Größen sind dann gemäß

$$\frac{\partial s}{\partial t} = \sum_{i=1}^{n} \tilde{\xi}_i \frac{\partial x_i}{\partial t} \tag{8.83}$$

verknüpft. Außerdem gilt für die lokalen Strom*dichten* nach Gl. 1.50

$$\boldsymbol{j}_S = \sum_{i=1}^{n} \tilde{\xi}_i \boldsymbol{j}_{X_i} \,. \tag{8.84}$$

Nehmen wir der Einfachheit halber an, dass die X_i bei den zu betrachtenden Prozessen erhalten sind, so können wir die Zeitableitungen in Gl. 8.83 mit Hilfe der Kontinuitätsgleichungen

$$\operatorname{div} \boldsymbol{j}_S + \frac{\partial s}{\partial t} = \Sigma_{S,\text{lok}} \quad \text{und} \quad \operatorname{div} \boldsymbol{j}_{X_i} + \frac{\partial x_i}{\partial t} = 0$$

zugunsten von $\boldsymbol{j}_S$ und den $\operatorname{div} \boldsymbol{j}_{X_i}$ eliminieren. Damit erhalten wir für die lokale Entropieproduktionsrate

$$\Sigma_{S,\text{lok}} = \operatorname{div} \boldsymbol{j}_S - \sum_{i=1}^{n} \tilde{\xi}_i \operatorname{div} \boldsymbol{j}_{X_i} \,.$$

In einem letzten Schritt setzen wir Gl. 8.84 im ersten Term auf der rechten Seite ein und bekommen mit Hilfe der Vektoridentität $\operatorname{div}(\xi \cdot \boldsymbol{j}) = \xi \cdot \operatorname{div} \boldsymbol{j} + \operatorname{grad} \xi \cdot \boldsymbol{j}$ das fundamentale Ergebnis

$$\Sigma_{S,\text{lok}} = \sum_{i=1}^{n} \operatorname{grad} \tilde{\xi}_i \cdot \boldsymbol{j}_{X_i} \,. \tag{8.85}$$

Bei räumlich konstanter Temperatur ist grad $\tilde{\xi}_1 = 0$ und die entsprechende lokale Heizleistung in einem kleinen Volumen V beträgt wegen Gl. 8.82

$$\frac{P_{\text{heiz}}}{V} = T \cdot \Sigma_{S,\text{lok}} = T \cdot \sum_{i=2}^{n} \operatorname{grad} \tilde{\xi}_i \cdot \boldsymbol{j}_{X_i} = -\sum_{i=2}^{n} \operatorname{grad} \xi_i \cdot \boldsymbol{j}_{X_i} \,, \tag{8.86}$$

was uns unter dem Namen JOULE'*sche Wärme* wohlbekannt ist. Dies setzt natürlich voraus, dass die Wärmeleitfähigkeit des von den X_i-Strömen durchflossenen Mediums so groß ist, dass durch die Dissipation keine zusätzliche Erwärmung erfolgt und T zeitlich konstant bleibt.

In linearer Näherung können wir analog zu Gl. 8.80 im vorangegangenen Abschnitt auch hier eine Matrix $\tilde{L}_{ij}$ von kinetischen Koeffizienten definieren, sodass

$$\boldsymbol{j}_{X_i} = -\sum_{i=1}^{n} \tilde{L}_{ij} \operatorname{grad} \tilde{\xi}_i \,. \tag{8.87}$$

Auch diese Matrix sollte nach dem ONSAGER-Theorem symmetrisch sein. Setzen wir diese linearisierte Variante der Transportgleichung in unser Resultat für die Entropie-Produktion Gl. 8.85 ein, so erhalten wir

$$\Sigma_{S,\text{lok}} = \sum_{i,j=1}^{n} \operatorname{grad} \tilde{\xi}_j \cdot \tilde{L}_{ij} \cdot \operatorname{grad} \tilde{\xi}_i \,. \tag{8.88}$$

Entsprechend dem zweiten Hauptsatz sollte die Entropie-Produktionsrate stets positiv und die Matrix $\tilde{L}_{ij}$ daher positiv definit sein. Im Rahmen des Drift-Diffusions-Modells ist dies dadurch sichergestellt, dass $\tilde{L}_{ij}$ über eine Diffusionskonstante mit der Suszeptibilitätsmatrix der MASSIEU-GIBBS-Funktion

$$\frac{p}{T}\left(\frac{1}{T}, \frac{\mu}{T}\right) = s - \frac{e}{T} + \frac{\mu}{T} n$$

zusammenhängt, die sich durch LEGENDRE-Transformation von $s(e, n)$ ergibt und die gemäß den thermodynamischen Stabilitätsbedingungen positiv definit sein muss.

Übungsaufgaben

8.1. Atom- und Molekülradien

Schätzen Sie aus den Messdaten in Tabelle 8.1 unter Annahme des Modells harter Kugeln den Teilchendurchmesser für N_2, Ar und He ab.

8.2. Abschätzung der AVOGADRO-Konstanten

Berechnen Sie aus den Ergebnissen von Aufgabe 8.1 und den Teilchendichten im flüssigen und im gasförmigen Zustand für N_2, Ar und He Schätzwerte für die Avogadro-Konstante. Nehmen Sie dazu an, dass der mittlere Teilchenabstand in der flüssigen Phase näherungsweise dem Teilchendurchmesser entspricht.

8.3. Entropieproduktion durch Reibung

a) Berechnen Sie die lokale Entropie-Produktionsrate $\Sigma_{S,\text{lok}}$ in einem Medium mit der Viskosität η, welches sich zwischen zwei mit der Relativgeschwindigkeit $\boldsymbol{v}$ im Abstand d gegeneinander bewegten Platten befindet (Abb.8.6).

b) Zeigen Sie, dass das lineare Geschwindigkeitsprofil $v_x(y) \propto y$ die Entropieproduktion des Systems minimiert. Dies ist ein Spezialfall der Theorems der „Minimierung der Entropieproduktion" im linearen Transportregime.

8.4. Rotationsviskometer

Ein Rotationsviskometer besteht aus zwei koaxialen Zylindern, zwischen denen sich das zu untersuchende viskose Medium befindet. Die Messgrößen sind die relative Winkelgeschwindigkeit und das Drehmoment.

a) Berechnen Sie das Drehmoment, welches bei der Rotation mit der Frequenz Ω durch das Medium von einem Zylinder auf den anderen übertragen wird.

b) Wie hängen die Eigenfrequenz Ω_0 und die Güte Q eines mit dem Viskometer realisierten Drehpendels von der Viskosität des Mediums ab?

8.5. Das Gesetz von HAGEN-POISEUILLE

Ein Rohr mit der Länge L und Radius R verbindet zwei mit einer Flüssigkeit gefüllte Behälter, mit Druck p_1 auf der einen und Druck p_2 auf der anderen Seite. Nehmen Sie dabei an, dass der Flüssigkeitsstrom durch das Rohr laminar ist. Die lokale Geschwindigkeit v des Stromes hängt nur vom radialen Abstand zum Mittelpunkt des Rohres ab, $v = v(r)$, und erfüllt die Gleichung

$$\frac{\eta}{r}\frac{\partial}{\partial r}\left(r\frac{\partial v(r)}{\partial r}\right) = \frac{\partial p(z)}{\partial z},$$

wobei p der hydrostatische Druck und η die Viskosität der Flüssigkeit ist. Es gibt zwei Randbedingungen für den Strom, zum einen sei $v(r = R) = 0$, das heißt die Flüssigkeit haftet an den Wänden des Rohres, zum anderen sei die Geschwindigkeit in der Mitte des Rohres am größten: $\partial v(r)/\partial r|_{r=0} = 0$.

a) Lösen Sie die Differentialgleichung mit den gegebenen Randbedingungen und zeigen Sie, dass $v(r)$ durch

$$v(r) = -\frac{\Delta p R^2}{4\eta L}\left[1 - \left(\frac{r}{R}\right)^2\right]$$

gegeben ist, wobei $\Delta p = p_1 - p_2$.

b) Berechnen Sie die durchschnittliche Strömungsgeschwindigkeit. Die Flussrate der Flüssigkeit $\dot{V} = dV/dt$ hängt mit der Druckdifferenz Δp durch die Beziehung $\dot{V} = G_{\text{fließ}}\Delta p$ zusammen. Leiten Sie die Formel für $G_{\text{fließ}}$ her.

8.6. Die Atmosphäre

In Abschnitt 8.5 haben wir die Druck und Temperaturgradienten in der Atmosphäre elegant, aber mit den fortgeschrittenen Begriffen der kombinierten Potenziale behandelt. Hier sollen dieselben Ergebnisse auf elementare Weise gewonnen werden.

a) Leiten Sie Gl. 8.39 für den Druckgradienten ab, indem Sie mit Hilfe der Gravitationskraft die differenzielle Zunahme dp des Luftdrucks zwischen der Ober- und der Unterseite eines Luftpakets der Dicke dz in der Höhe z über dem Erdboden berechnen.

b) Benutzen Sie das ideale Gasgesetz, um die barometrische Höhenformel abzuleiten.

c) Leiten Sie mit Hilfe der Adiabatengleichungen 3.30 einen Zusammenhang zwischen dem Druck- und dem Temperaturgradienten her, um daraus Gl. 8.46 zu gewinnen.

8.7. Gravitationsenergie einer Kugel konstanter Dichte

a) Berechnen Sie die Gravitationsenergie einer kugelsymmetrischen Massenverteilung mit der konstanten Massendichte m auf der Basis des NEWTON'schen Gravitationsgesetzes

$$E_{\text{grav}} = \gamma_G \frac{M_1 M_2}{|\boldsymbol{r}|},$$

wobei $\gamma_G = 6.67259 \cdot 10^{-11}\ \text{J}/(\text{kg}^2\text{m})$ die Gravitationskonstante ist. Bauen Sie die Kugel dazu schalenweise auf, indem Sie M_1 mit der Masse des bereits aufgebauten Teils und M_2 mit der Masse der neu hinzukommenden Kugelschale identifizieren.

b) Ist das Ergebnis eine homogene Funktion im Sinne des Homogenitätspostulats in Abschnitt 5.4? Wenn ja, in welchen Variablen?

Hinweis: Dieses Ergebnis findet bei der (näherungsweisen) Berechnung des Gleichgewichtsradius von gravierenden Himmelskörpern wie Planeten (Aufgabe 8.8) oder weißen Zwergen (Aufgabe II-6.6) praktische Anwendung.

8.8. Volumenänderung einer gravitierenden Kugel

Nach Aufgabe 1.7 beträgt die in einem unter hydrostatischem Druck komprimierten Körper gespeicherte elastische Energie

$$E_{\text{elast}} = -\int_{V_0}^{V} p(V')\,dV' = \frac{(V - V_0)^2}{2\kappa V_0}$$

wobei V_0 das Volumen beim Druck $p = 0$ und die Kompressibilität κ des Körpers ist. Die Gesamtenergie ist durch

$$E(M, R, V) = E_{\text{grav}} + E_{\text{elast}}$$

gegeben.[35] Bestimmen Sie mit Hilfe des Ergebnisses von Aufgabe 8.7 die Änderungen des Volumens und des Radius, die erwartet werden, wenn das Schwerefeld abgeschaltet werden könnte. Gehen Sie dazu davon aus, dass Gleichgewichtsradius R durch die Extremalisierung der Gesamtenergie bezüglich des Radius R gegeben ist. Nehmen Sie einen für die Kompressibilität für kondensierte Materie typischen Wert von $\kappa = 10^{-9}\,\mathrm{Pa}^{-1}$ an. Die Masse und der Radius der Erde betragen $M_E = 6 \cdot 10^{24}$ kg und $R_E = 6370$ km. Welche Vereinfachung liegt diesem Rechenweg zugrunde?

8.9. Absorption von Sauerstoff

Ein kugelförmiges Bakterium mit Radius a befindet sich in einem unendlich ausgedehnten wässrigen Medium, das mit Sauerstoff der Teilchendichte n_0 gesättigt ist. Das Bakterium absorbiert Sauerstoff so effizient, dass sich nach einiger Zeit ein Fließ-Gleichgewicht einstellt, bei dem sich im Abstand $r = a$ vom Mittelpunkt des Bakteriums keine Sauerstoffmoleküle mehr befinden, also $n(r = a) = 0$.
In Kugelkoordinaten reduziert sich die Diffusionsgleichung zu:

$$\frac{\partial n}{\partial t} = D \frac{1}{r^2} \frac{\partial}{\partial r} \left(r^2 \frac{\partial n}{\partial r} \right).$$

a) Zeigen Sie, dass im Gleichgewichtszustand die Lösung der Diffusionsgleichung durch $n(r) = A + B/r$ gegeben ist. Bestimmen Sie die Konstanten A und B, indem Sie die Randbedingungen benutzen.

b) Finden Sie die Vernichtungsrate Σ_n, mit der das Bakterium den Sauerstoff im Gleichgewichtszustand absorbiert (Dimension von Σ_n: Moleküle pro Sekunde).

8.10. Entropiestrom durch eine dünne Kapillare

Berechnen Sie den Entropiestrom, der zwischen zwei durch eine dünne Kapillare verbundenen, mit N_2 gefüllten Behältern auf der Temperatur $T = 300\,\mathrm{K}$ fließt, wenn der Durchmesser der Kapillare $d = 1\,\mu\mathrm{m}$, deren Länge $L = 100\,\mu\mathrm{m}$ und die Drucke $p_1 = 10\,\mathrm{mbar}$ und $p_2 = 1\,\mathrm{mbar}$ betragen. In welche Richtung fließt der Entropiestrom? Ist die Bedingung $d \ll \Lambda$ erfüllt?

8.11. Wirkungsgrad thermoelektrischer Generatoren

Die Effizienz eines Thermoelektrikums wird oft durch den dimensionslosen Parameter

$$ZT := \frac{\sigma T \mathcal{S}^2}{\lambda}$$

angegeben. Für einen thermoelektrischen Generator, der notwendigerweise zwei verschiedene Thermoelektrika beinhaltet, wird ein kombinierter Effizienzparameter durch

$$Z\bar{T} := \frac{\bar{T}\,(\mathcal{S}_1 - \mathcal{S}_2)^2}{\left(\sqrt{\lambda_1/\sigma_1} + \sqrt{\lambda_2/\sigma_2}\right)^2},$$

definiert, wobei $\bar{T} = (T_H - T_C)/2$ der Mittelwert der Temperaturen der beiden Reservoire ist.

Zeigen Sie, dass der Wirkungsgrad des thermoelektrischen Generators durch den Ausdruck

$$\eta = \eta_{\mathrm{Carnot}} \cdot \frac{\sqrt{1 + Z\bar{T}} - 1}{\sqrt{1 + Z\bar{T}} + T_C/T_H}$$

gegeben ist. Berechnen Sie einen typischen Zahlenwert für $\eta/\eta_{\mathrm{Carnot}}$ für einen Generator mit $ZT_{1,2} = 1$ und $\mathcal{S}_{1,2} = \pm 1\,\mathrm{mV/K}$ sowie $T_H = 500\,\mathrm{K}$ und $T_C = 300\,\mathrm{K}$.

8.12. Kinetische Koeffizienten und der Energiestrom

Zeigen Sie, dass die Auswertung der Transportgleichung 8.5 für die Energiedichte $e(T, \mu)$ auf eine lokale Version unserer grundlegenden Gl. 1.50 führt:

$$\boldsymbol{j}_E = -D\,\mathrm{grad}\, e(T, \bar{\mu}) = T\,\boldsymbol{j}_S + \bar{\mu}\,\boldsymbol{j}_N\,.$$

Hinweis: Benutzen Sie die Homogenitätsrelation $e = Ts - p + \mu n$.

9 Reale Systeme

Nachdem wir bisher fast ausschließlich ideale Gase behandelt haben, wollen wir in diesem Kapitel die Konsequenzen von Wechselwirkungen zwischen den Gasmolekülen betrachten. Die spektakulärste Folge der Wechselwirkungen sind *Phasenübergänge* und die Koexistenz verschiedener Phasen derselben Stoffe im Phasen-Gleichgewicht.

Grundlage unserer Behandlung sind phänomenologische Modelle wie die Erweiterung der thermischen Zustandsgleichung um Elemente der attraktiven und repulsiven Wechselwirkung zwischen den Gasmolekülen nach VAN DER WAALS. Als Resultat ergeben sich nicht nur quantitative Abweichungen vom Verhalten idealer Gase, wie bei der JOULE-THOMSON-Expansion, sondern auch thermodynamische Instabilitäten, welche für das Auftreten der flüssigen Phase verantwortlich sind. Weitere für Phasenübergänge typischen Phänomene sind die Metastabilität der Phasen und die daraus resultierende *Hysterese* des Phasenübergangs sowie das Auftreten von *Fluktuationen* der thermodynamischen Größen in der Nähe der Stabilitätsgrenzen der Phasen.

9.1 Phasen und Phasenübergänge

Viele Stoffe existieren in verschiedenen *Aggregatzuständen* oder *Phasen*. Das Wort „Aggregatzustand" sagt dabei, wie die in einer Phase befindlichen Teilchen miteinander verbunden sind. Am engsten ist diese Verbindung in Festkörpern – hier sind die Bindungen so stark (beziehungsweise die Temperatur so niedrig), dass die Atome, Ionen oder Moleküle *Kristallgitter* bilden und darin nur kleine Schwingungen um ihre Ruhelage ausführen können. Aufgrund der starken Wechselwirkung zwischen den Atomen sind die Schwingungen verschiedener Atome miteinander gekoppelt, und Gitterverzerrungen breiten sich wellenartig über den ganzen Festkörper aus. Die Quanten dieser Schwingungen haben wir bereits in Abschnitt 6.4.1 als Phononen kennengelernt.[1] Wird die Temperatur langsam erhöht, so nimmt die Schwingungsamplitude zu, bis einzelne Atome genügend Anregungsenergie bekommen, um sich aus dem Kristallverband zu lösen.[2]

Die aus der festen Phase gelösten Atome bilden neue Phasen, eine Flüssigkeit oder ein Gas. Flüssigkeiten weisen in der Regel einen etwas größeren, statistisch schwankenden Teilchenabstand und damit eine geringere Dichte als der Festkörper auf. Dies äußert sich darin, dass sie in der Röntgenbeugung keine klaren Interferenzreflexe mehr, sondern nur noch eine Wahrscheinlichkeitsverteilung für die nächsten und übernächsten Nachbarabstände zeigen. Die Periodizität des Kristallgitters ist zerstört, es gibt nur

---

1 Die thermodynamische Beschreibung des Phononensystems mittels Methoden der statistischen Thermodynamik wird in Kap. II-5.2 in Angriff genommen.

2 Es gibt interessante Ausnahmen, wie zum Beispiel flüssiges ^{3}He, das in einem gewissen Druck- und Temperaturbereich bei Erwärmung gefriert – oder besser: erstarrt (Abschnitt II-6.3.3).

https://doi.org/10.1515/9783110560220-341

noch eine gewisse *Nahordnung*. Wellenartige Anregungen gibt es nur noch auf sehr großen Längenskalen, auf denen die Fluktuationen der Teilchenabstände vernachlässigt werden können. Der Quantencharakter dieser Wellen ist wegen der durch die thermischen Fluktuationen extrem kurzen Kohärenzzeiten nicht mehr spürbar.[3]

Bei weiter zunehmender Temperatur lösen sich wiederum Atome aus der flüssigen Phase und bilden die Gasphase. Diese zeichnet sich bei Zimmertemperatur durch eine etwa 1000-mal geringere Dichte, verglichen mit der flüssigen oder der festen Phase, aus. Die Positionen der „Teilchen" sind im wesentlichen unkorreliert.[4] Die kinetische Energie der Teilchen wird mit zunehmender Temperatur und abnehmender Dichte viel größer als die potentielle Energie. Wie wir im folgenden sehen werden, können Phasen paarweise, unter bestimmten Bedingungen aber auch in größerer Zahl koexistieren.

Allgemein können wir festhalten, dass (von einigen Sonderfällen abgesehen) die molare Entropie $\hat{s} = S/N$ und das Molvolumen $\hat{v} = V/N$ mit zunehmender Temperatur zunächst stetig, beim Übergang in eine andere Phase an der Übergangstemperatur T_C dagegen *sprunghaft* ansteigen. Um eine gegebene Stoffmenge von einer Phase A vollständig in eine andere Phase B überzuführen, ist eine gewisse Entropiemenge und die entsprechende Energiemenge $\mathcal{L} = T_C(S_B - S_A)$, die *latente Wärme* oder *Übergangsenthalpie*, entweder zu- oder abzuführen.[5] Bei den Schmelz- und Siedetemperaturen gibt es große Unterschiede zwischen den verschiedenen Stoffen. Je stärker die Wechselwirkung und damit die Bindungsenergie, um so höher ist die Übergangstemperatur. Sofern keine Wasserstoff-Brückenbindungen[6] oder andere spezielle Bindungstypen wie die metallische Bindung dominieren, sind die Verdampfungsentropien trotz der stark verschiedenen Übergangstemperaturen in etwa (innerhalb eines Faktors 2) gleich groß. Sie beträgt $\Delta\hat{s}_V \simeq 7R$ (TROUTON'sche Regel, Aufgabe 9.1). Die relative Konstanz der Übergangsentropien spiegelt die Konstanz der Molvolumina wider, das heißt die Tatsache, dass die Atomradien nur schwach von der Ordnungszahl abhängen. Dagegen spiegeln die latenten Wärmen die genannten Unterschiede in den Bindungsenergien wider. Interessante Ausnahmen von der TROUTON'schen Regel sind die He-flüssigkeiten, bei denen die Verdampfungsentropie und -enthalpie einen Faktor 4 für ^{4}He und 8 für ^{3}He unterhalb des Wertes liegen, der nach der Siedetemperatur erwartet würde.

---

3 Eine interessante Ausnahme bilden wiederum die Heliumflüssigkeiten, die bei Atmosphärendruck selbst am absoluten Nullpunkt nicht fest werden. Dies liegt an der wegen der geringen Masse großen quantenmechanischen Nullpunktenergie und der schwachen Wechselwirkung der Heliumatome (Abschnitt II-5.4).

4 Liegt das Gas bei tiefen Temperaturen vor, so zeigen sich Korrelationen aufgrund des Quantencharakters der Teilchen. Bosonen zeigen eine Tendenz zur „Verklumpung", das heißt die Wahrscheinlichkeit mehrere Bosonen an einem Ort anzutreffen ist erhöht. Fermionen gehen sich dagegen gegenseitig aus dem Weg.

5 Ausnahmen sind sogenannte Phasenübergänge 2. Ordnung.

6 Diese sind beispielsweise für die besonderes hohe Verdampfungsentropie des Wassers mitverantwortlich.

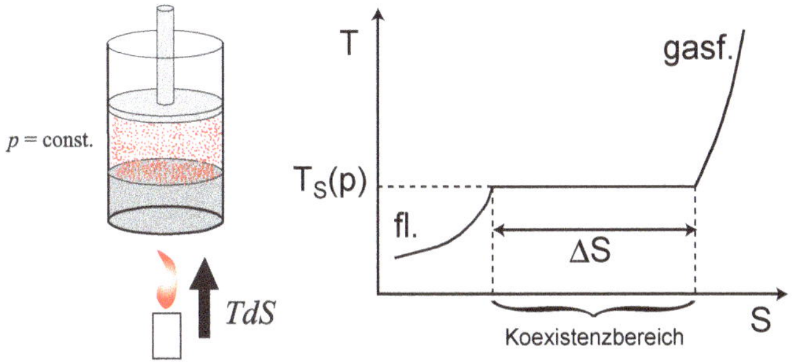

Abb. 9.1. Erwärmung einer Flüssigkeit bei konstantem Druck. Bei Erreichen der Siedetemperatur $T_S(p)$ tritt zusätzlich eine gasförmige Phase auf. Im Bereich der Koexistenz von Dampf und Flüssigkeit ist die Temperatur $T = T_S$ konstant. Für den Übertritt einer gewissen Stoffmenge N der flüssigen in die Gasphase ist die Verdampfungsentropie $N \cdot \Delta\hat{s}$ erforderlich. Das Gesamtvolumen beider Phasen vergrößert sich dabei wegen der meist viel geringeren Dichte des Gases erheblich.

Diese Abweichungen sind auf den stark von der Masse $\hat{m}$ abhängigen Beitrag der quantenmechanischen Nullpunktsenergie zurückzuführen.

In gewissen Zustandsbereichen können verschiedene Phasen miteinander koexistieren. Die Phasenkoexistenz ist ein Spezialfall des chemischen Gleichgewichts.

9.2 Verdampfen und Kondensieren

Heizt man eine Flüssigkeit bei konstantem Druck durch Zufuhr von Energie und Entropie, so nimmt ihre Temperatur und damit die kinetische Energie ihrer Moleküle kontinuierlich zu. Bei einer bestimmten Temperatur genügt die kinetische Energie der Moleküle, um eine gewisse Anzahl von ihnen gegen die anziehende Wechselwirkung ihrer Nachbarn aus der Flüssigkeit zu lösen und eine zweite Phase – die Gasphase – zu bilden. Mit weiterer Entropiezufuhr steigt die Stoffmenge in der Gasphase im Vergleich zur Menge der Flüssigkeit kontinuierlich an, bis schließlich alle Flüssigkeit verdampft und nur noch Gas da ist. Interessanterweise bleibt die Temperatur während des Verdampfungsprozesses *exakt konstant*, solange noch Flüssigkeit vorhanden ist. Erst wenn die Flüssigkeit vollständig verdampft ist, erhöht sich die Temperatur des Gases, so wie man dies von einem Erwärmungsprozess erwartet. Wegen der niedrigen Dichte des Gases nimmt das Volumen während des Verdampfungsprozesses beträchtlich zu. Wiederholt man das Experiment bei einem höheren Druck, verläuft das Experiment ähnlich, nur tritt die Gasphase erst bei einer höheren Temperatur auf. Dieser Prozess ist in Abb. 9.1 dargestellt.

Komprimiert man dagegen ein Gas bei konstanter Temperatur, wie in Abb. 9.2 illustriert, so muss Entropie abgeführt werden. Ab einem bestimmten Druck p kondensiert das Gas und koexistiert mit der flüssigen Phase. Bei weiterer Kompression nimmt die Menge der flüssigen Phase auf Kosten des Gasvolumens weiter zu, wobei die in der Gasphase enthaltene Entropie ständig weiter abgeführt werden muss. Der Dampfdruck

Tab. 9.1. Schmelz- und Siedetemperaturen T_S und T_V, mit den entsprechenden Änderungen der Molvolumina $\Delta\hat{v}$, den molaren Übergangsentropien $\Delta\hat{s}$ und molaren latenten Wärmen $\hat{\mathcal{L}}$ verschiedener Stoffe bei $p = 1013$ hPa (mit Ausnahme der Schmelzdaten von ^{4}He: $p = 25$ bar).

Stoff		^{4}He	H_2	N_2	H_2O	Hg	S	Ag	Si	W
T_S	[K]	0.95	14.0	63.1	273	234	388	1235	1683	3695
$\hat{v}_{\text{fest}}$	[cm^3/mol]	22.3	22.5	27.2	18	14.9	15.4	10.3	12.0	9.5
$\Delta\hat{v}_S$	[cm^3/mol]	2.07	2.83	2.02	−1.62	0.52	0.9	1.03	0.6	
$\Delta\hat{s}_S$	[J/(K mol)]	45.8	121	88.9	45.4	102	963	109	36.1	65.4
$\hat{\mathcal{L}}_S$	[kJ/mol]	0.0207	0.117	0.36	6.01	2.29	1.71	11.3	50.2	35.4
T_V	[K]	4.2	20.4	77.4	373	630	718	2483	3533	6203
$\Delta\hat{v}_V$	[ℓ/mol]	0.322	1.67	6.45	30.6	51.7	58.9	204	290	509
$\Delta\hat{s}_V$	[J/(K mol)]	19.8	44.3	72	109	94	63	102	112	125
$\hat{\mathcal{L}}_V$	[kJ/mol]	0.082	0.90	5.58	45	58.2	90	254	395	774

$p_D(T)$ bleibt dabei solange konstant, bis alles Gas kondensiert ist, und steigt dann wegen der geringen Kompressibilität der Flüssigkeit steil an.

Phasenübergänge sind eine spektakuläre Manifestation der *Wechselwirkung* zwischen den molekularen Konstituenten der Stoffe. Chemisch homogene Stoffe kommen in vielen Fällen in den drei Phasen fest, flüssig und gasförmig vor. Als Beispiel ist in Abbildung 9.3 das *Phasendiagramm* des Wassers gezeigt, in dem die Phasengrenzlinien in der p-T Ebene dargestellt sind. Aus dem Phasendiagramm lässt sich ersehen, in welchen Zuständen $\{T, p\}$ welche Phase die thermodynamisch stabilste ist.

Wie man aus Abb. 9.3 ersieht, ist die Kondensation aus der Gasphase sowohl in die flüssige als auch in die feste Phase möglich. Der Übergang von der festen in die Gasphase heißt *Sublimation*. Die Funktionen $T_S(p)$ und $p_D(T)$, die die Lage des Phasenübergangs in der p-T-Ebene angeben, sind identisch, sofern alle Zustandsänderungen so langsam erfolgen, dass dabei stets thermisches und Druck-Gleichgewicht vorliegt

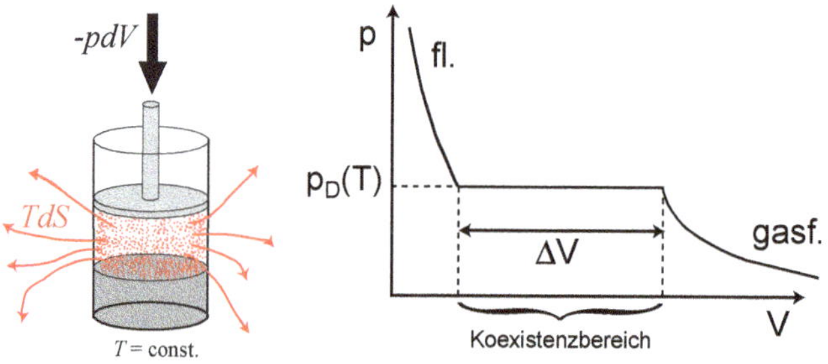

Abb. 9.2. Kompression eines Gases bei konstanter Temperatur. Bei Erreichen des Dampfdrucks $p_D(T)$ tritt zusätzlich eine flüssige Phase auf. Im Bereich der Koexistenz von Dampf und Flüssigkeit ist der Druck $p = p_D(T)$ konstant. Für den Übertritt von der Gasphase in die Flüssigkeit muss die Verdampfungsentropie ΔS an die Umgebung abgeführt werden.

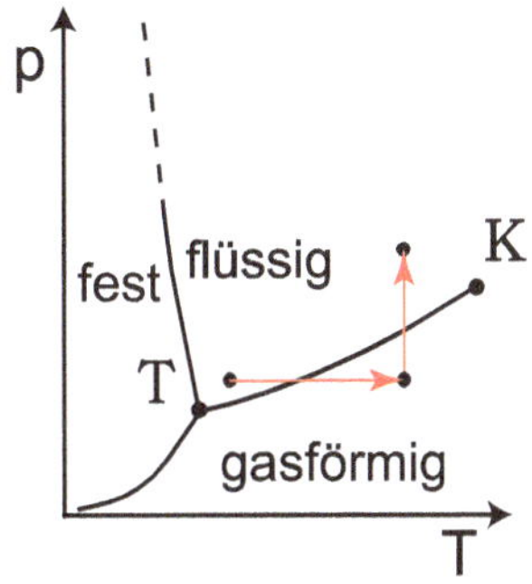

Abb. 9.3. Schematisches Phasendiagramme für Wasser und Kohlendioxid mit der festen, flüssigen und gasförmigen Phase sowie dem Tripelpunkt T und dem kritischen Punkt K. Die in Abb. 9.1 und 9.2 gezeigten Beispiele für Verdampfungs- und Kondensationsprozesse sind durch die horizontalen und vertikalen Pfeile in der $\{p, T\}$-Ebene andeutet. Die Verdampfungskurve beginnt am Tripelpunkt (**T**) und endet am kritischen Punkt (**K**).

und das Gesamtsystem während des Prozesses stets im thermodynamisch günstigsten Zustand mit der niedrigsten freien Enthalpie bleibt.[7]

Die Dampfdruckkurve zwischen der flüssigen und der Gasphase endet an einem Punkt $\{p_c, T_c\}$, welcher der *kritische* Punkt genannt wird. Kritische Punkte kommen in vielen Systemen vor. Weist ein System mehr als zwei Phasen auf, können auch mehrere Phasen(-Grenzlinien) an einem Punkt zusammentreffen, dem *Tripelpunkt*. Dort schneiden sich die Dampfdruckkurve, die Schmelzdruckkurve und die Sublimationskurve (bei Wasser $T = 273.16$ K und $p = 6.4$ mbar). Aufgrund der eindeutigen Bestimmtheit des Tripelpunktes für einen reinen Stoff eignet er sich als Temperatur-Normal, das heißt zur Festlegung der absoluten Temperaturskala (Abschnitt 9.3.4).

Bei vielen Stoffen gibt es nicht nur eine, sondern mehrere feste Phasen, die in unterschiedlichen Zustandsbereichen stabil sind. So gibt es etwa ein Dutzend verschiedene Eisphasen, die sich in ihrer Kristallstruktur unterscheiden. Eine Kristallstruktur mit besonders niedriger Dichte ist auch für die *negative* Steigung der Schmelzdruckkurve verantwortlich, deren Molvolumen etwa 15 % unter dem flüssigen Wassers bei derselben Temperatur liegt. Dies ist der Grund für das Schwimmen von Eisbergen – aber auch dafür, dass sich der größte Teil eines Eisbergs unter Wasser befindet.

An den Phasengrenzlinien treten oft *Unstetigkeiten* der molaren Größen $\hat{v}(T, p)$ und $\hat{s}(T, p)$, das heißt in den 1. Ableitungen der freien Enthalpie der Stoffe, auf, die den charakteristischen Unterschieden im mittleren Teilchenabstand und dem Entropie-Inhalt der beiden Phasen entsprechen. In diesem Fall spricht man von Phasenübergängen *1. Art*. Wie wir weiter unter besprechen werden, gibt es auch den Fall, dass $\hat{v}(T, p)$

7 Dass dies nicht immer der Fall ist, belegt das Phänomen des Siedeverzugs, das wir später diskutieren werden.

und $\hat{s}(T,p)$ am Phasenübergang stetig sind, aber in den Suszeptibilitäten, das heißt den 2. Ableitungen der freien Enthalpie, eine Unstetigkeit oder eine Singularität auftritt. In diesem Fall spricht man von *kontinuierlichen* Phasenübergängen oder von Phasenübergängen *2. Art*. Kontinuierliche Phasenübergänge treten beispielsweise an den Endpunkten von Phasengrenzlinien auf (Abschnitte 9.7.2, II-2.7 und II-6.6). Eine ähnliche Systematik lässt sich bei vielen verwandten Phänomenen beobachten:
- fest/flüssig (Schmelzen und Erstarren)
- fest/gasförmig (Sublimieren und Kondensieren)
- Kristallstruktur I / Kristallstruktur II (Gitterverzerrungen)
- homogen vermischt/unvermischt (Mischen und Entmischen)
- benetzt/entnetzt („Wetting" und „Dewetting")
- flüssig/nematisch (flüssig-Kristall mit Richtungsordnung)
- flüssig/smektisch (flüssig-Kristall mit Richtungs- und Schichtordnung)
- paramagnetisch/ferromagnetisch
- paramagnetisch/antiferromagnetisch
- dielektrisch/ferroelektrisch
- normalfluid/suprafluid
- normalleitend/supraleitend

Einige diese Beispiele werden wir später im einzelnen besprechen.

9.3 Phasengleichgewichte

9.3.1 Die Gleichung von Clausius und Clapeyron

Das Prinzip der nachfolgenden Überlegungen gilt für alle Phasenübergänge erster Ordnung, wie die oben aufgeführten und viele weitere Beispiele. Das Phasengleichgewicht stellt stets ein *inneres Gleichgewicht* des aus verschiedenen Phasen im Sinne von Abschnitt 7.2 zusammengesetzten Gesamtsystems dar. Um ein konkretes Beispiel vor Augen zu haben, betrachten wir den Übergang zwischen der flüssigen und der gasförmigen Phase.

Zur thermodynamischen Beschreibung der Phasen verwenden wir als unabhängige (*äußere*) Variablen die Gesamtmenge $N = N_{\text{gas}} + N_{\text{flüssig}}$, das Gesamtvolumen $V = V_{\text{gas}} + V_{\text{flüssig}}$ und die Gesamtentropie $S = S_{\text{gas}} + S_{\text{flüssig}}$. Die *inneren* Variablen $S_{\text{gas}}/S_{\text{flüssig}}$, $V_{\text{gas}}/V_{\text{flüssig}}$ und $N_{\text{gas}}/N_{\text{flüssig}}$ werden durch das thermische Gleichgewicht $T = T_{\text{gas}} = T_{\text{flüssig}}$, das Druckgleichgewicht $p = p_{\text{gas}} = p_{\text{flüssig}}$ und das chemische Gleichgewicht $\mu = \mu_{\text{gas}} = \mu_{\text{flüssig}}$ festgelegt. Alternativ zur Vorgabe von $\{S, V, N\}$ ist bei Vorgabe von $\{T, p, N\}$ als äußere Variablen nur eine unabhängige innere Variable, nämlich $N_{\text{gas}}/N_{\text{flüssig}}$, vorhanden und durch das innere Gleichgewicht festgelegt, da $\hat{s}(T,p)$ und $\hat{v}(T,p)$ für beide Phasen bereits durch die Werte von T und p bestimmt sind, und daher

$$\frac{S_{\text{gas}}}{S_{\text{flüssig}}} = \frac{N_{\text{gas}}}{N_{\text{flüssig}}} \cdot \frac{\hat{s}_{\text{gas}}(T,p)}{\hat{s}_{\text{flüssig}}(T,p)}$$

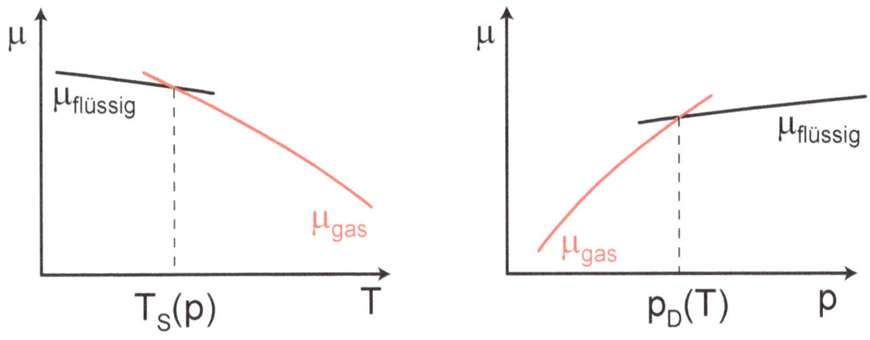

Abb. 9.4. Schematische Darstellung der chemischen Potenziale der flüssigen und gasförmigen Phase. Die Steigungen der Kurven entsprechen der (negativen) molaren Entropie $-\hat{s}$ beziehungsweise dem Molvolumen $\hat{v}$ der beiden Phasen. Der Schnittpunkt der Kurve repräsentiert den Zustand des Phasengleichgewichts. Die Verschiebung der Schnittpunkte der chemischen Potenziale als Funktion von T beziehungsweise p definiert die Phasengrenzline im Phasendiagramm (Abb. 9.3).

und

$$\frac{V_{\text{gas}}}{V_{\text{flüssig}}} = \frac{N_{\text{gas}}}{N_{\text{flüssig}}} \cdot \frac{\hat{v}_{\text{gas}}(T,p)}{\hat{v}_{\text{flüssig}}(T,p)}$$

nicht mehr unabhängig zu variieren sind.

Das chemische Potenzial spielt bei Phasenübergängen eine Doppelrolle: Einerseits stellt es den Antrieb für den Stofftransfer von einer Phase in die andere dar und regelt damit das *Phasengleichgewicht*. Andererseits sind die verschiedenen $G(T,p,N) = N \cdot \mu(T,p)$ die für den Variablensatz $\{T,p,N\}$ zuständigen MASSIEU-GIBBS-Funktionen der einzelnen Phasen. Jede Phase genügt der GIBBS-DUHEM-Relation (Gl. 5.24):

$$d\mu = -\hat{s}\,dT + \hat{v}\,dp\,.$$

Aus den GIBBS-DUHEM Relationen (Gl. 5.24) erhalten wir als Zustandsgleichungen für beide Phasen:

$$\hat{s}(T,p) = -\frac{\partial\mu(T,p)}{\partial T} \quad \text{und} \quad \hat{v}(T,p) = \frac{\partial\mu(T,p)}{\partial p}\,.$$

Da die beiden Phasen verschieden sind, muss auch die funktionale Abhängigkeit der chemischen Potenziale μ_{gas} und $\mu_{\text{flüssig}}$ von T und p unterschiedlich sein. Daher bestehen substanzspezifische Differenzen zwischen den molaren Entropien und den Molvolumina der beiden Phasen:

$$\Delta\hat{s}_V = \hat{s}_{\text{gas}}(T,p) - \hat{s}_{\text{flüssig}}(T,p) \quad \text{und} \quad \Delta\hat{v}_V = \hat{v}_{\text{gas}}(T,p) - \hat{v}_{\text{flüssig}}(T,p)\,. \tag{9.1}$$

Subtrahieren wir die GIBBS-DUHEM Relationen der beiden Phasen voneinander, so erhalten wir

$$\begin{aligned} d\left(\mu_{\text{gas}} - \mu_{\text{flüssig}}\right) &= -\left(\hat{s}_{\text{gas}} - \hat{s}_{\text{flüssig}}\right) dT + \left(\hat{v}_{\text{gas}} - \hat{v}_{\text{flüssig}}\right) dp \\ &= -\Delta\hat{s}_V\,dT + \Delta\hat{v}_V\,dp \end{aligned}$$

Damit erhalten wir aus der Bedingung

$$\mu_{\text{gas}}(T, p_D) \stackrel{!}{=} \mu_{\text{flüssig}}(T, p_D)$$

für chemisches Gleichgewicht zwischen den beiden Phasen die berühmte Gleichung von CLAUSIUS und CLAPEYRON für die Phasenkoexistenzlinie $p_D(T)$:

!

$$\frac{dp_D(T)}{dT} = \frac{\Delta\hat{s}_V(T)}{\Delta\hat{v}_V(T)} = \frac{\hat{\mathcal{L}}(T)}{T\,\Delta\hat{v}_V(T)} . \tag{9.2}$$

Die mit der Temperatur T multiplizierte molare Verdampfungsentropie $\Delta\hat{s}$ nennt man die molare *latente Wärme* oder auch molare *Verdampfungsenthalpie*:

$$\hat{\mathcal{L}}(T) = \Delta\hat{h}_V(T) = T \cdot \Delta\hat{s}_V(T) . \tag{9.3}$$

Die latente Wärme stellt den bei Phasenumwandlung gemeinsam mit der Übergangsentropie $\Delta\hat{s}$ zu- oder abgeführten Energiebetrag dar.

Eine solche Beziehung zwischen der Steigung der Phasenkoexistenzkurve und den Differenzen der molaren Größen existiert für alle Phasenübergänge erster Ordnung. Sie stellt eine Differenzialgleichung für die Phasenkoexistenzkurve dar. Um diese für unser Beispiel der Dampfdruckkurve näherungsweise zu lösen, nehmen wir an, dass das Molvolumen der flüssigen Phase gegen das der gasförmigen Phase vernachlässigbar ist und letztere sich außerdem wie ein ideales Gas verhält:

$$\hat{v}_{\text{Gas}} - \hat{v}_{\text{flüssig}} \approx \hat{v}_{\text{Gas}} \approx \frac{RT}{p} .$$

Wenn wir außerdem die Temperaturabhängigkeit der latenten Wärme $\hat{\mathcal{L}}(T)$ vernachlässigen können, erhalten wir die eine Diffenzialgleichung für die Dampfdruckkurve,

$$\frac{dp}{dT} = \frac{\hat{\mathcal{L}}}{T}\frac{p}{RT} \quad \Longrightarrow \quad \frac{dp}{p} = \frac{\hat{\mathcal{L}}}{R}\frac{dT}{T^2} \quad \Longrightarrow \quad \ln\left(\frac{p}{p(T_0)}\right) = -\frac{\hat{\mathcal{L}}}{R}\left(\frac{1}{T} - \frac{1}{T_0}\right) ,$$

die wir durch Trennung der Veränderlichen lösen können. Mit der Abkürzung $p_0 = p(T_0)\exp[\hat{\mathcal{L}}/(RT_0)]$ ergibt sich das Resultat:

$$p_D(T) = p_0 \exp\left(-\frac{\hat{\mathcal{L}}}{RT}\right) . \tag{9.4}$$

Unter diesen Annahmen[8] (die vor allem in der Nähe des kritischen Punkts keineswegs erfüllt sind) resultiert ein exponentieller Abfall des Dampfdrucks mit fallender Temperatur! Der Dampfdruck von Festkörpern wird durch Gl. 9.4 in der Regel gut beschrieben,

8 Ein weiteres Musterbeispiel für die Gültigkeit dieser Formel sind die Heliumflüssigkeiten, deren bei tiefen Temperaturen exponentiell verschwindender Dampfdruck die durch *Verdampfungskühlung* erreichbare tiefste Temperatur auf ca. 1 K (0.2 K) bei ^{4}He (^{3}He) begrenzt.

weil deren Sublimationsenthalpie oft recht groß ist. Dies spielt bei der Auswahl von Materialien für Ultra-Hochvakuumsysteme ($p < 10^{-8}$ mbar) eine wichtige Rolle. Die Legierungsbestandteile von konventionellem Lötzinn (überwiegend Pb und Sn) haben bereits bei Zimmertemperatur einen so hohen Dampfdruck, dass dies in solchen Anlagen nicht verwendet werden kann. Bei der Herstellung von dünnen Festkörperschichten durch Aufdampfen bestimmt die Sublimationsenthalpie die für das Erzielen der gewünschten Depositionsrate erforderliche Temperatur. In Abbildung 9.6 sind die Dampfdruckkurven einiger Metalle dargestellt.

Der exponentielle Anstieg des Dampfdrucks mit der Temperatur im Zwei-Phasengebiet hat eine wichtige Anwendung in den ersten Dampfmaschinen ebenso wie in modernen Dampfturbinen, weil dadurch bereits bei moderaten Temperaturen die für hohe Leistungen erforderlichen hohen Prozessdrucke erreicht werden. In der Gas-Phase steigt der Druck entsprechend der thermischen Zustandsgleichung dagegen nur linear mit der Temperatur. Deshalb erreichen mit heißer Luft betriebene STIRLING-Motoren vergleichsweise kleine Leistungen.

9.3.2 Verdunsten und Sieden

Beim Verdunsten und Sieden (zum Beispiel von Wasser) handelt es sich um Nichtgleichgewichts-Prozesse, bei denen aufgrund $\mu_{\text{flüssig}} > \mu_{\text{Gas}}$ ein kontinuierlicher Stofftransfer in die Gasphase stattfindet. Eine Flüssigkeit verdampft beziehungsweise verdunstet, solange der Partialdruck des Wasserdampfs in der Gasphase kleiner als der Dampfdruck ist. Wenn beide gleich sind („Taupunkt"), sind auch die chemischen Potenziale des Dampfes und der Flüssigkeit gleich und es gibt keinen Antrieb für die Phasenumwandlung. Leichtverdunstende, „flüchtige" Stoffe (zum Beispiel Äther oder Alkohol) haben bei Zimmertemperatur bereits einen hohen Dampfdruck. Die für die Verdunstung erforderliche Entropie wird der Flüssigkeit entzogen und führt zu deren Abkühlung. Dies ist das Phänomen der *Verdunstungskälte.*

Sobald der Dampfdruck größer als der Druck innerhalb der Flüssigkeit ist, können sich auch innerhalb der Flüssigkeit Dampfblasen bilden – die Flüssigkeit siedet. Entsprechend hängt die Siedetemperatur vom Gesamtdruck ab: Auf einen hohen Berg siedet Wasser bei tieferer Temperatur als auf Meereshöhe.

9.3.3 Siedepunkterhöhung und Gefrierpunktserniedrigung

In Abschnitt 7.5 hatten wir festgestellt, dass in einer Flüssigkeit gelöste Stoffe, beispielsweise eines Zuckers oder eines Salzes, das chemische Potenzial des Lösungsmittels *erniedrigen* (Gl. 7.23):

$$\mu_{\text{flüssig}}(T, p) = \mu_{\text{R,flüssig}}(T, p) - RT \frac{N_{\text{gelöst}}}{N_{\text{flüssig}}} ,$$

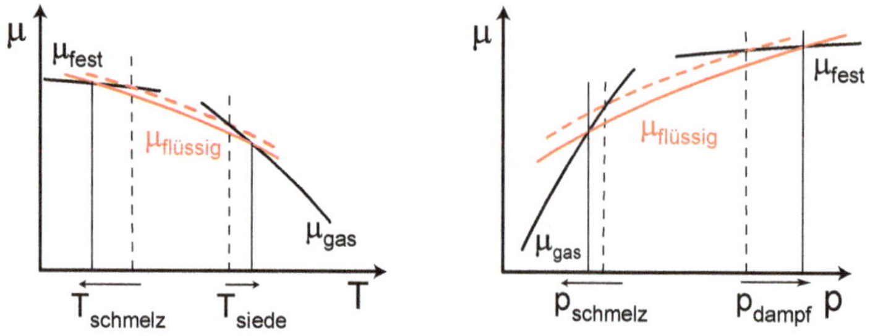

Abb. 9.5. Erniedrigung des chemischen Potenzials der flüssigen Phase (rote Linie) durch Zusatz von gelösten Stoffen im Vergleich zum chemischen Potenzial des reinen Lösungsmittels (rot gestrichelt). Die Schnittpunkte mit den chemischen Potenzialen der festen und der Gasphase verschieben sich nach außen: Es kommt zu einer Erniedrigung der Schmelztemperatur beziehungsweise des Dampfdrucks sowie zu einer Erhöhung der Siedetemperatur beziehungsweise des Schmelzdrucks.

wobei für $N_{\text{gelöst}} = \Sigma_i N_i$ die Gesamtmenge aller gelösten Moleküle oder Ionen zu nehmen ist.[9] Ähnlich wie bei unserer Diskussion des osmotischen Drucks (Abschnitt 7.6) können wir die daraus resultierende Verschiebung des Phasengleichgewichts in der $\{p, T\}$-Ebene bestimmen. Es sei $\{T_0, p_0\}$ ein Punkt der Phasengrenze der reinen Flüssigkeit. Den Druck wollen wir der Einfachheit halber konstant halten. Die Größen der festen und der Gasphase werden mit dem Index „x" bezeichnet. Nun entwickeln wir die chemischen Potenziale um den Punkt $\{T_0, p_0\}$ bis zur ersten Ordnung in $\Delta T = T - T_0$:

$$\mu_{\text{flüssig}}(T, p_0) = \mu_{\text{R,flüssig}}(T_0, p_0) + \left.\frac{\partial \mu_{\text{R,flüssig}}}{\partial T}\right|_{T_0, p_0} \cdot (T - T_0) - RT \frac{N_{\text{gelöst}}}{N_{\text{flüssig}}} + \cdots$$

$$\mu_x(T, p_0) = \mu_x(T_0, p_0) + \left.\frac{\partial \mu_x}{\partial T}\right|_{T_0} \cdot (T - T_0) + \cdots$$

Wegen

$$\frac{\partial \mu(T, p)}{\partial T} = -\hat{s}(T, p) \quad \text{und} \quad \mu_{\text{R, flüssig}}(T_0, p_0) = \mu_x(T_0, p_0)$$

gilt im Phasengleichgewicht zwischen der Lösung und der Phase x bei festem Druck p_0:

$$\Delta T = T - T_0 = \frac{RT_0}{\hat{s}_x - \hat{s}_{\text{flüssig}}} \cdot \frac{N_{\text{gelöst}}}{N_{\text{flüssig}}} = \frac{RT_0^2}{\hat{\mathcal{L}}(T_0)} \cdot \frac{N_{\text{gelöst}}}{N_{\text{flüssig}}} . \tag{9.5}$$

Dabei ist $\hat{\mathcal{L}}(T)$ die mit dem Übergang von der Phase x zur Flüssigkeit verbundene Übergangsenthalpie, das heißt die mit T multiplizierte Entropieänderung beim Übergang. Die erwartete Verschiebung ΔT der Gleichgewichtstemperatur ist also der zugesetzten

9 Bei einem Salz wie NaCl läuft die Summe über alle beteiligten Ionen. Für Salzlösungen ist die Konzentrationsabhängigkeit jedoch nicht linear, sondern wurzelförmig (Abschnitt 9.4).

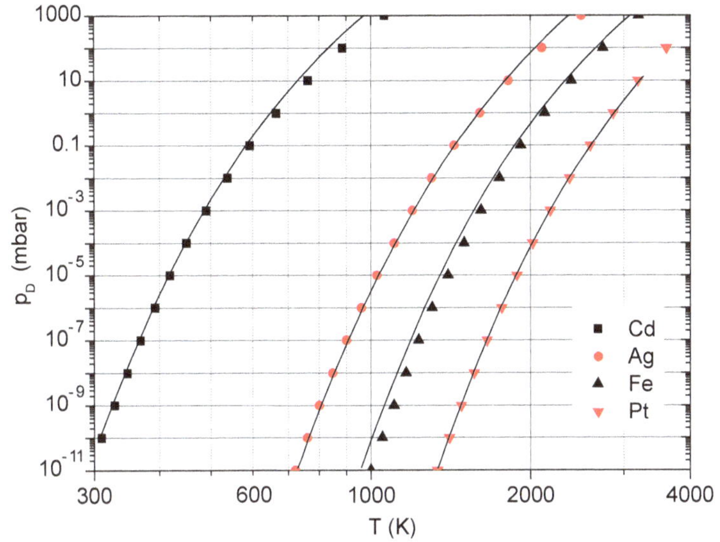

Abb. 9.6. Gemessener Dampfdruck verschiedener Metalle als Funktion der Temperatur. Die durchgezogenen Linien sind Modellanpassungen nach Gl. 9.7.

Menge $N_{\text{gelöst}}$ der gelösten Stoffe proportional. Abhängig von der Differenz der molaren Entropien der beiden Phasen gilt:

$\hat{s}_{\text{fest}} < \hat{s}_{\text{flüssig}}$	$\Rightarrow$	$\Delta T < 0$	Schmelzpunktserniedrigung
$\hat{s}_{\text{gas}} > \hat{s}_{\text{flüssig}}$	$\Rightarrow$	$\Delta T > 0$	Siedepunktserhöhung

Die experimentelle Bestimmung von $\Delta T / N_{\text{gelöst}}$ (in der physikalischen Chemie „Kryoskopie“ beziehungsweise „Ebullioskopie“ genannt) erlaubt also eine Messung der Übergangsentropie des Phasenübergangs, welche in der Regel genauer als deren kalorimetrische Bestimmung ist.

9.3.4 Phasengrenzlinien und der Tripelpunkt

Die Berechnung der Phasenkoexistenzlinien mit Hilfe der Gleichung von CLAUSIUS-CLAPEYRON hat den Nachteil, dass diese die Integration des komplexen Ausdruck auf der rechten Seite von Gl. 9.2 erfordert. Seit unserer Behandlung der archetypischen thermodynamischen Systeme in Kapitel 6.2 kennen wir jedoch eine einfachere Methode: wir können die Phasenkoexistenzlinien durch direktes Gleichsetzen der chemischen Potenziale der beteiligten Phasen berechnen.

Wir wollen dies nun in dem Fall tun, das wir für die kondensierten Phasen den Term $p\hat{v}$ in der Homogenitätsrelation und damit auch im chemischen Potenzial vernachlässigen können. Dies ist gleichbedeutend damit, dass wir die Molvolumina $\hat{v}_0$ der festen (f) und flüssigen (fl) Phasen als konstant ansehen können. Weiterhin nehmen wir an, dass die Wärmekapazitäten $\hat{c}_{p\,\mathrm{i}} = R\varkappa_\mathrm{i}$ aller drei Phasen von T unabhängig sind. Fern vom kritischen Punkt sind dies akzeptable Näherungen, wie aus Abb. 6.1 ersichtlich ist. Unter diesen Umständen sind die chemischen Potenziale der kondensierten Phasen (Index 'k') durch Gleichung 6.2 gegeben:

$$\mu_\mathrm{k}(T,p) \;=\; \hat{e}_{0\,\mathrm{k}} + \varkappa_\mathrm{k} RT\left[1 - \ln\left(T/T_\mathrm{k}^*\right)\right] + p\hat{v}_{0\,\mathrm{k}}\;.$$

Wir berechnen zuerst die Schmelzdruckkurve $p_\mathrm{S}(T)$, die durch

$$\mu_\mathrm{fl}(T,p_\mathrm{S}) \;=\; \mu_\mathrm{f}(T,p_\mathrm{S})\;.$$

definiert ist. Lösen wir diese Gleichung nach p_S auf, so erhalten wir:

!

$$p_\mathrm{S}(T) \;=\; \frac{RT}{\hat{v}_{0\,\mathrm{fl}} - \hat{v}_{0\,\mathrm{f}}} \cdot \ln\left(\frac{T^{*\varkappa_\mathrm{f}}}{T^{*\varkappa_\mathrm{fl}}} \cdot T^{\varkappa_\mathrm{fl}-\varkappa_\mathrm{f}}\right) - \frac{\hat{e}_{0\,\mathrm{fl}} - \hat{e}_{0\,\mathrm{f}}}{\hat{v}_{0\,\mathrm{fl}} - \hat{v}_{0\,\mathrm{f}}}\;. \tag{9.6}$$

Die Schmelzdruckkurve ist unter den genannten Voraussetzungen also nahezu linear.

Die Dampfdruckkurven der beiden kondensierten Phasen berechnen wir mit Hilfe von Gl. 6.18 aus der analogen Gleichgewichtsbedingung $\mu_\mathrm{g}(T,p_\mathrm{D}) \;=\; \mu_\mathrm{k}(T,p_\mathrm{D})$:

$$\mu_\mathrm{g}(T,p_\mathrm{D}) \;-\; \mu_\mathrm{k}(T,p_\mathrm{D}) \;=\; \hat{e}_{0\,\mathrm{g}} - \hat{e}_{0\,\mathrm{k}} - RT\left\{\ln\left(\frac{j^* RT^{\varkappa_\mathrm{g}-\varkappa_\mathrm{k}} T_\mathrm{k}^{*\varkappa_\mathrm{k}}}{p_\mathrm{D}}\right)\right\} \stackrel{!}{=} 0\,,$$

wobei j^* die molare Variante der chemischen Konstante ist (Gl. 6.7). Die wegen des viel kleineren Molvolumens schwache Druckabhängigkeit der μ_k haben wir vernachlässigt. Lösen wir diese Gleichung nach p_D auf, so ergibt sich die AUGUST'sche Dampfdruckformel:

$$p_\mathrm{D}(T) \;=\; j^* RT_\mathrm{k}^{*\varkappa_\mathrm{k}} \cdot T^{(\varkappa_\mathrm{k}-\varkappa_\mathrm{g})} \cdot \exp\left(-\frac{\hat{e}_{0\,\mathrm{g}} - \hat{e}_{0\,\mathrm{k}}}{RT}\right)\,, \tag{9.7}$$

Diese Ergebnis ist etwas genauer als Gl. 9.4, weil es eine T-Abhängigkeit des Vorfaktors vor dem Exponenten berücksichtigt. In der Nähe des kritischen Punktes weichen die benutzten Ausdrücke für die chemischen Potenziale von dem realen Werten stark ab.

Umgekehrt sind Dampfdruckmessungen geeignet, um die chemische Konstante des Gases, oder die charakteristische Temperatur T_k^* der kondensierten Phase experimentell zu bestimmen. Dazu trägt man in einer ARRHENIUS-Darstellung $\ln p_\mathrm{D}$ über $1/T$ auf, und passt den Ausdruck

$$\ln(p_\mathrm{D}/1\,\mathrm{Pa}) \;=\; A + B\ln(T/1\,\mathrm{K}) - \frac{C}{T}$$

durch Variation der Parameter A, B und C an die Messdaten an, und bestimmt jT_k^* aus A. Die Steigung C der in dieser Auftragung ziemlich linearen Kurve ist durch die Differenz $\hat{e}_{0\mathrm{g}} - \hat{e}_{0\mathrm{k}}$ gegeben. In Abbildung 9.6 sind einige Beispiele für den Dampfdruck von Metallen zusammen mit Anpassungen nach Gl. 9.7 gegeben.

Die drei Phasenkoexistenzlinien müssen sich in einem Punkt, dem *Tripelpunkt* schneiden (Abb. 9.3), an dem *drei* Phasen miteinander im Gleichgewicht stehen, und zwei Gleichgewichtsbedingungen bestehen:

$$\mu^{\mathrm{I}}(T,p) = \mu^{\mathrm{II}}(T,p) \quad \text{und} \quad \mu^{\mathrm{II}}(T,p) = \mu^{\mathrm{III}}(T,p)\ ,$$

Dies ist nur einen wohlbestimmten Koexistenz*punkt*, beispielsweise den Tripelpunkt in Abb. 9.3, erlauben. Diese Beobachtung lässt sich zu der sogenannten GIBBS'*schen Phasenregel* verallgemeinern:

!

Koexistieren k Phasen mit jeweils r chemischen Komponenten, so beträgt Zahl der unabhängigen intensiven Variablen $k(r-1)+2$. Da für diese Variablen $r(k-1)$ Phasengleichgewichtsbedingungen bestehen, beträgt die Dimension der Mannigfaltigkeit der Koexistenzzustände $r - k + 2$.

Die Tripelpunkte verschiedener Substanzen lassen sich aufgrund ihrer für eine Substanz eindeutigen Festlegung als Referenzpunkt für die absolute Temperatur T verwenden. Allgemein verwendet wird der Tripelpunkt des Wassers, der definitionsgemäß auf $T = 273.16$ K festgelegt wurde. Bei der praktischen Realisierung des Tripelzustandes ist darauf zu achten, dass hochreines Wasser verwendet wird, da gelöste Stoffe nach dem vorangegangenen Absatz das chemische Potenzial des flüssigen Wassers und damit auch den Tripelpunkt verschieben.

9.3.5 Experimente zur chemischen Konstante

In Abschnitt 6.2.1 haben wir gesehen, dass der Absolutwert der Entropie von Gasen durch die Integration der Zustandsgleichungen nicht bestimmt werden kann. In diesem Abschnitt wollen wir darstellen, wie die in Abb. 6.2 zusammengefassten Standardwerte der Entropien experimentell bestimmt werden. Die Messung der Entropie in der Gasphase erfordert eine Messung der molaren Wärmekapazität $\hat{c}_v(T,p)/T$ in der festen, der flüssigen und der Gasphase und die anschließende Integration von $\hat{c}_v(T,p)/T$ von $T = 0$ bis 298 K. Wegen der großen Änderungen der Teilchendichte beim Verdampfen oder bei der Sublimation ist es experimentell sehr viel einfacher, diese Messungen bei konstantem Druck durchzuführen. An jedem Phasenübergang 1. Ordnung muss die entsprechende Übergangsentropie zu den durch die Integration von $\hat{c}_p(T)/T$ bestimmten Werten hinzuaddiert werden. In Abbildung 9.7 ist eine solche Messung der molaren Wärmekapazität und die daraus gewonnenen Absolutwerte der Entropie exemplarisch für molekularen Sauerstoff O_2 dargestellt. Da der experimentell zugängliche Temperaturbereich beschränkt ist, müssen die Werte der Wärmekapazität des Festkörpers zu $T \to 0$ extrapoliert werden. Aufgrund der in Abschnitt II-5.2.2 besprochenen Universalität des Tieftemperaturverhaltens der Schwingungsfreiheitsgrade von Festkörpern ist eine solche Extrapolation in aller Regel möglich. Ausnahmen ergeben sich nur, wenn

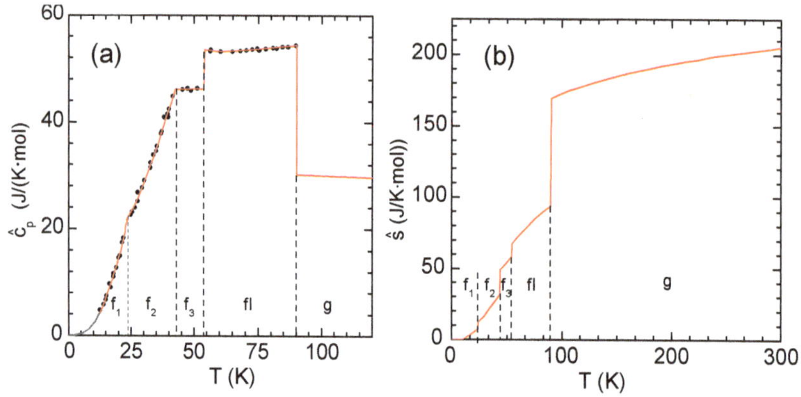

Abb. 9.7. a) Molare Wärmekapazität $\hat{c}_p(T)$ von molekularem Sauerstoff bei $p = 1013$ mbar und Temperaturen zwischen 12 und 125 K. Unterhalb von 12 K wurden die Messdaten mit Hilfe der DEBYE'schen Formel (II-5.27) zu $T \to 0$ extrapoliert. Die drei festen Phasen von O_2 sind mit „f_1", „f_2" und „f_3", die flüssige Phase mit „fl" und die Gasphase mit „g" bezeichnet. Oberhalb von 90 K wurden die Daten der NIST-Datenbank [11] entnommen. b) Durch Integration von $\hat{c}_p(T)/T$) [Daten in (a)] gewonnene Absolutwerte der molaren Entropie. Die Sprünge entsprechen den gemessenen Übergangsentropien von 3.964 J/(K mol), 16.98 J/(K mol), 8.181 J/(K mol) und 75.59 J/(K mol). Die Werte sind inzwischen sehr genau; der gegenwärtig akzeptierte Standardwert für O_2 beträgt $\hat{s}^\circ = 205.152$ J/(K mol) (nach[12]).

die Atome sehr niederenergetische Freiheitsgrade, wie beispielsweise Kernspins, haben. Diese frieren (mit Ausnahme des flüssigen ^{3}He) erst bei Temperaturen weit unterhalb 1 μK aus und sind durch kalorimetrische Messungen kaum zu erfassen. Wie wir in Abschnitt II-2.5 sehen werden, äußert sich dies in einem Zusatzbeitrag $\Delta\hat{s} = k_B \ln(2s + 1)$ zur Entropie, wobei s der Wert des Kernspins ist.[10] Mit den Absolutwerten der Entropie sind auch die des chemischen Potenzials festgelegt (Abschnitte 7.7 und 7.8), und Letztere bestimmen die Lage der Phasengleichgewichte sowie der chemischen Gleichgewichte.

9.3.6 Der Dampfdruck über realen Mischungen

Das Phasengleichgewicht eröffnet eine Möglichkeit, die chemischen Potenziale flüchtiger Stoffe in realen Mischungen experimentell zu bestimmen. Der Partialdruck der Komponenten der Mischung in der Gasphase bestimmt zusammen mit der Temperatur und der chemischen Konstanten das chemische Potenzial in der Gasphase, sofern diese als ideales Gas angesehen werden kann. Sind chemischen Potenziale in der Gasphase bekannt, so können wir wegen des Phasengleichgewichts auf das chemische Potenzial der Mischungs-Komponenten in der flüssigen Phase zurückschließen. In dem Grenzfall, dass der Molenbruch einer der Komponenten viel größer als der der

---

10 Die Elektronenspins der freien Atome werden dagegen erfasst, weil diese entweder durch die kovalente oder metallische Bindung zwischen den Atomen oder durch die bei hinreichend tiefen Temperaturen einsetzende magnetische Ordnung fixiert werden.

anderen Komponenten ist, liegt eine ideale Lösung vor, wie wir sie in Abschnitt 7.5) besprochen haben.

Nach Gleichung 7.23 strebt das chemische Potenzial $\mu_1^{(\mathrm{fl})}$ des Lösungsmittels in der flüssigen Phase in diesem Grenzfall linear gegen das des reinen Lösungsmittels und ist gleich dem chemischen Potenzial in den Gasphase. Daher gilt:

$$\begin{aligned}\mu_1^{(\mathrm{g})}(T, p_1, x_2, \ldots, x_r) &= \mu_1^{(\mathrm{fl})}(T, p, x_2, \ldots, x_r)\\ &= \mu_{1R}^{(\mathrm{fl})}(T, p) - RT \sum_{i=2}^{r} x_i \,,\end{aligned}$$

wobei p_1 der Partialdruck des Lösungsmittels in der Gasphase ist. Nach Gl. 7.23 gilt für ideale Lösungen:

$$\mu_1^{(\mathrm{g})}(T, p, x_1) = \mu_{1R}^{(\mathrm{fl})}(T, p) + RT \ln x_1 = \mu_{1R}^{(\mathrm{fl})}(T, p) + RT \ln \frac{p}{p_1} \,,$$

wobei x_1 der Molenbruch des Lösungsmittels in der Flüssigkeit ist. Wegen des zweiten Gleichheitszeichens muss im Grenzfall $x_1 \to 0$ für den Dampfdruck des Lösungsmittels über der Lösung gelten:

$$p_1(T, x_1) = x_1 \cdot p_{\mathrm{D}1R}(T) \qquad (9.8)$$

!

Dies ist das für ideale Lösungen gültige RAOULT'sche Gesetz. Es stellt eine zu Gleichung 7.23 äquivalente Definition einer idealen Lösung dar.

Wir betrachten jetzt den Fall einer zweikomponentigen Mischung zweier flüssiger Stoffe A und B und bezeichnen die Molenbrüche in der flüssigen Phase mit x_1 und x_2. Der Einfachheit halber nehmen wir an, dass sich beide Stoffe in der Gasphase wie ideale Gase verhalten. Die Stärke der Wechselwirkungen zwischen den Molekülen bestimmt den Dampfdruck – eine stark attraktive Wechselwirkung hat einen niedrigen Dampfdruck zur Folge. Zunächst betrachten wir den Fall, dass die Wechselwirkungen zwischen den Molekülen von A und B gleich stark wie die zwischen den Molekülen der Reinstoffe sind. Nach dem RAOULT'schen Gesetz sollte der Druck über einer idealen Mischung

$$p(T, x_1) = x_1 \cdot p_{\mathrm{D},1R}(T) + (1 - x_1) \cdot p_{\mathrm{D},2R}(T) \qquad (9.9)$$

betragen, weil die Dampfdrucke der beiden Stoffe diesem Fall jeweils den Molenbrüchen x_1 und $x_2 = 1 - x_1$ folgen – das Mischungsverhältnis ist in der flüssigen Phase gleich dem in der Dampfphase. Eine gute Annäherung an das ideale Verhalten liefert die in Abb. 9.8a gezeigte Mischung von Ethylenchlorid und Benzol.

Wenn jedoch die vom mittleren Abstand r_{AA} zwischen den A-Molekülen bestimmte Wechselwirkungsenergie $\varepsilon_{\mathrm{AA}}(r_{\mathrm{AA}})$ stark von der Wechselwirkungsenergie $\varepsilon_{\mathrm{BB}}(r_{\mathrm{BB}})$ zwischen den B-Molekülen abweicht, oder die Wechselwirkungsenergie $\varepsilon_{\mathrm{AB}}(r_{\mathrm{AB}})$ zwischen der A- und den B-Molekülen stark von $\varepsilon_{\mathrm{AA}}$ und $\varepsilon_{\mathrm{BB}}$ abweicht, dann werden auch deutliche Abweichungen vom RAOULT'schen Gesetz erwartet. Abbildung 9.8b zeigt die

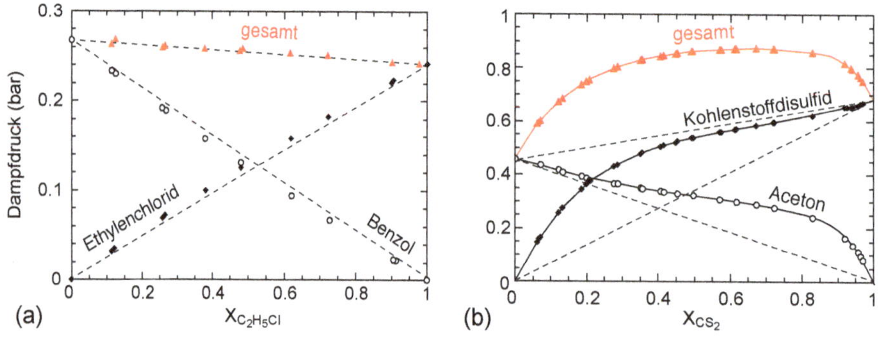

Abb. 9.8. a) Gesamtdruck (rot) und Partialdrucke (schwarz) über einer Mischung von Ethylenchlorid (C_2H_5Cl) (Rhomben) und Benzol (C_6H_6) (offene Kreise). Die beobachteten Abweichungen vom RAOULT'schen Gesetz (gestrichelte Linien) sind gering. b) Gesamtdruck (rot) und Partialdrucke (schwarz) über einer Mischung von Kohlenstoff-Disulfid (CS_2, Rhomben) und Aceton (CH_3OCH_3, offene Kreise). Der Dampfdruck der Mischung ist deutlich höher als der der reinen Komponenten. Die Steigung des für kleine Molenbrüche linearen Verlaufs der Dampfdruckkurve liefert die HENRY'sche Konstante (nach[12]).

Partialdrücke und den Gesamtdruck von Mischungen aus CS_2 (A) und Aceton (B), für die gilt:

$$\varepsilon_{AB} > \varepsilon_{AA} > \varepsilon_{BB} .$$

Da sich Dampfdrucke gerade umgekehrt wie die Wechselwirkungsenergien verhalten, ist in diesem Fall der Dampfdruck der Mischung höher als der nach Gl. 9.9 berechnete, mit den Molenbrüchen gewichtete, Mittelwert der Dampfdrucke der reinen Stoffe. Wenn das Verhältnis $p_{D,1}(T)/p_{D,2}(T)$ der Dampfdrucke vom Mischungsverhältnis x_1/x_2 in der flüssigen Phase verschieden ist, so ist auch das Mischungsverhältnis in der Gasphase von dem in der Lösung verschieden. Diese Tatsache liegt der Methode der *Destillation* zugrunde, welche es erlaubt, Mischungen von Substanzen mit verschiedenen Dampfdrucken voneinander zu trennen. Die Destillation findet in der Regel bei einem (z.B. durch die Atmosphäre) extern vorgegebenen Druck p_0 statt, welcher die durch $p_0 = p_{D,1}(T_V, x_1) + p_{D,2}(T_V, x_1)$ bestimmte Siedetemperatur T_V der Mischung festlegt. Wenn die Differenz der Wechselwirkungsenergien ε_{AB} von $\varepsilon_{AA,BB}$ so stark abweicht, dass sich ein Minimum oder Maximum in der Dampfdruckkurve ausbildet (Abb. 9.8b), dann gibt es eine Kombination von x_1 und p_0 mit:

$$\frac{p_{D,1}(T_V, x_1)}{p_{D,2}(T_V, x_1)} = \frac{x_1}{1 - x_1} .$$

An diesem Punkt sind die Mischungsverhältnisse von A und B in beiden Phasen gleich: ein solches Gemisch nennt man ein *Azeotrop*. In einem azeotropen Gemisch ist keine Trennung durch Destillation möglich – allerdings hängt die Lage des Azeotrops in der Regel vom Druck ab, so dass die Destillation bei einem anderen Druck möglich werden kann.

Im Grenzfall $x_i \to 1$ genügt der zugehörige Dampfdruck p_{Di} dem RAOULT'schen Gesetz. Bei hinreichender Verdünnung genügt der Dampfdruck der verdünnten Komponente dem zu Gl. 9.8 komplementären HENRY'schen Gesetz

$$p_{\mathrm{D}i}(T, x_i) = x_i \cdot k_{\mathrm{H},i}(T) \quad \text{für} \quad x_i \to 0 \,, \tag{9.10}$$

!

wobei die HENRY-Konstante k_H ein Maß für die Unterschiede zwischen ε_AB, ε_AA und ε_BB ist. Für ideale Mischungen mit $\varepsilon_\mathrm{AB} = \varepsilon_\mathrm{AA} = \varepsilon_\mathrm{BB}$ beträgt die HENRY-Konstante $k_{\mathrm{H},i}(T) = p_{\mathrm{D},iR}(T)$. In Tabelle 9.2 sind einige HENRY-Konstanten für wässrige Lösungen aufgeführt.

Um die bei derartigen Experimenten auftretenden Abweichungen der chemischen Potenziale vom Verhalten idealer Lösungen quantitativ beschreiben zu können, ist es in der physikalischen Chemie üblich, nicht mit dem chemischen Potenzial selbst, sondern mit der durch

$$a_i(T, p, \{x_i\}) = \gamma_i(T, p, \{x_i\}) \cdot x_i = \exp\left[\frac{\mu_i(T, p, \{x_i\}) - \mu_i^\circ(T, p)}{RT}\right] \tag{9.11}$$

definierten *Aktivität* a_i oder dem zugehörigen *Aktivitätskoeffizienten* γ_i zu arbeiten, wobei $\{x_i\}$ für die Gesamtheit der x_i steht. Dabei sind die $\mu_i^\circ(T, p)$ die chemischen Potenziale der reinen Stoffe. Die Aktivitäten lassen sich als *effektive Molenbrüche* auffassen, während die Aktivitätskoeffizienten $\gamma_i = a_i/x_i$ die Abweichung zwischen dem realen und dem effektiven Molenbruch messen. Das chemische Potenzial lässt sich dann in der Form

$$\mu_i(T, p, \{x_i\}) = \mu_i^\circ(T, p) + RT \ln a_i = \mu_i^\circ + RT \ln x_i + RT \ln \gamma_i \tag{9.12}$$

darstellen. Die Aktivitätskoeffizienten messen also die Abweichung vom Verhalten der idealen Lösung. Arbeitet man mit Teilchendichten[11] (Konzentrationen), so ist es nötig eine Bezugsdichte n° festzulegen. In der Regel verwendet man $n^\circ = 1\,\mathrm{mol}/\ell$. Für die chemischen Potenziale der gelösten Stoffe erhält man dann

Tab. 9.2. HENRY-Konstanten für wässrige Lösungen bei $T = 298$ K [12].

Stoff	Ar	H_2S	C_2H_6	He	CH_4	N_2	CO	CO_2	O_2
k_H (kbar)	37.2	0.568	30.6	1490	40.8	90.4	5.84	1.65	49.5

11 Die Dichten n_i sind wegen des Raumbedarfs der gelösten Stoffe und der thermischen Ausdehnung des Lösungsmittels in der Regel von den x_i und T-abhängig. Daher verwenden die Chemiker neben den Dichten (Molaritäten) oft lieber *Molalitäten*, dass heißt "mol/kg Lösungsmittel".

$$\mu_i(T,p,\{n_i\}) = \mu_i^\circ(T,p,n^\circ) + RT\ln a_i = \mu_i^\circ + RT\ln\frac{n_i}{n^\circ} + RT\ln\gamma_i\,. \qquad (9.13)$$

Bei realen Gasen benutzt man die analog definierten Fugazitäten (Gl. 6.21). Ersetzt man die Molenbrüche im RAOULT'schen Gesetz und im HENRY'schen Gesetz[12]

$$p_{\mathrm{D},i}(T,p,x_i) = p_{\mathrm{D},iR}(T)\cdot a_i(T,p,x_i) \quad , \quad p_{\mathrm{D},i}(T,x_i) = k_{\mathrm{H},i}(T)\cdot a_i(T,p,x_i)\,,$$

aber auch im Massenwirkungsgesetz (Gl. 7.31)

$$\prod_{i=1}^{r}[a_i]^{\nu_i} = \prod_{i=1}^{r}[\gamma_i\,x_i]^{\nu_i} = K(T,p) \qquad \text{oder} \qquad \prod_{i=1}^{r}[\gamma_i\,n_i]^{\nu_i} = K(T)\,. \qquad (9.14)$$

durch die Aktivitäten (oder die Aktivitätskoeffizienten), so können diese auf reale Stoffe übertragen werden. Auf diese Weise lassen sich auch beliebig starke Abweichungen vom Verhalten idealer Mischungen, Lösungen und Gase beschreiben. Die Aktivitäten sind über die Dampfdrücke der Gemische und Reinstoffe direkt messbare Größen. Ihnen kommt in der physikalischen Chemie eine erhebliche praktische Bedeutung zu. Ein wichtiges Beispiel, für welches die Beschreibung von Wechselwirkungseffekten relativ leicht ist, werden wir im nächsten Abschnitt vorstellen.

9.4 Elektrolyt-Lösungen

Elektrolyte, das heißt Lösungen bei denen die gelösten Stoffe in elektrisch geladene Ionen dissoziieren, zeichnen sich gegenüber den Lösungen neutraler Teilchen durch eine starke elektrostatische Wechselwirkung zwischen den Ionen und den elektrischen Dipolmomenten in einem polaren Lösungsmittel aus. Ein viel verwendetes Modell von BORN betrachtet das Ion als einen Kugelkondensator mit der Ladungskapazität $C = 4\pi\epsilon_0\epsilon_r\, r_{\mathrm{eff}}$. Die zweite Elektrode befindet sich im Unendlichen (Abb. 9.9a). Hierbei ist r_{eff} ein effektiver Ionenradius, und ϵ_r die statische Dielektrizitätskonstante des Lösungsmittels. Das Einbringen eines Ions aus dem Vakuum in das Lösungsmittel bewirkt die Orientierung der Moleküle des Lösungsmittels im elektrischen Feld des Ions

12 Dabei ist zu beachten, dass in verschiedenen Situationen unterschiedliche Bezugszustände verwenden werden, und man sich bei der Verwendung von Aktivitäten stets klar werden muss, welcher Bezugszustand zugrunde liegt. So sind die Bezugszustände für das RAOULT'sche Gesetz ($x_1 = 1$) und das HENRY'sche Gesetz ($n_i = 1\,\mathrm{mol}/\ell$) verschieden, weil das eine für das Lösungsmittel und das andere für die gelösten Stoffe gilt. Darüber hinaus ist der Standardzustand für das HENRY'sche Gesetz in der Regel unphysikalisch (ebenso wie für die Standardentropien der Metalle in Abb. 6.3), weil dieses bei einer Konzentration von $1\,\mathrm{mol}/\ell$ meist nicht mehr gültig ist. Dennoch erlaubt dieser Wert die lineare Extrapolation hin zu niedrigen Konzentrationen.

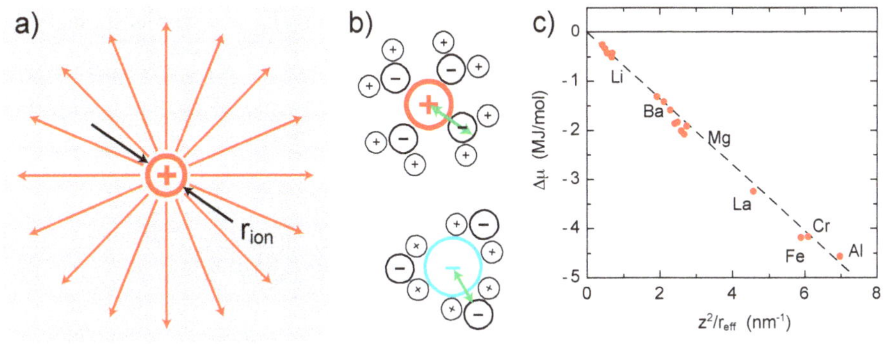

Abb. 9.9. a) Modellierung eines Ions mit dem Radius r_{ion} als Kugel-Kondensator mit H_2O als Dielektrikum ($\epsilon_r \simeq 80$). Die roten Pfeile zeigen die elektrischen Feldlinien. b) Der Abstand zwischen dem Ladungsmittelpunkt eines Wassermolekül und dem Mittelpunkt des Ions ist für Anionen und Kationen verschieden und größer als r_{ion} (grüne Doppelpfeile). c) Gemessene Solvatisierungsenergien in Wasser. Die gestrichelte Linie gibt den Verlauf von Gl. 9.15 mit dem im Text genannte effektiven Ionenradien an. (nach [12]).

und damit einen als *Solvatisierungsenergie* bezeichneten Energiegewinn gegenüber einem Ion im Vakuum von

$$\hat{e}_{\text{solv}} = -\frac{N_{\text{A}}}{8\pi\epsilon_0}\frac{(ze)^2}{r_{\text{eff}}}\left(\frac{1}{\epsilon_r} - 1\right) . \tag{9.15}$$

Wegen der Asymmetrie der Moleküle des Lösungsmittels ist der effektive Ionenradius für Anionen ($\hat{q} < 0$) und Kationen ($\hat{q} > 0$) in der Regel verschieden (Abb. 9.9b) – für Wasser ($\epsilon_r \simeq 80$) beträgt $r^-_{\text{eff}} = r_{\text{Anion}} + 100\,\text{pm}$ und $r^+_{\text{eff}} = r_{\text{Kathion}} + 85\,\text{pm}$. Diese effektiven Ionenradien liegen der Auftragung der gemessenen Solvatisierungsenergien in Abb. 9.9c zugrunde.

Die Lösung eines Salzes ist gegenüber dem Ionenkristall dann energetisch bevorzugt, wenn der Energiegewinn durch Solvatisierung größer als die Bindungsenergie der Ionen im Kristalls ist. In diesem Fall wird bei der Lösung Energie frei – der Lösungsprozess ist exotherm und die Lösung erwärmt sich. Eine Lösung ist jedoch auch dann möglich, wenn die Solvatisierungsenergie nicht ausreicht, um die Bindungsenergie aufzuwiegen, wenn die beim Lösungsprozess erzeugte Entropie ausreicht, um den energetischen Nachteil auszugleichen – in diesem Fall ist der Lösungsprozess endotherm und die Lösung kühlt ab. Die gemessenen Standardwerte der freien Enthalpie (des chemischen Potenzials), der Enthalpie und der Entropie sind in Tabelle 7.1 mit aufgeführt. Die Bezugswerte sind die für H^+-Ionen. Weil die Lösung stets elektrisch neutral bleiben muss sind experimentell nur die Kombinationen dieser Werte zugänglich.

Zusätzlich zu Wechselwirkungen zwischen den Ionen und dem Lösungsmittel treten auch zwischen den Ionen COULOMB-Wechselwirkungen auf. Diese Wechselwirkungen liefern einen Beitrag zur Energie und damit zu den thermodynamischen Größen, den wir im Folgenden berechnen wollen. Die Betrachtungen von DEBYE und HÜCKEL sind gültig, wenn die COULOMB-Wechselwirkungen nicht zu stark sind. Bezeichnet

$a = (n/\tau_N)^{-1/3}$ den mittleren Abstand zweier Ionen mit den Ladungszahlen z_i, bedeutet dies, dass Temperatur und Dichte der Relation

$$\hat{e}_{\text{pot},ij} = \frac{1}{4\pi\epsilon_0\epsilon_r}\frac{z_i z_j e^2}{a} \ll k_\text{B}T \simeq \hat{e}_\text{kin}$$

genügen müssen, wobei $F = N_\text{A}e$ die FARADAY-Konstante, z_i die Ladungszahlen der Ionen, $n = \sum_i n_i$ die gesamte Ionenkonzentration und ϵ_r die relative Dielektrizitätskonstante ist. Für einfach geladene Ionen in wässriger Lösung bei 300 K entspricht dies der Bedingung $n \ll 4\,\text{mol}/\ell$.

Wären alle Ionen in der Lösung statistisch unabhängig verteilt, so verschwände die COULOMB-Energie im Mittel. Die gesuchten Zusatzbeiträge zu Energie entstehen durch räumliche Korrelationen der Ladungsverteilung. Wie wir in Abschnitt 8.4.3 besprochen haben, verteilen sich die Ionen aber so in der Lösung, dass das elektrochemische Potenzial jeder Spezies räumlich konstant wird. Dies entspricht einer Minimierung der freien Energie des Systems, indem die Ionen ihre elektrostatischen Felder gegenseitig möglichst effektiv *abschirmen*. Der Energiegewinn durch die korrelierte Ladungsverteilung der verschiedenen Spezies heißt die *Korrelationsenergie*.

Das Potenzial um ein Ion der Spezies j ist ein mit der inversen Abschirmlänge

$$k_\text{S}(T,\{n_i\}) = \left(\frac{F^2}{\epsilon_0\epsilon_r RT}\sum_{i=2}^{r} z_i^2 n_i\right)^{1/2} = \left(\frac{2F^2\,\mathcal{I}(\{n_i\})}{\epsilon_0\epsilon_r RT}\right)^{1/2} \tag{9.16}$$

(Gl. 8.31) abgeschirmtes COULOMB-Potenzial:

$$\phi_{\text{Q},j}(r) = \frac{z_j e}{4\pi\epsilon_0\epsilon_r}\frac{\exp(-k_\text{S}r)}{r}\,. \tag{9.17}$$

Dabei sind die n_i die mittleren Teilchendichten der $r-1$ gelösten Ionenspezies ($2 \le i \le r$), während $r = 1$ das Lösungsmittel bezeichnet, dessen Abschirmeffekt in der Dielektrizitätskonstanten ϵ_r steckt. Die bereits in Abschnitt 8.4.3 eingeführte

$$\mathcal{I}(\{n_i\}) = \frac{1}{2}\sum_{j=2}^{r} z_i^2 n_i = \frac{n}{2}\sum_{i=2}^{r} z_i^2 \nu_i\,, \tag{9.18}$$

Ionenstärke stellt eine mit den Quadraten der Ladungszahlen z_i gewichtete totale Ionenkonzentration dar, welche die Stärke der Abschirmwirkung in einer Elektrolytlösung bestimmt. Die ν_i sind die stöchiometrischen Koeffizienten der Ionen im Salz und $n_\text{tot} = n\sum_i \nu_i = \sum_i n_i$ die gesamte Ionendichte. So betragen die Ionenstärken für NaCl, Na_2SO_4 und $Al_2(SO_4)_3$ bei gleicher Molarität n:

$$\mathcal{I}_\text{NaCl} = n, \quad \mathcal{I}_{\text{Na}_2\text{SO}_4} = 3n \quad \text{und} \quad \mathcal{I}_{\text{Al}_2(\text{SO}_4)_3} = 6.5\,n\,. \tag{9.19}$$

Die Ladungszahlen haben also einen starken Einfluss auf die Ionenstärke, und damit auf die Abschirmlänge. Die inverse Abschirmlänge selbst beträgt für Wasser bei 293 K:[13]

$$k_\mathrm{S} = \sqrt{\frac{\mathcal{I}}{\mathrm{mol}/\ell}} \cdot 3.25\,\mathrm{nm}^{-1} , \qquad (9.20)$$

wobei $\mathcal{I}$ in mol/ℓ anzugeben ist. Für eine Dichte von 1 mol/ℓ ist die Abschirmlänge mit 0.3 nm extrem kurz. Die elektrische Neutralität der Lösung bedingt:

$$\sum_i z_i \nu_i \overset{!}{=} 0 . \qquad (9.21)$$

Zum Beispiel stellt Aluminiumsulfat $Al_2(SO_4)_3$ einen (2, 3)-Elektrolyten dar, weil es in $\nu_+ = 2\ Al^{+3}$ Kathionen ($z_+ = +3$) und $\nu_- = 3\ SO_4{}^{2-}$ Anionen ($z_- = -2$) dissoziiert.

Zur Berechnung der Korrelationsenergie nach Debye und Hückel beginnen wir mit der aus der Elektrostatik bekannten Relation

$$E_\mathrm{coulomb}(V, \{n_j\}) = \frac{V}{2} \sum_{j=2}^{r} z_j e\, n_j \cdot \phi_{\mathrm{Q},j} \qquad (9.22)$$

für Energie eines Systems von Ladungen. Die $\phi_{\mathrm{Q},j}$ bezeichnen das von den anderen Ionen erzeugte elektrostatische Potenzial am Orte eines Ions der Spezies j. Entwickeln wir die Exponentialfunktion in Gl. 9.17 in der Nähe eines Ions der Spezies j in eine Taylor-Reihe, so finden wir in linearer Näherung

$$\phi_{\mathrm{Q},j}(r) = \frac{z_j e}{4\pi\epsilon_0\epsilon_r} \left(\frac{1}{r} - k_\mathrm{S} + \cdots \right) .$$

Diese Näherung beschränkt den Gültigkeitsbereich der Theorie auf Konzentrationen $n \lesssim \tau_N k_\mathrm{S}^3$, für die der mittlere Ionenabstand kleiner als die Abschirmlänge λ_S ist. Da der mittlere Ionenabstand bei einer Dichte von 1 mol/ℓ nur etwa 1 nm beträgt, können wir nach Gl. 9.20 nur für sehr viel kleinere Konzentrationen korrekte Resultate erwarten. Der erste Term in dieser Gleichung stellt das von dem Ion erzeugte Coulomb-Potenzial dar, der zweite den Beitrag der übrigen Ionen zum elektrischen Potenzial. Setzen wir den zweiten Beitrag in Gl. 9.22 ein, so erhalten wir mit $F = N_\mathrm{A} e$ für die Dichte der Wechselwirkungsenergie den verblüffend einfachen Ausdruck

$$e^\mathrm{WW}(T, \{n_j\}) = -\frac{F^2 \mathcal{I}(\{n_i\})}{4\pi\epsilon_0\epsilon_r N_\mathrm{A}} \cdot k_\mathrm{S}(T, \{n_i\}) = -\frac{RT}{8\pi N_\mathrm{A}} \cdot k_\mathrm{S}^3(T, \{n_i\}) . \qquad (9.23)$$

Den Wechselwirkungsbeitrag zur freien Energiedichte lässt sich mit Hilfe einer Variante von Gl. 5.42 berechnen:

$$f^\mathrm{WW}(T, \{n_i\}) = -T \cdot \int \frac{e^\mathrm{WW}(T, \{n_i\})}{T^2}\, dT = \frac{2}{3} \cdot e^\mathrm{WW}(T, \{n_i\}) . \qquad (9.24)$$

13 Dabei ist zu beachten, dass die Dielektrizitätskonstante von Wasser zwischen 88 (bei 273 K) und 53 (bei 373 K) variiert, während sie bei 293 K etwa 80 beträgt. Diese hohe Polarisierbarkeit kommt durch die Orientierungspolarisation der permanenten Dipolmomente der Wassermoleküle zustande.

Mit Hilfe von Gln. 9.16 und 9.23 gewinnen wir daraus den Wechselwirkungsbeitrag zum chemischen Potenzial der i-ten Spezies durch Differenzieren nach n_i :

$$\mu_i^{\mathrm{WW}}(T, \{n_i\}) = -\frac{z_i^2 F^2}{8\pi\epsilon_0\epsilon_r N_{\mathrm{A}}} \cdot k_{\mathrm{S}}(T, \{n_i\}) = -\frac{RT}{8\pi N_{\mathrm{A}}} \cdot k_{\mathrm{S}}^3(T, \{n_i\}) . \tag{9.25}$$

Von nun an beschränken wir uns auf Salze mit jeweils nur einer Anionen/Kathionen-Spezies. Für die von uns betrachteten Situationen sind nicht die chemischen Potenziale der einzelnen Ionensorten relevant, sondern nur deren gemeinsamer Beitrag zur freien Enthalpiedichte der Lösung:

$$g(T, p, \{n_i\}) = \mu_1 n_1 + (\mu_+ n_+ + \mu_- n_-) = \mu_1 n_1 + \mu_\pm n_{\mathrm{Ionen}} ,$$

wobei $i = 1$ das Lösungsmittel bezeichnet und

$$\mu_\pm = \frac{\nu_+\mu_+ + \nu_-\mu_-}{\nu_+ + \nu_-} \quad \text{sowie} \quad n_{\mathrm{Ionen}} = \frac{\nu_+ + \nu_-}{\nu_+} n_+ = \frac{\nu_+ + \nu_-}{\nu_-} n_- \tag{9.26}$$

der mit den stöchiometrischen Koeffizienten ν_i des Salzes gewichtete Mittelwert der chemischen Potenziale der verschiedenen Ionen sowie gesamte Ionendichte in der Lösung sind. Die Aktivitäten der einzelnen Ionenspezies sind gemäß Gl. 9.11 definiert. Nun definieren wir die mittlere Aktivität eines (ν_+, ν_-)-Elektrolyten durch

$$a_\pm^\nu = a_\pm^{\nu_+ + \nu_-} = a_+^{\nu_+} \cdot a_-^{\nu_-} \quad \text{also} \quad a_\pm = \left(a_+^{\nu_+} \cdot a_-^{\nu_-}\right)^{1/\nu} , \tag{9.27}$$

wobei $\nu = \nu_+ + \nu_-$ die Gesamtzahl der Ionen pro Formeleinheit darstellt. Mit Hilfe von Gln. 9.11 und 9.26 finden wir dann für das entsprechende mittlere chemische Potenzial:

$$\ln a_\pm = \frac{\mu_\pm(T, p, \{n_i\})}{RT} = \frac{1}{\nu} \frac{\nu_+(\mu_+ - \mu_+^\circ) + \nu_-(\mu_- - \mu_-^\circ)}{RT} \tag{9.28}$$

$$= \frac{1}{\nu} \left\{ \nu_+ \left[\ln\left(\frac{n_+}{n^\circ}\right) - \frac{\mu_+^{\mathrm{WW}}}{RT} \right] + \nu_- \left[\ln\left(\frac{n_-}{n^\circ}\right) - \frac{\mu_-^{\mathrm{WW}}}{RT} \right] \right\} \tag{9.29}$$

Definieren wir nun den mittleren Aktivitätskoeffizienten $\gamma_\pm$ wie üblich als Verhältnis $\gamma_\pm = a_\pm n^\circ / n_{\mathrm{Ionen}}$ der Aktivitäten zu den realen Dichten, so erhalten wir nach Gln. 9.13, 9.25 sowie unter Ausnutzung der Neutralitätsbedingung Gl. 9.21[14] als Wechselwirkungskorrektur zum mittleren chemischen Potenzial:

$$\ln \gamma_\pm = \frac{\mu_\pm^{\mathrm{WW}}}{RT} = -\left(\frac{\nu_+ z_+^2 + \nu_- z_-^2}{\nu}\right) \frac{e^2}{8\pi\epsilon_0\epsilon_r k_{\mathrm{B}} T} k_{\mathrm{S}}(\mathcal{I})$$

$$= -\frac{|z_- z_+|\, e^2}{8\pi\epsilon_0\epsilon_r k_{\mathrm{B}} T} \cdot k_{\mathrm{S}}(\mathcal{I}) \tag{9.30}$$

$$= -1.16 \cdot |z_- z_+| \cdot \sqrt{\frac{\mathcal{I}}{\mathrm{mol}/\ell}} , \tag{9.31}$$

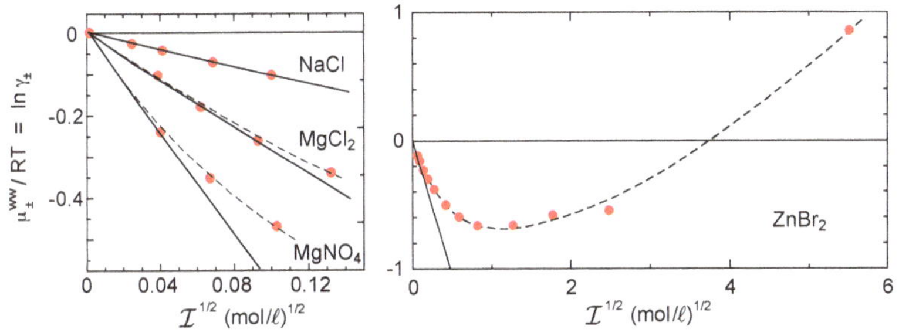

Abb. 9.10. a) Gemessene Aktivitäten verschiedener Salze als Funktion der Ionenstärke $\mathcal{I}$ (nach [12]). Die durchgezogenen Linien geben die nach der DEBYE-HÜCKEL-Theorie erwartete Abhängigkeit wieder. b) Nicht-monotoner Verlauf der Aktivität von $ZnBr_2$ bei hohen Konzentrationen.

Die letzte Gleichung gilt für Wasser bei 293 K.

Wir erwarten also, dass $\ln \gamma_\pm(\mathcal{I})$ im Grenzfall niedriger Konzentrationen linear mit der Wurzel aus der Ionenstärke abnimmt. In Abb. 9.10a sehen wir dass dies in der Tat der Fall ist, weswegen man Gl. 9.31 auch als das DEBYE-HÜCKEL-Grenzgesetz bezeichnet. In Abb. 9.10b sehen wir jedoch, dass $\ln \gamma_\pm(\mathcal{I})$ bei hohen Ionenstärken auch wieder ansteigen kann.

Mit Hilfe der Aktivitäten sind wir nun in der Lage chemische Gleichgewichte in Salzlösungen zu beschreiben. Als Beispiel betrachten wir die Lösung von MgF_2 in Wasser, die durch die Reaktionsgleichung

$$MgF_2 \rightleftharpoons Mg^{+2} + 2F^-$$

beschrieben wird. Dann nimmt das Massenwirkungsgesetz nach Gl. 9.14 die Form

$$\gamma_{Mg^{2+}} \frac{n_{Mg^2}}{n^\circ} \cdot \left(\gamma_{F^-} \frac{n_{F^-}}{n^\circ}\right)^2 = K_L .$$

an, wobei die Massenwirkungskonstante – das *Löslichkeitsprodukt* – laut Tabelle 9.3 unter Standardbedingungen den Wert $K_L = 6.4 \cdot 10^{-9}$ hat. Da nach der Reaktionsgleichung außerdem $n_{Mg^{2+}} = n_{F^-}/2$ ist, erhalten wir mit Gl. 9.27 die folgende Gleichung für

Tab. 9.3. Löslichkeitsprodukte K_L einiger Salze in wässriger Lösung bezogen auf $n^\circ = 1$ mol/ℓ bei Standardbedingungen [10].

Stoff	$CaSO_4$	AgBr	AgCl	AgJ	$Ba(OH)_2$	$BaSO_4$	$CaCo_3$
K_L	$4.9 \cdot 10^{-6}$	$4.9 \cdot 10^{-13}$	$1.8 \cdot 10^{-10}$	$8.5 \cdot 10^{-17}$	$5.0 \cdot 10^{-3}$	$1.1 \cdot 10^{-10}$	$3.4 \cdot 10^{-9}$
Stoff	**$Mg(OH)_2$**	**MgF_2**	**$Mn(OH)_2$**	**$PbCl_2$**	**$PbSO_4$**	**ZnS**	
K_L	$5.6 \cdot 10^{-11}$	$6.4 \cdot 10^{-9}$	$1.9 \cdot 10^{-13}$	$1.6 \cdot 10^{-5}$	$1.8 \cdot 10^{-8}$	$1.6 \cdot 10^{-23}$	

14 Wegen $z_+\nu_+ = -z_-\nu_-$ und $z_+z_- < 0$ gilt: $\nu_+z_+^2+\nu_-z_-^2 = \nu_+z_+(z_+-z_-) = -\nu_-z_-z_+-\nu_+z_+z_- = \nu\,|z_+z_-|$.

die beiden Unbekannten n_{F^-} und $\gamma_\pm$:

$$\gamma_{Mg^{2+}} \frac{n_{Mg^{2+}}}{n^\circ} \cdot \left(\gamma_{F^-} \frac{n_{F^-}}{n^\circ}\right)^2 = \frac{1}{2} \left(\gamma_\pm \frac{n_{F^-}}{n^\circ}\right)^3 = 6.4 \cdot 10^{-9}$$

Um n_{F^-} zu berechnen nehmen wir zunächst $\gamma_\pm = 1$ an lösen nach n_{F^-} auf und erhalten den Wert 1.17 mmol/ℓ. Mit diesen Weg berechnen wir über Gl. 9.18 die Ionenstärke und damit gemäß Gl. 9.31 $\gamma_\pm = 0.870$. Mit diesem Wert können wir nun einen neuen Wert für n_{F^-} berechnen. Nach einigen Iterationen erhält man schließlich $n_{F^-} = 1.36$ mmol/ℓ und $\gamma_\pm = 0.861$. In diesem Fall bewirkt die COULOMB-Wechselwirkung also eine Verschiebung der Gleichgewichtskonzentration um ca. 14 %.

Die DEBYE-HÜCKEL-Theorie kann auch Wechselwirkungen zwischen verschiedenen gelösten Salzen erklären. Wie wir gesehen haben, reduzieren die COULOMB-Effekte die Aktivität. Wenn man nun zu einer gesättigten Salzlösung zusätzlich ein anderes Salz hinzugibt, so erhöht dieses die Ionenstärke, und reduziert damit auch die Aktivität aller Ionen, insbesondere der zuvor gesättigten Komponente. Damit verschiebt sich der Gleichgewichtspunkt auch für das erste Salz, und es geht mehr in Lösung. Wird dagegen die Ionenstärke durch das zweite Salz soweit erhöht, dass die Aktivität des ersten Salzes wieder ansteigt (Abb. 9.10b), so fällt dieses wieder aus. Den ersten Effekt nennt man *Einsalzen*, den zweite *Aussalzen*.

Außer bei der Löslichkeit und den Dampfdrucken über Lösungen bestimmen die Aktivitätskoeffizienten auch die Osmose und modifizieren die Ionenkonzentrationen, die in Gleichung 7.25 für den osmotischen Druck eingehen. Mit der vorgestellten Modellrechnung lassen sich die Effekte der COULOMB-Wechselwirkung bis zu Ionenstärken von etwa 0.01 mol/ℓ berücksichtigen. Die Gründe für die in Abb. 9.10 beobachteten Abweichungen vom DEBYE-HÜCKEL-Grenzgesetz sind mannigfaltig, und stellen ein aktuelles Forschungsgebiet der Elektrochemie dar.

9.5 Instabilitäten in realen Mischungen

Nachdem wir uns bis jetzt auf eine phänomenologische Behandlung des Phasengleichgewichts beschränkt haben, wollen wir jetzt einfache Modellvorstellungen entwickeln, *warum* es bestimmten physikalischen Systemen beliebt, in gewissen Zustandsgebieten spontan in zwei verschiedene Phasen zu zerfallen. Bevor wir das Beispiel der realen Gase quantitativ betrachten, wollen wir anhand des Systems der binären (zweikomponentigen) Mischung ein qualitatives Verständnis für das Phänomen der *Instabilität* einer homogenen Phase entwickeln. Die in Abschnitt 7.4 behandelten idealen Mischungen zeichnen sich dadurch aus, dass die Wechselwirkungen von Molekülen der verschiedenen Komponenten der Mischung untereinander vernachlässigt werden können. Das führt dazu, dass die Energie einer idealen Mischung in der Form

$$E(T, p, N_1, \ldots, N_r) = N\hat{e}(T, p, x_1, \ldots, x_r) = N \sum_{i=1}^{r} x_i \cdot \hat{e}_{iR}(T, p)$$

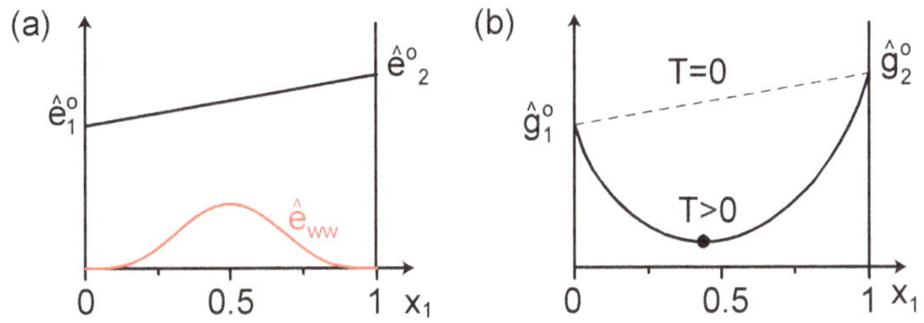

Abb. 9.11. a) Molare Energie $\hat{e} = \sum_i x_i \hat{e}_{iR}$ eines idealen Gemischs (schwarz) und Wechselwirkungsbeitrag $\hat{e}_{WW}$ in einem realen Gemisch (rot). b) Molare freie Enthalpie $\hat{g} = \sum_i x_i \mu_{iR} - T\hat{s}_{\text{misch}}$ eines idealen Gemischs bei endlichen Temperaturen. Es gibt für alle Temperaturen nur ein Minimum in der freien Enthalpie.

dargestellt werden kann, wobei die $\hat{e}_{Ri}(T,p)$ die molaren Energien der reinen Stoffe sind. Die $N_1, \ldots, N_r$ sind die Stoffmengen der einzelnen Komponenten, $x_i = N_i/N$ die dazugehörigen Molenbrüche und $N = \sum_i N_i$ die gesamte Stoffmenge. Das thermodynamische Verhalten der Mischung wird dann von der Mischungsentropie

$$\Delta\hat{s}_{\text{misch}}(x_1, \ldots, x_r) = -R\sum_{i=1}^{r} x_i \ln x_i$$

bestimmt, die dafür sorgt, dass die molare freie Enthalpie

$$\hat{g}(T, p, x_1, \ldots, x_r) = \hat{e} - T\hat{s} + p\hat{v}$$

der Mischung ein einziges Minimum hat, welches dem Zustand homogener Durchmischung entspricht. In Abbildung 9.11 sind $\hat{e}$ und $\hat{g}$ für eine zweikomponentige Mischung dargestellt. In diesem Fall ist $G(T, p, N_1, N_2) = N\hat{g}(T, p, x)$ und $\hat{g}$ wegen $x_1 = x$ und $x_2 = 1 - x$ nur von einem der Molenbrüche abhängig. $N = N_1 + N_2$ ist dabei wie in Abschnitt 7.7.1 die Gesamtmenge der beteiligten Stoffe.

In realen Mischungen bewirken die Differenzen zwischen den Wechselwirkungsenergien ε_{AA}, ε_{BB} und ε_{AB} zwischen den Molekülen der beiden Mischungskomponenten das Auftreten eines Zusatzterms in der molaren freien Energie:

$$\hat{e}(T, p, x_1, \ldots, x_r) = \sum_{i=1}^{r} x_i \cdot \hat{e}_{iR}(T, p) + \hat{e}_{WW}(T, p, x_1 \ldots x_r) ,$$

der auch die *Exzess-Energie* genannt wird. Dieser Zusatzterm macht des System unzerlegbar und führt zu dem Auftreten von Exzessbeiträgen in allen anderen thermodynamischen Größen, zum Beispiel in den chemischen Potenzialen (Dampfdruckanomalien in Abb. 9.8) oder in den Molvolumina (zum Beispiel dem Volumenkontraktionseffekt in Wasser/Ethanol-Mischungen). Wenn $\hat{e}_{WW}$ hinreichend positiv ist, erwarten wir im einfachsten Fall ein Maximum der molaren Energie bei einem Mischungsverhältnis von $x = x_1 = x_2 = 0.5$ (rote Linie in Abb. 9.11a). In der freien Enthalpie $\hat{g}$ bekommen wir dann eine Konkurrenz zwischen der Mischungsenergie und der Mischungsentropie.

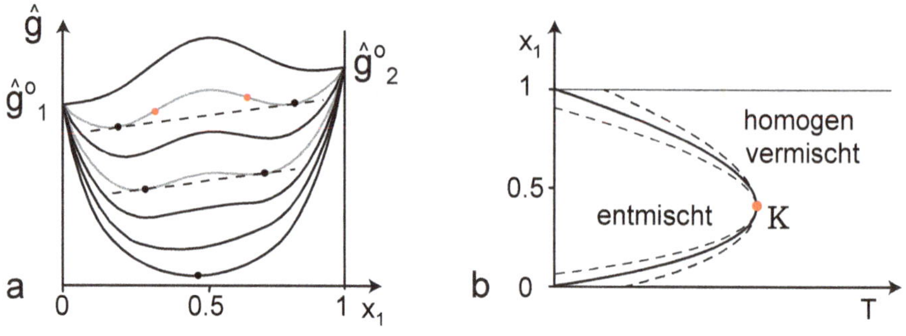

Abb. 9.12. a) Molare freie Enthalpie $\hat{g} = \sum_i x_i \mu_{iR} + \hat{e}_{WW} - T\hat{s}_{misch}$ eines realen Gemischs mit abstoßender Wechselwirkung zwischen den Komponenten. Die Temperatur nimmt von oben nach unten zu. Bei tiefen Temperaturen bewirkt die Wechselwirkung eine Trennung des Gemischs in zwei Phasen. Der Bereich zwischen den Wendepunkten (rote Punkte) von $\hat{g}$ ist thermodynamisch instabil. Die durch die gestrichelten Tangentiallinien verbundenen schwarzen Punkte entsprechen Zuständen mit gleichem chemischem Potenzial in beiden Phasen, den Zuständen im Phasengleichgewicht. Der Bereich zwischen den schwarzen Punkten und den Wendepunkten ist metastabil, das heißt thermodynamisch möglich, aber von höherer freier Enthalpie als der entsprechende phasenseparierte Zustand. Mit zunehmender Temperatur wird der Beitrag der Mischungsentropie in $\hat{g}$ immer wichtiger, bis schließlich nur noch ein Minimum vorhanden ist (schwarzer Punkt auf der untersten Kurve). b) Phasendiagramm des Gemischs. Für Temperaturen unterhalb der kritischen Temperatur (roter Punkt auf der Phasengrenzkurve) existiert eine *Mischungslücke*, in der kein homogenes Gemisch thermodynamisch stabil ist. Die gestrichelten Linien geben das Metastabilitätsgebiet an. Für Temperaturen oberhalb der kritischen Temperatur ist das homogene Gemisch stabil. Am kritischen Punkt K verschwinden die Mischungslücke und das Metastabilitätsgebiet.

Abbildung 9.12a zeigt den Verlauf von $\hat{g}(x)$ für verschiedene Temperaturen. Bei tiefen und mittleren Temperaturen resultiert eine repulsive Wechselwirkung in *zwei* Minima von $\hat{g}$: Das System zerfällt in *zwei gemischte* Phasen, wobei in einer Stoff 1 und in der anderen Stoff 2 überwiegt. Die chemischen Potenziale

$$\mu_{1,2}(T, p, x) = \frac{\partial G(T, p, N_1, N_2)}{\partial N_{1,2}}$$

beider Stoffe in beiden Phasen regeln den Stofftransport zwischen den Phasen. Die Zustände chemischen Gleichgewichts erhält man dadurch, dass man von unten eine Tangente an die Kurve $\hat{g}(x_1)$ legt, die in der Nähe der beiden Minima berührt. An den Tangentialpunkten ist die Steigung und damit die chemischen Potenziale der Stoffe 1 und 2 in den beiden Phasen α und β paarweise gleich:

$$\mu_1^\alpha = \mu_1^\beta \,, \quad \mu_2^\alpha = \mu_2^\beta \,.$$

In dem Bereich zwischen den Wendepunkten von $\hat{g}$ ist *negativer* Krümmung

$$\nu_1(T, p, x) = \frac{\partial^2 \hat{g}(T, p, x)}{\partial x^2} < 0$$

Abb. 9.13. Mischung und Entmischung des Systems Phenol/Wasser bei verschiedenen Temperaturen. Die phenolreiche Phase wurde rot angefärbt.

und die homogene Mischung nicht mehr stabil – sie *muss* in zwei Phasen zerfallen.[15] Den verbotenen Bereich zwischen den beiden Wendepunkten, in dem die Teilchenkapazität v_1 negativ ist, nennt man die *Mischungslücke*. In diesem Gebiet ist keine homogene Mischung möglich. Wir nehmen einen Anfangszustand bei einer hohen Temperatur an, wo der Entropiebeitrag zu $\hat{g}$ gegenüber dem der Mischungsenergie überwiegt und keine Mischungslücke vorhanden ist. Lassen wir dann die Mischung abkühlen, so separiert die vorher homogene Mischung in zwei Phasen, sobald die Temperatur die Entmischungstemperatur $T_M(x)$ für das voreingestellte Mischungsverhältnis x_1/x_2 unterschreitet.

Am Beispiel des Systems Phenol/Wasser ist die Mischungsinstabilität in Abb. 9.13 gezeigt. Durch die Zugabe eines in Phenol gut löslichen Farbstoffes sind beide Mischungskomponenten unterscheidbar. Bei tiefen Temperaturen sind die beiden Phasen zunächst weitgehend entmischt. Mit steigender Temperatur nehmen die Konzentratio-

15 Wie irreführend der Ausdruck „Mischungsentropie“ ist, zeigte sich, als experimentell festgestellt wurde, dass sich eine hinreichend verdünnte Lösung von ^{3}He in ^{4}He für $x_3 \lesssim 0.064$ bis hin zum absoluten Nullpunkt *nicht entmischt* (Abschnitt II-6.3.4). Das bedeutet, dass die Entropie dieser Lösung nicht durch Gl. 7.17 beschrieben wird, wohl aber dem dritten Hauptsatz genügt. Dieser Widerspruch lässt sich erst im Rahmen der Quantenstatistik lösen (Abschnitt II-6.3.4).

nen der Minoritätskomponenten in beiden Phasen zu, und der Dichteunterschied sowie der Farbkontrast zwischen beiden Phasen nimmt ab, bis bei der höchsten Temperatur eine homogen Mischung vorliegt. Mit sinkender Temperatur entmischen die Phasen wieder, was sich zunächst in einer lokalen Trübung bemerkbar macht. Erst nach einiger Zeit trennen sich die beiden Komponenten unter dem Einfluss der Schwerkraft.

In Abbildung 9.12b ist die Position der Tangentialpunkte als Funktion der Temperatur aufgetragen. Man erhält das *Phasendiagramm* der Mischung. Dem Instabilitätsgebiet ist ein *Metastabilitätsgebiet* vorgelagert. Dort ist zwar $\partial^2 G/\partial x^2 > 0$, aber G liegt oberhalb der Tangentiallinie, die den Werten von $\hat{g}$ im Zweiphasengebiet entspricht. Das bedeutet, dass das System seine freie Enthalpie reduzieren kann, wenn es in zwei Phasen mit den Konzentrationsverhältnissen der Minima x_A und x_B zerfällt. Am *kritischen Punkt* schließlich sind die Mischungslücken *und* das Metastabilitätsgebiet auf einen Punkt zusammengeschrumpft. Die Grenzkurve zwischen dem stabilen und dem metastabilen Bereich nennt man die *Binodale*, diejenige zwischen dem metastabilen und dem instabilen Bereich die *Spinodale*. Die Spinodale ist nur am kritischen Punkt leicht zugänglich, weil sich hier die Binodale und die Spinodale berühren.

Am kritischen Punkt liegt ein besonderer Typ von Entmischung vor, den man die *spinodale Entmischung* nennt. Dabei handelt es sich um einen Phasenübergang zweiter Art, dem kein Metastabilitätsgebiet vorgelagert ist. Die Instabilität der homogenen Mischung ($\nu < 0$) bringt mit sich, dass der chemische Potenzialgradient beider Stoffe dem jeweiligen Konzentrationsgradienten entgegengerichtet ist. Daher diffundieren die Komponenten der Mischung ihrem Konzentrationsgradienten *entgegen*.[16] In der Praxis lässt sich die spinodale Entmischung am ehesten in Systemen mit großen Molekülen – in der Regel Polymeren – beobachten, bei denen die Diffusion sehr langsam (auf der Zeitskala von Stunden und Tagen) erfolgt und daher auch durch schnelle Abkühlung in Zwischenstadien eingefroren und beispielsweise elektronenmikoskopisch untersucht werden kann. Am Ende des nächsten Abschnitts werden wir auf ein analoges Phänomen bei Gasen zurückkommen.

9.6 Das reale Gas

9.6.1 Die van der Waals'sche Zustandsgleichung

Bei höheren Dichten müssen auch bei Gasen Wechselwirkungen zwischen den Teilchen wichtig werden. Von van der Waals stammen die folgenden Überlegungen, wie die thermische Zustandsgleichung des idealen Gases modifiziert werden kann, um die Wechselwirkung der Gasmoleküle in einem einfachen Modell näherungsweise zu berücksichtigen. Obwohl die neue Zustandsgleichung keine wirklich quantitative Beschreibung liefert, reproduziert sie alle qualitativen Aspekte des Phasenübergangs

16 In der englischsprachigen Literatur wird dieses Phänomen als „uphill-diffusion" bezeichnet.

von der Flüssigkeit zum Gas.

$$\text{Ideales Gas:} \qquad p \cdot \hat{v} = k_B T$$

$$\text{Ansatz von VAN DER WAALS:} \qquad (p + \pi) \cdot (\hat{v} - b) = k_B T \tag{9.32}$$

π : Binnendruck – modelliert Anziehungskräfte zwischen den Molekülen

b : Ausschlussvolumen – modelliert Abstoßungskräfte zwischen den Molekülen

Im einfachen Modell harter Kugeln ist das Ausschlussvolumen $b = \text{const.}$, während es für realistische Wechselwirkungspotenziale von Druck und Temperatur abhängt, und damit zu einer komplizierteren Zustandsgleichung führt. Wir setzen $\pi(n)$ als Potenzreihe in $n = 1/\hat{v}$ an:

$$\pi = cn + an^2 + dn^3 + \cdots .$$

Setzen wir dies in Gl. 9.32 ein, so erhalten wir im Grenzfall $nb \ll 1$:

$$p + cn + an^2 + dn^3 + \ldots = nk_B T .$$

Für $n \to 0$ (hohe Verdünnung) muss $\pi\hat{v} \to 0$ gehen, damit sich das ideale Gasgesetz als Grenzfall ergibt. Die Konstante c muss daher verschwinden. Berücksichtigen wir nur den führenden Term an^2 in der Dichteabhängigkeit von π, so folgt die VAN DER WAALS'*sche Zustandsgleichung*:

$$\left(p + \frac{a}{\hat{v}^2}\right)(\hat{v} - b) = k_B T \quad \text{oder} \quad \left(p + an^2\right)(1 - nb) = nk_B T . \tag{9.33}$$

!

Für praktische Rechnungen bietet es sich an, die thermische Zustandsgleichung des VAN DER WAALS-Gases nach dem Druck aufzulösen:

$$p(T, \hat{v}) = \frac{k_B T}{\hat{v} - b} - \frac{a}{\hat{v}^2} \tag{9.34}$$

oder

$$p(T, n) = \frac{nk_B T}{1 - nb} - an^2 . \tag{9.35}$$

Umgekehrt $p(T, \hat{v})$ nach $\hat{v}(T, p)$ oder $n(T, p)$ aufzulösen ist nur in begrenzten Zustandsbereichen möglich (Abb. 9.19).

Bei Standardbedingungen sind die Abweichungen vom idealen Gasgesetz oft sehr klein: Wie Tabelle 9.4 zeigt, haben die dimensionslosen Korrekturparameter bn und an^2/p für Gase wie Ar, N_2 und O_2 Werte um 10^{-3}. In Abbildung 9.14a sind die $p\hat{v}$-Isothermen von H_2 für verschiedene Temperaturen bis hin zu hohen Drucken dargestellt. Deutliche Abweichungen von dem für ideale Gase erwarteten horizontalen Verlauf treten erst in der Nähe der kritischen Temperatur auf, die bei Wasserstoff $T_k \simeq 33\,K$ beträgt. Die Temperatur, bei der die Steigung der $p\hat{v}$-Isothermen das Vorzeichen wechselt, heißt die BOYLE-Temperatur T_B. Bei Wasserstoff beträgt sie 109 K.

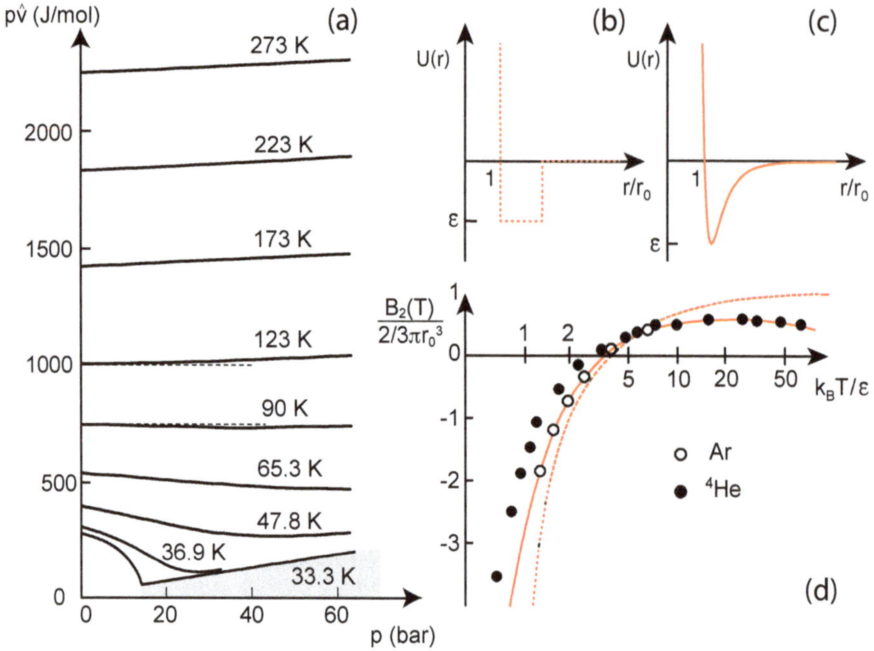

Abb. 9.14. a) Isothermen von molekularem Wasserstoffgas bei verschiedenen Temperaturen. Die grau schattierte Fläche entspricht einem verbotenen Gebiet, welches durch die nahezu inkompressible flüssige Phase entsteht (nach [3]). b) Wechselwirkungspotenzial $U(r)$ in einem Modell harter Kugeln (Kastenpotenzial). c) LENNARD-JONES-Potenzial. d) Temperaturabhängigkeit des zweiten Virialkoeffizienten für Argon und Helium (Normierung: siehe Text). Die gestrichelte Linie entspricht einem Kastenpotenzial (b), die durchgezogene Linie dem LENNARD-JONES-Potenzial (c) (nach [20]).

Es ist üblich, Korrekturen zur idealen Gasgleichung als Potenzreihe in der Teilchendichte n anzusetzen:

$$p(T,n) \;=\; nk_\mathrm{B}T\left[1 + nB_2(T) + n^2B_3(T) + \cdots\right].$$

Diese Darstellung der thermischen Zustandsgleichung nennt man die Virialentwicklung und die Koeffizienten $B_2(T), B_3(T), \ldots$ heißen *Virialkoeffizienten.*
Die Entwicklung von Gl. 9.35 nach Potenzen von n liefert die Virialkoeffizienten des VAN DER WAALS-Gases:

$$B_2(T) = b - \frac{a}{k_\mathrm{B}T}, \quad B_3 = b^2, \quad B_4 = b^3 \ldots \tag{9.36}$$

Die statistische Thermodynamik des realen Gases erlaubt eine Berechnung der Virialkoeffizienten aus dem Wechselwirkungspotenzial $U(r)$ der Gasmoleküle (Abb.9.14b,c). Der zweite Virialkoeffizient ist im wesentlichen durch den mittleren BOLTZMANN-Faktor der potentiellen Energie gegeben [20]:

$$B_2(T) = -2\pi \int_0^\infty d^3r \left\{ \exp\left(-\frac{U(r)}{k_B T} \right) \right\} . \qquad (9.37)$$

In Abbildung 9.14d werden normierte Virialkoeffizienten für zwei verschiedene Modelle zusammen mit den experimentellen Daten für Ar und ^{4}He dargestellt. Der Nulldurchgang von $B_2(T)$ definiert die BOYLE-Temperatur T_B. Das Kastenpotenzial beinhaltet neben einer „harten" abstoßenden Komponente auch einen attraktiven Bereich, und das LENNARD-JONES-Potenzial (Fußnote auf Seite 295)

$$U(r) = 4\varepsilon \left[\left(\frac{r_0}{r}\right)^{12} - \left(\frac{r_0}{r}\right)^6 \right]$$

beschreibt die Messungen für nicht zu leichte Gase recht gut. Bei ^{4}He zeigen sich bei tiefen Temperaturen Abweichungen, die auf die in Kap. II-4 zu besprechenden Konsequenzen der Nicht-Unterscheidbarkeit der ^{4}He-Atome zurückgehen.

9.6.2 Die GAY-LUSSAC- und die JOULE-THOMSON-Expansion

Wir fragen nun nach den Unterschieden zwischen realen und idealen Gasen. Eine wichtige Konsequenz der idealen Gasgleichung ist, dass die Energie $\hat{e}(T, \hat{v})$ vom Molvolumen unabhängig ist. Für das reale Gas erwarten wir also eine Temperaturänderung bei der isoenergetischen Expansion im GAY-LUSSAC-Experiment (Abb. 3.7). Um die entsprechende Vorhersage des VAN DER WAALS-Modells zu berechnen, betrachten wir die molare Energie:

$$d\hat{e}(T, \hat{v}) = T\, d\hat{s}(T, \hat{v}) - p\, d\hat{v} \qquad \text{(GIBBS'sche Fundamentalform)}$$

Die Funktion $\hat{e}(T, \hat{v})$ ist im Gegensatz zu $\hat{e}(\hat{s}, \hat{v})$ keine MASSIEU-GIBBS-Funktion, wohl aber die freie Energie $\hat{f}(T, \hat{v}) = \hat{e}(T, \hat{v}) - Ts(T, \hat{v})$. Wenn wir das Differenzial

$$d\hat{s}(T, \hat{v}) = \frac{\partial \hat{s}(T, \hat{v})}{\partial T}\, dT + \frac{\partial \hat{s}(T, \hat{v})}{\partial \hat{v}}\, d\hat{v}$$

in die GIBBS'sche Fundamentalform einsetzen, so erhalten wir wegen der MAXWELL-Relation

$$\frac{\partial \hat{s}(T, \hat{v})}{\partial \hat{v}} = -\frac{\partial^2 \hat{f}(T, \hat{v})}{\partial \hat{v} \partial T} = -\frac{\partial^2 \hat{f}(T, \hat{v})}{\partial T \partial \hat{v}} = \frac{\partial p(T, \hat{v})}{\partial T} .$$

für eine isoenergetische Expansion zunächst allgemein:

$$\begin{aligned} d\hat{e}(T, \hat{v}) &= \frac{\partial \hat{e}(T, \hat{v})}{\partial T}\, dT + \frac{\partial \hat{e}(T, \hat{v})}{\partial \hat{v}}\, d\hat{v} \\ &= \hat{c}_v(T, \hat{v})\, dT + \left(T \frac{\partial p(T, \hat{v})}{\partial T} - p \right) d\hat{v} \stackrel{!}{=} 0 . \end{aligned}$$

Tab. 9.4. VAN DER WAALS-Parameter a und b, kritische Daten (Abschnitt 9.7.2), $\sigma_k = p_k \hat{v}_k / k_B T_k$ und Moleküldurchmesser d aus b und Λ (Tabelle 8.1) (Daten aus [4; 12]).

Stoff	a (bar ℓ^2/mol^2)	b (ℓ/mol)	T_k (K)	p_k (bar)	$\hat{v}_k$ (ℓ/mol)	σ_k	d (nm) aus b	d (nm) aus Λ
He	0.0346	0.0237	5.20	2.29	0.0578	0.307	0.35	0.26
Ne	0.215	0.0155	44.40	27.2	0.0417	0.308	0.30	0.28
Ar	1.355	0.0320	150.86	48.62	0.0753	0.292	0.38	0.34
Kr	2.349	0.0398	209.4	54.80	0.0921	0.290	0.41	0.4
Xe	4.192	0.0516	289.74	58.40	0.118	0.286	0.44	
H_2	0.2452	0.0265	32.98	12.93	0.0642	0.303	0.35	
O_2	1.382	0.0319	154.48	50.43	0.0737	0.288	0.38	0.36
N_2	1.370	0.0387	126.2	33.98	0.0901	0.292	0.40	0.38
F_2	1.171	0.0290	144.30	51.72	0.0662	0.285	0.36	
Cl_2	6.573	0.0562	417.2	77.10	0.1237	0.275	0.46	
Br_2	9.75	0.0591	588.00	103.40	0.1270	0.268	0.46	
CO	1.472	0.0395	132.91	34.99	0.0931	0.295	0.40	
CO_2	3.658	0.0429	304.13	73.75	0.0941	0.274	0.41	0.40
H_2O	5.537	0.0305	647.14	220.64	0.0560	0.229	0.37	
C_2H_4	4.612	0.0582	282.34	50.41	0.1311	0.281	0.46	
C_2H_2	4.533	0.0524	308.30	61.38	0.1122	0.269	0.44	
CH_4	2.303	0.0431	190.56	45.99	0.0986	0.286	0.42	
CH_3OH	9.476	0.0659	512.50	80.84	0.1170	0.221	0.48	
$C_{25}H_{12}$	19.09	0.1448	469.70	33.70	0.3110	0.268	0.62	
C_3H_8	9.39	0.0905	369.83	42.48	0.200	0.276	0.53	
C_5H_5N	19.77	0.1137	620.00	56.70	0.243	0.267	0.57	
NH_{23}	4.225	0.0371	405.40	13.53	0.0725	0.244	0.39	
CCl_4	20.01	0.1281	556.6	45.16	0.276	0.269	0.60	
C_6H_6	18.82	0.1193	562.05	48.95	0.256	0.268	0.58	
C_2H_6	5.580	0.0651	305.32	48.72	0.1455	0.279	0.48	
C_2H_5OH	12.56	0.0871	513.92	61.37	0.1680	0.241	0.52	

Im Allgemeinen hängt also $\hat{e}(T, \hat{v})$ nicht nur von der Temperatur, sondern auch vom Volumen ab:

$$\frac{\partial \hat{e}(T,\hat{v})}{\partial \hat{v}} = T\frac{\partial p(T,\hat{v})}{\partial T} - p(T,\hat{v}) = \frac{a}{\hat{v}^2} \, . \tag{9.38}$$

Daraus ergibt sich mit Gl. A.3 der gesuchte Ausdruck für die Änderung der Temperatur im GAY-LUSSAC-Experiment:

!

$$\frac{\partial T(\hat{e},\hat{v})}{\partial \hat{v}} = \frac{p - T\left[\partial p(T,\hat{v})/\partial T\right]}{\hat{c}_v(T,\hat{v})} \quad \text{GAY-LUSSAC-Koeffizient.} \tag{9.39}$$

Nun können wir den GAY-LUSSAC-Koeffizienten für das VAN DER WAALS-Gas aus Gl. 9.34 berechnen:

$$\frac{\partial p(T,\hat{v})}{\partial T} = \frac{k_B}{\hat{v} - b}$$

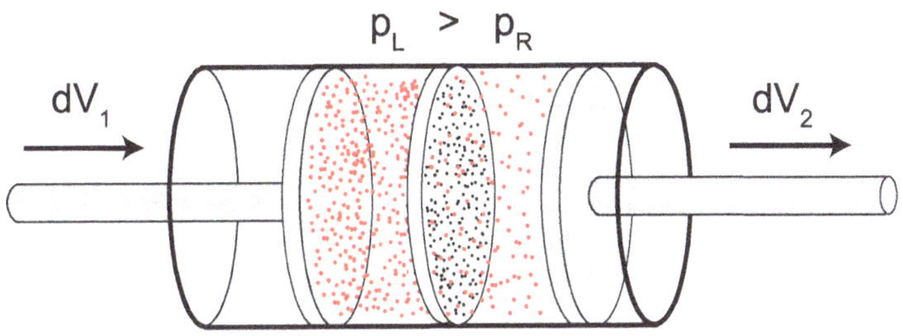

Abb. 9.15. Bei der JOULE-THOMSON-Expansion wird ein Gas bei konstantem Druck durch ein Drosselventil getrieben und auf der anderen Seite bei einem niedrigeren Druck wieder abgeführt. Die Drossel dient dazu, für die mit der Entspannung verbundene Entropiezunahme zu sorgen.

und erhalten damit

$$\frac{\partial T(\hat{e}, \hat{v})}{\partial \hat{v}} = -\frac{1}{\hat{c}_v}\frac{a}{\hat{v}^2} < 0\,.$$

Das VAN DER WAALS-Gas muss bei der GAY-LUSSAC-Expansion also stets abkühlen. Dies lässt sich im Teilchenmodell so erklären: Die zur Überwindung der anziehenden Wechselwirkung zwischen den Gasmolekülen erforderliche Energie kann bei einer isoenergetischen Expansion nur aus der mittleren kinetischen Energie $\langle \epsilon_{\text{kin}}(T) \rangle$ der Gasmoleküle stammen. Wenn $\langle \epsilon_{\text{kin}} \rangle$ abnimmt, so entspricht dies einer Abkühlung des Gases. Im Prinzip wäre es möglich, diesen Effekt zur Verflüssigung von Gasen zu nutzen. Wegen der Beschränkung auf die im Volumen eingeschlossene Stoffmenge ist dies in der Regel nicht praktikabel.

Eine kontinierliche Methode zur Verflüssigung beliebiger Gasmengen bietet der JOULE-THOMSON-*Prozess*, bei dem eine kontinuierliche Gasströmung durch ein *Drosselventil* entspannt wird. Eine entsprechende Anordnung, bei der der Injektions- und der Expansionsdruck konstant gehalten werden, ist in Abbildung 9.15 skizziert. Um die Drucke p_1 und p_2 konstant zu halten, müssen die Kolben entsprechend nachgeführt werden. Die Energie E_1 einer bestimmten, in V_1 enthaltenen Gasmenge ΔN hat sich nach dem Weg durch die Drossel geändert: Kolben 1 führt die Energiemenge $-p_1V_1$ zu, während Kolben 2 die Energiemenge $-p_2V_2$ abführt. Läuft der Prozess adiabatisch, das heißt findet kein Entropieaustausch mit der Umgebung statt, so beträgt die Energiemenge E_2 nach der Durchströmung der Drossel:

$$E_2 = E_1 + p_1V_1 - p_2V_2 \qquad \Longrightarrow \qquad H_1 = E_1 + p_1V_1 = E_2 + p_2V_2 = H_2$$

Das bedeutet, dass die *Enthalpie* $H = E + pV$ der Gasmenge ΔN vor und nach dem Durchströmen der Drossel dieselbe ist. Die Drossel im Strömungskanal bewirkt, dass das Gas durch die Energiezufuhr über Kolben 1 nicht beschleunigt wird, sondern die bei dem Druckabfall durch viskose Reibung freigesetzte Energie dissipiert, das heißt zur Erzeugung von Entropie aufgewandt wird. Bei diesem Prozess ist also $H(T, p, N) =$

const.[17] Um die erwartete Temperaturänderung des Gases bei einer solchen *isenthalper* Entspannung zu berechnen, gehen wir ähnlich wie bei der GAY-LUSSAC-Expansion vor und fordern für das Differenzial der molaren Enthalpie:

$$d\hat{h}(T,p) = T\,d\hat{s}(T,p) + \hat{v}(T,p)\,dp \overset{!}{=} 0\,.$$

Zunächst betrachten das Differenzial der Entropie

$$d\hat{s}(T,p) = \frac{\partial \hat{s}(T,p)}{\partial T}\,dT + \frac{\partial \hat{s}(T,p)}{\partial p}\,dp\,.$$

Mit Hilfe der MAXWELL-Relation

$$\frac{\partial \hat{s}(T,p)}{\partial T} = -\frac{\partial^2 \mu(T,p)}{\partial p \partial T} = -\frac{\partial^2 \mu(T,p)}{\partial T \partial p} = -\frac{\partial \hat{v}(T,p)}{\partial T}\,.$$

erhalten wir

$$d\hat{h}(T,p) = \hat{c}_p(T,p)\,dT + \left(\hat{v} - T\frac{\partial \hat{v}(T,p)}{\partial T}\right)dp \overset{!}{=} 0\,.$$

Der Quotient der beiden partiellen Ableitungen von $\hat{h}(T,p)$ liefert wegen Gl. A.3 und der Definition des thermischen Ausdehnungskoeffizienten β_p (Gl. 3.4) den JOULE-THOMSON-Koeffizienten:

!

$$B_{\mathrm{JT}}(T,p) = \frac{\partial T(\hat{h},p)}{\partial p} = \frac{\hat{v}}{\hat{c}_p}\left[T\beta_p(T,\hat{v}) - 1\right]\,. \tag{9.40}$$

Um zu sehen, in welchem Zustandsgebiet Abkühlung und in welchem Erwärmung auftritt, berechnen wir die *Inversionskurven*, auf denen B_{JT} verschwindet:

$$T_{\mathrm{I}} \cdot \beta_p(T_{\mathrm{I}},\hat{v}) = 1\,. \tag{9.41}$$

Die Inversionskurve trennt die Zustandsbereiche mit positivem und negativem JOULE-THOMSON-Koeffizienten voneinander. T_{I} ist die *Inversionstemperatur*. Wieder nach Gl. A.3 kann β_p über den Quotienten der beiden partiellen Ableitungen von $p(T,\hat{v})$ (Gl. 9.34) berechnet werden. Auf der Inversionskurve ist β_p für das reale und das ideale Gas identisch. Eliminieren wir mit Hilfe von Gl. 9.41 das Volumen aus der VAN DER WAALS-Gleichung 9.35, so erhalten wir für den Inversionsdruck $p_{\mathrm{I}}(T)$:

$$p_{\mathrm{I}}(T) = \frac{1}{b}\left(2\sqrt{\frac{2ak_{\mathrm{B}}T}{b}} - \frac{3}{2}k_{\mathrm{B}}T - \frac{a}{b}\right)\,. \tag{9.42}$$

---

17 Hinter dieser Tatsache steht die für thermisch isolierte Strömungen gültige BERNOULLI-Gleichung

$$h(\boldsymbol{r}) = e(\boldsymbol{r}) + p(\boldsymbol{r}) = \text{const.}\,,$$

wobei $h(\boldsymbol{r})$ die Enthalpiedichte und $e(\boldsymbol{r})$ die Energiedichte (einschließlich der kinetischen Energie der Strömung) entlang einer Stromlinie sind. Die BERNOULLI-Gleichung beschreibt die Energieerhaltung einer thermisch isolierten Strömung entlang einer Stromlinie.

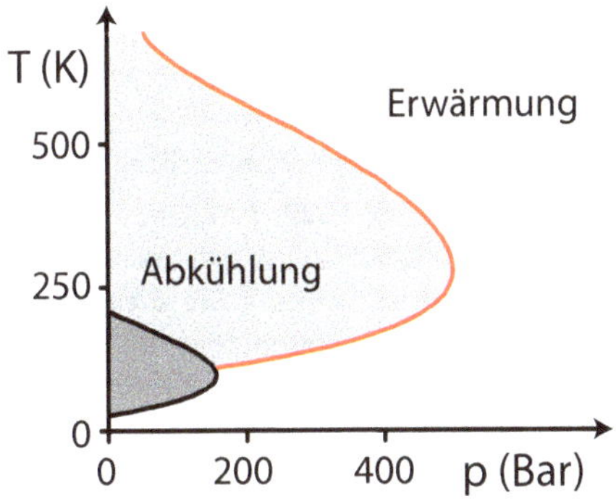

Abb. 9.16. Inversionskurven von Stickstoff (rot) und Wasserstoff (schwarz). Es gibt eine maximale (obere) Inversionstemperatur, aber auch einen maximalen Inversionsdruck, unterhalb derer die Abkühlung von Gasen durch den JOULE-THOMSON Prozess möglich ist. Leichte Gase, wie Wasserstoff und Helium, müssen erst auf andere Weise unter die Inversionstemperatur gekühlt werden, um durch den Expansionsprozess abzukühlen (nach [12]).

Die so berechnete Inversionskurve ist in Abbildung 9.16 für Stickstoff (N_2) und Wasserstoff Stickstoff (H_2) dargestellt. Wir erkennen, dass der JOULE-THOMSON-Koeffizient nur für Temperaturen zwischen der oberen und der unteren Inversionstemperatur positiv ist und damit eine isenthalpe Entspannung zu einer Temperatur*abnahme* führt. Bei höheren Temperaturen wird eine *Erwärmung* des Gases durch den Expansionsprozess erwartet und auch beobachtet. Der Unterschied zum (stets zur Abkühlung führenden) GAY-LUSSAC-Prozess ist, dass beim JOULE-THOMSON-Prozess dem Gas über den linken Kolben in Abbildung 9.15 Energie zugeführt wird. Bei der JOULE-THOMSON-Entspannung kann eine Abkühlung nur in den grau schattierten Bereichen in Abb.9.16 eintreten, wo der Energiebedarf zur Überwindung der Anziehungskräfte zwischen den Molekülen durch die Expansion des rechten Volumens die Energiezufuhr durch die Kompression des linken Volumens überwiegt.

Die Erwärmung ist für die leichten Gase H_2 und He besonders ausgeprägt, weil bei diesen die durch den Parameter a quantifizierte attraktive Komponente der Wechselwirkung besonders schwach ist. Letzteres liegt daran, dass die Stärke der VAN DER WAALS-Anziehung[18] proportional zur Zahl der Elektronen im Atom ist, während der Atomdurchmesser und damit das Eigenvolumen b der Atome (zumindest für die Edelgase) nicht stark variiert. Strömt Wasserstoff durch ein Leck in einer Hochdruckflasche

Tab. 9.5. Obere Inversionstemperaturen T_I und JOULE-THOMSON-Koeffizienten B_{JT} einiger Gase bei $T = 298$ K und $p = 10$ bar und 200 bar (Daten aus [11]).

Druck (bar)	–	Gas	^{4}He	H_2	N_2	Ar	CO_2
0	T_I	(K)	43	204	607	794	1275
10	B_{JT}	(K/bar)	−0.0622	−0.0303	0.2050	0.362	0.108
200	B_{JT}	(K/bar)	−0.0616	−0.0405	0.0716	0.163	0.0293

18 Die VAN DER WAALS-Anziehung hat ihren Ursprung in der Anziehung zwischen den quantenmechanisch fluktuierenden Dipolmomenten der Elektronenhülle und ist proportional zu $1/r^6$, wobei r der Abstand zwischen den Atomen ist.

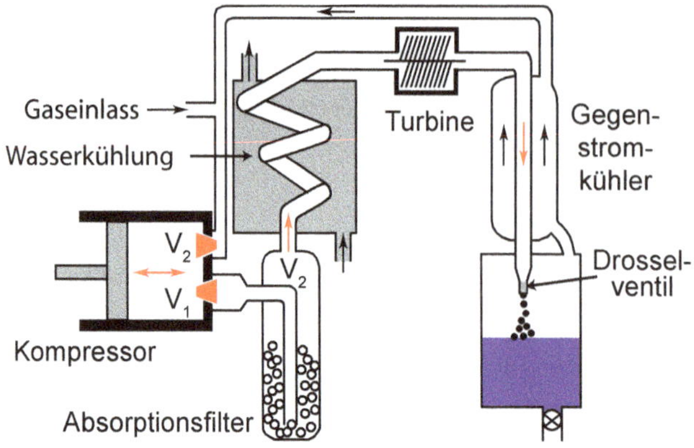

Abb. 9.17. LINDE-Verfahren zur Verflüssigung von Gasen. Die roten Pfeile bezeichnen das einströmende warme Gas, die schwarzen Pfeile das nicht verflüssigte und zur Vorkühlung verwendete kalte Gas (nach [6]).

(200 bar) aus, so kann die resultierende Temperaturerhöhung bis zur Selbstentzündung führen!

Die JOULE-THOMSON-Expansion wird in dem in Abb. 9.17 dargestellten LINDE-Verfahren ausgenutzt, um Gase zu verflüssigen. Das Gas wird zunächst komprimiert, wodurch es sich zunächst erwärmt. Dann wird es durch ein Molekularsieb von Verunreinigungen (vor allem Wasser) befreit und durch eine Wasserkühlung wieder auf Umgebungstemperatur gebracht. Danach wird es zur Vorkühlung zunächst in einer oder mehreren Turbinen adiabatisch entspannt und kühlt dabei ab. Sodann wird es durch einen Gegenstrom-Wärmetauscher geleitet, bis es sich bis kurz über den Siedepunkt abgekühlt hat, bevor es dann im Drosselventil durch den JOULE-THOMSON-Effekt vollständig entspannt und sich dabei teilweise verflüssigt. Auch der nicht verflüssigte Anteil des Gases ist sehr kalt und wird im Gegenstrom-Wärmetauscher zur Vorkühlung des einströmenden Gases verwandt, bevor es bei Zimmertemperatur neu komprimiert und wieder in den Kreislauf eingespeist wird.

9.7 Der Phasenübergang im VAN DER WAALS-Modell

9.7.1 Freie Energie und das chemische Potenzial

Für eine vollständige thermodynamische Beschreibung des VAN DER WAALS-Gases benötigen wir neben der thermischen Zustandsgleichung (Gl. 9.33) auch die kalorische Zustandsgleichung. Nehmen wir der Einfachheit halber an, dass die molare Wärmekapazität $\hat{c}_v = \varkappa k_B$ von T und $\hat{v}$ unabhängig ist, so erhalten wir wegen Gl. 9.38 für das Differenzial von $\hat{e}(T, \hat{v})$:

$$d\hat{e} = \varkappa k_B \, dT + \frac{a}{\hat{v}^2} \, d\hat{v}$$

und nach Integration:

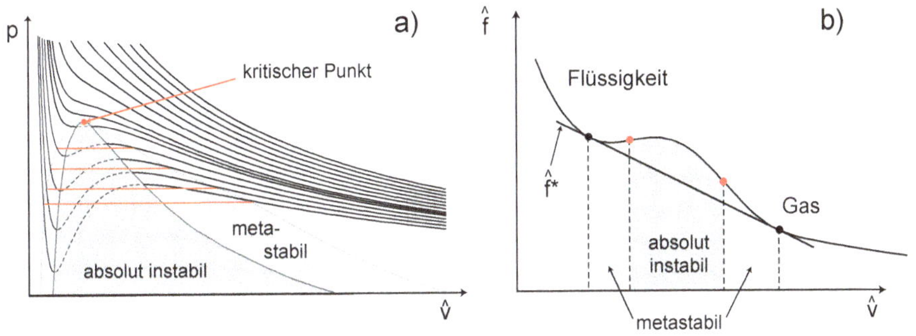

Abb. 9.18. a) pV-Isothermen des VAN DER WAALS-Gases. Der instabile Bereich der Isothermen ist gestrichelt. Das Instabilitätsgebiet endet am kritischen Punkt. Die horizontalen roten Linien entsprechen dem Gleichgewichts-Dampfdruck bei Phasenkoexistenz. b) Freie Energie als Funktion des Volumens bei fester Temperatur. Die Steigung der Tangente $\hat{f}^*$ entspricht dem Dampfdruck im Phasengleichgewicht. Der Zustandsbereich zwischen den Wendepunkten (rot) ist instabil. Die Zustände im Bereich zwischen den Tangential- und den Wendepunkten sind metastabil, das heißt dort ist die freie Energie der homogenen Zustände größer als die des Zweiphasenzustands.

$$\hat{e}(T,\hat{v}) = \hat{e}_0 + \varkappa k_B T - \frac{a}{\hat{v}} \qquad \text{kalorische Zustandsgleichung.} \tag{9.43}$$

!

Die Energie des VAN DER WAALS-Gases ist gegenüber dem idealen Gas um die Energie $a/\hat{v}$ der attraktiven Wechselwirkung zwischen den Gasmolekülen erniedrigt. Analog zu der Vorgehensweise beim idealen Gas in Abschnitt 6.2.1 erhalten wir mit Hilfe der thermischen Zustandsgleichung (Gl. 9.33) und der MAXWELL-Relation

$$\frac{\partial \hat{s}(T,\hat{v})}{\partial \hat{v}} = \frac{\partial p(T,\hat{v})}{\partial T}$$

zunächst das Differenzial

$$d\hat{s} = \frac{\varkappa k_B}{T}\, dT + \frac{k_B T}{\hat{v} - b}\, d\hat{v}$$

und schließlich durch Integration die molare Entropie des VAN DER WAALS-Gases:

$$\hat{s}(T,\hat{v}) = k_B \left\{ \ln\left[(\hat{v} - b) j T^{\varkappa} \right] + (\varkappa + 1) \right\} . \tag{9.44}$$

Dabei muss die chemische Konstante j mit der des idealen Gases identisch sein, weil ansonsten nicht die korrekten Werte der molaren Entropie im Grenzfall starker Verdünnung $\hat{v} \gg b$ reproduziert werden. Im realen Zustandsbereich ist die Entropie im Vergleich zu der des idealen Gases erniedrigt, weil das den Molekülen zugängliche Volumen um das Eigenvolumen Nb der Moleküle reduziert ist.

Mit $\hat{e}(T,\hat{v})$ und $\hat{s}(T,\hat{v})$ können wir jetzt die MASSIEU-GIBBS-Funktionen $\hat{f}(T,\hat{v})$ und $\mu(T,p)$ des VAN DER WAALS-Gases angeben. Zunächst betrachten wir die freie Energie:

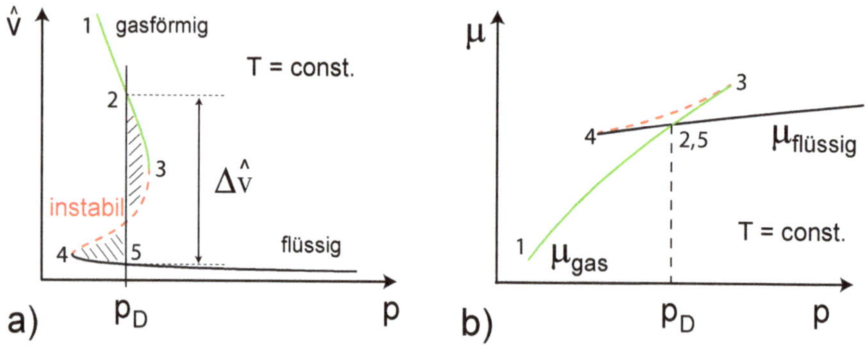

Abb. 9.19. Die Funktionen $\hat{v}(T,p)$ (a) und $\mu(T,p)$ (b) bei T = const. Die Zahlen 1–5 geben in beiden Diagrammen gleiche Zustände während eines Kompressionsprozesses an. Die schwarzen Kurven entsprechen den Zuständen der Flüssigkeit, die grünen denen des Gases. Die rot gezeichneten Linien sind absolut instabil.

!

$$\begin{aligned}\hat{f}(T,\hat{v}) &= \hat{e}(T,\hat{v}) - T\hat{s}(T,\hat{v}) \\ &= \hat{e}_0 - k_B T\,\left\{\ln\left[j(\hat{v}-b)T^{\varkappa}\right]+1\right\} - \frac{a}{\hat{v}}\,.\end{aligned} \tag{9.45}$$

Abbildung 9.18a zeigt, dass die pV-Isothermen unterhalb einer kritischen Temperatur T_k einen instabilen Bereich mit positiver Steigung aufweisen, in dem die Kompressibilität $\kappa_T \propto -(\partial p(T,\hat{v})/\partial\hat{v})^{-1}$ *negativ* ist. Dies sind genau die Wertebereiche $\{T,\hat{v}\}$, in denen nach Kapitel 7 keine räumlich homogenen Gleichgewichtszustände existieren können. Ähnlich wie im Fall der Mischungsinstabilitäten (Abschnitt 9.5) weist auch das VAN DER WAALS-Gas einen Dichtebereich auf, in dem keine homogene Phase existieren kann. Auf der kritischen Isothermen gibt es nur einen instabilen Punkt, den kritischen Punkt, an dem die Steigung der Isothermen und damit die Kompressibilität verschwindet. In Abbildung 9.18b ist die freie Energie nach Gl. 9.45 dargestellt. Im Zweiphasengebiet sind die Gleichgewichtswerte der freien Energie durch die mit $\hat{f}^*$ bezeichnete, von unten an die Kurve angelegte Tangente gegeben. Im Metastabilitätsgebiet sind zwar homogene Zustände möglich; diese entsprechen einer überhitzten Flüssigkeit oder einem unterkühlten Dampf und weisen eine gegenüber $\hat{f}^*$ erhöhte freie Energie auf. Bricht der metastabile Zustand zusammen, so wird die entsprechende F-Differenz schlagartig freigesetzt, wobei der Entropiebetrag $\Delta S = (F - F^*)/T$ erzeugt wird.

Um die qualitative Diskussion des Phasenübergangs in Abschnitt 9.3 auf der Basis der Zustandsgleichungen des VAN DER WAALS-Gases in quantitativer Form wieder aufzugreifen, betrachten wir das chemische Potenzial. Der einfachste Zugang zu $\mu(T,p)$

erfolgt über die Homogenitätsrelation Gl. 5.26:

$$\begin{aligned}\mu(T,p) &= \hat{e} - T\hat{s} + p\hat{v} = \hat{f} + p\hat{v} \\ &= \hat{e}_0 - k_B T\big[\ln\big(j\hat{v}(T,p) - b\big)T^{\varkappa}\big] - \frac{a}{\hat{v}(T,p)} + p\cdot\hat{v}(T,p)\,.\end{aligned} \tag{9.46}$$

Für die explizite Auswertung dieses Ausdrucks müssen wir die thermische Zustandsgleichung (Gl. 9.33) nach $\hat{v}$ auflösen. Allerdings ist der Verlauf von $p(T = \text{const.}, \hat{v})$ *nicht monoton*, was bedeutet, dass $\hat{v}(T,p)$ *mehrdeutig* ist. Diese Mehrdeutigkeit überträgt sich auch auf $\mu[T, \hat{v}(T,p)]$ und führt dazu, dass es zwei stabile Zweige von $\mu(T,p)$ mit $\kappa_T > 0$ sowie einen instabilen Zweig mit $\kappa_T < 0$ gibt. Die Mehrdeutigkeit ist in Abbildung 9.19 dargestellt und hat eine klare physikalische Interpretation:

Die beiden *stabilen* Zweige von $\mu[T, \hat{v}(T,p)]$ sind die MASSIEU-GIBBS-Funktionen der flüssigen und der Gasphase, wohingegen der *instabile* Zweig keinen realisierbaren Zuständen entspricht. **!**

Die chemischen Potenziale beider Phasen ergeben sich also direkt aus unserer Zustandsgleichung $\hat{v}(T,p)$:

$$\mu(T,p_A) \;=\; \mu(T,p_B) + \int_{p_B}^{p_A} \hat{v}(T,p)\,dp\,. \tag{9.47}$$

Erhöht man den Druck des Gases ausgehend von Zustand 1, so erreicht man bei Zustand 2 das chemische Gleichgewicht zwischen den beiden Phasen ($\mu_{\text{gas}} = \mu_{\text{flüssig}}$). Die folgenden Zustände bis Punkt 3 sind noch stabil, haben aber ein höheres chemisches Potenzial als die Flüssigkeit. Ist die Temperatur ausreichend hoch, so kann die Phasenumwandlung spontan einsetzen. Der metastabile Zustand bricht spätestens am Punkt 3 zusammen und es kondensiert so viel Gas, dass die chemische Potenziale μ_{gas} und $\mu_{\text{flüssig}}$ wieder gleich sind. Das Modell-System VAN DER WAALS-Gas reproduziert also die in Abschnitt 9.2 beschriebene Phänomenologie.

Wird das System bei $\mu_{\text{gas}} = \mu_{\text{flüssig}}$, das heißt unter Erhaltung des Gleichgewichts, weiter komprimiert, so bleibt der Druck konstant. Dabei ändert sich das Mengenverhältnis zugunsten der flüssigen Phase. Die dabei zuzuführende Energie muss zum Teil als „Kondensationswärme" zusammen mit der bei der Kondensation freiwerdenden Entropie an ein Wärmereservoir weitergegeben werden, da die molare Entropie des Gases *höher* als die der Flüssigkeit ist. Das Wärmereservoir sorgt für die Konstanz der Temperatur bei der Kondensation. Die Kondensation des Gases ist im Zustand 5 vollständig, danach steigt der Druck aufgrund der kleinen Kompressibilität der Flüssigkeit steil an. Die im $\{p, \hat{v}\}$-Diagramm ablesbare sprunghafte Änderung des Molvolumens bei $p = p_D(T)$ entspricht dem *Knick* von $\mu(T,p)$ am Gleichgewichtspunkt. Der Dampfdruck $p_D(T)$ ist durch den Schnittpunkt der beiden stabilen Zweige von $\mu(T,p)$ gegeben

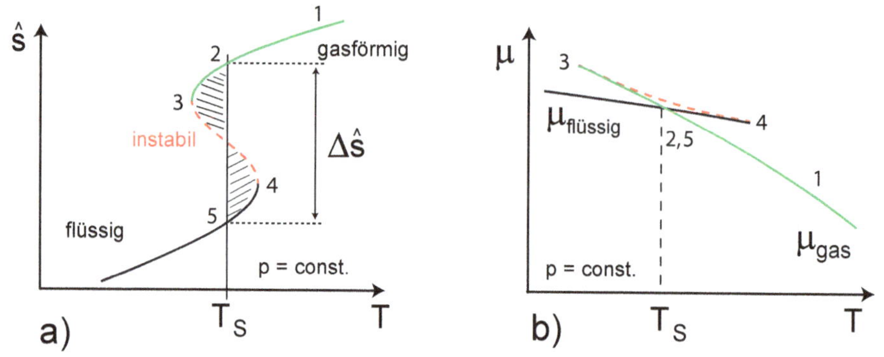

Abb. 9.20. Die Funktionen $\hat{s}(T, p)$ (a) und $\mu(T, p)$ (b) bei p = const. Die Zahlen 1–5 geben in beiden Diagrammen gleiche Zustände während eines Aufheizprozesses an. Die schwarzen Kurven entsprechen den Zuständen der Flüssigkeit, die grünen denen des Gases. Die rot gezeichneten Linien sind absolut instabil.

und durch die Gleichheit der schraffierten Flächen in Abb. 9.19a bestimmt (MAXWELL-Konstruktion). Dies folgt aus der Tatsache, dass die Integration von $\hat{v}(T, p)$ nach p in Gl. 9.47 zwischen den Zuständen 2 und 5 auf den Wert Null führt, weil diese Zustände bezüglich der Werte der intensiven Größen T, p, μ identisch sind und sich nur in den extensiven Größen unterscheiden.

Statt bei konstanter Temperatur zu komprimieren, kann die Kondensation auch dadurch durchgeführt werden, dass man bei konstantem Druck abkühlt. Die entsprechenden Diagramme für $\hat{s}(T, p)$ und $\mu(T, p)$ bei konstantem p sind in Abbildung 9.20 dargestellt. Die Mehrdeutigkeit in $\hat{v}(T, p)$ überträgt sich auch auf $\hat{s}(T, p)$. Abbildung 9.21a stellt eine Schar von Isobaren im $\{\hat{s}, T\}$-Diagramm dar. Die Siedetemperaturen $T_S(p)$ sind wieder durch die Gleichheit der chemischen Potenziale bei T_S und damit durch eine zu Abb. 9.19a analoge MAXWELL-Konstruktion bestimmt. Die sprunghafte Änderung $\Delta\hat{s}$ bei der Siedetemperatur entspricht der bei der Kondensation abzuführenden latenten Wärme $\hat{L}(T) = T\Delta\hat{s}$.

Ebenso wie die Flüssigkeit beim Erwärmen über den Gleichgewichtspunkt 5 hinaus *überhitzt* werden kann, bis sie spätestens am Punkt 4 „explodiert" (Siedeverzug), so kann sie beim Abkühlen über den Punkt 2 hinaus unterkühlt werden, bis sie spätestens am Punkt 3 „implodiert". Diese Verzögerung des Phasenübergangs nennt man *Hysterese*. Sie ist charakteristisch für Phasenübergänge 1. *Art*, ebenso wie die Koexistenz der Phasen und die Existenz eines Metastabilitätsgebiets zwischen den Punkten 2 und 3 beziehungsweise 5 und 4.

Abbildung 9.21a zeigt eine Schar von $\hat{s}(T, p)$ Isobaren. Bei Annäherung an den kritischen Punkt schrumpfen das Metastabilitätsgebiet und der rot markierte absolut instabile Bereich, bis die kritische Isobare $\hat{s}(T, p_k)$ am kritischen Punkt eine senkrechte Steigung annimmt. Die entsprechende divergente Wärmekapazität $\hat{c}_p(T, p)$ bildet das Gegenstück zu der Divergenz der Kompressibilität in Abb. 9.18a. Die Höhe der Sprünge

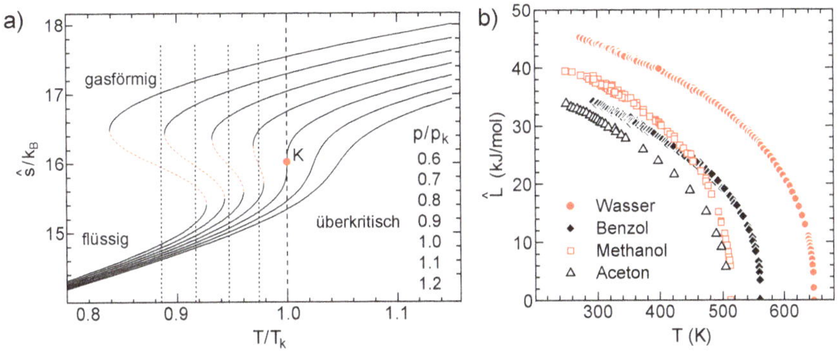

Abb. 9.21. a) Nach dem VAN DER WAALS-Modell berechnete *TS*-Isobaren eines realen Gases als Funktion der reduzierten Temperatur für verschiedene reduzierte Drucke. Die Siedetemperaturen (punktierte Linien) sind wieder durch die MAXWELL-Konstruktion bestimmt. Die instabilen Bereiche sind rot gestrichelt eingezeichnet. Die latente Wärme $\hat{L}$ und die Differenz der molaren Entropien zwischen dem flüssigen und dem gasförmigen Zweig verschwinden mit der Annäherung an den kritischen Punkt (K). Zur Berechnung wurde die chemische Konstante von Argon verwendet. b) Gemessene Verdampfungsenthalpien $\hat{L}$ verschiedener Stoffe als Funktion der Temperatur. Bei der kritischen Temperatur verschwindet $\hat{L}$ (nach Dortmunder Datenbank).

in $\hat{s}(T, p)$ liefert die latenten Wärmen, deren Temperaturabhängigkeit in Abb. 9.21b für verschiedene Stoffe dargestellt ist.

Für den Versuch, experimentell in das Metastabilitätsgebiet vorzustoßen, ist die Existenz der energetischen Barriere, das heißt des Maximums in der freien Energie in Abb. 9.18b, entscheidend. Sie verhindert den Übergang von dem metastabilen Einphasen-Zustand in den (absolut) stabilen Zweiphasen-Zustand. Bietet man dem System *Keime* für die Nukleation der stabilen Phase an, so erniedrigen diese die Barriere, ähnlich einem Katalysator bei chemischen Reaktionen. Will man das Metastabilitätsgebiet in der Praxis ausloten, so kommt es darauf an, Kondensationskeime zu vermeiden und insbesondere Staubpartikel und rauhe Oberflächen zu vermeiden.

9.7.2 Der kritische Punkt

Betrachten wir die VAN DER WAALS-Isothermen, so sehen wir, dass die Mehrdeutigkeit von $p(T, \hat{v})$ oberhalb einer gewissen Temperatur T_k verschwindet. Für einen gewissen Druck p_k hat die zu T_k gehörende *kritische* Isotherme $p(T_k, \hat{v})$ eine horizontale Tangente, die anzeigt, dass die Kompressibilität

$$\kappa_T(T_k, p_k) = -\left.\frac{1}{\hat{v}}\frac{\partial \hat{v}(T, p)}{\partial p}\right|_{T_k, p_k} = \infty$$

an diesem Punkt *divergiert*. Entsprechend der VAN DER WAALS-Gleichung gehört zu T_k und p_k auch ein kritisches Molvolumen $\hat{v}_k$ beziehungsweise eine kritische Dichte $n_k = 1/\hat{v}_k$.

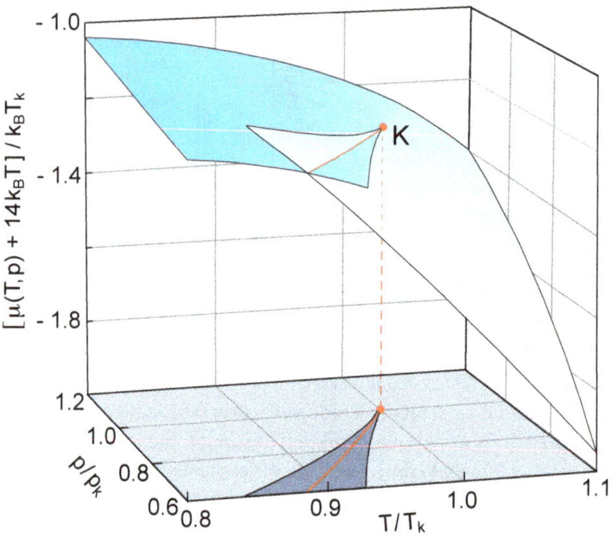

Abb. 9.22. Numerische Integration der VAN DER WAALS-Gleichung zur Berechnung der $\mu(T,p)$ darstellenden zweiblättrigen Fläche. Am kritischen Punkt (K) weist $\mu(T,p)$ einen *Windungspunkt* auf. Die Projektion der Schnittlinie zwischen den beiden stabilen Zweigen in die grau schattierte p, T-Ebene ist die Dampfdruckkurve $p_D(T)$. Die beiden metastabilen Zweige brechen an der Stabilitätsgrenze ab. Die Abbildungen 9.19 und 9.20 repräsentieren Schnitte parallel zur T- beziehungsweise p-Achse.

Den Zustand $\{T_k, p_k\}$ beziehungsweise $\{T_k, \hat{v}_k\}$ nennt man den *kritischen Punkt*. Bei Temperaturen $T > T_k$ zeigt das VAN DER WAALS-Gas keine Instabilität und damit keinen Phasenübergang. Entsprechend *endet* die Phasenkoexistenzlinie am kritischen Punkt. Ebenso verschwindet die Mehrdeutigkeit der $\mu(T,p)$-Fläche zusammen mit dem Metastabilitätsgebiet am kritischen Punkt. Der kritische Punkt ist ein *Windungspunkt* der $\mu(T,p)$-Fläche, die in Abbildung 9.22 dargestellt ist. Wir erhalten den kritischen Punkt aus der VAN DER WAALS-Gleichung mittels folgender Bedingungen:

$$\frac{\partial p(T,\hat{v})}{\partial \hat{v}} = -\frac{k_B T}{(\hat{v}-b)^2} + \frac{2a}{\hat{v}^3} \overset{!}{=} 0 \qquad \text{Stationarität,}$$

$$\frac{\partial^2 p(T,\hat{v})}{\partial \hat{v}} = \frac{2k_B T}{(\hat{v}-b)^3} - \frac{6a}{\hat{v}^4} \overset{!}{=} 0 \qquad \text{Wendepunkt.}$$

Zusammen mit der Zustandsgleichung $p(T,\hat{v})$ ergeben sich daraus die Koordinaten des kritischen Punktes:

!

$$\hat{v}_k = 3b, \quad p_k = \frac{1}{27}\frac{a}{b^2}, \quad k_B T_k = \frac{8}{27}\frac{a}{b} \,. \tag{9.48}$$

Die Größe

$$\sigma_k = \frac{p_k \hat{v}_k}{k_B T_k}$$

sollte nach dem VAN DER WAALS-Modell also für alle Gase denselben universellen Wert $\sigma_{\mathrm{vdW}} = 3/8 = 0.375$ haben. Tatsächlich hat σ_{k} für übliche Gase Werte zwischen 0.22 und 0.31 (Tabelle 9.4). Das zeigt an, dass das VAN DER WAALS-Modell die Wechselwirkung der Moleküle durch die beiden Parameter a und b zu grob modelliert, um die drei kritischen Größen T_{k}, p_{k} und $\hat{v}_{\mathrm{k}}$ für verschiedene reale Gase zu beschreiben. Darüber hinaus kommt die Variation des Molvolumens zwischen dem flüssigen Zustand fern vom kritischen Punkt $\hat{v} \simeq b$ und den kritischen Molvolumen ($\hat{v} = 3b$) im VAN DER WAALS-Modell deutlich zu groß heraus. Während die Struktur von Gas und Flüssigkeit am kritischen Punkt kaum zu unterscheiden ist, ähneln die thermodynamischen Eigenschaften der Flüssigkeiten fern von kritischen Punkt mehr denen der Festkörper (Abschnitt II-5.2.4).

Geht man von $p_{\mathrm{k}}, \hat{v}_{\mathrm{k}}$ und T_{k} als unabhängigen Systemparametern aus, so kann man die VAN DER WAALS-Gleichung durch die reduzierten Größen $\pi = p/p_{\mathrm{k}}, \phi = \hat{v}/\hat{v}_{\mathrm{k}}$ und $\theta = T/T_{\mathrm{k}}$ ausdrücken und erhält eine *reduzierte Zustandsgleichung*:

$$\pi(\theta, \phi) = \frac{\theta}{\sigma_{\mathrm{k}}(3\phi - 1)} - \frac{3}{\phi^2}\,, \tag{9.49}$$

die nur noch σ als einzigen dimensionslosen Systemparameter enthält. Das *Theorem der korrespondierenden Zustände* postuliert die universelle, das heißt die stoffunabhängige Gültigkeit der reduzierten Zustandsgleichung 9.49. Das Vorliegen eines solches universelles Verhaltens lässt sich am besten dadurch überprüfen, dass man die reduzierten Zustandsgleichungen für verschiedene Gase in dasselbe Diagramm einträgt. Als Maß für die Abweichung vom idealen Verhalten bietet sich der *Kompressionsfaktor*

$$Z := \frac{pV}{Nk_{\mathrm{B}}T}$$

an, der für ideale Gase den Wert eins hat. In Abbildung 9.23 sind die Kompressionsfaktoren für eine Reihe von Gasen für verschiedene Werte der reduzierten Temperatur als Funktion des reduzierten Drucks aufgetragen. Es handelt sich um eine Variation von Abb. 9.14 a), in der auch noch die für das ideale Gas lineare Temperaturabhängigkeit von $p\hat{v}$ herausdividiert wurde. Auf diese Weise bleiben nur noch Abweichungen vom idealen Verhalten übrig, die sehr deutlich die starke Reduktion des Kompressionsfaktors in der Nähe des kritischen Punktes zeigen.

Tatsächlich fallen die Messpunkte für die gezeigten Stoffe sehr klar auf die universellen, im Rahmen des VAN DER WAALS-Modells erwarteten universellen Kurven. Stoffe mit nicht zu leichten Molekülen mit der VAN DER WAALS-Wechselwirkung, beispielsweise Ne, Kr, O_2, N_2, CO oder die leichten Kohlenwasserstoffe, werden durch die VAN DER WAALS-Gleichung gut beschrieben. Bei Stoffen mit Wasserstoffbrückenbindungen oder stark von der Kugelform abweichenden Molekülen liefert das VAN DER WAALS-Modell jedoch keine quantitativ richtigen Ergebnisse. Trotz aller Schwächen erlaubt das VAN DER WAALS-Modell ein prinzipielles Verständnis des Phasenübergangs zwischen Gas und Flüssigkeit. Die experimentelle Überprüfung des durch die VAN DER WAALS-Theorie

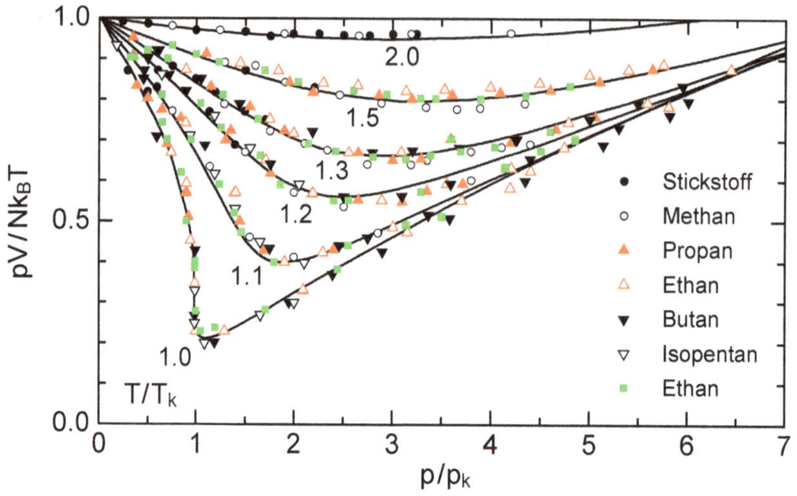

Abb. 9.23. a) Illustration des Theorems der korrespondierenden Zustände durch das universelle Verhalten des Kompressionsfaktors pV/Nk_BT verschiedener Gase als Funktion des reduzierten Drucks. Die verschiedenen Kurven entsprechen verschiedenen Werten der reduzierten Temperatur. Die Daten für die gezeigten Gase fallen mit der Erwartungen nach der VAN DER WAALS-Gleichung (Kurven nach Gl. 9.33) zusammen (nach [12]).

nahegelegten universellen Verhaltens realer Gase war historisch eine entscheidende Motivation, die bei der Verflüssigung der sogenannten „permanenten" Gase Wasserstoff und Helium (deren Inversionstemperatur weit unterhalb von 300 K liegt) auftretenden Schwierigkeiten zu überwinden.

Der Phasenübergang des realen Gases zeigt ein weiteres universelles Phänomen: Bei Annäherung an den kritischen Punkt wachsen die Suszeptibilitäten κ_T und $\hat{c}_p$ über alle Grenzen, während sich $\hat{v}$ und $\hat{s}$ (genauer die Mittelwerte $\langle\hat{v}\rangle$ und $\langle\hat{s}\rangle$, Abb. 9.19, 9.21) stetig verhalten. Dies sind die Signaturen eines *Phasenübergangs 2. Art*. Die Divergenz der Suszeptibilitäten äußert sich darin, dass das System starke thermische Schwankungen, das heißt starke Fluktuationen der lokalen Werte der Dichten n und s zeigt. Diese Schwankungen zeigen sich in der Lichtstreuung in der Nähe des kritischen Punktes.

In dem in Abb. 9.24 gezeigten Experiment wird eine Messzelle, in der sich Schwefelhexafluorid (SF_6) bei der kritischen Dichte ($\hat{v}_c = 197.4\,\mathrm{cm}^3/\mathrm{mol}$, $p_c = 3.76\,\mathrm{bar}$, $T_c = 45.5\,^\circ\mathrm{C}$) befindet, mit weißem Licht durchleuchtet. Oberhalb der kritischen Temperatur ist das überkritische Fluid räumlich homogen (Abb. 9.24a) – es gibt nur eine Phase. Bei Annäherung an den kritischen Punkt macht sich der Anstieg der isothermen Kompressibilität κ_T in Dichteschwankungen bemerkbar (Abb. 9.24b).[19] Die Dichteschwankungen sind Vorboten der kommenden Instabilität und verursachen Lichtstreuung an den mit den Dichteschwankungen korrelierten Schwankungen des Brechungsindex.

19 Hier nehmen wir Gl. II-4.18 aus Abschnitt II-4.2 vorweg.

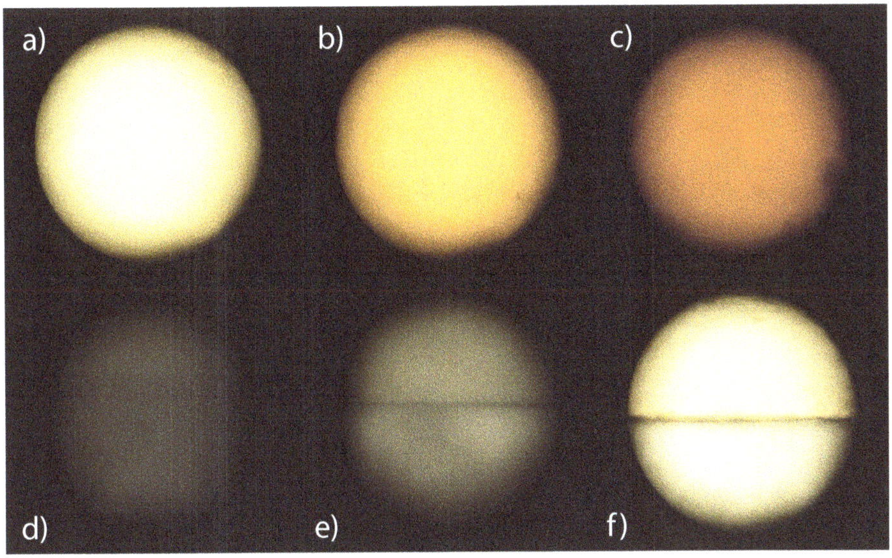

Abb. 9.24. Kritische Opaleszenz von SF_6 bei von a)-f) abnehmender Temperatur. Für $T \gg T_c$ a) und $T \ll T_c$ f) ist das Gas farblos. Bei abnehmender Temperatur treten in der Nähe des kritischen Punktes c),d) starke Fluktuationen der Teilchendichte auf. Die Dichtefluktuationen verursachen RAYLEIGH-Streuung (Text). Wird die Korrelationslänge der Schwankungen mit der Wellenlänge des Lichtes vergleichbar, tritt eine zunehmende Rotfärbung wegen der stärkeren Streuung der blauen Anteile des Spektrums auf b),c). Unterhalb T_c wird die Phasengrenze zwischen Gas und Flüssigkeit sichtbar d)–f).

Diese Lichtstreuung ist RAYLEIGH-Streuung, und ihre Intensität wächst gemäß der Abstrahlcharakteristik eines HERTZ'schen Dipols mit ω^4, sodass blaues Licht stärker gestreut wird als rotes.[20] Dies führt zu einer intensiven Rotfärbung des transmittierten Lichts (Abb. 9.24c). Sehr nahe am kritischen Punkt ist die Streuung so stark, dass fast kein Licht transmittiert und das Fluid undurchsichtig wird (*kritische Opaleszenz*). Unterhalb des kritischen Punktes führt die Instabilität des überkritischen Fluids zur Bildung von über das ganze Volumen verteilten Gasblasen. Die Blasen brechen das Licht stark, ihre Abmessungen sind aber wesentlich größer als die Wellenlänge des Lichts. Deshalb ist die Rotfärbung bei dieser Temperatur verschwunden (Abb. 9.24d). Das Zwei-Phasengemisch trennt sich wegen des geringen Unterschieds der Massendichten von Gas und Flüssigkeit nur langsam. Zuerst erscheint die Phasengrenze (Abb. 9.24e), bevor die gasförmige und die flüssige Phase wieder räumlich homogen und transparent werden (Abb. 9.24f).

Die experimentellen und theoretischen Untersuchungen der Suszeptibilitäten in der Nähe von Phasenübergängen 2. Art hat in den 1970er und 80er Jahren gezeigt, dass diese in der Nähe des kritischen Punktes nach Potenzgesetzen von Typ $\chi(T) \sim (T - T_k)^\gamma$

20 Dieselbe Frequenzcharakteristik der RAYLEIGH-Streuung ist für das Himmelsblau und die Rotfärbung des Sonnenlichts bei Sonnenauf- und untergang verantwortlich.

divergieren, wobei für die Exponenten γ für sehr viele verschiedene Phasenübergänge 2. Art nur ganz wenige Werte von γ gefunden wurden. Offenbar zerfallen die beobachteten Phasenübergänge in wenige *Universalitätsklassen*, innerhalb derer die *kritischen Exponenten* γ unabhängig von der Art und Stärke der Wechselwirkung und anderen mikroskopischen Details sind. Derart universelle Eigenschaften sind unter dem Namen *kritisches Verhalten* bekannt geworden, weil die Universalität nur in der unmittelbaren Nähe des kritischen Punktes vorliegt.

Übungsaufgaben

9.1. TROUTON'sche Regel

Bei vielen Stoffen beträgt die Verdampfungsentropie in etwa $\Delta\hat{s}_V \approx 7R$. Begründen Sie diese Regel. Nützen Sie dabei aus, dass die Teilchendichte im flüssigen Zustand typischerweise 1000 mal größer als im Gaszustand ist. Unter welchen Umständen ist die Differenz der Entropien eines VAN DER WAALS-Gases und eines idealen Gases vernachlässigbar?

9.2. Dampfdrucktopf

Wir betrachten einen offenen Dampfdrucktopf mit bei Atmosphärendruck kochendem Wasser. Nach Schließen des Deckels steigen die Temperatur und der Druck bis das Überdruckventil bei Erreichen des Betriebsdrucks von 2.2 bar öffnet, und den Druck trotz weiterer Energiezufuhr konstant hält. Der Wasserdampf kann unter diesen Bedingungen als ideales Gas angesehen werden. Die molare Verdampfungsenthalpie beträgt $\hat{\mathcal{L}}_{H_2O} = 40.7\,\mathrm{kJ/mol}$ bei 100°C.

a) Wie groß ist die beim Betriebsdruck vorliegende Temperatur, wenn die Gasphase im Topf beim Verschließen des Deckels ausschließlich aus Wasserdampf besteht?

b) Wie groß ist die Temperatur beim Erreichen des Betriebsdrucks, wenn der Topf bereits bei Zimmertemperatur verschlossen, und daher Luft mit einem Partialdruck von etwa 1 bar enthält?

c) Die Reaktionsgeschwindigkeiten Γ_R der beim Kochen ablaufenden Reaktionen sind üblicherweise durch ein AHRRENIUS-Gesetz

$$\Gamma_R(T) \propto \exp\left(-\frac{E_A}{k_B T}\right)$$

bestimmt, wobei E_A die Aktivierungsenergie der Reaktion ist. Berechnen den Faktor, um den sich die Kochzeiten in (a) und (b) jeweils verkürzen.

Hinweis: Überlegen Sie zunächst, welcher Gesamtdruck im Phasengleichgewicht herrschen muss und benutzen Sie die Lösung der CLAUSIUS-CLAPEYRON-Gleichung (Gl .9.4).

9.3. Phasendiagramm von Ammoniak

In der Nähe des Tripelpunkts sind die Dampfdruck-Kurven von flüssigem und festem Ammoniak durch die Beziehungen

$$\ln p_V(T) = 24.38 - 3063/T \quad \text{und} \quad \ln p_S(T) = 27.92 - 3754/T$$

gegeben, wobei p in Pa und T in K gemessen werden. Berechnen Sie den Druck und die Temperatur am Tripelpunkt. Wie groß sind die Sublimations- und Verdampfungsenthalpien sowie die Schmelzenthalpie am Tripelpunkt?

9.4. Latente Wärme und Temperaturausgleich

Zwei Liter Wasser mit einer Anfangstemperatur von 20°C werden in einen Behälter aus Kupfer ($M = 1.5$ kg), welcher eine Temperatur von 150°C besitzt, langsam eingegossen.

a) Berechnen Sie die Wassermenge, die verdampft, bevor der Kupfertopf auf 100°C abgekühlt ist.

b) Bei welcher Temperatur kommen das übriges Wasser und der Topf ins thermische Gleichgewicht?

Hinweis: $\tilde{c}_{H_2O} = 4.184$ kJ/(kg·K), $\hat{c}_{Cu} = 3k_B$, $\hat{m}_{H_2O} = 18.02\,u$, $\hat{m}_{Cu} = 63.55\,u$, $\hat{L}_{H_2O} = 41.0$ kJ/mol.

9.5. Taupunkt und die Kondensation von Wasser

Die relative Luftfeuchtigkeit $\phi(T) = p_{H_2O}/p_D(T)$ (p_{H_2O} ist der H_2O Partialdruck) soll durch isobare Abkühlung und die Kondensation von Wasser am Taupunkt [$p_{H_2O} = p_D(T)$] reduziert werden.

a) Wie groß ist der H_2O Partialdruck, wenn die relative Luftfeuchtigkeit bei 310 K 80% beträgt [ϕ(310 K)=0.8] ? Der Dampfdruck am Tripelpunkt beträgt 612 Pa.

b) Die Luft soll mit einer idealen CARNOT-Maschine bis zum Taupunkt abgekühlt werden. Am Taupunkt muss die Verdampfungsentropie abgeführt werden, um den H_2O-Dampf zu kondensieren. Wie weit muss die Luft abgekühlt werden und wieviel Energie ist erforderlich, um den Wasserdampfgehalt von einen Kubikmeter feuchter Luft auf 1/3 zu reduzieren?

c) Benutzen Sie die Resultate in a), um abzuschätzen wie tief die Temperatur T_{Nacht} in einer Wüstennacht absinken muss, um zur Taubildung zu führen. Nehmen Sie an, dass am Tag bei einer Temperatur $T_{\text{Tag}} = 42$°C die relative Luftfeuchtigkeit $\phi = 0.2$ beträgt.

9.6. Dampfdruck kleiner Tropfen und Blasen

Die Oberflächenspannung σ liefert einen zusätzlichen Beitrag zur GIBBS'schen Fundamentalform eines Flüssigkeitstropfens:

$$dE = TdS - pdV + \sigma dA + \mu dN\,.$$

Bei konstantem T und N wird der Tropfen seine freie Energie minimieren, indem er (im freien Fall) eine Kugelgestalt mit dem Radius $r = (4\pi/3N\hat{v}_{\text{fl}})^{1/3}$ annimmt, bei der die Oberfläche A bei konstantem V minimal ist. Im Deformationsgleichgewicht sind also V und A keine unabhängigen Variablen.

a) Zeigen Sie, dass die Oberflächenspannung zu einer Erhöhung des Innendruck p_i des Tropfens im Vergleich zum Aussendruck p_a führt:

$$p_i = p_a + \frac{2\sigma}{r} \qquad \text{YOUNG-LAPLACE-Gleichung} .$$

b) Wie hängt das chemische Potenzial des Tropfens von r ab, und was bedeutet dies für das Verdampfungsgleichgewicht?

c) Skizzieren Sie $\mu_{\text{g}}^{\circ}(p_{\text{D}})$ und $\mu_{\text{fl}}^{\circ}(T^{\circ}, p^{\circ}, r)$ für $\mu_{\text{g}}^{\circ} - \mu_{\text{fl}}^{\circ} > 0$ Bestimmen Sie den kritischen Tropfenradius, unterhalb dessen keine Kondensation mehr möglich ist.

d) Berechnen Sie damit das Verhältnis der Dampfdrucke eines Tropfens mit dem Radius r und einer ebenen Flüssigkeitsoberfläche.

e) Wie groß ist $p_D(T^{\circ}, r)/p_D(T^{\circ}, r = \infty)$ für einen Tropfen Quecksilber mit $r = 10\,\text{nm}$, mit $\sigma_{\text{Hg}} = 0.4855\,\text{N/m}$ und $m_{\text{fl}} = 13.6\,\text{g/cm}^3$?

f) Berechnen Sie den Dampfdruck von Quecksilber als Funktion von T und $\mu_{\text{fl}}(T, p)$, indem Sie $\mu_{\text{g}}(T, p)$ nach p auflösen und ausnutzen, dass im Phasengleichgewicht $\mu_{\text{g}}(T, p) = \mu_{\text{fl}}(T, p)$. Wie groß ist $p_D(T^{\circ})$ wenn $\mu_{\text{g}}^{\circ} - \mu_{\text{fl}}^{\circ} = 32.46\,\text{kJ/mol}$?

9.7. Sublimationsgleichgewicht bei $T \to 0$

Wie verhalten sich das Molvolumen und die molare Entropie eines einatomigen Gases im Sublimations-Gleichgewicht bei Annäherung an den absoluten Nullpunkt. Ist das Ergebnis mit dem 3. Hauptsatz verträglich? Kann das Gas auch bei sehr tiefen Temperaturen als ideal angesehen werden?

9.8. Löslichkeit von Stickstoff in Wasser

Ein Taucher mit einem Gewicht von 70 kg verfügt über ein Blutvolumen von 5 ℓ. Die HENRY-Konstante von Stickstoff in Wasser beträgt 90.4 kbar bei 298 K (Tabelle 9.2). Nehmen Sie für die Massendichte des Blutes 1.00 kg/ℓ an.

a) Berechnen Sie die Menge (in mol) an Stickstoff, die sich bei $p = 1\,\text{bar}$ und $p = 50\,\text{bar}$ (entsprechend 50 m Wassertiefe) und einem N_2-Gehalt der Luft von 77 % im Blut löst.

b) Berechnen Sie die entsprechenden Werte des chemischen Potenzials von N_2 in Wasser unter der Annahme, dass N_2 in der Gasphase sich auch bei 50 bar wie ein ideales Gas verhält. Wie groß sind die zugehörigen Aktivitätskoeffizienten γ_{N_2} von Stickstoff in Wasser?

c) Welches Volumen von N_2 wird in Form von Blasen im Blut freigesetzt, wenn der Taucher plötzlich gezwungen wird von 50 m Wassertiefe aufzutauchen (CAISSON-Krankheit)?

d) Warum tritt dieses Problem bei Helium und bei Sauerstoff nicht auf?

9.9. Thermischer Ausdehnungskoeffizient
Berechnen Sie den thermischen Ausdehnungskoeffizienten $\beta_p(T, \hat{v})$ des VAN DER WAALS-Gases.
Hinweis: Gehen Sie von Gl. 9.33 aus, und benutzen Sie die Rechenregeln für partielle Ableitungen.

9.10. Inversionskurve

a) Berechnen Sie aus den Gleichungen 9.34 und 9.41 die Inversionskurve des VAN DER WAALS-Gases (Gl. 9.42).

b) Berechnen Sie die obere und untere Inversionstemperatur bei $p = 0$ sowie T_I und p_I für das Maximum der Inversionskurve.

c) Berechnen Sie mit den Werten aus Tabelle 9.4 die obere und untere Inversionstemperatur für Stickstoff, Wasserstoff und Helium.
Hinweis: Benutzen Sie für (a) das Ergebnis von Aufgabe 9.9 und in (b) die Form 9.35 der Zustandsgleichung.

9.11. Energie und GIBBS'sche Fundamentalform in reduzierten Variablen
Schreiben Sie das VAN DER WAALS-Modell auf die reduzierten (dimensionslosen) Variablen $\pi = p/p_\mathrm{k}$, $\phi = \hat{v}/\hat{v}_\mathrm{k}$, $\theta = T/T_\mathrm{k}$, $\varepsilon = \hat{e}/(k_\mathrm{B}T_\mathrm{k})$, und $\sigma = \hat{s}/k_\mathrm{B}$ um.

a) Bringen Sie zunächst die molare Energie $\hat{e}(T, \hat{v})$ auf die dimensionslose Form $\varepsilon(\theta, \phi) = \hat{e}/k_\mathrm{B}T_\mathrm{k}$.

b) Schreiben Sie die Entropie $\sigma(\theta, \phi) = \hat{s}/k_\mathrm{B}$ auf die reduzierten Variablen um.

c) Formulieren Sie auf dieser Basis die reduzierte GIBBS'sche Fundamentalform in den reduzierten Variablen $\{\sigma, \phi\}$

9.12. Kritisches Verhalten

a) Zeigen Sie, dass die reduzierte Zustandsgleichung (Gl. 9.49 mit $\sigma_\mathrm{k} = 3/8$) in der Nähe des kritischen Punktes auf die Form

$$\hat{\pi}(\tau, \hat{\phi}) = -\frac{2}{3}\hat{\phi}^3 + \tau(4 + 6\hat{\phi} + 9\hat{\phi}^2 + \dots) + \dots$$

gebracht werden kann, wobei die Variablen $\hat{\pi} = \pi - 1$, $\hat{\phi} = \phi - 1$ und $\tau = \theta - 1$ die Entfernung zum kritischen Punkt messen. Skizzieren Sie $\hat{\pi}(\tau, \hat{\phi})$ am und in der Umgebung des kritischen Punktes.
Hinweis: Entwickeln Sie $\hat{\pi}(\tau, \hat{\phi})$ um den kritischen Punkt bis zur 3. Ordnung in eine TAYLOR-Reihe in $\hat{\phi}$.

b) Der in a) resultierende Ausdruck ist näherungsweise antisymmetrisch in $\hat{\phi}$. Benutzen Sie diese Tatsache, um eine Näherungsformel für die Dampfdruckkurve $\hat{\pi}_D(\tau)$ abzuleiten. Wie groß ist die Steigung von $\hat{\pi}_D(\tau)$ am kritischen Punkt?

c) Zeigen Sie, dass die Differenz der reduzierten Volumina die Form $\hat{\phi}_\mathrm{g} - \hat{\phi}_\mathrm{fl} \propto (-\tau)^\beta$ hat.

d) Berechnen Sie mit Hilfe der obigen Resultate die τ-Abhängigkeit der latenten Wärme und vergleichen Sie mit den experimentellen Resultaten in Abb. 9.21b.

e) Überzeugen Sie sich, dass $\hat{\pi}(\tau, \hat{\phi})$ für $\tau = 0$ die Form $\hat{\pi} \propto \hat{\phi}^{\delta}$ hat, und geben Sie δ an.

f) Zeigen Sie, dass die Kompressibilität in der Nähe des kritischen Punktes divergiert:

$$\kappa_T(\tau, \hat{\phi}) \propto \tau^{\gamma} ,$$

und bestimmen Sie γ für $\tau \to 0_{\pm}$ oberhalb und unterhalb des kritischen Punktes. *Hinweis*: Berechnen Sie zunächst κ_T^{-1}.

Die Exponenten β, γ und δ nennt man die *kritischen Exponenten*. Die Resultate haben große Ähnlichkeit mit denen am Ende von Abschnitt II-2.7. Dies ist kein Zufall, sondern ein Beispiel der Universalität des kritischen Verhaltens in der Nähe von Phasenübergängen 2. Ordnung.

A Differenzialrechnung im $\mathbb{R}^n$

Unter dem *Differenzial* einer Funktion $f = f(x)$ einer rellen Veränderlichen x verstehen wir [1]

$$df = \frac{df(x)}{dx}\,dx\,,$$

wobei $df(x)/dx$ die Ableitung von $f(x)$ nach x und dx eine im Prinzip beliebige, meist aber kleine Zahl ist. Das Differenzial df beschreibt (in linearer Näherung) die Änderung von f in der Nähe des Punktes x_0:

$$f(x_0 + dx) - f(x_0) = df + \cdots = \left.\frac{df(x)}{dx}\right|_{x_0} dx\,.$$

Die Ableitung $f'(x_0) = df(x)/dx$ von f nach x gibt die Steigung der Funktion $f(x)$ an der Stelle x_0 an.

Diese Sachverhalte lassen sich auf Funktionen mehrerer Veränderlicher übertragen. Die Ableitung einer skalaren Funktion ist kein Skalar, sondern der *Vektor*, dessen Komponenten durch die partiellen Ableitungen gegeben sind. Ist eine Funktion $f = f(x, y)$ der beiden Variablen x, y gegeben, so wird deren Ableitung auch als der *Gradient* von f bezeichnet und lautet:

$$\boldsymbol{f}'(x, y) = \begin{pmatrix} \dfrac{\partial f(x, y)}{\partial x} \\ \dfrac{\partial f(x, y)}{\partial y} \end{pmatrix} = \operatorname{grad} f(x, y)$$

Bei der Ausführung einer partiellen Ableitung nach einer Variablen (zum Beispiel x) sind die übrigen Variablen als konstant anzusehen.

Die Änderungen von f durch eine Änderung der unabhängigen Variablen werden in linearer Näherung durch das *totale Differenzial*

$$df = \frac{\partial f}{\partial x}dx + \frac{\partial f}{\partial y}dy \simeq f(x_0 + dx, y_0 + dy) - f(x_0, y_0)$$

gegeben; hierbei sind die partiellen Ableitungen jeweils an der Stelle (x_0, y_0) zu nehmen. Die Funktion $f(x, y)$ und ihr totales Differenzial ist in Abb. A.1 dargestellt. Der Gradient zeigt in Richtung des stärksten Anstiegs von f über der x, y-Ebene.

1 Wir benutzen hier eine in der Physik übliche Bezeichnungsweise, die in gewissem Sinne zweideutig ist: f bezeichnet sowohl den Funktionswert als auch die Rechenvorschrift, um f aus x und y zu erhalten. In mathematischen Texten wird diese Zweideutigkeit durch eine Definition der Art $f = g(x)$ vermieden.

https://doi.org/10.1515/9783110560220-391

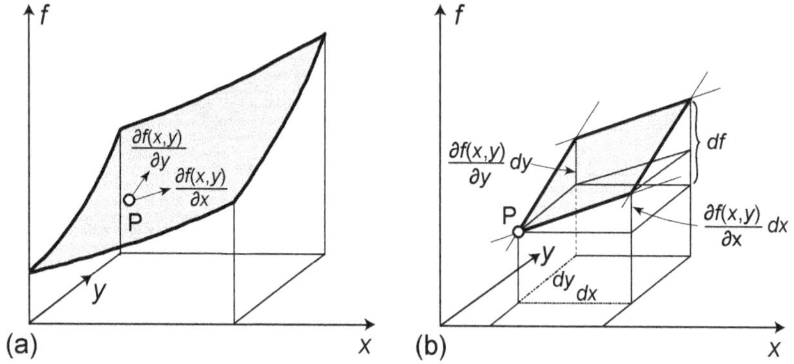

Abb. A.1. a) Die graue Fläche stellt die Funktion $f(x, y)$ über der $\{x, y\}$-Ebene dar. Die partiellen Ableitungen geben die Steigungen in x- und y-Richtung an. b) Das totale Differenzial stellt die Summe der Änderungen von $f(x, y)$ in den beiden Raumrichtungen dar.

Zwischen den partiellen Ableitungen zweier Funktionen $f(x, y)$ und $z(x, y)$ bestehen eine Reihe von nützlichen Beziehungen, die in der Thermodynamik oft verwendet werden:

$$\frac{\partial f(x,y)}{\partial y} = \frac{\partial f(x,z)}{\partial z} \cdot \frac{\partial z(x,y)}{\partial y} \quad \text{(Kettenregel)} \tag{A.1}$$

$$\frac{\partial f(x,y)}{\partial x} = \frac{\partial f(x,z)}{\partial x} + \frac{\partial f(x,z)}{\partial z} \cdot \frac{\partial z(x,y)}{\partial x} \tag{A.2}$$

$$\frac{\partial f(x,y)}{\partial x} = -\frac{\partial f(x,y)}{\partial y} \cdot \frac{\partial y(x,f)}{\partial x} \tag{A.3}$$

$$\frac{\partial f(x,y)}{\partial y} = \frac{1}{\frac{\partial y(x,f)}{\partial f}} \tag{A.4}$$

B Wahrscheinlichkeiten und Wahrscheinlichkeitsdichten

Wahrscheinlichkeiten:
Messreihen werden in der Physik dadurch gebildet, dass eine gewisse Einzelmessung unter identischen Bedingungen vielfach wiederholt wird. In vielen Fällen resultiert dabei nicht immer derselbe Messwert, sondern die Messwerte zeigen eine gewisse statistische *Streuung*. Dabei ist charakteristisch, dass das Resultat der nächsten Einzelmessung (in der Wahrscheinlichkeitsrechnung spricht man auch von einem *Ereignis*) nicht mit Sicherheit, sondern nur mit einer gewissen Wahrscheinlichkeit vorhergesagt werden kann.

Enthält eine Messreihe n Einzelmessungen (Ereignisse) einer Größe X, von bei denen n_i-mal das Resultat x_i auftritt, definiert die relative Häufigkeit

$$w_i := \frac{n_i}{n} > 0$$

die *Wahrscheinlichkeit*, mit welcher der Messwert x_i unter den Einzelmessungen zu finden ist. Die Gesamtheit der Wahrscheinlichkeiten w_i für alle möglichen Resultate x_i der Einzelmessungen nennt man die *Wahrscheinlichkeitsverteilung* der x_i. Bei einer endlichen und diskreten (quantisierten) Verteilung der x_i können nur m verschiedene Werte x_I auftreten. Die Definition der w_i beinhaltet die *Normierung*

$$\sum_{i=1}^{m} w_i \;=\; 1 \tag{B.1}$$

der Wahrscheinlichkeitsverteilung. Die Wahrscheinlichkeiten w_i bestimmen den *Mittelwert* (der auch *Erwartungswert* genannt wird) :

$$\langle X \rangle \;:=\; \sum_{i=1}^{m} w_i\, X_i \tag{B.2}$$

und die *quadratische Streuung* (die auch *Varianz* genannt wird) :

$$\sigma_X = (\Delta X)^2 = \left\langle\, (X - \langle X \rangle)^2 \,\right\rangle = \langle X^2 \rangle - \langle X \rangle^2 \geq 0 \tag{B.3}$$

des Messgröße X. Die *Streuung* $\Delta X = \sqrt{\sigma_X}$ wird auch die *Unschärfe* oder die *Standardabweichung* von X für eine gegebene Wahrscheinlichkeitsverteilung genannt.
Allgemein heißen Mittelwerte vom Typ

$$\left\langle X^r \right\rangle := \sum_i w_i\, (x_i)^r \tag{B.4}$$

die r-ten *Momente* der Verteilung. Allgemein ist der Mittelwert von Funktionen $f(X)$ der Größe X durch

$$\left\langle f(X) \right\rangle = \sum_i w_i\, f(x_i) \tag{B.5}$$

https://doi.org/10.1515/9783110560220-393

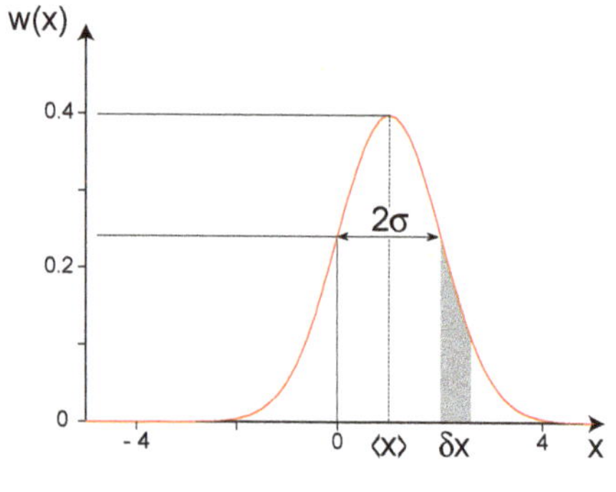

Abb. B.1. Wahrscheinlichkeitsdichte $w(x)$ einer GAUSS-Verteilung mit $\langle x\rangle = \sigma = 1$. Die Fläche unter der roten Kurve ist auf 1 normiert.

gegeben. Die Streuung ΔX der Resultate der Einzelmessungen kann zwei grundsätzlich verschiedene Ursachen haben:

- Das Messergebnis hängt von experimentellen Parametern ab, welche während der Messung nicht perfekt konstant gehalten werden können und daher systematische oder statistische Schwankungen der Messwerte verursachen. Diese Schwankungen sind als Resultat der Imperfektion der Messung, das heißt als Folge einer unvollkommenen Kontrolle der Versuchsbedingungen anzusehen. Die Folge ist, dass die Resultate der Einzelmessungen mehr oder weniger dicht um den *Mittelwert* der Messreihe gruppiert sind. Eine Verbesserung des Experiments bewirkt eine Verringerung der Streuung ΔX. Im Rahmen der klassischen Physik sind alle statistischen Streuungen von Messwerten die Folge von Messfehlern, das heißt ein perfektes Experiment sollte die Streuung $\Delta X = 0$ aufweisen. Auch wenn dies in der Praxis nicht erreichbar ist, weil jedes Messergebnis stets nur mit einer Genauigkeit von endlich vielen Stellen angegeben werden kann, gibt es kein prinzipielles Hindernis, ΔX mit fortschreitender Experimentierkunst immer weiter zu reduzieren.
- Manche physikalische Größen sind echte Zufallsvariablen, deren Streuung grundsätzlich nicht unter einen gewissen, vom Zustand des untersuchten Systems abhängigen Wert gedrückt werden kann. Solche fundamentalen unteren Schranken für die Streuung von Messwerten nennt man *Unschärfen* und die zugehörigen Mittelwerte *unscharf*. Solche Zustände treten in der Quantenphysik und in der statistischen Thermodynamik auf.

In der klassischen Physik bilden die als Resultat von Einzelmessungen auftretenden Werte x_i der Größe X ein Kontinuum, das heißt die x_i variieren *stetig*. In diesem Fall beträgt die Wahrscheinlichkeit, einen Messwert in einem infinitesimal kleinen x-Intervall dx zu finden, $w(x)\,dx$, wobei $w(x)$ die *Wahrscheinlichkeitsdichte* heißt. Die Mittelwerte von X und X^r sind dann nicht durch Summen, sondern durch die Integrale

$$\langle X \rangle = \int_{-\infty}^{\infty} dX\, w(X) \cdot X\,, \quad \text{beziehungsweise} \tag{B.6}$$

$$\langle f(X) \rangle = \int_{-\infty}^{\infty} dx\, w(x) \cdot f(x) \tag{B.7}$$

gegeben. Die Funktion $w(x)$ wird auch die *Verteilungsfunktion* für die bei Einzelmessungen auftretenden Werte x der Größe X genannt. Die Normierungsbedingung nimmt dann ebenfalls eine Integralform an:

$$\int_{-\infty}^{\infty} dx\, w(x) = 1\,.$$

Der Name Wahrscheinlichkeits*dichte* kommt daher, dass die Wahrscheinlichkeit, bei einer Einzelmessung einen bestimmten Wert X zu finden, mit zunehmender Zahl n von Einzelmessungen stets gegen Null geht. Dagegen beträgt die Wahrscheinlichkeit $w\big(x \in [x_1, x_2]\big)$, dass eine Einzelmessung ein Resultat in dem endlichen X-Intervall $[x_1, x_2]$ liegt:

$$w\big(x \in [x_1, x_2]\big) = \int_{x_1}^{x_2} dx\, w(x)$$

In der klassischen Physik, in der die Werte der physikalischen Größen stets streuungsfrei sind, muss die gemessene Verteilungsfunktion (in dem physikalisch nicht realisierbaren Idealfall) gegen eine δ-Funktion streben, die den Wert von X für jeden Zustand für eine ideale Messung streuungsfrei festlegt. In vielen Fällen ist $w(x)$ durch die in Abb. B.1 dargestellte GAUSS-Funktion

$$w(x) = \frac{1}{\sqrt{2\pi\sigma_X}} \cdot \exp\left(-\frac{(x - \langle X \rangle)^2}{2\sigma_X} \right) \tag{B.8}$$

gegeben, wobei $\sigma_X = (\Delta X)^2$ die quadratische Streuung der GAUSS-Verteilung angibt und damit ein Maß für deren Breite ist. Die GAUSS-Funktion spielt in der Wahrscheinlichkeitsrechnung eine wichtige Rolle, weil die Verteilungsfunktion für die Summe vieler, unkorreliert schwankender Zufallsvariablen meist gegen eine GAUSS-Funktion strebt.[1]

In zweiten Fall dagegen wird ΔX in der Regel nicht allein durch die Auflösung der Messapparatur bestimmt, sondern nimmt bei Verbesserung des Mess-Verfahrens schließlich einen für die Größe X und den betrachteten Zustand des Systems charakteristischen

1 Dieser Sachverhalt wird in der Statistik als *Zentraler Grenzwertsatz* bezeichnet.

Wert an. Berühmte Beispiele sind die durch die HEISENBERG'sche Unschärfe-Relation gegebene Beziehung zwischen den Streuungen von Ort und Impuls

$$\Delta X \cdot \Delta P \gtrsim \hbar$$

oder die Spektrallinien eines Gases. Die Breite der Spektrallinie, die der Energie-Unschärfe der emittierten Photonen entspricht, zeigt selbst nach der Eliminierung aller apparativ bedingten Effekte die auf die thermischen Bewegung der Atome zurückzuführende DOPPLER-Verbreiterung. Die DOPPLER-Verbreiterung kann in einer Atomfalle für ein einzelnes Atom unterdrückt werden – aber selbst in diesem Fall wird eine *natürliche Linienbreite* gemessen, die durch die Lebensdauer des angeregten Zustands bestimmt wird. Das letzte Beispiel zeigt auch sehr schön, dass die Verteilungsfunktion einer Zufallsgröße, wie der Energie der bei quantenmechanischen Übergängen emittierten Photonen, durchaus mehrere Maxima aufweisen kann.

Mehrere Zufallsvariablen und Korrelationen:
Diese Überlegungen lassen sich leicht auf Wahrscheinlichkeitsverteilungen mit mehreren Zufallsvariablen $X_1, \ldots, X_r$ verallgemeinern. Die *Verbundwahrscheinlichkeit* $W(x_1, \ldots, x_r)$ gibt die Wahrscheinlichkeit für ein Ereignis an, bei dem die Variablen $X_1, \ldots, X_r$ gleichzeitig die Werte $x_1, \ldots, x_r$ annehmen. Der Mittelwert einer einzelnen Zufallsgröße X_j ist dann durch

$$\langle X_j \rangle = \int_{-\infty}^{\infty} dx_1 \ldots dx_r \; w(x_1, \ldots, x_r)\, x_j$$

gegeben. Die Zufallsgrößen $\delta X_j = X_j - \langle X_j \rangle$, welche die statistischen Schwankung $\delta x_j = x_j - \langle X_j \rangle$ der Einzelmesswerte x_j um den Mittelwert $\langle X_j \rangle$ beschreiben, heißen auch die *Fluktuationen* von X_j. Die Mittelwerte

$$\sigma_{ij} := \langle \delta X_i \delta X_j \rangle = \int_{-\infty}^{\infty} dx_1 \ldots dx_r \; w(x_1, \ldots, x_r)\, \delta x_i \cdot \delta x_j$$

der Produkte der Fluktuationen zweier Zufallsvariablen X_i und X_j heißen *Korrelationen* oder *Kovarianzen*, und bilden in ihrer Gesamtheit die *Korrelationsmatrix* der Verteilung.

Zufallsgrößen, deren Korrelation verschwindet, heißen **statistisch unabhängig**. Der Grad der Korrelation lässt die durch den *Korrelationskoeffizienten*

$$C_{ij} := \frac{\sigma_{ij}}{\Delta_i \cdot \Delta_j}$$

ausdrücken, der maximal den Wert $C_{ij} = 1$ annehmen kann. Bei Summen

$$X_N = \sum_{i=1}^{N} X_i$$

aus N *unkorrelierten* Zufallsgrößen X_i addieren sich die quadratischen Streuungen

$$\sigma_{X_N} = \langle(\delta X_N)^2\rangle = \left\langle \sum_{i=1}^{N} \delta X_i \cdot \sum_{j=1}^{N} \delta X_j \right\rangle = \sum_{i,j=1}^{N} \langle \delta X_i \cdot \delta X_j \rangle = \sum_{i=1}^{N} \sigma_{X_i}$$

einfach auf, weil deren Korrelationen, das heisst die Mittelwerte $\langle \delta X_i \delta X_j \rangle$ der gemischten Terme, verschwinden. Sind außerdem die σ_{X_i} alle gleich σ, so gilt:

$$\sigma_{X_N} = N\sigma \ ,$$

wohingegen für maximal *korrelierte* Zufallsgrößen, das heißt, zueinander proportionale Zufallsgrößen, gilt:

$$\sigma_{X_N} = N^2\sigma \ .$$

Die *relative Schwankung* $\Delta_{X_N} / \langle X_N \rangle$ beträgt also für unkorrelierte Zufallsgrößen

$$\frac{\Delta_{X_N}}{\langle X_N \rangle} = \frac{\sqrt{N\sigma}}{N\langle X \rangle} = \frac{1}{\sqrt{N}} \frac{\sigma}{\langle X \rangle}$$

und für maximal korrelierte Zufallsgrößen

$$\frac{\Delta_{X_N}}{\langle X_N \rangle} = \frac{N \cdot \sqrt{\sigma}}{N\langle X \rangle} = \frac{\sigma}{\langle X \rangle} \ .$$

Bei unkorrelierten Zufallsgröße geht die relative Schwankung mit $1/\sqrt{N}$ gegen Null, bei korrelierten bleibt sie konstant.

Für unabhängige Zufallsgrößen muss die Verteilungsfunktion

$$w(x_1 \dots x_r) = w_1(x_1) \cdot \ \dots \ \cdot w(x_r)$$

in ein Produkt von variablenfremden Faktoren $w_i(x_i)$ zerfallen, weil sonst die Korrelationen zwischen den Zufallsgrößen nicht verschwinden.

C Nützliche Integrale

Bei der Berechnung von Mittelwerten in der statistischen Thermodynamik treten häufig Integrale auf, welche die Exponential-Funktion enthalten. In diesem Anhang listen wir eine Reihe der am häufigsten auftretenden Fälle auf. Eine explizite Lösung dieser Integrale findet man beispielsweise im Anhang des Buches von SCHROEDER [5].

Die Werte der Integrale vom Typ

$$\Gamma(z+1) = \int_0^\infty x^z \exp(-x)\, dx \qquad \text{für} \qquad z > -1\,. \tag{C.1}$$

treten besonders häufig in Zusammenhang mit der BOLTZMANN-Verteilung auf und werden die *Gamma*funktion genannt. Die Gammafunktion hat die folgenden Eigenschaften:

$$\Gamma(z+1) = z \cdot \Gamma(z) \qquad \text{und} \qquad \Gamma(0) = 1\,. \tag{C.2}$$

Ist $z = n$ eine natürliche Zahl, so gilt

$$\Gamma(n+1) = n! = n \cdot (n-1) \cdot \ \ldots\ \cdot 2 \cdot 1\,, \tag{C.3}$$

wobei für $z = 1$ folgt: $\Gamma(2) = \Gamma(1) = 1$. Dies bedeutet, dass $\Gamma(z)$ eine Art Verallgemeinerung der Fakultät $n!$ auf reelle Zahlen $z > -1$ darstellt.

Mit der Substitution $x = y^2$ (und damit $dx = 2y\,dy$) besteht ein enger Zusammenhang zwischen der Gammafunktion und den GAUSS-Integralen

$$\Gamma(z+1) = \int_0^\infty x^z \exp(-x)\, dx \tag{C.4}$$

$$= 2 \cdot \int_0^\infty y^{2z+1} \exp(-y^2)\, dy\,. \tag{C.5}$$

Damit erhalten wir als häufig auftretende Spezialfälle:

$$\Gamma(1/2) = \int_{-\infty}^\infty \exp(-x^2)\, dx = \sqrt{\pi}\,, \tag{C.6}$$

$$\Gamma(3/2) = \frac{\sqrt{\pi}}{2} \qquad \text{und} \tag{C.7}$$

$$\Gamma(5/2) = \frac{3\sqrt{\pi}}{4}\,. \tag{C.8}$$

https://doi.org/10.1515/9783110560220-399

D LEGENDRE-Transformation

Der durch eine Funktion $f(x)$ definierte Verlauf einer Kurve im $\mathbb{R}^2$ wird normalerweise durch die Schar der Wertepaare $\{x, f(x)\}$ in einem gewissen Interval $[x_1, x_2]$ kodiert. Das Verfahren der LEGENDRE-Transformation erlaubt es, den Kurvenverlauf noch auf eine andere Weise zu kodieren, nämlich durch die Schar der Tangenten in jedem Punkt x. Die Tangenten sind Geraden, die durch Steigung

$$y(x) = \frac{df(x)}{dx}$$

und den Achsenabschnitt

$$g(x) = f(x) - x \cdot y(x)$$

festgelegt sind (Abb. D.1a). Die Schar aller Tangenten an $f(x)$ hüllt die Funktion $f(x)$ ein (Abb. D.1b).

In den x-Intervallen, in denen die Umkehrfunktion $x(y)$ existiert, lassen sich die Achsenabschnitte g der Tangenten als Funktion der zugehörigen Steigungen y darstellen und wiederum als Wertepaare $\{y, g(y)\}$, das heißt als neue Funktion $g(y)$ kodieren. Die Funktion $g(y)$ heißt die LEGENDRE-Transformierte von $f(x)$. Sie ist in Abb. D.2a dargestellt.

Bezeichnen wir die LEGENDRE-Transformierte von $f(x)$ mit $\mathcal{L}[f(x)]$, so können wir für die LEGENDRE-Transformierte von $g(y)$ schreiben:

$$\mathcal{L}[g(y)] = \mathcal{L}[\mathcal{L}[f(x)]] = g(y(x)) - y \cdot \frac{dg(y)}{dy} = f(x) - xy - y \cdot (-x) = f(x)$$

Die LEGENDRE-Transformation von $g(y)$ führt also wieder zurück auf die Funktion $f(x)$ und ist damit zu sich selbst invers. Abbildung D.3 zeigt einen direkten Vergleich zwischen den Funktionen $f(x)$ und $g(y)$. Man erkennt, dass ein Minimum in $f(x)$ zu einem Maximum in $g(y)$ führt. Da das Argument y der Funktion $g(y)$ der Steigung der Funktion $f(x)$ entspricht, gilt für den Minimalwert $f_{\min} = g(0)$. Umgekehrt gilt

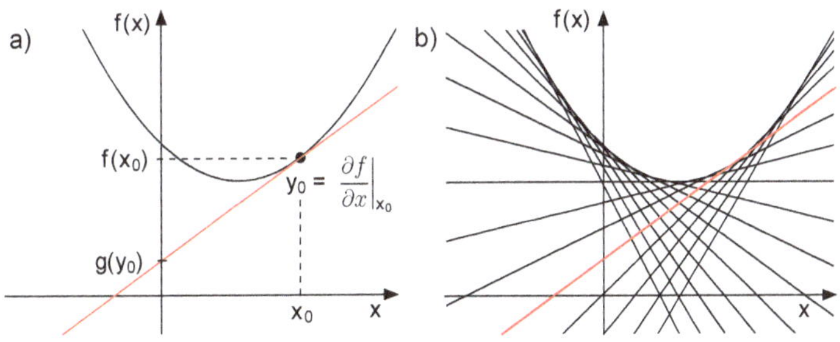

Abb. D.1. a) Die Funktion $f(x)$ mit der Tangente am Punkt $x = x_0$. Die Tangente wird durch ihre Steigung y_0 und den Achsenabschnitt $g(y_0)$ festgelegt. b) Die Schar aller Tangenten bildet die Einhüllenden der Funktion $f(x)$.

https://doi.org/10.1515/9783110560220-401

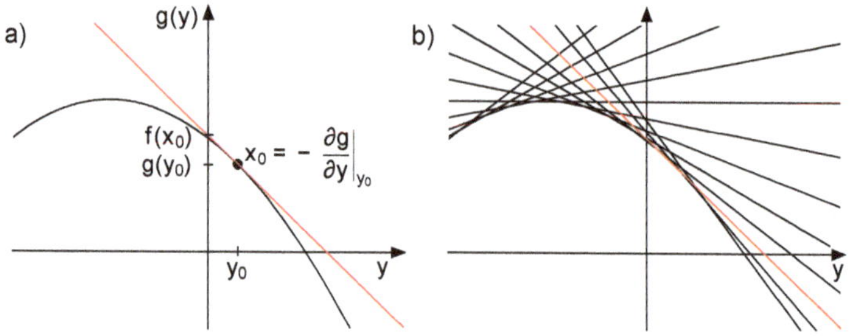

Abb. D.2. a) Die LEGENDRE-Transformierte $g(y)$ mit der Tangente am Punkt $y = y_0$. Die Tangente an $g(y)$ wird durch die Steigung x_0 und den Achsenabschnitt $f(x_0)$ festgelegt. b) Die Schar aller Tangenten an $g(y)$ bildet die Einhüllende der Kurve $g(y)$.

$g_{\max} = f(0)$. Wie bei der Formulierung der allgemeinen Stabilitätskriterien in Abschnitt 7.3 behauptet, alternieren Maxima und Minima der MASSIEU-GIBBS-Funktionen bei LEGENDRE-Transformation.

Dieses Verfahren ist auf Funktionen von mehrere Variablen übertragbar. In der Thermodynamik wird es angewendet, um bei einem Variablenwechsel die zu dem neuen Variablensatz gehörige MASSIEU-GIBBS-Funktion zu bestimmen. Wenn zum Beispiel die Energie E als Funktion der extensiven Variablen $\{X_1, \ldots, X_r\}$ gegeben ist und wir die Variable X_j durch ihre thermodynamisch konjugierte Variable

$$\xi_j = \frac{\partial E(X_1, \ldots, X_r)}{\partial X_j}$$

austauschen wollen, so betrachten wir das vollständige Differenzial der Funktion

$$\Psi(X_1, \ldots, \xi_j, \ldots, X_r) = E - \xi_j X_j.$$

Mit der Produktregel folgt:

$$\begin{aligned} d\Psi &= d(E - \xi_j X_j) = dE - d(\xi_j X_j) \\ &= \sum_i \xi_i dX_i - (\xi_j dX_j + X_j d\xi_j) \end{aligned}$$

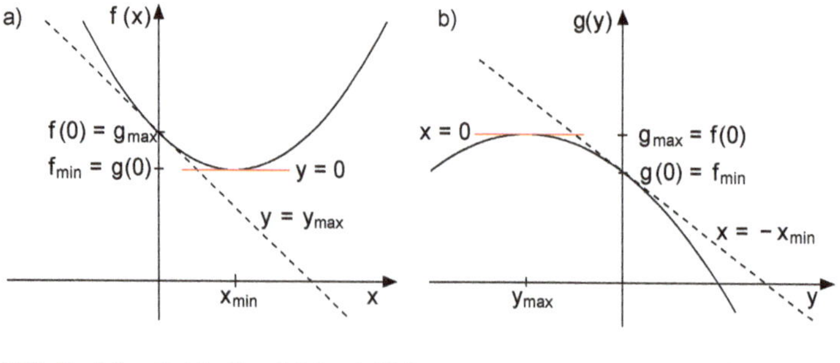

Abb. D.3. a) Die Funktion $f(x)$ im Vergleich mit b) ihrer LEGENDRE-Transformierten $g(y)$. Man beachte, dass das Minimum von $f(x)$ einem Maximum in $g(y)$ entspricht (Seite 242).

Damit erhalten wir für das totale Differenzial der LEGENDRE-Transformierten $\Psi(X_1, \ldots; \xi_j, \ldots, X_r)$:

$$d\Psi = \sum_{i \neq j} \xi_i \, dX_j - X_j \, d\xi_j$$

!

Auf diese Weise wird der Term $\xi_j dX_j$ im Differenzial der alten MASSIEU-GIBBS-Funktion $E(X_1, \ldots, X_r)$ durch $-X_j d\xi_j$ im Differenzial der neuen MASSIEU-GIBBS-Funktion Ψ für den Variablensatz $\{X_1, \ldots, \xi_j, \ldots, X_r\}$ ersetzt. Damit haben wir gezeigt, dass $\Psi(X_1, \ldots, \xi_j, \ldots, X_r)$ tatsächlich die Eigenschaft hat, die Zustandsgleichungen zu liefern:

$$\begin{aligned}
\xi_1(X_1, \xi_j, \ldots, X_r) &= \frac{\partial \Psi(X_1, \ldots, \xi_j, \ldots, X_r)}{\partial K_1} \\
&\vdots \\
-X_j(X_1, \ldots, \xi_j, \ldots X_r) &= \frac{\partial \Psi(X_1 \ldots, \xi_j, \ldots, X_r)}{\partial \xi_j} \\
&\vdots \\
\xi_r(X_1, \ldots, \xi_j, \ldots, X_r) &= \frac{\partial \Psi(X_1, \ldots, \xi_j, \ldots, X_r)}{\partial X_r} \, .
\end{aligned}$$

Beispiel: Kondensator mit variablem Plattenabstand

Ein Plattenkondensator mit der Plattenabstand x und dem Flächeninhalt yz der Platten wird durch die MASSIEU-GIBBS-Funktion

$$E(Q, x, y, z) = \frac{Q^2 x}{2\epsilon\epsilon_0 yz} \tag{D.1}$$

und die GIBBS'sche Fundamentalform

$$dE = U \, dQ - F_x \, dx - F_y \, dy - F_z \, dz$$

beschrieben. Wenn wir annehmen, dass die Länge y und Breite z der Kondensatorplatten nicht variabel sind,[1] liefern die Ableitungen von $E(Q, x)$ die beiden Zustandsglei-

1 Diese Annahme entspricht der Vernachlässigung des Effekts der *Elektrostriktion*, das heißt der Deformation von Körpern in einem elektrischen Feld. Wenn wir dagegen annehmen, dass die Kondensatorplatten etwas elastisch sind, so entsprechen die Ableitungen von $E(Q, x, y, z)$ nach y und z Kräften, welche eine Ausdehnung der Kondensatorplatten parallel zur Oberfläche bewirken. Diese Kräfte spiegeln die im elektrischen Feld *senkrecht* zu den Feldlinien herrschenden Druckspannungen wider, während die Ableitung nach x der Anziehungskraft zwischen den Platten und damit den *parallel* zu den Feldlinien herrschenden Zugspannungen in elektrischen Feld entspricht.

chungen:

$$U(Q,x) = \frac{\partial E(Q,x)}{\partial q} = \frac{Qx}{\epsilon\epsilon_0 yz} \tag{D.2}$$

$$-F_x(Q,x) = \frac{\partial E(Q,x)}{\partial x} = \frac{Q^2}{2\epsilon\epsilon_0 yz} \,. \tag{D.3}$$

Die erste Zustandsgleichung liefert die elektrische Spannung U und die zweite die Anziehungskraft F_x zwischen den Platten. Nochmaliges Differenzieren führt auf die drei Suszeptibilitäten:

$$\frac{\partial U(Q,x)}{\partial Q} = \frac{\partial^2 E(Q,x)}{\partial x^2} = \frac{x}{\epsilon\epsilon_0 yz} = \frac{1}{C(x)} \qquad \text{inverse Kapazität}$$

$$\frac{\partial(-F_x(Q,x))}{\partial x} = \mathcal{K}(Q,x) \equiv 0 \qquad \text{Federkonstante}$$

$$\frac{\partial U(Q,x)}{\partial x} = -\frac{\partial F_x(Q,x)}{\partial Q} = \frac{Q}{\epsilon\epsilon_0 yx} = -E_x \qquad \text{elektrisches Feld}$$

Der Plattenkondensator hat die etwas pathologische Eigenschaft, dass die Anziehungskraft zwischen den Platten bei konstanter Ladung vom Plattenabstand unabhängig ist. Das liegt daran, dass die Feldstärke (für $x \ll y, z$) nur von der Ladungsdichte auf den Platten, aber nicht vom Plattenabstand abhängt (GAUSS'sches Gesetz der Elektrostatik). Die Suszeptibilitätsmatrix des Systems hat die Gestalt

$$\chi_{Qx} = \begin{pmatrix} 1/C & -E_x \\ -E_x & \mathcal{K} \end{pmatrix} = \frac{1}{\epsilon\epsilon_0 y} \begin{pmatrix} x & Q \\ Q & 0 \end{pmatrix} \,. \tag{D.4}$$

Die Determinante

$$\left|\chi_{Qx}\right| = \left(\frac{1}{\epsilon\epsilon_0 y}\right)^2 \begin{vmatrix} x & Q \\ Q & 0 \end{vmatrix} = -\left(\frac{Q}{\epsilon\epsilon_0 yx}\right)^2 < 0 \tag{D.5}$$

von χ_{Qx} ist negativ, was anzeigt, dass das System *instabil* ist. Im Gegensatz zu einem kompressiblen Medium, wie einem Gas, wehrt sich der Plattenkondensator nicht gegen eine Kompression bei konstanter Ladung, sondern verhält sich indifferent: Die Federkonstante ist unabhängig vom Abstand gleich Null, die Kompressibilität unendlich. Ohne eine externe Kraft, die der elektrischen Anziehung entgegen wirkt, nähern sich die Platten an, bis sie sich berühren. Auf diese Weise minimiert das System seine elektrostatische Energie.

Um Prozesse bei konstanter Spannung zu beschreiben, wollen wir die zum Variablensatz $\{U, x\}$ gehörige MASSIEU-GIBBS-Funktion

$$J(U,x) = E(U,x) - Q(U,x) \cdot U$$

berechnen. Dazu müssen wir die Zustandsgleichung D.2 nach Q auflösen und in $E(Q,x)$ einsetzen:

$$J(U,x) = \frac{1}{2}C(x)U^2 - C(x)U^2 = -\frac{1}{2}C(x)U^2 = -\frac{\epsilon\epsilon_0 yzU^2}{2x} \,. \tag{D.6}$$

Für das Differenzial dJ von J erhalten wir

$$dJ = -Q\,dU - F_x\,dx\ .$$

Differenzieren nach U und x liefert die neuen Zustandsgleichungen:

$$-Q(U,x) = \frac{\partial J(U,x)}{\partial U} = -\frac{\epsilon\epsilon_0 yz\,U}{x} \tag{D.7}$$

$$-F_x(U,x) = \frac{\partial J(U,x)}{\partial x} = \frac{\epsilon\epsilon_0 yz\,U^2}{2x^2} \tag{D.8}$$

Das Kraft-Abstandsgesetz ändert sich bei konstantem U drastisch – die Kraft ist nicht mehr unabhängig von x, sondern nimmt mit zunehmendem Abstand ab, weil auch die Ladung auf den Platten abnimmt. Die neue Suszeptibilitätsmatrix lautet:

$$\chi_{Ux} = \begin{pmatrix} -C & -\partial Q(U,x)/\partial x \\ -\partial F(U,x)/\partial U & \mathcal{K} \end{pmatrix} = \frac{\epsilon\epsilon_0 yz}{x^2}\begin{pmatrix} -x & U \\ U & -U^2/x \end{pmatrix}\ . \tag{D.9}$$

Die neuen Zustandsgleichungen und Suszeptibilitäten beschreiben dasselbe System und haben denselben physikalischen Gehalt. Die Determinante von χ_{Ux} ist gleich Null, aber die Federkonstante jetzt *negativ* – dies zeigt wiederum, dass das System ohne eine externe Kraft thermodynamisch instabil ist.

Zur Konstruktion eines Kondensators gehören aber auch ein Dielektrikum oder eine mechanische Aufhängung für die Platten, welche im Prinzip elastisch sind und bei Verformung Energie aufnehmen können. Deren Beitrag zur Gesamtenergie ist in den Gleichungen D.1 und D.6 nicht berücksichtigt.

E Das Zwei-Körper-System aus thermodynamischer Sicht

In diesem Abschnitt wollen wir zeigen, dass die fundamentalen Begriffsbildungen der Thermodynamik in natürlicher Weise auf ein System anwenden lassen, welches in der Mechanik und in der Quantenmechanik von gleichermaßen von fundamentaler Bedeutung ist.

Die Energie[1] eines Systems aus zwei wechselwirkenden Körpern ist durch

$$E(\boldsymbol{P}_1, \boldsymbol{P}_2, \boldsymbol{r}_1, \boldsymbol{r}_2) = \frac{\boldsymbol{P}_1^2}{2M_1} + \frac{\boldsymbol{P}_2^2}{2M_1} + V(\boldsymbol{r}_1 - \boldsymbol{r}_2) \tag{E.1}$$

gegeben. Dabei ist $V(\boldsymbol{r}_1 - \boldsymbol{r}_2)$ die in dem konservativen Kraftfeld, welches die Wechselwirkung zwischen den Teilchen vermittelt, gespeicherte Energie. Für kugelsymmetrische Körper ist auch $V(\boldsymbol{r}_1 - \boldsymbol{r}_2)$ kugelsymmetrisch und hängt daher nur vom Abstand $|\boldsymbol{r}_1 - \boldsymbol{r}_2|$ der beiden Körper ab. Wichtige Beispiele für $V(\boldsymbol{r}_1 - \boldsymbol{r}_2)$ sind das COULOMB- beziehungsweise das Gravitations-Potenzial

$$V(\boldsymbol{r}_1 - \boldsymbol{r}_2) = -\frac{\beta}{|\boldsymbol{r}_1 - \boldsymbol{r}_2|} ,$$

wobei die Wechselwirkungskonstante β die Form

$$\beta = \frac{Q_1 Q_2}{4\pi\epsilon_0}, \quad \text{beziehungsweise} \quad \beta = \gamma_G M_1 M_2$$

annimmt und $\epsilon_0 = 8.85 \cdot 10^{-12}\,\mathrm{A\,s/(V\,m)}$ die elektrische Feldkonstante und $\gamma_G = 6.673\,84\,\mathrm{m^3/(kg\,s^2)}$ die Gravitationskonstante sind. Ein weiteres wichtiges Beispiel ist das Oszillator-Potenzial

$$V(|\boldsymbol{r}_1 - \boldsymbol{r}_2|) = \frac{1}{2}\mathcal{K}(|\boldsymbol{r}_1 - \boldsymbol{r}_2| - R)^2 ,$$

in dem R der Gleichgewichtsabstand und $\mathcal{K}$ die Federkonstante ist.
Die Zustandsgleichungen des Systems werden auch die HAMILTON'schen Gleichungen genannt:

$$\frac{\partial E}{\partial \boldsymbol{P}_i} = \boldsymbol{v}_i = \frac{\partial \boldsymbol{r}_i}{\partial t} \tag{E.2}$$

---

1 Statt Energie sagt man in der Mechanik gerne HAMILTON-*Funktion* und benutzt das Symbol $\mathcal{H}$.

https://doi.org/10.1515/9783110560220-407

$$\frac{\partial E}{\partial \boldsymbol{r}_i} = -\boldsymbol{F}_i = -\frac{\partial \boldsymbol{P}_i}{\partial t} . \tag{E.3}$$

Die Variablenpaare $(\boldsymbol{P}_i, \boldsymbol{v}_i)$ und $(\boldsymbol{r}_i, -\boldsymbol{F}_i)$ sind „thermo“dynamisch konjugiert. In der Mechanik heißen die Variablenpaare $(\boldsymbol{r}_i, \boldsymbol{P}_i)$ *kanonisch konjugiert*. Die Thermodynamik macht nur Aussagen über die statischen Eigenschaften; das heißt sie betrachtet üblicherweise keine 'von selbst' ablaufenden Prozesse, wie sie durch die Zeitableitungen in den HAMILTON'schen Gleichungen beschrieben werden.

LEGENDRE-Transformation

Neben den $\{\boldsymbol{P}_i\}$ werden auch gerne die Geschwindigkeiten $\{\boldsymbol{v}_i\}$ als unabhängige Variablen benutzt. Dazu wird die Größe

$$L := \sum_i \boldsymbol{P}_i \boldsymbol{v}_i - E$$

eingeführt und LAGRANGE-Funktion genannt. $L(\boldsymbol{v}_1, \boldsymbol{v}_2, \boldsymbol{r}_1, \boldsymbol{r}_2)$ ist eine MASSIEU-GIBBS-Funktion des mechanischen Systems in den Variablen $\{\boldsymbol{v}_i, \boldsymbol{r}_i\}$. Sie ist die (negative) LEGENDRE-Transformierte der Energie bezüglich den $\boldsymbol{P}_i$.

Das Differential von L lautet dann

$$dL = d\left(\sum_i \boldsymbol{P}_i \boldsymbol{v}_i - E\right) = \sum_i (\boldsymbol{P}_i \, d\boldsymbol{v}_i + \boldsymbol{F}_i \, d\boldsymbol{r}_i) .$$

Die neuen Zustandsgleichungen heißen LAGRANGE-Gleichungen und lauten:

$$\frac{\partial L}{\partial \boldsymbol{v}_i} = \boldsymbol{P}_i, \qquad \frac{\partial L}{\partial \boldsymbol{r}_i} = \boldsymbol{F}_i .$$

Wegen der Impulserhaltung (rechte Hälfte von Gl. E.3) können die beiden Zustandsgleichungen zu einer nach EULER und LAGRANGE benannten Bewegungsgleichung[2]

$$\frac{\partial}{\partial t} \frac{\partial L}{\partial \boldsymbol{v}_i} - \frac{\partial L}{\partial \boldsymbol{r}_i} = 0$$

kombiniert werden. In der Mechanik wird diese Gleichung (wie auch die HAMILTON'schen Gleichungen auf ganz andere Weise abgeleitet, nämlich aus dem Prinzip der kleinsten Wirkung.

2 Der Vorteil dieser und der HAMILTON'schen Bewegungsgleichungen (Gln. E.2 und E.3) gegenüber der NEWTON'schen Gleichungen besteht darin, dass die Ersteren bei (fast) beliebigen Koordinatentransformationen ihre Form behalten.

Systemzerlegung

Das Zwei-Körper-System kann durch die Transformation auf *Relativ-* und *Schwerpunktskoordinaten*

$$\boldsymbol{p} := \frac{M_2}{M}\boldsymbol{P}_1 - \frac{M_1}{M}\boldsymbol{P}_2 , \qquad \boldsymbol{r} := \boldsymbol{r}_1 - \boldsymbol{r}_2 \tag{E.4}$$

$$\boldsymbol{R} := \frac{M_1}{M}\boldsymbol{r}_1 + \frac{M_2}{M}\boldsymbol{r}_2 , \qquad \boldsymbol{P} := \boldsymbol{P}_1 + \boldsymbol{P}_2 \tag{E.5}$$

in zwei variablenfremde Teilsysteme zerlegt werden, wobei $M = M_1 + M_2$ die Gesamtmasse ist. Die Form von Gl. E.4 ergibt sich dadurch, dass der „Relativ"impuls $\boldsymbol{p}$ durch $\boldsymbol{p} = M_{\text{red}}\,\boldsymbol{v}$ mit der Relativgeschwindigkeit $\boldsymbol{v} = \dot{\boldsymbol{r}}$ verknüpft ist. Die *reduzierte Masse*

$$M_{\text{red}} = \left(\frac{1}{M_1} + \frac{1}{M_2}\right)^{-1} = \frac{M_1 M_2}{M_1 + M_2} \tag{E.6}$$

ist durch die Bedingung

$$\ddot{\boldsymbol{r}} = \ddot{\boldsymbol{r}}_1 - \ddot{\boldsymbol{r}}_2 = \frac{\boldsymbol{F}_1}{M_1} - \frac{\boldsymbol{F}_2}{M_2} = \left(\frac{1}{M_1} + \frac{1}{M_2}\right)\cdot \boldsymbol{F}$$

gegeben. Dabei ist $\boldsymbol{F} = \boldsymbol{F}_1 = -\boldsymbol{F}_2$ die in Richtung der Verbindungslinie der beiden Körper wirkende Kraft.

In den neuen Variablen nimmt die Energie die Form

$$E(\boldsymbol{P},\boldsymbol{p},\boldsymbol{r}) = \frac{\boldsymbol{P}^2}{2M} + \frac{\boldsymbol{p}^2}{2M_{\text{red}}} + V(|\boldsymbol{r}|) , \tag{E.7}$$

und die LAGRANGE-Funktion die Gestalt

$$L(\boldsymbol{V},\boldsymbol{v},\boldsymbol{r}) = \frac{1}{2}M\boldsymbol{V}^2 + \frac{1}{2}M_{\text{red}}\boldsymbol{v}^2 - V(|\boldsymbol{r}|) \tag{E.8}$$

an, wobei $\boldsymbol{V} = \boldsymbol{P}/M$ die Schwerpunktsgeschwindigkeit ist. In beiden MASSIEU-GIBBS-Funktionen beschreibt der erste Term ein Teilsystem ohne innere Struktur, nämlich ein System vom Typ *Freier Körper*,mit der effektiven Masse M; die beiden hinteren Terme beschreiben dagegen ein Teilsystem von Typ *Körper im Zentralfeld* mit der effektiven Masse M_{red}, welches die inneren Anregungszustände des Zwei-Körper-Systems umfasst. Das Zwei-Körper-System mit zwei „echten" Körpern lässt sich damit auf zwei unabhängige Teilsysteme mit jeweils einem „Quasi"-Körper zurückführen. Da wir nicht das Kommutativgesetz, sondern ausschließlich lineare algebraische Operationen verwendet haben, die auch für die entsprechenden Operatoren gelten, ist diese Systemzerlegung genauso für das quantenmechanische Zwei-Körper-Problem möglich.[3]

3 Während in der Himmelsmechanik die Einzel-Körper als der Beobachtung direkt zugänglich sind und daher real erscheinen, sind in der Atom- und Molekülphysik (das heißt der quantenmechanischen Version des Zwei-Körper-Systems) die effektiven Massen M und M_{red} der Quasi-Körper über die optischen Spektren direkt messbar und erscheinen damit als real, während sich die Massen der Einzelkörper nur indirekt ermitteln lassen. Eine vergleichbare Zerlegung der komplexen Vielteilchensysteme in der Festkörperphysik in den Kapiteln II-5 und II-6 führt auf Quasi-Teilchen mit der Masse $\hat{m}^*$.

Wegen der Erhaltung des Drehimpulses kann das Teilsystem der inneren Anregungen noch weiter vereinfacht werden, indem wir dessen kinetische Energie in einen Beitrag von der Radialbewegung mit und einen zweiten von der Drehbewegung aufspalten. Dazu zerlegen wir den Relativimpuls $\boldsymbol{p} = \boldsymbol{p}_r + \boldsymbol{p}_t$ in einen Anteil $\boldsymbol{p}_r = \boldsymbol{r}(\boldsymbol{p} \cdot \boldsymbol{r})/\boldsymbol{r}^2$ parallel und einen zweiten Anteil $\boldsymbol{p}_t = \boldsymbol{p} - \boldsymbol{r}(\boldsymbol{p} \cdot \boldsymbol{r})/\boldsymbol{r}^2 = (\boldsymbol{L} \times \boldsymbol{r})/\boldsymbol{r}^2$ senkrecht zum Verbindungsvektor $\boldsymbol{r}$. Dann gilt

$$E(|\boldsymbol{p}_r|, |\boldsymbol{L}|, |\boldsymbol{r}|) = \frac{\boldsymbol{p}_r^2}{2M_{\text{red}}} + \frac{\boldsymbol{L}^2}{2M_{\text{red}}\boldsymbol{r}^2} + V(|\boldsymbol{r}|) .$$

Da der Drehimpuls $\boldsymbol{L}$ eine Konstante der Bewegung ist, haben wir das System der inneren Anregungen auf das eindimensionale Problem der Bewegung eines Körpers mit dem Impuls p_r in dem effektiven Potenzial $V_{\text{eff}}(r) = L^2/(2M_{\text{red}}r^2) + V(r)$ zurückgeführt.

Im Falle des Coulomb- oder Gravitationspotenzials ist keine weitere Systemzerlegung möglich. Beschränkt man sich im Fall des Oszillators auf kleine Auslenkungen $(|r| - R| \ll R)$, so kann man im Rotationsanteil $|\boldsymbol{r}|$ durch R ersetzen, und das Teilsystem der inneren Anregungen zerfällt noch einmal in zwei Teilsysteme, nämlich einen starren Rotator und einen eindimensionalen Oszillator:

$$E(|\boldsymbol{L}|, |\boldsymbol{p}_r|, |\boldsymbol{r}|) \simeq E_{\text{rot}}(|\boldsymbol{L}|) + E_{\text{osz}}(|\boldsymbol{p}_r|, |\boldsymbol{r}|) = \frac{\boldsymbol{L}^2}{2M_{\text{red}}R^2} + \frac{\boldsymbol{p}_r^2}{2M_{\text{red}}} + V(|\boldsymbol{r}|) .$$

Diese beiden Teilsysteme sind nicht völlig unabhängig, sondern schwach miteinander gekoppelt. Bei hinreichend schneller Rotation steigt der Gleichgewichtsabstand R wegen der Fliehkraft und damit auch das Trägheitsmoment. Bei einem anharmonischen Potenzial verschiebt sich mit R auch die Eigenfrequenz des Oszillators. Beide Effekte lassen sich in der Temperatur-Abhängigkeit von Molekülspektren nachweisen.

Homogenität der Massieu-Gibbs-Funktionen

Werden die Impulse und die Ortskoordinaten als die einzigen Variablen angesehen, so genügen die Massieu-Gibbs-Funktionen des Zwei-Körper-Problems nicht dem Prinzip der Homogenität (Gl. 1.43). Dieses Prinzip ist für den Aufbau der Thermodynamik zentral, weil es die Unterscheidung von extensiven und intensiven Größen erlaubt. Um der Forderung nach Homogenität Genüge zu tun, liegt es daher nahe, auch die Massen M_1, M_2 und die Ladungen Q_1, Q_2 der Körper zu Variablen zu erklären. Auf der makroskopische Ebene ist dies trivial, weil beispielsweise Raketen ihre Masse während des Flugs ändern. Auf der mikroskopische Ebene tun wir uns damit etwas schwerer, weil wir beides zunächst für unveränderliche Charakteristika der „elementaren" Bestandteile der Atome und Moleküle halten. Allerdings zeigt der radioaktive Zerfall mancher Atomkerne, dass es sich um dabei um ein Vorurteil handelt. Die Postulate der Thermodynamik, die sich zum Ziel setzt, ein für *alle* Systeme gültiges Verfahren der Systembeschreibung zu entwickeln, müssen unabhängig davon sein, ob gewisse

Prozesse häufig, selten oder niemals auftreten beziehungsweise im Experiment leicht oder schwer realisiert werden können.

Wenn das System zusätzliche extensive Variablen besitzt, können wir uns durch Differenzieren auch die dazu thermodynamisch konjugierten intensiven Variablen und die dazugehörigen Zustandsgleichungen verschaffen. Das Differenzieren von Gl. E.1 nach den in der Wechselwirkungskonstante β enthaltenen Ladungen Q_1 und Q_2 liefert die elektrischen Potenziale am Ort des jeweiligen Körpers. Das Differenzieren nach den Massen M_1 und M_2 liefert Größen, die uns nicht unmittelbar vertraut sind. Diese sind beispielsweise in der Physik strömender Medien von Bedeutung, wo sie von der Geschwindigkeit abhängige Beiträge zum chemischen Potenzial liefern.

Wiederum wird deutlich, dass das abstrakte System „zwei wechselwirkende Körper" nicht nur eine bestimmte Realisierung (zum Beispiel „Erde-Mond", „Erde-Sonne", „H_2-Molekül" oder „Elektron-Proton"), sondern Körper aller Massen und Wechselwirkungsstärken umfasst.

In diesem Sinne weist auch die Mechanik eine sehr große Universalität auf – so groß, dass man lange Zeit dachte, alle Physik auf die Mechanik zurückführen zu können. Dieses Programm hat sich allerdings als nicht durchführbar erwiesen: Schon das Drei-Körper-System erlaubt keine analoge Zerlegung in Ein-Körper-Systeme – die Bewegungsgleichungen lassen sich zwar aufstellen, aber nicht in universeller Weise lösen.[4] Auch die quantenmechanischen Varianten des Zwei- und Drei-Körper-Problems, zum Beispiel das H_2^+-Molekülion oder das Heliumatom, bringen – bedingt durch die Nicht-Unterscheidbarkeit der beiden Atomkerne, beziehungsweise der beiden Elektronen – völlig neue Physik, welche durch die Massieu-Gibbs-Funktionen in Gln. E.7 und E.8 oder deren Erweiterung auf drei Körper nicht beschrieben wird.

4 Das Drei-Körper-Problem „Erde-Sonne-Mond" stellt ein Musterbeispiel eines *chaotischen* dynamischen Systems dar, welches die Astronomen, die versuchen, Regelmäßigkeiten in dessen Bewegung zu finden, seit Jahrhunderten zur Verzweiflung bringt. Die Unregelmäßigkeiten der chaotischen Bewegung machen (neben der mangelnden Kompatibilität mit dem Sonnenjahr) die Mondbewegung für kalendarische Zwecke ungeeignet.

F Magnetische Felder in Materie

In Abschnitt 6.5.1 wurde betont, dass das von außen angelegte Magnetfeld $\boldsymbol{B}_{\text{ext}} := \mu_0 \boldsymbol{H}_{\text{ext}}$ von den *lokalen* Feldern $\boldsymbol{B}(\boldsymbol{r})$, $\boldsymbol{H}(\boldsymbol{r})$ und der Magnetisierung $\boldsymbol{M}(\boldsymbol{r})$ strikt zu unterscheiden ist. Diese drei Felder sind durch die lokal gültige Relation

$$\boldsymbol{B}(\boldsymbol{r}) = \mu_0[\boldsymbol{H}(\boldsymbol{r}) + \boldsymbol{M}(\boldsymbol{r})] \tag{F.1}$$

miteinander verbunden. Außerhalb der magnetischen Materie sind $\boldsymbol{B}(\boldsymbol{r})$ und $\mu_0\boldsymbol{H}(\boldsymbol{r})$ miteinander, aber nicht mit $\boldsymbol{B}_{\text{ext}}$ identisch. Das liegt daran, dass $\boldsymbol{B}_{\text{ext}}$ in der Regel durch den Strom in einer Magnetspule kontrolliert wird, wohingegen die magnetische Materie einen zusätzlichen Beitrag zu den magnetischen Feldern erzeugt, der auch das Streufeld genannt wird. Das Streufeld kommt dadurch zustande, dass die Feldlinien der Magnetisierung (im Gegensatz zu denen von $\boldsymbol{B}$) in der Regel nicht in sich geschlossen sind, sondern an der Oberfläche und auch innerhalb (Domänenwände) des magnetischen Festkörpers Quellen und Senken haben können, da wegen $\operatorname{div} \boldsymbol{B} = 0$ gilt:

$$\operatorname{div} \boldsymbol{H} = -\operatorname{div} \boldsymbol{M} \,. \tag{F.2}$$

Den zusätzlichen Beitrag zum $\boldsymbol{H}$-Feld können wir uns leicht erschließen, wenn wir $q_M(\boldsymbol{r}) := -\mu_0 \operatorname{div} \boldsymbol{M}(\boldsymbol{r})$ als die Dichte *gebundener magnetischer Ladungen* definieren, welche das magnetische Gegenstück zu den gebundenen elektrischen Ladungen $q_B(\boldsymbol{r}) := -\epsilon_0 \operatorname{div} \boldsymbol{P}(\boldsymbol{r})$ in einem Dielektrikum mit der elektrischen Polarisation $\boldsymbol{P}$ sind.[1]

Die Verteilung der Senken der Magnetisierung bestimmt also in strenger Analogie zur Elektrostatik die Quellenverteilung $q_M(\boldsymbol{r})$ des $\boldsymbol{H}$-Feldes.[2] Auf diese Weise können wir unser Wissen über die mit bestimmten Verteilungen der elektrischen Polarisation verbundenen elektrischen Felder auf die mit analogen Magnetisierungsverteilungen verknüpften $\boldsymbol{H}$-Felder übertragen. Dies wollen wir zunächst in zwei Extremfällen tun:

Zuerst betrachten wir eine durch $\boldsymbol{H}_{\text{ext}}$ senkrecht zur Oberfläche homogen magnetisierte Scheibe (Abb. F.1a), deren Radius R groß gegen ihre Dicke d ist. Die Quellenverteilung entspricht in diesem Fall der eines Plattenkondensators. Das $\boldsymbol{H}$-Feld ist

1 Im Gegensatz zu den elektrischen Ladungen treten magnetische Ladungen immer paarweise auf, sodass die gesamte magnetische Ladung eines magnetischen Körpers stets gleich Null ist. Im Experiment wurden bisher keine Körper oder Teilchen mit freien magnetischen Ladungen gefunden, obwohl über diese schon seit langer Zeit spekuliert wird.

2 Außerdem bestimmt $\boldsymbol{j}_B(\boldsymbol{r}) := -\operatorname{rot} \boldsymbol{M}(\boldsymbol{r})$ den Beitrag der magnetischen Materie zur Wirbelverteilung des $\boldsymbol{B}$-Feldes. Die gebundenen elektrischen Ströme $\boldsymbol{j}_B$ wurden von AMPÉRE *Molekularströme* genannt. Ist die Magnetisierung homogen, so heben sich die Ströme im Inneren des Körpers gegenseitig auf. Der Körper verhält sich dann so, als würde er von einem ausschließlich an der Oberfläche fließenden Ringstrom umflossen. Dieser elektrische Ringstrom ist natürlich genauso fiktiv wie die magnetischen Ladungen. Beide sind Hilfsmittel, um die von dem magnetischen Körper erzeugten Felder $\boldsymbol{H}$- und $\boldsymbol{B}$-Felder möglichst einfach zu visualisieren.

https://doi.org/10.1515/9783110560220-413

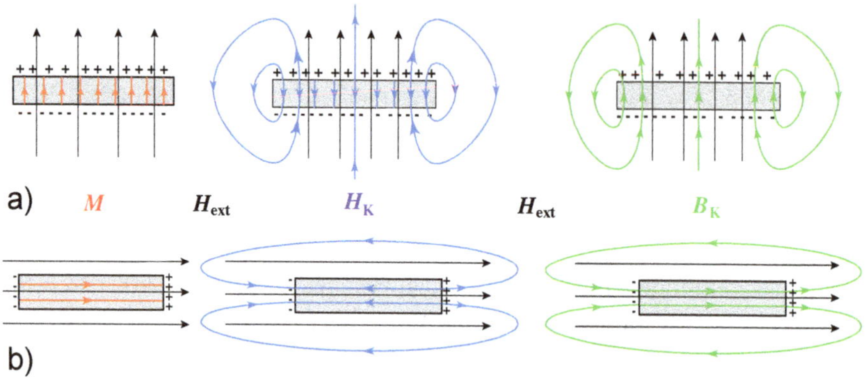

Abb. F.1. a) Homogen magnetisierte Scheibe in einem senkrecht orientierten externen Magnetfeld (schwarz). Das von den magnetischen Oberflächenladungen erzeugte Streufeld $\boldsymbol{H}_K$ des Körpers (blau) wirkt der Magnetisierung entgegen. Das vom Körper erzeugte Feld $\boldsymbol{B}_K$ (grün) ist dagegen quellenfrei. b) Wie (a), aber für ein parallel zur Scheibe orientiertes Magnetfeld. In diesem Fall sind die Streufelder im Mittel deutlich schwächer, weil die Polfläche viel kleiner ist – die magnetische Oberflächenladungsdichte $q_M = -\operatorname{rot} M$ ist in beiden Fällen gleich.

im Inneren der Platte (von den Kanten abgesehen) homogen und der Magnetisierung entgegen gerichtet. Weil die senkrechte Komponente von $\boldsymbol{B}$ an der Grenzfläche stetig sein muss, gilt: $\boldsymbol{n}(\boldsymbol{B}_a - \boldsymbol{B}_i) = 0$, wenn $\boldsymbol{n}$ der Normalenvektor der Fläche ist. Dagegen ist die senkrechte Komponente von $\boldsymbol{H}$ an der Grenzfläche unstetig: $\boldsymbol{n}(\boldsymbol{H}_i - \boldsymbol{H}_a) = \sigma_M/\mu_0$, wobei σ_M die magnetische Oberflächenladungsdichte ist. Daraus folgt nach Gl. F.1, dass $\boldsymbol{H}_i = 0$ und $\boldsymbol{B}_i = \mu_0\boldsymbol{H}_{ext}$. Von den Kanten abgesehen verschwindet das Streufeld außerhalb der magnetisierten Platte genauso wie das Außenfeld eines geladenen Kondensators. Im Inneren der magnetischen Platte ist das Streufeld entgegengesetzt gleich zur Magnetisierung. Das bedeutet für die Materie, dass diese Magnetisierungskonfiguration energetisch maximal ungünstig ist, sofern es nicht andere Beiträge zur Energie gibt, welche die senkrechte Orientierung von $\boldsymbol{M}$ begünstigen. Wenn dies nicht der Fall ist, können wir schließen, dass das extern angelegte Magnetfeld $\boldsymbol{H}_{ext}$ den Wert $\boldsymbol{M}$ überschreiten muss, damit sich die Magnetisierung senkrecht zur Platte orientieren kann. Bei starken Ferromagneten sind dies typischerweise 1-2 Tesla – ein Wert, der sehr groß ist, wenn man ihn mit den für weiche Ferromagnete üblichen Koerzitiv-Feldern vergleicht, die im mT-Bereich liegen. Das Streufeld wirkt also dem von außen angelegten Magnetfeld entgegen, weshalb man es auch das *Entmagnetisierungsfeld* nennt.

Wird das externe Magnetfeld dagegen parallel zur Scheibe orientiert (Abb. F.1b), so ist die gebundene magnetische Ladung am Rand der Scheibe lokalisiert. Der von ihr erzeugte Beitrag zum $\boldsymbol{H}$-Feld fällt mit zunehmendem Abstand vom Rand ab und ist in der Mitte der Scheibe sehr klein. In diesem Fall ist der Effekt des Streufeldes auf die Ausrichtung der Magnetisierung weitgehend vernachlässigbar. Für die Magnetisierung eines ferromagnetischen Films sind in diesem Fall nur kleine äußere Felder erforderlich. Dies ist einem parallel zu seiner Richtung magnetisierten dünnen Stab ganz ähnlich.

Tab. F.1. Eigenwerte des Entmagnetisierungstensors für verschiedene rotationssymmetrische Probengeometrien. Die Rotationsachse ist die c-Achse, mit $m = c/a$.

Probenform	Stab	Ellipsoid ($m \gg 1$)	Kugel	Ellipsoid ($m \ll 1$)	Scheibe
$N_{\|\|}$	0	$\frac{1}{m^2}[\ln(2m) - 1]$	$\frac{1}{3}$	$\frac{\pi m}{4}\left(1 - \frac{4m}{\pi}\right)$	0
$N_{\perp}$	$\frac{1}{2}$	$\frac{1}{2}\left[1 - \frac{\ln(2m) - 1}{m^2}\right]$	$\frac{1}{3}$	$1 - \frac{\pi m}{2} + 2m^2$	1

Die q_M-Verteilung entspricht in diesem Fall zwei entgegengesetzt-gleichen Punktladungen. Lassen wir die Länge des Stabes gegen Unendlich gehen, so geht der Beitrag der magnetischen Ladungen zum $\boldsymbol{H}$-Feld gegen Null. Deshalb treten für die parallele Orientierung des Magnetfeldes keine Entmagnetisierungseffekte auf.

Bisher haben wir so argumentiert, als seien die drei Felder $\boldsymbol{B}$, $\boldsymbol{H}$ und $\boldsymbol{M}$ räumlich konstant, weil wir die Randeffekte wegen $R \gg d$ vernachlässigen konnten. Wird das Aspektverhältnis R/d reduziert, ist dies nicht mehr der Fall. Hier kommt uns jetzt ein klassisches Randwertproblem der Elektro/Magneto-Statik zu Hilfe. Wie zum Beispiel in [21] gezeigt wird, sind die magnetischen Felder $\boldsymbol{H}$ und $\boldsymbol{M}$ im Inneren eines magnetisierbaren *Ellipsoids* für ein von außen angelegtes homogenes Feld B_{ext} für beliebige Verhältnisse der Halbachsen konstant, aber nicht unbedingt (anti)-parallel zum von außen angelegten Feld. Im Außenraum liegt ein reines Dipolfeld vor. Das von den gebundenen Ladungen an der Oberfläche des Ellipsoids erzeugte Innenfeld $\boldsymbol{H}_N$ ist mit der Magnetisierung $\boldsymbol{M}$ durch den Tensor $\mathbf{N}$ der Entmagnetisierungs-Faktoren verbunden:

$$\boldsymbol{H}_N = -\mathbf{N} \cdot \boldsymbol{M}. \tag{F.3}$$

Wird das Koordinatensystem entlang der Halbachsen des Ellipsoids ausgerichtet, so ist $\mathbf{N}$ diagonal. Für die oben aufgeführten Beispiele parallel und senkrecht zu einer dünnen Scheibe haben wir $N_{\|} \simeq 0$ und $N_{\perp} \simeq 1$. Eine weiterer wichtiger Fall ist der einer Kugel mit $N = N_{\|} = N_{\perp} = 1/3$. Die für verschiedene Verhältnisse der Halbachsen berechneten Entmagnetisierungsfaktoren sind in Tabelle F.1 zusammengefasst. Weil $\boldsymbol{H}_N$ der Magnetisierung entgegengerichtet ist, wird es auch das *entmagnetisierende Feld* genannt. Hier wird offenbar, dass das die Magnetisierung kontrollierende Feld das $\boldsymbol{H}$-Feld und nicht das $\boldsymbol{B}$-Feld ist. Berücksichtigen wir die *Entmagnetisierungseffekte* in der Zustandsgleichung eines *linearen* Magneten, der durch eine $\boldsymbol{H}$-unabhängige magnetische Suszeptibilität χ_m beschrieben wird, so erhalten wir:

$$\boldsymbol{M} = \chi_m \cdot (\boldsymbol{H}_{\text{ext}} + \boldsymbol{H}_N) = \chi_m \cdot (\boldsymbol{H}_{\text{ext}} - \mathbf{N}\boldsymbol{M}) .$$

Lösen wir diese Gleichung nach $\boldsymbol{M}$ auf, so bekommen wir als neue *magnetische Zustandsgleichung*

$$\boldsymbol{M} = \frac{\chi_m}{1 + \mathbf{N} \cdot \chi_m} \cdot \boldsymbol{H}_{\text{ext}} . \tag{F.4}$$

Um den Bruch in diesem Ausdruck auszuwerten, benutzt man am besten ein Koordinatensystem, in dem der Tensor $\mathbf{N}$ der Entmagnetisierungkoeffizienten diagonal ist.

Dann lässt sich $\boldsymbol{M}$ komponentenweise berechnen. Die resultierende Magnetisierung wird durch das entmagnetisierende Feld also in der Regel verkleinert. Eine Ausnahme tritt im Fall der Supraleitung auf, wo $\chi_m = -1$ und der Zähler kleiner als der Nenner wird (siehe unten).

In der Praxis des Experimentators sind die Proben selten genau ellipsoidisch – pragmatisch kann man natürlich nahezu alle Körper zu angenäherten Ellipsoiden erklären, um die Entmagnetisierungseffekte zumindest grob zu erfassen. Wenn das zu ungenau ist, oder wenn die Magnetisierung aus anderen Gründen räumlich inhomogen ist, bricht unsere einfache Betrachtung zusammen, und die räumliche Inhomogenität der Felder muss berücksichtigt werden. In diesem Fall müssen die Feldverteilungen mit Hilfe von Simulationsprogrammen numerisch berechnet werden.

Die Entmagnetisierungseffekte kann man auch als den Beitrag der Streufeld-Energie zur MASSIEU-GIBBS-Funktion verstehen, der zu dem Phänomen der Form-Anisotropie Anlass gibt. Darüber hinaus gibt es eine Reihe anderer anisotroper Beiträge zur Energie magnetischer Systeme, beispielsweise die auf die Spin-Bahn-Wechselwirkung zurückzuführende Kristall-Anisotropie. Die Extremalisierung des Funktionals der Gesamtenergie führt dann zusammen mit den MAXWELL-Gleichungen auf ein System gekoppelter Differenzialgleichungen, welches die optimale Feldverteilung liefert. Die Grundidee der Thermodynamik, dass Gleichgewichtszustände Extrema des MASSIEU-GIBBS-Funktionals entsprechen, bleibt dabei gültig. Es zeigt sich, dass die Funktionalableitung des MASSIEU-GIBBS-Funktionals nach $\boldsymbol{M}$ ein Vektorfeld produziert, das als ein *verallgemeinertes **H**-Feld* aufgefasst werden kann, welches nicht nur die rein magnetischen Felder, sondern auch die anderen von der Magnetisierung abhängigen Beiträge zum MASSIEU-GIBBS-Funktional erfasst.

Abschließend wollen wir noch kurz den Sonderfall diamagnetischer Materialien erwähnen. In diesem Fall und insbesondere für einen Supraleiters ist die Bezeichnung „Entmagnetisierungseffekt" irreführend, weil das „entmagnetisierende Feld" die Magnetisierung nicht reduziert, sondern *verstärkt*! Für eine dünne supraleitende Platte im senkrechten Magnetfeld geht der Nenner in Gleichung F.4 gegen Null, und die Magnetisierung divergiert. Das macht den homogen magnetisierten Zustand energetisch instabil, und es bilden sich bereits für sehr kleine Magnetfelder, die in der parallelen Feldorientierung vernachlässigbar wären, der sogenannte *Zwischenzustand* in Typ-I Supraleitern und der *Vortex-Zustand* in Typ-II Supraleitern aus, die sich dadurch auszeichnen, dass der magnetische Fluss nicht mehr verdrängt wird, sondern in den Supraleiter eindringt. Dieser Effekt ist vor allem dann zu berücksichtigen, wenn dünne supraleitende Filme im parallelen Magnetfeld studiert werden und kleinste Abweichungen von der genauen Parallelität, also sehr kleine senkrechte Komponenten des externen Magnetfeldes, bereits große, schwer reproduzierbare Effekte verursachen.

Danksagung

Ich danke allen Menschen, die zum Entstehen dieses Buches beigetragen haben. Dazu gehören zuallererst diejenigen, von denen ich als Student selbst Thermodynamik gelernt habe, nämlich G. Falk und F. Herrmann an der Universität Karlsruhe, welche die integrierte Darstellungsweise der Physik entwickelt haben, der ich mich in diesem Buch bediene. Ich halte dieses Konzept für außerordentlich förderlich – nicht nur für das Verständnis der modernen Physik, sondern auch für die Ökonomie des Denkens im Physikstudium insgesamt. Das liegt daran, dass es sich von vornherein auf allgemeine, den Gültigkeitsbereich der Mechanik überschreitende Prinzipien stützt, die sich bis heute tragfähig erwiesen haben.

Für die Entwicklung des Buches waren die Fragen und das Feedback meiner Student(inn)en und Übungsleiter(innen) unverzichtbar – besonders herausheben möchte ich hier Jens Siewert, Magda Marganska und Jonathan Eroms, die einen Großteil der Übungsaufgaben ausgearbeitet und in eine lösbare Form gebracht haben. Meinen Kollegen Karl Renk, Jascha Repp, Jens Siewert, Hans-Gert Boyen, Jürgen König, Elke Scheer, Wolfgang Belzig, Ferdinand Evers, Hubert Motschmann, Wilfred Schoepe, Klaus Richter, Dieter Weiss und Dominique Bougeard danke ich für die kritische Lektüre, hilfreiche Korrekturen und Anregungen sowohl im Detail als auch bezüglich der Struktur des Textes. Von Jürgen Putzger und Erich Hans stammt das Titelbild und eine Reihe von illustrierenden Vorlesungsexperimenten, die in einige der Abbildungen eingeflossen sind. Elke Haushalter und Claudia Rahm danke ich für das Schreiben meines Vorlesungsmanuskripts und Frau Marei Peischl für unschätzbare Unterstützung bei der Optimierung der „TEX"-Darstellung, Herrn Florian Rödl und Frau Olesia Shyshova danke ich für die Erstellung zahlreicher Abbildungen und Herrn Michael Müller, Herrn Anatoly Shestakov und Frau Marei Peischl für sorgfältiges Korrekturlesen.

Besonderer Dank gebührt Renate und Laurits Piehorsch für ihre rückhaltlose Unterstützung einschließlich des Ertragens meiner geistigen und physischen Absencen während der heißen Phasen des Schreibens.

https://doi.org/10.1515/9783110560220-417

Literaturverzeichnis

[1] H. B. Callen, *Thermodynamics and Introduction to Thermostatistics* (Wiley, New York, 1985).

[2] L. Tisza, *Generalized Thermodynamics*, (Cambridge Mass., 1967).

[3] G. Falk, W. Ruppel, *Energie und Entropie*, (Springer, Berlin Heidelberg 1976).

[4] Tabellenwerk LANDOLT-BÖRNSTEIN, *Zahlenwerte und Funktionen aus Physik, Chemie, Astronomie, Geophysik und Technik*, Bd.2, Teil 4, (Springer, Berlin Göttingen Heidelberg 1961).

[5] D.V. Schroeder, *An introduction to Thermal Physics*, (Addison Wesley Longman, 2000).

[6] W. Demtröder, *Experimentalphysik 1*, (Springer, Berlin Heidelberg, 1998).

[7] M. W. Zemansky, *Heat and Thermodynamics*, (5th edition, McGraw-Hill, New York, 1968).

[8] F. Schwabl, *Statistische Physik*, (Springer, Berlin Heidelberg New York, 2000).

[9] M. Kardar, *Statistical Physics of Particles*, (Cambridge University Press, 2007).

[10] W. M. Haynes, D. R. Lide, T. J. Bruno (Hrsg.), *CRC Handbook of Chemistry and Physics*, (Taylor & Francis, London, 2014).

[11] P. J. Linstrom, W.G. Mallard, (Hrsg.), NIST Chemistry Webbook: NIST Standard Reference Database No. 69, <http://webbook.nist.gov>.

[12] T. Engel, P. Reid, *Physikalische Chemie*, (Pearsons Studium, München, 2006).

[13] W. Nernst, *Theoretische Chemie*, (F. Enke, Stuttgart, 1921); *Die theoretischen und experimentellen Grundlagen des neuen Wärmesatzes*, (Knapp, Halle/Saale, 1924).

[14] J. Klärs, F. Verwiger und M. Weitz,*Thermalization of a two-dimensional photonic gas in a 'white wall' photon box*, Nature Physics **6**, 512 (2010).

[15] N. W. Ashcroft, N. D. Mermin, *Solid State Physics*, (Saunders College, Philadelphia 1976).

[16] S. Hunklinger, *Festkörperphysik*, (Oldenbourg, München 2009).

[17] R. Gross, A. Marx, *Festkörperphysik*, (Oldenbourg, München, 2012).

[18] W. Göpel und H.-D. Wiemhöfer, *Statistische Thermodynamik*, (Spektrum Akademischer Verlag, Heidelberg - Berlin, 1999).

[19] V. Zlatic, R. Monnier, *Modern Theory of Thermoelectricity*, (Oxford University Press, 2014).

[20] B. Cowan, *Topics in Statistical Mechanics*, (Imperial College Press, London, 2005).

[21] J. D. Jackson, *Klassische Elektrodynamik*, (de Gruyter, Berlin 2006).

https://doi.org/10.1515/9783110560220-419

Stichwortverzeichnis

https://doi.org/10.1515/9783110560220-421

L

T

U

V

Position in the sample box	Mg (sample)	Meaning
top left	12	Ordnungszahl
top right	24.305	Atomgewicht
centre	**Mg** Magnesium	
middle left	1.74	Dichte (g/cm^3)
middle right	hex	häufigste Kristallstruktur
lower left	3.21	Gitterkonstante a (Å)
lower right	1.3	Sommerfeldkonstante γ' (mJ / mol K^2)
bottom left	922	Schmelztemperatur (K)
bottom right	318	Debye-Temperatur (K)

(bei 1 bar, mit Ausnahme von He: 25 bar).

	IA	IIA	IIIB	IVB	VB	VIB	VIIB	VIIIB	VIIIB
1	1 1.0079 **H** Wasserstoff 0.089 hex 3.75 14.0 110								
2	3 6.94 **Li** Lithium 0.53 bcc 3.49 1.63 453 400	4 9.0122 **Be** Beryllium 1.85 hex 2.29 0.17 1550 1160							
3	11 22.9898 **Na** Natrium 0.97 bcc 4.23 1.4 371.0 150	12 24.305 **Mg** Magnesium 1.74 hex 3.21 1.3 922 318							
4	19 39.09 **K** Kalium 0.86 bcc 5.23 2.1 337 100	20 40.08 **Ca** Calcium 1.54 fcc 5.58 2.9 1111 230	21 44.956 **Sc** Scandium 2.99 hex 3.31 11 1812 359^{LT}	22 47.90 **Ti** Titan 4.51 hex 2.95 3.5 1933 380	23 50.942 **V** Vanadium 6.1 bcc 3.02 9.8 2163 390	24 52.00 **Cr** Chrom 7.19 bcc 2.88 1.40 2130 460	25 54.938 **Mn** Mangan 7.43 sc 8.89 14 1518 400	26 55.85 **Fe** Eisen 7.86 bcc 2.87 5.0 1808 420	27 58.93 **Co** Cobalt 8.9 hex 2.51 4.7 1768 385
5	37 85.47 **Rb** Rubidium 1.53 bcc 5.59 2.4 312 56^{LT}	38 87.62 **Sr** Strontium 2.60 fcc 6.08 3.6 1043 147^{LT}	39 88.91 **Y** Yttrium 4.46 hex 3.65 10.2 1796 256^{LT}	40 91.22 **Zr** Zirconium 6.49 hex 3.23 2.80 2125 250	41 92.91 **Nb** Niob 8.4 bcc 3.30 7.79 2741 275	42 95.94 **Mo** Molybdän 10.2 bcc 3.15 2.0 2890 380	43 98.91 **Tc** Technetium 11.5 hex 2.74 2445	44 101.07 **Ru** Ruthenium 12.2 hex 2.70 3.3 2583 382^{LT}	45 102.90 **Rh** Rhodium 12.4 fcc 3.80 4.9 2239 350^{LT}
6	55 85.47 **Cs** Caesium 1.90 bcc 6.05 3.2 302 40^{LT}	56 137.34 **Ba** Barium 3.5 bcc 5.02 2.7 998 110^{LT}	*	72 178.49 **Hf** Hafnium 13.1 hex 3.20 2.16 2495 252	73 180.95 **Ta** Tantal 16.6 bcc 3.31 5.9 225	74 183.85 **W** Wolfram 19.3 bcc 3.16 1.21 3683 310	75 186.2 **Re** Rhenium 21.0 hex 2.76 2.3 3453 416^{LT}	76 190.20 **Os** Osmium 22.6 hex 2.74 2.4 3318 400^{LT}	77 192.22 **Ir** Iridium 22.5 fcc 3.84 3.1 2683 430
7	87 223 **Fr** Francium (bcc) (300)	88 226 **Ra** Radium (5.0) 973	* *	104 261 **Rf** Rutherfordium	105 262 **Db** Dubnium	106 263 **Sg** Seaborgium	107 262 **Bh** Bohrium	108 265 **Hs** Hassium	109 266 **Mt** Meitnerium

Seltene Erden

* (Lanthanoide	57 138.91 **La** Lanthan 6.17 hex 3.75 10 1193 132	58 140.12 **Ce** Cer 6.77 fcc 5.61 1071 139^{LT}	59 140.91 **Pr** Praseodym 6.77 hex 3.42 1204 152^{LT}	60 144.24 **Nd** Neodym 7.00 hex 3.66 1283 157^{LT}	61 145 **Pm** Promethium hex (1350)	62 150.35 **Sm** Samarium 7.54 rhl 9.00 1345 166	63 **Eu** Europium 7.90 bcc 4.61 1095 107^{LT}
* * (Actinoide	89 227 **Ac** Actinium 10.1 fcc 5.31 1323	90 232.04 **Th** Thorium 11.7 fcc 5.08 4.7 2020 100	91 231 **Pa** Protactinium 15.4 tet 3.92 1470	92 238.03 **U** Uran 19.07 orc 2.85 10.3 1406 210^{LT}	93 237.05 **Np** Neptunium 20.3 orc 4.72 913 188^{LT}	94 244 **Pu** Plutonium 19.8 mcl 5.8 13 914 150^{LT}	95 243 **Am** Americium 11.8 hex 1267

Gase
Nichtmetalle
Metalle

fcc	kubisch-flächenzentriert
bcc	kubisch-raumzentriert
sc	einfach kubisch
tet	tetragonal
orc	orthorombisch
hex	hexagonal
dia	Diamantstruktur
rhl	rhomboedrisch
mcl	monoklin

VIIIB	IB	IIB	IIIA	IVA	VA	VIA	VIIA	VIIIA	
								2 4.0026 **He** Helium 0.179 hex 3.57 ~1.0 26^{LT}	1
			5 10.81 **B** Bor 2.34 tet 8.73 2600 1250	6 12.01 **C** Kohlenstoff 2.26 dia 3.57 (4300) 1860	7 14.007 **N** Stickstoff 1.03 hex 4.039 63.3 (ß)79^{LT}	8 15.999 **O** Sauerstoff 1.43 sc 6.83 54.7 (γ)46	9 18.998 **F** Fluor 1.97(α) mcl 53.5	20.18 **Ne** Neon 1.56 fcc 4.43 24.5 63	2
			13 26.982 **Al** Aluminium 2.70 fcc 4.05 1.35 933 394	14 28.086 **Si** Silicium 2.33 dia 5.43 1683 625	15 30.974 **P** Phosphor 1.82 orc 7.17 317.3	16 32.064 **S** Schwefel 2.07 orc 10.47 386	17 35.453 **Cl** Chlor 2.09 orc 6.24 172.2	18 39.948 **Ar** Argon 1.78 fcc 5.26 83.9 85	3
28 58.6934 **Ni** Nickel 8.9 fcc 3.52 7.1 1726 375	29 63.546 **Cu** Kupfer 8.96 fcc 3.61 0.668 1356 315	30 65409 **Zn** Zink 7.14 hex 2.66 0.65 693 234	31 69.72 **Ga** Gallium 5.91 orc 4.51 0.60 303 240	32 72.63 **Ge** Germanium 5.32 dia 5.66 1211 360	33 74.92159 **As** Arsen 5.72 rhl 4.13 0.20 1090 285	34 78.96 **Se** Selen 4.79 hex 4.36 490 150^{LT}	35 79.904 **Br** Brom 4.10 orc 6.67 266	36 83.80 **Kr** Krypton 3.07 fcc 5.72 116.5 73^{LT}	4
46 106.40 **Pd** Palladium 12.0 fcc 3.89 9.42 1825 275	47 107.87 **Ag** Silber 10.5 fcc 4.09 0.650 1234 215	48 112.40 **Cd** Cadmium 8.65 hex 2.98 0.69 594 120	49 114.82 **In** Indium 7.31 tet 4.59 1.6 429.8 129	50 118.69 **Sn** Zinn 7.30 tet 5.82 1.78 505 170	51 121.75 **Sb** Antimon 6.62 rhl 4.51 0.105 904 200	52 127.60 **Te** Tellur 6.24 hex 4.45 723 139^{LT}	53 126.90 **I** Jod 4.94 orc 7.27 387	54 131.30 **Xe** Xenon 3.77 fcc 6.20 161.3 55^{LT}	5
78 195.09 **Pt** Platinum 21.4 fcc 3.92 6.8 2045 230	79 196.97 **Au** Gold 19.3 fcc 4.08 0.75 1337 170	80 200.59 **Hg** Quecksilber 13.6 rhl 2.99 1.8 234.3 100	81 204.37 **Tl** Thallium 11.85 hex 3.46 1.5 577 96	82 207.19 **Pb** Blei 11.4 fcc 4.95 3.0 601 88	83 208.98 **Bi** Bismut 9.8 rhl 4.75 0.021 544.5 120	84 210 **Po** Polonium 9.4 sc 3.35 527	85 210 **At** Astat (575)	86 222 **Rn** Radon (4.4) (fcc) (202)	6
110 281 **Ds** Darmstadtium	111 280 **Rg** Roentgenium	112 277 **Cn** Copernicium							7

64 157.25 **Gd** Gadolinium 8.23 hex 3.64 10 1585 176^{LT}	65 158.92 **Tb** Terbium 8.54 hex 3.60 1633 188^{LT}	66 162.50 **Dy** Dysprosium 8.78 hex 3.59 1680 186^{LT}	67 164.93 **Ho** Holmium 9.05 hex 3.58 1743 191^{LT}	68 167.26 **Er** Erbium 9.37 hex 3.56 1759 195^{LT}	69 168.93 **Tm** Thulium 9.31 hex 3.54 10.5 1818 200^{LT}	70 173.04 **Yb** Ytterbium 6.97 fcc 5.49 2.9 1097 118^{LT}	71 174.97 **Lu** Lutetium 9.84 hex 3.51 11.3 1929 207^{LT}	6)
96 247 **Cm** Curium 13.51 hex 1600	97 247 **Bk** Berkelium 14.78 hex 1259	98 251 **Cf** Californium 15.1 hex 1173	99 254 **Es** Einsteinium 8.84 1133	100 257 **Fm** Fermium 1125	101 256 **Md** Mendelevium	102 254 **No** Nobelium	103 257 **Lr** Lawrencium	7)

www.ingramcontent.com/pod-product-compliance
Lightning Source LLC
Chambersburg PA
CBHW082125210326
41599CB00031B/5871